现代火炮技术丛书

现代外弹道学

王中原　史金光　常思江　王旭刚　陈　琦　著

科学出版社
北　京

内 容 简 介

本书以弹箭设计及飞行仿真所需的外弹道理论和方法为主线，在系统阐述外弹道学基本知识、弹箭飞行稳定性理论的基础上，着重介绍现代外弹道设计方法、外弹道相似性理论、外弹道减阻与增程技术、弹道参数辨识方法与弹道预报技术、炮弹弹道修正理论与技术、制导炮弹滑翔弹道规划与组合制导控制方法等内容。本书总结凝练了作者研究团队近40年从事外弹道理论研究与弹箭装备研制的科研成果，在详细阐述理论与方法的基础上，突出工程应用，满足现代弹箭外弹道设计与仿真的需要。

本书涵盖弹箭外弹道学理论与技术方向的最新研究成果，可供高等院校兵器科学与技术学科相关专业的研究生和高年级本科生学习参考，也可作为从事弹箭外弹道学、飞行力学、火炮、弹药、火控、引信、制导等专业科技人员的参考书。

图书在版编目(CIP)数据

现代外弹道学／王中原等著. —北京：科学出版社，2024.1
(现代火炮技术丛书)
ISBN 978-7-03-076298-6

Ⅰ. ①现… Ⅱ. ①王… Ⅲ. ①外弹道学 Ⅳ. ①O315

中国国家版本馆 CIP 数据核字(2023)第 169552 号

责任编辑：许　健／责任校对：谭宏宇
责任印制：黄晓鸣／封面设计：殷　靓

科学出版社 出版
北京东黄城根北街 16 号
邮政编码：100717
http：//www.sciencep.com
南京展望文化发展有限公司排版
广东虎彩云印刷有限公司印刷
科学出版社发行　各地新华书店经销
*
2024 年 1 月第 一 版　开本：787×1092 1/16
2024 年10月第二次印刷　印张：25
字数：585 000

定价：180.00 元

(如有印装质量问题，我社负责调换)

现代火炮技术丛书

编写委员会

主任委员

钱林方

副主任委员

王中原　林德福

委　员

（以姓名笔画为序）

王中原　王宏涛　王经涛　王满意　严如强
佟明昊　余永刚　宋忠孝　张　龙　陈龙淼
陈光宋　范天峰　林德福　钞红晓　钱林方
徐亚栋　高天成　程　明

丛　书　序

火炮武器在近现代历次世界大战中发挥着决定性的作用,被誉为“战争之神”。现代火炮武器装备已经由单一的发射装置发展成为集火力、信息、侦察、控制、动力、防护等多种技术于一体的武器系统,广泛装备于陆、海、空等各军兵种。当前,世界格局的演化、局部冲突和现代化的局部战争证实和表明:作为火力战的主体装备,在未来信息化、智能化的战场中,火炮武器装备必将续写战争的神话。

当前,正进入第四次工业革命时代,代表性技术包括人工智能技术、大数据技术、高速通信技术、物联网技术、自动和无人技术、大规模算力技术、新能源技术等,伴随这些前沿技术的涌现和落地,火炮武器装备也正进入快速的更新换代阶段,向着自动化、信息化、智能化的方向发展。在此背景下,出版一套反映国际先进水平、体现国内最新研究成果的丛书,既切合国家发展战略,又有益于我国现代火炮武器装备的基础研究和学术水平的提升。

“现代火炮技术丛书”主要涉及火炮武器系统、弹炮结合系统、自动装填系统、数字化和并行系统、随动与控制系统、弹道学、发射动力学、射击精度、载荷缓冲与振动抑制、感知与测试、信息化和智能化、人机工程、系统可靠性与维修性等相关的系统及基础研究。内容包括领域内专家和学者取得的理论和技术成果,也包括来自一线设计和工程人员的实践成果。

“现代火炮技术丛书”由科学出版社出版,该丛书理论和工程结合的特色非常鲜明,贯穿了基础研究、工程技术和型号研制等方面,凝结了国内外该领域研究人员的智慧和成果,具有较强的系统性、交叉性、实用性和前沿性,可作为工程实践的指导用书,也可作为相关研究人员的参考用书,还可作为高校的教学用书。希望能够促进该领域的人才培养、技术创新和发展,特别是为现代火炮武器装备的研究提供借鉴和参考。

钱林方

前　言

外弹道学是研究弹箭在空中的运动规律、飞行特性及相关问题的科学，在弹箭武器系统设计中具有举足轻重的作用，其飞行弹道表征了弹箭自发射（或投放）至飞达目标全过程的运动轨迹及特性，弹道性能是其武器性能的综合体现。学习、掌握、应用好外弹道学，一个重要目的就是在弹箭研究中将武器性能与各影响因素联系起来进行综合匹配，通过良好的弹道性能展现出来。因此，外弹道学的研究发展同弹箭技术发展密切相关、相辅相成。

近年来，随着新型弹箭的发展，引出了许多外弹道学新问题，促进了外弹道学的研究与发展，并取得了一些新的研究成果。为不断丰富外弹道学内涵，将其更好地应用于弹箭兵器科学技术，作者基于近年来在外弹道理论与技术方面的研究成果，撰写了《现代外弹道学》。本书主要针对弹箭的外弹道设计、弹道修正与弹道控制、滑翔增程技术等理论问题，着重对现代外弹道设计方法、外弹道相似性理论、弹箭主要增程技术、弹道参数辨识与弹道预报方法、炮弹弹道修正理论与技术、制导炮弹滑翔弹道规划与组合制导方法等内容进行介绍，这些内容反映了现代外弹道学的一些最新研究成果。本书内容突出基础理论的工程应用，以期为我国弹箭技术的研究提供一定的指导与参考。

在兵器科学与技术领域，外弹道学是一个传统研究领域分支，有较长的研究发展历史，形成了自身的基础理论体系。在总结、撰写近年来有关外弹道学新的研究内容和成果时，考虑到利于读者学习和掌握这些内容，同时也为使全书在理论和逻辑次序上有良好的传承性、脉络与层次更清晰、关联性更完整，作者将外弹道学的一些基本理论和问题也汇入本书，并对部分内容进行了拓展研究或应用分析说明。

本书分为外弹道学基本知识、弹箭飞行稳定性理论、外弹道设计理论与增程技术、弹箭飞行弹道控制理论与技术四篇，共 13 章。

在外弹道学基本知识这一篇，主要介绍与弹箭飞行运动方程构建紧密关联的地球假设、大气特性、作用其上的力系及空气弹道特性等。同已往的外弹道学基本知识相比，第 1 章着重补充地球假设和稀薄空气的一般特性等内容；第 2 章介绍建立弹箭飞行运动常用的坐标系，并补充地表切面坐标系；第 3 章介绍作用于弹箭上的常见力和力矩，并着重介绍一些获取弹箭空气动力系数的方法及特点；第 4 章介绍弹箭质心运动方程组建立及空气弹道特性，补充空气弹道特性内容、外弹道散布特性及减小散布的一些途径；第 5 章着重对一般形式的弹箭运动方程组和一些降阶运动方程组进行讨论。

在弹箭飞行稳定性理论这一篇，主要介绍旋转弹和尾翼弹的飞行稳定性理论。第6章讨论旋转稳定飞行弹的飞行稳定性条件及其特性；第7章讨论尾翼稳定飞行弹的飞行稳定性条件及其特性。

在外弹道设计理论与增程技术这一篇，主要介绍现代外弹道设计理论、外弹道相似性理论和一些弹箭减阻增程技术。第8章着重介绍外弹道设计方法、外弹道反设计等，重点是外弹道优化设计方法及其应用；第9章介绍弹箭飞行运动的外弹道相似性条件、非完全相似条件下的修正方法等，对于拓展一些靶道弹道测试技术的测试能力有一定的意义；第10章讨论一些减小炮弹飞行阻力的气动外形和方法、炮弹增程的常用技术途径及其外弹道特性等，以供读者了解。

在弹箭飞行弹道控制理论与技术这一篇，主要介绍炮弹弹道修正理论与技术、滑翔制导炮弹飞行控制理论与技术。第11章主要介绍一些弹道参数辨识及弹道预报方法，对其在飞行弹道控制中的作用及应用进行讨论；第12章介绍弹道修正技术，以及在工程应用中的一些问题等；第13章介绍滑翔制导炮弹飞行控制技术，重点是滑翔弹道规划、组合制导方法等，并讨论一些末端导引控制和模拟仿真技术，供读者参考。

本书以作者对近年来在现代外弹道设计方法、外弹道相似性理论、弹箭主要增程技术、弹道参数辨识与弹道预报方法、炮弹弹道修正理论与技术、制导炮弹滑翔弹道规划与组合制导方法等方面的最新研究成果为基础，对其进行总结、凝练，主要由王中原教授、史金光教授、常思江副教授、王旭刚教授、陈琦副教授共同完成，其中史金光教授负责撰写第8章、第9章、第12章，常思江副教授负责撰写第1章、第2章、第6章、第7章、第11章，王旭刚教授负责撰写第13章，陈琦副教授负责撰写第3章、第4章、第5章、第10章，全书由王中原教授汇总修改并完成统稿。此外，在本书的撰写中参考了国内外一些专家的著作与论文，在此一并表示衷心感谢！

衷心希望本书能给读者的研究工作带来一些启发或益处，同时由于作者水平所限，书中不足之处在所难免，也希望读者能给予指正。

作　者

2023年5月于南京

目　　录

绪论 …… 1

第一篇　外弹道学基本知识

第1章　地球模型与大气特性 …… 7
1.1　地球假设与地球模型 …… 7
1.1.1　地球的形状及相关假设模型 …… 7
1.1.2　圆球模型对应的重力加速度 …… 8
1.1.3　椭球模型对应的重力加速度 …… 10
1.1.4　地球旋转产生的科氏惯性力 …… 15
1.2　大气的组成与特性 …… 15
1.3　稀薄空气条件下的外弹道问题 …… 16
1.4　虚温、气压、密度、声速及黏性系数沿高度的分布 …… 16
1.4.1　空气状态方程与虚温 …… 16
1.4.2　气温、气压随高度的分布 …… 17
1.4.3　密度、声速及黏性系数随高度的变化 …… 18
1.5　风的分布与风场模型 …… 19
1.5.1　风场分布 …… 19
1.5.2　自由大气层中地转风的计算 …… 20
1.5.3　近地面层中风速的对数分布 …… 20
1.5.4　上部边界层的埃克曼螺线方程 …… 21
1.5.5　风向、风速的工程计算模型 …… 21
1.6　标准气象条件 …… 23
1.6.1　标准气象条件的概念 …… 23
1.6.2　我国炮兵标准气象条件 …… 24

1.6.3 对我国炮兵高空标准气象条件的扩展 …… 25

第2章 弹箭飞行运动常用坐标系 …… 28

2.1 描述弹箭质心运动的常用坐标系 …… 28
2.1.1 直角坐标系和自然坐标系 …… 28
2.1.2 计及地表曲率的地表切面坐标系 …… 29
2.2 建立弹箭刚体运动方程组常用的坐标系及转换关系 …… 30
2.2.1 常用坐标系 …… 30
2.2.2 坐标系之间的转换关系 …… 31
2.2.3 角度之间的几何关系 …… 34
2.3 弹箭导航常用坐标系及其转换关系 …… 34
2.3.1 WGS-84 坐标系 …… 34
2.3.2 WGS-84 坐标系与东北天坐标系的转换关系 …… 35
2.3.3 2000 国家大地坐标系 …… 37

第3章 作用于弹箭上的常见力和力矩 …… 38

3.1 重力和重力加速度 …… 38
3.2 地球旋转引起的科氏惯性力 …… 38
3.3 作用在弹箭上的空气动力和力矩 …… 39
3.3.1 阻力 …… 39
3.3.2 升力 …… 42
3.3.3 马格努斯力 …… 43
3.3.4 静力矩 …… 44
3.3.5 赤道阻尼力矩 …… 45
3.3.6 极阻尼力矩 …… 45
3.3.7 尾翼导转力矩 …… 47
3.3.8 马格努斯力矩 …… 47
3.4 作用在有控弹箭上的控制力和力矩 …… 48
3.5 火箭发动机推力 …… 50
3.6 获取弹箭空气动力系数的一般方法 …… 52
3.6.1 常用工程计算方法 …… 53
3.6.2 飞行试验法 …… 76
3.7 弹箭气动布局与外形 …… 80
3.7.1 常见的弹箭气动布局形式 …… 81

3.7.2　弹箭气动外形布局选择 …… 83

第 4 章　弹箭质心运动方程组及空气弹道特性 …… 84

4.1　外弹道学基本假设 …… 84
4.2　弹箭质心运动方程组建立 …… 85
4.2.1　直角坐标系下弹箭的质心运动方程组 …… 85
4.2.2　自然坐标系下弹箭的质心运动方程组 …… 86
4.3　弹道方程组解法 …… 87
4.3.1　弹道方程组的解析解法 …… 87
4.3.2　弹道方程组的数值解法 …… 88
4.4　空气弹道特性 …… 89
4.4.1　速度沿全弹道的变化 …… 89
4.4.2　质心加速度沿全弹道的变化 …… 92
4.4.3　空气弹道的不对称性 …… 93
4.4.4　最大射程角 …… 94
4.4.5　原点弹道假设下空气弹道的确定 …… 95
4.4.6　旋转加速度 $\ddot{\gamma}$ 沿全弹道的变化 …… 96
4.5　外弹道散布特性及计算方法 …… 98
4.5.1　影响外弹道散布的主要因素 …… 98
4.5.2　外弹道散布的计算方法及减小途径 …… 100

第 5 章　弹箭一般运动方程组 …… 103

5.1　弹箭运动方程的一般形式 …… 103
5.1.1　速度坐标系下的弹箭质心运动方程 …… 103
5.1.2　弹轴坐标系下的弹箭绕心运动方程 …… 104
5.1.3　弹箭刚体运动方程组的一般形式 …… 108
5.2　弹道方程中的空气动力和空气动力矩表达式 …… 108
5.2.1　有风时的空气动力 …… 109
5.2.2　有风时的空气动力矩 …… 110
5.3　6 自由度刚体弹道方程组 …… 114
5.4　降阶的 5 自由度刚体弹道方程组 …… 116
5.5　4 自由度修正质点弹道方程组 …… 117
5.6　弹箭一般运动方程组研究与应用中的一些问题 …… 120

第二篇 弹箭飞行稳定性理论

第6章 旋转稳定弹角运动理论 …… 125

6.1 引起弹丸角运动的主要原因 …… 125
6.2 旋转稳定弹角运动方程的建立 …… 128
6.2.1 炮弹角运动的几何描述 …… 128
6.2.2 弹箭角运动方程组 …… 129
6.2.3 质心速度方程和自转角方程的解析解 …… 132
6.3 简化条件下的旋转稳定理论 …… 133
6.3.1 攻角方程解的一般形式 …… 133
6.3.2 陀螺稳定条件 …… 134
6.3.3 初始扰动产生的角运动 …… 135
6.4 初始扰动对质心运动的影响——气动跳角 …… 137
6.4.1 由初始扰动 $\dot{\boldsymbol{\Delta}}_0$ 产生的平均偏角 …… 137
6.4.2 由初始扰动 $\boldsymbol{\Delta}_0$ 产生的气动跳角 …… 138
6.5 脉冲修正弹的稳定性 …… 139
6.6 动力平衡角的产生机理及特性 …… 141
6.6.1 动力平衡角的理论推导 …… 141
6.6.2 动力平衡角沿全弹道的变化 …… 142
6.7 偏流的近似计算及工程应用 …… 143
6.7.1 偏流的近似计算 …… 143
6.7.2 偏流的工程应用 …… 144
6.8 考虑全部空气动力和力矩时攻角方程的解及稳定性判据 …… 147
6.9 过稳定弹丸外弹道特性分析 …… 150
6.9.1 过稳定弹丸的概念 …… 150
6.9.2 低伸弹道条件下正常陀螺稳定弹丸的情况 …… 151
6.9.3 低伸弹道条件下过稳定弹丸的情况 …… 152
6.9.4 飞行弹道特性分析 …… 153
6.9.5 实现过稳定弹丸的条件及其对弹道特性的影响 …… 154

第7章 尾翼稳定弹角运动理论 …… 155

7.1 攻角运动方程的齐次解 …… 155

7.2 起始扰动对质心运动的影响 …… 157
7.3 低旋尾翼弹攻角方程的解 …… 158
7.3.1 低旋尾翼弹的导转及平衡转速 …… 158
7.3.2 由起始扰动引起的角运动及对质心运动的影响 …… 159
7.4 尾翼弹的动力平衡角及偏流 …… 160
7.4.1 非旋转尾翼弹的动力平衡角 …… 161
7.4.2 低旋尾翼弹的动力平衡角及偏流 …… 161
7.4.3 尾翼稳定弹在曲线弹道上的追随稳定性 …… 162
7.5 低旋尾翼弹的共振不稳定问题 …… 162

第三篇 外弹道设计理论与增程技术

第 8 章 外弹道设计 …… 169
8.1 外弹道设计问题 …… 169
8.2 经典外弹道设计方法 …… 170
8.2.1 榴弹炮较佳弹丸质量与初速的设计 …… 171
8.2.2 飞行稳定性设计 …… 172
8.2.3 地炮初速级设计 …… 176
8.3 现代外弹道设计方法 …… 178
8.4 外弹道优化设计 …… 179
8.4.1 外弹道优化设计数学模型的建立 …… 179
8.4.2 典型弹种的外弹道优化设计数学模型 …… 183
8.4.3 外弹道优化设计问题可采用的优化方法 …… 192
8.4.4 外弹道优化设计中应注意的问题 …… 203
8.4.5 外弹道优化设计的一般步骤 …… 207
8.5 外弹道反设计 …… 207
8.5.1 外弹道反设计的概念、目的与设计流程 …… 207
8.5.2 外弹道反设计主要解决的问题与常用计算方法 …… 208

第 9 章 外弹道相似性理论 …… 210
9.1 外弹道相似性问题 …… 210
9.2 外弹道相似性与相似性条件 …… 211
9.2.1 外弹道诸元相似性分类 …… 211

9.2.2　旋转弹的外弹道相似性条件 …… 211
9.2.3　外弹道相似性与相似条件的讨论 …… 220
9.2.4　尾翼弹的外弹道相似性条件 …… 223
9.3　非完全相似条件下的外弹道相似性修正问题 …… 225
9.3.1　问题的引出 …… 225
9.3.2　非完全相似条件下的外弹道相似性修正方法 …… 226
9.4　外弹道相似性应用实例 …… 231
9.4.1　基本弹与模拟弹选定 …… 231
9.4.2　模拟弹方案设计 …… 231
9.4.3　两弹外弹道相似性对比分析 …… 232

第 10 章　外弹道减阻与增程技术 …… 236

10.1　气动外形减阻增程技术 …… 236
10.1.1　优化弹形减阻增程概述 …… 236
10.1.2　炮弹最小波阻母线方程近似解 …… 237
10.1.3　外形减阻优化设计 …… 241
10.2　底排外弹道增程技术 …… 242
10.2.1　底排减阻增程原理 …… 242
10.2.2　底排弹外弹道特性 …… 244
10.3　火箭增程技术 …… 246
10.3.1　火箭增程原理 …… 246
10.3.2　火箭助推增程弹外弹道特性 …… 247
10.4　滑翔增程技术 …… 248
10.4.1　炮弹滑翔增程原理 …… 248
10.4.2　滑翔增程弹弹道特性 …… 250
10.5　冲压增程技术 …… 251
10.5.1　冲压增程原理 …… 251
10.5.2　固体燃料冲压发动机增程弹增程的影响因素 …… 252

第四篇　弹箭飞行弹道控制理论与技术

第 11 章　弹道滤波与弹道预报 …… 257

11.1　弹道滤波的基本概念 …… 257

11.2 弹道滤波方法 …… 258
11.2.1 最小二乘滤波 …… 258
11.2.2 多项式卡尔曼滤波 …… 265
11.2.3 扩展卡尔曼滤波 …… 270
11.2.4 无迹卡尔曼滤波 …… 283
11.3 弹道预报的概念与方法 …… 290
11.3.1 基本概念 …… 290
11.3.2 影响弹道预报效果的主要因素 …… 292
11.3.3 弹道预报与弹道滤波的关系及弹道预报模型的建立 …… 293
11.3.4 弹道预报在工程中的应用 …… 294

第 12 章 弹道修正技术 …… 297

12.1 弹道修正技术简介 …… 297
12.2 阻力型一维弹道修正技术 …… 299
12.2.1 阻力型一维弹道修正执行机构及其特点 …… 299
12.2.2 阻力型一维弹道修正弹的外弹道模型 …… 302
12.2.3 射程超越量函数 …… 305
12.2.4 阻力型一维弹道修正弹的外弹道特性 …… 308
12.3 二维弹道修正技术 …… 309
12.3.1 二维弹道修正执行机构及其特点 …… 309
12.3.2 二维弹道修正弹的外弹道模型 …… 310
12.3.3 脉冲弹道修正弹的外弹道特性 …… 316
12.3.4 简易固定鸭舵 PGK 双旋弹道修正弹的外弹道特性 …… 324
12.4 弹道修正控制方法 …… 327
12.5 弹道修正技术在工程应用中的若干问题 …… 328
12.5.1 弹道探测修正体制选择与流程时序设计 …… 328
12.5.2 地面模拟方法 …… 330
12.5.3 弹道修正弹射表问题 …… 333

第 13 章 滑翔增程制导炮弹飞行控制技术 …… 337

13.1 滑翔增程制导炮弹简介 …… 337
13.1.1 滑翔增程制导炮弹原理及特点 …… 337
13.1.2 研究现状 …… 338
13.1.3 主要难点问题 …… 340

13.2 滑翔增程制导炮弹方案与结构布局 …… 342
13.2.1 滑翔增程制导炮弹的组成与总体设计方法 …… 342
13.2.2 滑翔增程制导炮弹的气动布局与结构 …… 344
13.2.3 滑翔增程制导炮弹的飞行控制特点 …… 346
13.3 滑翔增程制导炮弹飞行控制弹道模型及弹道特性 …… 347
13.3.1 滑翔增程制导炮弹弹道控制模型 …… 347
13.3.2 滑翔增程制导炮弹飞行控制弹道特性分析 …… 349
13.4 滑翔增程制导炮弹方案弹道规划 …… 354
13.4.1 方案弹道的作用及特点 …… 354
13.4.2 滑翔飞行方案弹道规划方法 …… 355
13.5 滑翔增程制导炮弹飞行控制策略与方法 …… 361
13.5.1 制导系统功能与分类 …… 361
13.5.2 滑翔增程制导炮弹制导方案 …… 363
13.5.3 中制导系统指令形式 …… 365
13.5.4 阻尼回路设计 …… 365
13.5.5 中制导设计 …… 366
13.5.6 末端精确比例导引方法 …… 367
13.5.7 中末制导稳定交接算法 …… 368
13.6 飞行弹道控制模拟仿真技术 …… 368
13.6.1 制导炮弹发射及飞行环境特性 …… 368
13.6.2 飞行控制部件环境模拟 …… 369
13.6.3 飞行控制系统功能动态模拟 …… 371
13.7 滑翔增程制导炮弹广义射表概述 …… 374
13.7.1 广义射表的功能 …… 374
13.7.2 广义射表与常规弹药射表的主要差异 …… 374
13.7.3 广义射表的主要内容及编制步骤 …… 375
13.7.4 广义射表编制的要点或难点 …… 376
参考文献 …… 377

绪　论

弹道学是研究弹箭自发射(或投放)、飞行,直至命中毁伤目标全过程的力学现象与相关规律的学科,是兵器科学与技术的重要基础。飞行弹道性能的优劣是弹箭武器综合性能状况的直接体现,弹道学理论与技术的发展、应用同弹箭技术的发展状况息息相关。

对于身管武器发射的弹箭,由发射、飞行的场景和运动过程中作用力系的特征状况,细化弹箭运动的全力学环境过程,可以划分为四个阶段:

(1) 从点火开始到弹丸出膛口为止;

(2) 从弹丸出膛口开始到膛口射流对弹丸的作用结束为止;

(3) 从膛口射流对弹丸冲击作用结束时开始到弹丸飞行结束为止;

(4) 弹丸对目标的毁伤过程。

每个阶段的研究内涵特征不同,对应这四个阶段的研究,弹道学分为四大分支。

(1) 内弹道学(interior ballistics):研究弹丸在膛内的运动规律,以及膛内燃烧和火药气体流动现象。

(2) 中间弹道学(intermediate ballistics):研究弹丸在膛口冲击流场中的运动规律,以及膛口射流与压力场现象。

(3) 外弹道学(exterior ballistics):研究弹丸在空中的运动规律、飞行特性,以及相关力学问题与现象。

(4) 终点弹道学(terminal ballistics):研究弹丸对目标的毁伤效应与作用机理。

外弹道学研究的对象主要为常规兵器领域里的各类弹箭,一般为单一刚体,少量情况下也涉及一些特殊形体(如多刚体耦合、刚体与柔性体耦合、刚体与液体耦合等);弹箭飞行运动的环境介质主要在稠密大气中,近年来研究弹箭飞行运动也涉及一些特殊环境介质状况(如稠密大气与稀薄空气混杂、空气与水介质混杂等)。

从很早起,人们已渐渐地了解、掌握、应用外弹道方面的技能了。如果从目前可查阅到的希腊哲学家费朗(公元前3世纪)编写的一本有关投掷机设计、制造及其应用技术的图书算起,外弹道学的演变和发展已有了较长的历史。

外弹道学的发展大致经历了几个重要阶段。

(1) 古代(臆想)外弹道学:凭一些唯心臆想来解释、描述飞行弹道现象,提出不甚科学的运动学说,如塔尔塔利亚的抛体运动模型和亚里士多德的物体运动学说。

(2) 外弹道基本假设和质点外弹道学(17世纪~19世纪中期):在真空抛物线弹道理论的基础上,发现了弹箭飞行中存在空气阻力,出现了一些测试空气阻力的装置,引入弹箭运动的一些基本物理假设,提出相关力学模型和运动方程,创建了质点飞行弹道理论,认知并合理解释了一些弹箭空气弹道特性,提出了一些飞行弹道近似解法。

(3) 刚体外弹道学(19 世纪末~20 世纪 80 年代):开始研究作用在弹箭上的各类力和力矩,建立弹箭飞行的刚体运动力学模型、各类阻力定律和标准气象条件,外弹道试验系统和测试条件(如风洞、靶道、雷达测试等)有了很大提高,弹道数值计算、飞行稳定性理论、射表编制方法及其应用等有了很大发展。

(4) 现代外弹道学(20 世纪 90 年代至今):随着一些精确打击弹箭技术、远程弹箭技术、特种弹箭(充液弹、子母弹和一些特殊外形结构弹箭)技术的应用,弹箭飞行运动方程组的建立更加细致、完善,弹道数值计算技术有了极大发展(更加精确、快速,考虑的影响因素更加全面、细致),外弹道设计进入由飞行弹道性能综合匹配来指导弹箭结构设计阶段,飞行弹道的测试与模拟仿真更加多样、准确。

概括地讲,对质点和刚体外弹道学的研究形成所谓的经典外弹道理论,指在一定的运动环境条件及假设下,对常规弹箭的运动力学现象和机理认知较为深入、充分,数学力学模型的建立及其求解趋于成熟,应用方面已无大的障碍,依据这些理论所设计的弹箭,其弹道性能已难有大的突破。

对于一些新型弹箭或在新的运动环境条件及假设下(或新的要求)引出的一些新的弹道问题,采用经典外弹道理论已难以适应、解决这些问题,要对这些弹道新问题在机理、技术及工程应用等方面开展全面、深入的研究,形成较为完整的理论体系,即现代外弹道理论。

经典外弹道理论和现代外弹道理论与不同历史阶段、弹箭的发展状况(特点、要求)等紧密关联,具有明显的"时代印记",现代外弹道理论与技术的发展,标志着弹箭性能水平整体迈上一个新台阶。站在外弹道学发展历史的坐标轴上看,今日的现代外弹道理论也终将成为未来经典外弹道理论,而伴随着未来新型弹箭发展,也必将孕育出新的现代外弹道理论。

弹箭兵器技术的需求、发展,不断促进外弹道理论的深入研究、丰富自身内涵。而学习、研究外弹道学,对其理论基础、内容构架(重点与难点)、弹与道的关系,也应有很好的认识和理解。

外弹道学的主要研究内容,大致可分为运动方程组建立、运动稳定性理论、飞行弹道数值计算、外弹道设计、弹箭飞行控制理论与技术、外弹道测试与模拟、射表编制等。

建立弹箭运动方程组是外弹道研究的基础,其研究的基本出发点及理论依据是牛顿第二定律和动量矩定理。有关各类地面和弹上坐标系(为简便矢量方程分解投影)、作用在弹箭上的所有力和力矩、飞行环境条件(如气象条件)与假设(如弹箭为轴对称刚体)等内容都围绕此方面开展,重点是建立合理、适度简化的、符合实际且能满足工程应用的运动方程组。

弹箭运动稳定性理论中重点研究不同弹箭在不同飞行环境下的飞行稳定性特性、主要影响因素及其规律。研究的主要途径是对运动方程组进行必要的简化,以期求出方程的近似解析解(或方程组特征分析),据此可研究弹箭飞行运动的各类因素影响规律、飞行稳定性条件,建立一些飞行判据等。其中,对运动方程组进行合理、适度的简化,并研究相应的解析解求解(或方程组特征分析)方法、建立飞行稳定性判据,是重点也是难点。

飞行弹道数值计算,是指获得各种飞行环境条件下的弹道参数与性能状况,是弹箭外弹道研究与应用最为广泛、形式最多样的内容。弹道数值计算中,所有方程组中涉及的参数(如初始条件、气动参数、气象参数)及对方程组的简化等,对计算结果都有直接影响。弹道数值计算在实际应用中常遇到许多要求,如需快速计算或针对某些特殊环境条件或特殊弹箭来计算,因此会根据需要,对方程组或算法作一些特殊简化等。对于弹道数值计算,选取合适的运动方程组、确定一套完整的用于计算方程组所需的参数是重点,而要准确获取这些参数(如作用在弹箭上的力和力矩、初始条件等)是难点。此外,积累外弹道数值计算实际应用经验也十分重要。

根据选定的运动方程组、预先确定的一套所需参数进行弹道计算,得到的飞行弹道称为理论计算弹道。然而,在实际发射及飞行过程中,由于受到各种随机误差的影响,弹箭的实际飞行弹道均不同于该理论计算弹道,但通常围绕着该理论计算弹道分布,存在着一定的差异。随着一些新型弹箭(如弹道修正弹)的出现,在现代飞行弹道数值计算研究中,探索将一些随机误差对飞行弹道的影响进行在线辨识,并用某些主要弹道特征参数当量表征,据此实时预报后续飞行弹道,使其极为接近实际弹道,由此出现弹道预报理论与技术,相信随着今后新型弹箭的发展,还会对该技术进行更深入的研究、完善,有良好的应用前景。

外弹道设计,是指对于某具体弹箭,根据相关性能要求、环境与使用条件等,针对该弹箭的特点,设计出弹箭结构外形方案,使其飞行弹道性能满足相关性能要求。这一过程中,核心是在一定要求、条件下,协调好弹箭结构外形参数同诸性能与影响因素之间的匹配关系,重点是掌握、处理好弹与道的关系。以往经典外弹道设计流程的重点放在先根据某要求设计出"弹"结构与外形,"道"也就自然确定了,即先行根据某主要性能(如飞行阻力或终点毁伤等)要求设计出弹结构方案,检验外弹道的其他性能状况(如飞行稳定性等),再对弹结构参数进行一些适当调整即可,这是以往常用的外弹道设计方法。而这样设计出的弹道,未必是条性能"优良"的弹道。外弹道的性能状况应是弹箭武器性能综合匹配效果的体现,首先应根据弹箭性能要求,综合匹配不同性能与弹箭结构、外形设计参数和一些要求条件间的关系,规划出良好的飞行弹道(甚至总体性能优于要求性能),据此指导、设计能按此"道"飞行的弹箭结构,也即首先匹配设计出性能优良的"道",再去设计能按此"道"飞行的"弹",是学习、掌握现代外弹道设计及其应用中应该采用的方法,也是外弹道设计内容的重点。

伴随着制导弹箭的出现,弹箭飞行控制理论与技术成为近年来外弹道学研究的新发展方向之一,研究对象主要是常规兵器领域内身管武器发射的炮弹、火箭弹等可控弹箭。同已往传统导弹相比,所研究的可控弹箭(特别是炮弹)在发射与飞行中的动力学环境(发射过程的高冲击过载,飞行控制中弹体的摆动、滚转等弹道参数急剧变化,发射前导航装置无法初值对准装定等)、全弹结构布局限制、全弹动力航程裕度及飞行控制能力(炮弹在飞行控制过程中无续航动力、飞行弹道调节能力弱)等方面有很大差异,导致可以上弹应用的导航与控制部件受限,给制导控制体制选取、飞行控制弹道设计、控制方案与控制策略确定等带来较大影响,使弹箭飞行控制面临许多新问题与困难。针对身管武器发射和飞行环境条件及相关性能等要求,弹箭飞行控制理论与技术主要研究可采用的不同制导控制体制及其特点、飞行控制运动方程、弹道特性与规律、不同飞行控制弹道方案与控制策略方法、控制系统与控制器设计、弹箭飞行控制仿真模拟及其在工程应用中的相关问题等。根据相关要求和环境条件,设计出适配炮弹的飞行控制弹道方案及控制策略方法是研究重点。弹箭飞行控制理论与技术的研究,极大地丰富了现代外弹道学的内涵,后续在这个方向上也必将开展更加深入、全面的研究。

外弹道测试与模拟,是外弹道学中一项传统内容。近年来,随着信息化弹箭、超远程和超高速飞行弹箭及一些新型弹箭的不断出现,外弹道测试与模拟出现了许多新需求、新问题、新技术,正在朝测试更加精确、更加精细、实时在线处理性能更佳、可测试参数更加全面多样等方向发展,并且在许多信息化弹箭上得到应用。而外弹道模拟技术则主要致力于使弹箭发射、飞行运动过程及特性尽可能接近实际状况,通过地面装置或设备模拟再现出来。如何在地面尽可能接近弹箭的实际运动全过程状况来进行模拟仿真、检测调试,是外弹道模拟仿真的难点。

射表编制也是外弹道学实际应用中的一项经典内容。对于某一弹箭,射表是根据任务要求和条件,用来确定射击诸元及相关特征弹道参数的文件,其功能在于指示主要飞行弹道参数,作战时能快速、准确地帮助确定射击诸元。其中,如何获取较准确、全套的编表所需弹道参数(如气动参数等),是射表编制的难点。近些年来,出现了一些可飞行控制的新型弹箭,相应地,其射表也赋予了新的形式和内涵,虽然主要作用不变,但功能和内涵则有所扩充(还需含有射前根据作战任务和条件确定的弹道规划的主要特征参数等),在作战时能迅速帮助确定射击诸元及一些主要飞行控制特征参数。有关这些方面的新内容,本书有所介绍。

弹箭技术迅猛发展,给外弹道学研究提出许多新问题、新需求,也使得外弹道学研究内容不断丰富。多年来,作者重点围绕新型弹箭的运动方程组及数值模拟仿真(包括弹道预报和弹道特征参数辨识)、外弹道设计、外弹道相似性、弹道修正、炮弹飞行制导控制等外弹道理论与技术开展研究。本书是以这些研究内容为主,对其进行提炼、总结而成,可供从事外弹道学或相关领域的研究人员参考、使用。考虑到这些新内容同外弹道学中已有的许多研究内容(如外弹道学中常用坐标系、一般弹箭外弹道运动方程组的建立、飞行稳定性理论等)在体系上的传承性、关联性,同时为使全书内容在层次与脉络上更加清晰、体系更加完整、衔接上更紧密,全书内容由浅入深,便于读者阅读掌握,作者也将外弹道学中一些基本理论与问题汇入本书,并对这些内容的有些部分进行了拓展研究或应用分析说明。

学习外弹道学,研究弹箭的飞行弹道运动规律和特性,目的是在工程研制中对各类弹箭的研究能很好地应用这些理论与规律等。其中,根据外弹道学各部分内容的研究过程思路与要素,结合所遇问题的具体要求、特点、条件等,将外弹道问题作适当假设、简化等(或者说,熟悉并应用外弹道学中各方面问题研究的思路与要领、处理方法与策略),是研究人员在学习并将外弹道学应用于实际中常要面临并需掌握的。此外,外弹道学除了与数学、物理等基础理论学科紧密关联之外,还与空气动力学、高等动力学、飞行力学、数值计算技术、制导与控制理论、气象学等许多相关学科密切关联。研究人员要学习、掌握并在实践中对外弹道理论与技术有较好的应用,熟知这些相关学科内容是必要的。

第一篇

外弹道学基本知识

第 1 章　地球模型与大气特性

弹箭在空中飞行,必然与空气间存在着相互作用。其中,空气对弹箭的作用力,称为空气动力;空气动力对弹箭质心的力矩,称为空气力矩。空气动力和力矩对弹箭的运动有着极其重要的影响,是引起许多外弹道现象的根本原因。

由于空气动力和力矩是由弹箭在大气中运动而产生的,作用在弹箭上的空气动力和力矩主要决定于: ① 大气的特性;② 弹丸的运动状态;③ 弹丸的几何外形。同时,弹箭在地球重力场内也将受到地球重力的作用,它和弹箭与地心的相对位置及地球状况等有关。因此,本章首先对地球模型与大气特性的基本知识进行介绍,然后,对我国炮兵标准气象条件的现状与扩展等进行介绍,为后续章节介绍作用在弹箭上的空气动力与力矩、重力与科氏惯性力在不同坐标系下的表达式、弹箭运动方程组、空气弹道特性等提供基础知识。

1.1　地球假设与地球模型

1.1.1　地球的形状及相关假设模型

弹箭在地球周围的大气中飞行,地球重力场状况及大气层特性对弹箭飞行运动有直接影响,因此若想了解弹箭的外弹道特性,应首先了解地球的相关知识。

人们对地球形状的认识经历了一个长期的过程,现代科学研究表明,地球是一个两极稍扁、赤道略鼓起的不规则球体,既不是正圆球体,也不是规则的两轴椭球体,而称为"三轴椭球体"。在大地测量学、天文学、弹道学等学科研究中,为便于各种计算,有必要采用比较规则的地球模型,即假设模型,目前常用的地球假设模型包括椭球模型和圆球模型。

椭球模型指规则的两轴椭球体,其长半轴(赤道平均半径)为 6 378 245 m、短半轴(极半径)为 6 356 863 m。对于圆球模型,主要的地球常数是地球半径,它可以按照不同的方式来确定,如果按照体积当量处理,具有与椭球体相同体积的圆球体半径为 6 371 110 m,将其作为地球的平均半径。理论上讲,椭球模型比圆球模型更加接近地球的实际形状,但对于弹箭外弹道研究,在射程较近(如几十千米)的条件下,采用两种假设模型的差异很微小。因此,在常规炮弹射表编制中,所用标准地球条件就是假设地球表面为一球面,地球为圆球,半径取为 6 356 766 m(该值不是地球的平均半径,而是在北纬 45°32′33″上考虑了该纬度的离心加速度影响所取的有效地球半径,下一节将详细介绍)。对于超远程弹箭(如射程达到 300 km 以上),可考虑采用椭球模型,以减小弹道计算误差。

1.1.2 圆球模型对应的重力加速度

地球上的一切物体均随着地球一起旋转，飞行弹箭不仅受到地球地心引力的作用，还受到因地球旋转而引起的离心惯性力的作用。重力就是地心引力和离心惯性力的合力，如图 1.1.1 所示。

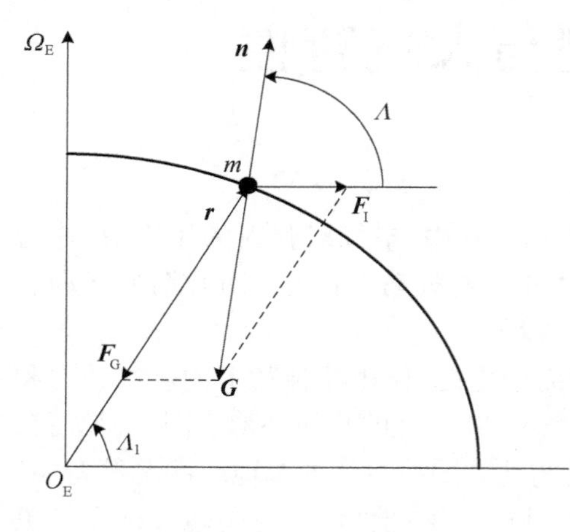

图 1.1.1 重力的组成

图 1.1.1 为北半球的一部分，其中 $\boldsymbol{G}$ 为重力矢量，$\boldsymbol{F}_G$ 表示地球引力，$\boldsymbol{F}_I$ 表示离心惯性力。按照力的合成关系，有

$$\boldsymbol{G} = \boldsymbol{F}_G + \boldsymbol{F}_I \tag{1.1.1}$$

假设运动弹箭的质量为 m，则重力加速度 $\boldsymbol{g}$ 可表示为

$$\boldsymbol{g} = \frac{\boldsymbol{G}}{m} = \frac{\boldsymbol{F}_G}{m} + \frac{\boldsymbol{F}_I}{m} = \boldsymbol{a}_G + \boldsymbol{a}_I \tag{1.1.2}$$

式中，$\boldsymbol{a}_G$、$\boldsymbol{a}_I$ 分别为引力加速度和离心惯性力加速度。

离心惯性力加速度的大小 a_I 与弹箭所处的纬度 Λ 有关，为

$$a_I = r\cos\Lambda\Omega_E^2 \tag{1.1.3}$$

式中，r 为弹箭质心到地心的距离，对应采用圆球模型，当弹箭离地面高度为 y 时，则 $r = y + r_E$，其中 r_E 为地球半径（地表面至地心的距离）；Ω_E 为地球自转角速度，约为 7.292×10^{-5} rad/s。

假如弹箭飞行高度 $y = 0$，取纬度 $\Lambda = 0°$，地球半径 $r_E = 6\,371\,110$ m，则根据式(1.1.3)计算出 $a_I = 0.034\ \mathrm{m/s^2}$，这个值只有重力加速度的 1/289，故一般认为 $\boldsymbol{g}$ 的方向与 $\boldsymbol{a}_G$ 的方向基本一致，且数值上差异也很小。因此，计算重力加速度主要是计算地心引力加速度。地心引力加速度大小 a_G 的计算公式为

$$a_G = \frac{kM_E}{r^2} \tag{1.1.4}$$

式中，M_E 为地球质量；k 为万有引力常数。

根据图 1.1.1 中的几何关系，可得重力加速度大小 g 的计算公式为

$$g = \sqrt{a_G^2 + a_I^2 - 2a_G a_I\cos\Lambda} = a_G\sqrt{1 + \left(\frac{a_I}{a_G}\right)^2 - 2\left(\frac{a_I}{a_G}\right)\cos\Lambda} \tag{1.1.5}$$

如前所述，a_I 远远小于 a_G，$(a_I/a_G)^2$ 为二阶小量，可以忽略，故式(1.1.5)可近似为

$$g \approx a_G\left(1 - \frac{a_I}{a_G}\cos\Lambda\right) \tag{1.1.6}$$

将式(1.1.3)和式(1.1.4)代入式(1.1.6),经过整理可得

$$g \approx g'_{\Lambda=0}(1 + k_{\Lambda}\sin^2\Lambda) \tag{1.1.7}$$

式中,$g'_{\Lambda=0}=\dfrac{kM_E}{(r_0+y)^2}-(r_0+y)\Omega_E^2$,其物理意义是纬度 $\Lambda=0°$ 处的重力加速度,r_0 为地球表面至地心的距离,y 为弹箭飞行高度,根据大地测量理论及实测结果,目前取 $g'_{\Lambda=0}=9.780\,34\ \text{m/s}^2$;$k_{\Lambda}$ 为克列罗系数,在北纬 $\Lambda=45°32'33''$ 处多次测量的海平面上的重力加速度为 $g=9.806\,65\ \text{m/s}^2$,将该值与 $g'_{\Lambda=0}=9.780\,34\ \text{m/s}^2$,$\Lambda=45°32'33''$ 代入式(1.1.7),反算出 $k_{\Lambda}=5.280\,01\times10^{-3}$。

需要说明的是,由重力示意图可知,重力加速度的方向与悬垂线的方向一致,即垂直于当地水平面,前面也说了,$\boldsymbol{g}$ 的方向与 $\boldsymbol{a}_G$ 的方向基本一致,但实际上有差异,$\boldsymbol{g}$ 的方向并不严格指向地心,其与地球赤道面之间的夹角(地理纬度 Λ) 和 $\boldsymbol{a}_G$ 与地球赤道面之间的夹角(地心纬度 Λ') 存在下述关系:

$$\Lambda' \approx \Lambda - 11'30''\sin(2\Lambda) \tag{1.1.8}$$

显然,当地理纬度 $\Lambda=45°$ 时,$(\Lambda-\Lambda')$ 的最大值为 $11'30''$,差异很小。因此,在计算重力加速度时,可不区分地理纬度 Λ 和地心纬度 Λ'。

式(1.1.7)反映了纬度对重力加速度的影响,计算表明,当弹箭射程小于 80 km 时,相应的纬度变化不超过 0.8°,对应的重力加速度差异不超过 $0.000\,7\ \text{m/s}^2$。但随着现代超远程弹箭的出现(射程 300 km 以上),这种影响是需要在弹道计算中考虑的。

还有一些其他的近似公式表征重力加速度随高度变化的关系,如弹道高为 y 处的重力加速度可采用平方反比公式计算:

$$g = g_0\left(\frac{r_0}{r_0+y+y_g}\right)^2 \tag{1.1.9}$$

式中,r_0 不是平均地球半径(与前面提到的地球半径 $r_E=6\,371\,110$ m 略有不同),而是在特定纬度上考虑了该纬度的离心加速度影响所取的有效地球半径,在北纬 $\Lambda=45°32'33''$,$r_0=6\,356\,766$;y_g 为弹道起始点的海拔。

我国在进行外弹道计算时,重力加速度地面值通常取标准值 $g_0=9.80\ \text{m/s}^2$,按照式(1.1.7)反算出纬度大约为 $\Lambda=38°$,属于我国黄河流域一带,这对于我国的地理位置来说还是比较合适的。假如,取 $g=9.806\,65\ \text{m/s}^2$,$g_0=9.80\ \text{m/s}^2$,$r_0=6\,356\,766$ m,按如下比例公式进行反算:

$$\left(\frac{r}{r_0}\right)^2 = \left(\frac{g}{g_0}\right) \tag{1.1.10}$$

可得 $r=6\,358\,922$ m,这是与 $9.80\ \text{m/s}^2$ 相对应的有效地球半径。

对于式(1.1.9),取 $r_0=6\,358\,922$ m,$g_0=9.80\ \text{m/s}^2$,则可以计算不同高度对应的重力加速度 g,如图 1.1.2 所示。

计算表明,若 $y=32$ km,取 $y_g=0$,与地面值相比,g 仅减小约 1%,这对于几十千米的近程弹道影响不大,g 可取常数,但对于远程、大高度弹道的计算还是有一定影响的。

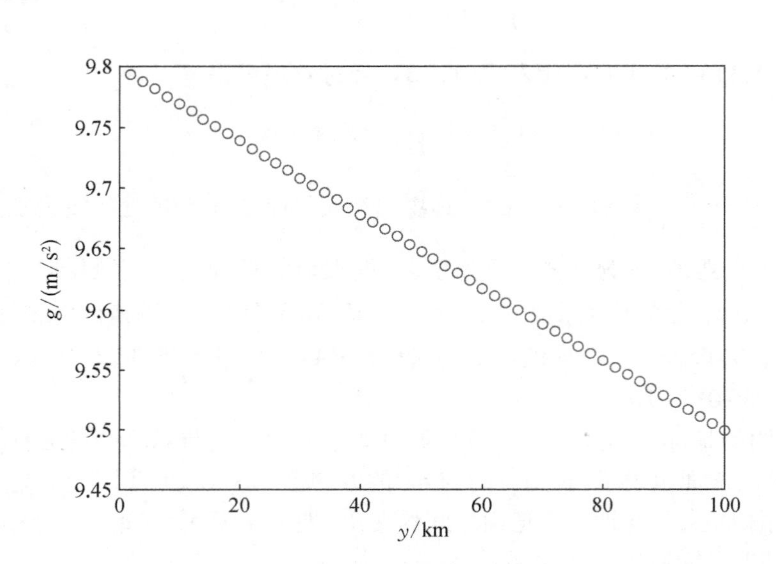

图 1.1.2 重力加速度随高度的变化

1.1.3 椭球模型对应的重力加速度

本节将在椭球模型条件下讨论重力加速度。根据地球假设模型,正常地球椭球是真实地球的一个近似,使用正常地球椭球地表及其对应的重力来计算弹道,将有助于提高计算精度。

在椭球地表模型重力加速度的推导计算中,需要用到的坐标系定义及转换关系如下。

(1) 地面坐标系 ($O'xyz$): 以弹道起点为坐标原点;以射击面与弹道起点水平面的交线为 x 轴,顺射向为正, y 轴铅直向上, z 轴依右手法则确定。地面坐标系的基用 e_g 表示。

(2) 地心大地直角坐标系 ($O_e x_s y_s z_s$): 坐标原点位于地球中心 O_e; $O_e z_s$ 轴沿地球自转轴指向北极; $O_e x_s$ 轴为起始天文子午面与地球赤道平面的交线,且指向外方向; $O_e y_s$ 轴指向东方,且与 $O_e z_s$ 轴、$O_e x_s$ 轴构成右手直角坐标系。地心大地直角坐标系的基用 e_s 表示。

(3) 北东地坐标系 ($Onre$): 坐标原点位于弹箭质心 O, 其中 e 轴在弹箭水平面(椭球表面的切平面)内指向东方, n 轴指向正北方, r 轴垂直于地球表面并指向下。

(4) 双曲椭球坐标系 ($O_m x_c y_c z_c$): 双曲椭球坐标系空间任一点坐标 (w, u, v) 与地心大地直角坐标系中坐标 (x_s, y_s, z_s) 的转换关系为

$$\begin{cases} x_s = E\cosh w \cos u \cos v \\ y_s = E\cosh w \cos u \sin v \\ z_s = E\sinh w \sin u \end{cases} \tag{1.1.11}$$

式中,E 为常数;u 为归一化纬度;v 为归一化经度;w 为椭球面的参数,因椭球面的大小而异。

由式(1.1.11)可得

$$(x_s^2 + y_s^2)/a^2 + z_s^2/c^2 = 1 \tag{1.1.12}$$

式中, $a = E\cosh w$; $c = \sinh w$, 其中 w 按式(1.1.13)计算:

$$w = \operatorname{arsinh}\sqrt{\frac{x_s^2 + y_s^2 + z_s^2 - E^2}{2E^2} + \sqrt{\left(\frac{x_s^2 + y_s^2 + z_s^2 - E^2}{2E^2}\right)^2 + \frac{z_s^2}{E^2}}} \tag{1.1.13}$$

由于 E 为常数,可以通过总地球椭球上的参数来确定,有如下关系式:

$$E = \sqrt{a^2 - c^2} = \sqrt{a_0^2 - c_0^2} = a_0\sqrt{2\alpha - \alpha^2} \tag{1.1.14}$$

式中,下标 0 表示椭球面上的参数, a_0、c_0 分别表示总地球椭球的长半轴和短半轴长,且 $c_0 = a_0(1 - \alpha)$, α 为总地球椭球的扁率。

双曲椭球坐标系是一个正交曲线坐标系,其拉梅系数分别为

$$\begin{cases} h_1 = \sqrt{(\partial x/\partial w)^2 + (\partial y/\partial w)^2 + (\partial z/\partial w)^2} = E\sqrt{\cosh^2 w - \cos^2 u} \\ h_2 = \sqrt{(\partial x/\partial u)^2 + (\partial y/\partial u)^2 + (\partial z/\partial u)^2} = h_1 \\ h_3 = \sqrt{(\partial x/\partial v)^2 + (\partial y/\partial v)^2 + (\partial z/\partial v)^2} = E\cosh w \cos u \end{cases} \tag{1.1.15}$$

在曲线坐标系中可建立坐标架以方便表示空间矢量。过空间一点 O_m 分别与各坐标曲线相切的直线称为曲线坐标轴,规定使 w、u 或 v 增加的方向为正方向,则这三个坐标轴构成一个坐标架,记为 $O_m x_c y_c z_c$。根据右手定则,可选择 $O_m x_c$、$O_m y_c$ 和 $O_m z_c$ 方向分别与 w、v 和 u 的增加方向一致。该坐标系的基用 e_c 表示。双曲椭球坐标系如图 1.1.3 所示。

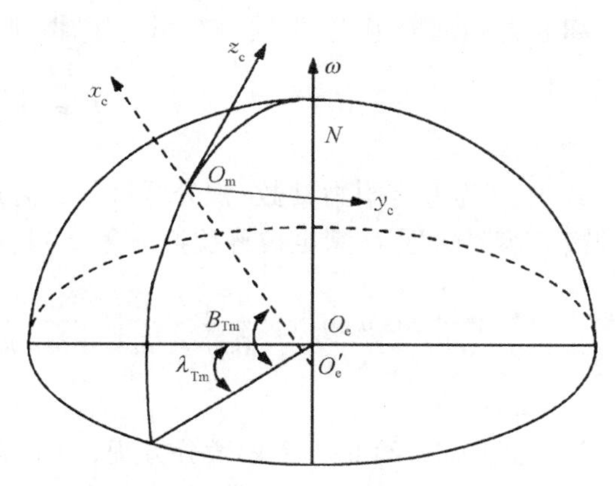

图 1.1.3　双曲椭球坐标系

根据以上各坐标系的定义,容易求得同一矢量 $\boldsymbol{V}$ 在不同坐标系中的坐标转换关系:

$$\begin{aligned}[\boldsymbol{V}]_g &= \boldsymbol{C}_{gs}[\boldsymbol{V}]_s \\ &= \boldsymbol{C}_2\left(-\frac{\pi}{2} - A_T\right)\boldsymbol{C}_1(B_T)\boldsymbol{C}_3\left(\lambda_T - \frac{\pi}{2}\right)[\boldsymbol{V}]_s\end{aligned} \tag{1.1.16}$$

$$[\boldsymbol{V}]_s = \boldsymbol{C}_{sc}[\boldsymbol{V}]_c = \boldsymbol{C}_3(-\lambda_{Tm})\boldsymbol{C}_2(B_{Tm})[\boldsymbol{V}]_c \tag{1.1.17}$$

式中, $\boldsymbol{C}_{sc}$ 表示矩阵 $\boldsymbol{C}_3$ 和矩阵 $\boldsymbol{C}_2$ 的乘积,为双曲椭球坐标系与地心大地直角坐标系的转换矩阵; B_{Tm}、λ_{Tm} 分别表示空间一点 O_m 的天文纬度和天文经度;下标 g、s、c 分别表示地面坐标系、地心大地直角坐标系和双曲椭球坐标系,而 $\boldsymbol{C}_1$、$\boldsymbol{C}_2$ 和 $\boldsymbol{C}_3$ 分别为三个基本坐标转换矩阵:

$$\begin{aligned} \boldsymbol{C}_1(\beta) &= \begin{pmatrix} 1 & 0 & 0 \\ 0 & \cos\beta & \sin\beta \\ 0 & -\sin\beta & \cos\beta \end{pmatrix} \\ \boldsymbol{C}_2(\beta) &= \begin{pmatrix} \cos\beta & 0 & -\sin\beta \\ 0 & 1 & 0 \\ \sin\beta & 0 & \cos\beta \end{pmatrix} \\ \boldsymbol{C}_3(\beta) &= \begin{pmatrix} \cos\beta & \sin\beta & 0 \\ -\sin\beta & \cos\beta & 0 \\ 0 & 0 & 1 \end{pmatrix} \end{aligned} \tag{1.1.18}$$

B_T 和 λ_T 分别为发射点处的天文纬度和天文经度；A_T 为天文瞄准方位角，即射击平面（或射向）与正北方向的夹角，因而对于实际的射击情况都是已知的。λ_{Tm}、B_{Tm} 取决于空间点 O_m 的位置，若已知 O_m 在地心大地直角坐标系中的投影 $O_m(x_s, y_s, z_s)$，根据解析几何的知识容易求得

$$B_{Tm} = a\sin\left[\frac{z_s}{c^2}\Big/\sqrt{\left(\frac{x_s}{a^2}\right)^2 + \left(\frac{y_s}{b^2}\right)^2 + \left(\frac{z_s}{c^2}\right)^2}\right] \tag{1.1.19}$$

$$\lambda_{Tm} = \frac{y_s}{|y_s|}\left(\frac{\pi}{2} - a\sin\frac{x}{\sqrt{x_s^2 + y_s^2}}\right) \tag{1.1.20}$$

正常重力是指地球为正常地球椭球时对其周围物体所产生的作用力。重力由引力和离心力两部分组成，根据万有引力定律，地表外空间任意一点 P 的引力位 U 为

$$U = f\int\frac{\mathrm{d}m}{r} = f\int_\tau\frac{\rho\mathrm{d}\tau}{r} \tag{1.1.21}$$

式中，f 为万有引力常数；积分区域 τ 为总地球椭球；r 为地球内部任一点与点 P 之间的距离。容易证明 U 满足拉普拉斯方程，将其在双曲椭球坐标系中投影得

$$\frac{\partial}{\partial u}\left(\cos u\cosh w\frac{\partial U}{\partial u}\right) + \frac{\partial}{\partial v}\left(\frac{\cosh^2 w - \cos^2 u}{\cosh w\cos u}\frac{\partial U}{\partial v}\right) + \frac{\partial}{\partial w}\left(\cosh w\cos u\frac{\partial U}{\partial w}\right) = 0 \tag{1.1.22}$$

式(1.1.22)是一个偏微分方程，为了求解该方程，还必须给出边界条件。当考虑地球对无穷远处的引力时，可将地球等效为一个质点，于是得到边界条件 1：

$$r \to \infty, \quad U \approx \frac{fM_E}{r} \tag{1.1.23}$$

式中，M_E 为地球质量。

重力位应由引力位和离心力位组成，在点 P 的离心力位可由 $\Omega_E^2(x^2 + y^2)/2$ 或 $\Omega_E^2 E^2\cosh^2 w\cos^2 u/2$ 近似表示，于是有

$$W = U + \frac{1}{2}\Omega_E^2 E^2\cosh^2 w\cos^2 u \tag{1.1.24}$$

式中，Ω_E 为地球自转角速度；W 为总地球椭球上的重力位。

根据水准面的定义，总地球椭球表面应当是一个等重力面，所以在总地球椭球表面上，W 是一个常数。这样便得到边界条件 2：

$$U_0 = W_0 - \frac{1}{2}\Omega_E^2 E^2\cosh^2 w_0\cos^2 u_0 \tag{1.1.25}$$

式中，下标 0 表示总地球椭球面上的数值。

由于方程(1.1.22)中不包含参数 v，因此可将 U 展开成 w 和 u 的球谐函数，即令

$$U = \sum_{n=0}^{\infty} A_n\phi_n(u)\psi_n(w) \tag{1.1.26}$$

式中，$\phi_n(u)$、$\psi_n(w)$ 分别为 u、w 的 n 阶球谐函数，级数中的每一项都满足拉普拉斯方程。将其代入式(1.1.22)并整理得

$$-\frac{1}{\phi_n(u)\cos u}\frac{\partial}{\partial u}\left[\cos u\frac{\partial\phi_n(u)}{\partial u}\right]=\frac{1}{\psi_n(w)\cosh w}\frac{\partial}{\partial w}\left[\cosh w\frac{\partial\psi_n(w)}{\partial w}\right]\tag{1.1.27}$$

式(1.1.27)的左边与 w 无关，右边与 u 无关。因此，两边必须等于同一个常数，设为 $n(n+1)$。因此，式(1.1.27)可以分为以下两个方程：

$$\frac{\mathrm{d}^2\phi_n}{\partial u^2}-\tan u\frac{\mathrm{d}\phi_n}{\partial u}+n(n+1)\phi_n=0\tag{1.1.28}$$

$$\frac{\mathrm{d}^2\psi_n}{\partial w^2}+\tanh w\frac{\mathrm{d}\psi_n}{\partial w}-n(n+1)\psi_n=0\tag{1.1.29}$$

式(1.1.28)为勒让德方程，其解为第一类勒让德多项式 $P_n(\sin u)$。令 $\xi=\mathrm{i}\sinh w$ 并代入式(1.1.29)得

$$(\xi^2-1)\frac{\mathrm{d}^2\psi_n}{\partial\xi^2}+2\xi\frac{\mathrm{d}\psi_n}{\partial\xi}-n(n+1)\psi_n=0\tag{1.1.30}$$

式(1.1.30)也是勒让德方程，其解为第二类勒让德多项式 $Q_n(\xi)$，即 $Q_n(\mathrm{i}\sinh w)$。于是由式(1.1.26)可得引力位为

$$U=\sum_{n=0}^{\infty}A_nP_n(\sin u)Q_n(\mathrm{i}\sinh w)\tag{1.1.31}$$

在总地球椭球上，式(1.1.31)的展开式应当与式(1.1.25)相同，即

$$U_0=\sum_{n=0}^{\infty}A_nP_n(\sin u)Q_n(\mathrm{i}\sinh w)=W_0-\frac{1}{2}\Omega_{\mathrm{E}}^2E^2\cosh^2w_0\cos^2u_0\tag{1.1.32}$$

由于式(1.1.32)的右边仅含有球谐函数的 0 阶及 2 阶项，引力位的球谐级数展开式(1.1.32)中，除了 A_0 及 A_2 外，各项系数都应当等于 0。将 $P_n(\sin u)$ 和 $Q_n(\mathrm{i}\sinh w)$ 的表达式代入式(1.1.31)并整理得

$$\begin{aligned}U=&m_1+m_2\arctan\sinh w\\&+\left[\frac{1}{2}m_3(3\sinh^2w+1)+\frac{1}{2}m_4(3\sinh^2w+1)\arctan\sinh w-\frac{3}{2}m_4\sinh w\right]P_2(\sin u)\end{aligned}\tag{1.1.33}$$

将边界条件[式(1.1.33)]代入式(1.1.33)，可确定以下系数：

$$m_1=0,\quad m_2=fM_{\mathrm{E}}/E,\quad m_3=0\tag{1.1.34}$$

当 $w=w_0$ 时：

$$W_0=\frac{1}{2}\Omega_{\mathrm{E}}^2a_0^2\cos^2u+\frac{fM_{\mathrm{E}}}{E}\arctan\frac{E}{b_0}+\frac{m_4}{2}\left(1-\frac{1}{2}\cos^2u\right)\left[\left(\frac{3b_0^2}{E^2}+1\right)\arctan\frac{E}{b_0}-3\frac{b_0}{e}\right]\tag{1.1.35}$$

式中，e 为椭球偏心率。

由第二个边界条件[式(1.1.35)]可知，W_0 为常数，不随纬度变化，所以令式(1.1.35)中 $\cos^2 u$ 的系数为零。这样可求得

$$m_4 = \frac{2}{3}\Omega_E^2 a_0^2 \Big/ \left[\left(\frac{3b_0^2}{E^2}+1\right)\arctan\frac{E}{b_0} - 3\frac{b_0}{e}\right] \tag{1.1.36}$$

将所求得的 m_1、m_2、m_3 和 m_4 代入式(1.1.33)就可以得到正常地球椭球的引力位 U，再代入式(1.1.34)可得重力位。将重力位 W 分别对 u、v、w 方向的曲线弧长求偏导数即可得点 P 重力在双曲椭球坐标系中的 3 个分量：

$$\begin{aligned} g_w &= \frac{1}{h_1}\frac{\partial W}{\partial w} = \frac{1}{E\sqrt{\cosh^2 w - \cos^2 u}}\left\{\omega^2 a\cos^2 u - \frac{fM_E}{E\cosh w}\right. \\ &\quad \left. + \frac{m_4}{2}\left[6\sinh w\cosh w\,\mathrm{arccot}(\sinh w) - \frac{3\sinh^2 w + 1}{\cosh w} - 3\cosh w\right]P_2(\sin u)\right\} \\ &= \frac{1}{\sqrt{a^2\sin^2 u + c^2\cos^2 u}}\left\{\omega^2 a\cos^2 u - \frac{fM_E}{a} + m_4\left[3\frac{ac}{E^2}\arctan\left(\frac{E}{c}\right) - \frac{3a}{E} + \frac{E}{a}\right]\times P_2(\sin u)\right\} \end{aligned} \tag{1.1.37}$$

$$\begin{aligned} g_u &= \frac{1}{h_2}\frac{\partial W}{\partial u} = \frac{1}{E\sqrt{\cosh^2 w - \cos^2 u}}\left\{-\frac{1}{2}\omega^2 a\sin(2u)\right. \\ &\quad \left. + \frac{3m_4}{2}[(3\sinh^2 w + 1)\mathrm{arccot}(\sinh w) - 3\sinh w - 3\cosh w]\times\sin(3u)\right\} \\ &= \frac{\sin(2u)}{\sqrt{a^2\sin^2 u + c^2\cos^2 u}}\left\{-\frac{1}{2}\omega^2 a^2 + \frac{3m_4}{2}\left[\left(3\frac{c^2}{E^2}+1\right)\arctan\left(\frac{E}{c}\right) - 3\frac{c}{E}\right]\right\} \end{aligned} \tag{1.1.38}$$

$$g_v = \frac{1}{h_1}\frac{\partial W}{\partial v} = 0 \tag{1.1.39}$$

最后根据坐标转换关系易得重力在地面坐标系中的表达式：

$$[\boldsymbol{g}]_g = [g_x,\ g_y,\ g_z]^T = \boldsymbol{C}_{gs}\boldsymbol{C}_{sc}[\boldsymbol{g}]_c = \boldsymbol{C}_{gs}\boldsymbol{C}_{sc}[g_w,\ 0,\ g_u]^T \tag{1.1.40}$$

除以上推导方法之外，还可以在椭球地表假设下，将引力位展开成球谐函数级数，根据“引力位对任意方向上的偏导数等于引力在该方向上的分量”这一位函数特性，可以得到引力在北东地坐标系中的 3 个分量，再考虑到重力包含地心引力和离心惯性力，可推导得到重力在北东地坐标系中的 3 个分量为

$$\begin{pmatrix} g_n \\ g_r \\ g_e \end{pmatrix} = \begin{pmatrix} -\dfrac{f}{r^2}\left[\dfrac{3}{2}J_2\left(\dfrac{a_0}{r}\right)^2 + \dfrac{1}{2}q\left(\dfrac{r}{a_0}\right)^3\sin 2\varphi_s\right] \\ -\dfrac{f}{r^2}\left[1 + \dfrac{3}{2}J_2\left(\dfrac{a_0}{r}\right)^2(1 - 3\sin^2\varphi_s) - q\left(\dfrac{r}{a_0}\right)^3\cos^2\varphi_s\right] \\ 0 \end{pmatrix} \tag{1.1.41}$$

式中，地心引力常数 $f = 3.986\,005 \times 10^{14}\ \mathrm{m^3/s^2}$；椭球地球长半轴长度 $a_0 = 6\,378\,140\ \mathrm{m}$；地球形状动力学系数 $J_2 = 1.082\,63 \times 10^{-3}$；赤道上质点的离心惯性力与重力之比 $q = 3.461\,396 \times 10^{-3}$；$r$ 为弹箭质心到地心的距离；φ_s 为对应的地心纬度。得到重力在北东地坐标系中的表达式后，通过坐标变换可得重力在地面坐标系中的表达式：

$$(g_x,\ g_y,\ g_z)^{\mathrm{T}} = \boldsymbol{A}_{\mathrm{g}}^{\mathrm{N}}(g_n,\ g_r,\ g_e)^{\mathrm{T}} \tag{1.1.42}$$

式中，$\boldsymbol{A}_{\mathrm{g}}^{\mathrm{N}}$ 为北东地坐标系与地面坐标系之间的转换矩阵，表达式为

$$\boldsymbol{A}_{\mathrm{g}}^{\mathrm{N}} = [\boldsymbol{C}_3(\varphi_{\mathrm{s}})\boldsymbol{C}_1(-\pi/2+\lambda_{\mathrm{s}})\boldsymbol{C}_2(-\pi/2)\boldsymbol{C}_3(\pi/2-\lambda_{\mathrm{T}})\boldsymbol{C}_1(-B_{\mathrm{T}})\boldsymbol{C}_2(\pi/2+A_{\mathrm{T}})]^{\mathrm{T}} \tag{1.1.43}$$

式中，λ_{s} 为弹箭飞行过程中所对应的经度。

1.1.4　地球旋转产生的科氏惯性力

由于地球是旋转的，为了研究弹箭相对于地球的运动，需将地球取为动坐标系，研究弹箭在动坐标系中的运动。根据理论力学知识，动坐标系的旋转和弹箭相对于该坐标系运动，会产生科氏加速度 $\boldsymbol{a}_{\mathrm{c}}$，相应的科氏惯性力 $\boldsymbol{F}_{\mathrm{c}}$ 为

$$\boldsymbol{F}_{\mathrm{c}} = -m\boldsymbol{a}_{\mathrm{c}} = -2m\boldsymbol{\Omega}_{\mathrm{E}} \times \boldsymbol{v} \tag{1.1.44}$$

式中，$\boldsymbol{\Omega}_{\mathrm{E}}$ 为地球自转角速度矢量；$\boldsymbol{v}$ 为弹箭相对于地球的运动速度。

式(1.1.44)表明，科氏惯性力与科氏加速度的方向是相反的。如果能够建立合适的直角坐标系，将地球自转角速度矢量 $\boldsymbol{\Omega}_{\mathrm{E}}$ 和相对运动速度矢量 $\boldsymbol{v}$ 分解到直角坐标系的三个轴上，则可得到式(1.1.44)的标量形式，可用于建立弹箭运动方程。在后面的章节中，将给出科氏惯性力在给定坐标系中的具体表达式。

1.2　大气的组成与特性

由于地球引力的作用，地球周围聚集着一个气体圈层(即大气层)。大气由多种气体混合组成，此外还有一些悬浮的、含量不定的液体或固体微粒(如雾滴、烟滴)等。大气中，除了水蒸气、液体和固体杂质外的整个混合气体称为干洁大气。在干洁大气中，氮气体积约占 78%、氧气体积约占 21%、氩气体积约占 0.9%，其他稀有气体(氦、氖、氙、二氧化碳及臭氧等)合起来约占空气总体积的 0.1%。

大气密度随高度增加而减小，约有 50%的大气质量集中在距离地面 6.5 km 以下。自地球表面向上，随着高度的增加，空气越来越稀薄，大气的上界可延伸 2 000~3 000 km 的高度。在垂直方向上，大气的物理性质有明显差异。根据气温的垂直分布、大气扰动程度及电离现象等特征，一般将大气分为五层，即对流层、平流层 、中间层、热层和外层。

(1) 接近地面、对流运动最显著的大气区域为对流层，对流层上界称为对流层顶，在赤道地区为海拔 17~18 km，在极地约 8 km，对流层内每上升 100 m，气温平均下降 0.65℃。

(2) 从对流层顶至约海拔 50 km 的大气层称为平流层，平流层内的大气多做水平运动，对流现象十分微弱，平流层内气温恒定不变，又称同温层。

（3）中间层是从平流层顶至约海拔 80 km 的大气区域，气温随高度增加而迅速降低。

（4）热层是中间层顶至海拔 300~500 km 的大气层，气温随高度增加而迅速上升，300 km 高度的气温可达 1 000℃，该层处于高度电离状态，能反射无线电波，又称为电离层。

（5）热层顶以上的大气层称为外层大气，空气稀薄、气温高、地心引力小，一些高速运动的分子可以散逸到宇宙空间。

1.3 稀薄空气条件下的外弹道问题

普通常规弹箭的最大弹道高度一般不超过 30 km，近年来随着超远程弹箭的出现及发展，弹箭的飞行高度将远远超过 30 km，可达到 50~80 km。当弹箭飞行至一定高度时，空气变得稀薄，密度变得很小，采用基于连续介质假设的空气动力学理论分析弹箭的空气动力特性同实际情况已存在较大差异，有必要引入稀薄气体动力学理论，研究高空稀薄气体效应对弹箭空气动力、飞行弹道特性的影响，这就引出了稀薄空气条件下的外弹道问题。

在弹箭飞行由低到高的变化过程中，由于空气密度等参数的变化是一个渐变的连续过程，不同高度上的空气动力系数与地面值也有一定的差异。对于飞行高度远超 30 km 的超远程弹箭，如何既考虑高空稀薄气体效应对空气动力特性的影响，又能较好地解决从稠密大气到稀薄气体这一大跨度范围内的弹箭空气动力计算问题，是在稀薄空气条件下研究弹箭外弹道所面临的一个重要问题。

就超远程弹箭而言，当最大弹道高度远超 30 km 时，其全飞行弹道经历由稠密大气逐渐进入稀薄气体，再由稀薄气体逐渐返回稠密大气的过程，对此在一定弹道高度范围内（如 30~40 km）采用稠密大气环境条件计算弹箭空气动力系数，当弹道高度超出此范围时，采用稀薄气体环境（如过渡流域和自由分子流领域）条件来计算弹箭空气动力系数，在超远程弹箭的全飞行弹道上分段进行数值仿真分析，是研究稀薄空气条件外弹道问题的主要思路。

后续章节将提到，研究稀薄空气条件下的外弹道问题，首先从气体分子运动的基本方程——玻尔兹曼方程出发，根据衡量气体稀薄程度的参数——克努森数，将弹箭飞行经历的流域按高度进行划分，分为自由分子流领域、过渡流领域、滑流领域及连续流域，并重点研究自由分子流领域、过渡流领域弹箭空气动力工程计算方法。

1.4 虚温、气压、密度、声速及黏性系数沿高度的分布

1.4.1 空气状态方程与虚温

对于不包含水蒸气的干空气，根据物理学知识，描述气体压强 p、气体密度 ρ、绝对温度 T 之间关系的状态方程为

$$p_{\mathrm{d}} = \rho_{\mathrm{d}} R_{\mathrm{d}} T \tag{1.4.1}$$

式中，p_{d} 为干空气压强；ρ_{d} 为干空气密度；R_{d} 为干空气气体常数，可根据普适气体参数

$R = 8.31432\ \mathrm{J/(mol \cdot K)}$ 和干空气的摩尔质量 $M_d = 28.9644\ \mathrm{g/mol}$ 计算，$R_d = R/M_d = 287.05\ \mathrm{J/(kg \cdot K)}$。

当考虑空气中含有水蒸气时，称为湿空气。空气的潮湿程度可用绝对湿度 a（一个气块中的水蒸气密度）来表示。在常温常压范围内，水蒸气满足的状态方程为

$$p_e = aR_v T \tag{1.4.2}$$

式中，p_e 为水蒸气压强；R_v 为水蒸气的气体常数，其与干空气气体常数 R_d 的关系为 $R_v = \frac{8}{5}R_d$；a 为绝对湿度（水蒸气密度）。

根据道尔顿分压定律，湿空气的总压强 p 等于干空气分压 p_d 与水蒸气分压 p_e 之和，密度 ρ 等于干空气密度 ρ_d 与水蒸气密度 a 之和，将方程(1.4.1)和方程(1.4.2)联立，整理可得

$$p = \rho R_d \tau \tag{1.4.3}$$

式中，

$$\tau = \frac{T}{\left(1 - \frac{3}{8}\frac{p_e}{p}\right)} \tag{1.4.4}$$

τ 称为虚温，引入虚温使得潮湿空气状态方程与干空气状态方程具有完全相同的形式。本质上，虚温就是考虑了水蒸气影响的热力学温度。根据其定义式，要计算虚温，必须知道空气压强 p、温度 T 及水蒸气压强 p_e，其中 p、T 可以直接测量，而水蒸气压强 p_e 等于饱和水蒸气压强 p_E 乘以相对湿度 φ。通常，饱和水蒸气压强 p_E 与温度有关，可查表获得。

1.4.2　气温、气压随高度的分布

大气在铅直方向上的上升和沉降是非常缓慢的，一般情况下（不考虑有强烈对流出现），可以认为大气处于铅直平衡状态。取一个空气微团进行研究，在大气铅直平衡假设下，该空气微团上、下表面所受压力与其自身重力在铅直方向上满足力的平衡，由此很容易求出大气压强随高度 y 的变化规律，为

$$p = p_0 \exp\left(-\frac{g}{R_d}\int_0^y \frac{\mathrm{d}y}{\tau}\right) \tag{1.4.5}$$

式中，p_0 为地面气压值。此公式称为压高公式。

根据压高公式，只要知道了地面气压 p_0 及虚温 τ 随高度 y 的变化关系，就能求出不同高度对应的气压。尽管压高公式是在大气铅直平衡假设下推导得到的，但实践表明，其对于实际大气是相当准确的。

在对流层，空气的热胀冷缩一般是接近瞬时进行的，因此可近似将其作为绝热过程。因此，利用绝热过程状态方程和湿空气状态方程，可推导出对流层内虚温 τ 与高度 y 的函数关系：

$$\tau = \tau_0 - G_1 y \tag{1.4.6}$$

式中，τ_0 为地面虚温；$G_1 = \frac{g}{R_d} \cdot \frac{k-1}{k}$，$k$ 为比热比，对于空气，$k = 1.404$。

在平流层(同温层),气温恒定不变,则有

$$\tau = \tau_T \tag{1.4.7}$$

式中,τ_T 为同温层的气温,随地点和季节不同而变化。

在同温层和对流层之间有一个过渡层,称为亚同温层。在亚同温层内,通常拟合一个二次函数关系进行过渡,即

$$\tau = A + B(y - y_d) + C(y - y_d)^2 \tag{1.4.8}$$

式中,y_d 为对流层高度,随地点和季节不同而异;A、B、C 为拟合常数。

式(1.4.6)~式(1.4.8)所表示的温度随高度的变化关系,称为温度的标准分布,是温度实际分布的某一平均分布。

只要将虚温关于高度的函数代入式(1.4.5),即得到气压随高度的变化关系式。计算表明,气压随高度的增高而降低,5.5 km 高度上的气压只有地面值的 50%,30 km 高度上的气压只有地面值的 1.2%。

1.4.3 密度、声速及黏性系数随高度的变化

根据理想气体状态方程(1.4.3)可以得到密度的计算公式为

$$\rho = \frac{p}{R_d \tau} \tag{1.4.9}$$

如果已经获得某一高度的气压和虚温,则根据式(1.4.9)可以算出对应高度上的密度。计算表明,6.5 km 上的密度只有地面值的 50%,30 km 上的密度只有地面值的 1.5%。

当空气受到某种压缩扰动后,即以此扰动为中心,产生疏密相间的振动,向四面八方传播。压缩性越强,扰动传播速度越快,压缩性越弱,扰动传播速度越小。因此,强扰动的传播速度随着扰动的减弱而减小。在压缩扰动无限微弱的情况下,其传播速度就是通常所说的声速 c_s,声速是扰动传播速度的下限。声速的表达式为

$$c_s = \sqrt{\frac{dp}{d\rho}} \tag{1.4.10}$$

显然,声速反映了空气的可压缩性。当空气的可压缩性大时,较小的压强变化可引起较大的密度变化,则声速较小;当空气的可压缩性小时,声速较大。

在声音的传播过程中,空气的压缩和膨胀可看作绝热过程,利用绝热过程状态方程、湿空气状态方程及式(1.4.10),可得

$$c_s = \sqrt{kR_d \tau} \tag{1.4.11}$$

根据式(1.4.11),只要知道了虚温沿高度的分布,就可得到声速沿高度的分布。后续章节中,声速 c_s 将用于计算马赫数,而马赫数与弹箭空气动力系数密切相关。

黏性是指空气(或流体)中某一层阻止另一层相对其产生位移的本领。弹箭在空气中运动,由于空气具有黏性,它将不断地带动弹体表面附近的空气一起运动,消耗弹箭的动能,使弹箭速度降低,这就是空气摩擦阻力。显然,黏性越大,弹箭的阻力越大。空气黏性的大小采用黏性系数 μ 来表示,它定义为两层气体单位面积上的摩擦应力与两气层间

的速度梯度之比，又称为动力黏性系数，可根据如下公式计算：

$$\mu = \beta_a \frac{T^{1.5}}{T + T_s} \tag{1.4.12}$$

式中，系数$\beta_a = 1.458 \times 10^{-6}\ \mathrm{kg/(s \cdot m \cdot K^{0.5})}$；$T_s = 110.4\ \mathrm{K}$。实际使用时，式中的$T$可用虚温$\tau$代替。

有些应用场合会用到运动黏性系数η，其定义为

$$\eta = \mu/\rho \tag{1.4.13}$$

因此，只要知道虚温随高度的分布，就能计算出黏性系数随高度的分布。

1.5　风的分布与风场模型

1.5.1　风场分布

空气的空间移动称为风。一般大气的水平运动明显大于铅直方向的运动，除了复杂地形（如山谷）外，可不考虑铅直风。风有风向和风速，通常将风的来向称为风向，从正北顺时针转至风的来向的角度称为风向方位角。风向和风速大小主要与大气压力场的分布、地球自转及空气黏性等有关，不仅随地点变化，即使是同一地点，还会随时间和高度变化，难以用一个统一的公式来描述风的分布。

由于风速随时间迅速变化，为研究方便起见，通常将变化着的风在一段时间内取平均，称为平均风，而瞬时风与平均风之差称为阵风。在外弹道学中，把近地面层中的风称为低空风，将近地面以上的风称为高空风。沿弹道的平均风场将使各发弹的弹道相对于无风弹道产生相同的偏差（系统差），而阵风将引起各发弹产生不同的偏差（随机差），是形成射弹散布的重要原因之一。

气象学研究表明，风速沿时间坐标或空间坐标的变化过程都是随机过程。在一定时间或空间范围内，可将其视为平稳随机过程，可用谱密度或相关函数进行描述。弹箭在飞行过程中遇到的风速变化过程也是一个随机过程，采用随机过程理论研究风对弹箭飞行的影响，是外弹道气象学的一个研究方向。实际应用中，外弹道工作者应十分注意对风的实测数据进行搜集、统计及分析，必要时可将其拟合成在一定条件下可供工程应用的数学模型。

根据大气的性质，在研究风场结构时，从下往上可分为摩擦层和自由大气层两大部分，按风随高度的变化特点，摩擦层又分为近地面层和上部边界层，大气风场的垂直区域划分如图 1.5.1 所示。

下面分别在自由大气层、近地面层及上部边界层给出风场的计算模型。

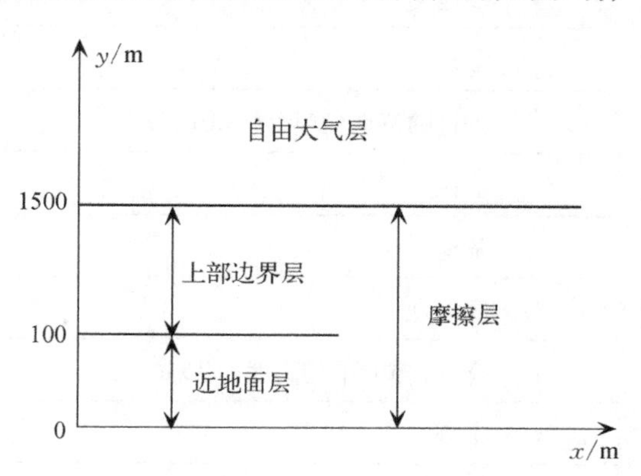

图 1.5.1　大气风场的垂直区域划分

1.5.2 自由大气层中地转风的计算

根据气象学知识,在自由大气层中,在水平气压梯度力和科氏惯性力的综合作用下形成地转风。地转风的大小可通过力的平衡求出,计算公式为

$$w_g = \left| \frac{1}{2\rho\Omega_E \sin \Lambda} \cdot \frac{\partial p}{\partial z} \right| \tag{1.5.1}$$

式中,w_g 称为地转风速,地转风向平行于等压线,在北半球背地转风而立,高压在右、低压在左(南半球则正好相反);Λ 为地理纬度;Ω_E 为地球自转角速度;$\partial p/\partial z$ 为水平压力梯度,这就需要各地气象台站进行气象观测,绘制各高度上的等压线图。

由式(1.5.1)可知,在同一地点,高空的密度较小,故地转风较大,低纬度地区的地转风要大于高纬度地区。大量中、高纬度地区的气象观测数据表明,自由大气中的风接近地转风。

1.5.3 近地面层中风速的对数分布

在近地面层,分子黏性作用较大,该层风速分布的特点是在靠近地表处的风速迅速接近于零,对于大气中性平衡状态,该层内风速随高度的变化可用如下对数分布表示:

$$w = w_1 \cdot \frac{\ln \dfrac{y + y_0}{y_0}}{\ln \dfrac{y_1 + y_0}{y_0}} \tag{1.5.2}$$

式中,y_0 为粗糙度参数,与地形条件有关,可参见表 1.5.1。

表 1.5.1 粗糙度参数 y_0 的取值

地 形 条 件	y_0/m
平坦地形、冰层	$10^{-5} \sim 3\times10^{-5}$
平静的海面	$2\times10^{-4} \sim 3\times10^{-4}$
沙地	$10^{-4} \sim 10^{-3}$
雪地	$10^{-3} \sim 6\times10^{-3}$
割过的草地(高度为 0.01 m)	$10^{-3} \sim 10^{-2}$
草原	$10^{-2} \sim 4\times10^{-2}$
荒地	$2\times10^{-2} \sim 3\times10^{-2}$
高草地	$4\times10^{-2} \sim 10^{-1}$
森林(树的平均高度为 15 m)	0~0.5
市郊	1~2
城市	1~4

式(1.5.2)表明,只要测出高度 y_1 上的风速 w_1,就能算出其他高度上的风速。近地面层黏性作用使各层强烈渗混,可认为各层风向一致。为了避免高度 2 m 以下贴地层风速、风向飘忽不定的影响,一般要测到炮口处离地面 3.5 m 高度上的风向和风速。

1.5.4　上部边界层的埃克曼螺线方程

在摩擦层的上部边界层,湍流摩擦力、气压梯度力及地转偏向力共同起作用,越往上,湍流摩擦作用越小,越接近自由大气,风速沿高度不断增大,风向不断地向自由大气地转风方向逼近。在这一层,风速、风向矢量的理论分布曲线近似为埃克曼螺线,如图 1.5.2 所示。风速、风向的观测数据表明,上部边界层实际风的变化的确接近埃克曼螺线。

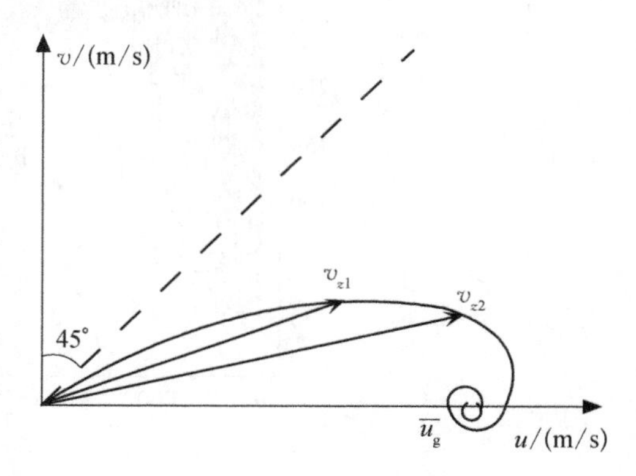

图 1.5.2　埃克曼螺线

取近地面层的上界为上部边界层的下界,则较为接近实际的埃克曼螺线方程为

$$\begin{cases} u = w_g\left[1 + \sqrt{2}\sin\beta e^{-ay}\cos\left(\dfrac{3}{4}\pi + \beta - ay\right)\right] \\ v = \sqrt{2}w_g\sin\beta e^{-ay}\sin\left(\dfrac{3}{4}\pi + \beta - ay\right) \end{cases} \tag{1.5.3}$$

式中,u 为沿自由大气地转风方向的分量;v 为垂直于自由大气地转风方向的分量;β 为近地面层上界的风向与地转风风向间的夹角,它可以是小于 π 的任何角度;$a = \sqrt{\Omega_E \sin \Lambda / k_1}$,对于上部边界层,可取 $k_1 \approx 5\ m^2/s$。

1.5.5　风向、风速的工程计算模型

在弹箭技术及外弹道工程应用中,许多场合不具备实时测量随高度变化的风速、风向的条件,外弹道计算只能忽略风的影响,但风速、风向对弹箭的飞行弹道又具有较大影响。为使对弹箭的外弹道计算结果尽可能接近实际状况,这里提出一种基于工程统计的风场模型,供研究人员参考在外弹道计算中作近似处理。

工程统计的风场模型,一般通过收集大量风场统计数据,进行归纳、整理,基于气象学理论,拟合成工程上可用的近似风场模型。在无法获取实时风场数据而需进行外弹道计算时,用近似的工程统计风场模型代入计算常常比不考虑风(当成无风)的影响的效果好些。本节介绍作者统计的一个风场工程计算模型。

经过多年的观察统计分析,并根据大气环境理论及气象学研究成果,不同地区的(平均风)风向、风速是有一定规律可循的。对此,以我国西北某试验场的气象观测数据(风向、风速)为主,兼顾东北等地一些试验场的气象观测数据,将搜集的一些风向、风速观测数据整理、绘制成曲线,如图 1.5.3 和图 1.5.4 所示,这些观测数据的时间范围为 2016 年 1 月~2019 年 12 月,其中包括 80 多次探空气球的测试数据,最大探测高度为二十几千米。

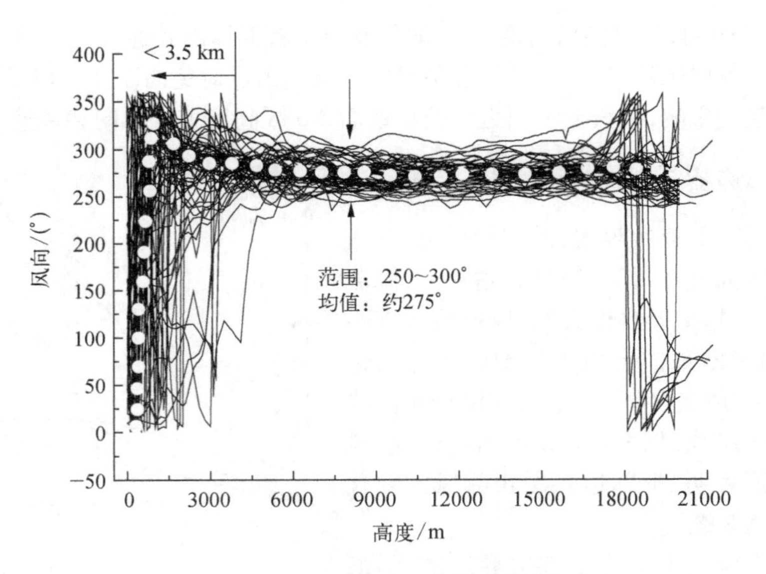

图 1.5.3 风向随高度分布的观测数据

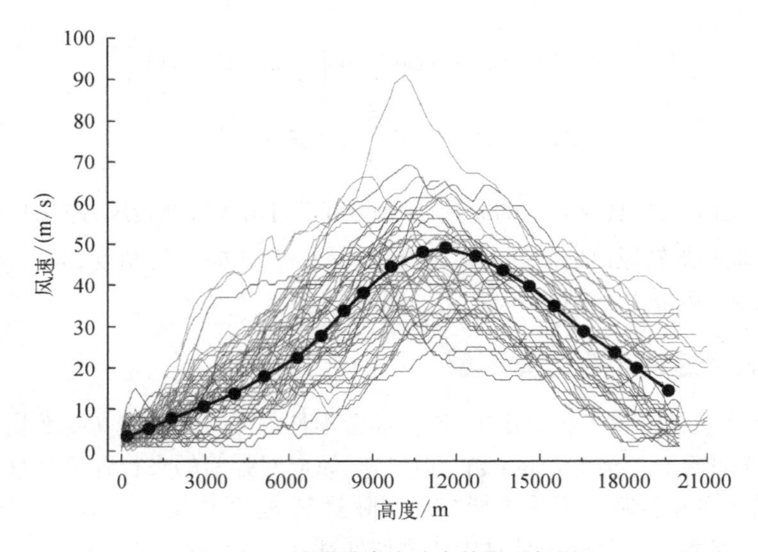

图 1.5.4 风速随高度分布的观测数据

对图 1.5.3 和图 1.5.4 中的观测数据进行归纳、统计分析，找出风向、风速随高度的分布规律，建立相应的工程计算数学模型如下。

(1) 风向 α_w（单位为°，以正北为基准、顺时针计）的工程计算模型。

当 $0<y<3.5$ km 时：

$$\alpha_w = Ay^2 + By + C \tag{1.5.4}$$

当 $y \geqslant 3.5$ km 时：

$$\alpha_w = 275 \tag{1.5.5}$$

式中，y 为高度（单位为 m）；$A = -(275 - \alpha_{w0})/(1.225 \times 10^7)$，$\alpha_{w0}$ 为实测的地面风向（单

位为°)；$B=-7\,000A$；$C=\alpha_{w0}$。

(2) 风速 w(单位为 m/s)的工程计算模型。

当 $0<y<3.5$ km 时：

$$w=\bar{A}y^2+\bar{B}y+\bar{C} \tag{1.5.6}$$

当 $y\geqslant 3.5$ km 时：

$$w=K_w\left[w_1+w_A\mathrm{e}^{-0.5\left(\frac{y-y_c}{\sigma}\right)^2}\right] \tag{1.5.7}$$

式中，$\bar{A}=(0.0580K_w+w_0)/1.225\times10^7$，$w_0$ 为实测的地面风速(单位为 m/s)；$K_w=0.75$；$\bar{B}=K_w\times0.003\,22-7\,000A$；$\bar{C}=w_0$；$w_1=3.54$；$w_A=44.55$；$y_c=11\,884.12$；$\sigma=4\,470.54$。

在实际工程应用中，可利用简单的气象仪器首先测得地面的风速和风向，再根据上述风向和风速分布数学模型，就可计算出不同高度的(趋向平均)风向、风速。需要说明的是，由于观测数据的最大高度仅为 20 km，上述工程计算模型的适用高度不超过 20 km。

为了对比上述风场工程数学模型在实际中的应用状况，选取两个不同试验场进行计算对比，对应当日的实测气象风场数据不在上述统计数据范围内。

算例 1：西北某试验场，当日地面风向 $\alpha_{w0}=269°$、地面风速 $w_0=3$ m/s，计算某口径远程炮弹的射程，每种状况计算除了随高度变化风场数据不同外，其他条件均相同。

计算结果如下：采用当日实测随高度变化风场数据，计算射程为 66 482 m；采用上述风场工程计算模型数据，计算射程为 64 834 m；假设风速为 0，计算射程为 80 117 m；风速和风向取地面实测值，计算射程为 79 327 m。

算例 2：东北某试验场，当日地面风向 $\alpha_{w0}=280°$、地面风速 $w_0=1.5$ m/s，计算某口径炮弹的射程。采用当日实测随高度变化风场数据，计算射程为 42 457 m；采用上述风场工程计算模型数据，计算射程为 42 057 m；假设风速为 0，计算射程为 41 565 m；风速和风向取地面实测值，计算射程为 41 711 m。

由上述算例结果可以看出，采用近似的工程统计风场模型，同考虑实测风场数据相比仍有一定误差，但与不考虑风或仅采用地面风场值计算外弹道相比，采用风场工程计算模型的效果更佳。

1.6 标准气象条件

1.6.1 标准气象条件的概念

对于各类在大气中飞行的弹箭，大气气象条件对弹箭飞行弹道参数有直接影响(如射程、侧偏等)，而大气状态又是随地域、时间千变万化的，因此在武器的外弹道设计、弹道表和射表的编制中，必须统一选定某一种标准气象条件来计算弹道，而在应用射表时，则必须对实际气象条件与标准气象条件的偏差进行修正。

世界气象组织对标准大气的定义为：标准大气是指能够粗略地反映出周年、中纬度情况的，且得到国际上承认的大气温度、压力和密度的近似垂直分布的一种模式大气。标准大气在气象、军事、航空等领域有着广泛的应用，例如，可用于压力高度计校准、飞行性能评估、弹箭外弹道计算、弹道表和射表编制，以及作为一些气象制图的基准。标准气象条件是根据各地、各季节多年的气象观测资料统计分析得出的，使用标准大气能够保证实际大气与它所形成的气象要素偏差平均而言较小，有利于对非标准气象条件进行修正。此外，所有的标准大气都规定风速为 0。

许多国家和组织都根据需要建立了不同的大气标准，如美国 1976 年标准大气、苏联 1964 年标准大气、国际标准大气、国际民航组织标准大气、苏联炮兵标准大气及我国炮兵标准气象条件等。

1.6.2 我国炮兵标准气象条件

1957 年，中国人民解放军军事工程学院（简称哈军工）外弹道教研室确定了我国炮兵标准气象条件，这个标准气象条件在兵器界和部队一直沿用至今。目前，我国炮兵所使用的射表、弹道表，以及气象观测与计算所使用的仪器、图线、机电式火控和观瞄器具等都是按此标准气象条件制定的，武器的外弹道性能设计与比较、试验射程标准化也是采用该标准。然而，我国炮兵标准气象条件仅规定了 30 km 以下的气象标准，而超远程弹箭的弹道高度远超 30 km，因而有必要对现有炮兵标准气象条件进行扩展，即建立我国炮兵高空标准气象条件，下一节将对此问题进行探讨，并提出解决方案。

我国现用的炮兵标准气象条件规定如下。

（1）地面（即海平面）标准气象条件。

气温 $t_{0N} = 15℃$，密度 $\rho_{0N} = 1.206\,3\ \mathrm{kg/m^3}$，气压 $p_{0N} = 1\,000\ \mathrm{hPa}$，虚温 $\tau_{0N} = 288.9\ \mathrm{K}$，相对湿度 $\varphi = 50\%$，声速 $c_{s0N} = 341.1\ \mathrm{m/s}$。

（2）空中（30 km 以下）标准气象条件，在所有高度上无风。

对流层（$y \leqslant y_d = 9\,300\ \mathrm{m}$，$y_d$ 为对流层高度）：

$$\tau = \tau_0 - G_1 y = 288.9 - 0.006\,328y \tag{1.6.1}$$

式中，G_1 为单位高度的虚温变化量。

亚同温层（$9\,300 < y < 12\,000\ \mathrm{m}$）：

$$\tau = 230.0 - 0.006\,328(y - 9\,300) + 1.172 \times 10^{-6}(y - 9\,300)^2 \tag{1.6.2}$$

同温层（$12\,000 = y_T \leqslant y < 30\,000\ \mathrm{m}$，$y_T$ 为同温层起点高度）：

$$\tau = 221.5 \tag{1.6.3}$$

将气温标准分布代入 1.4 节中的压高公式，积分可得气压随高度的变化关系式。

对流层（$y \leqslant y_d = 9\,300\ \mathrm{m}$）：

$$p = p_{0N}(1 - 2.190\,4 \times 10^{-5}y)^{5.4} \tag{1.6.4}$$

亚同温层（$9\,300\ \mathrm{m} < y < 12\,000\ \mathrm{m}$）：

$$\begin{aligned} p &= p_{0N} \times 0.292\,257\,5 \\ &\quad \times \exp\left(-2.120\,642\,6 \cdot \left\{\tan^{-1}\left[\frac{2.344(y - 9\,300) - 6\,328.0}{32\,221.057}\right] + 0.193\,925\,2\right\}\right) \end{aligned} \tag{1.6.5}$$

同温层（12 000 m = $y_T \leqslant y < 30\,000$ m）：

$$p = p_{0N} \times 0.193\,725\,4 \times \exp\left(-\frac{y - 12\,000}{6\,483.305}\right) \tag{1.6.6}$$

空气密度的计算公式为

$$\rho = \rho_{0N}\frac{p}{p_{0N}} \cdot \frac{\tau_{0N}}{\tau} \tag{1.6.7}$$

声速随高度变化的计算公式为

$$c_s = \sqrt{kR_d\tau} \approx 20.047\sqrt{\tau} \tag{1.6.8}$$

此外,空军根据航弹和航空武器作战空域的平均气象条件也制定了空军标准气象条件,海军则规定了海平面上的标准气象条件。感兴趣的读者可查找相关资料,这里不再赘述。

1.6.3　对我国炮兵高空标准气象条件的扩展

前面已经提到,随着远程弹箭的出现,有必要将我国炮兵标准气象条件扩展到 30 km 以上,即探讨我国炮兵高空标准气象条件。这里,提出利用美国 1976 年标准大气建立我国炮兵高空标准气象条件。之所以采用美国 1976 年标准大气,是出于以下考虑。

（1）该标准大气反映了中纬度地区大气的垂直分布情况,这对于我国的地理位置是比较合适的。

（2）该标准大气的高度达到 80 km 以上,覆盖了目前超远程弹箭的主要飞行高度范围。

（3）该标准大气为许多国际组织所采用,例如,在 50 km 以下,国际标准大气完全采用该标准大气,50~80 km 下则暂时采用该标准大气;32 km 以下,国际民航标准大气完全采用该标准大气;经我国国家标准总局批准,在建立我国标准大气之前,也可使用该标准大气。因此,美国 1976 年标准大气具有一定的权威性。

（4）该标准大气与我国现行的炮兵标准气象条件在 30 km 处的连贯性较好。图 1.6.1 所示为美国 1976 年标准大气（图中标记为 US－1976）、苏联 1964 年标准大气（图中标记为 CA－64）及我国炮兵标准气象（图中标记为 A.S.A.）对应的温度分布曲线。显然,在 30 km

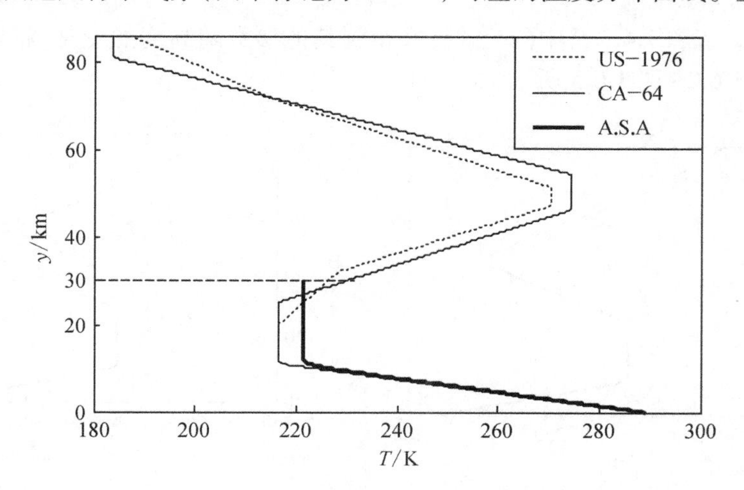

图 1.6.1　不同标准气象条件对应的温度分布曲线

高度处,美国 1976 年标准大气的温度值与我国炮兵标准气象条件所规定的值更为接近。

按以下方法将我国炮兵标准气象条件扩展至高空。

(1) 30 km 以下的虚温仍采用我国炮兵标准气象条件中规定的虚温,位势高度在 32 km (即几何高度 32.161 9 km)以上的虚温采用美国 1976 年标准大气规定的分子标度温度。

(2) 当高度在 30~32.161 9 km 时,虚温随高度的变化采用线性插值,密度、压力、声速和黏性系数等参数随高度的变化仍采用 1.4.2 节和 1.4.3 节中的公式计算。这样就使得各大气参数随高度变化连续,又确保 30 km 以下和 32.161 9 km 以上的虚温与现行炮兵标准气象条件所规定的值比较接近。

将我国炮兵标准气象条件扩展至 86 km,虚温随高度的变化如下。

(1) $y \leqslant 9\,300$ m 时, $\tau = \tau_{0N1} - G_1 y$。

(2) $9\,300$ m $< y \leqslant 12\,000$ m 时, $\tau = \tau_{0N2} - G_2(y - 9\,300) + C(y - 9\,300)^2$。

(3) $12\,000$ m $< y \leqslant 30\,000$ m 时, $\tau = 221.5$ K。

(4) $30\,000$ m $< y \leqslant 32\,161.9$m 时, $\tau = \tau_{0N3} + G_3(y - 30\,000)$。

(5) $32\,161.9$ m $< y \leqslant 47\,350.1$ m 时, $\tau = \tau_{0N4} + G_4(y - 32\,161.9)$。

(6) $47\,350.1$ m $< y \leqslant 51\,412.5$ m 时, $\tau = 270.65$ K。

(7) $51\,412.5$ m $< y \leqslant 71\,802.0$ m 时, $\tau = \tau_{0N5} - G_5(y - 51\,412.5)$。

(8) $71\,802.0$ m $< y \leqslant 86\,000.0$ m 时, $\tau = \tau_{0N6} - G_6(y - 71\,802.0)$。

式中, $C = 1.172 \times 10^{-6}$ K/m^2; $\tau_{0N1} \sim \tau_{0N6}$ 和 $G_1 \sim G_6$ 的取值如表 1.6.1 所示。

表 1.6.1 τ_{0Ni}和 G_i 的取值

参　数	$i=1$	$i=2$	$i=3$	$i=4$	$i=5$	$i=6$
τ_{0Ni}/K	289.1	230.0	221.5	228.65	270.65	214.65
$G_i \times 10^3$/(K/m)	6.328	6.328	3.307	2.800	2.800	2.000

根据 1.4.2 节和 1.4.3 节中的公式计算得到其他参数随高度的变化,将计算结果绘制成曲线,如图 1.6.2~图 1.6.5 所示。

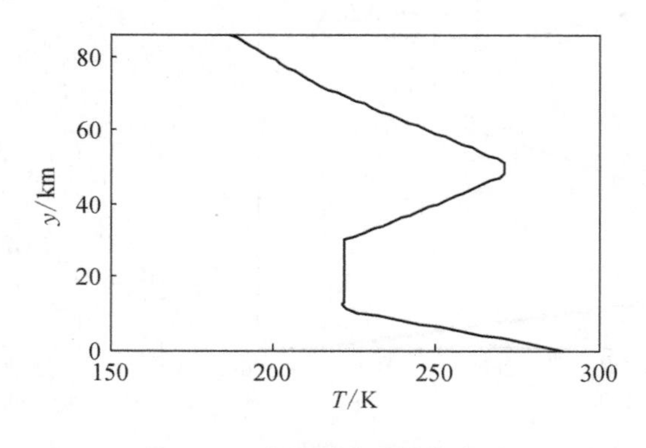

图 1.6.2　虚温随高度变化曲线

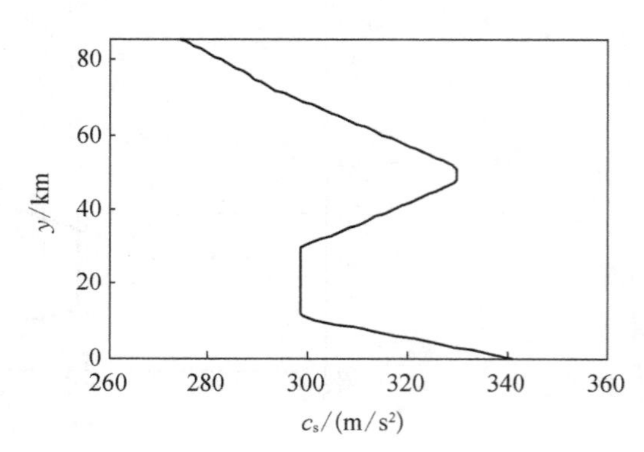

图 1.6.3　声速随高度变化曲线

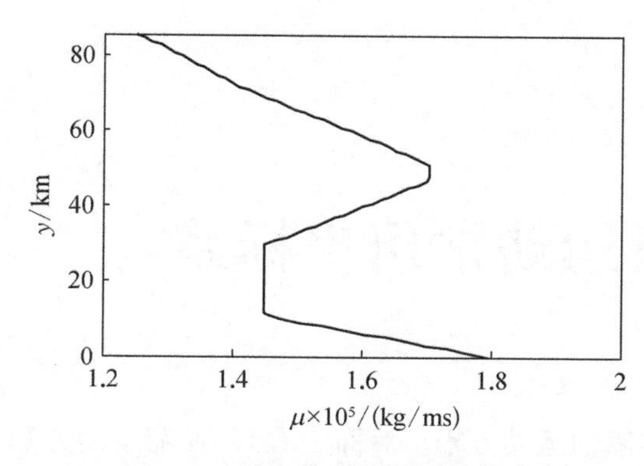

图 1.6.4　黏性系数随高度变化曲线

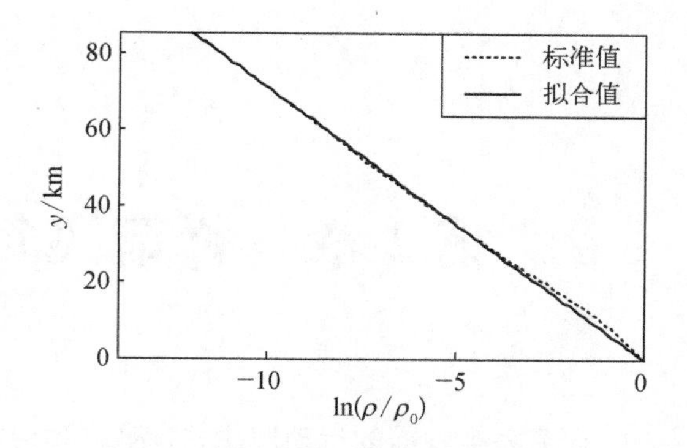

图 1.6.5　密度随高度变化曲线

图 1.6.5 中,密度的拟合值采用以下公式计算得到:

$$\rho = \rho_{0N}\exp(-0.000\,140\,4y) \tag{1.6.9}$$

式(1.6.9)是密度关于高度的显式解析表达式,图 1.6.5 中的对比结果表明,该解析式具有较好的精度,可用于弹箭角运动特性的解析。

应特别指出的是,即使是在平稳天气,大高度上的地转风也可达到每秒几十米,甚至上百米,因此标准气象条件中的无风假设与大高度上一般天气情况下的差异很大,建议考虑采取 1.5 节中工程模型的建立方式,建立风随高度变化的标准分布,从而有利于远程、超远程弹箭的弹道设计计算、射表编制及战斗使用。

第2章 弹箭飞行运动常用坐标系

研究各类弹箭的运动规律,必然要建立弹箭的运动方程。后面将看到,弹箭运动方程最初都是矢量方程,为了求解运动方程,需要将矢量方程转换为标量方程,这就必须有一定的坐标系作为基准,将矢量投影到坐标系的各轴上。弹箭的运动规律不以坐标系的选取而改变,但如果坐标系选取得合适,将会使标量方程的形式简洁,便于问题分析;否则,将导致方程形式烦琐,不便处理。

本章将介绍建立弹箭质点运动方程常用的坐标系、建立弹箭刚体运动方程常用的坐标系及制导弹箭导航用的常用坐标系,将各坐标系的定义描述清楚,并重点介绍坐标系之间的转换关系,为后续建立弹箭飞行运动方程奠定基础。

2.1 描述弹箭质心运动的常用坐标系

2.1.1 直角坐标系和自然坐标系

在外弹道基本问题中,主要任务是计算弹箭的飞行弹道。如果知道弹箭从弹道起点飞行瞬时 t 在空中某一点的坐标 (x, y),则确定了弹箭在该时刻所达到的位置。如果同时知道了该时刻弹箭速度的大小和方向,就能确定弹箭将飞向何方。因此,为了描述弹箭的质心运动,外弹道学中可选用直角坐标系和自然坐标系,下面将给出这两个坐标系的定义。

外弹道学中的直角坐标系如图 2.1.1 所示。如图 2.1.1 所示,该直角坐标系以炮口 O 为原点,Ox 轴为指向射击前方的水平轴,Oy 轴铅直向上,平面 Oxy 即构成射击面。弹箭位于坐标 (x,y) 处,弹箭质心的速度矢量 $\boldsymbol{v}$ 与地面水平轴 Ox 轴构成弹道倾角 θ。水平分速为 $v_x = \mathrm{d}x/\mathrm{d}t = v\cos\theta$,铅直分速为 $v_y = \mathrm{d}y/\mathrm{d}t = v\sin\theta$,总速度为 $v = \sqrt{v_x^2 + v_y^2}$。重力加速度矢量 $\boldsymbol{g}$ 沿 Oy 轴的负向,阻力加速度矢量 $\boldsymbol{a}_x$ 与速度矢量反向。

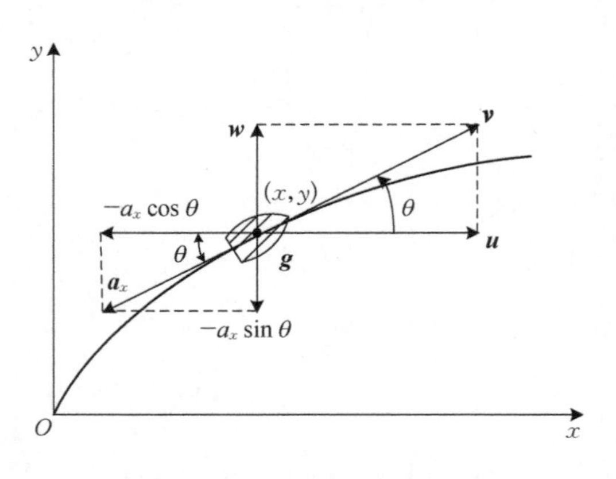

图 2.1.1　直角坐标系示意图

外弹道学中的自然坐标系如图 2.1.2 所示。

如图 2.1.2 可知，自然坐标系是以弹道切线(图中 $\boldsymbol{\tau}$ 方向)为一根轴、以弹道法线(图中 $\boldsymbol{n}$ 方向)为另一根轴。弹丸质心速度矢量 $\boldsymbol{v}$ 即沿弹道切线的方向，其与水平方向的夹角为弹道倾角 θ。速度矢量 $\boldsymbol{v}$ 可以表示成 $\boldsymbol{v}=v\boldsymbol{\tau}$。

显然，在直角坐标系中，是以 v_x、v_y、x、y 为状态变量建立微分方程；而在自然坐标系中，是以 v、θ、x、y 为状态变量建立微分方程。

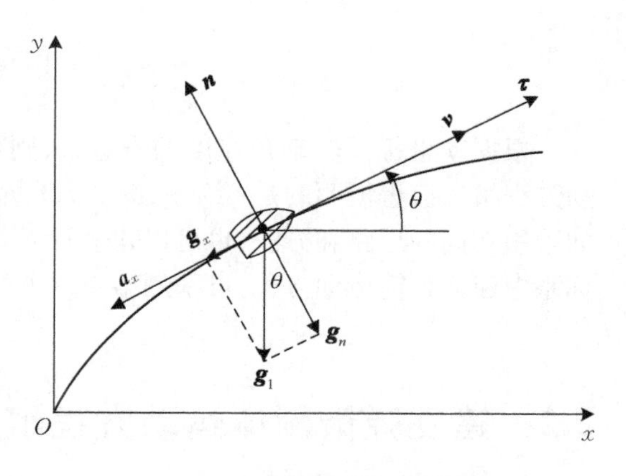

图 2.1.2　自然坐标系示意图

2.1.2　计及地表曲率的地表切面坐标系

对于射程达到上百千米的远程弹箭，在其射程范围内，需要考虑地球表面的曲率，故要建立一个计及地表曲率的地表切面坐标系 $Ox_ey_ez_e$。这里，对地球采用圆球模型，其半径 $r_E=6\ 371\ 110$ m。地表切面坐标系 $Ox_ey_ez_e$ 如图 2.1.3 所示。

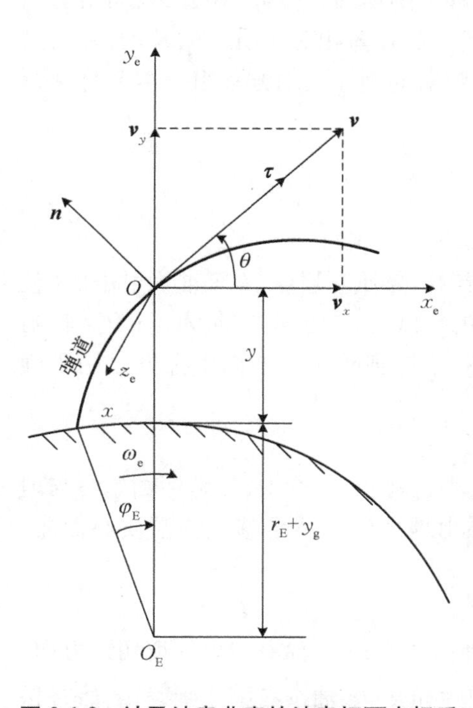

图 2.1.3　计及地表曲率的地表切面坐标系

如图 2.1.3 所示，坐标原点 O 为弹箭的质心，Ox_e 轴平行于地表切面，位于射击平面内，Oy_e 轴在地心 O_E 至弹箭质心的连线上，以向上为正，Oz_e 轴依右手定则确定。由于坐标原点是弹箭的质心，该坐标系为一动坐标系，当弹箭飞行至 t 时刻时，该动坐标转过的角度为 φ_E，则转动角速度 $\omega_e=\dot{\varphi}_E$。暂不考虑 Oz_e 轴，弹箭质心速度矢量 $\boldsymbol{v}$ 在 Ox_e 轴和 Oy_e 轴上的投影分别为 v_x、v_y，速度矢量 $\boldsymbol{v}$ 与 Ox_e 轴的夹角即弹道倾角 θ，地表切面水平分速度为 $v_x=\mathrm{d}x/\mathrm{d}t=v\cos\theta$，铅直分速度为 $v_y=\mathrm{d}y/\mathrm{d}t=v\sin\theta$，总速度为 $v=\sqrt{v_x^2+v_y^2}$。但由于地表切面坐标系是一个动坐标系，建立弹箭运动微分方程时，必须要考虑动坐标系的转动角速度 ω_e。从图 2.1.3 所示的几何关系可知

$$\omega_e=\dot{\varphi}_E=\frac{\dot{x}}{r_E+y_g} \tag{2.1.1}$$

式中，x 为从发射点至弹箭在地面上的投影曲线长；$\dot{x}$ 表示弹箭在地面上投影的移动速率，其与弹箭地表切面分速 v_x 有如下关系：

$$\dot{x}=v_x\left(1+\frac{y}{r_E+y_g}\right)^{-1} \tag{2.1.2}$$

将式(2.1.2)代入式(2.1.1)，有

$$\omega_e = \frac{v_x}{r_E}\left(1 + \frac{y + y_g}{r_E}\right)^{-1} \tag{2.1.3}$$

根据动坐标系转动角速度的表达式，则可以在地表切面坐标系下建立弹箭的质心运动方程组。值得说明的是：第一，图 2.1.3 所示的地表切面坐标系本质上是直角坐标系，如采用相同的思路和方法，也可以建立计及地表曲率的自然坐标系；第二，在地表切面坐标系中建立弹箭运动方程，可采用第 1 章中的方法，计及重力加速度随高度的变化。

2.2　建立弹箭刚体运动方程组常用的坐标系及转换关系

2.1 节介绍的坐标系只能用于描述弹箭的质心运动，而不考虑其姿态角的变化。但实际上，弹箭在飞行过程中会受到各种扰动，弹轴不可能始终与质心速度方向一致，从而形成攻角。攻角的存在又会产生与之相应的空气动力和力矩作用于弹体，如升力、马格努斯力、俯仰力矩、马格努斯力矩等，这些空气动力和力矩引起弹箭相对于质心的转动，并反过来影响质心运动。因此，必须将弹箭作为刚体，建立弹箭的刚体运动方程组。本节将介绍建立弹箭刚体运动方程组所必需的常用坐标系。

2.2.1　常用坐标系

1. 地面坐标系

地面坐标系固连于地面，用 $O'-xyz$ 表示，其原点 O' 为弹道起点；$O'x$ 轴为射击面（包含理想弹道初速矢量的铅直面）与弹道起点水平面的交线，指向射击方向为正；$O'y$ 轴与 $O'x$ 轴垂直且位于射击面内，指向上为正；$O'z$ 轴按右手法则确定。地面坐标系是用于确定弹箭的运动轨迹对应弹道的参考系。

2. 平动坐标系

平动坐标系用 $O-xyz$ 表示，其原点 O 为弹箭质心；在弹箭飞行中，三坐标轴始终与地面坐标系相应的坐标轴平行且方向相同。此坐标系由地面坐标系平移至弹箭质心而成，随质心一起平动。

3. 理想速度坐标系

理想速度坐标系用 $O-x_iy_iz_i$ 表示，其原点 O 为弹箭质心；Ox_i 轴沿理想弹道切线方向，指向前为正；Oy_i 轴在铅直面内垂直于 Ox_i 轴，指向上为正；Oz_i 轴按右手法则确定，始终保持与射击面垂直。Ox_i 轴与水平面的夹角称为理想弹道倾角 θ_i，Ox_i 轴位于水平面上方时为正。

4. 速度坐标系

速度坐标系用 $O-x_2y_2z_2$ 表示，其原点 O 为弹箭质心；Ox_2 轴沿弹箭质心速度矢量 $\boldsymbol{v}$ 的方向；Oy_2 轴位于铅直面内并垂直于 Ox_2 轴，指向上为正；Oz_2 轴按右手法则确定。速度坐标系和平动坐标系组合在一起可用于确定速度矢量 $\boldsymbol{v}$ 的空间方位，为此定义如下两个角度。

（1）高低倾角 θ_a：速度矢量 $\boldsymbol{v}$ 在平面 Oxy 内的投影与 Ox 轴的夹角，$\boldsymbol{v}$ 偏向平面 xOz

上方时为正,且 $\theta_a = \theta_i + \psi_1$, 其中 ψ_1 称为高低偏角。

(2) 侧向偏角 ψ_2: 速度矢量 $\boldsymbol{v}$ 与平面 Oxy 的夹角, $\boldsymbol{v}$ 偏向平面 Oxy 右方时为正。

速度坐标系用于建立弹箭质心运动的动力学标量方程,以及研究弹箭质心的运动特性时比较简单清晰。值得说明的是,对于轴对称飞行器,速度坐标系又可称为弹道坐标系,两者定义完全相同;但对于面对称飞行器,"速度坐标系"有专门的定义,本章定义的坐标系只能称为弹道坐标系。对于本书所涉及的弹箭,如无特别说明,均作为轴对称弹体处理。

5. 相对速度坐标系

弹箭在风场中运动时,其相对于空气的速度矢量 $\boldsymbol{v}_r = \boldsymbol{v} - \boldsymbol{w}$, $\boldsymbol{w}$ 是风速矢量。相对速度坐标系用 $O-x_ry_rz_r$ 表示,其原点 O 为弹箭质心; Ox_r 轴沿相对速度矢量 $\boldsymbol{v}_r$ 的方向; Oy_r 轴位于铅直面内并垂直于 Ox_r 轴,指向上为正; Oz_r 轴按右手法则确定。参照 θ_a、ψ_2 的定义方法,可定义描述 $\boldsymbol{v}_r$ 空间方位的两个角度: 相对倾角 θ_r 和相对偏角 ψ_r。

6. 第一弹轴坐标系

第一弹轴坐标系用 $O-\xi\eta\zeta$ 表示,其原点 O 为弹箭质心; $O\xi$ 轴与弹体的纵轴一致,指向前为正; $O\eta$ 轴位于铅直面内并垂直于 $O\xi$ 轴,指向上为正; $O\zeta$ 轴按右手法则确定。利用第一弹轴坐标系和平动坐标系可以确定弹轴的空间方位,定义如下两个角度。

(1) 弹轴高低角 φ_a: 弹轴 $O\xi$ 在平面 Oxy 内的投影与 Ox 轴的夹角,当弹轴在平面 xOz 上方时为正,且 $\varphi_a = \theta_i + \varphi_1$, 其中 φ_1 称为高低摆动角。

(2) 侧向摆动角 φ_2: 弹轴 $O\xi$ 与平面 Oxy 的夹角,当弹轴在平面 Oxy 右方时为正。

7. 第二弹轴坐标系

第二弹轴坐标系用 $O-\xi\eta'\zeta'$ 表示。此坐标系由速度坐标系 $O-x_2y_2z_2$ 绕 Oz_2 轴逆时针转动 δ_1 角(高低攻角,弹轴在平面 Ox_2z_2 上方时为正)到达 $Ox_2'\eta'$ 位置,然后再绕 $O\eta'$ 轴顺时针方向转动 δ_2 角(侧向攻角,弹轴在平面 Ox_2y_2 右方时为正)得到。弹轴 $O\xi$ 与速度矢量 $\boldsymbol{v}$ 的夹角称为攻角 δ, 两者之间的相对位置可由 δ_1 和 δ_2 两个角度确定。

由于第一弹轴坐标系和第二弹轴坐标系的 $O\xi$ 轴都与弹轴重合,两坐标系之间只相差一个转角 β。第一弹轴坐标系用于建立弹箭绕质心转动的动力学标量方程,而第二弹轴坐标系则用于计算与攻角有关的空气动力。

8. 弹体坐标系

弹体坐标系用 $O-x_1y_1z_1$ 表示,其原点 O 为弹箭质心; Ox_1 轴与弹体的纵轴重合,指向前为正; Oy_1 轴位于弹体的纵向对称平面内,与 Ox_1 轴垂直,指向上为正; Oz_1 轴按右手法则确定。弹体坐标系可由第一弹轴坐标系绕 $O\xi$ 轴逆时针转动 γ 角(自转角)而成, φ_a、φ_2 和 γ 三个角度决定了全弹在空间的运动姿态。

2.2.2　坐标系之间的转换关系

在对弹箭运动进行建模时,常要将某一坐标系中的物理量转换到另一个坐标系中去,这就需要知道坐标系之间的转换关系。对于上节中的任意两个坐标系,总可以通过平移(使原点重合)和连续旋转的方法来实现其相互之间的转换,图 2.2.1 给出了各坐标系之间的转换关系。

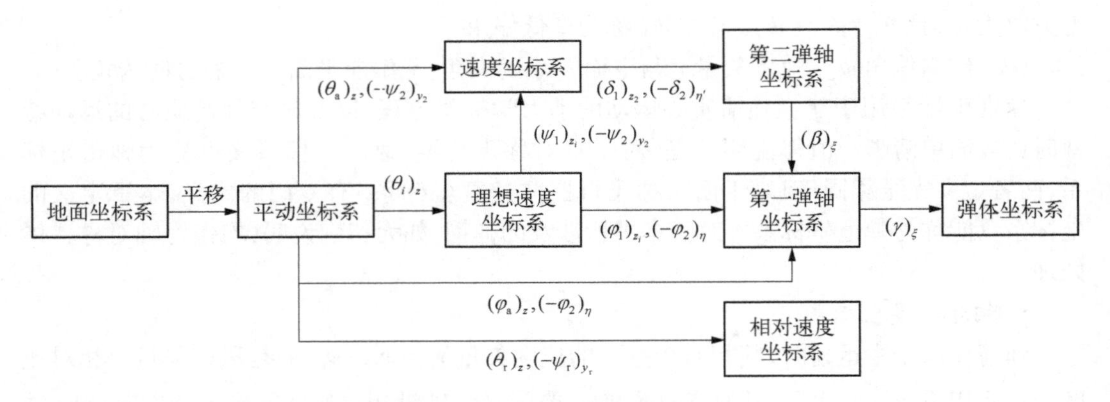

图 2.2.1 各坐标系之间的转换关系

图 2.2.1 中,(·)的下标表示(·)中的角度围绕下标所对应的坐标轴进行旋转;(·)中有负号则表示按顺时针旋转,否则表示按逆时针旋转。

下面结合主要坐标系间的旋转示意图,利用投影法求出对应的坐标转换矩阵。

1. 速度坐标系与平动坐标系之间的转换

速度坐标系 $O-x_2y_2z_2$ 由平动坐标系 $O-xyz$ 经两次旋转得到,如图 2.2.2 所示,其旋转顺序为 $\theta_a \Rightarrow -\psi_2$, 坐标转换矩阵为

$$\begin{bmatrix} x_2 \\ y_2 \\ z_2 \end{bmatrix} = \begin{bmatrix} \cos\theta_a\cos\psi_2 & \sin\theta_a\cos\psi_2 & \sin\psi_2 \\ -\sin\theta_a & \cos\theta_a & 0 \\ -\cos\theta_a\sin\psi_2 & -\sin\theta_a\sin\psi_2 & \cos\psi_2 \end{bmatrix} \begin{bmatrix} x \\ y \\ z \end{bmatrix} \tag{2.2.1}$$

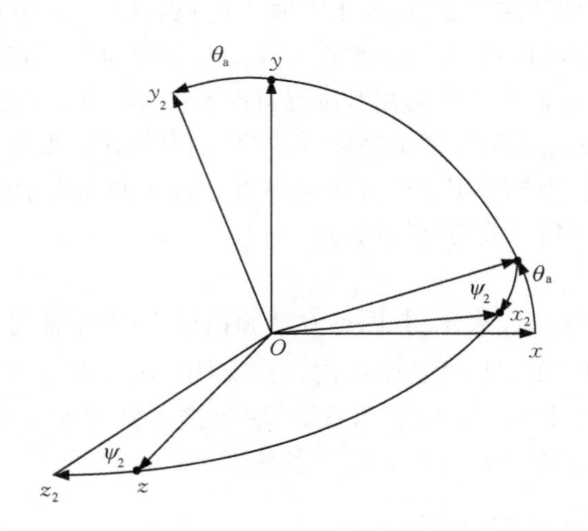

图 2.2.2 速度坐标系与平动坐标系

2. 第一弹轴坐标系与平动坐标系之间的转换

第一弹轴坐标系 $O-\xi\eta\zeta$ 由平动坐标系 $O-xyz$ 经两次旋转得到,如图 2.2.3 所示,其旋转顺序为 $\varphi_a \Rightarrow -\varphi_2$, 坐标转换矩阵为

$$\begin{bmatrix}\xi\\ \eta\\ \zeta\end{bmatrix}=\begin{bmatrix}\cos\varphi_a\cos\varphi_2 & \sin\varphi_a\cos\varphi_2 & \sin\varphi_2\\ -\sin\varphi_a & \cos\varphi_a & 0\\ -\cos\varphi_a\sin\varphi_2 & -\sin\varphi_a\sin\varphi_2 & \cos\varphi_2\end{bmatrix}\begin{bmatrix}x\\ y\\ z\end{bmatrix}\tag{2.2.2}$$

3. 弹体坐标系与第一弹轴坐标系之间的转换

弹体坐标系 $O-x_1y_1z_1$ 由第一弹轴坐标系 $O-\xi\eta\zeta$ 经一次旋转得到，如图 2.2.3 所示，其旋转角度为 γ，坐标转换矩阵为

$$\begin{bmatrix}x_1\\ y_1\\ z_1\end{bmatrix}=\begin{bmatrix}1 & 0 & 0\\ 0 & \cos\gamma & \sin\gamma\\ 0 & -\sin\gamma & \cos\gamma\end{bmatrix}\begin{bmatrix}\xi\\ \eta\\ \zeta\end{bmatrix}\tag{2.2.3}$$

4. 第二弹轴坐标系与速度坐标系之间的转换

第二弹轴坐标系 $O-\xi\eta'\zeta'$ 由速度坐标系 $O-x_2y_2z_2$ 经两次旋转得到，如图 2.2.4 所示，其旋转顺序为 $\delta_1\Rightarrow-\delta_2$，坐标转换矩阵为

$$\begin{bmatrix}\xi\\ \eta'\\ \zeta'\end{bmatrix}=\begin{bmatrix}\cos\delta_1\cos\delta_2 & \sin\delta_1\cos\delta_2 & \sin\delta_2\\ -\sin\delta_1 & \cos\delta_1 & 0\\ -\cos\delta_1\sin\delta_2 & -\sin\delta_1\sin\delta_2 & \cos\delta_2\end{bmatrix}\begin{bmatrix}x_2\\ y_2\\ z_2\end{bmatrix}\tag{2.2.4}$$

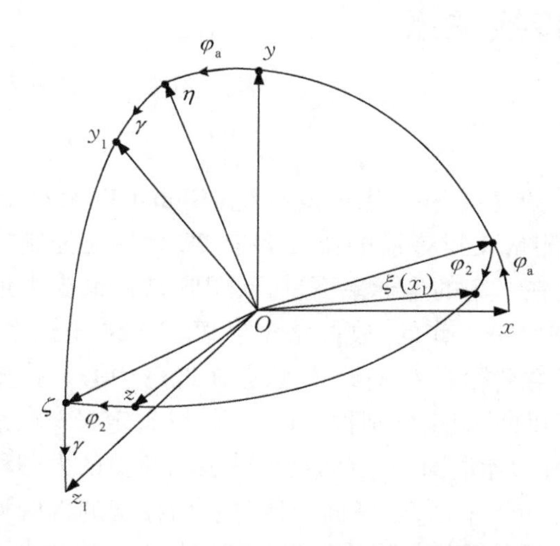

图 2.2.3　第一弹轴坐标系、平动坐标系与弹体坐标系

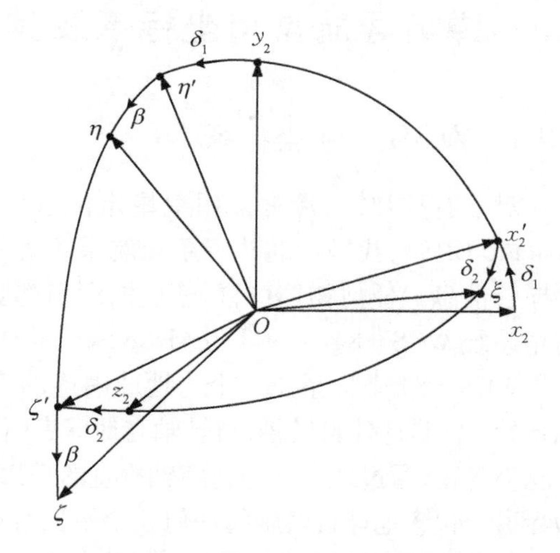

图 2.2.4　第二弹轴坐标系、速度坐标系与第一弹轴坐标系

5. 第一弹轴坐标系与第二弹轴坐标系之间的转换

第一弹轴坐标系 $O-\xi\eta\zeta$ 由第二弹轴坐标系 $O-\xi\eta'\zeta'$ 经一次旋转得到，如图 2.2.4 所示，其旋转角度为 β，坐标转换矩阵为

$$\begin{bmatrix}\xi\\ \eta\\ \zeta\end{bmatrix}=\begin{bmatrix}1 & 0 & 0\\ 0 & \cos\beta & \sin\beta\\ 0 & -\sin\beta & \cos\beta\end{bmatrix}\begin{bmatrix}\xi\\ \eta'\\ \zeta'\end{bmatrix}\tag{2.2.5}$$

2.2.3 角度之间的几何关系

由坐标系的定义及其转换关系可以看出，在上述八个角度 θ_a、ψ_2、φ_a、φ_2、δ_1、δ_2、β 和 γ 中，除 γ 外，其余 7 个角度之间存在一定的制约关系，若速度坐标系的 θ_a、ψ_2 和第一弹轴坐标系的 φ_a、φ_2 已知，则两坐标系之间的相对位置也就固定，而 δ_1、δ_2 和 β 便可由 θ_1、ψ_2、φ_a 和 φ_2 来求取。借助坐标转换矩阵，可得到如下几何关系式：

$$\begin{cases}\sin\delta_2 = \cos\psi_2\sin\varphi_2 - \sin\psi_2\cos\varphi_2\cos(\varphi_a - \theta_a)\\ \sin\delta_1 = \cos\varphi_2\sin(\varphi_a - \theta_a)/\cos\delta_2\\ \sin\beta = \sin\psi_2\sin(\varphi_a - \theta_a)/\cos\delta_2\end{cases} \tag{2.2.6}$$

对于正常稳定飞行的弹箭，一般攻角 δ 很小，弹道偏离射击面的程度也小，可认为 δ_1、δ_2、φ_2、ψ_2、$\varphi_a - \theta_a$ 和 β 均为小量，若略去二阶小量，可将式(2.2.6)进一步简化为

$$\begin{cases}\delta_2 \approx \varphi_2 - \psi_2\\ \delta_1 \approx \varphi_a - \theta_a\\ \beta \approx 0\end{cases} \tag{2.2.7}$$

2.3 弹箭导航常用坐标系及其转换关系

2.3.1 WGS－84 坐标系

对于有控弹箭，常常采用卫星定位系统[如美国的全球定位系统(Global Positioning System, GPS)、我国的北斗卫星导航系统等]测量飞行弹箭的位置和速度，为弹箭控制提供导航信息。任何物体位置、速度的测量都要在一定的坐标系下进行，GPS 是在世界大地测量系统 WGS－84(World Geodetic System 1984)下工作的，故首先介绍 WGS－84 坐标系。

WGS－84 坐标系是一个与地球固连的直角坐标系 $O_E xyz$，其原点在地球中心。该坐标系的 z 轴是地球自转轴，自转轴与地球表面的两个交点分别称为南极和北极，定义 z 轴指向北极为正；通过地心并与自转轴垂直的平面称为赤道面，赤道面与地球表面相交的大圆称为赤道。包含地球自转轴的任何一个平面都称为子午面，子午面与地球表面相交的大圆称为子午圈。WGS－84 坐标系的 x 轴指向通过英国伦敦格林尼治天文台的子午面与地球赤道的一个交点，而 y 轴与 x 轴、z 轴一起构成右手直角坐标系，坐标分量记为 (x, y, z)。再定义一个地心大地坐标系 $O_E\phi\lambda h$，其原点也通过地心并与地球固连，给出一点的纬度 ϕ、经度 λ 和高度 h。地心地固直角坐标系 $O_E xyz$ 和地心大地坐标系 $O_E\phi\lambda h$ 如图 2.3.1 所示。

图 2.3.1 中，大地坐标系定义了一个与地球几何最吻合的椭球体来代替凹凸不平的地球，这个椭球体称为基准椭球体。基准椭球体是长半径为 a、短半径为 b，并为以短轴为中心轴的旋转对称体。这里的“最吻合”，是指基准椭球的表面与大地水准面之间高度差的平方和最小。大地水准面是假想的无潮汐、无温差、无风、无盐的海平面，习惯上用平均海拔平面代替。

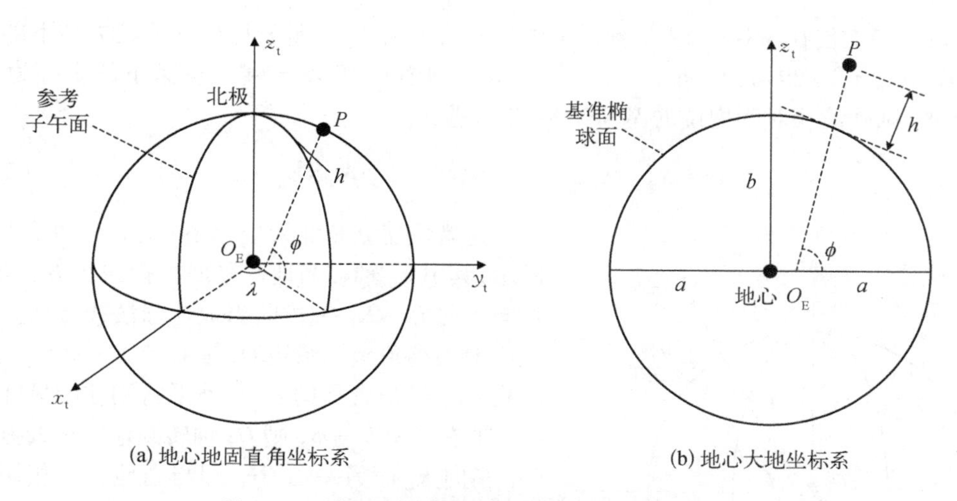

图 2.3.1　地心地固直角坐标系与地心大地坐标系

地心地固直角坐标系与地心大地坐标系可相互转换。从地心大地坐标系 $O_E\phi\lambda h$ 到地心地固直角坐标系 O_Exyz 的转换公式为

$$x = (N + h)\cos\phi\cos\lambda,\quad y = (N + h)\cos\phi\sin\lambda,\quad z = [N(1 - e^2) + h]\sin\phi \tag{2.3.1}$$

式中,e 为椭球偏心率,而:

$$e^2 = 1 - b^2/a^2,\quad N = a/\sqrt{1 - e^2\sin^2\phi} \tag{2.3.2}$$

反之,从地心地固直角坐标系 O_Exyz 到地心大地坐标系 $O_E\phi\lambda h$ 的转换公式为

$$\lambda = \arctan\left(\frac{y}{x}\right),\quad h = \frac{\sqrt{x^2 + y^2}}{\cos\phi} - N,\quad \phi = \arctan\left[\frac{z}{p}\left(1 - e^2\frac{N}{N + h}\right)^{-1}\right] \tag{2.3.3}$$

式中,$p = \sqrt{x^2 + y^2}$。因为计算式(2.3.3)中的 h 需要 ϕ,而计算 ϕ 又需要 h,所以一般只能借助迭代法来逐次逼近:先假设 $\phi = 0$,由式(2.3.2)和式(2.3.3)计算出 N、h、ϕ,然后将刚得到的 ϕ 代入式(2.3.2)和式(2.3.3)中再一次更新 N、h、ϕ,如此循环,直至 h 和 ϕ 的数值基本不变,一般只需 3~4 次迭代即可。

对于 WGS－84 坐标系,基本大地参数如下:

(1) 基准椭球体长轴 $a = 6\ 378\ 137$ m;

(2) 基准椭球体短轴 $b = 6\ 356\ 752.314\ 2$ m;

(3) 基准椭球体极扁率 $f = 1 - a/b = 1/298.257\ 223\ 563$;

(4) 地球自转角速度 $\Omega_E = 7.292\ 115\ 146\ 7 \times 10^{-5}$ rad/s。

2.3.2　WGS－84 坐标系与东北天坐标系的转换关系

在外弹道实际工程应用中,通常不直接使用 WGS－84 中的数据,而是将 WGS－84 坐标系中的数据转换到东北天坐标系中,然后再根据实际射向,转到弹道坐标系中,本节将介绍这些坐标转换关系。

设已知炮位在 WGS－84 坐标系下的坐标为（ϕ_0, λ_0, h_0）及在直角坐标系下的坐标为（x_0, y_0, z_0）[也可由（ϕ_0, λ_0, h_0）算得]，弹箭在 WGS－84 坐标系下的坐标为（x_d, y_d, z_d），则弹箭相对于炮位的 WGS－84 坐标差为

$$\Delta x = x_d - x_0,\quad \Delta y = y_d - y_0,\quad \Delta z = z_d - z_0 \tag{2.3.4}$$

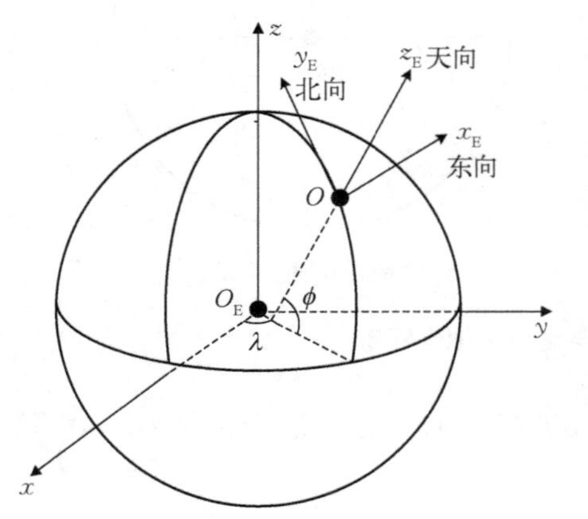

图 2.3.2　东北天坐标系与地心地固坐标系的关系

过炮位建立东北天坐标系 $Ox_Ey_Ez_E$，如图 2.3.2 所示，其中 x_E 轴在当地水平面内指向东方，Oy_E 轴指向正北方，Oz_E 轴指向当地地球法线方向。先让地心地固直角坐标系绕 Oz 轴右旋 $\lambda + 90°$，则 x 轴转到 Ox_E 轴位置指向东方，然后将刚才的坐标系绕 Ox_E 轴右旋 $90° - \phi$，则 Oz 轴转到地球法线方向轴 Oz_E 指向天，而另一轴 Oy_E 即与当地经线相切指向正北方。由此可得到东北天坐标系与地心地固坐标系的方向余弦转换矩阵：

$$\boldsymbol{S} = \begin{bmatrix} -\sin\lambda_0 & \cos\lambda_0 & 0 \\ -\sin\phi_0\cos\lambda_0 & -\sin\phi_0\sin\lambda_0 & \cos\phi_0 \\ \cos\phi_0\cos\lambda_0 & \cos\phi_0\sin\lambda_0 & \sin\phi_0 \end{bmatrix} \tag{2.3.5}$$

利用转换矩阵就可将弹箭相对于炮位的 WGS－84 坐标差转换到东北天坐标系下，得到弹箭相对于炮位的东北天坐标：

$$[x_E \quad y_E \quad z_E]^{\mathrm{T}} = \boldsymbol{S}[\Delta x \quad \Delta y \quad \Delta z]^{\mathrm{T}} \tag{2.3.6}$$

定义射击方向是从正北方向右转过 α_N 角，据此建立弹道坐标系 $Oxyz$，其中 xOz 是当地水平面，xOy 是当地铅直面，Ox 轴为两面的交线，指向射击前方为正，Oy 轴指向天，与 Oz_E 轴一致，Oz 轴指向射击面右侧为正。只需将东北天坐标系绕当地地球法线轴（Oz_E 轴）左旋 α_N 角，并改变坐标轴名称，即得到弹道坐标系，其转换关系为

$$\begin{bmatrix} x \\ y \\ z \end{bmatrix} = \boldsymbol{Q}\begin{bmatrix} x_E \\ y_E \\ z_E \end{bmatrix},\quad \boldsymbol{Q} = \begin{bmatrix} \sin\alpha_N & \cos\alpha_N & 0 \\ 0 & 0 & 1 \\ \cos\alpha_N & -\sin\alpha_N & 0 \end{bmatrix} \tag{2.3.7}$$

因此，已知炮位在 WGS－84 直角坐标系下的坐标（x_0, y_0, z_0）或大地坐标（ϕ_0, λ_0, h_0），以及测得弹箭在 WGS－84 坐标系下的坐标（x_d, y_d, z_d）和速度（v_{xd}, v_{yd}, v_{zd}）的情况下，弹箭在弹道坐标系下的坐标（x, y, z）和速度（v_x, v_y, v_z）即

$$[x \quad y \quad z]^{\mathrm{T}} = \boldsymbol{B}[x_d - x_0 \quad y_d - y_0 \quad z_d - z_0]^{\mathrm{T}} \tag{2.3.8}$$

$$[v_x \quad v_y \quad v_z]^{\mathrm{T}} = \boldsymbol{B}[v_{x_d} \quad v_{y_d} \quad v_{z_d}]^{\mathrm{T}} \tag{2.3.9}$$

式中，

$$
\begin{aligned}
\boldsymbol{B} &= \boldsymbol{QS} \\
&= \begin{bmatrix} -\sin\alpha_{\mathrm{N}}\sin\lambda_0 - \cos\alpha_{\mathrm{N}}\sin\phi_0\cos\lambda_0 & \sin\alpha_{\mathrm{N}}\cos\lambda_0 - \cos\alpha_{\mathrm{N}}\sin\phi_0\sin\lambda_0 & \cos\alpha_{\mathrm{N}}\cos\phi_0 \\ \cos\phi_0\cos\lambda_0 & \cos\phi_0\sin\lambda_0 & \sin\phi_0 \\ -\cos\alpha_{\mathrm{N}}\sin\lambda_0 + \sin\alpha_{\mathrm{N}}\sin\phi_0\cos\lambda_0 & \cos\alpha_{\mathrm{N}}\cos\lambda_0 + \sin\alpha_{\mathrm{N}}\sin\phi_0\sin\lambda_0 & -\sin\alpha_{\mathrm{N}}\cos\phi_0 \end{bmatrix}
\end{aligned}
$$

举一个简单的例子进行说明。在靶场射击某制导炮弹,已知炮位的纬度、经度和高度分别为 $\phi_0 = 47.517°$, $\lambda_0 = 124.486°$, $h_0 = 157.50$ m, 射向 $\alpha_{\mathrm{N}} = 100.595°$, 在弹箭飞行过程中测得某一点的纬度、经度和高度分别为 $\phi = 47.470\,75°$, $\lambda = 124.785\,08°$, $h = 8\,816.6$ m, 则根据式(2.3.4) ~ 式(2.3.8),可计算出该弹箭此时在弹道坐标系下的坐标 (x, y, z) 为 (23 504.475, 8 490.533, 1 126.780)。

2.3.3　2000 国家大地坐标系

目前,我国已采用 2000 国家大地坐标系(China Geodetic Coordinate System 2000, CGCS 2000),其本质上仍是一个直角坐标系,其原点和轴定义如图 2.3.3 所示,图中 IERS 表示国际地球自转服务机构。

如图 2.3.3 所示,CGCS 2000 的原点为地球的质量中心, z 轴指向 IERS 参考极方向, x 轴为 IERS 参考子午面与通过原点且同 z 轴正交的赤道面的交线, y 轴按右手定则,与 x 轴和 z 轴形成地心地固直角坐标系。

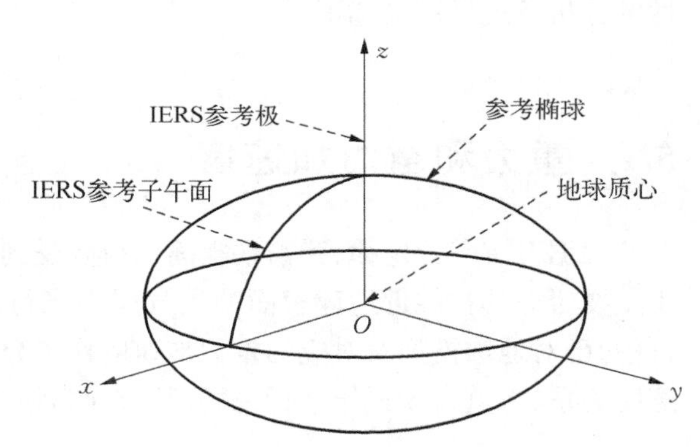

图 2.3.3　CGCS 2000 定义的示意图

对于 CGCS 2000,基本大地参数如下:

(1) 基准椭球体长轴 $a = 6\,378\,137.0$ m;

(2) 基准椭球体短轴 $b = 6\,356\,752.314\,1$ m;

(3) 基准椭球体极扁率 $f = 1 - a/b = 1/298.257\,222\,101$;

(4) 地球自转角速度 $\Omega_{\mathrm{E}} = 7.292\,115 \times 10^{-5}$ rad/s。

研究表明,CGCS 2000 与 WGS－84 坐标系在定义上是一致的,即关于坐标系原点、尺度、定向及定向演变的定义都是相同的,两个坐标系使用的参考椭球也非常相近,对比两个坐标系的几个基本大地参数,只有扁率 f 有微小的差异,这主要与 WGS－84 的版本改进有关。总的来说,CGCS 2000 与 WGS－84 坐标系是相容的,在坐标系的实现精度范围内,CGCS 2000 和 WGS－84 坐标系是一致的。

因此,卫星导航数据从 CGCS 2000 转换到东北天坐标系、弹道坐标系的方法,与 2.3.2 节完全相同。

第3章　作用于弹箭上的常见力和力矩

作用于弹箭上的力和力矩直接影响着弹箭的质心运动和绕心运动，是引起许多外弹道现象的根本原因。本章在前述章节对地球模型与大气特性、常用坐标系等基本知识介绍的基础上，首先详细阐述作用在弹箭上的各种常见力和力矩的形成机理及其表达式，然后介绍目前获取弹箭空气动力系数的一些方法，为弹箭运动方程组的建立和空气弹道特性的分析等提供基础知识。

3.1　重力和重力加速度

根据万有引力定律，弹箭在空间飞行要受到地球、太阳、月球等的引力。对于弹箭，由于主要研究其在靠近地球表面的大气层内飞行，只计及地球对弹箭的引力。在前面第1章中，已对地球模型及对应的重力加速度作了介绍，这里取常用的圆球模型对应的重力加速度关系，将重力场视作平行力场，其方向为地面坐标系 Oy 轴的反向，表达式为

$$\boldsymbol{G} = m\boldsymbol{g} \tag{3.1.1}$$

式中，m 为弹箭的质量；$\boldsymbol{g}$ 为重力加速度，其大小由式(3.1.2)确定：

$$g = g_0\left(\frac{r_0}{r_0 + y + y_g}\right)^2 \tag{3.1.2}$$

式中，y_g 为弹道起点的海拔；r_0为特定纬度的有效地球半径。该式的详细介绍可参见1.1节。由于重力 $\boldsymbol{G}$ 的方向为地面坐标系 Oy 轴的反向，其在地面坐标系上的分量可表示为

$$\begin{bmatrix} G_x \\ G_y \\ G_z \end{bmatrix} = \begin{bmatrix} 0 \\ -mg \\ 0 \end{bmatrix} \tag{3.1.3}$$

3.2　地球旋转引起的科氏惯性力

在1.1节中已表明，科氏加速度是由于地球旋转和弹箭相对于地球运动产生的。科

氏惯性力 $\boldsymbol{F}_c=-2m\boldsymbol{\Omega}_E\times\boldsymbol{v}$ 恰与科氏加速度方向相反。根据速度坐标系与基准坐标系之间的转换矩阵关系,可将式(1.44)所示的地球自转加速度分量旋转到速度坐标系中,最终得到科氏惯性力在速度坐标系下分量的矩阵表达式:

$$\begin{bmatrix} F_{cx_2} \\ F_{cy_2} \\ F_{cz_2} \end{bmatrix} = 2\Omega_E mv \begin{bmatrix} 0 \\ \sin\psi_2\cos\theta_a\cos\Lambda\cos\alpha_N + \sin\theta_a\sin\psi_2\sin\Lambda + \cos\psi_2\cos\Lambda\sin\alpha_N \\ -\sin\theta_a\cos\Lambda\cos\alpha_N + \cos\theta_a\sin\Lambda \end{bmatrix} \tag{3.2.1}$$

式中,θ_a 为速度高低角;ψ_2 为速度方向角,具体定义可参见第 2 章的相关内容;Ω_E 为地球自转角速度;Λ 为发射点的纬度;α_N 为射向,即射击方向与正北方的夹角,定义从正北方算起顺时针转到射击方向所对应的 α_N 为正。

3.3　作用在弹箭上的空气动力和力矩

弹箭在空中飞行时同空气做相对运动,因而弹箭与空气间存在着相互作用,空气对弹箭的作用力称为空气动力,空气对弹箭的作用力矩称为空气动力矩,其中空气动力直接影响质心的运动,使速度大小、方向和质心坐标改变,而空气动力矩则使弹箭产生绕质心的转动并进一步改变空气动力,影响到质心的运动。在飞行过程中,作用在弹箭上的空气动力主要有阻力、升力、马格努斯力等。作用在弹箭上的力矩主要有静力矩、赤道阻尼力矩、极阻尼力矩、尾翼导转力矩、马格努斯力矩等。

3.3.1　阻力

本节首先介绍当攻角为零(即弹纵轴与速度矢量重合)时轴对称弹箭的空气阻力。此时作用于弹箭的空气动力沿弹轴向后,称为空气阻力或迎面阻力。此时无升力,故也称此阻力为零升阻力。作用在弹箭上的阻力与弹箭相对于空气的运动速度有很大关系,根据空气与弹箭相对运动的不同作用状况,可将阻力分成不同组成部分。

当气流流线均匀、连续地绕过弹丸时,由于空气是非理想流体且具有黏性,由空气黏性(内摩擦)产生的阻力称为摩阻。当弹箭向前运动、气流绕过弹体在弹体尾部附近出现流线与弹体分离,并在弹尾部出现旋涡,此时阻力显著增大,伴随旋涡出现的那一部分阻力称为涡阻。当气流速度增大至跨声速或超声速时,除尾部有大量旋涡外,在弹头部与弹尾部附近有近似锥状、强烈压缩的空气层存在,即空气动力学中的激波(弹道学中将弹头附近的激波称为弹头波,弹尾附近的激波称为弹尾波),此时空气阻力急剧增大。由此可见,对于跨声速和超声速弹丸,除受上述的摩阻和涡阻作用外,还必然受伴随激波出现而产生波阻的作用。由空气动力学知,空气阻力的表达式为

$$R_x=\frac{\rho v^2}{2}Sc_{x_0}Ma,\quad q=\frac{\rho v^2}{2} \tag{3.3.1}$$

式中,$q=\rho v^2/2$,称为速度头或动压头,是单位体积中气体质量的动能;v 为弹丸相对于空

气的速度；ρ 为空气密度；S 为特征面积，通常取弹丸的最大横截面积；Ma 为飞行马赫数，$Ma = v/c_s$；c_{x_0} 为阻力系数，下标“0”指攻角 $\delta = 0$ 的情况。如将摩阻、涡阻和波阻分开，只需将阻力系数 $c_{x_0}(Ma)$ 分开，即将其分为摩阻系数 c_{xf}、涡阻系数（或底阻系数）c_{xb} 和波阻系数 c_{xw} 之和，因此：

$$c_{x_0}(Ma) = c_{xf} + c_{xb} + c_{xw} \tag{3.3.2}$$

下面对摩阻、涡阻和波阻等产生的原因和物理本质进行简要的介绍。

1. 摩阻

当弹丸在空气中飞行时，弹丸表面常常附有一层空气，伴随弹丸一起运动，其外相邻的一层空气因黏性作用而被带动，但带动的速度低于弹丸的速度；这一层同样因黏性带动更外一层的空气运动，更外一层空气的速度又要比内层的小一些。接近弹丸表面、受空气黏性影响的一薄层空气称为附面层（或边界层）。由于运动着的弹丸表面的附面层不断形成，即弹丸飞行途中不断地带动一薄层空气运动，消耗着弹丸的动能，使弹丸减速，与此相当的阻力称为摩阻。

附面层内的空气流动常因条件不同而异，有呈平行层状流动，彼此几乎不相互混杂的，称为层流附面层；也有在附面层内不呈层状流动而有较大旋涡并扩及数层，形成强烈混杂的，称为紊流附面层。附面层从层流向紊流的转交（或转捩），常与一个无因次的量，即雷诺数 Re 有关：

$$Re = \frac{\rho v L}{\mu} = \frac{vL}{\nu_\tau} \tag{3.3.3}$$

式中，L 为平板长度，对于弹丸，为一相当平板的长度（弹长），有时也可用弹丸的直径表示；μ 为气体（或流体）的黏性系数；ν_τ 为气体的动力黏性系数，其与黏性系数 μ 的关系为 $\nu_\tau = \mu/\rho$。

根据实验，当雷诺数小于某定值时为层流，大于这个值时为紊流。由层流转变为紊流的雷诺数，称为临界雷诺数。在紊流附面层内，由于各层空气的强烈混杂，空气黏性增大，消耗弹丸更多的动能。与其后的紊流附面层相比，在弹尖处的层流附面层量值很小，因此在计算弹丸摩阻时，主要以紊流附面层为主。

2. 涡阻

在弹体表面附面层中，流体由弹头部向圆柱部流动时，由于物体断面增大，由一圈流线所围成的流管的断面积 S 必然减小，根据连续方程 $\rho S v$ = 常数，流速 v 将增大；再根据伯努利方程 $\rho v^2/2 + p$ = 常数，压强 p 将减小。在物体的最大断面处以后，流管的横断面积 S 又将增加，因而压强 p 也将增大。因此，在最大断面点以后，流体将被阻滞。物体的横断面减小得越快，S 增大得越快，因而 p 增大得越快，附面层中的流体被阻滞得也越严重。在一定条件下，这种阻滞作用可使流体流动停止。在流体流动停止点后，由于反压的继续作用，流体可能形成与原方向相反的逆流，当有逆流出现时，附面层就不可能再贴近物体表面，而是与其分离，形成旋涡。在旋涡区内，由于附面层分离，压力降低，形成低压区。这种由于附面层分离形成旋涡，使弹丸前后出现压力差而形成的阻力称为涡阻。为了减小涡阻，在设计弹丸时，须正确选定弹丸最大断面后的形状。对于速度较小的迫击炮弹，常采用流线型尾部；对于旋转稳定弹，通常采用截头形尾锥部（即船尾形弹尾）。

对于超声速弹丸，底阻约占总阻的 30%；对于亚跨声速弹丸，底阻占总阻的 60%～65%。因此，设法减小底阻（或涡阻），对减小弹箭飞行阻力是极为有效的。

3. 波阻

空气具有弹性，当受到扰动后即以疏密波的形式向外传播，扰动传播速度记为 v_B，最微弱扰动传播的速度即为声速，记为 c_s。 对于静止不动的扰动源，其产生的扰动将以球面波的形式向四周传播。对于在空中迅速运动着的扰动源（如运动着的弹尖），其扰动传播的形式将因扰动源运动速度 v 的不同（小于、等于或大于扰动传播速度 v_B）而异。

（1）$v < v_B$，则扰动源永远追不上在各时刻产生的波，如图 3.3.1（a）所示。图中 O 为弹尖当前位置，三个圆依次是 1 s 以前、2 s 以前、3 s 以前所产生的波现在到达的位置。由图可见，当 $v < v_B$ 时，弹尖所给空气的压缩扰动向空间的四面八方传播，并不重叠，只是弹尖前方比后方传播稍慢而已。

（2）$v = v_B$，弹丸正好追上各时刻发出的波，诸扰动波前成为一组与弹尖 O 相切的、直径大小不等的球面。也就是说，$v = v_B$ 时，弹尖所给空气的扰动只向弹尖后方传播。在弹尖处，由于无数个球面波相叠加，形成一个压力、密度和温度突变的正切面，如图 3.3.1（b）所示。

（3）$v > v_B$，这时弹丸总是在各时刻发出波的前面。诸扰动波形成一个以弹尖 O 为顶点的圆锥形包络面，其扰动只向锥形包络面的后方传播。此包络面是空气未受扰动与受扰动部分的分界面，在包络面前后有压力、温度和密度的突变。如图 3.3.1（c）所示。

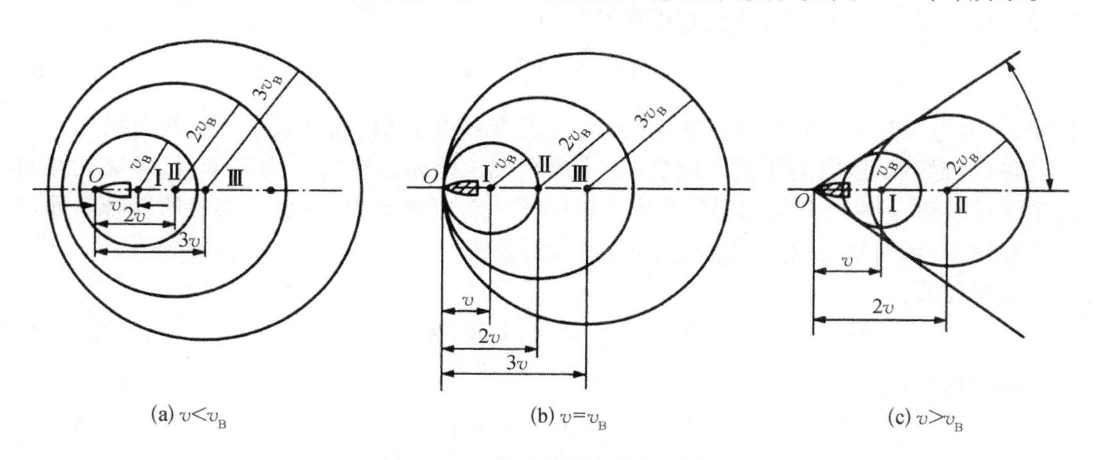

图 3.3.1　扰动传播与激波形成

在（2）和（3）两种情况下所造成的压力、密度和温度突变的分界面，在外弹道学中称为弹头波，也就是空气动力学上所说的激波。当 $v > v_B$ 时，弹带和弹尾处也将产生激波，分别称为弹带波和弹尾波。弹头波、弹带波、弹尾波在外弹道学中总称弹道波。在弹道波出现处，总是形成空气的强烈压缩，压强增大，其中尤以弹头波最为严重。弹头越钝，扰动越强，激波越强，消耗的动能越多，前后压差越大；弹头越锐，扰动越弱，产生的激波越弱，消耗的动能越少，压差越小。由激波形成的阻力称为波阻。

实际上，由于加工组装等，在弹体表面会有一些沟槽、台沿或孔洞等不连续光滑处，只要飞行中此处的速度 v 大于 v_B，则对应表面不连续处就会出现激波、产生波阻。

3.3.2 升力

当攻角不为零时，在攻角平面内，气流相对弹轴是不对称的，弹箭迎风的一侧风压大，背风的一侧风压小，在超声速的情况下，也是迎风一侧的激波强烈，这时总空气动力显著增大，并且其方向也不是与速度矢量方向正相反，而是以速度矢量线为准向弹顶偏离的一方偏离。在攻角平面内，总空气动力 $\boldsymbol{R}$ 可以分解为沿速度方向的分力 R_x 和垂直于速度方向的分力 R_y，也可以分解为沿弹轴的分力（轴向力）R_A 和沿垂直于弹轴的分量（法向力）R_n。它们之间的关系式为

$$R_x = R_A\cos\delta + R_n\sin\delta,\quad R_y = R_n\cos\delta - R_A\sin\delta \tag{3.3.4}$$

但它们对质心的力矩是相同的。

弹箭的升力可用升力系数（特征参数）来表达。对于旋转稳定弹，升力就为弹体升力，其表达式称为

$$R_{yB} = qSc'_{yB}\delta \tag{3.3.5}$$

式中，c'_{yB} 为升力系数导数。

对于尾翼稳定弹，其升力应为弹体升力、尾翼升力及由于弹体和尾翼相互干扰产生的附加升力之和。由于通常不止有一对翼面，如两对翼面（十字尾翼）、三对翼面或四对翼面等（但一般尾翼片围绕弹体四周对称分布），则尾翼的升力应为各翼面提供升力之和。假设一对尾翼与攻角平面垂直，它提供的升力为

$$R_{yw1} = qS_wc'_{yw1}\delta \tag{3.3.6}$$

式中，c'_{yw1} 为一对尾翼的升力系数导数；S_w 为尾翼特征面积（通常取一对翼面面积）。

理论推导可证明，对于两对尾翼（十字翼），无论弹体自转角 γ 为多少（即各翼面相对攻角平面转过 γ 角），其尾翼提供升力都等同于一对尾翼升力，且也为实验所验证。而对于三对尾翼、四对尾翼，根据实验大致可得如下公式。

三对尾翼：

$$R_{yw3} = (1.25 \sim 1.30)R_{yw1} \tag{3.3.7}$$

四对尾翼：

$$R_{yw4} = (1.50 \sim 1.55)R_{yw1} \tag{3.3.8}$$

在缺乏多对尾翼弹尾翼升力实验数据的情况下，可参考使用以上公式。

尾翼弹的总升力 R_y 如下。

亚声速：

$$R_y = R_{yB} + K_wR_{yw} \tag{3.3.9}$$

超声速：

$$R_y = R_{yB} + \bar{K}_wR_{yw} \tag{3.3.10}$$

式中，K_w 和 $\bar{K}_w$ 分别为亚声速、超声速时的弹翼干扰因子。尾翼弹升力用升力系数表达如下：

$$R_y = qSc'_y\delta \tag{3.3.11}$$

亚声速:

$$c'_y = c'_{yB} + \alpha_n K_w \frac{S_w}{S} c'_{yw1} \tag{3.3.12}$$

超声速:

$$c'_y = c'_{yB} + \alpha_n \bar{K}_w \frac{S_w}{S} c'_{yw1} \tag{3.3.13}$$

式中，α_n 为多对尾翼升力与一对尾翼升力的比值系数。应当指出，一般情况下，尾翼提供的升力较弹体提供的升力大得多。有关尾翼弹升力的具体计算方法将在本章的 3.6 节中详细介绍。

3.3.3 马格努斯力

当弹箭自转并存在攻角时，由于弹表面附近流场相对于攻角平面不对称，会产生垂直于攻角平面的力 R_z。德国科学家马格努斯于 1952 年在研究火炮弹丸射击偏差时发现并研究了这一现象，因此将此现象称为马格努斯效应，相应的力称为马格努斯力。马格努斯力的形成机理较复杂，下面仅作简要的解释，详细情况可参阅弹丸空气动力学相关书籍。

当弹丸存在攻角飞行时，流经弹体的横流为 $v\sin\delta$，此外由于气体的黏性，弹丸旋转将带动周围的气流也旋转产生环流。攻角左侧横流与环流方向一致，气流速度加快，而右侧情况正好相反，流速降低，如图 3.3.2 所示。根据伯努利定律，流速高处压力低，流速低处压力高，从而形成了指向攻角平面左侧的力，称为马格努斯力。由以上分析可见，弹体马格努斯力的指向是自横流方向沿弹丸自转方向逆转 90°，即 $\dot{\boldsymbol{\gamma}} \times \boldsymbol{v}$ 的方向（$\boldsymbol{v}$ 为弹速），通常定义此方向为马格努斯力的正方向。

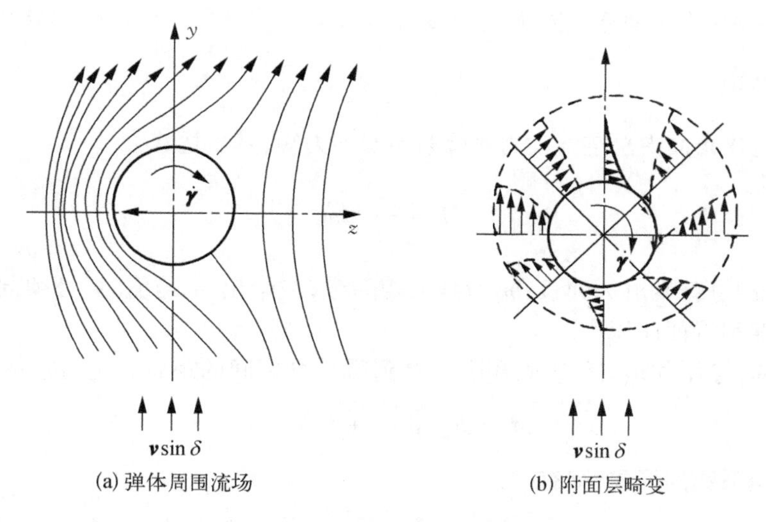

图 3.3.2　马格努斯力的解释

很早之前，研究人员就发现了马格努斯效应，但对它的理论研究在近几十年才得以深入。根据大量的试验和理论研究，发现马格努斯力的成因远不止前面解释得那么简单，想要搞清楚其成因和计算方法,必须研究弹体周围附面层由于弹丸旋转产生的畸变、附面层由层流向紊流转捩的特性及涡流与附面层间的相互作用等(深入研究表明,即使弹丸不旋转,但只要弹体周围附面层不对称,也会产生侧向力)。

当弹丸仅有攻角而不旋转时,轴对称弹的附面层关于攻角平面左右是对称的。当弹箭旋转时,附面层的对称面就偏出攻角平面之外,图 3.3.2 给出了横截面上附面层厚度不对称分布及附面层内速度分布不对称的情况。附面层内侧速度等于弹丸旋转时弹表面的线速度,附面层外边界的速度等于理想无黏性流体绕不旋转弹体流动时的速度,这两个边界之间的厚度即附面层厚度,而附面层位移厚度约为附面层厚度的 1/3。附面层位移厚度相当于改变了弹丸的外形,对于由附面层位移厚度所形成的畸变后的外形,可用细长体理论求出畸变物体上的压力分布,并积分得到侧向力,这就是由附面层产生的马格努斯力的一部分。此外,由于横流沿弹壁曲线流动,将产生离心力,因气流流速高,攻角面左侧附面层内的离心力大,弹体的径向压力低;右侧情况正好相反,流速低,离心力小,径向压力高,这样就形成了垂直攻角平面的侧向力,这就是附面层马格努斯力的第二部分。

马格努斯力一般可写成如下形式:

$$R_z = qSc_z, \quad q = \rho v^2/2 \tag{3.3.14}$$

式中,c_z为马格努斯力系数。从以上分析可知,转速越大,攻角越大,则马格努斯力越大,因此 c_z除了随马赫数变化外,还应与转速和攻角有关,因此可将 c_z写成如下形式:

$$c_z = c_z'(\dot{\gamma}d/v) \tag{3.3.15}$$

式中,c_z' 为马格努斯力系数 c_z对无因次转速 $\dot{\gamma}d/v$ 的导数。马格努斯力系数与转速和攻角均有关,当攻角较小时,可以写成

$$c_z = c_z''(\dot{\gamma}d/v)\delta \tag{3.3.16}$$

式中,c'' 为马格努斯力系数 c_z对无因次转速 $\dot{\gamma}d/v$ 和攻角 δ 的二阶联合偏导数。

3.3.4 静力矩

静力矩是攻角面内总空气动力对弹箭质心的力矩,其表达式为

$$M_z = \frac{\rho v^2}{2} Slm_z \tag{3.3.17}$$

式中,l 为特征长度,常取为弹长;m_z为静力矩系数,在给出 m_z的值时,必须同时指出其相应的特征长度和特征面积。

静力矩 M_z与升力 R_y、阻力 R_x和压心 P 到质心 O 之间的距离 h 之间的关系为

$$M_z = R_x h\sin\delta + R_y h\cos\delta \tag{3.3.18}$$

写成力和力矩系数的形式,则有

$$m_z = (c_y\cos\delta + c_x\sin\delta)h/l \tag{3.3.19}$$

静力矩与升力一样,也是攻角的奇函数。在小攻角情况下,m_z可表示为

$$m_z = m_z'\delta, \quad m_z' = (c_y' + c_x)h/l \tag{3.3.20}$$

式中，m' 称为静力矩系数导数。由于 $c'_y \gg c_x$，又得

$$m'_z \approx c'_y h/l \tag{3.3.21}$$

记压心至弹顶的距离为 x_p，质心距弹顶的距离为 x_c。可将 m'_z 写成如下形式：

$$m'_z = \frac{x_c - x_p}{l}(c'_y + c_x) \approx \frac{x_c - x_p}{l}c'_y, \quad |x_c - x_p| = h \tag{3.3.22}$$

此外，对于尾翼弹，由式(3.3.22)可以得到：

$$\frac{|x_c - x_p|}{l} = \frac{h}{l} = \left|\frac{m'_z}{c'_y}\right| \tag{3.3.23}$$

式中，h/l 为压心到质心的距离与全弹长之比(当取全弹长为特征长度时)，称为静稳定储备量，对于尾翼弹，一般要求稳定储备为 12%～18%，以保证有较好的飞行稳定性，但是静稳定度过大也不好，因为这会引起弹箭对风和其他扰动产生猛烈反应，还会增大振动频率。对于有控飞行器，为了保证操纵灵活，稳定储备量不能太大，通常只有 5%～8%，甚至有静不稳定设计。

3.3.5　赤道阻尼力矩

如图 3.3.3 所示，赤道阻尼力矩是由弹箭绕过质心的横轴转动而产生的。当弹体绕赤道轴摆动时，在弹箭压缩空气的一面，空气压力增大；因弹箭离去、空气稀薄，另一面压力减小，这样就形成一个阻止弹箭摆动的力偶。此外，由于空气的黏性，在弹箭表面两侧还产生阻止弹箭摆动的摩擦力偶。以上二力偶的合力矩就是阻止弹丸摆动的赤道阻尼力矩。对于尾冀弹，当弹箭以角速度 ω_z 或 ω_y 绕赤道轴转动时，除了弹体形成赤道阻尼力矩外，尾翼也要产生赤道阻尼力矩。赤道阻尼力矩的表达式为

$$M_{zz} = qSlm_{zz}, \quad m_{zz} = m'_{zz}(l\omega_z/v) \tag{3.3.24}$$

式中，m_{zz} 称为赤道阻尼力矩系数；m'_{zz} 为赤道阻尼力矩系数 m_{zz} 对 $(l\omega_z/v)$ 的导数。赤道阻尼力矩的方向永远与弹箭的摆动角速度的方向相反，阻止弹箭摆动。

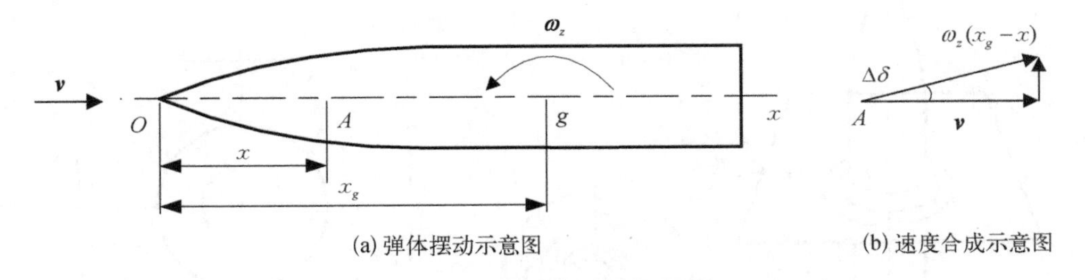

(a) 弹体摆动示意图　　(b) 速度合成示意图

图 3.3.3　赤道阻尼力矩的形成示意图

3.3.6　极阻尼力矩

弹箭在绕其几何纵轴(也称极轴)自转时，由于空气的黏性，带动接近弹表周围的一薄层空气(附面层)随着弹箭的自转而旋转，如图 3.4.4(a)所示，消耗着弹丸的自转动能，

使其自转角速度逐渐减小。这个阻止弹箭自转的力矩称为极阻尼力矩,用 M_{xz} 表示。

由于旋转,弹表产生了相对于空气的切向速度 $(\dot{\gamma}d/2)$,而弹箭质心相对空气的速度为 v,于是气流相对于纵轴的斜角为 $\varepsilon \approx \dot{\gamma}(d/2v)$。由于摩擦产生的单位面积上的切向力 τ 在垂直于弹箭纵轴方向的投影为 $\tau\varepsilon = \tau\dot{\gamma}(d/2v)$,它对弹丸纵轴的力矩为 $\tau\dot{\gamma}(d/2v)(d/2)$,将此微元力矩对全部弹表面积分后即得到极阻尼力矩 M_{xz},将 M_{xz} 表示成如下形式:

$$M_{xz} = \frac{\rho v^2}{2}Slm_{xz} = \frac{\rho v^2}{2}Slm'_{xz}\left(\frac{\dot{\gamma}d}{v}\right) = \frac{\rho v}{2}Sldm'_{xz}\dot{\gamma} \tag{3.3.25}$$

式中,

$$m_{xz} = m'_{xz}\left(\frac{\dot{\gamma}d}{v}\right), \quad m'_{xz} = c_{xf}\frac{d}{4l} \tag{3.3.26}$$

式中,m_{xz} 为极阻尼力矩系数;c_{xf} 为弹体摩阻系数;m'_{xz} 为极阻尼力矩系数相对切向速度 $\dot{\gamma}d/v$ 的导数,简称极阻尼力矩系数导数。

对于尾翼弹,除弹体产生极阻尼力矩外,尾翼也产生极阻尼。当尾翼弹绕纵轴自转时,每个翼面上都产生与翼面相垂直的切向速度 v_t,如图 3.3.4(b)所示。假设由于弹体自转引起的翼片尾翼上的平均(阻尼力)作用在点 P(通常可取在一片尾翼的面积中心),点 P 与弹几何纵轴的距离为 h_1,则点 P 处由弹自转对应的(平均)速度为 $v_P = \dot{\gamma}h_1$,此速度使该片尾翼产生一平均的诱导攻角 $\Delta\delta_P = \dot{\gamma}h_1/v$,此 $\Delta\delta_P$ 使尾翼产生的升力对弹几何纵轴的力矩合成阻止弹体自转的轴向力矩,即尾翼弹自转时尾翼产生的极阻尼力矩,记为 M_{xz1},则:

$$M_{xz1} = n\frac{\rho v^2}{2}S_w\frac{c'_{yw}}{2}\frac{\dot{\gamma}h_1}{v}h_1 = \frac{n}{4}\rho vS_wc'_{yw}\dot{\gamma}h_1^2 \tag{3.3.27}$$

式中,n 为尾翼弹尾翼片数量;c'_{yw} 为一对尾翼的升力系数导数(以尾翼面积为特征面积)。

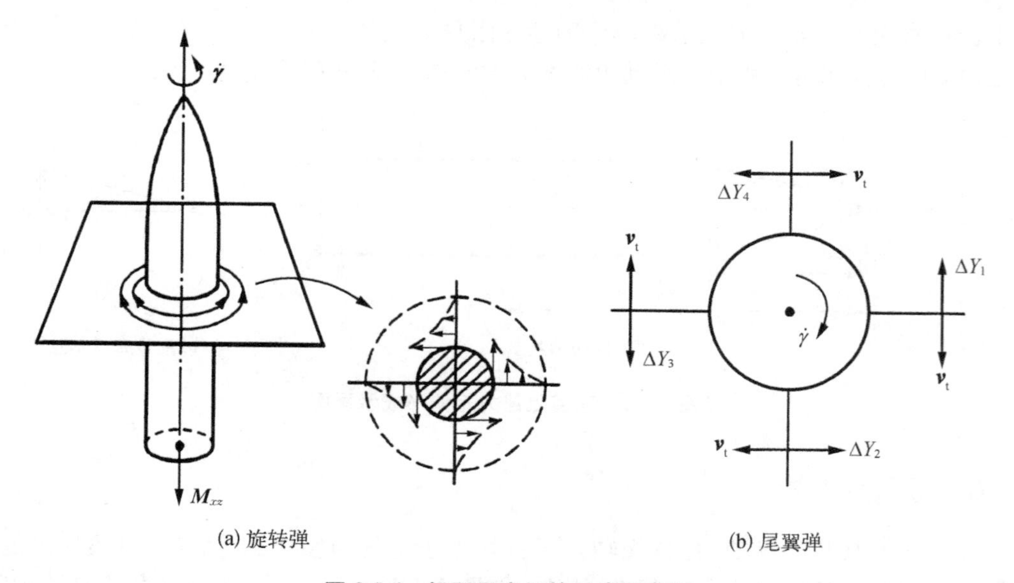

图 3.3.4 极阻尼力矩的形成示意图

对应尾翼弹全弹的极阻尼力矩 $\bar{M}_{xz}$ 为

$$\bar{M}_{xz} = M_{xz} + M_{xz1} \tag{3.3.28}$$

则尾翼弹全弹的极阻尼力矩 $\bar{M}_{xz}$ 和极阻尼力矩系数 $\bar{m}_{xz}$ 的表达式也可写为

$$\bar{M}_{xz} = \frac{\rho v^2}{2} Sl\bar{m}_{xz} = \frac{\rho v^2}{2} Sl\bar{m}'_{xz}\left(\frac{\dot{\gamma}d}{v}\right) \tag{3.3.29}$$

$$\bar{m}'_{xz} = m'_{xz} + \frac{n}{2}\frac{S_{\mathrm{w}}}{S}c'_{y\mathrm{w}}\frac{h_1^2}{ld} \tag{3.3.30}$$

3.3.7　尾翼导转力矩

为削弱弹箭外形不对称、质量分布不均及火箭推力偏心的影响，常使尾翼弹低速旋转，使得非对称因素在各方向上的作用互相抵消。通常有两种方法使尾翼弹旋转，一种是使每片尾翼相对于弹轴斜置 δ_{f}，如图 3.3.5(a)所示，当平行于弹轴的气流以 δ_{f} 角流向翼面时，在翼面上产生的侧向力对弹轴的力矩即形成导转力矩；另一种是将直尾翼的径向外侧边缘切削成一斜面，如图 3.3.5(b)所示，由斜面上产生的切向升力对弹丸纵轴的力矩构成导转力矩。斜面与翼平面的夹角 δ_{f} 称为尾翼斜置角。也可同时采用这两种方法导转，尾翼导转力矩的表达式如下：

$$M_{x\mathrm{w}} = qSlm_{x\mathrm{w}}, \quad m_{x\mathrm{w}} = m'_{x\mathrm{w}}\delta_{\mathrm{f}}, \quad q = \rho v^2/2 \tag{3.3.31}$$

式中，$m_{x\mathrm{w}}$ 为(对应特征面积 S 的)导转力矩系数。

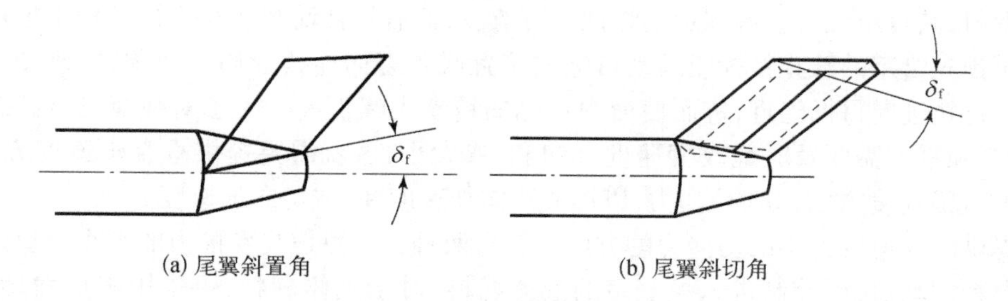

(a) 尾翼斜置角　　(b) 尾翼斜切角

图 3.3.5　尾翼导转角示意图

3.3.8　马格努斯力矩

前面介绍了马格努斯力形成的机理，一般情况下，马格努斯力并不恰好通过弹箭的质心，这样就形成了马格努斯力对质心的力矩，称为马格努斯力矩。弹箭不同，马格努斯力的方向也不同，须具体计算确定。本书规定正的马格努斯力作用在质心之前所形成的马格努斯力矩为正。作用在弹箭上的马格努斯力一般很小，常可忽略不计，但马格努斯力矩对飞行稳定性有重要影响，不可忽视。马格努斯力矩可写成如下形式：

$$M_y = qSlm_y, \quad q = \rho v^2/2 \tag{3.3.32}$$

式中，m_y为马格努斯力矩系数。与马格努斯力一样，马格努斯力矩也是攻角的奇函数，并

且转速越大,马格努斯力矩也越大,故 m_y 可写成如下形式:

$$m_y = \begin{cases} m_y'\left(\dfrac{\dot{\gamma}d}{v}\right) = m_y''\left(\dfrac{\dot{\gamma}d}{v}\right)\delta, & \text{旋转弹} \\ m_y'\delta, & \text{尾翼弹} \end{cases} \tag{3.3.33}$$

式中, m_y' 和 m_y'' 分别为 m_y 对无因次转速 $\dot{\gamma}d/v$ 的导数和对 $\dot{\gamma}d/v$、δ 的二阶联合偏导数。小攻角时, m_y'' 不随 δ 改变;大攻角时,可认为 M_y 是攻角的三次函数, m_y'' 则是攻角的二次函数,即

$$\begin{cases} m_y'' = m_{y0} + m_{y2}\delta^2, & \text{旋转弹} \\ m_y' = m_{y0} + m_{y2}\delta^2, & \text{尾翼弹} \end{cases} \tag{3.3.34}$$

式中, m_{y0} 和 m_{y2} 分别是马格努斯力矩系数 m_y(对攻角的)一次项和三次项系数。

低速旋转尾翼弹除了弹体产生马格努斯力矩外,尾翼也能产生使弹丸偏航的力矩,尽管尾翼产生偏航力矩的机理与弹体产生马格努斯力矩的机理大不相同,但习惯上也将其归并到马格努斯力矩中。

3.4 作用在有控弹箭上的控制力和力矩

有控弹箭既包括带有火箭发动机、全程制导的炮弹,也包括无动力有控滑翔增程的航空炸弹、布撒器、远程制导炮弹、仅在主动段简易控制的火箭及末段修正弹等。无控弹箭一经发射,其自由飞行轨迹和运动特性不可改变;而有控弹箭却能在飞行过程中根据自身相对于预先给定的静止目标或运动目标的位置或状态而连续或局部地调整,改变飞行状态和飞行轨迹向目标逼近,进而使命中目标的精度大幅提高。为了对弹箭飞行状态进行控制,必须根据需要及时地改变速度方向和/或大小,这就需要提供垂直于速度方向(法向)和/或沿速度方向(切向)的力,以形成法向加速度和/或切向加速度。

提供改变速度大小的切向力的方法一般有两种:一种是改变推力的大小,例如,对于液体燃料发动机,可控制进入燃烧室的液体燃料,对于固体燃料,可采用附加发动机等;另一种是安装增阻装置,例如,采用降落伞或阻流片以增大空气阻力。提供改变速度方向的法向力的方法一般也有两种:一种是采用舵机方式;另一种是采用侧向作用脉冲发动机方式。

在有控弹箭上装有相对于弹身可以转动的面,称为舵面或操纵面,流经舵面的空气作用在舵面上的力对弹箭质心的力矩形成操纵力矩,舵面安装于弹尾部,弹翼在前称为正常式气动布局;舵面安装在头部,弹翼在后称为鸭式布局;整个弹翼兼作舵来使用时,则称为旋转弹翼式气动布局。

下面以俯仰平面为例介绍舵偏产生的控制力和力矩。为讨论方便,假设弹体坐标系的 $O\xi\eta$ 平面为俯仰平面,舵偏示意图如图 3.4.1 所示。这里只考虑 $O\xi$ 轴方向上的控制力(轴向控制力)和 $O\eta$ 轴上的控制力(法向控制力),忽略舵面在 $O\xi$ 轴上产生的空气动力。图 3.4.1 中, C' 为舵面压心, δ_1 为弹体攻角, δ_c 为弹体坐标系下的舵面偏转角。$\boldsymbol{R}_{x\delta}$ 为舵面

偏转产生的阻力，其方向与相对速度 $\boldsymbol{v}_r$ 在 $O\xi\eta$ 平面的投影矢量方向相反；$\boldsymbol{R}_{y\delta}$ 为舵面偏转产生的升力，垂直于 $\boldsymbol{R}_{x\delta}$ 矢量，且与舵偏角的偏转方向相同。

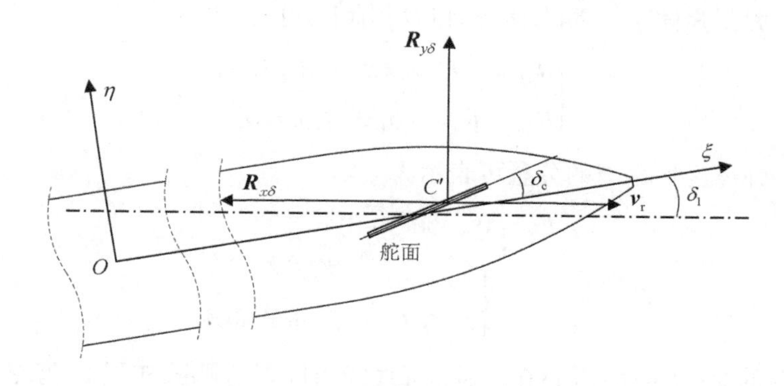

图 3.4.1 舵偏产生控制力示意图

在舵偏角不太大的情况下（如 $\delta_c < 15°$），舵面阻力 $\boldsymbol{R}_{x\delta}$ 和升力 $\boldsymbol{R}_{y\delta}$ 的大小可由如下公式计算：

$$\begin{cases} R_{x\delta} = \dfrac{1}{2}\rho v_r^2 S_c c_{x\delta_0}[1 + k_{\delta_c}(\delta_1 + \delta_c)^2] \\ R_{y\delta} = \dfrac{1}{2}\rho v_r^2 S_c c'_{y\delta}(\delta_1 + \delta_c) \end{cases} \tag{3.4.1}$$

式中，S_c 为舵面特征面积；$c_{x\delta_0}$ 为舵面的零偏转角阻力系数；$c'_{y\delta}$ 为舵面的升力系数导数；系数 k_{δ_c} 表征由舵偏角产生的诱导阻力项。

舵面产生的阻力 $\boldsymbol{R}_{x\delta}$ 和升力 $\boldsymbol{R}_{y\delta}$ 并不作用于弹体质心 O，而是对质心有一定的作用距离，即有一个控制力臂。根据理论力学原理，舵面产生的控制力对弹体的影响主要有两方面：一方面是直接操纵弹体质心沿其所指方向的运动；另一方面是对弹体产生一个控制力矩，改变弹体姿态。一般来讲，舵面控制力对质心的直接影响是比较有限的，弹丸飞行弹道的改变主要还是靠控制力矩的作用使弹体的攻角变化，改变全弹的升力，进而改变其质心运动的轨迹。将舵面产生的控制力对弹体质心取矩，形成一个控制力矩，记为 $\boldsymbol{M}_c$。图 3.4.2 给出了控制力臂和力矩产生的示意图，图中 l_{fc} 为舵面压心至弹体质心所在赤道面的距离。

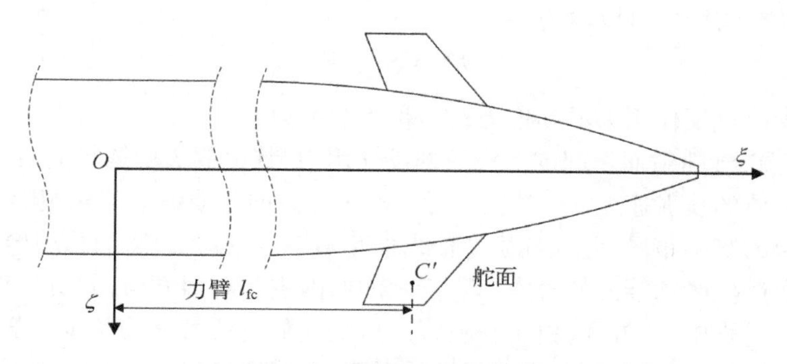

图 3.4.2 舵偏产生控制力矩示意图

一般来讲,在弹体坐标系下计算控制力矩比较方便。从图 3.4.2 可以看出,在不考虑控制舵面差动时,在弹体坐标系的 $O\xi$ 轴和 $O\eta$ 轴方向上,控制力矩为零。将舵面的产生的空气动力投影到弹体坐标系的 $O\xi$ 轴和 $O\eta$ 轴上,可得

$$\begin{cases} R_{\delta\xi} = -R_{x\delta}\cos\delta_1 + R_{y\delta}\sin\delta_1 \\ R_{\delta\eta} = R_{x\delta}\sin\delta_1 + R_{y\delta}\cos\delta_1 \end{cases} \tag{3.4.2}$$

则控制力矩在弹体坐标系下的分量可表示为

$$\begin{cases} M_{c\xi} = 0, \quad M_{c\eta} = 0 \\ M_{c\zeta} = \begin{cases} R_{\delta\eta} l_{fc}, & \text{鸭式布局} \\ -R_{\delta\eta} l_{fc}, & \text{正常式布局} \end{cases} \end{cases} \tag{3.4.3}$$

需要说明的是,当舵面压心在弹丸质心之前时(对应鸭式布局),鸭舵产生正的控制力矩;当舵面压心在弹丸质心之后时(对应正常式布局),舵面产生负的控制力矩。

3.5　火箭发动机推力

火箭发动机一般作为弹箭的助推装置,在火箭发动机的工作过程中,推进剂(火药)经过燃烧而产生高温高压气体,将大部分化学能转变为燃烧产物的热能。之后,高温高压气体在流经喷管过程中膨胀加速,将其热能转变为喷气的动能,形成超声速气流从喷管中喷射出去,产生推力。火箭发动机是一种反作用力系统,按发动机本身携带燃料的物理状态,火箭发动机一般可分为固体燃料火箭发动机、液体燃料火箭发动机、气态燃料火箭发动机和混合式发动机。对于弹箭,一般采用固体燃料火箭发动机作为其助推装置,因此本节简要介绍作用在弹箭上的固体火箭发动机状况。

推力是发动机的主要性能参数之一。燃气受发动机作用而加速,根据力学第三定律,燃气流必定以大小相等、方向相反的反作用力作用在发动机上,这个反作用力便是推力的主要组成部分(图 3.5.1),但还不是推力的全部,因为在发动机工作期间,不仅是发动机室内壁表面要受燃气压力的作用,由于大部分发动机壳体本身就是弹体的一部分,其外表面也要受到周围环境大气压力的作用(图 3.5.2),所以发动机的推力是指发动机工作时内外表面所受到的气体作用力的轴向合力。

火箭发动机的推力可以写为

$$\boldsymbol{F}_{\mathrm{p}} = \boldsymbol{F}'_{\mathrm{p}} + \boldsymbol{F}_{\mathrm{e}} \tag{3.5.1}$$

式中, $\boldsymbol{F}'_{\mathrm{p}}$ 称为喷气反作用力或动推力; $\boldsymbol{F}_{\mathrm{e}}$ 称为静推力。

$\boldsymbol{F}'_{\mathrm{p}}$ 是由于燃气喷射而引起的对火箭的反作用力,其值取决于燃料的质量流量 $|\dot{m}|$ 及燃气相对于弹体的喷射速度 u_1, 其大小为 $|\dot{m}|u_1$, 方向与喷射速度 $\boldsymbol{u}_1$ 相反。如果火箭弹具有多个喷管的结构布局,而且各喷管轴线也互不平行,那么火箭的总动推力则是各个喷管燃气喷射所产生诸动推力的合力。$\boldsymbol{F}_{\mathrm{e}}$ 产生的原因主要有两方面,如图 3.5.2 所示。在火箭发动机工作过程中,一方面,由于在喷管出口端面处的燃气压力为 p_{e},若以 S_{e}表示喷管端面面积,那么对于喷管端面垂直于弹轴的火箭,火箭将受到一个大小为$p_{\mathrm{e}}S_{\mathrm{e}}$、方向沿弹轴

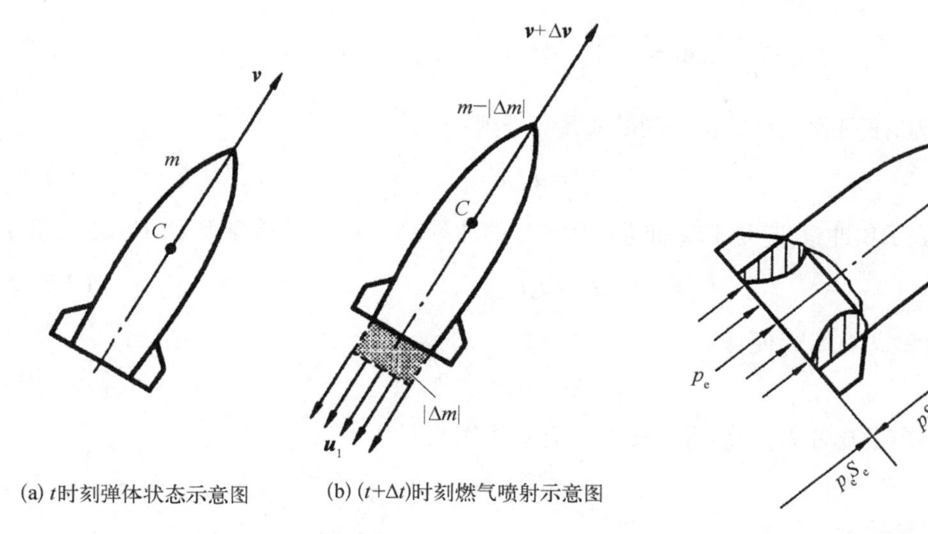

图 3.5.1　动推力示意图　　图 3.5.2　静推力示意图

向前的力的作用;另一方面,因大气不能进入喷管端面处,对于火箭体外表面及喷管端面所包围的隔离体,大气压力 p 的合力已不为零,从而产生一个大小为 pS_e 且方向沿弹轴向后的力。显然,上述两个力比较起来,前者大于后者,因此其合成的结果便是一个沿弹轴向前的力 $S_e(p_e - p)$。因此,火箭发动机推力的表达式(标量形式)为

$$F_p = |\dot{m}| u_1 + S_e(p_e - p) \tag{3.5.2}$$

或写为

$$F_p = |\dot{m}| u_{eff} \tag{3.5.3}$$

其中,

$$u_{eff} = u_1 + S_e(p_e - p)/|\dot{m}| \tag{3.5.4}$$

式中,u_{eff} 称为有效排气速度,可理解为若发动机的推力全部由动推力提供时,燃气在喷管出口端面应具有的排气速度。

推力可以实验测定。将火箭置于推力试验台上,可把发动机工作过程中的推力时间曲线 $F_p - t$ 记录下来。由试验台上测出的推力,应换算成地面大气压力的标准值 p_{oN} 下的推力 $F_{p_{oN}}$,于是可得

$$F_{p_{oN}} = |\dot{m}| u_1 + S_e(p_e - p_{oN}) \tag{3.5.5}$$

其典型的曲线如图 3.5.3 所示(图中 t_p 为发动机工作时间)。

根据推力曲线积分,得推力总冲量为

$$I_p = \int_{t_0}^{t_f} F_{p_{oN}}(t)\,dt \tag{3.5.6}$$

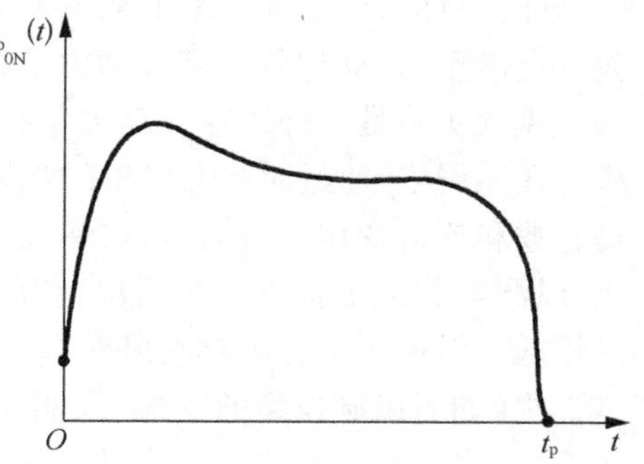

图 3.5.3　典型推力-时间曲线

将式(3.5.3)代入式(3.5.6)得

$$I_{\mathrm{p}}=\int_{t_0}^{t_{\mathrm{p}}}-\frac{\mathrm{d}m}{\mathrm{d}t}u_{\mathrm{eff}}\mathrm{d}t=u_{\mathrm{eff}}\int_{m(0)}^{m(t_{\mathrm{p}})}-\mathrm{d}m=u_{\mathrm{eff}}[m(0)-m(t_{\mathrm{p}})] \tag{3.5.7}$$

式中的质量差,正是发动机的推进剂的质量 m_{p},则:

$$I_{\mathrm{p}}=u_{\mathrm{eff}}m_{\mathrm{p}} \tag{3.5.8}$$

若用 I_1 表示比冲量,它是 1 kg 推进剂所产生的冲量(N · s)与其所受重力(N)之比,则:

$$I_{\mathrm{p}}=I_1 m_{\mathrm{p}} g \tag{3.5.9}$$

由式(3.5.8)和式(3.5.9)便得

$$u_{\mathrm{eff}}=I_1 g \tag{3.5.10}$$

因此,只要测出了比冲 I_1,也就等于知道了有效排气速度。

3.6 获取弹箭空气动力系数的一般方法

弹箭空气动力系数通常采用计算(如数值计算、半经验半理论计算、经验公式计算)、实验(如风洞实验等)和飞行试验等方法获取。

在各类计算方法中,数值计算法一般根据空气流动所满足的纳维-斯托克斯(Navier - Stokes)方程、来流性质及弹箭外形的边界条件,采用一定的数值方法(如有限差分法、有限体积法等),将流场绕流弹体全过程分成许多网格进行数值积分运算,获得作用在弹表每一微元上的压强,再进行全弹积分求得各个空气动力和力矩分量。这种方法的理论性强、通用性好,但其应用较复杂、计算量大、耗用机时多。

半经验半理论计算方法实际上是一种工程应用算法,该方法通常针对弹箭结构外形或飞行特点作一些近似假设,并将绕流弹体的流体力学方程作简化,建立不同简化条件下的近似解法,如源汇法、二次激波膨胀波法、细长体理论等,再辅助一些经验公式或风洞实验数据等,形成弹箭空气动力计算方法,其特点是在工程应用中具有良好的计算精度和弹箭外形适用性、较为简洁、计算速度快等,适用于弹箭方案设计及方案优化过程中的空气动力反复计算等。主要依据对一些弹种的风洞实验或飞行试验总结整理出的简易关系得出经验公式,作为计算依据,此方法虽简单,但对各类弹形计算的适用性较差,计算精度常常难以保证。目前,在工程应用中常用半经验半理论的一些工程计算方法(或者再辅助一些实验符合修正)来获取弹箭空气动力系数,在实际应用中也有良好的效果,因此应用较广泛。

风洞实验是一种以空气动力学相似理论为基础的测试弹丸空气动力参数的经典方法。在风洞中,通过对弹丸模型的吹风实验,获取弹丸的空气动力系数等空气动力参数随马赫数和攻角变化的数据,是在弹丸外弹道研究中一种常用的实验方法。与计算方法相比,风洞实验值更接近实际情况,精度较高;与射击试验相比,风洞实验简单易行、成本相对较低。但风洞实验中对吹风模型在设定姿态下进行实验,且风洞实验中存在一定的误差干扰(如对风洞模型的支撑、风洞实验段侧壁面干扰等),与弹丸飞行中的实际情况存在差异,这是其不足之处。大致来说,在获取弹丸空气动力系数精度方面,风洞实验法是介于理论计算和射击试验之间的一种方法。

飞行试验法是将弹箭发射出去,用各种测试设备和方法(如测速雷达、坐标雷达、闪光照相、弹道摄影、高速录像、攻角纸靶等)测得弹箭飞行运动的弹道数据(如速度和坐标随时间的变化、攻角变化等),然后采用参数辨识技术,从中提取空气动力系数。采用飞行试验法获取弹丸空气动力系数,包含了实际飞行中不同因素的影响(实际上,飞行试验法提取出的空气动力系数不仅仅有弹丸外形的影响,还包含了其他因素的综合影响),同实际状况最为接近、真实,因此该方法在确定或验证弹箭方案、对空气动力计算结果进行符合校验等场合下常常采用。根据测量的飞行弹道数据,飞行试验法一般只能辨识提取出几个主要的影响弹道的空气动力参数(如阻力系数、升力系数等),其次,相对而言,飞行试验法所需保障条件比其他方法复杂、开支更大。射击试验通常在靶场或靶道里进行。

在弹箭气动外形设计中,一般以工程计算结果为基础,运用风洞实验或通过飞行试验对气动参数进行检验和修正,最终确定弹箭的空气动力系数。

3.6.1　常用工程计算方法

1. 稠密大气条件下的工程算法

对于弹箭设计方案的分析和选择、飞行稳定性分析及弹道计算等,都需要获知弹箭的空气动力系数。在初步设计和计算阶段,常希望有良好计算精度的同时,空气动力计算方法应简洁、快速、对不同弹形有良好的计算通用性。目前来看,一些半经验、半理论的近似弹箭空气动力工程计算方法应用广泛、效果良好,这里介绍一些常用的空气动力工程计算方法。需要说明的是,弹箭空气动力系数的工程算法较多,在此难以将其一一列出,限于篇幅,结合多年工程应用的状况,这里仅选取一些简易、常用的一些主要空气动力系数工程计算方法进行介绍。

1) 弹体空气动力系数计算方法

(1) 摩阻系数计算方法。

大多数制导弹箭外形的边界层一般由 10%~20%的层流段和 80%~90%的湍流段组成。飞行高度增大时,雷诺数降低,使得层流段长度增大。

工程应用表明,对于弹箭摩阻系数,采用 van Driest 方法计算当量平板平均摩擦系数,然后进行外形修正,可得到工程上满意的结果。van Driest 方法假定压力梯度为零,普朗特数 Pr 等于 1,从而得到了二维湍流边界层封闭形解:

$$\frac{0.242}{A(c_{f\infty})^{1/2}}\left(\frac{T_W}{T_\infty}\right)^{-1/2}(\sin^{-1}C_1+\sin^{-1}C_2)=\log(Re\cdot c_{f\infty})-\left(\frac{1+2n}{2}\right)\log\left(\frac{T_W}{T_\infty}\right)\tag{3.6.1}$$

式中,$C_1=\dfrac{2A^2-B}{(B^2+4A^2)^{1/2}}$;$C_2=\dfrac{B}{(B^2+4A^2)^{1/2}}$;$A=\left[\dfrac{(k-1)Ma^2}{2T_W/T_\infty}\right]^{1/2}$,$T_W$ 和 T_∞ 分别为弹体壁面温度和来流温度;$B=\dfrac{1+\dfrac{k-1}{2}Ma^2}{T_W/T_\infty}-1$,$k$ 为绝热系数(对空气取 1.404);Re 为雷诺数;$c_{f\infty}$ 为平均摩阻系数;n 为幂次黏性律的系数,对于空气,$n=0.76$。

$$\frac{\mu}{\mu_\infty}=\left(\frac{T_W}{T_\infty}\right)^n\tag{3.6.2}$$

为了从方程(3.6.1)中求出平均摩阻系数 $c_{f\infty}$，需知道 T_W/T_∞、Re 和 Ma。自由雷诺数为

$$Re = \frac{\rho v L}{\mu_\infty} \tag{3.6.3}$$

式中，ρ 为来流密度；v 为来流速度；L 为特征长度(对于弹箭，一般取弹长 l 为特征长度)；μ_∞ 为来流黏性系数。假定弹箭表面为绝热壁，则有

$$\frac{T_W}{T_\infty} = 1 + R_T \frac{k-1}{2} Ma^2 \tag{3.6.4}$$

式中，湍流恢复因子 R_T 为

$$R_T = \left(\frac{T_\infty}{T_W} - 1\right) \frac{2}{(k-1)Ma^2} \tag{3.6.5}$$

R_T 随普朗特数 Pr 的三次方根变化，即

$$R_T = (Pr)^{1/3} \tag{3.6.6}$$

若按 van Driest 方法假定 $Pr = 1$，则 $R_T = 1$。实际上 $Pr \approx 0.73$，因此 $R_T \approx 0.9$，于是式(3.6.4)变为

$$\frac{T_W}{T_\infty} = 1 + 0.9 \frac{k-1}{2} Ma^2 \tag{3.6.7}$$

对于一组给定的 Ma、ρ、v、μ_∞，可由式(3.6.3)、式(3.6.7)计算 Re、T_W/T_∞，从 C_1、C_2的定义计算其值，从而可从方程(3.6.1)求得 $c_{f\infty}$。由于在方程(3.6.1)中 $c_{f\infty}$ 不是以显式表示的，必须用数值方法或迭代法求解，常用方法是牛顿-拉弗森(Newton - Raphson)方法。

实际应用表明，对于圆锥等轴对称体，要将方程(3.6.1)求出的 $c_{f\infty}$ 乘以 1.14 以实现满意的效果。最终，弹体的摩阻系数可表示为

$$c_{xf} = c_{f\infty} \frac{S_{wet}}{S} \tag{3.6.8}$$

式中，S_{wet}、S 分别为弹体浸湿表面积和特征面积。

(2) 波阻系数计算方法。

弹丸在超声速飞行时产生激波，由激波形成的阻力称为波阻。在超声速情况下，可使用特征线法求解流场的速势方程，但是该方法的计算量较大，不便于实际应用。因而引入了小扰动假设，在小扰动假设下，得到了线化速势方程。在低超声速马赫数下，对于长细比较大的弹丸，线化理论可以得到较好的结果。但在中等超声速马赫数下，弹丸长细比不太大及弹丸表面存在不连续点的情况时，其准确性比较差。为了改进线化理论的计算精度，van Dyke 提出了一、二阶混合扰动理论，该方法的计算速度比特征线解法快约 1 000 倍。在中等马赫数范围内，采用一、二阶混合方法计算的弹丸表面上的压力系数与特征线解法相比仅相差 2% 左右；但是在高马赫数下，一、二阶混合方法的精度较差。1957 年，Syvertson 等提出了二次激波-膨胀波方法，数值计算结果和实验结果表明，二次激波-膨胀波方法的计算精度要高于一、二阶混合方法，同时该方法几乎可以在整个超声速马赫数范

围内应用。因此,二次激波-膨胀波在计算弹丸的超声速气动特性中得到了非常广泛的应用。为此,本小节主要对二次激波-膨胀波方法进行简要介绍,有关其他方法的详细介绍可参阅空气动力学的相关书籍。

假设弹体表面绕流流场等熵、理想、无旋,在弹体表面上,由基本方程可导出:

$$\frac{\partial p}{\partial s}=\frac{2kp}{\sin 2\mu_{\mathrm{m}}}\frac{\partial \alpha}{\partial s}+\frac{1}{\cos \mu_{\mathrm{m}}}\frac{\partial p}{\partial c_1} \tag{3.6.9}$$

式中,p 为弹体表面压力;s 为弹体表面流线在切线方向长度;k 为绝热系数;c_1 为点 A 的一条特征线;μ_{m} 为点 A 的马赫角;α 为点 A 处流线与 x 轴的夹角。

认为锥台表面上的压力分布是变化的,且认为 $\frac{\partial p}{\partial s}$ 与 s 的函数可分离变量,得到:

$$\frac{\partial p}{\partial s}=F(p,\ s)=(p_0+p)(S_0+S_1\cdot s+S_2\cdot s^2+\cdots) \tag{3.6.10}$$

式中,p_0 和 $S_j(j=0,\ 1,\ 2,\ \cdots)$ 在各段上均为待定常数。

将式(3.6.10)沿流线 s 积分得到:

$$p=-p_0+C\mathrm{e}^{\left(S_0\cdot s+S_1\cdot\frac{s^2}{2}+\cdots\right)} \tag{3.6.11}$$

式中,C 为积分常数。

将弹体划分成许多小段,每一小段近似为一锥台(图 3.6.1),两个边界条件为

$$\begin{cases} s=s_2, & p=p_2 \\ s\to\infty, & p=p_{\mathrm{c}} \end{cases} \tag{3.6.12}$$

式中,s_2 为角点 2 在弹体表面流线切线方向上的长度;p_{c} 为该锥面上的锥形流压力。

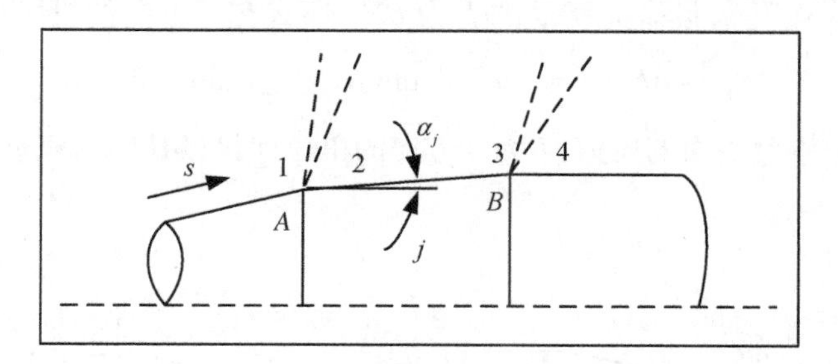

图 3.6.1　弹体分划单元和锥台上的膨胀流动

将式(3.6.12)只保留到一次方的近似,利用边界条件和微分可得到

$$p=p_0-(p_0-p_{\mathrm{s}})\mathrm{e}^{S_0(s-s_2)} \tag{3.6.13}$$

式中,

$$S_0=\frac{-\left(\frac{\partial p}{\partial s}\right)}{p_{\mathrm{c}}-p_2} \tag{3.6.14}$$

对于角点 2 处的压力梯度 $\left(\frac{\partial p}{\partial s}\right)_2$,根据推导可得

$$\left(\frac{\partial p}{\partial s}\right)_2=\frac{B_2}{r_2}\left[\frac{\Omega_1}{\Omega_2}\sin\alpha_{j-1}-\sin\alpha_j\right]+\frac{B_2}{B_1}\cdot\frac{\Omega_1}{\Omega_2}\left(\frac{\partial p}{\partial s}\right)_1 \tag{3.6.15}$$

式中，

$$\begin{cases}B=\dfrac{kpMa^2}{2(Ma^2-1)}\\ \Omega=\dfrac{1}{Ma}\left[\dfrac{1+\left(\dfrac{k-1}{2}\right)Ma^2}{\dfrac{k+1}{2}}\right]^{\frac{k+1}{2(k-1)}}\end{cases} \tag{3.6.16}$$

有了点1的值,便可计算出 p_2 和 $\left(\frac{\partial p}{\partial s}\right)_2$，从而计算出第 j 个单元上的表面压力分布,并计算出点3的 p_3 和 $\left(\frac{\partial p}{\partial s}\right)_3$ 为

$$\begin{cases}p_3=p_c-(p_c-p_2)e^{S_2(s_3-s_2)}\\ \left(\dfrac{\partial p}{\partial s}\right)_3=\left(\dfrac{\partial p}{\partial s}\right)_2\left(\dfrac{p_c-p_3}{p_c-p_2}\right)\end{cases} \tag{3.6.17}$$

以点3值为初始值,可求出点4的值,进而可计算出第 $j+1$ 个单元上的表面压力分布,如此便构成一个迭代过程,有了各单元表面压力分布便可积分得到各空气动力系数。

对于一个旋成体弹丸,小攻角超声速飞行时,仍然认为其表面流线是弹体的子午线,这样二次激波-膨胀法就可以用来计算旋成体弹丸的激波阻力。首先考察一个锥台微元,例如,取第 j 个锥台微元作为讨论对象,如图3.6.2所示。在锥台上取一个半径为 r、宽度为 dx 的微小单元(微元),设微元所受的力为 $d\boldsymbol{F}$，那么在 x 方向的投影为

$$dF_{Dj}=d\boldsymbol{F}\cdot\boldsymbol{i}=-pd\tau dx\tan\alpha_j=-pr\tan\alpha_j d\varphi dx \tag{3.6.18}$$

式中,p 为 x 位置上锥台表面的压力; $\boldsymbol{i}$ 为 x 方向的单位向量;角度 α_j 和 φ 的定义如图3.6.2所示。

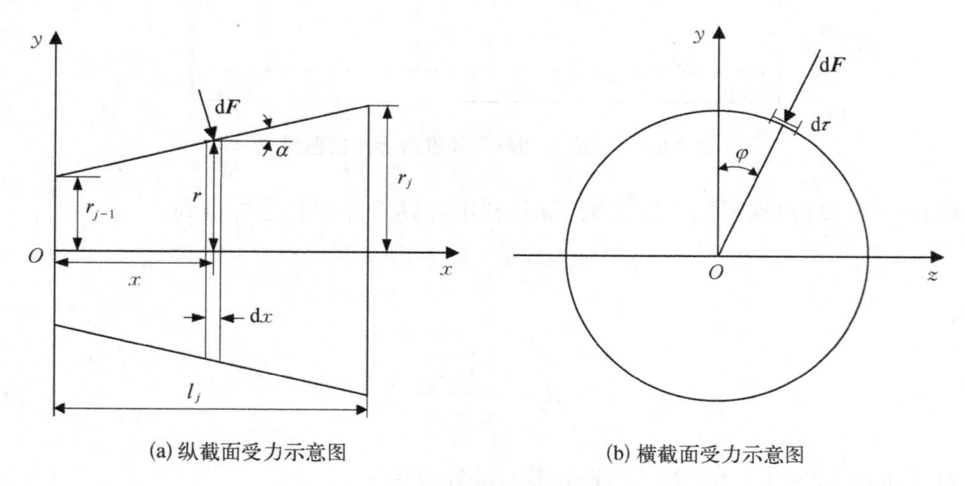

(a) 纵截面受力示意图 (b) 横截面受力示意图

图3.6.2 锥台受力分析示意图

将式(3.6.18)积分,可得第 j 个锥台上的总轴向力大小为

$$F_{\mathrm{D}j} = -\int_0^{l_j}\int_0^{2\pi} pr\tan\alpha_j \mathrm{d}x\mathrm{d}\varphi = -2\pi\int_0^{l_j} pr\tan\alpha_j \mathrm{d}x \tag{3.6.19}$$

式中,l_j为锥台高度。则每一个锥台上所受的波阻系数可以表示为

$$c_{x\mathrm{w}_j} = \frac{4\pi}{kMa^2 S}\int_0^{l_j}\left(\frac{p}{p_\infty} - 1\right) r\tan\alpha_j \mathrm{d}x \tag{3.6.20}$$

对每一个微元锥台,按照激波膨胀波理论可以计算出 p/p_∞,显然它是 x 的函数,根据式(3.6.20)进行积分,最后把所有微元上的 $c_{x\mathrm{w}_j}$ 加起来,就可以得到旋成体弹丸的轴向波阻系数,可表示如下:

$$c_{x\mathrm{w}} = \sum_{j=1}^{n} c_{x\mathrm{w}_j} \tag{3.6.21}$$

式中,n 为由弹体分割的锥台的个数。

(3) 底阻系数计算方法。

弹丸在空气中飞行时,其底部压力通常低于周围环境压力,这就产生了底部阻力。在弹底部产生的底压现象,是因为气流流过弹体时,外部气流对底部几乎是滞止的,并且没有来自其他方面的补充,使底部的气流变得稀薄起来,因此在底部空间不可避免地形成一个低压区。

在亚声速和跨声速情况下,底阻系数的计算可使用如下的经验公式:

$$c_{x\mathrm{b}} = \frac{0.029}{\sqrt{c_{x\mathrm{f}}}}\left(\frac{d_\mathrm{b}}{d}\right)^3 \tag{3.6.22}$$

式中,$c_{x\mathrm{f}}$ 为摩阻系数;d_b 和 d 分别为弹尾部直径和弹径。

在超声速情况下,底部流动比较复杂,除了外部气流对底部气流的作用外,还有船尾部膨胀波和尾迹流中的激波作用。影响底部压力的影响因素较多,主要有雷诺数、附面层状态、底部外形、马赫数、攻角等。下面介绍一个在工程上比较实用的底部阻力系数近似计算公式,该公式由摩尔(Moore)提出,具体如下:

$$c_{x\mathrm{b}} = -\left[\bar{p}_\mathrm{b} - (0.012 - 0.0036Ma)\delta\right]\left(\frac{d_\mathrm{b}}{d}\right)^3 \tag{3.6.23}$$

式中,δ 为攻角,单位为(°);$\bar{p}_\mathrm{b}$ 为船尾角为零时对应的底部压力系数,其与 Ma 的关系如图 3.6.3 所示。

(4) 定心带附加阻力系数计算方法。

由于膛内发射要求,弹体上常有定心带或弹带,如图 3.6.4 所示。根据对定心带 $H = 0.026d$ 模型的风洞试验,由定心带产生的阻力系数为

$$c_{x\mathrm{h}} = \Delta c_{x\mathrm{h}} H/(0.01d) \tag{3.6.24}$$

式中,H 为弹带高度(单面);d 为弹径;$\Delta c_{x\mathrm{h}}$ 为 $H = 0.01d$ 时定心带的阻力系数。图 3.6.4 给出了 $\Delta c_{x\mathrm{h}}$ 随 Ma 的变化曲线。

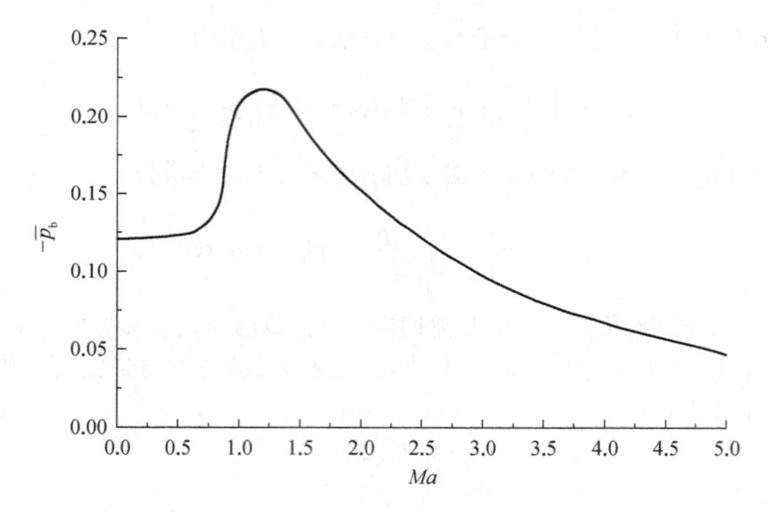

图 3.6.3 底部压力系数随马赫数的变化

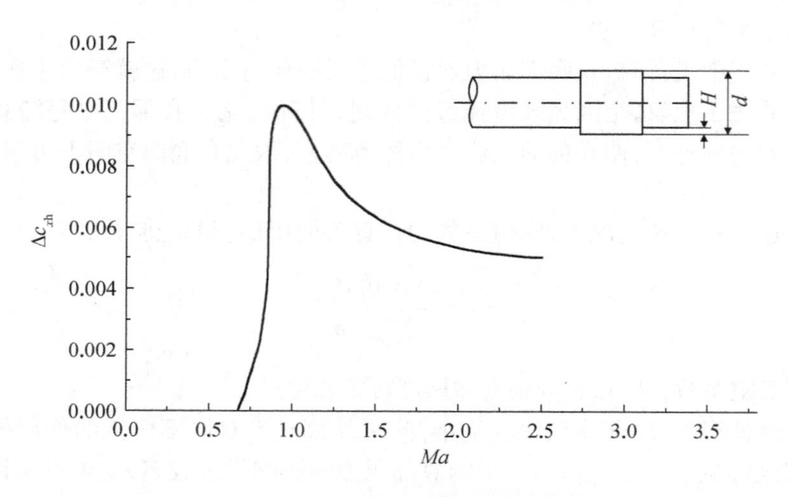

图 3.6.4 $H=0.01d$ 时定心带的阻力系数

（5）钝头附加阻力系数计算方法。

对于带有引信的弹体头部，前端面近乎平头或半球头，前端面的中心部分与气流方向垂直，其压强接近滞点压强。钝头部分附加阻力系数可按钝头体的头部阻力系数计算，即

$$\Delta c_{xn} = (c_{xn})_{d} S_{n}/S \tag{3.6.25}$$

式中，S_n 为钝头部分最大横截面积；S 为弹丸最大横截面积；$(c_{xn})_d$ 为按 S_n 定义的钝头体头部阻力系数，其变化曲线见图 3.6.5。

（6）弹体法向力系数计算方法。

弹体法向力系数可表示为

$$c_{y_1} = c_{y_1 n} + c_{y_1 t} + c_{y_1 f} \tag{3.6.26}$$

式中，$c_{y_1 n}$ 为弹体头部法向力系数（包括圆柱段的影响）；$c_{y_1 t}$ 为弹体尾部法向力系数；$c_{y_1 f}$ 为弹体的黏性法向力系数。

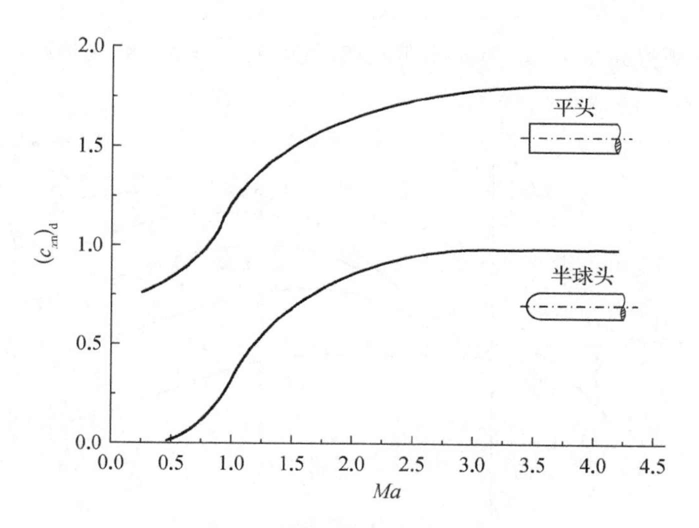

图 3.6.5　钝头体的头部阻力系数

对于十分细长的旋成体弹体，按照细长体理论，弹体头部法向力系数 $c_{y_1 n} = 2\bar{\delta} = 0.035\delta$，即 $c_{y_1 n}^{\delta} = 0.035$（其中 $\bar{\delta}$ 为弧度定义，δ 为度定义）。实验指出，一般旋成体的 $c_{y_1 n}^{\delta}$ 并非常数：一是因为弹体并非十分细长；二是因为靠近头部的弹体圆柱部也提供法向力，而这部分受头部影响而产生的法向力应归到头部法向力中。$c_{y_1 n}^{\delta}$ 的变化曲线见图 3.6.6 和图 3.6.7，图中的 λ_c 为弹体圆柱部长细比，λ_n 为弹体头部长细比。于是有

$$c_{y_1 n} = c_{y_1 n}^{\delta} \delta \tag{3.6.27}$$

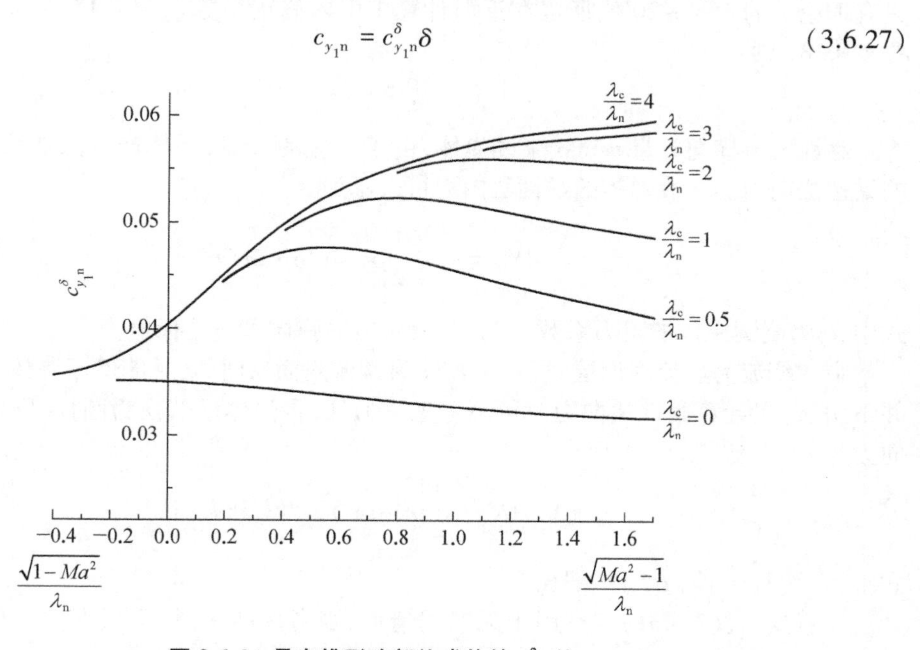

图 3.6.6　具有锥形头部旋成体的 $c_{y_1 n}^{\delta}$ 值

细长体理论给出，弹体尾部法向力系数为

$$c_{y_1 t} = -2\bar{\delta}(1 - \bar{S}_b) \tag{3.6.28}$$

式中，$\bar{\delta}$ 为攻角(弧度定义)；$\bar{S}_b$ 为弹体底部相对面积；$\bar{S}_b = S_b/S$，S 为弹体特征面积，通常取 $S = \pi d^2/4$。

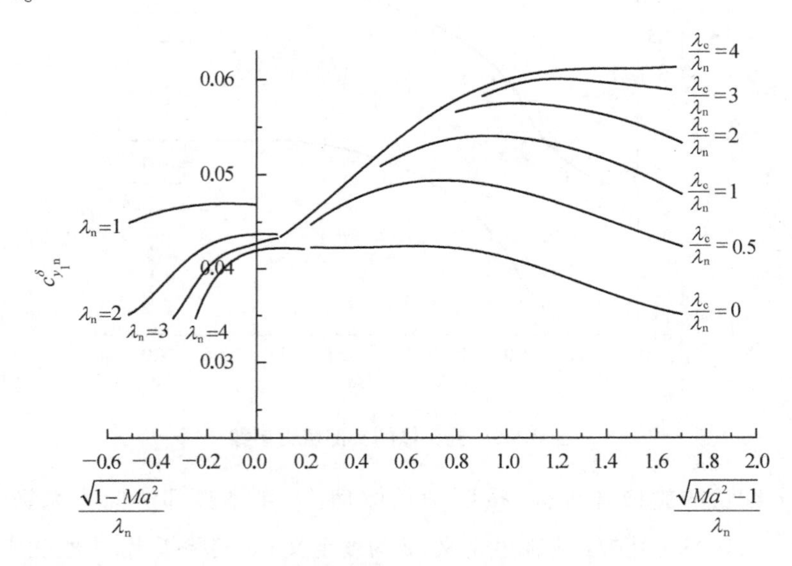

图 3.6.7 具有曲线形头部旋成体的 $c_{y_1n}^{\delta}$ 值

实际上，由于尾部附面层变厚及气流分离，在收缩的尾部上产生的法向力要小得多，只有理论值的 15%~20%，所以在近似计算中引入修正系数 $\xi_K = 0.15 \sim 0.20$，若约定取 $\xi_K = 0.18$，则：

$$c_{y_1t} = -0.36\bar{\delta}(1 - \bar{S}_b) \tag{3.6.29}$$

黏性气流横向分量 $v\sin\delta$ 流过弹体，由于气流的分离，弹体产生附加法向力，即弹体的黏性法向力。dx 段弹体的黏性法向力可表示为

$$dY_{1f} = c_x \cdot \frac{1}{2}\rho v^2 \sin^2\delta \cdot 2r dx \tag{3.6.30}$$

式中，c_x 为绕圆柱体的阻力系数；r 为 dx 段对应的弹体母线坐标值。

弹体绕流为层流附面层时，$c_x = 1.2$；为紊流附面层时，$c_x = 0.35$。弹体头部气流分离并不明显，在计算黏性法向力时可不考虑。另外，将弹体尾部视为圆柱，则弹体的黏性法向力为

$$Y_{1f} = c_x \cdot \frac{1}{2}\rho v^2 \sin^2\delta \cdot d(l_c + l_t) \tag{3.6.31}$$

式中，l_c 为柱部长；l_t 为尾部长。

注意到，式(3.6.31)仅适用于无船尾情形，当考虑船尾时，应根据弹体母线坐标按照式(3.6.30)进行积分计算黏性法向力。黏性法向力系数为

$$c_{y_1f} = \frac{Y_{1f}}{\frac{1}{2}\rho v^2 S} = c_x \frac{4}{\pi}(\lambda_c + \lambda_t)\sin^2\delta \tag{3.6.32}$$

式中，λ_c 为柱部长细比；λ_t 为尾部长细比。

除了上述采用经验公式及查找图表的方式计算弹体法向力系数外，对于超声速情况，还可以采用二次激波膨胀波的方法来计算，下面对其进行简要介绍。

考虑图 3.6.2 中半径为 r、宽度为 dx 的圆盘，其所受的力 $d\boldsymbol{F}$ 在 y 方向的投影为

$$dN_i = d\boldsymbol{F} \cdot \boldsymbol{j} = -p d\tau dx \cos\varphi = -pr\cos\varphi d\varphi dx \tag{3.6.33}$$

由于攻角平面就是 Oxy 平面，流动相对攻角平面左右对称，第 j 个锥台上的总法向力为

$$N_j = -2\int_0^{l_j}\int_0^{\pi} pr\cos\varphi d\varphi dx \tag{3.6.34}$$

如果特征面积取为 $\pi d^2/4$，那么法向力系数可以表示为

$$c_{y_j} = \frac{-16}{kMa^2\pi d^2}\int_0^{l_j}\int_0^{\pi}\frac{p}{p_\infty} r\cos\varphi d\varphi dx \tag{3.6.35}$$

将式(3.6.35)对攻角微分，并重新整理得

$$c_{y_j}^{\delta} = \frac{-8}{d^2}\int_0^{l_j}\left[\frac{2}{k\pi Ma^2}\int_0^{\pi}\frac{\partial(p/p_\infty)}{\partial\delta}\cos\varphi d\varphi\right] r dx \tag{3.6.36}$$

式中，中括号的表达式为，在 x 位置，单位宽度、单位半径的薄圆盘上的载荷对 δ 的变化率，用符号 $\Lambda_j(x)$ 表示，则：

$$\Lambda_j(x) = \frac{2}{k\pi Ma^2}\int_0^{\pi}\frac{\partial(p/p_\infty)}{\partial\delta}\cos\varphi d\varphi \tag{3.6.37}$$

有关载荷函数 $\Lambda_j(x)$ 的具体计算方法可参考空气动力学相关书籍，这里不再赘述。把式(3.6.37)代入式(3.6.36)中，则有

$$c_{y_j}^{\delta} = \frac{2\pi}{S}\int_0^{l_j}\Lambda_j(x) r dx \tag{3.6.38}$$

利用合成原理，根据图 3.6.8 所示的关系，将弹体各微元锥台上的 $c_{y_j}^{\delta}$ 进行累加，就可以得到旋成体弹丸的法向力系数导数：

$$c_{y_1}^{\delta} = \sum_{j=1}^{n} c_{y_j}^{\delta} \tag{3.6.39}$$

式中，n 为由弹体分割的锥台的个数。

(7) 弹体压力中心和俯仰力矩系数计算方法。

通过弹体法向力对弹顶的力矩等于各法向分力对弹顶的力矩，可以计算出弹体的压力中心，表达式为

$$Y_1 x_p = Y_{1n} x_{pn} + Y_{1t} x_{pt} + Y_{1f} x_{pf} \tag{3.6.40}$$

即

$$x_p = \frac{c_{y_1 n} x_{pn} + c_{y_1 t} x_{pt} + c_{y_1 f} x_{pf}}{c_{y_1}} \tag{3.6.41}$$

式中，x_p 为弹体压力中心至弹顶的距离；x_{pn} 为弹体头部压力中心至弹顶的距离；x_{pt} 为弹体尾部压力中心至弹顶的距离；x_{pf} 为弹体的黏性法向力压力中心至弹顶的距离。按细长体理论：

$$x_{pn} = l_n - \frac{W_n}{S} \tag{3.6.42}$$

式中，l_n 为头部长：W_n 为头部体积。但是，由于头部并非很细长，且靠近头部的圆柱部也提供法向力，弹体头部压力中心有一修正量 Δx_{pn}，即

$$x_{pn} = l_n - \frac{W_n}{S} + \Delta x_{pn} \tag{3.6.43}$$

式中，$\Delta x_{pn}/l_n$ 随 $\sqrt{Ma^2-1}/\lambda_n$ 及 λ_c/λ_n 的变化曲线见图 3.6.9。

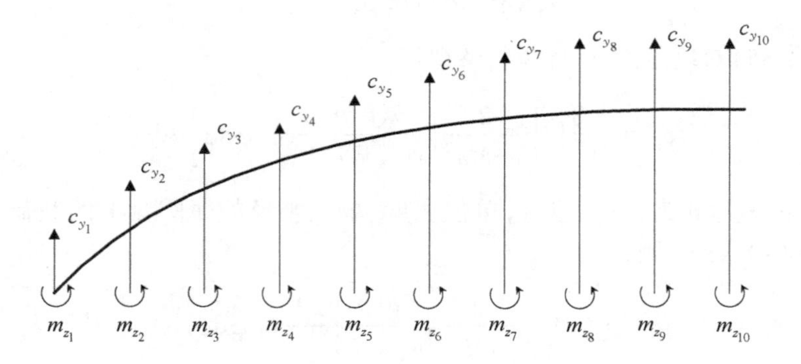

图 3.6.8 空气动力合成关系

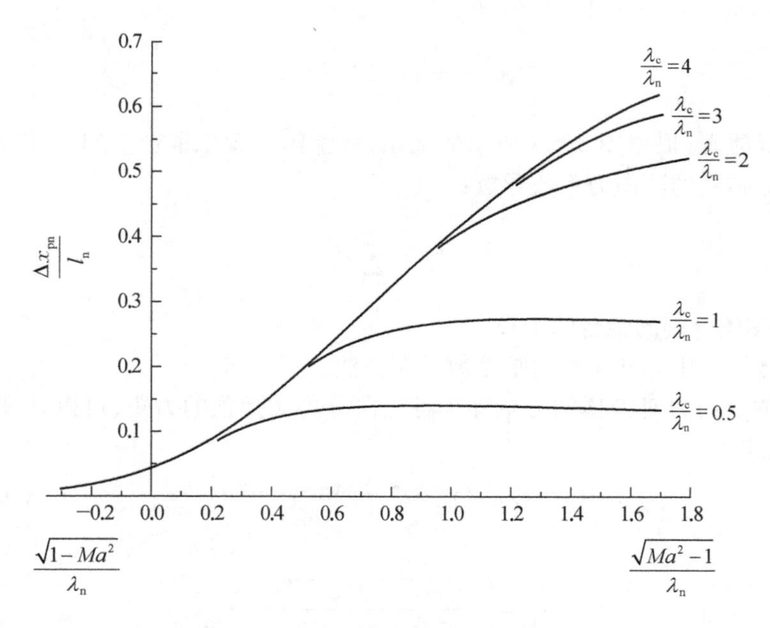

图 3.6.9 弹体头部压力中心的修正量

由于尾部提供的法向力的数值不大，且尾部长度通常很小，尾部法向力的作用点可近似取在尾部中心，即

$$x_{\mathrm{pt}} = l - \frac{1}{2}l_{\mathrm{t}} \tag{3.6.44}$$

式中，l 为弹长；l_{t} 为弹尾部长。由于尾部法向力是负的，收缩尾部的存在将使弹体压力中心前移，对静稳定性产生不利的影响。

对于 x_{pf}，可近似认为弹体的黏性法向力作用在弹体圆柱部和尾部总长度的中心上，即

$$x_{\mathrm{pf}} = l_{\mathrm{n}} + \frac{1}{2}(l_{\mathrm{c}} + l_{\mathrm{t}}) \tag{3.6.45}$$

式中，l_{c} 为弹体圆柱部长。

计算出弹体的法向力和压力中心之后，便可得到弹体的俯仰力矩。在讨论弹箭的飞行稳定性时，俯仰力矩是对弹箭质心而言的，若质心的位置距弹顶 x_{g}，则法向力对质心而言所提供的俯仰力矩为

$$M_z = Y_1(x_{\mathrm{p}} - x_{\mathrm{g}}) \tag{3.6.46}$$

表示成系数的形式为

$$m_z = c_{y_1} \cdot \frac{x_{\mathrm{p}} - x_{\mathrm{g}}}{l} \tag{3.6.47}$$

对于弹体，提供法向力的主要部分是头部，所以弹体压力中心往往在弹体质心之前，因此俯仰力矩是不稳定力矩，即翻转力矩。要使弹丸飞行稳定，通常采用两种办法：其一是利用陀螺效应，即弹丸在飞行中绕纵轴高速旋转，实现稳定；其二是在弹体尾部增加稳定装置，使弹箭总的压力中心移到质心之后，实现稳定。

此外，除了上面介绍的方法外，利用二次激波-膨胀波理论积分求出的超声速条件下的法向力 c_{y_1}，将其代入式(3.6.47)，亦可求出俯仰力矩系数。

(8) 弹体赤道阻尼力矩系数计算方法。

弹体绕通过质心的 z 轴以角速度 ω_z 旋转时，弹体表面所有截面处都得到大小不等的附加速度，因此由于 ω_z 而产生附加攻角 $\Delta\delta$。$\Delta\delta$ 由 v 和附加速度 $\omega_z(x_{\mathrm{g}} - x)$ 决定，其中 x_{g} 为弹体质心至弹顶的距离，x 为弹体 A 处至弹顶的距离，如图 3.6.10 所示。弹体 A 处的附加攻角为

$$\tan \Delta\delta = \frac{\omega_z(x_{\mathrm{g}} - x)}{v} \tag{3.6.48}$$

由于 $\Delta\delta$ 很小，可取 $\tan \Delta\delta = \Delta\bar{\delta}$（其中 $\Delta\bar{\delta}$ 为弧度定义，$\Delta\delta$ 为度定义）。

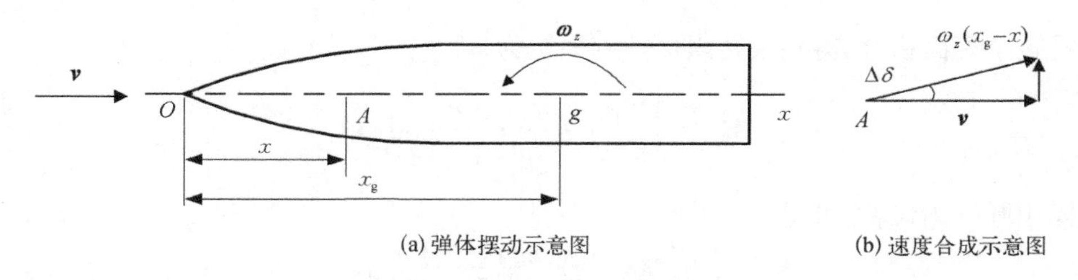

(a) 弹体摆动示意图　　(b) 速度合成示意图

图 3.6.10　弹体赤道阻尼力矩示意图

由于弹体法向力几乎全部集中在头部,可以近似地认为附加法向力的作用点在头部压力中心 x_{pn} 处,附加法向力的量值由该处的附加攻角决定,该处的附加攻角为

$$\Delta\bar{\delta} = \frac{\omega_z(x_g - x_{pn})}{v} \tag{3.6.49}$$

于是由 ω_z 引起的附加法向力为

$$Y_{1\omega_z} = c_{y_1 n}^{\delta} \Delta\delta q S \tag{3.6.50}$$

式中, $q = \rho v^2/2$, 由附加法向力产生的俯仰力矩为

$$M_{zz} = -Y_{1\omega_z}(x_g - x_{pn}) = -57.3 c_{y_1 n}^{\delta} q S \frac{\omega_z(x_g - x_{pn})^2}{v} \tag{3.6.51}$$

写成系数的形式为

$$m_{zz} = -57.3 c_{y_1 n}^{\delta} \frac{\omega_z(x_g - x_{pn})^2}{vl} \tag{3.6.52}$$

(9) 弹体极阻尼力矩系数计算方法。

当弹体绕纵轴旋转时,弹体表面除受到弹轴方向的摩擦应力外,还受到沿弹体表面垂直于弹轴方向的摩擦应力,其方向与弹体自转的方向相反,因此起抑制弹体旋转的作用。

为了得到简单的计算公式,近似地以圆柱体代替弹体。把圆柱体展开在 Oxz 平面上, Ox 轴方向与弹轴一致,如图 3.6.11 所示。在展开平面上,流线对 Ox 轴的倾角为 $\arctan(\dot{\gamma}d/2v)$, 尽管转速 $\dot{\gamma}$ 通常对于旋转稳定的弹丸来说是相当高的,但仍然有 $\dot{\gamma}d/2 \ll v$, 此时:

$$\arctan\frac{\dot{\gamma}d}{2v} \approx \frac{\dot{\gamma}d}{2v} \tag{3.6.53}$$

在弹体表面上取一元素面积 $\mathrm{d}\sigma$, $\mathrm{d}\sigma = d \cdot (\mathrm{d}x\mathrm{d}\theta/2)$, 其上作用有当地摩擦应力 τ, 其垂直于弹轴方向的切向分量为

$$\tau \cdot \frac{\dot{\gamma}d}{2v} \cdot \frac{d}{2}\mathrm{d}x\mathrm{d}\theta \tag{3.6.54}$$

它所引起的绕弹轴的抑制力矩为

$$\mathrm{d}M_{xz} = \tau \cdot \frac{\dot{\gamma}d}{2v} \cdot \left(\frac{d}{2}\right)^2 \mathrm{d}x\mathrm{d}\theta \tag{3.6.55}$$

沿整个表面积分,得到滚转阻尼抑制力矩为

$$M_{xz} = \int_0^{2\pi}\int_0^{l} \tau \cdot \frac{\dot{\gamma}d}{2v} \cdot \left(\frac{d}{2}\right)^2 \mathrm{d}x\mathrm{d}\theta \tag{3.6.56}$$

将弹体用圆柱体代替,可得

$$M_{xz} = \frac{\dot{\gamma}d}{2v} \cdot \frac{d}{2}\int_0^{2\pi}\int_0^{l} \tau \cdot \frac{d}{2}\mathrm{d}x\mathrm{d}\theta \tag{3.6.57}$$

式中,积分 $\int_0^{2\pi}\int_0^l \tau \cdot \frac{d}{2}\mathrm{d}x\mathrm{d}\theta$ 是弹体表面的摩擦阻力 X_{f},故:

$$M_{xz} = X_{\mathrm{f}} \cdot \frac{\dot{\gamma} d}{2v} \cdot \frac{d}{2} = c_{x\mathrm{f}} \cdot q \frac{\pi d^2}{4} \cdot \frac{\dot{\gamma} d}{2v} \cdot \frac{d}{2} \tag{3.6.58}$$

如果写成力矩系数的形式,得到:

$$m_{xz} = \frac{M_{xz}}{qSl} = \frac{c_{x\mathrm{f}} d}{2l} \cdot \frac{\dot{\gamma} d}{2v} \tag{3.6.59}$$

记 $\overline{\dot{\gamma}} = \dot{\gamma} d/2v$,称为无量纲转速,则式(3.6.59)可改写为

$$m_{xz} = \frac{c_{x\mathrm{f}} d\, \overline{\dot{\gamma}}}{2l} \tag{3.6.60}$$

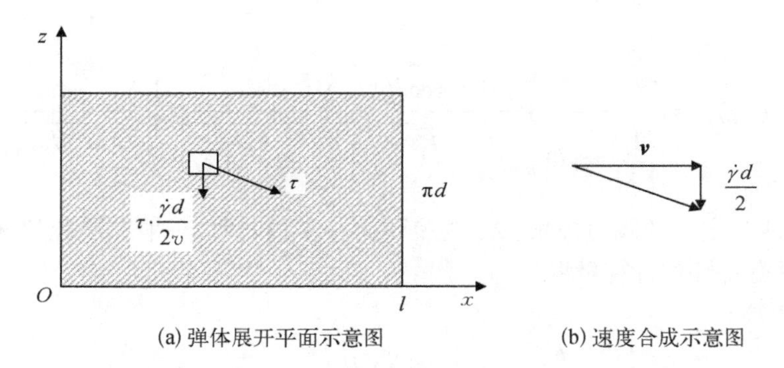

(a) 弹体展开平面示意图　　(b) 速度合成示意图

图 3.6.11　弹体极阻尼示意图

2) 尾翼空气动力系数计算方法

单独尾翼的摩阻系数采用如下公式进行计算。对于不可压情形,有

$$c_{\mathrm{f}0} = 1.328\sqrt{Re}, \quad 层流 \tag{3.6.61}$$

$$c_{\mathrm{f}0} = \frac{0.455}{(\log_{10} Re)^{2.58}}, \quad 紊流 \tag{3.6.62}$$

式中,Re 为雷诺数。如果计及压缩性影响,则有

$$c_{\mathrm{f}} = c_{\mathrm{f}0}\left(\frac{1}{1 + \frac{0.85 Ma^2}{5}}\right)^{0.1295}, \quad 层流 \tag{3.6.63}$$

$$c_{\mathrm{f}} = c_{\mathrm{f}0} \frac{1}{\left(1 + \frac{k-1}{2} Ma^2\right)^{0.467}}, \quad 紊流 \tag{3.6.64}$$

尾翼摩阻系数为

$$c_{x\mathrm{fw}} = c_{x\mathrm{f}} \frac{S_{\mathrm{w}}}{S} \tag{3.6.65}$$

式中，S_w 为单独尾翼的面积。

单独尾翼波阻的计算公式如下：

$$c_{xww} = \frac{4\bar{c}^2}{\bar{\beta}}\left(1 - \frac{1}{2\bar{\beta}\chi_A}\right)\frac{S_w}{S} \tag{3.6.66}$$

式中，$\bar{c}^2$ 为翼相对厚度；$\bar{\beta} = \sqrt{Ma^2 - 1}$；$\chi_A$ 为翼前缘后掠角。

因此，单独尾翼的零升阻力系数可表示为

$$c_{x_0 w} = c_{xfw} + c_{xww} \tag{3.6.67}$$

单独尾翼的升力系数导数计算公式为

$$(c'_y)_w = \frac{\pi}{2}\lambda_w \tag{3.6.68}$$

或

$$(c'_y)_w = \left[\frac{1.8\pi\cos(\chi_{1/4})}{\frac{1.8}{\lambda_w}\cos(\chi_{1/4}) + \sqrt{1 + \left(\frac{1.8}{\lambda_w}\right)^2\cos^2(\chi_{1/4})}}\right]\frac{1}{\sqrt{1 - Ma^2}} \tag{3.6.69}$$

式中，$\chi_{1/4}$ 为四分之一弦线后掠角；λ_w 为展弦比。实践表明，一般在展弦比 $\lambda_w < 0.5$ 时，式(3.6.69)具有足够的计算精度。

对于超声速：

$$(c'_y)_w = \frac{K_w}{57.3}\frac{4}{\sqrt{Ma^2 - 1}}\left(1 - \frac{1}{2\lambda_w\sqrt{Ma^2 - 1}}\right)\frac{S_w}{S} \tag{3.6.70}$$

式中，$K_w = \left[1 + \frac{d_s}{l_s}\left(1.2 - \frac{0.2}{\eta}\right)\right]^2$ 为翼体干扰因子，表示与攻角有关的尾翼与弹体之间的距离；d_s 为尾翼安装处对应的弹体直径；l_s 为翼展；η 为尾翼的根梢比。

单独尾翼诱导阻力系数(在有攻角条件下)的计算公式如下。

亚声速时：

$$c_{x_i w} = \frac{0.38c_{yw}^2}{\lambda_w - 0.8c_{yw}(\lambda_w - 1)(\lambda_w + 4)}\left(4 + \frac{\lambda_w}{\cos\chi_{0.5}}\right) \tag{3.6.71}$$

超声速时：

$$c_{x_i w} = (c_y)_w \tan\delta \tag{3.6.72}$$

式中，$(c_y)_w$ 为尾翼的升力系数，即升力系数导数 $(c'_y)_w$ 乘以攻角 δ。

单独尾翼的压心位置(相对于弹顶)的计算公式如下。

亚声速时：

$$x_{cpw} = l - 0.75b_{av} \tag{3.6.73}$$

超声速时：

$$x_{cpw} = l - 0.5b_{av} \tag{3.6.74}$$

式中，b_{av} 为尾翼的平均几何弦长。

3）尾翼弹空气动力系数计算方法

尾翼弹可视为弹翼组合体，尾翼弹的空气动力系数的计算是在单独弹体和单独尾翼空气动力系数的基础上进行的。

a. 尾翼弹零升阻力系数计算方法

尾翼弹的零升阻力系数计算公式如下：

$$(c_{x_0})_{\mathrm{bw}} = (c_{x_0})_{\mathrm{b}} + N(c_{x_0})_{\mathrm{w}} \frac{S_{\mathrm{w}}}{S} \tag{3.6.75}$$

式中，$(c_{x_0})_{\mathrm{bw}}$ 为尾翼弹的零升阻力系数；$(c_{x_0})_{\mathrm{b}}$ 为单独弹体的零升阻力系数；$(c_{x_0})_{\mathrm{w}}$ 为单独尾翼的零升阻力系数；N 为尾翼片的对数。

b. 尾翼弹升力系数计算方法

a）尾翼为十字形的尾翼弹

$$(c_y)_{\mathrm{bw}} = (c_y)_{\mathrm{b}} + \bar{K}(c_y)_{\mathrm{w}} \frac{S_{\mathrm{w}}}{S} \tag{3.6.76}$$

其中，

$$\bar{K} = K_{\mathrm{w}} - \frac{S_1}{S_1 + S_2}(K_{\mathrm{w}} - k_{\mathrm{w}}) \tag{3.6.77}$$

式中，$(c_y)_{\mathrm{b}}$ 为单独弹体的升力系数；$(c_y)_{\mathrm{w}}$ 为单独尾翼的升力系数；K_{w} 和 k_{w} 为翼体干扰因子，其中 K_{w} 表示与攻角有关的尾翼和弹体之间的干扰，k_{w} 表示与尾翼偏转角有关的尾翼和弹体之间的干扰，其值分别由图 3.6.12 和图 3.6.13 决定；S_1、S_2 为尾翼区弹体的投影面积，如图 3.6.14 所示。亚声速时，$S_1 = 0$；超声速时，S_1 由翼根马赫线决定，且有

$$\frac{S_1}{S_1 + S_2} = \frac{d_{\mathrm{s}}\sqrt{Ma^2 - 1}}{4b_{\mathrm{r}}} \tag{3.6.78}$$

式中，b_{r} 为尾翼根弦长。

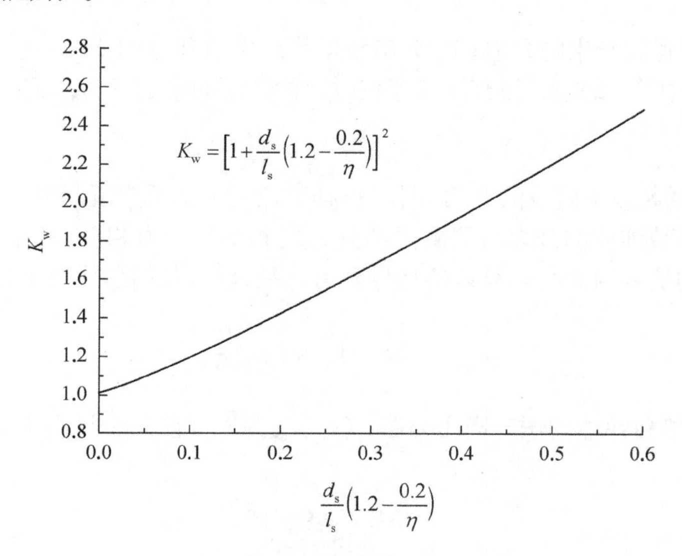

图 3.6.12　翼体干扰因子 K_{w}

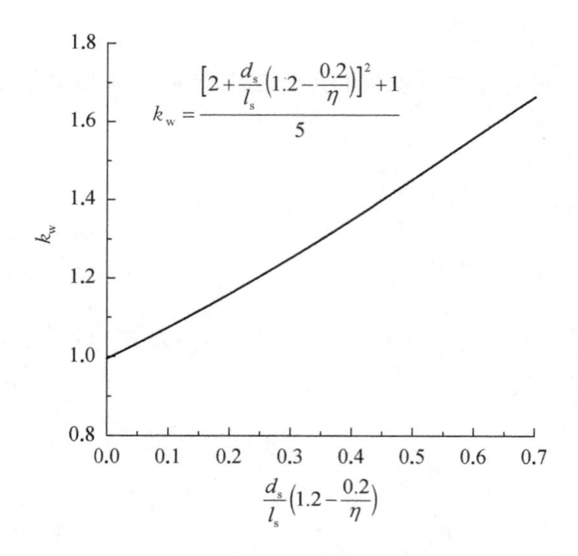

图 3.6.13 翼体干扰因子 k_w

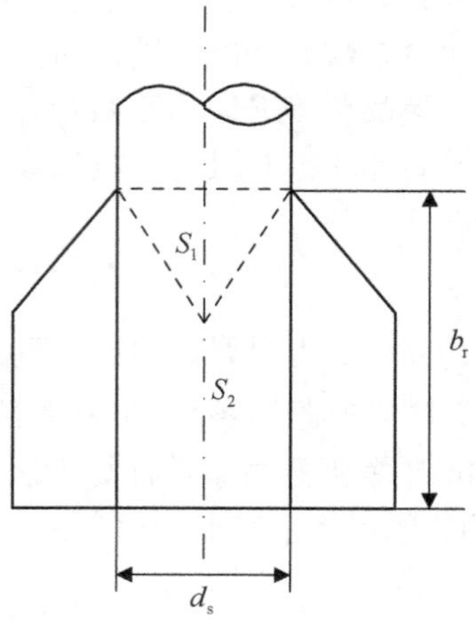

图 3.6.14 翼体影响区几何图形

b）尾翼为“ * ”形的尾翼弹

$$(c_y)_{bw} = (c_y)_b + 1.25\bar{K}(c_y)_w\frac{S_w}{S} \tag{3.6.79}$$

c. 尾翼弹阻力系数计算方法

升力不为零时，尾翼弹的阻力等于零升阻力与诱导阻力之和，其系数关系为

$$(c_x)_{bw} = (c_{x_0})_{bw} + (c_{x_i})_{bw} \tag{3.6.80}$$

诱导阻力与升力同时存在，尾翼弹的升力 Y_{bw} 为四部分之和，即

$$Y_{bw} = Y_b + Y_w + (\Delta Y_w)_b + (\Delta Y_b)_w \tag{3.6.81}$$

式中，Y_b 为单独弹体产生的升力；Y_w 为单独尾翼产生的升力；$(\Delta Y_w)_b$ 为有弹体存在时尾翼产生的附加升力；$(\Delta Y_B)_w$ 为有尾翼存在时弹体产生的附加升力。记：

$$Y_{\overline{bw}} = Y_w + (\Delta Y_w)_b + (\Delta Y_b)_w \tag{3.6.82}$$

式中，$Y_{\overline{bw}}$ 称为尾翼弹尾翼段的升力，同时将其对应的升力系数记为 $(c_y)_{\overline{bw}}$。这样，尾翼弹的升力便为单独弹体的升力与尾翼段的升力之和。与升力相对应，尾翼弹的诱导阻力便为单独弹体的诱导阻力与尾翼段的诱导阻力之和，以系数的形式表示为

$$(c_{x_i})_{bw} = (c_{x_i})_b + (c_{x_i})_{\overline{bw}}\frac{S_w}{S} \tag{3.6.83}$$

式中，$(c_{x_i})_b$ 为单独弹体的诱导阻力系数；$(c_{x_i})_{\overline{bw}}$ 为尾翼段的诱导阻力系数；$(c_{x_i})_b$ 可按如下公式计算：

$$(c_{x_i})_b = (c_{y_1})_b\bar{\delta} \tag{3.6.84}$$

式中，$\bar{\delta}$ 为攻角（弧度定义）；$(c_{y_1})_b$ 为弹体的法向力系数。

$(c_{x_i})_{\overline{bw}}$ 近似按单独翼的诱导阻力系数公式计算,计算方法如下。

a）亚声速情况：

$$(c_{x_i})_{\overline{bw}} = \frac{(c_y)^2_{\overline{bw}}}{\pi\lambda_w} \tag{3.6.85}$$

"+"形尾翼弹：

$$(c_y)_{\overline{bw}} = \bar{K}(c_y)_w \tag{3.6.86}$$

" * "形尾翼弹：

$$(c_y)_{\overline{bw}} = 1.25\bar{K}(c_y)_w \tag{3.6.87}$$

b）超声速情况

（1）声速或超声速前缘。

$$(c_{x_i})_{\overline{bw}} = (c_y)_{\overline{bw}}\bar{\delta} \tag{3.6.88}$$

"+"形尾翼弹：

$$(c_y)_{\overline{bw}} = \bar{K}(c_y)_w \tag{3.6.89}$$

" * "形尾翼弹：

$$(c_y)_{\overline{bw}} = 1.25\bar{K}(c_y)_w \tag{3.6.90}$$

（2）亚声速弹翼前缘。

$$(c_{x_i})_{\overline{bw}} = (c_y)_{\overline{bw}}\bar{\delta} - \xi\frac{(c_y)^2_{\overline{bw}}}{\pi\lambda_w}\sqrt{1 - \bar{m}^2} \tag{3.6.91}$$

式中, $\bar{m} = \sqrt{Ma^2 - 1}/\tan\chi_0$, χ_0 为弹翼前缘后掠角;对于圆头翼型, $\xi = 0.7$, 对于尖头翼型, $\xi = 0.4$。

d. 尾翼弹的压力中心计算方法

尾翼弹的压力中心可视为尾翼弹的法向力在弹轴上的作用点,其至弹顶的距离记为 $(x_p)_{bw}$。尾翼弹的法向力由单独弹体的法向力和尾翼段的法向力组成,可表示为

$$(Y_1)_{bw} = (Y_1)_b + (Y_1)_{\overline{bw}} \tag{3.6.92}$$

它们对弹顶的力矩关系为

$$(Y_1)_{bw}(x_p)_{bw} = (Y_1)_b \cdot (x_p)_b + (Y_1)_{\overline{bw}} \cdot (x_p)_{\overline{bw}} \tag{3.6.93}$$

式中, $(x_p)_b$ 为单独弹体的压心至弹顶的距离; $(x_p)_{\overline{bw}}$ 为尾翼段的压心至弹顶的距离。尾翼弹压心的相关位置示意图如图 3.6.15 所示。

在小攻角情况下,近似用尾翼段的升力代替尾翼段的法向力;另外,尾翼段的压力中心近似取在单独尾翼的压力中心位置,记单独尾翼的压心至尾翼前沿的距离为 $(x_p)_w$, 尾翼前沿至弹顶的距离为 x_b。 于是式(3.6.93)可以改写为

$$(x_p)_{bw} = \frac{(Y_1)_b(x_p)_b + (Y_1)_{\overline{bw}} \cdot [x_b + (x_p)_w]}{(Y_1)_b + (Y_1)_{\overline{bw}}} \tag{3.6.94}$$

将式(3.6.94)右边分子分母同除以 qS,得到

$$(x_p)_{bw}=\frac{(c_{y_1})_b\cdot(x_p)_b+(c_y)_{\overline{bw}}\dfrac{S_w}{S}[x_b+(x_p)_w]}{(c_{y_1})_b+(c_y)_{\overline{bw}}\dfrac{S_w}{S}} \tag{3.6.95}$$

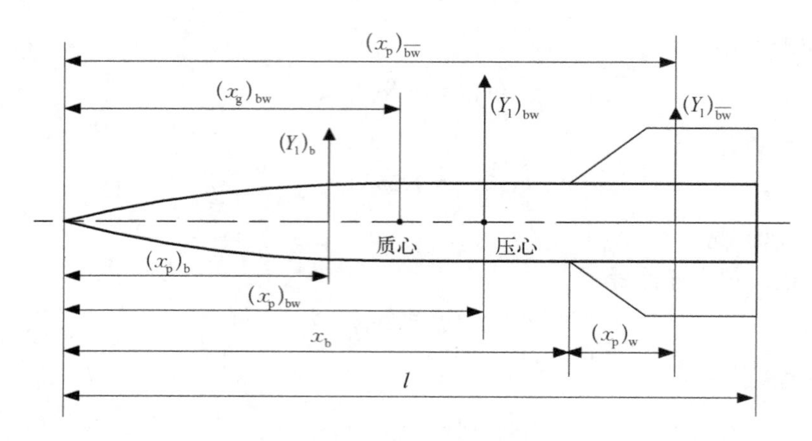

图 3.6.15 尾翼弹压心的相关位置示意图

e. 尾翼弹的俯仰力矩系数计算方法

尾翼弹的质心至弹顶的距离为 $(x_g)_{bw}$，相对质心而言的俯仰力矩为

$$(M_z)_{bw}=(Y_1)_{bw}[(x_p)_b-(x_g)_{bw}] \tag{3.6.96}$$

其中，

$$(Y_1)_{bw}=(Y_1)_b+(Y)_{\overline{bw}} \tag{3.6.97}$$

写成俯仰力矩系数 $(m_z)_{bw}$ 的形式为

$$(m_z)_{bw}=\left[(c_{y_1})_b+(c_y)_{\overline{bw}}\frac{S_W}{S}\right]\left[\frac{(x_p)_{bw}-(x_g)_{bw}}{l}\right] \tag{3.6.98}$$

f. 尾翼弹的赤道阻尼力矩系数计算方法

当尾翼弹围绕质心以角速度 ω_z 旋转时，弹体和尾翼上的各点产生附加的相对速度，由此引起附加攻角，所以弹体和尾翼段都产生赤道阻尼力矩。弹体的赤道阻尼力矩系数如式(3.6.52)所示。尾翼段的附加攻角近似用尾翼压力中心处的附加攻角表示，即

$$\Delta\bar{\delta}=-\frac{\omega_z[(x_p)_{\overline{bw}}-(x_g)_{bw}]}{v} \tag{3.6.99}$$

于是可得，由 ω_z 使尾翼段产生的附加升力为

$$(Y)_{\overline{bw},\omega_z}=(c_y')_{\overline{bw}}\cdot\Delta\delta\cdot qS_w=-57.3(c_y')_{\overline{bw}}\frac{\omega_z[(x_p)_{\overline{bw}}-(x_g)_{bw}]}{v}qS_w \tag{3.6.100}$$

因而附加升力提供的赤道阻尼力矩为

$$(M_{zz})_{\overline{\mathrm{bw}}} = -57.3(c_y')_{\overline{\mathrm{bw}}} \frac{\omega_z[(x_p)_{\overline{\mathrm{bw}}} - (x_g)_{\mathrm{bw}}]^2}{v} qS_w \tag{3.6.101}$$

将其表示成赤道阻尼力矩系数 $(m_{zz})_{\overline{\mathrm{bw}}}$ 的形式为

$$(m_{zz})_{\overline{\mathrm{bw}}} = -57.3(c_y')_{\overline{\mathrm{bw}}} \frac{\omega_z[(x_p)_{\overline{\mathrm{bw}}} - (x_g)_{\mathrm{bw}}]^2}{vl} \tag{3.6.102}$$

则尾翼弹的赤道阻尼力矩系数为

$$(m_{zz})_{\mathrm{bw}} = (m_{zz})_{\mathrm{b}} + (m_{zz})_{\overline{\mathrm{bw}}} \frac{S_w}{S} \tag{3.6.103}$$

g. 尾翼弹的极阻尼力矩系数计算方法

尾翼弹绕纵轴转动时，除弹体产生极阻尼力矩外，尾翼也产生极阻尼，主要原因是尾翼的每个剖面产生附加的垂直翼面的速度，并产生相应的附加攻角和附加升力，引起与自转角速度相反的力矩。尾翼弹的极阻尼力矩系数的计算方法已在 3.3.6 节中详细介绍，这里不再赘述。

2. 稀薄空气条件下的工程算法

对于某些炮弹（如超高速炮弹），其弹道高度通常超过 30 km，可达到 50～80 km，甚至有可能超过 150 km。当弹箭飞行至一定高度时，空气密度将变得很小，使用连续介质假设的一般空气动力学理论来计算弹箭的空气动力可能已不再合适，必须考虑采用稀薄气体动力学理论，研究高空稀薄气体效应对弹箭空气动力特性的影响。钱学森最先根据稀薄程度将气体的流动分为四个领域，即连续流领域、滑流领域、过渡流领域和自由分子流领域。从地球大气学角度对不同领域高度进行划分，大致来讲，连续流领域约在高度 80 km 以内，滑流领域为 80～100 km，过渡流领域为 100～130 km，而 130 km 以上的高空则为自由分子流领域。但就弹箭飞行中随不同高度引起空气密度变化，而对作用其上的空气动力产生重大影响而言，要引入稀薄气体效应对空气动力计算的影响，应该比连续流领域高度略低些。上一小节的稠密大气条件属于连续流领域，这里分别对自由分子流领域和过渡流领域的空气动力计算方法作简要介绍。

1）自由分子流领域的空气动力计算方法

自由分子流领域是稀薄程度最高的领域。随着稀薄程度的增大，气体中分子的平均自由行程远超过物体特征长度，从物体表面散射出来的分子要运动到距离物体很远处才与来流分子发生碰撞。这时可忽略由于碰撞引起气体速度分布函数的变化，因此有时也将这种流动称为无碰撞流动，此时气体分子运动的基本方程是无碰撞项的玻尔兹曼（Boltzmann）方程：

$$\frac{\partial f}{\partial t} + c\frac{\partial f}{\partial r} + F\frac{\partial f}{\partial c} = 0 \tag{3.6.104}$$

特别地，对于物体定常绕流问题，来流的速度分布函数是平衡态的分布，即麦克斯韦（Maxwell）分布：

$$f_0 = n\left(\frac{m_e}{2\pi kT}\right)^{3/2} \exp\left[-\frac{m_e}{2kT}(u'^2 + v'^2 + w'^2)\right] = n\left(\frac{\beta_e}{\pi^{1/2}}\right)^3 \exp(-\beta_e^2 c'^2) \tag{3.6.105}$$

式中，n、T 分别为来流的分子数密度和温度；m_e 为分子的质量；k 为比热比；c' 及 u'、v'、w' 分别表示分子热运动速度的幅值及其三个分量；β_e 为

$$\beta_e = \frac{1}{\sqrt{2R_d T}} \tag{3.6.106}$$

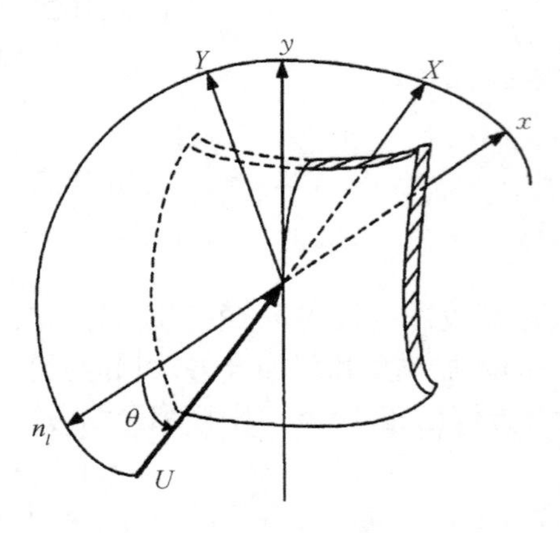

图 3.6.16 Maxwell 分布求矩的方法计算原理

式中，R_d 为气体常数。来流分子对物体表面的动量传递和能量传递就可以用通过对 Maxwell 分布求矩的方法计算出来，计算原理如图 3.6.16 所示。图中，U 为表面元素上入射分子方向，n_l 为外法线方向，X、Y 分别表示阻力、升力方向，x、y 分别表示法向、切向应力方向。

考察以宏观速度 U 向表面 $\mathrm{d}A$ 运动的气体，表面外法向为 n_l，坐标系的选取使 x 轴指向与 n_l 相反的方向，而 U 位于 xy 平面之内且与 x 轴和 y 轴均成锐角，表面元素位于 yz 平面内，θ 为 U 与 x 轴的夹角。

气体分子通过表面 $\mathrm{d}A$ 的动量，即来流分子对物体表面产生的压力为

$$p_i = \int_{u>0} m_e u u f_0 \mathrm{d}c = \int_{-\infty}^{\infty}\int_{-\infty}^{\infty}\int_{0}^{\infty} m_e u^2 f_0 \mathrm{d}u\mathrm{d}v\mathrm{d}w \tag{3.6.107}$$

式中，c 是相对于表面坐标的气体分子的速度，其在 x、y、z 轴上的分量 (u, v, w) 与热运动速度 (u', v', w') 的关系如下：

$$\begin{cases} u = u' + U\cos\theta \\ v = v' + U\sin\theta \\ w = w' \end{cases} \tag{3.6.108}$$

由以上公式，并考虑来流速度分布函数的表达式，积分得

$$\begin{aligned} p_i &= \int_{-\infty}^{\infty}\int_{-\infty}^{\infty}\int_{0}^{\infty} m_e u^2 f_0 \mathrm{d}u\mathrm{d}v\mathrm{d}w \\ &= \frac{n m_e U^2}{2\sqrt{\pi}}\left\{(S\cos\theta)\mathrm{e}^{-(S\cos\theta)^2} + \sqrt{\pi}\left[\frac{1}{2} + (S\cos\theta)^2\right][1 + \mathrm{erf}(S\cos\theta)]\right\} \end{aligned} \tag{3.6.109}$$

式中，Q 称为速度比，常代替 Ma 出现在自由分子流的计算中：

$$Q = U\beta = U/\sqrt{2R_d T} = \sqrt{k/2}\,Ma \tag{3.6.110}$$

erf 定义为误差函数：

$$\mathrm{erf}(a) = \frac{2}{\sqrt{\pi}}\int_0^a \mathrm{e}^{-y^2}\mathrm{d}y \tag{3.6.111}$$

p_i 仅表示入射气体分子产生的压力，实际上气体分子碰到物面后不会穿过物面而将

反射回来，这时气体分子在物面产生的压力就不再是 p_i，而应当由入射部分 p_i 和反射部分 p_r 组成。气体分子在物面的反射模型应该由实验获得，为了简化起见，假设气体分子在物面仅产生两种反射：σ 部分的分子为完全的漫反射，$(1-\sigma)$ 部分分子为完全的镜面反射。完全镜面反射的气体分子对物面产生的反射部分压力 $p_{rm}=p_i$，而完全漫反射气体分子对物面产生的反射部分 p_{rd} 可通过令 $Q=0$ 来求得

$$p_{rd}=p_i\mid_{Q=0}=\frac{m_e n}{2}R_d T \tag{3.6.112}$$

式中，T 应当取物面温度 T_w；n 应当取漫反射时气体分子的数密度 n_w，n_w 可通过来流与反射流的分子数目通量相等的条件来计算，来流分子数目通量为

$$\begin{aligned}N_i&=\int_{-\infty}^{\infty}\int_{-\infty}^{\infty}\int_{0}^{\infty}uf_0\mathrm{d}u\mathrm{d}v\mathrm{d}w\\&=n\sqrt{\frac{RT}{2\pi}}\left\{\mathrm{e}^{-(Q\cos\theta)^2}+\sqrt{\pi}(Q\cos\theta)\left[1+\mathrm{erf}(Q\cos\theta)\right]\right\}\end{aligned} \tag{3.6.113}$$

令式(3.6.113)中的 $Q=0$，$n=n_w$，$T=T_w$，即可得到物面以 Maxwell 反射的气体分子数目通量：

$$N_w=n_w\sqrt{\frac{R_d T_w}{2\pi}} \tag{3.6.114}$$

令 $N_i=N_w$ 得

$$n_w=N_i\sqrt{\frac{2\pi}{R_d T_w}} \tag{3.6.115}$$

将 $n=n_w$，$T=T_w$ 代入式(3.6.112)可得

$$p_{rd}=m_e N_i\sqrt{\frac{\pi R_d T_w}{2}} \tag{3.6.116}$$

这样，物体表面所受的总压力为

$$\begin{aligned}p&=(1-\sigma)(p_i+p_i)+\sigma(p_i+p_{rd})=(2-\sigma)p_i+\sigma p_{rd}\\&=\frac{\rho U^2}{2Q^2}\left[\left(\frac{2-\sigma}{\sqrt{\pi}}Q\cos\theta+\frac{\sigma}{2}\sqrt{\frac{T_w}{T}}\right)\mathrm{e}^{-(Q\cos\theta)^2}\right.\\&\quad\left.+\left\{(2-\sigma)\left[(Q\cos\theta)^2+\frac{1}{2}\right]+\frac{\sigma}{2}\sqrt{\frac{\pi T_w}{T}}(Q\cos\theta)\right\}\left[1+\mathrm{erf}(Q\cos\theta)\right]\right]\end{aligned} \tag{3.6.117}$$

完全镜面反射产生的切应力为零，漫反射产生的切应力等于入射气体分子产生的切应力，即

$$\tau=\sigma\tau_{\mathrm{i}}=\sigma\int_{-\infty}^{\infty}\int_{-\infty}^{\infty}\int_{0}^{\infty}m_{\mathrm{e}}uvf_0\mathrm{d}u\mathrm{d}v\mathrm{d}w$$
$$=\frac{\sigma\rho U^2\sin\theta}{2\sqrt{\pi}Q}\{\mathrm{e}^{-(Q\cos\theta)^2}+\sqrt{\pi}(Q\cos\theta)[1+\mathrm{erf}(Q\cos\theta)]\}\tag{3.6.118}$$

式(3.6.117)和式(3.6.118)用到了公式来流密度公式：

$$\rho=m_{\mathrm{e}}n\tag{3.6.119}$$

有了上述正应力和切应力公式，就可以对物面进行积分，从而方便地得到自由分子流领域绕流物体的空气动力。需要说明的是，上述正应力和切应力公式中的单位为压强。

根据所得的正应力和切应力，将其分别沿速度方向和垂直于速度方向分解后，分别对弹体和尾翼进行积分即可分别求得弹体和尾翼的阻力系数、升力系数和俯仰力矩系数：

$$(c_x)_{\mathrm{b}}=\frac{2}{\rho v^2S}\iint_{\Sigma_{\mathrm{b}}}[(p-p_{\infty})_{x_1}+\tau_{x_1}]\mathrm{d}s\tag{3.6.120}$$

$$(c_x)_{\mathrm{w}}=\frac{2}{\rho v^2S}\iint_{\Sigma_{\mathrm{w}}}[(p-p_{\infty})_{x_1}+\tau_{x_1}]\mathrm{d}s\tag{3.6.121}$$

$$(c_y)_{\mathrm{b}}=\frac{2}{\rho v^2S}\iint_{\Sigma_{\mathrm{b}}}[(p-p_{\infty})_{y_1}+\tau_{y_1}]\mathrm{d}s\tag{3.6.122}$$

$$(c_y)_{\mathrm{w}}=\frac{2}{\rho v^2S}\iint_{\Sigma_{\mathrm{w}}}[(p-p_{\infty})_{y_1}+\tau_{y_1}]\mathrm{d}s\tag{3.6.123}$$

$$(m_z)_{\mathrm{b}}=\frac{2}{\rho v^2S}\iint_{\Sigma_{\mathrm{b}}}[(p-p_{\infty})_{\perp}r_p+\tau_{\perp}r_{\tau}]\mathrm{d}s\tag{3.6.124}$$

$$(m_z)_{\mathrm{w}}=\frac{2}{\rho v^2S}\iint_{\Sigma_{\mathrm{w}}}[(p-p_{\infty})_{\perp}r_p+\tau_{\perp}r_{\tau}]\mathrm{d}s\tag{3.6.125}$$

式中，p 和 τ 的下标 x 和 y 分别表示这些参数在速度坐标系 x 和 y 方向上的投影；下标⊥表示对应参数在纵向对称面（即法向方向为 z 的平面）内的投影；下标 b、w 分别表示弹体和尾翼的空气动力参数；而 r_p 和 r_τ 分别表示 $(p-p_{\infty})_{\perp}$ 和 $\tau_{\perp}$ 相对于头部顶点的力臂长度。

以上只介绍了求解弹体和尾翼空气动力系数的方法，而实际中需要弹翼组合体的空气动力。与连续流领域相同，仍使用干扰因子法，这里不再赘述。

2）过渡流领域的空气动力计算方法

在求解稀薄气体动力学的众多方法中，尤其是求解过渡流领域流动问题，直接模拟蒙特卡洛(direct simulation Monte Carlo, DSMC)方法取得了较大的成功，能提供较为精确的计算结果，但是 DSMC 方法是一种数值算法，它需要耗费大量的计算时间和机器内存。在初期设计阶段,要在不同的气动外形和不同的飞行参数下计算弹箭气动参数,采用 DSMC 方法将导致计算成本非常高。

滑流领域的控制方程为 Burnett 方程,虽然在马赫数不大时也可以通过求解滑流边界条件的 Navier - Stokes 方程来求解空气动力,但是无论是数值求解 Navier - Stokes 方程或 Burnett 方程都需要大量的机时。克努森数 Kn 是一个衡量流场连续性程度的量,其定义为分子平均自由程 λ(一个分子在两次碰撞间走过距离的平均值)与流动特征长度 L 的比值(即 $Kn = \lambda/L$),由 Kn 的定义可知,它与绕流物体的特征尺度有关,因此绕流物体的 Kn 与局部 Kn 可能相差很大,特别是对于某些复杂外形的飞行器,很难确定 Kn,也就很难确定流动所处的领域,即无法确定采用何种模型来计算空气动力。理论上,DSMC 方法可以推广到滑流领域,但是随着空气密度的增加,DSMC 方法中的模拟气体分子数也急剧增加,因此用 DSMC 方法计算空气密度相对比较稠密的滑流领域空气动力也是相当困难的。为了解决这个问题,研究人员发展了各种能在很大的 Kn 范围内仅需较短时间但具有一定精度的工程方法,其中广泛应用的一类工程方法称为桥函数法。桥函数法可计算 Kn 在一定范围内的飞行器空气动力系数,它是根据连续流领域空气动力系数和自由分子流领域空气动力系数,通过某种桥函数插值手段,计算出过渡领域空气动力的一种计算方法,其数学表达式如下:

$$c_k = c_{k,\,\mathrm{FM}} \times F(Kn,\ Q,\ \delta,\ \cdots) + c_{k,\,\mathrm{cont}} \times [1 - F(Kn,\ Q,\ \delta,\ \cdots)] \tag{3.6.126}$$

式中,$F(Kn,\ Q,\ \delta,\ \cdots)$ 称为桥函数,它可以是飞行克努森数 Kn、速度比 Q 及攻角 δ 的函数。

桥函数法分为两种,一种称为整体桥函数法,另一种称为局部桥函数法。整体桥函数法是根据连续流和自由分子流领域飞行器的整体空气动力系数,通过桥函数插值计算过渡流领域空气动力。而局部桥函数法则是先将飞行器外形划分为合适的计算网格,然后在每个网格内使用桥函数法计算过渡流领域的空气动力系数,最后通过积分得到过渡流领域飞行器的整体空气动力系数。一般来说,局部桥函数法要比整体桥函数法的精度高,但整体桥函数法在工程上应用较为方便,所需机时少。

比较著名的整体桥函数法有两种,第一种由洛克希德(Lockheed)提出,即

$$c_{k,\,\mathrm{tran}} = c_{k,\,\mathrm{cont}} + (c_{k,\,\mathrm{FM}} - c_{k,\,\mathrm{cont}}) \times \sin^2[\pi(A + B\lg Kn_\infty)] \tag{3.6.127}$$

式中,$A = 3/8$;$B = 1/8$;Kn_∞ 为来流克努森数;c_k 可表示空气动力系数(如升力、阻力、俯仰力矩系数等);下标 tran、cont、FM 分别表示过渡、连续流和自由分子流领域,连续流和自由分子流的空气动力系数 c_k 的值由对应 $Kn = 0.001$ 和 $Kn = 10$ 处的空气动力系数确定。

另一种整体桥函数法是由马丁(Mating)提出的,这是一种理论分析和实验数据相结合的半理论半经验公式:

$$c_{k,\,\mathrm{tran}} = c_{k,\,\mathrm{cont}} + (c_{k,\,\mathrm{FM}} - c_{k,\,\mathrm{cont}}) \times \exp[-15 \times 10^6(R\rho)(1 + E)] \tag{3.6.128}$$

式中,R 为头部半径;E 为可调参数,主要与物形、攻角、气体种类有关,当缺乏数据时,对于空气,一般取 0。

用 DSMC 方法的计算结果对这两种计算方法进行对比研究、分析和评价,结果表明,在近连续区域,Mating 公式比 Lockheed 公式有更高的精度,但是在近自由分子流区域,Lockheed 公式比 Mating 公式的精度更高。

3.6.2 飞行试验法

1. 参数微分法(C－K 法)

通过飞行试验数据提取空气动力系数实际上是一种参数辨识法,其基本思路是寻找一组空气动力系数,使得理论计算的弹道诸元值与实测的弹道诸元值最为接近。下面介绍一种在外弹道学中应用广泛且有效的方法——参数微分法,即 Chapman－Kirk 方法,简称 C－K 方法。理论和计算表明,在一组测量值个数不太少的情况下,它与卡尔曼滤波法具有相同的精度。

1969 年,在纽约"第七届航空科学会议"上,美国国家航空航天局艾姆斯(Ames)研究中心的 Chapman 和 Kirk 发表了题为《从自由飞行试验数据中提取空气动力系数的新方法》的报告,介绍了参数微分法。此报告立即受到弹道学者和空气动力学者的重视,并且提出的方法很快得到广泛应用,弹道学界将其称为 C－K 方法。实际上,类似的方法曾先由 Goodman 研究过,但遗憾的是,他将论文发表在某数学杂志上却未引起重视。此方法将方程组变量对待求参数求导,形成由这些导数组成的共轭方程组,并与原方程组共同求解,克服了上述困难。下面介绍该方法的计算过程。

设有含 N_2 个一阶微分方程的方程组和起始条件组:

$$\frac{dy_m}{dx}=f_m(x,\ y_1,\ y_2,\ \cdots,\ y_{N_2},\ \mu_1,\ \mu_2,\ \cdots,\ \mu_{N_3})\quad (y_m|_{x=x_0}=y_{m0};\ m=1,\ 2,\ \cdots,\ N_2) \tag{3.6.129}$$

式中,x 为自变量;$y_1,\ y_2,\ \cdots,\ y_{N_2}$ 为独立变量,N_2 为独立变量及相应起始条件的个数;$\mu_1,\ \mu_2,\ \cdots,\ \mu_{N_3}$ 为待定参数,共 N_3 个;$y_{10},\ y_{20},\ \cdots,\ y_{N_{20}}$ 为起始条件。

设已测得独立变量中 N_1 个变量($N_1\leqslant N_2$)在 $i=1,\ 2,\ \cdots,\ N$ 个观测点上的数值为 $\bar{y}_{mi}$,问题是欲利用方程组[式(3.6.129)]拟合实验结果,以求得包含在该方程中的 N_3 个待定参数 $\mu_1,\ \mu_2,\ \cdots,\ \mu_{N_3}$ 及 N_2 个起始条件 $y_{10},\ y_{20},\ \cdots,\ y_{N_{20}}$。

将观测点处相应的计算值记为 $y_m(x_i)$,目标函数取残差平方和,为

$$\varepsilon=\sum_{i=1}^{N}\sum_{m=1}^{N_1}W_{im}[\bar{y}_{mi}-y_m(x_i)]^2 \tag{3.6.130}$$

再记:

$$\mu_{N_3+1}=y_{10},\quad \mu_{N_3+2}=y_{20},\ \cdots,\quad \mu_{N_{23}}=y_{N_2} \tag{3.6.131}$$

式中,$N_{23}=N_3+N_2$,$1\leqslant N_1\leqslant N_2\leqslant N_{23}<N$,不等式 $1\leqslant N_1\leqslant N_2\leqslant N_{23}<N$ 表示测试点的总个数至少要大于待定参数(包括起始条件)的总个数;W_{im} 为给第 m 个变量的第 i 个测量值的权重,根据测量值的精度与重要性赋值。

最小二乘拟合法的原理是要选取一组待定参数 $\mu_1,\ \mu_2,\ \cdots,\ \mu_{N_{23}}$,使残差平方和最小,这就须使 ε 对 μ_k 的 N_{23} 个偏导数等于零,即 $\partial\varepsilon/\partial\mu_k=0$,但该等式关于待定参数 μ_j 一般也不是线性的。为便于使用最小二乘法,可采用将 $y_m(x_i)$ 在给定的一组参数 $\mu_j^{(0)}$ 附近展成泰勒级数,并只取到一次项的方法,得

$$y_m = y_m^{(0)} + \sum_{j=1}^{N_{23}} \frac{\partial y_m}{\partial \mu_j} \Delta \mu_j \tag{3.6.132}$$

将式(3.6.132)代入式(3.6.130)中，ε 即变成 $\Delta\mu_j$ 的函数。然后将 ε 对各 $\Delta\mu_j$ 求偏导数并令导数为零，则得到如下的正规方程：

$$\underset{(N_{23} \times N_{23})}{\boldsymbol{A}} \cdot \underset{(N_{23} \times 1)}{\Delta \boldsymbol{\mu}} = \underset{(N_{23} \times 1)}{\boldsymbol{B}} \tag{3.6.133}$$

式中，$\boldsymbol{A}$ 的元素为

$$a_{lk} = \sum_{i=1}^{N} \sum_{m=1}^{N_1} p_{ml} p_{mk} \quad (l,\ k = 1,\ 2,\ \cdots,\ N_{23}) \tag{3.6.134}$$

$\boldsymbol{B}$ 的元素为

$$b_k = \sum_{i=1}^{N} \sum_{m=1}^{N_1} [\bar{y}_{mi} - y_m^{(0)}(x_i)] p_{mk} \tag{3.6.135}$$

$$\Delta \boldsymbol{\mu} = (\Delta\mu_1,\ \Delta\mu_2,\ \cdots,\ \Delta\mu_{N_{23}})^{\mathrm{T}} \tag{3.6.136}$$

$$p_{mj} = \partial y_m / \partial \mu_j \quad (j = 1,\ 2,\ \cdots,\ N_{23}) \tag{3.6.137}$$

如果微分方程组[式(3.6.129)]具有解析解，则可求出各偏导数 p_{mj} 的表达式，从而可计算各测量点上的偏导数值 $p_{mj}(x_i)$，解出各 $\Delta\mu_j$，并加到 $\mu_j^{(0)}$ 上得 $\mu_j^{(1)}$，重新计算 ε 值，重复上述步骤，迭代到 ε 很小为止。但对于一般的非线性微分方程[式(3.6.129)]，是求不出解析解的，因而也就得不到各 p_{mj} 的表达式，这就是困难之处。

参数微分法是利用原方程组[式(3.6.129)]求得各独立变量 y_m 对参数 μ_j 的导数，以形成关于偏导数 p_{mj} 的方程，称为方程(3.6.129)的共轭方程，两者联立求解就能求得所需的 p_{mj} 的值。

记：

$$p'_{mj} = \frac{\partial p_{mj}}{\partial x} = \frac{\partial}{\partial x}\left(\frac{\partial y_m}{\partial \mu_j}\right) = \frac{\partial y'_m}{\partial \mu_j} = \frac{\partial f_m}{\partial \mu_j} \tag{3.6.138}$$

式中交换了求导次序，对于一般的连续函数，这种运算是成立的。将方程组[式(3.6.129)]对 μ_j 求导可得到如下的共轭方程组：

$$p'_{mj} = \frac{\partial f_m}{\partial \mu_j} = G_{mj}(x,\ y_1,\ y_2,\ \cdots,\ y_{N_2},\ \mu_1,\ \mu_2,\ \cdots,\ \mu_{N_3},\ p_{11},\ \cdots,\ p_{N_2 N_{23}}) \tag{3.6.139}$$

式中，$j = 1,\ 2,\ \cdots,\ N_3,\ N_3 + 1,\ \cdots,\ N_{23}$；$m = 1,\ 2,\ \cdots,\ N_2$。此方程组的起始条件为

$$\frac{\partial y_m}{\partial \mu_j} = p_{mj}(x_0) \begin{cases} = 1 & (j = N_3 + m) \\ = 0 & (\text{其他情况}) \end{cases} \tag{3.6.140}$$

是因为当 $j = N_3 + m$ 时，第 j 个参量 μ_j 恰为独立变量 y_m 的起始条件 y_{m0}，自然就有 $(\partial y_m / \partial \mu_j)_{x_0} = 1$。又因为每一个起始条件 y_{i0} 与待定参数 $\mu_1,\ \mu_2,\ \cdots,\ \mu_{N_3}$ 及其他起始条件无关，所以当 $j \neq N_3 + m$ 时，$p_{mj} = 0$。

方程组[式(3.6.129)]的各右端函数还与 $y_1, y_2, \cdots, y_{N_2}$ 有关,因此它必须与原方程同时计算。由原方程(3.6.129)计算得到各测试点距离上的 $y_m(x_i)$ 后,代入方程(3.6.129)中求解 p_{mj}。再将 p_{mj} 代入式(3.6.135)和式(3.6.136)中就可求得 a_{lk} 和 b_k,然后由方程组解出微分修正量 $\Delta\mu_j$。

$$\Delta\boldsymbol{\mu} = \boldsymbol{A}^{-1}\boldsymbol{B}$$

$$\boldsymbol{A}^{-1} = \frac{1}{|\boldsymbol{A}|}\begin{pmatrix} A_{11} & A_{12} & \cdots & A_{1N_{23}} \\ A_{21} & \cdots & \cdots & \cdots \\ \vdots & \vdots & \ddots & \vdots \\ A_{N_{23}1} & \cdots & \cdots & A_{N_{23}N_{23}} \end{pmatrix} \tag{3.6.141}$$

式中,$|\boldsymbol{A}|$ 为矩阵 $\boldsymbol{A}$ 的行列式;A_{lk} 为元素 a_{lk} 对应的代数余子式。

迭代开始时要对参数给定一组起始值 $\mu_j^{(0)}(j=1, 2, \cdots, N_{23})$,在求得 $\Delta\mu_j$ 后即可求得参数 μ_j 的新估值:

$$\mu_j^{(1)} = \mu_j^{(0)} + \Delta\mu_j \tag{3.6.142}$$

然后,用 $\mu_j^{(1)}$ 计算 $y_m(x_i)$ 和 ε,如果 ε 已满足精度要求,则迭代计算到此为止,最后得到的这一组参数 $\mu_j^{(1)}$ 即为最终结果;如果 ε 尚不满足精度要求,那么就把 $\mu_j^{(1)}$ 当作 $\mu_j^{(0)}$,再继续迭代,不断地修改 μ_j,直到 ε 满足要求为止。

由上述步骤知,应用参数微分法时的主要工作是建立共轭方程组和求解共轭方程组。原方程组的变量越多,待定参数越多,则共轭方程组中方程的个数将急剧增加,不过有了高速电子计算机后,这种计算量也不会产生太大的困难。此方法拟合过程收敛快,并且对于参数的初始估值要求不高,因此目前已得到广泛应用。

2. 飞行试验参数符合法

除了参数微分法外,还有一种飞行试验参数符合法的工程应用效果较为明显。这种方法也是利用飞行试验数据,与参数微分法不同的是,它并不是构建参数辨识模型并数值求解,而是选取计算模型中的一些对飞行弹道影响较大的主要参数(如阻力系数等),并在这些参数面乘以相应的系数,通过调整这些系数,使得某些弹道诸元(如射程、侧偏等)的理论计算结果与实测结果相一致。调整的系数称为符合系数,乘以符合系数的参数(如阻力系数)称为符合参数,调整符合系数的过程称为符合,用于评定理论计算结果与实测结果是否一致的弹道诸元则称为符合对象。下面介绍飞行试验符合法的操作流程和应用特点。

1)飞行试验参数符合法的具体操作流程

对于地面火炮,一般选取落点射程和侧偏作为符合对象,以阻力系数和升力系数(或静力矩系数)作为符合参数。具体符合方法是将阻力系数(一般是零升阻力系数)乘以符合系数 F_{D},将升力系数导数前乘以符合系数 F_{L}(或在静力矩系数导数前乘以符合系数 F_{mz}),通过不断调整上述符合系数,使得所选定弹道模型在射击试验实际条件下计算得到的落点射程和侧偏与实测数值基本一致(两者之差在一定的允许范围内)。

实际上,选取不同的符合对象,符合结果是不同的。上述常用的地炮符合方法主要以对命中目标起决定性作用的量作为符合对象(即射程和侧偏),但是大量的实践表明,采用上述的符合方法,当落点射程和侧偏符合较好时,全飞行过程的中间弹道点上往往无法实现很好的符合效果。对于某些弹箭,如底排增程弹、火箭增程弹、滑翔制导炮弹等,除了阻力/升力系数外,往往还要关注底排减阻率、火箭总冲、舵控气动参数等其他影响弹道的重要参数,在这种情况下,仅仅考虑射程和侧偏是不够的,需要对弹道进行分段符合(实际上,选取不同的弹道诸元符合对象在不同弹道段上符合某主要参数,表征了这一段弹道上各类影响因素对符合对象的综合、累积影响效果)。而在分段弹道符合过程中,各段的参数往往也是互相耦合的,此时通常采用迭代计算方法进行符合。

以某火箭助推滑翔增程制导炮弹为例,介绍其弹道符合方法。符合参数可分为无控段符合参数和有控段符合参数,无控段符合参数主要包括尾翼弹阻力系数、升力系数、助推火箭总冲,有控段符合参数主要包括舵翼阻力系数、舵翼升力系数。符合计算流程如下。

(1) 对尾翼弹阻力系数和火箭总冲进行迭代符合。首先,对尾翼弹阻力符合系数和火箭总冲符合系数赋初值,以火箭点火时刻 t_{k0} 为符合起点,火箭结束时刻 t_{kf} 为符合终点,保持阻力符合系数不变,通过不断调整总冲符合系数,使得 t_{kf} 时刻的飞行速度计算值和实测值基本一致(如两者之差小于 0.1 m/s,下同);然后,以火箭点火时刻 t_{k0} 为符合起点,符合终点时刻取为 $t_{fh}=t_{kf}+\Delta t_{fh}$($\Delta t_{fh}$ 可取为火箭工作时间 $t_{kf}-t_{k0}$),保持上面符合得到的总冲符合系数不变,调整尾翼弹阻力符合系数,使得 t_{fh} 时刻的飞行速度计算值与实测值基本一致;最后,判断相邻两次迭代计算得到的阻力符合系数之差是否在允许误差范围内(如小于 0.001),如满足,则停止计算,否则重复上述计算过程。(注意:这一步骤符合出的尾翼弹阻力符合系数仅表征出火箭作用段附近的飞行阻力符合系数效果,主要作用是配合迭代符合火箭总冲。)

(2) 以炮口为起点、控制舵面张开时刻为终点,根据步骤(1)所确定的火箭总冲符合系数,不断调整尾翼弹阻力符合系数和升力符合系数,使得舵面张开时刻的弹道诸元计算值与实测值基本一致,从而得到阻力符合系数和升力符合系数。

(3) 以控制舵面张开时刻为起点、控制舵面启动偏转时刻为终点,保持步骤(1)和步骤(2)确定出的总冲符合系数、尾翼弹阻力符合系数和升力符合系数不变,通过调整舵翼阻力符合系数、升力符合系数,使得终点的实测弹道诸元与计算值基本一致,得到舵偏为零条件下的舵翼阻力符合系数和升力符合系数,当舵偏为零时就采用这两个符合系数。

(4) 以控制舵面启动偏转时刻为起点、炮弹落点为终点,保持总冲符合系数、尾翼弹阻力符合系数和升力符合系数不变,以炮弹实际飞行过程的控制及弹道数据(如可用弹载存储装置记录的实际舵偏角、弹体滚转角等)为计算条件,通过调整舵翼阻力符合系数、升力符合系数,使得终点的实测弹道诸元与计算值基本一致,得到舵偏不为零条件下的舵翼阻力符合系数和升力符合系数,当舵偏不为零时就采用这两个符合系数。

2) 飞行试验参数符合法的应用特点

根据上述飞行试验符合法的操作流程,可归纳出该方法具有以下应用特点:

(1) 简洁、高效。由上述具体操作流程可知,飞行试验符合法主要是通过调整符合系数并反复计算弹道来确定符合系数,与参数微分方法不同,无须构建、求解复杂的参数辨识模型,在应用上是简洁、高效的。

(2) 具有广义性。飞行试验符合法通过调整少数主要影响弹道参数(如阻力系数)的符合系数,使得射程的计算值与实测值一致,但实际上,引起射程计算值与实测值不一致的原因远不止阻力系数等少数主要弹道参数,如初速、初始扰动、气象随机变化等,都是导致射程计算值与实测值不一致的因素。在飞行试验符合法的理论框架下,把这些因素的影响统统归结为对阻力系数等少数主要弹道参数的修正,而不再细分(实际上也难以细分)各个因素对弹道的影响。因此,飞行试验符合法所符合出的空气动力系数具有广义性。

(3) 不同弹道段的符合系数有所不同。许多工程应用实例表明,即使选取相同的空气动力系数(如阻力系数)作为符合参数,但选取不同弹道段进行符合时,符合系数的值是不同,甚至相差较大的。根据上面所说的广义性,飞行试验符合法所得的符合系数实际上包含了诸多扰动因素的综合影响,对于不同的弹道段,这些扰动因素影响的累积效果是不同的,因此不同弹道段的符合系数是有差异的。例如,当需要计算炮弹全弹道时,所需阻力符合系数必须是以炮口为起点、炮弹落点为终点得到的,如果用其他弹道段(如炮口到弹道顶点)符合出的系数代入计算,则有可能造成较大的误差。

(4) 应用时要选取主要参数进行符合计算。对于飞行弹道模型,凡用来计算飞行弹道模型的参数(如初速与射角等初始条件、诸空气动力系数、弹结构参数、气象条件参数等),理论上均可以作为符合参数,都可以乘以相应的符合系数。但在实际工程应用中,不可能选取大量的符合系数进行迭代,有些参数对弹道的影响很小,加之一些因素在弹道模型中耦合、交联,难以辨识和分离出来,导致符合计算无法有效进行。因此,在实际应用时要利用符合系数的广义性特点,选取主要参数进行符合,即使对于较为复杂的滑翔增程制导炮弹,也只选取无控段和有控段的若干参数进行符合计算。

3.7 弹箭气动布局与外形

根据飞行性能等要求,弹箭的气动外形和气动布局种类多样。但就对称性来说,可分为轴对称形、面对称形和非对称形。其中,轴对称形又分为完全旋成体形和旋转对称面形。例如,普通线膛火炮发射的旋转稳定弹丸[图 3.7.1(a)],其外形由一条母线绕弹轴旋转形成。尾翼沿弹身或弹尾圆周均匀分布的弹箭具有旋转对称外形[图 3.7.1(b)]。若翼面数为 n,则弹每绕纵轴旋转 $2\pi/n$,其气动外形又恢复到原来的状态。面对称弹箭一般是有控弹箭,如飞机形的飞航式导弹和布撒器等。非对称弹箭的例子,如由气动偏心导旋扫描的末敏子弹。

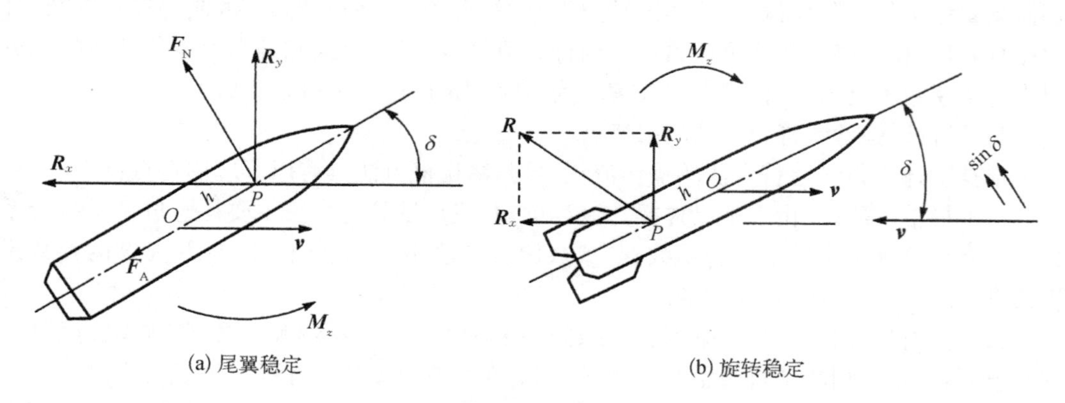

(a) 尾翼稳定　　(b) 旋转稳定

图 3.7.1 两种稳定方式

弹箭在空气中飞行将受到空气动力和力矩的作用，其中空气动力直接影响质心的运动，使速度大小、方向和质心坐标发生改变，而空气动力矩则使弹箭产生绕质心的转动并进一步改变空气动力，影响到质心的运动。这种转动有可能使弹箭翻滚，造成飞行失稳，从而导致无法达到预期飞行目的，因此，保证弹箭飞行稳定是外弹道学、飞行力学、弹箭设计、飞行控制系统中最基本、最重要的问题。

目前，使弹箭稳定飞行有两种基本方式：一是安装尾翼实现稳定，二是采用高速旋转的方法形成陀螺稳定。图 3.7.1(a) 为无尾翼的旋成体弹箭。全弹的总空气动力 $\boldsymbol{R}$ 和压力中心 P 在质心之前，这时的力矩 $\boldsymbol{M}_z$ 是使弹轴离开速度线，使攻角 δ 增大，如不采取措施，弹就会翻转，从而导致飞行失稳，故称为翻转力矩，这种弹称为静不稳定弹。使静不稳定弹飞行稳定的办法是令其绕弹轴高速旋转（如线膛火炮弹丸或涡轮式火箭），利用其陀螺定向性保证弹头向前稳定飞行。图 3.7.1(b) 为尾翼弹飞行时的情况，全弹总空气动力 $\boldsymbol{R}$ 位于质心和弹尾之间，总空气动力与弹轴的交点 P 称为压力中心。显然，此时总空气动力 $\boldsymbol{R}$ 对质心的力矩 $\boldsymbol{M}_z$ 力图使弹轴向速度线方向靠拢，起到稳定飞行的作用，故称为稳定力矩，这种弹称为静稳定弹。

对于有控飞行器，一般主要依靠尾翼（或安定面）稳定，但舵面偏转形成的操纵力矩也可以适度地改变或调节总的稳定力矩大小，还可用前翼形成反安定面，减小稳定力矩，从而调节弹的稳定性、操纵性及动态品质。因此，有控弹的气动布局是十分重要的问题。

3.7.1　常见的弹箭气动布局形式

具体来说，气动布局主要涉及两个问题：一是选择气动翼面（包括弹翼、舵面等）的数量及其在弹身周向的布置方案；另一个是确定气动翼面（如弹翼与舵面）之间沿弹身纵向的布置方案。根据战术技术特性的不同需求，弹箭的翼面沿弹身周向的常见布置形式主要如图 3.7.2 所示。

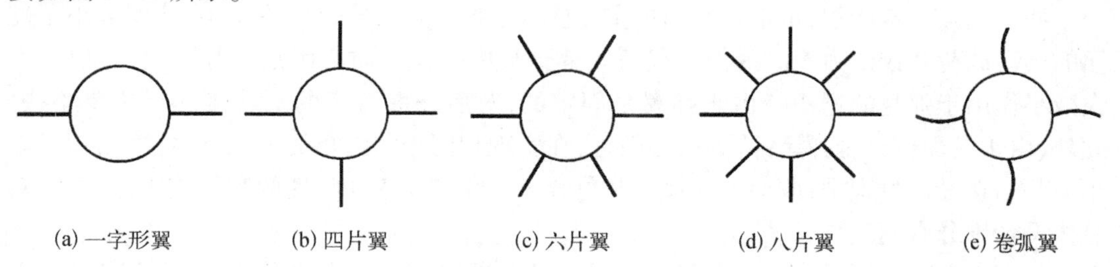

图 3.7.2　翼面沿弹身周向的常见布置形式

与其他多翼面布置相比，一字形翼或平面形翼的气动布局方式[图 3.7.2(a)]具有翼面少、体积小、阻力小、升阻比大的特点。而航向机动要靠倾斜才能产生，因此航向机动能力差、响应慢，通常用于远距离飞航式导弹和机载布撒器等。一字形布局飞行器的侧向机动要采取倾斜转弯（back to turn, BTT）技术，利用控制面来旋转弹体，使平面翼转到要求机动的方向。这样既充分利用了平面形布局升阻比大的优点，又满足了制导弹箭在任何方向都具有相同机动过载的要求。

制导兵器的弹体大多为轴对称型，为保证气动特性的轴对称性，一般使翼面沿弹身轴对称布置，翼片数量一般有四片、六片和八片[图 3.7.2(b)～(d)]。这两种翼面布置的特点是各方向都能产生所需要的机动过载,并且在任何方向产生法向力都具有快速的响应特性,从而简化了控制系统的设计。但是由于翼面较多,与平面形翼布局相比,四片翼、六片翼、八片翼布局方式的体积大、阻力大、升阻比低,为了达到相同的速度特性,必须多损耗一部分能量。同时,在大攻角下将引起较大的诱导滚转干扰。

如图 3.7.2(e)所示,卷弧翼能折叠卷包在弹身上,使得展向尺寸很小,从而减少了体积空间要求,便于包装、存储和运输。当卷弧翼张开后,翼展迅速变大,增大升力和提高飞行稳定性,在总体设计中便于对弹道、稳定性、机动性进行优化设计。卷弧翼自身能产生滚转力矩,使弹体自旋,有利于减小推力偏心、质量偏心、气动偏心等对散布的影响。

按照弹翼与舵面沿弹身纵轴的相对配置形式和控制特点,制导兵器通常有四种布置形式:正常式布局、鸭式布局、无尾式布局、全动弹翼布局,各气动布局示意图如图 3.7.3 所示。

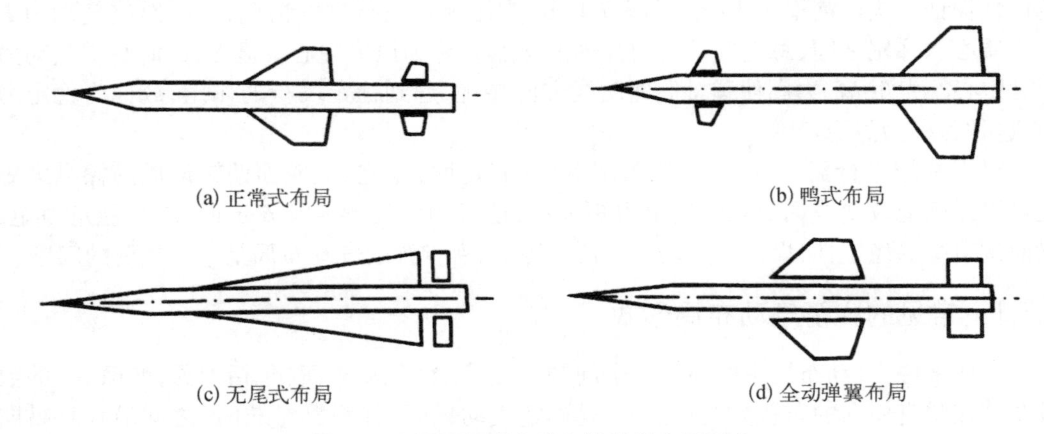

图 3.7.3 翼面沿弹身轴向的常见布置形式

如图 3.7.3(a)所示,正常式布局的主要优点是控制舵面的合成攻角小,从而减小了舵面的气动载荷和铰链力矩。因为总载荷大部分集中于位于质心附近的弹翼上,所以可大大减小作用于弹身的弯矩。由于弹翼是固定的,对后舵面带来的下洗流的干扰要小些。此外,由于舵面位于全弹尾部,离质心较远,在实现相同控制力矩的情况下,舵面面积可以小一些。在设计过程中,改变舵面尺寸和位置对全弹基本气动特性的影响较小,这一点对总体设计十分有利。

如图 3.7.3(b)所示,鸭式布局的主要优点是控制效率高。从总体设计角度看,鸭式布局的舵面距惯性测量组件、导引头、弹上计算机较近,连接电缆短,铺设方便,避免了将控制执行元件安置在弹尾部(特别是尾部有发动机喷管时)的困难。鸭式布局的主要缺点是当舵面作副翼偏转对弹体进行滚转控制时,在尾翼上产生的反向诱导滚转力矩减小,甚至完全抵消了鸭舵的滚转控制力矩,使得舵面较难进行滚转控制,甚至出现滚转控制反效的现象。因此,对于鸭式布局的制导弹箭,或者采用旋转飞行方式无须进行滚转控制,或者采用辅助措施进行滚转控制,或者设法减小诱导滚转力矩,使鸭舵进行滚转控制。

如图 3.7.3(c)所示,无尾式布局的特点是翼面数量少,相当于弹翼尾翼合二为一,从而减小了阻力,降低了制造成本。但是弹翼与尾翼合并使用给主翼位置安装带来了困难,因为此时稳定性与操纵性的协调,由弹翼与尾翼的共同协调变成了单独主翼的位置调整。

若主翼安装位置太靠后，则稳定度太大，需要大的操纵面和大的偏转角。如果主翼位置太靠前，则操纵效率降低，难以满足操纵指标，俯仰(偏航)阻尼力矩也会大大降低。

如图3.7.3(d)所示，全动弹翼布局又称弹翼控制布局。弹翼是主升力面，是提供法向过载的主要部件，同时又是操纵面，翼面的偏转控制弹箭的俯仰、偏航、滚转三种运动，尾翼是固定的。由于弹箭依靠弹翼偏转及攻角两个因素产生法向力，且弹翼偏转产生的法向力所占比例较大，弹箭飞行时不需要太大的攻角，这对于带有进气道的冲压发动机是有利的。但是，由于弹翼面积较大，气动载荷较大，气动铰链力矩也偏大，要求舵机的功率比其他布局时大得多，舵机的质量和体积也将有较大的增加。

3.7.2 弹箭气动外形布局选择

气动外形布局选择的主要依据是满足任务需求、保障弹箭具备良好的飞行弹道性能(如射程远、飞达目标时间短、机动性强等)。新研制的兵器系统要依据弹箭的性能要求、飞行特性等，来选择弹箭的气动外形。气动布局选择的目的是为实现控制方案、飞行方案提供所需的气动特性。

为已有发射平台研制新型制导兵器，在气动外形布局选择时首先要考虑与发射平台的相容性问题，即外形参数要满足发射平台的几何约束，制导兵器发射时不能对发射平台造成不允许的气动干扰。例如，为固定翼飞机研制新型远程无动力制导航弹时，从滑翔增程能力看，应该选择具有一字形弹翼的正常式布局。在炮弹发射或飞行初期，弹翼需处于折叠状态，弹长、尾翼/舵展长、弹翼折叠状态下弹翼的展长及弹体高度要满足炮弹与发射装置的结构限制，即满足几何相容。其次，在弹翼展开飞行时，要充分考虑舵翼和弹翼同弹身之间的相互气动干扰影响等，这些都需要在气动外形布局设计中加以考虑。

为已有的火炮研制新型制导炮弹选择气动外形布局时，首先要考虑火炮身管的几何限制。一般来讲，从结构布局限制上，最适用于制导炮弹的气动布局形式是鸭式布局。在炮膛内，稳定尾翼向前折叠插入后弹体内或向后折叠插入发射药筒内；鸭舵向前(或向后)折叠插入控制舱段内。制导炮弹采用正常式布局时在结构布局设计上要相对困难些，因为弹翼在质心附近，弹翼折叠时必然影响战斗部装药。有些采用正常式布局的制导炮弹，弹翼的折叠过程是先由水平绕自身横轴转90°，与弹身轴线呈垂直状态，然后向后折叠，贴附于弹身表面，张开过程刚好相反。两自由度的折叠张开机构本身就比较复杂，另外弹翼转轴和折叠轴的强度问题也较困难。低速飞行的制导炮弹采用这种弹翼折叠张开方式相对更容易实现些。

为多管火箭炮研制远程制导火箭弹，在选择气动外形布局时也需要解决弹炮的结构相容性问题。适用于火箭炮发射的制导火箭弹的气动外形为鸭式布局，在炮管内，稳定尾翼一般采用周向折叠方式。飞行试验表明，采用低速旋转飞行方式时，周向折叠展开的卷弧翼会导致火箭弹在飞行过程中产生锥角较大的锥形运动，使射程损失严重。采用周向折叠展开的平板翼，火箭弹锥形运动的锥角小得多。当火箭弹采用鸭舵不折叠的鸭式布局方案时，鸭舵布置在火箭弹的头部，且鸭舵的全展长需要小于炮管的内径。鸭舵的滚转控制效率很低，因此一般采用低速旋转飞行方式。若将鸭舵布置在质心之前的圆柱段上，鸭舵的展长可以大些，但在炮管内，鸭舵必须折叠在弹体内，采用前折后张方式或采用后折前张方式。

第 4 章 弹箭质心运动方程组及空气弹道特性

第 3 章介绍了作用在弹箭上的常见力和力矩,在全部考虑这些力和力矩的作用下,弹箭的运动为一般刚体运动,具有 6 个自由度,包括质心运动和绕心运动。

弹箭的质心运动和绕心运动是耦合的,两者相互影响,同时考虑弹箭质心运动和绕心运动的外弹道问题通常称为外弹道学一般问题。由于弹道方程组复杂,直接采用解析的数学方法求解很困难,外弹道学一般问题主要通过数值计算的方法来求解。然而,为分析弹箭外弹道的某些主要特性,采用耦合的弹道方程组就过于复杂。这时,设想如果能将弹道方程组进行适当简化,使弹箭的质心运动和绕心运动分隔开或解耦进行研究,既能简化分析模型,又能获得主要的弹道特性或基本的弹道特性。

由此,基于这一思想产生了"外弹道学基本假设",在基本假设条件下的外弹道问题称为外弹道学基本问题。外弹道学基本问题是外弹道学研究的重要基础,解决这一问题,可基本确定常规无控弹箭在空气中运动的基本特性,如弹道形状、飞行速度等参数的变化规律等。

为此,本章首先介绍外弹道学基本假设,随后,建立弹箭的质心运动方程组,最后,重点对空气弹道特性进行介绍。

4.1 外弹道学基本假设

一般来说,对于设计良好的弹箭,飞行中的攻角都很小,围绕质心的转动对质心运动影响不大,因而在研究弹箭质心运动规律时,可以暂时忽略围绕质心运动对质心运动的影响,即认为攻角 δ 始终等于零。这就使研究质心运动问题得到了极大的简化。

另外,当弹箭外形不对称或者由于质量分布不对称使质心不在弹轴上时,即使攻角 $\delta = 0$,也会产生对质心的力矩,导致弹箭绕质心转动。为了使问题简化,抓住弹箭运动的主要规律,假设:

(1) 在整个弹箭运动期间,攻角 $\delta = 0$;

(2) 弹箭的外形和质量分布均关于纵轴对称。

因此,空气动力沿弹轴通过质心而不产生空气动力矩(对于火箭,还要假设发动机推力沿弹轴无推力偏心),因而弹箭的运动可以看作全部质量集中于质心的一个质点的运动。

此外,在本章中,为了抓住影响质心运动的主要因素,还假设:

(3) 地表为平面,重力加速度为常数,方向铅直向下;

（4）科氏加速度为零，也就是对地球旋转的影响只考虑了包含在重力内的惯性离心力部分。

（5）气象条件是标准的，无风雨。

由于科氏加速度为零又无风，就没有使速度方向发生偏转的力。这样，弹箭射出后，由于重力和空气阻力始终在铅直射击面内，弹道轨迹将是一条平面曲线。

以上称为质心运动基本假设，在基本假设下建立的质心运动方程可以揭示质心运动的基本规律和特性。在基本假设下研究弹丸质心运动的问题，称为外弹道学基本问题。由于弹丸在空中运动的实际情况与假设（1）和（2）的差异，产生了"旋转稳定理论"和"尾翼稳定理论"；由于实际情况和假设（4）和（5）的差异，产生了非标准条件下的"修正理论"。至于假设（3），对于射程不大的一般火炮，基本上和实际情况相一致；对于射程较远的武器，一般需要加以考虑。

4.2　弹箭质心运动方程组建立

在基本假设下作用于弹箭的力仅有重力和空气阻力，故可写出弹箭质心运动矢量方程：

$$\mathrm{d}\boldsymbol{v}/\mathrm{d}t = \boldsymbol{a}_x + \boldsymbol{g} \tag{4.2.1}$$

式中，$\boldsymbol{v}$ 为弹箭质心速度矢量；$\boldsymbol{a}_x$ 为阻力加速度矢量；$\boldsymbol{g}$ 为重力加速度矢量。为了获得标量方程，须找恰当坐标系投影，投影坐标系不同，质心运动方程的形式也不同。

4.2.1　直角坐标系下弹箭的质心运动方程组

如图 4.2.1 所示，以炮口 O 为原点建立直角坐标系，Ox 为水平轴，指向射击前方，Oy 轴铅直向上，Oxy 平面即射击面。弹箭位于坐标（x、y）处，质心速度矢量 $\boldsymbol{v}$ 与地面 Ox 轴构成 θ 角，称为弹道倾角。u 和 w 分别为水平分速和铅直分速。重力加速度 $\boldsymbol{g}$ 沿 y 轴负向，阻力加速度 $\boldsymbol{a}_x$ 沿速度反方向。将矢量方程（4.2.1）两边向 Ox 轴和 Oy 轴投影，并加上气压变化方程，得到二维直角坐标系的质心运动方程组如下：

$$\begin{cases}\dfrac{\mathrm{d}u}{\mathrm{d}t} = -cH(y)G(v)u \\ \dfrac{\mathrm{d}w}{\mathrm{d}t} = -cH(y)G(v)w - g \\ \dfrac{\mathrm{d}x}{\mathrm{d}t} = u \\ \dfrac{\mathrm{d}y}{\mathrm{d}t} = w \\ \dfrac{\mathrm{d}p}{\mathrm{d}t} = -\rho g w \end{cases} \tag{4.2.2}$$

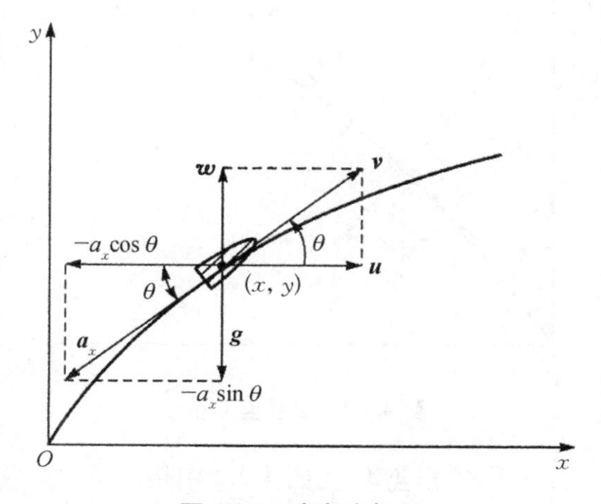

图 4.2.1　直角坐标系

式中，$v = \sqrt{u^2 + w^2}$；$H(y) = \rho/\rho_{0N}$，对于标准气象条件，p 和 $H(y)$ 也可用表达式计算，而

取消第 5 个方程；$\rho = p/R_d\tau$，气体常数 $R_d = 287$ J/(kg · K)；$c = id^2/m \times 10^3$，i 为弹性系数，d 为弹箭直径，m 为弹箭质量；$G(v) = (\pi/8\,000)\rho_{0N}c_{x0N}v$，$c_{x0N}$ 一般采用 1943 年阻力定律，此时弹形系数 i 即 1943 年阻力定律的弹形系数。

积分起始条件为

$$t = 0: x = y = 0,\ u_0 = v_0\cos\theta_0,\ w_0 = v_0\sin\theta_0,\ p = p_{0N} = R_d\tau_{0N}\rho_{0N}$$

式中，v_0 为初速；θ_0 为射角；$\rho_{0N} = 1.206$ kg/m^3。

如果使用弹箭自身的阻力系数 $c_{x_0}(v, c_s)$ 取代标准弹阻力系数 $c_{x0N}(v, c_s)$，其中，$c_s = \sqrt{kR_d\tau}$，τ 按标准大气条件计算，k 为绝热系数（对空气取 1.404），两个自由度质心运动方程组为

$$\begin{cases} \dfrac{du}{dt} = -\dfrac{\rho v^2}{2m}c_{x_0}S\cos\theta \\ \dfrac{dw}{dt} = -\dfrac{\rho v^2}{2m}c_{x_0}S\sin\theta - g \\ \dfrac{dx}{dt} = u \\ \dfrac{dy}{dt} = w \\ \dfrac{dp}{dt} = -\rho g w \end{cases} \tag{4.2.3}$$

式中，$S = \pi d^2/4$，其他符号与积分起始条件同式(4.2.2)中的相同。

4.2.2 自然坐标系下弹箭的质心运动方程组

选取弹箭的质心为坐标原点，以弹道切线为一轴，法线为另一轴组成的坐标系即为自然坐标系，如图 4.2.2 所示。

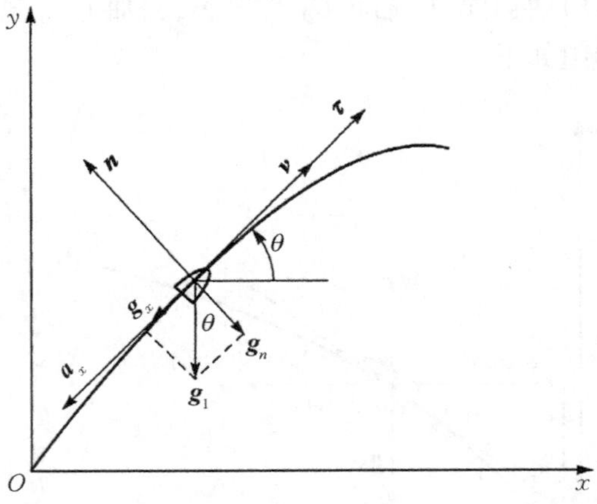

图 4.2.2 自然坐标系

因为速度矢量 $\boldsymbol{v}$ 沿弹道切线方向，如取切线上的单位矢量 $\boldsymbol{\tau}$，则可将 $\boldsymbol{v}$ 表示为 $\boldsymbol{v} = v\boldsymbol{\tau}$，而加速度为

$$\frac{d\boldsymbol{v}}{dt} = \frac{dv}{dt}\boldsymbol{\tau} + v\frac{d\boldsymbol{\tau}}{dt} \tag{4.2.4}$$

式(4.2.4)等号右边第一项大小为 dv/dt，方向沿速度方向，称为切向加速度，它反映了速度大小的变化。等号右边第二项中 $d\boldsymbol{\tau}/dt$ 表示 $\boldsymbol{\tau}$ 的矢端速度，现在 $\boldsymbol{\tau}$ 的大小始终为 1，只有方向在随弹道切线转动，转动的角速度大小是 $|d\theta/dt|$，故矢端速度的大小为 $1 \cdot |d\theta/dt|$，方向垂直于速度，在图 4.2.2 中指向下方。将此方向上的单位矢量记为 $\boldsymbol{n}'$，它与所建坐标系下的法向坐标单位矢量 $\boldsymbol{n}$ 方向相反。此外，按图 4.2.2 中弹道曲线的状态，切线倾角 θ

不断减小，$d\theta/dt < 0$，故有 $|d\theta/dt| = -d\theta/dt$，这样就可将矢端速度 $d\boldsymbol{\tau}/dt$ 表示为

$$\frac{d\boldsymbol{\tau}}{dt} = \left|\frac{d\theta}{dt}\right|\boldsymbol{n}' = \left(-\frac{d\theta}{dt}\right)(-\boldsymbol{n}) = \frac{d\theta}{dt}\boldsymbol{n} \tag{4.2.5}$$

按图 4.2.2 中的弹丸受力状态，将质心运动矢量方程向自然坐标系两轴分解，得到速度坐标系上的质点弹道方程组如下：

$$\begin{cases} \dfrac{dv}{dt} = -cH(y)F(v) - g\sin\theta = -b_x v^2 - g\sin\theta \\ \dfrac{d\theta}{dt} = -\dfrac{g\cos\theta}{v} \\ \dfrac{dy}{dt} = v\sin\theta \\ \dfrac{dx}{dt} = v\cos\theta \\ \dfrac{dp}{dt} = -\rho g v\sin\theta \end{cases} \tag{4.2.6}$$

式中，$F(v) = vG(v)$；$b_x = \rho S c_x/(2m)$。积分起始条件为

$$t = 0:\quad x = y = 0,\ v = v_0,\ \theta = \theta_0,\ p = p_{0N}$$

4.3　弹道方程组解法

弹道方程组的解法主要分为三类：解析解法、数值解法和弹道表解法。解析解法一般是在一定近似假设下求解，故其计算准确性受到一定的限制。但对于某些特定问题，也有其特有的简便性。数值解法能够以较高的准确度对弹丸弹道方程组积分，但该方法计算相对繁杂，需要应用电子计算机来提高其速度。弹道表解法是指应用某个阻力定律和标准条件下编制的弹道表进行弹道基本诸元或修正诸元的查算或反查算，在计算工具不发达的年代，该方法在弹箭设计和射表编制中发挥了很大的作用。本节将主要介绍解析解法和数值解法。

4.3.1　弹道方程组的解析解法

弹道方程组的解析解法，即求解弹道方程组的各弹道诸元解，根据弹箭飞行弹道上的规律特性、实际状况等，作一些符合物理意义、合理且足够近似的假设和简化，使之求出具有解析表达式的弹道方程组诸元（或某些诸元）解。

在外弹道学的发展史中，有关空气弹道近似解析解方面的研究，已有相当长的历史，并且出现了很多的解法。早期在国际上较为通用的，主要有利用平方阻力定律的欧拉解法及用于解低伸弹道的西亚切解法。欧拉解法适用于 $v \leqslant 250$ m/s 的各式火炮弹丸，并可借用于解水中弹道。另外，对于 $v \geqslant 1\,400$ m/s 的高速弹丸的弹道计算，欧拉解法近似适

用。西亚切解法对弹速并无限制,但由于引进所谓的西亚切替代,因而只有在 $\theta_0 \leqslant 5°$ 时才有足够的准确性。后来经过改进,引入了补偿系数(但补偿系数表的编制又依赖于其他准确解法而无独立性)后,也可适用于其他射角,但仅对射程有足够的准确性,对其他弹道诸元,只能作估算用。弹道方程组的近似解法目前仅可能在弹道估算或一些弹道特性分析等场合出现,在后面章节介绍的对弹箭绕心运动方程组的研究中,有时也对方程组中的某些方程作近似简化来求其解析解,以便分析一些绕心运动特性及飞行稳定性状况等。概括地说,历史上一些较典型的近似解析解法主要有如下几种。

(1) 接近水平射击时的低伸弹道解法:西亚切解法,主要用于弹道上各点的速度换算(包括初速换算)及其标准化的计算。

(2) 级数解法:应用泰勒级数来求解弹丸质心运动问题,适用于不长弹道弧段上的弹道诸元的外推估算或者分段求解。

(3) 炸弹弹道解法,适用于炸弹弹道诸元的估算。

(4) 空中射击的弹道解法,适用于短射程空中射击的计算。

在常规兵器领域的弹箭技术发展中,自建立弹箭飞行运动方程组起至今,有关解析解法的研究就一直伴随着外弹道理论的研究而发展,就其发展历程和作用等可以简单总结如下。

从外弹道学发展历史看,早期在不具备数值计算条件下要求解运动方程组,必然寻求一些假设条件下的近似解析弹道解。后期,随着研究深入,研究人员要探索不同类弹箭飞行中的一些影响关系(特性、规律等),通过这些解析关系式分析主要影响因素、建立一些弹道判据(如飞行稳定特性等)、指导外弹道设计等。

由解析解法在外弹道理论发展中的作用来看,它对于研究飞行弹道特性、建立弹箭飞行稳定性理论、开展外弹道设计等起到了重要作用;弹道方程组解析解法思路的核心是对所建立弹箭的外弹道运动方程组模型作出合理、足够的假设与近似简化(如保留主项等),以求出所需的近似解析解。随着数值计算技术与条件的快速发展,解析解法在计算、预报飞行弹道参数等方面的作用逐渐退出历史舞台,但对今后各类弹箭飞行特性及飞行稳定性等方面的分析,外弹道方程组解析解法的思路仍然是一种可以尝试的研究途径。

4.3.2 弹道方程组的数值解法

弹道方程组一般是一阶变系数的常微分方程组,解常微分方程组的数值方法有多种,本小节仅介绍常用的龙格-库塔(Runge - Kutta)法和阿当姆斯预报-校正法。

1. 龙格-库塔法

龙格-库塔法实质上是以函数 $y(x)$ 的泰勒级数为基础的一种改进方法。最常用的是 4 阶龙格-库塔法,其计算公式叙述如下。对于常微分方程组和初值:

$$\frac{\mathrm{d}y_i}{\mathrm{d}t} = f_i(t,\ y_1,\ y_2,\ \cdots,\ y_m),\quad y_i(t_0) = y_{i0}\quad (i = 1,\ 2,\ \cdots,\ m) \tag{4.3.1}$$

若已知在点 n 处的值 $(t_n,\ y_{1n},\ y_{2n},\ \cdots,\ y_{mn})$,则求点 $n+1$ 处的函数值的龙格-库塔公式为

$$y_{i,\ n+1} = y_{i,\ n} + \frac{1}{6}(k_{i1} + 2k_{i1} + 2k_{i3} + k_{i4}) \tag{4.3.2}$$

式中，

$$\begin{cases} k_{i1} = hf_i(t_n, y_{1n}, y_{2n}, \cdots, y_{mn}) \\ k_{i2} = hf_i\left(t_n + \dfrac{h}{2}, y_{1n} + \dfrac{k_{11}}{2}, y_{2n} + \dfrac{k_{21}}{2}, \cdots, y_{mn} + \dfrac{k_{m1}}{2}\right) \\ k_{i3} = hf_i\left(t_n + \dfrac{h}{2}, y_{1n} + \dfrac{k_{12}}{2}, y_{2n} + \dfrac{k_{22}}{2}, \cdots, y_{mn} + \dfrac{k_{m2}}{2}\right) \\ k_{i4} = hf_i(t_n + h, y_{1n} + k_{13}, y_{2n} + k_{23}, \cdots, y_{mn} + k_{m3}) \end{cases} \tag{4.3.3}$$

对于大多数实际问题，4 阶龙格-库塔法可满足精度要求，它的截断误差正比于 h^5，故积分步长 h 越小，精度越高，但 h 过小会增加计算时间。龙格-库塔法不仅精度高，而且程序简单，便于改变步长，其缺点是每积分一步需计算 4 次右端函数，因而重复计算量很大，但对于如今的电子计算机技术发展情况，多数场合下的应用没有困难。

2. 阿当姆斯预报-校正法

阿当姆斯预报-校正法属于多步法，用这种方法求解 y_{n+1} 时，需要知道 y 及 $f(x, y)$ 在 t_n，t_{n-1}，t_{n-2}，t_{n-3} 各时刻的值，其计算公式如下。

预报公式：

$$y_{n+1} = y_n + \frac{h}{24}(55f_n - 59f_{n-1} + 37f_{n-2} - 9f_{n-3}) \tag{4.3.4}$$

校正公式：

$$y_{n+1} = y_n + \frac{h}{24}(9f_{n+1} + 19f_n - 5f_{n-1} + f_{n-2}) \tag{4.3.5}$$

利用阿当姆斯预报-校正法进行数值积分时，一般先用龙格-库塔法自启动，算出前三步的积分结果，然后再转入阿当姆斯预报-校正法进行迭代计算，这样既发挥了龙格-库塔法自启动的优势，又发挥了阿当姆斯预报-校正法每步只计算一次右端函数、计算量小的优势，效果比较理想。但是阿当姆斯预报-校正法中改变步长比较麻烦，需又一次转入龙格-库塔法，使程序结构变得复杂。

4.4　空气弹道特性

对于常规无动力飞行的弹箭，根据基本假设下的弹道方程组，可以分析其飞行弹道的一些基本特性。对这些空气弹道特性有所了解，对于弹道的求解、试验数据的分析判断等弹道研究是十分有益的。下面根据弹箭质心运动方程组来介绍这些特性。

4.4.1　速度沿全弹道的变化

当只有重力和空气阻力作用时，弹箭质心速度沿全弹道的变化由如下公式确定：

$$\mathrm{d}v/\mathrm{d}t = -cH(y)F(v) - g\sin\theta \tag{4.4.1}$$

在升弧上，倾角 θ 为正值，因而 $\mathrm{d}v/\mathrm{d}t<0$，因此在弹道升弧上，弹箭速度始终减小。

至弹道顶点，$\theta_s=0$，$g\sin\theta_s=0$，故 $(\mathrm{d}v/\mathrm{d}t)_s=-cH(y_s)F(v_s)<0$，速度继续减小。

过顶点后，θ 为负值，$g\sin\theta=-g\sin|\theta|$。在 $cH(y)F(v)>g\sin|\theta|$ 以前，$\mathrm{d}v/\mathrm{d}t$ 仍为负值，故速度继续减小。

过顶点后，降弧上某点出现 $g\sin|\theta|=cH(y)F(v)$ 时，$\mathrm{d}v/\mathrm{d}t=0$，则速度达极小值 $v_{\min}$。

过速度极小值点后，$|\theta|$ 继续增大，因而 $g\sin|\theta|>cH(y)F(v)$，$\mathrm{d}v/\mathrm{d}t>0$，故此后速度又开始增大，但阻力也随之增大，而重力项最大也只有 mg，对于射程较远的弹道，有可能又一次出现阻力项等于重力项的情况，使速度出现极大值。

对于射程达 80~100 km 的远程火炮弹丸或大高度航弹，可能在速度极小值后再出现速度的极大值。而对于一般火炮，弹道落点速度均在图 4.4.1(b) 所示的阴影线范围内变化，一般弹道降弧段上不会出现速度极大值。射程越远，落点速度越向阴影部分的右端移动。

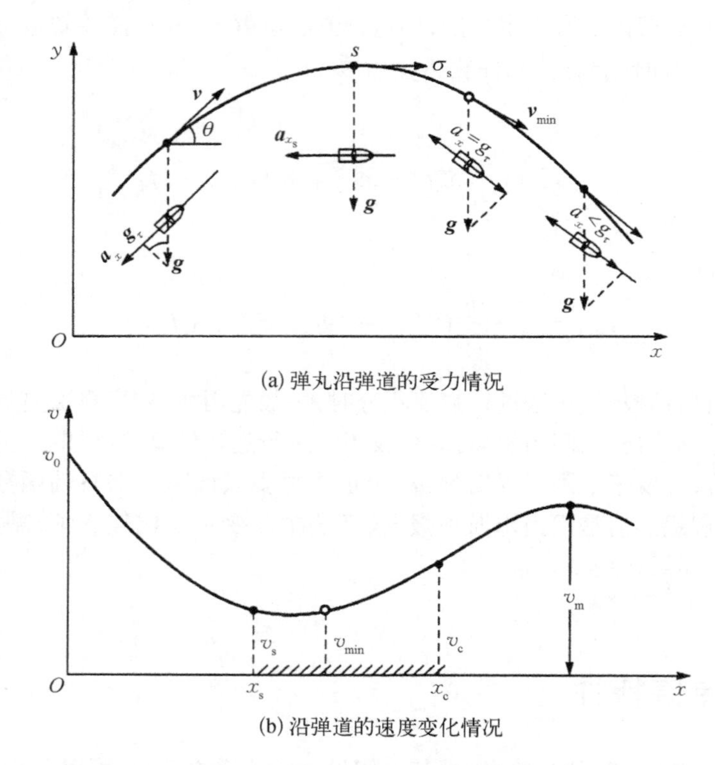

(a) 弹丸沿弹道的受力情况

(b) 沿弹道的速度变化情况

图 4.4.1 弹丸受力与速度变化情况

对于带降落伞的炸弹、照明弹、侦察弹、末敏弹、带飘带子弹等，其阻力系数和弹道系数很大，在弹道降弧段的重力作用下，弹道很快铅直下降，$|\theta|=90°$。当出现重力与阻力相平衡时，就将一直保持这种状态不变。由平衡方程 $cH(y)F(v)=-g$ 可知，其极限速度满足如下公式：

$$F(v_L)=g/[cH(y)] \tag{4.4.2}$$

设接近地面处 $H(y)=1$，则极限速度 v_L 主要由弹道系数 c 来确定。表 4.4.1 列出了弹道系数 c_{43}(1943 年阻力定律)与极限速度 v_L 的关系。

表 4.4.1　弹道系数与极限速度的关系

c_{43}	0.1	0.5	1.0	1.5	2.0	4.0	6.0	8.0	10.0	100
v_L /(m/s)	847	347	314	289	257	181	148	128	114	36.3

下面讨论速度的水平分速和铅直分速沿弹道变化的情况。根据 $\mathrm{d}u/\mathrm{d}t=-cH(y)G(v,c_s)u$ 可知，弹道上的水平分速 u 沿全弹道始终减小。如将上式右端用迎面阻力公式表示，并将 $u=v\cos\theta$ 和 $\mathrm{d}s=v\mathrm{d}t$ 代入则得

$$\frac{\mathrm{d}u}{\mathrm{d}t}=-\frac{\rho v^2}{2m}Sc_x\cos\theta,\quad \frac{\mathrm{d}u}{u}=-\frac{\rho S}{2m}c_x\mathrm{d}s \tag{4.4.3}$$

式中，S 为弹箭特征面积；s 为弹道弧长。

在距离和高度变化不大时，可将 ρ 和 c_x 视为常数，积分得水平分速的指数递减公式：

$$u=u_0\mathrm{e}^{-\frac{\rho S}{2m}c_x s} \tag{4.4.4}$$

式中，ρ、c_x 近似为常数，如果空气密度 ρ 和 c_x 值变化较大，应取平均值计算。

对于短程的低伸弹道，阻力系数用某一平均值代替，可以用来估算水平速度或者速度的递减情况。这是因为 $u=v\cos\theta$，当 $\theta\leqslant 2.5°$ 时，$\cos\theta\geqslant 0.999$，即 u 和 v 最大约相差 1/1 000。

在同一高度时，升弧上的铅直分速 w 比降弧上大，下面证明这一结论。

由于：

$$\frac{\mathrm{d}w}{\mathrm{d}t}=-cH(y)G(v,c_s)w-g \tag{4.4.5}$$

两端同乘 $2w\mathrm{d}t$ 并积分，得到：

$$w_d^2-w_a^2=-\int_{t_a}^{t_d}2cH(y)G(v,c_s)w^2\mathrm{d}t-2g\int_{t_a}^{t_d}w\mathrm{d}t \tag{4.4.6}$$

式中，下标 d 与 a 分别表示降弧和升弧。

而

$$\int_{t_a}^{t_d}w\mathrm{d}t=\int_{t_a}^{t_d}\mathrm{d}y=0 \tag{4.4.7}$$

故：

$$w_d^2-w_a^2<0\quad 或\quad |w_d|<|w_a| \tag{4.4.8}$$

由此可见，在弹道上同一高度处，升弧上的铅直分速 w_a 大于降弧上的铅直分速 w_d。又因水平分速始终减小，可知，在同一弹道高上，升弧上的速度大于降弧上的速度，即 $v_a>v_d$，因而初速大于落速：

$$v_0 > v_d \tag{4.4.9}$$

至于顶点速度 v_s，由于真空弹道顶点速度为 $v_s = v_0\cos\theta_0$，恰与沿全弹道的平均水平速度 $u(=X/T)$ 相等。根据实践，在空气弹道中，此结论也近似符合。因此，空气弹道的顶点速度可用如下公式来估算：

$$v_s = X/T \tag{4.4.10}$$

4.4.2 质心加速度沿全弹道的变化

由于：

$$\frac{\mathrm{d}v}{\mathrm{d}t} = -b_x v^2 - g\sin\theta \tag{4.4.11}$$

式中，$b_x = \rho S c_x/(2m)$，在一段弹道上近似忽略空气动力系数 b_x 的变化，则有

$$\frac{\mathrm{d}\dot{v}}{\mathrm{d}t} = -2b_x v\frac{\mathrm{d}v}{\mathrm{d}t} - g\cos\theta\frac{\mathrm{d}\theta}{\mathrm{d}t} \tag{4.4.12}$$

整理后可得

$$\frac{\mathrm{d}\dot{v}}{\mathrm{d}t} = 2gb_x v\sin\theta + \frac{g^2\cos^2\theta}{v} + 2b_x^2 v^3 \tag{4.4.13}$$

对一般旋转稳定弹特征参数的数量级进行分析，式(4.4.13)右端各项在弹道上的量值约为 10^{-1}。

由式(4.4.13)可知，在升弧段上，倾角 θ 为正值，$\mathrm{d}\dot{v}/\mathrm{d}t > 0$，因此在弹道升弧段上，弹箭加速度值在缓慢增加。

至弹道顶点处，$\theta_s = 0$，$\mathrm{d}\dot{v}/\mathrm{d}t > 0$，加速度值继续增大。过顶点后，$\theta$ 为负值，如果在降弧段上某点能出现：$2gb_x v|\sin\theta| = (g^2\cos^2\theta)/v + 2b_x^2 v^3$，则加速度会出现极大值，否则至落点前，全弹道上的弹丸加速度值均缓慢增加。

进一步分析式(4.4.13)，并通过对一些弹例进行对比计算分析可知，有以下特点。

(1) 一般状况下，$\mathrm{d}\dot{v}/\mathrm{d}t$ 在炮口处值最大(主要由于全弹道上炮口处的速度值最大)。

(2) 在整个飞行弹道上出现速度极小值点以前，加速度 $\dot{v}$ 为负值，且在炮口处 $\dot{v}$ 的绝对值最大(因一般全弹道上 v_0 值最大)，而 $\ddot{v}$ 值(虽然一般全弹道为正值)相较 $\dot{v}$ 的绝对值小得多(至少小一个数量级)，因此所指的全弹道上弹丸加速度值在缓慢增加是指正负值意义下的加速度值，实际上，其加速度绝对值(即弹丸飞行中的过载值)是在减小的。只有在一些特殊状况下，如射程超远炮弹，虽然 $\ddot{v}$ 较 $\dot{v}$ 的绝对值小得多，但飞行时间很长，加速度值缓慢增加，积累较久，弹道上的加速度绝对值反而有可能高于炮口处的加速度绝对值。

此外，虽然 $\ddot{v}$ 值较 $\dot{v}$ 的绝对值小很多，炮口处的 $\dot{v}$ 为负值(即此时力的方向与速度方向相反)，但加速度值长时间缓慢增加，至弹道上某处(通常即 $\dot{v}=0$ 对应最小速度 $v_{\min}$ 处)后，弹丸加速度值变号(即弹丸过载变向)，也是应该注意的。速度与加速度沿全弹道的变化规律如图 4.4.2 和图 4.4.3 所示。

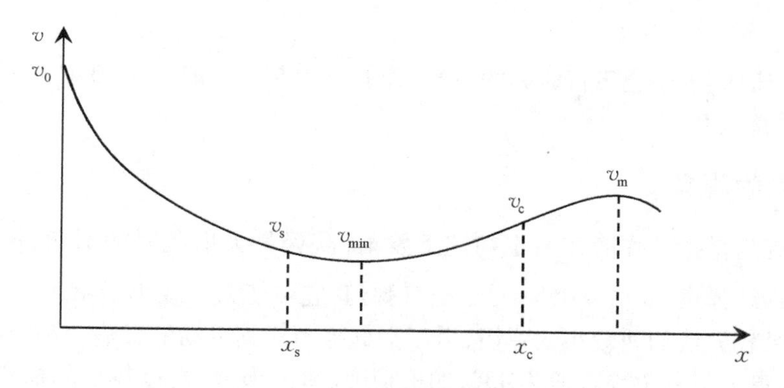

图 4.4.2　质心速度沿全弹道变化

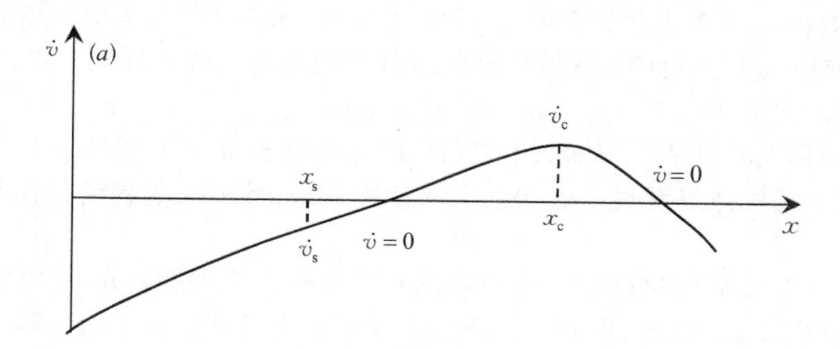

图 4.4.3　质心加速度沿全弹道变化

4.4.3　空气弹道的不对称性

抛物线弹道是相对于 $x=x_s=X/2$ 的铅直线对称的。而空气弹道由于空气阻力作用不再对称(图 4.4.4),并且随着弹道系数的增大,其不对称性越来越显著。这些不对称性可归为如下几点,其证明方法都与式(4.4.8)的证明类似。

(1) 降弧比升弧陡,即 $|\theta_d| > \theta_a$, $|\theta_c| > \theta_0$。

(2) 顶点距离大于半射程,即 $x_s > 0.5X$, 一般 $x_s=(0.5 \sim 0.7)X$, 口径越大的弹, x_s

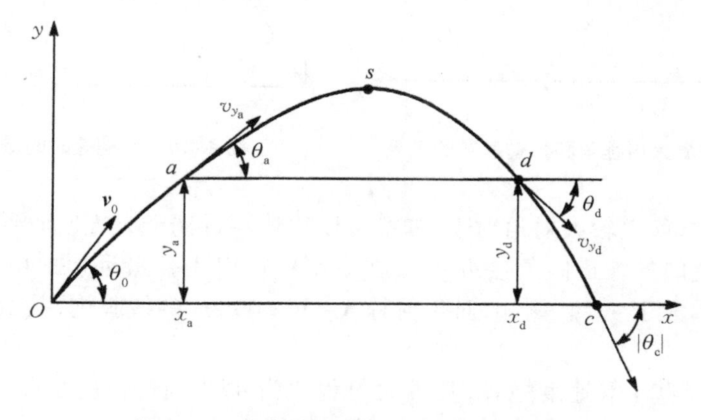

图 4.4.4　同高度的升弧速度大于降弧速度

越接近 $0.5X$。

(3) 顶点时间小于全飞行时间的一半，即 $t_s < 0.5T$，一般 $t_s = (0.4 \sim 0.5)T$，口径越大的弹，t_s 越接近 $0.5T$。

4.4.4 最大射程角

最大射程角是指某弹箭在一定初速下发射，获得最大射程时的射角，用符号 θ_{0X_m} 表示。对于抛物线弹道，$\theta_{0X_m} = 45°$；对于空气弹道，它可能大于或小于 45°。

对于口径较大或初速较小的弹箭，由于空气阻力对其运动的影响较小，弹道形状与抛物线相近似，最大射程角也近似为 45°，如枪榴弹、追击炮弹、初速较小的榴弹的最大射程角均近似为 45°；反之，对于口径较小（弹道系数较大）或初速较大的弹箭，空气阻力对弹箭运动的影响较大，其最大射程角就与 45°相差较大，如枪弹的最大射程角为 28°~35°。θ_{0X_m} 之所以减小，是因为枪弹的弹道高较小，全飞行过程均在稠密的大气层中。射角较小的弹道，飞行时间短，因而空气阻力的影响也会减小。

对于口径稍大的榴弹炮，其最大射程角比枪弹大很多，但一般仍稍小于 45°，在 42°~45°变化。对于某些弹道系数小而初速大的远程火炮，其最大射程角往往超过 45°，达 50°~55°。

由此可见，最大射程角与弹道系数和初速有密切关系，下面就来分析它们之间的关系。首先讨论弹道系数一定时，初速与最大射程角的关系。当初速很小（小于 50 m/s）时，弹道与抛物线相似，$\theta_{0X_m} = 45°$。随着初速的增大，阻力加速度增大。减小射角，可以减小弹箭在空气中飞行的时间，从而减小空气阻力对弹道的影响。因此，最大射程角先随初速增大而减小（图 4.4.5）。

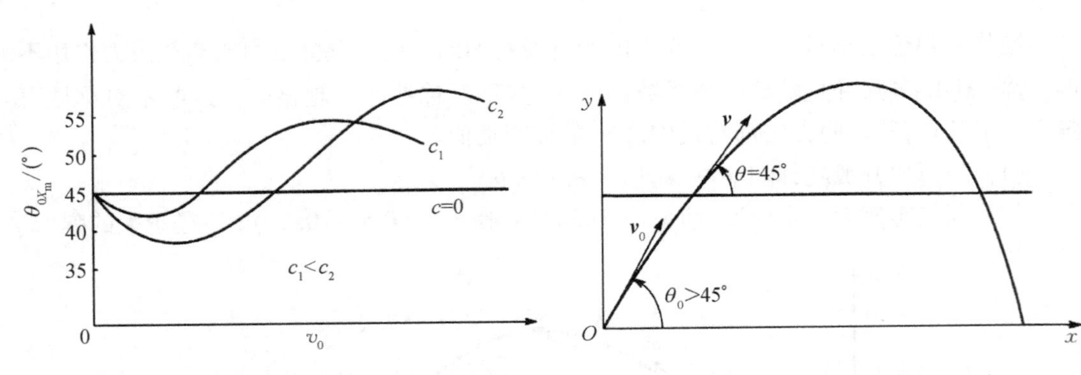

图 4.4.5 初速与最大射程角和弹道系数的关系

图 4.4.6 大初速时的最大射程角

初速很大时，如以较大射角射击，弹箭可以很快穿过稠密大气层而到达空气稀薄的高空中。如果此时的弹道倾角接近 45°，在该层中可以飞行最远（图 4.4.6），这样在地面时的射角必然大于 45°。例如，对于射程 $X = 30 \sim 60$ km 的线膛炮，其最大射程角可达 50°~55°。

因此，对于某些中等速度炮弹，其最大射程角为 45°左右，也就是图 4.4.6 中曲线与 45°横线再次相交，由小于 45°向大于 45°过渡。

对于初速特别大的弹箭，最大射程角曲线又由最大值（如 50°~55°）下降，其原因是大射程弹道必须考虑地球曲面及重力加速度大小和方向随高度变化的影响。在此条件下的真空弹道曲线是椭圆而非抛物线，而椭圆弹道的最大射程角比 45°小。

其次讨论初速一定时，最大射程角与弹道系数的关系。当初速一定，弹道系数较大时，其阻力影响大。在初速不太大时，弹道全在稠密的大气层中，减小射角可以减小全弹道飞行时间，因而可减小阻力大的不利影响。因此，在初速不太大时，对于弹道系数大的弹丸，其 $\theta_{0X_m}-v_0$ 曲线在弹道系数小的弹丸下面，如图 4.4.3 所示。当初速很大时，情况与速度小时相反。因为弹丸的弹道系数越大，速度降低越快，倾角减小率也越大（$|\dot{\theta}|=g\cos\theta/v$），所以在空气稀薄层起点的弹道倾角近似为 45°时，其在地面的射角（即最大射程角）必定是大弹道系数的弹丸大于小弹道系数弹丸。

在设计火炮时，是否必须采用最大射程角来计算，要根据射程的增大量与因射角增大带来的不利影响大小来确定。图 4.4.7 给出了各种口径（单位为 mm）的枪、炮弹的初速与最大射程角的关系曲线。

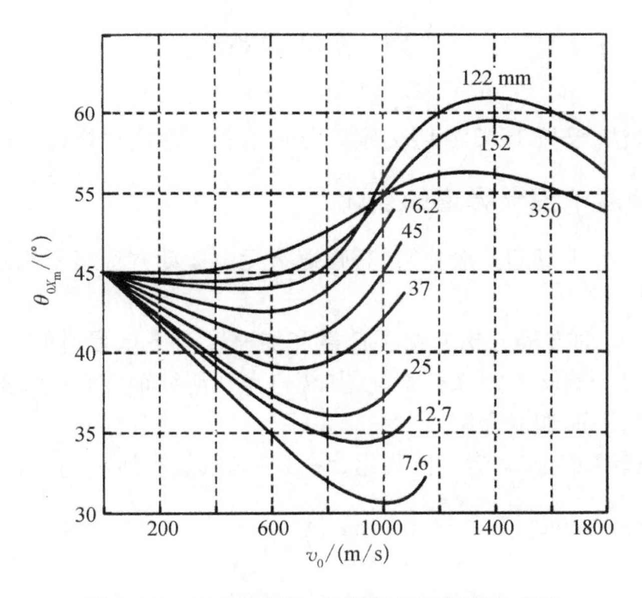

图 4.4.7　各种口径枪、炮弹的最大射程角曲线

4.4.5　原点弹道假设下空气弹道的确定

由方程组[式(4.2.6)]可见，积分起始条件中有 $x=y=0$，故只要给定了初速 v_0 和射角 θ_0 及包含在方程中的弹道系数 c，就可积分，求得任一时刻 t 的弹道诸元 x、y、v、θ，即

$$\begin{cases}v=v(c,\ v_0,\ \theta_0,\ t)\\ \theta=\theta(c,\ v_0,\ \theta_0,\ t)\\ x=x(c,\ v_0,\ \theta_0,\ t)\\ y=y(c,\ v_0,\ \theta_0,\ t)\end{cases}\tag{4.4.14}$$

据此已编出了以 c、v_0、θ_0、t 为参量的高炮外弹道表。

对于地面火炮,只需要弹道顶点和落点诸元。在落点诸元中,当 $t = T$ 时,$y = y_c = 0$,即 $y_c(c, v_0, \theta_0, t) = 0$。由此可以得全飞行时间 T 是 c、v_0、θ_0 三个参数的函数,解出 T 再代入式(4.4.14)中的其他式子得

$$\begin{cases} v_c = v_c(c, v_0, \theta_0) \\ \theta_c = \theta_c(c, v_0, \theta_0) \\ T = T(c, v_0, \theta_0) \\ x = x(c, v_0, \theta_0) \end{cases} \tag{4.4.15}$$

至于弹道顶点,利用 $t = t_s$ 时 $\theta_s = 0$,由式(4.4.14)中 $\theta_s = \theta_s(c, v_0, \theta_0, t_s) = 0$ 解出 $t_s(c, v_0, \theta_0)$,代入式(4.4.14)中的其他式子,可得顶点诸元也是 (c, v_0, θ_0) 三个参数的函数,即

$$\begin{cases} v_s = v_s(c, v_0, \theta_0) \\ t_s = t_s(c, v_0, \theta_0) \\ y_s = y_s(c, v_0, \theta_0) \\ x_s = x_s(c, v_0, \theta_0) \end{cases} \tag{4.4.16}$$

利用数值积分法,已按 1943 年阻力定律分别编制了地面火炮外弹道表、低伸弹道表。

4.4.6 旋转加速度 $\ddot{\gamma}$ 沿全弹道的变化

实际上,在空气中飞行的一般弹箭,其弹道诸元由运动方程组所确定的一些变化特性均为空气弹道特性。

前面基于质心运动方程分析介绍了速度和加速度沿飞行弹道的变化、弹道的不对称特性等。实际上,对于旋转稳定飞行弹丸,其绕自身几何纵轴旋转速度的一些变化特性也是应该有所了解的,下面加以介绍。

根据建立的旋转稳定弹丸运动方程组,绕自身纵轴旋转运动的方程为

$$\frac{d\dot{\gamma}}{dt} = -k_{xz} v \dot{\gamma} \tag{4.4.17}$$

1. 转速 $\dot{\gamma}$ 沿飞行弹道的变化

由方程(4.4.17)可知,由于 $\dot{\gamma}$ 的导数始终为负值,旋转弹全飞行弹道转速 $\dot{\gamma}$ 始终衰减。

2. 旋转加速度 $\ddot{\gamma}$ 沿飞行弹道的变化

在一段弹道上,近似认为 k_{xz} 变化不大,视为常数,可得

$$\frac{d\ddot{\gamma}}{dt} = -k_{xz} \dot{\gamma} \frac{dv}{dt} - k_{xz} v \frac{d\dot{\gamma}}{dt} \tag{4.4.18}$$

而:

$$\frac{dv}{dt} = -b_x v^2 - g\sin\theta \tag{4.4.19}$$

经整理可得

$$\frac{\mathrm{d}\ddot{\gamma}}{\mathrm{d}t}=(b_x k_{xz}+k_{xz}^2)v^2\dot{\gamma}+g\sin\theta \tag{4.4.20}$$

分析式(4.4.20)可知：

(1) 在升弧段上，弹道倾角 θ 为正值，$\mathrm{d}\ddot{\gamma}/\mathrm{d}t>0$，故升弧段上弹丸旋转角加速度值在缓慢增加；

(2) 弹道顶点上，$\theta_s=0$，仍有 $\mathrm{d}\ddot{\gamma}/\mathrm{d}t>0$，因此在顶点附近，旋转角加速度值继续增大；

(3) 过弹道顶点后，θ 为负值，当出现 $(b_x k_{xz}+k_{xz}^2)v^2\dot{\gamma}=-g\sin\theta$ 时，$\mathrm{d}\ddot{\gamma}/\mathrm{d}t=0$。此时旋转角加速度值达到极大值 $\ddot{\gamma}_{\max}$，过此弹道点后，$|\theta|$ 继续增大，$\mathrm{d}\ddot{\gamma}/\mathrm{d}t<0$，也即角加速度值随后缓慢减小。

$$\begin{cases}\dfrac{\mathrm{d}v}{\mathrm{d}t}=-b_x v^2-g\sin\theta\\[2mm]\dfrac{\mathrm{d}\ddot{\gamma}}{\mathrm{d}t}=[(b_x k_{xz}+k_{xz}^2)\dot{\gamma}]v^2+g\sin\theta\end{cases} \tag{4.4.21}$$

进一步比较式(4.4.21)中的两式可见，反映两者弹道上的极值点是否出现及出现早晚的差异主要在系数 b_x 与 $(b_x k_{xz}+k_{xz}^2)\dot{\gamma}$ 上。对一般旋转稳定弹的特征(空气动力系数、结构参数)数量级进行分析，大致如下：$b_x\sim10^{-4}$ 量级、$(b_x k_{xz}+k_{xz}^2)\dot{\gamma}\sim10^{-5}$ 量级，故弹道降弧段上对应出现 $\ddot{\gamma}$ 极大值的点要早于出现 v 极小值的点。同样，对于某些超远程弹丸，如果落地前再次出现 $[(b_x k_{xz}+k_{xz}^2)\dot{\gamma}]v^2$ 与 $g\sin\theta$ 值相同的状况，则 $\ddot{\gamma}$ 又将达到极小值，但 $\ddot{\gamma}$ 达到极小值时所对应的弹道降弧段上的位置在速度又达到极大值点之后。一般情况下，$(b_x k_{xz}+k_{xz}^2)\dot{\gamma}$ 的量值要比 b_x 小，因此一般不会像速度沿全弹道的变化特性那样，在一些超远程弹箭等特殊情况下还会出现旋转角加速度的二次极值点。

由式(4.4.17)知，旋转角加速度值在全弹道上均为负值，所以同前面介绍的质心加速度沿飞行弹道的变化状况类似，虽然旋转角加速度值在升弧段上是缓慢增加的，但也是指正负值意义下的增加，其绝对值是在减小的，也就是说弹道上旋转角加速度绝对值在炮口附近取最大，过弹道顶点后，某处的角加速度绝对值达到极小，随后绝对值缓慢增大，直至落点。对于旋转稳定飞行弹丸，炮口附近及落点附近的旋转角加速度绝对值相对更大(在炮口附近最大)。

3. 旋转稳定弹飞行距离同其转数的关系

旋转稳定弹在全弹道飞行中，其转速始终衰减，但不会衰减到零。弹丸飞过相同距离或相同时间，对应弹丸旋转累积的转(圈)数之间是否存在某些特性关系，是研究人员有时会关心的问题。

由于：

$$\frac{\mathrm{d}\dot{\gamma}}{\mathrm{d}t}=-k_{xz}v\dot{\gamma} \tag{4.4.22}$$

变换成弹道弧长 s 为自变量的方程为

$$\frac{\mathrm{d}\dot{\gamma}}{\dot{\gamma}} = -k_{xz}\mathrm{d}s \tag{4.4.23}$$

可得

$$\dot{\gamma} = \dot{\gamma}_0 \mathrm{e}^{-k_{xz}s} \tag{4.4.24}$$

又因:

$$v\mathrm{d}\gamma = \dot{\gamma}_0 \mathrm{e}^{-k_{xz}s}\mathrm{d}s \tag{4.4.25}$$

$$\mathrm{d}\gamma = \frac{\dot{\gamma}_0}{v}\mathrm{e}^{-k_{xz}s}\mathrm{d}s \tag{4.4.26}$$

自炮口至弹道点 D 飞过的弹道弧长 s_D 上对应的转(圈)数 n 为

$$n = \frac{1}{2\pi}\int_{\gamma_0}^{\gamma_D}\mathrm{d}\gamma = \frac{\dot{\gamma}_0}{2\pi}\int_0^{s_D}\mathrm{e}^{-k_{xz}s}\mathrm{d}s \tag{4.4.27}$$

式中,γ_0 和 γ_D 分别为炮口和弹道点 D 处的弹丸转速。式(4.4.27)可变换为

$$n = \frac{1}{2\pi}\int_{\gamma_0}^{\gamma_D}\mathrm{d}\gamma = \frac{\dot{\gamma}_0}{2\pi}\int_0^{t_D}\mathrm{e}^{-k_{xz}\int_0^{t_D}v\mathrm{d}t}\mathrm{d}t \tag{4.4.28}$$

式(4.4.27)和式(4.4.28)分别反映了对于同类旋转稳定弹的不同弹丸,在飞过相同距离或相同飞行时间,所累积的旋转圈数关系。由式(4.4.27)和式(4.4.28)可知,当不同弹丸的初速、射角、弹道上的速度变化完全相同时,相同飞行距离(或飞行时间)上累积的旋转圈数相同。而实际中,由于不同弹丸初速、弹道上速度的变化等均有所差异,因此相同飞行距离(或飞行时间)上所累积的旋转圈数也会存在差异,或者说,即使不同弹丸飞行累积的旋转圈数相同,对应的飞行距离或飞行时间也同样存在弹道散布。

4.5 外弹道散布特性及计算方法

4.5.1 影响外弹道散布的主要因素

影响弹道的因素很多,如弹道参数(初速、射角、射向角等)、气象参数(气温、气压、湿度、风速、风向等)、空气动力参数(阻力、升力、侧力、压力中心、静力矩、赤道阻尼力矩、极阻尼力矩、马格努斯力矩等)、弹体结构参数(弹重、质心位置、转动惯量等)、起始扰动等,对于火箭,还有发动机参数等,实际射击中每发弹的参数均围绕某个期望值随机变化,导致每发弹的弹道均有所不同,最终形成弹道散布。

1. 初速的影响

地面火炮的距离散布可主要归结为由初速、射角、作用其上的空气动力(特别是阻力)和风的散布(如果是增程弹,还包括弹上增程装置作用的散布)所引起,而初速的散布又主要由弹重、药温、发射药药量及火炮内的弹道作用等的随机变化所引起,通常也可认

为初速 v_0 是一个正态随机变量。

2. 起始扰动的影响

火炮的射角由仰角(或高角)和跳角组成。仰角 φ 是发射前身管轴线(击针孔至炮口十字中心的连线)与水平面的夹角,而跳角是发射后弹丸出炮口瞬时实际速度方向与发射前身管轴线(或称仰线)之间的夹角。跳角在铅直面内的分量称为定起角,记为 γ_δ, 它与仰角之和即射角 $\theta_0 = \varphi + \gamma_\delta$。跳角的侧向分量 γ_ω 称为方向跳角,产生跳角的原因十分复杂,如射击时火炮在后坐作用力下的后冲、高低机和方向机空回、炮膛轴线弯曲(因加工与炮身自重引起),而在发射时膛内燃气产生高压,在其作用下,炮管产生振动;弹在膛内运动,弹炮间隙使弹出炮口后,质心速度有侧向分量;前定心部出炮口后的半约束期内,弹丸在重力矩作用下绕后定心部转动至后定心部出炮口时,也产生质心侧向速度,以及炮口角(炮口处炮膛轴线的切线与身管轴线间的夹角)的存在都会导致弹出炮口时的速度方向与发射前身管轴线方向不一致而形成跳角。此外,由炮口处起始扰动引起的弹轴角运动攻角产生的空气升力,使弹丸质心速度平均偏转一个方向形成的平均偏角也会改变射角射向,故有时也将其归为跳角,并且称为气动跳角。另外,弹丸出炮口时,实际身管轴线偏离发射前身管轴线也造成弹出炮口时的速度方向与发射前的身管轴线不一致。综上,最后将形成一个总的高低跳角 γ_δ 和方向跳角 γ_ω。以上因素的随机变化即形成跳角散布,是产生落点射程散布和方向散布的原因之一。

3. 弹丸空气动力及结构参数的影响

作用在弹丸上的空气动力和力矩,对其飞行弹道有重要影响,而弹丸的外形与结构参数(如重心位置等)、飞行状况(速度、弹丸绕心运动等)、气流条件等均直接影响空气动力和力矩。弹丸外形和结构参数公差、弹道参数的诸多随机误差(初速误差、起始扰动、攻角的大小及其变化等)等都会导致各发弹飞行中的空气动力和力矩存在随机误差,产生落点散布。

4. 气象的影响

气象条件中,风的变化比气温、气压的变化要快得多,尤其是地面附近的变化更快。有资料认为,低空风的中间误差是平均风的 1/10,即 $E_w = 0.1\bar{w}$。风产生附加空气动力,不仅直接引起质心速度大小、方向改变,同时还会产生附加空气动力矩,使弹箭摆动,形成攻角变化,又进一步改变空气动力,影响质心速度,形成弹着点散布。由于风是客观存在不能改变的,减少风所引起的散布的途径只能是根据外弹道理论寻求对风敏感性较低的弹箭设计方案。

5. 弹上增程装置的影响

近年来,一些远程炮弹上装有增程装置(如底排、火箭、底排与火箭复合、冲压发动机等),使炮弹射程大幅提高。

这些弹载增程装置随炮弹飞行过程作用时,由于作用时间、作用力的大小与方向等存在一定误差,将给飞行弹道带来较大影响,产生落点散布,由目前已应用的一些增程炮弹外弹道特征来看,增程装置的工作状况随机误差已成为产生落点散布的主要因素之一。

6. 主要因素影响概况

前面概括介绍了一些产生外弹道散布的主要因素,应当指出,这里介绍的外弹道散布主要因素主要包括了炮弹自发射出膛至飞行落地过程中,有关炮弹初速、起始扰动、弹丸自身外形结构与飞行环境、弹载增程装置等方面的随机误差,作为武器装备,在实战中还有一些其他方面引起的外弹道落点散布(如武器系统自身运动、操作准备等)的随机误差,这里不涉及。

此外,上述诸多外弹道散布因素中,对不同类型火炮弹丸的影响程度也是有所差异的。对于远程地面火炮,弹载增程装置、初速、弹丸空气动力、气象条件等随机误差对落点散布的影响更为明显;对中小口径高炮而言,初始扰动、初速、弹丸空气动力等随机误差是影响外弹道散布的主要因素;而对近程平射(或低伸弹道)火炮(如坦克炮)而言,初始扰动、跳角散布等则是影响其外弹道散布的主要因素。

4.5.2 外弹道散布的计算方法及减小途径

在外弹道学中,计算弹箭的散布有几种方法,归纳起来主要有:弹道方程随机模拟仿真法和敏感因子法,目前在工程设计和射表编制中多采用敏感因子法。

1. 计算方法

1)敏感因子法

敏感因子法简单直观,也与现在的试验水平较匹配。在研究密集度的影响因素、确定主要影响因素时,敏感因子法应用得较多。这里以敏感因子法为主,介绍弹箭密集度计算的方法与步骤。

利用敏感因子法计算弹箭散布的一般公式为

$$E_X^2 = \sum_{i=1}^{n}\left(\frac{\partial X}{\partial \alpha_i}E_{\alpha_i}\right)^2 \tag{4.5.1}$$

$$E_Z^2 = \sum_{i=1}^{n}\left(\frac{\partial Z}{\partial \alpha_i}E_{\alpha_i}\right)^2 \tag{4.5.2}$$

式中,E_X为射程中间误差;E_Z为方向中间误差;α_i 表示影响散布的诸因素;E_{α_i} 为散布因素 α_i 的概率误差;$\partial X/\partial\alpha_i$、$\partial Z/\partial\alpha_i$ 分别为散布因素 α_i 对射程和方向的敏感因子;n 为计算 E_X、E_Z的发数。

设已测得初速、射角、弹道系数和风的散布,并以中间误差 E_{v_0}、E_{θ_0}、E_c 和 E_w 表示,则落点射程的中间误差可按独立正态随机变量之和的中间误差如下:

$$E_X = \sqrt{\left(E_{v_0}\frac{\partial X}{\partial v_0}\right)^2 + \left(E_{\theta_0}\frac{\partial X}{\partial \theta_0}\right)^2 + \left(E_c\frac{\partial X}{\partial c}\right)^2 + \left(E_w\frac{\partial X}{\partial w}\right)^2} \tag{4.5.3}$$

式中,$\partial X/\partial v_0$ 为射程对初速的敏感因子或修正系数;$\partial X/\partial\theta_0$ 为射程对射角的敏感因子或修正系数;$\partial X/\partial c$、$\partial X/\partial w$ 分别为射程对弹道系数、纵风的敏感因子或修正系数。

对于落点方向散布,除了由方向跳角散布 E_w、横风散布 E_{w_z} 产生外,对于旋转稳定弹,还有偏流散布。偏流是因旋转弹的陀螺定向效应加上重力,使得弹道切线向下偏转而产生的侧向偏移,其与速度、转速度、空气密度、转动惯量、极阻尼力矩等多种因素有关。射角越大、射程越大、飞行时间越长,偏流越大,可近似计算为

$$z = D_z\tan\theta_0 X \tag{4.5.4}$$

式中,D_z 为偏流系数,可通过试验测定,一般为0.03~0.05,其中间误差为 E_{D_z} = 0.000 5 ~

0.002，于是偏流中间误差为 $E_{zD_z}=E_{D_z}\tan\theta_0 X$。横风产生的方向散布为 $E_{zw_z}=E_{w_z}(T-X/\cos\theta_0)$，于是落点方向散布的中间误差为

$$E_z=\sqrt{(E_w X)^2+\{E_{w_z}[T-X/(v_0\cos\theta_0)]\}^2+(E_{D_z}\tan\theta_0 X)^2} \tag{4.5.5}$$

可见，所有能减小侧偏的措施也能减小方向散布。

2）弹道方程随机模拟仿真法

弹道方程随机模拟仿真法主要分为两个部分。首先，针对要分析研究的弹箭，建立相应的弹道方程组；其次，对于用于数值计算该方程组所需的全套参数，构建其对应的设计（或平均）参数及其误差范围。

当弹道方程组及相应的参数、误差范围确定后，则可按一定的随机抽样方法在诸误差范围内选取出一套参数对弹道方程组进行数值计算，进而求解出弹道落点，按随机抽样概率方法重复上述过程，模拟实际炮射试验状况，可获得数值模拟试验的外弹道散布。外弹道散布模拟仿真过程常选用概率统计中的蒙特卡洛随机抽样方法来进行，该方法在实际中常用于对某弹箭设计、性能指标计算等的分析评估。

随机模拟仿真法的核心（也是难点）是构建出用于计算弹道方程组的相关参数误差范围，实际中可按以下思路构建：

（1）用于弹道方程组的各参数期望值可根据设计值、试验统计平均值、计算分析值等来选定；

（2）参数的误差范围直接影响模拟仿真的落点散布，因此应选择主要影响因素，其次是主要因素的误差范围最好有试验统计出的参考值，如没有，可综合考虑影响参数的设计要求、通常可能的误差范围，甚至参考类似炮弹有关参数误差范围等来确定。

弹道方程随机模拟仿真计算方法的主要流程如图 4.5.1 所示。

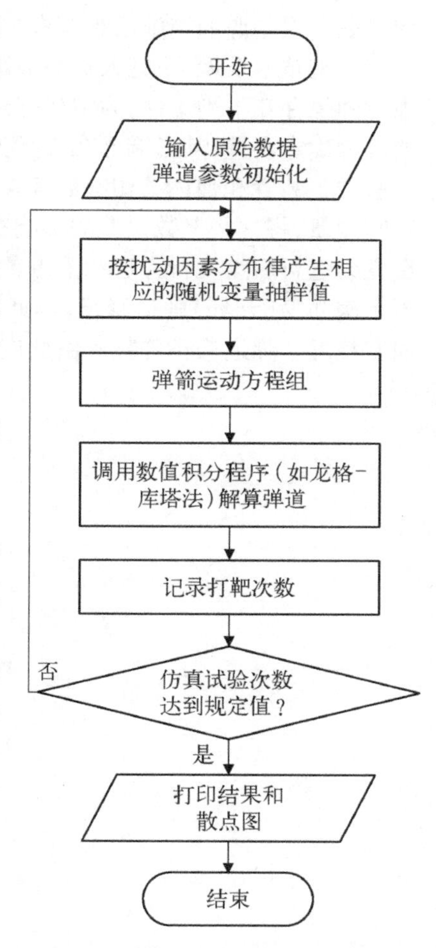

图 4.5.1　弹道方程随机模拟仿真计算方法流程

2. 减小外弹道散布的主要途径

弹箭的外弹道散布是由于在发射、飞行全过程中存在各种影响飞行弹道的因素误差而造成的，而这些随机误差总是存在的，弹箭外弹道不可避免地存在散布。

为减小外弹道散布，通常采用两种途径：一种是对发射装置（如火炮）、飞行体（如炮弹）进行合理设计，减小影响外弹道主要参数的误差及提高抗外界干扰影响的能力，如通过火炮设计（火炮结构设计、发射装药与内弹道设计）、弹丸结构与空气动力布局设计、飞行稳定性与飞行弹道设计等，这方面研究为弹道设计涉及内容，这里不多介绍；另一种途径是尽可能地去减小或管控影响散布的主要随机误差，主要措施简述如下。

（1）减小起始扰动：每次发射时，炮身的随机弯曲，炮架、车体的连接，炮身振动，膛内的弹炮相互作用与配合等均会使弹箭进入自由飞行瞬时的初速方向产生偏差，弹轴姿态角及角速度存在差异，引起散布。因此，围绕火炮平台、弹炮配合等方面开展相应措施，减小起始扰动，对减小外弹道散布是有利的。

（2）提高装药参数的一致性：发射药质量、组分、温度和湿度的微小差异，装药结构点火、传火与燃烧规律的变化，药的几何尺寸、密度、材料性能的变化等均会导致弹箭初速产生差异。因此，提高装药参数的一致性，减小初速散布也是减小外弹道散布的一种可行措施。此外，对于火箭弹或底排增程弹，提高火箭装药或底排药柱燃烧的稳定性和一致性也可以减小散布。

（3）提高弹丸参数的一致性：弹丸的几何尺寸、质量和质量分布，弹带材料性能和几何尺寸，闭气环的性能等均会影响弹丸的外弹道特性，从而产生散布。因此，通过提高弹丸参数的一致性可以减小外弹道散布。

多年来，改善无控弹箭的密集度性能主要是在减小或管控影响散布的主要随机误差、弹道设计方面下功夫，以此来改善炮弹的地面密集度。但时至今日，这些减小或管控影响弹道散布误差源的措施已难有根本性突破。

随着技术发展，研究人员另辟蹊径，对改善外弹道散布开展探索。随机误差影响下的飞行弹道存在不确定性，为随机弹道，但当炮弹发射出去并飞行一段弹道后，一些随机误差已为确定误差，其影响已在飞行弹道上体现出来（如初速、初始扰动、空气动力及力矩、一些增程装置和弹体结构参数等误差），研究人员开始思考能否通过对一段飞行弹道进行实时测量，将这些参数误差的影响在线辨识出来并通过某主要弹道特征参数当量表征，然后立刻进行后续飞行弹道和落点预报，并采用弹载简易控制机构对后续弹道进行一次或若干次简易（开环）弹道修正，以此调节飞行弹道靠近理论弹道中心，从而大幅度改善地面密集度。弹道修正弹技术由此应运而生，这部分内容将在第 12 章中重点介绍。

第 5 章　弹箭一般运动方程组

基本假设下的飞行弹道不考虑攻角，实际上，弹箭在运动中受到各种扰动，弹轴并不能始终与质心速度方向一致，存在攻角。由于攻角的存在，产生了与之相应的空气动力和力矩，如升力、马格努斯力、静力矩、马格努斯力矩等，它们引起弹箭相对于质心的转动——角运动，反过来又影响质心运动，如形成气动跳角、螺线弹道和偏流等。在弹箭飞行弹道研究中，一般将弹箭视为刚体。

为了研究弹箭角运动的规律及其对质心运动的影响，进行弹道计算、稳定性分析和散布分析，首先需要建立弹箭作为空间自由运动刚体的运动方程或刚体弹道方程，故本章对弹箭的一般运动方程组进行介绍。

5.1　弹箭运动方程的一般形式

弹箭的运动可分为质心运动和围绕质心的转动。质心运动由牛顿第二运动定律来描述，围绕质心的转动则由动量矩定理来描述。为了使运动方程形式简单，将质心运动矢量方程向速度坐标系分解，将围绕质心运动矢量方程向弹轴坐标系分解，以得到标量形式的弹箭运动方程组。

5.1.1　速度坐标系下的弹箭质心运动方程

弹箭质心相对于惯性坐标系的运动服从牛顿第二运动定律，即

$$m\frac{\mathrm{d}\boldsymbol{v}}{\mathrm{d}t}=\boldsymbol{F} \tag{5.1.1}$$

式中，m 为弹箭质量；$\boldsymbol{v}$ 为惯性坐标系下弹箭的飞行速度；$\boldsymbol{F}$ 为作用在弹箭上的合外力。这里设地面坐标系为惯性坐标系，如果要考虑地球旋转的影响，需要在合外力 $\boldsymbol{F}$ 中额外加上科氏惯性力。将方程(5.1.1)在速度坐标系下分解，得到：

$$\frac{\delta\boldsymbol{v}}{\mathrm{d}t}+\boldsymbol{\Omega}\times\boldsymbol{v}=\boldsymbol{F}/m \tag{5.1.2}$$

式中，$\frac{\delta\boldsymbol{v}}{\mathrm{d}t}$ 表示速度 $\boldsymbol{v}$ 相对于动坐标系 $Ox_2y_2z_2$ 的矢端速度（或相对导数）；$\boldsymbol{\Omega}\times\boldsymbol{v}$ 是由动坐标系以 $\boldsymbol{\Omega}$ 转动产生的牵连矢端速度，$\boldsymbol{\Omega}$ 为速度坐标系转动的角速度矢量，它由 $\dot{\boldsymbol{\theta}}_a$ 和 $\dot{\boldsymbol{\psi}}_2$ 叠加而得，即

$$\boldsymbol{\Omega} = \dot{\boldsymbol{\theta}}_a + \dot{\boldsymbol{\psi}}_2 \tag{5.1.3}$$

将式(5.1.3)在速度坐标系下分解得

$$\boldsymbol{\Omega} = \begin{bmatrix} \dot{\theta}_a \sin\psi_2 \\ -\dot{\psi}_2 \\ \dot{\theta}_a \cos\psi_2 \end{bmatrix} \tag{5.1.4}$$

因此,在速度坐标系下,可建立标量形式的弹丸质心动力学方程:

$$\begin{cases} \dfrac{\mathrm{d}v}{\mathrm{d}t} = \dfrac{1}{m}F_{x_2} \\ v\cos\psi_2 \dfrac{\mathrm{d}\theta_a}{\mathrm{d}t} = \dfrac{1}{m}F_{y_2} \\ v\dfrac{\mathrm{d}\psi_2}{\mathrm{d}t} = \dfrac{1}{m}F_{z_2} \end{cases} \tag{5.1.5}$$

式中,F_{x_2}、F_{y_2} 和 F_{z_2} 分别为外力在速度坐标系下的分量。此方程组描述了弹箭质心速度大小和方向变化与外作用力之间的关系,故称为质心运动的动力学方程组。

根据速度矢量 $\boldsymbol{v}$ 沿地面坐标系三轴上的分量,可得质心位置坐标变化方程为

$$\begin{cases} \dfrac{\mathrm{d}x}{\mathrm{d}t} = v\cos\psi_2\cos\theta_a \\ \dfrac{\mathrm{d}y}{\mathrm{d}t} = v\cos\psi_2\sin\theta_a \\ \dfrac{\mathrm{d}z}{\mathrm{d}t} = v\sin\psi_2 \end{cases} \tag{5.1.6}$$

这一组方程称为弹箭质心运动的运动学方程组。

5.1.2 弹轴坐标系下的弹箭绕心运动方程

弹箭绕质心的转动用动量矩定理描述:

$$\frac{\mathrm{d}\boldsymbol{G}}{\mathrm{d}t} = \boldsymbol{M} \tag{5.1.7}$$

式中,$\boldsymbol{G}$ 为弹箭对质心的动量矩;$\boldsymbol{M}$ 为作用于弹箭上的外力对质心的力矩。将式(5.1.7)在弹轴坐标系 $O\xi\eta\zeta$ 内分解,得到

$$\frac{\delta\boldsymbol{G}}{\delta t} + \boldsymbol{\omega}_1 \times \boldsymbol{G} = \boldsymbol{M} \tag{5.1.8}$$

式中,$\boldsymbol{\omega}_1$ 为弹轴坐标系转动的角速度矢量,由 $\dot{\boldsymbol{\varphi}}_a$ 和 $\dot{\boldsymbol{\varphi}}_2$ 叠加而得,即

$$\boldsymbol{\omega}_1 = \dot{\boldsymbol{\varphi}}_a + \dot{\boldsymbol{\varphi}}_2 \tag{5.1.9}$$

将式(5.1.9)在弹轴坐标系 $O\xi\eta\zeta$ 下分解得

$$\boldsymbol{\omega}_1 = \begin{bmatrix} \dot{\varphi}_a \sin\varphi_2 \\ -\dot{\varphi}_2 \\ \dot{\varphi}_a \cos\varphi_2 \end{bmatrix} \tag{5.1.10}$$

设 $\boldsymbol{\omega}$ 为弹体坐标系的角速度矢量，$\boldsymbol{J}_A$ 为弹体在弹轴坐标系下的转动惯量矩阵，则

$$\boldsymbol{G} = \boldsymbol{J}_A \boldsymbol{\omega} \tag{5.1.11}$$

$$\boldsymbol{\omega} = \boldsymbol{\omega}_1 + \dot{\boldsymbol{\gamma}} \tag{5.1.12}$$

$\boldsymbol{\omega}$ 在弹轴坐标系下的分量为

$$\boldsymbol{\omega} = \begin{bmatrix} \omega_\xi \\ \omega_\eta \\ \omega_\zeta \end{bmatrix} = \begin{bmatrix} \dot{\gamma} + \dot{\varphi}_a \sin\varphi_2 \\ -\dot{\varphi}_2 \\ \dot{\varphi}_a \cos\varphi_2 \end{bmatrix} \tag{5.1.13}$$

对比式(5.1.10)和式(5.1.13)，可将式(5.1.10)写成如下形式：

$$\boldsymbol{\omega}_1 = \begin{bmatrix} \omega_{1\xi} \\ \omega_{1\eta} \\ \omega_{1\zeta} \end{bmatrix} = \begin{bmatrix} \omega_\xi \tan\varphi_2 \\ \omega_\eta \\ \omega_\zeta \end{bmatrix} \tag{5.1.14}$$

对于一般弹箭，转动惯量矩阵可表示为

$$\boldsymbol{J}_A = \begin{bmatrix} J_\xi & -J_{\xi\eta} & -J_{\xi\zeta} \\ -J_{\eta\xi} & J_\eta & -J_{\eta\zeta} \\ -J_{\zeta\xi} & -J_{\zeta\eta} & J_\zeta \end{bmatrix} \tag{5.1.15}$$

式中，J_ξ、J_η、J_ζ 分别称为对 ξ 轴、η 轴、ζ 轴的转动惯量；$J_{\xi\eta}$、$J_{\xi\zeta}$、$J_{\eta\zeta}$ 分别称为对 $\xi\eta$ 轴、$\xi\zeta$ 轴、$\eta\zeta$ 轴的转动惯量积。

对于质量轴对称分布的弹箭，其转动惯量积为 0，再记：

$$J_\xi = C, \quad J_\eta = J_\zeta = A \tag{5.1.16}$$

J_ξ、J_η 分别称为弹箭的极转动惯量和赤道转动惯量，可得

$$\boldsymbol{J}_A = \begin{bmatrix} C & 0 & 0 \\ 0 & A & 0 \\ 0 & 0 & A \end{bmatrix} \tag{5.1.17}$$

当有动不平衡时，弹轴将不再是惯性主轴，设两者有一夹角 β_D，这个角度一般很小，但它对高速旋转弹运动的影响却不可忽视。将弹体坐标系经两次旋转可以到达惯量主轴坐标系：首先将弹体坐标系 $Ox_1y_1z_1$ 绕 Oz_1 轴正向右旋 β_{D_1} 到达 $O\xi'\eta_1z_1$ 位置，然后将 $O\xi'\eta_1z_1$ 绕 $O\eta_1$ 轴负向右旋 β_{D_2} 到达惯量主轴坐标系 $O\xi_1\eta_1\zeta_1$，如图 5.1.1 所示。

由惯量主轴坐标系向弹体坐标系的转换关系为

$$\begin{pmatrix} x_1 \\ y_1 \\ z_1 \end{pmatrix} = A_{B\beta_D} \begin{pmatrix} \xi_1 \\ \eta_1 \\ \zeta_1 \end{pmatrix}, \quad A_{B\beta_D} = \begin{pmatrix} \cos\beta_{D_2}\cos\beta_{D_1} & -\sin\beta_{D_1} & -\sin\beta_{D_2}\cos\beta_{D_1} \\ \cos\beta_{D_2}\sin\beta_{D_1} & \cos\beta_{D_1} & -\sin\beta_{D_2}\sin\beta_{D_1} \\ \sin\beta_{D_2} & 0 & \cos\beta_{D_2} \end{pmatrix} \tag{5.1.18}$$

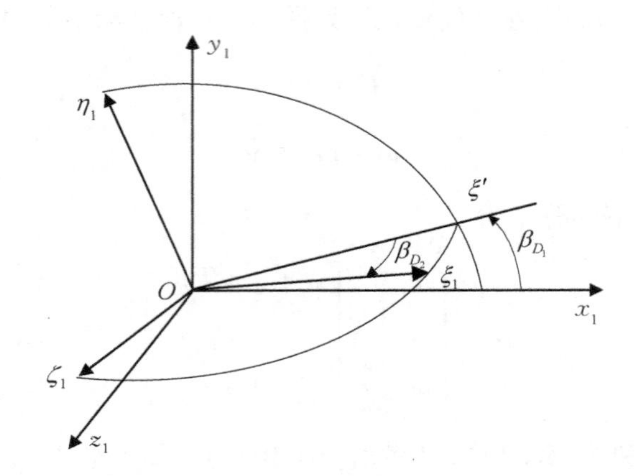

图 5.1.1 惯量主轴坐标系和弹体坐标系

因 β_D 一般很小，β_{D_1}、β_{D_2} 更小，故近似有

$$\boldsymbol{A}_{B\beta_D} = \begin{pmatrix} 1 & -\beta_{D_1} & -\beta_{D_2} \\ \beta_{D_1} & 1 & 0 \\ \beta_{D_2} & 0 & 1 \end{pmatrix} \tag{5.1.19}$$

设弹箭总角速度在弹体坐标系和惯量主轴坐标系下的投影矩阵分别为 $\boldsymbol{\omega}_B$ 和 $\boldsymbol{\omega}'$，弹箭对这两个坐标系的转动惯量矩阵分别为 $\boldsymbol{J}_B$ 和 $\boldsymbol{J}'$，弹箭对质心的总动量矩在这两个坐标系里的投影矩阵为 $\boldsymbol{G}_B$ 和 $\boldsymbol{G}'$，故有

$$\begin{cases} \boldsymbol{G}_B = \boldsymbol{J}_B\boldsymbol{\omega}_B \\ \boldsymbol{G}' = \boldsymbol{J}'\boldsymbol{\omega}' \end{cases} \tag{5.1.20}$$

利用两坐标系间的转换矩阵 $\boldsymbol{A}_{B\beta_D}$，可得同样的总动量矩和总角速度在两个坐标系下的分量关系为

$$\begin{cases} \boldsymbol{G}' = \boldsymbol{A}_{B\beta_D}^{-1}\boldsymbol{G}_B \\ \boldsymbol{\omega}' = \boldsymbol{A}_{B\beta_D}^{-1}\boldsymbol{\omega}_B \end{cases} \tag{5.1.21}$$

将式(5.1.21)代入式(5.1.20)中的第二式得

$$\boldsymbol{A}_{B\beta_D}^{-1}\boldsymbol{G}_B = \boldsymbol{J}'\boldsymbol{A}_{B\beta_D}^{-1}\boldsymbol{\omega}_B \tag{5.1.22}$$

将式(5.1.22)两端左乘以 $\boldsymbol{A}_{B\beta_D}$，并注意到 $\boldsymbol{A}_{B\beta_D}\cdot\boldsymbol{A}_{B\beta_D}^{-1}=\boldsymbol{I}$，其中 $\boldsymbol{I}$ 表示单位矩阵，得

$$\boldsymbol{G}_B = \boldsymbol{A}_{B\beta_D}\boldsymbol{J}'\boldsymbol{A}_{B\beta_D}^{-1}\boldsymbol{\omega}_B \tag{5.1.23}$$

将式(5.1.23)与式(5.1.20)中的第一式相比较，并注意到 $\boldsymbol{A}_{B\beta_D}$ 为正交矩阵，故其逆矩

阵等于转置矩阵,得

$$\boldsymbol{J}_B = \boldsymbol{A}_{B\beta_D}\boldsymbol{J}'\boldsymbol{A}_{B\beta_D}^{\mathrm{T}} \tag{5.1.24}$$

式(5.1.24)就是两坐标系上转动惯量矩阵之间的关系。对于惯量主轴坐标系,各惯量积为 0,故有

$$\boldsymbol{J}' = \begin{pmatrix} J_{\xi_1} & 0 & 0 \\ 0 & J_{\eta_1} & 0 \\ 0 & 0 & J_{\zeta_1} \end{pmatrix} \approx \begin{pmatrix} C & 0 & 0 \\ 0 & A & 0 \\ 0 & 0 & A \end{pmatrix} \tag{5.1.25}$$

式中,J_{ξ_1} 为轴向转动惯量,$J_{\eta_1} = J_{\zeta_1}$ 为横向转动惯量,分别与弹箭的极转动惯量 C 和赤道转动惯量 A 近似相等。再将式(5.1.19)和式(5.1.25)代入式(5.1.24)中得

$$\boldsymbol{J}_B \approx \begin{pmatrix} C & -(A-C)\beta_{D_1} & -(A-C)\beta_{D_2} \\ -(A-C)\beta_{D_1} & A & 0 \\ -(A-C)\beta_{D_2} & 0 & A \end{pmatrix} \tag{5.1.26}$$

由于转动运动方程是向弹轴坐标系分解的,有必要将惯量矩阵 $\boldsymbol{J}_B$ 再转换到弹轴坐标系下。由于弹轴坐标系与弹体坐标系只相差一个自转角,利用此二坐标系间的转换矩阵可得弹轴坐标系下的转动惯量矩阵 $\boldsymbol{J}_A$ 为

$$\boldsymbol{J}_A = \begin{pmatrix} C & -(A-C)\beta_{D_\eta} & -(A-C)\beta_{D_\zeta} \\ -(A-C)\beta_{D_\eta} & A & 0 \\ -(A-C)\beta_{D_\zeta} & 0 & A \end{pmatrix} \tag{5.1.27}$$

式中,

$$\begin{cases} \beta_{D_\eta} = \beta_{D_1}\cos\gamma - \beta_{D_2}\sin\gamma \\ \beta_{D_\zeta} = \beta_{D_1}\sin\gamma + \beta_{D_2}\cos\gamma \end{cases} \tag{5.1.28}$$

显然,对于弹轴坐标系,转动惯量矩阵随弹箭旋转方位角 γ 变化,故也是随时间变化的,并且:

$$\dot{\beta}_{D_\eta} = (-\beta_{D_1}\sin\gamma - \beta_{D_2}\cos\gamma)\dot{\gamma} \approx -\beta_{D_\zeta}\omega_\xi \tag{5.1.29}$$

$$\dot{\beta}_{D_\zeta} = (\beta_{D_1}\cos\gamma - \beta_{D_2}\sin\gamma)\dot{\gamma} \approx \beta_{D_\eta}\omega_\xi \tag{5.1.30}$$

将式(5.1.27)代入式(5.1.11)中,得动量矩在弹轴坐标系下分量的矩阵形式:

$$\boldsymbol{G} = \begin{pmatrix} G_\xi \\ G_\eta \\ G_\zeta \end{pmatrix} = \begin{pmatrix} C\omega_\xi - (A-C)(\beta_{D_\eta}\omega_\eta + \beta_{D_\zeta}\omega_\zeta) \\ -(A-C)\beta_{D_\eta}\omega_\xi + A\omega_\eta \\ -(A-C)\beta_{D_\zeta}\omega_\xi + A\omega_\zeta \end{pmatrix} \tag{5.1.31}$$

将式(5.1.31)代入式(5.1.8)中,略去 $\omega_{1\xi}$、ω_η、ω_ζ、$\tan\varphi_2$、β_{D_η}、β_{D_ζ} 等小量的乘积项,并利用 β_{D_η}、β_{D_ζ}、$\dot{\beta}_{D_\eta}$、$\dot{\beta}_{D_\zeta}$ 的关系式及 $\omega_\xi \approx \dot{\gamma}$,$\dot{\omega}_\xi \approx \ddot{\gamma}$,即得弹轴坐标系下的弹箭绕心动力学方程为

$$\begin{cases}\dfrac{\mathrm{d}\omega_\xi}{\mathrm{d}t}=\dfrac{M_\xi}{C}\\ \dfrac{\mathrm{d}\omega_\eta}{\mathrm{d}t}=\dfrac{M_\eta}{A}-\dfrac{C}{A}\omega_\xi\omega_\zeta+\omega_\zeta^2\tan\varphi_2+\dfrac{A-C}{A}(\beta_{D_\eta}\ddot{\gamma}-\beta_{D_\zeta}\dot{\gamma}^2)\\ \dfrac{\mathrm{d}\omega_\zeta}{\mathrm{d}t}=\dfrac{M_\zeta}{A}+\dfrac{C}{A}\omega_\xi\omega_\eta-\omega_\eta\omega_\zeta\tan\varphi_2+\dfrac{A-C}{A}(\beta_{D_\zeta}\ddot{\gamma}+\beta_{D_\eta}\dot{\gamma}^2)\end{cases}\tag{5.1.32}$$

式中，M_ξ、M_η、M_ζ 分别为外力矩在弹轴坐标系下的分量。

根据式(5.1.13)可进一步得到弹箭绕心运动学方程为

$$\begin{cases}\dfrac{\mathrm{d}\varphi_{\mathrm{a}}}{\mathrm{d}t}=\dfrac{\omega_\zeta}{\cos\varphi_2}\\ \dfrac{\mathrm{d}\varphi_2}{\mathrm{d}t}=-\omega_\eta\\ \dfrac{\mathrm{d}\gamma}{\mathrm{d}t}=\omega_\xi-\omega_\zeta\tan\varphi_2\end{cases}\tag{5.1.33}$$

5.1.3 弹箭刚体运动方程组的一般形式

方程组[式(5.1.5)、式(5.1.6)、式(5.1.32)和式(5.1.33)]共 12 个方程，它们组成了弹箭刚体运动方程组，但这 12 个方程中有 15 个变量：v、θ_{a}、ψ_2、φ_{a}、φ_2、δ_1、δ_2、ω_ξ、ω_η、ω_ζ、γ、x、y、z、β，因而方程组不封闭，必须再补充 3 个方程，它们就是几何关系式：

$$\begin{cases}\sin\delta_2=\cos\psi_2\sin\varphi_2-\sin\psi_2\cos\varphi_2\cos(\varphi_{\mathrm{a}}-\theta_{\mathrm{a}})\\ \sin\delta_1=\cos\varphi_2\sin(\varphi_{\mathrm{a}}-\theta_{\mathrm{a}})/\cos\delta_2\\ \sin\beta=\sin\psi_2\sin(\varphi_{\mathrm{a}}-\theta_{\mathrm{a}})/\cos\delta_2\end{cases}\tag{5.1.34}$$

这些方程联立起来就是弹箭刚体运动方程组的一般形式。

在给出了方程中力和力矩的具体表达式后，刚体运动方程组才有具体的形式。下面给出作用在弹箭上的空气动力和力矩的表达式。

5.2 弹道方程中的空气动力和空气动力矩表达式

将射击方向与正北方(N)的夹角记为 α_{N}，风的来向(也即风向)与正北方的夹角记为 α_{w}，通常不考虑铅直风，即 $w_y=0$，则按定义，水平风速 w 分解为纵风和横风的计算式如下：

$$\begin{cases}w_x=-w\cos(\alpha_{\mathrm{w}}-\alpha_{\mathrm{N}})\\ w_z=-w\sin(\alpha_{\mathrm{w}}-\alpha_{\mathrm{N}})\end{cases}\tag{5.2.1}$$

将其投影到速度坐标系 $Ox_2y_2z_2$ 下有

$$\begin{cases} w_{x_2} = w_x \cos\psi_2 \cos\theta_a + w_z \sin\psi_2 \\ w_{y_2} = - w_x \sin\theta_a \\ w_{z_2} = - w_x \sin\psi_2 \cos\theta_a + w_z \cos\psi_2 \end{cases} \tag{5.2.2}$$

弹箭在风场中运动所受的空气动力及力矩的大小和方向与弹箭相对于空气的速度 $\boldsymbol{v}_r$ 的大小和方向紧密相关。仍用 $\boldsymbol{v}$ 表示弹箭相对于地面的速度，则它相对于空气的速度为

$$\boldsymbol{v}_r = \boldsymbol{v} - \boldsymbol{w} \tag{5.2.3}$$

将相对速度 $\boldsymbol{v}_r$ 投影到速度坐标系 $Ox_2y_2z_2$ 下有

$$\begin{cases} v_{rx_2} = v - w_{x_2} \\ v_{ry_2} = - w_{y_2} \\ v_{rz_2} = - w_{z_2} \end{cases} \tag{5.2.4}$$

而

$$v_r = \sqrt{(v - w_{x_2})^2 + w_{y_2}^2 + w_{z_2}^2} \tag{5.2.5}$$

相对速度 $\boldsymbol{v}_r$ 与弹轴组成的平面称为相对攻角平面，$\boldsymbol{v}_r$ 与弹轴的夹角称为相对攻角，用 δ_r 表示。设弹轴方向上单位向量为 $\boldsymbol{\xi}$，则相对攻角 δ_r 的大小可用式(5.2.6)求得：

$$\delta_r = \arccos(\boldsymbol{v}_r \cdot \boldsymbol{\xi}/v_r) = \arccos(v_{r\xi}/v_r) \tag{5.2.6}$$

因：

$$\boldsymbol{\xi} = \cos\delta_2 \cos\delta_1 \boldsymbol{i}_2 + \cos\delta_2 \sin\delta_1 \boldsymbol{j}_2 + \sin\delta_2 \boldsymbol{k}_2 \tag{5.2.7}$$

故有

$$v_{r\xi} = v_{rx_2} \cos\delta_2 \cos\delta_1 + v_{ry_2} \cos\delta_2 \sin\delta_1 + v_{rz_2} \sin\delta_2 \tag{5.2.8}$$

有风时，空气动力和力矩表达式中要用相对速度 v_r、相对攻角 δ_r，而且确定空气动力和力矩矢量方向时，要用相对攻角平面，它是由弹轴和相对速度 v_r 组成的平面。如果给出了有风时的空气动力和力矩表达式，无风情况下的空气动力和力矩自然就确定了。

5.2.1　有风时的空气动力

1. 阻力 $\boldsymbol{R}_x$

阻力应沿相对速度矢量 $\boldsymbol{v}_r$ 的反方向，其大小需用 $\boldsymbol{v}_r$ 的值计算，即

$$\boldsymbol{R}_x = \rho v_r S c_x(-\boldsymbol{v}_r)/2, \quad c_x = c_{x_0}(1 + k_\delta \delta_r^2) \tag{5.2.9}$$

式中，S 为弹箭特征面积；c_x 和 c_{x_0} 分别为阻力系数和零攻角时的阻力系数；k_δ 为诱导阻力系数。将阻力写成分量的形式有

$$\boldsymbol{R}_x = \begin{bmatrix} -\dfrac{\rho v_r}{2} S c_x (v - w_{x_2}) \\ \dfrac{\rho v_r}{2} S c_x w_{y_2} \\ \dfrac{\rho v_r}{2} S c_x w_{z_2} \end{bmatrix} \tag{5.2.10}$$

2. 升力 $\boldsymbol{R}_y$

升力在相对攻角平面内并垂直于相对速度 $\boldsymbol{v}_r$，与弹轴在 $\boldsymbol{v}_r$ 的同一侧。升力的大小和方向可用如下公式表示：

$$\boldsymbol{R}_y = \frac{\rho S}{2} c_y \frac{1}{\sin\delta_r} \boldsymbol{v}_r \times (\boldsymbol{\xi} \times \boldsymbol{v}_r) \tag{5.2.11}$$

其在速度坐标系下的分量表达式为

$$\begin{bmatrix} R_{yx_2} \\ R_{yy_2} \\ R_{yz_2} \end{bmatrix} = \frac{\rho S}{2} c_y \frac{1}{\sin\delta_r} \begin{bmatrix} v_r^2\cos\delta_2\cos\delta_1 - v_{r\xi}v_{rx_2} \\ v_r^2\cos\delta_2\sin\delta_1 - v_{r\xi}v_{ry_2} \\ v_r^2\sin\delta_2 - v_{r\xi}v_{rz_2} \end{bmatrix} \tag{5.2.12}$$

小攻角时，$c_y = c'_y\delta_r$，其中 c_y 和 c'_y 分别为升力系数和升力系数导数。

3. 马格努斯力 $\boldsymbol{R}_z$

旋转弹的马格努斯力指向 $\dot{\boldsymbol{\gamma}} \times \boldsymbol{v}_r$ 方向，故其矢量表达式为

$$\boldsymbol{R}_z = \frac{\rho v_r}{2} S c_z \frac{1}{\sin\delta_r} (\boldsymbol{\xi} \times \boldsymbol{v}_r) \tag{5.2.13}$$

其方向还与马氏力系数的正负有关。由矢量叉乘积分量的矩阵运算表示法可直接得

$$\begin{bmatrix} R_{zx_2} \\ R_{zy_2} \\ R_{zz_2} \end{bmatrix} = \frac{\rho v_r}{2} S c_z \frac{1}{\sin\delta_r} \begin{bmatrix} -v_{ry_2}\sin\delta_2 + v_{rz_2}\cos\delta_2\sin\delta_1 \\ v_{rx_2}\sin\delta_2 - v_{rz_2}\cos\delta_2\cos\delta_1 \\ -v_{rx_2}\cos\delta_2\sin\delta_1 + v_{ry_2}\cos\delta_2\cos\delta_1 \end{bmatrix} \tag{5.2.14}$$

小攻角时，$c_z = c''_z\delta_r(\mathrm{d}\omega_\xi/v_r)$，其中 c_z 和 c''_z 分别为马格努斯力系数和马格努斯力系数导数。

5.2.2 有风时的空气动力矩

1. 静力矩 $\boldsymbol{M}_z$

有风时，静力矩的矢量形式如下：

$$\boldsymbol{M}_z = \frac{\rho v_r}{2} S l m_z \frac{1}{\sin\delta_r} (\boldsymbol{v}_r \times \boldsymbol{\xi}) \tag{5.2.15}$$

式中，l 为弹体特征长度；m_z 和 m'_z 分别为静力矩系数和静力矩系数导数，小攻角时有 $m_z = m'_z\delta_r$，静力矩在弹轴坐标系下的分量表达式为

$$\begin{bmatrix} M_{z\xi} \\ M_{z\eta} \\ M_{z\zeta} \end{bmatrix} = \begin{bmatrix} 0 \\ \dfrac{\rho v_r}{2} S l m_z \dfrac{1}{\sin\delta_r} v_{r\zeta} \\ -\dfrac{\rho v_r}{2} S l m_z \dfrac{1}{\sin\delta_r} v_{r\eta} \end{bmatrix} \tag{5.2.16}$$

式中，$v_{r\eta}$ 和 $v_{r\zeta}$ 分别为相对速度在弹轴坐标系下的分量，其计算公式为

$$\begin{cases} v_{r\eta} = v_{r\eta_2}\cos\beta + v_{r\zeta_2}\sin\beta \\ v_{r\zeta} = -v_{r\eta_2}\sin\beta + v_{r\zeta_2}\cos\beta \end{cases} \tag{5.2.17}$$

式中，$v_{r\eta_2}$ 和 $v_{r\zeta_2}$ 分别为相对速度在第二弹轴坐标系下的分量，表达式为

$$\begin{cases} v_{r\eta_2} = -(v - w_{x_2})\sin\delta_1 - w_{y_2}\cos\delta_1 \\ v_{r\zeta_2} = -(v - w_{x_2})\sin\delta_2\cos\delta_1 + w_{y_2}\sin\delta_2\sin\delta_1 - w_{z_2}\cos\delta_2 \end{cases} \tag{5.2.18}$$

2. 赤道阻尼力矩 $\boldsymbol{M}_{zz}$

赤道阻尼力矩与弹轴坐标系的转动角速度 $\boldsymbol{\omega}_1$ 相反，其矢量表达式为

$$\boldsymbol{M}_{zz} = -\frac{\rho v_r^2}{2}Slm'_{zz}\left(\frac{d\boldsymbol{\omega}_1}{v_r}\right) = -\frac{\rho v_r}{2}Sldm'_{zz}\boldsymbol{\omega}_1 \tag{5.2.19}$$

$$m_{zz} = m'_{zz}\left(\frac{d\omega_1}{v_r}\right) \tag{5.2.20}$$

式中，m_{zz} 和 m'_{zz} 分别为赤道阻尼力矩系数和赤道阻尼力矩系数导数。由于弹轴坐标系的转动角速度 $\boldsymbol{\omega}_1$ 在弹轴坐标系下的分量为（$\omega_{1\xi}$，$\omega_{1\eta}$，$\omega_{1\zeta}$），赤道阻尼力矩在弹轴坐标系下的投影为

$$\begin{bmatrix} M_{zz\xi} \\ M_{zz\eta} \\ M_{zz\zeta} \end{bmatrix} = \begin{bmatrix} -\dfrac{\rho v_r}{2}Sldm'_{zz}\omega_{1\xi} \\ -\dfrac{\rho v_r}{2}Sldm'_{zz}\omega_{1\eta} \\ -\dfrac{\rho v_r}{2}Sldm'_{zz}\omega_{1\zeta} \end{bmatrix} \tag{5.2.21}$$

将式(5.1.14)代入式(5.2.21)得

$$\begin{bmatrix} M_{zz\xi} \\ M_{zz\eta} \\ M_{zz\zeta} \end{bmatrix} = \begin{bmatrix} -\dfrac{\rho v_r}{2}Sldm'_{zz}\omega_{\xi}\tan\varphi_2 \\ -\dfrac{\rho v_r}{2}Sldm'_{zz}\omega_{\eta} \\ -\dfrac{\rho v_r}{2}Sldm'_{zz}\omega_{\zeta} \end{bmatrix} \approx \begin{bmatrix} 0 \\ -\dfrac{\rho v_r}{2}Sldm'_{zz}\omega_{\eta} \\ -\dfrac{\rho v_r}{2}Sldm'_{zz}\omega_{\zeta} \end{bmatrix} \tag{5.2.22}$$

3. 极阻尼力矩 $\boldsymbol{M}_{xz}$

极阻尼力矩 $\boldsymbol{M}_{xz}$ 与弹轴轴向角速度 $\boldsymbol{\omega}_{\xi}$ 方向相反，在弹轴坐标系下的投影为

$$\boldsymbol{M}_{xz} = \begin{bmatrix} M_{xz\xi} \\ M_{xz\eta} \\ M_{xz\zeta} \end{bmatrix} = \begin{bmatrix} -\rho v_r^2/2Slm_{xz} \\ 0 \\ 0 \end{bmatrix} = -\frac{\rho v_r}{2}Sldm'_{xz}\begin{bmatrix} \omega_{\xi} \\ 0 \\ 0 \end{bmatrix} \tag{5.2.23}$$

$$m_{xz} = m'_{xz}(\mathrm{d}\omega_{\xi}/v_r) \tag{5.2.24}$$

式中，m_{xz} 和 m'_{xz} 分别为极阻尼力矩系数和极阻尼力矩系数导数。

4. 尾翼导转力矩 $\boldsymbol{M}_{xw}$

尾翼导转力矩 $\boldsymbol{M}_{xw}$ 由斜置或斜切尾翼所产生，驱使弹箭自转，故其矢量沿弹轴方向，它在弹轴坐标系下的分量形式表示如下：

$$\boldsymbol{M}_{xw}=\begin{bmatrix}M_{xw\xi}\\M_{xw\eta}\\M_{xw\zeta}\end{bmatrix}=\begin{bmatrix}\rho v_r^2/2Slm_{xw}\\0\\0\end{bmatrix}=\frac{\rho v_r^2}{2}Slm'_{xw}\begin{bmatrix}\varepsilon_w\\0\\0\end{bmatrix}\tag{5.2.25}$$

$$m_{xw}=m'_{xw}\varepsilon_w\tag{5.2.26}$$

式中，m_{xw} 和 m'_{xw} 分别为尾翼导转力矩系数和尾翼导转力矩系数导数；ε_w 为尾翼导转角，定义正的尾翼导转角使弹体右旋，反之为负。

5. 马格努斯力矩 $\boldsymbol{M}_y$

马格努斯力矩 $\boldsymbol{M}_y$ 由垂直于攻角平面的马格努斯力所产生，故其矢量位于相对攻角平面内，即有风时马格努斯力矩在 $\boldsymbol{\xi}\times(\boldsymbol{\xi}\times\boldsymbol{v}_r)$ 方向上，因此马格努斯力矩的大小和方向可表示为

$$\boldsymbol{M}_y=\frac{\rho v_r}{2}Slm_y\frac{1}{\sin\delta_r}\boldsymbol{\xi}\times(\boldsymbol{\xi}\times\boldsymbol{v}_r)\tag{5.2.27}$$

式中，m_y 为马格努斯力矩系数：

$$m_y=m'_y\left(\frac{\mathrm{d}\omega_\xi}{v_r}\right)\tag{5.2.28}$$

小攻角时，$m'_y=m''_y\delta_r$，其中 m''_y 为马格努斯力矩系数导数。马格努斯力矩在弹轴坐标系中的分量表达式为

$$\begin{bmatrix}M_{y\xi}\\M_{y\eta}\\M_{y\zeta}\end{bmatrix}=\begin{bmatrix}0\\-\dfrac{\rho Sld}{2}m'_y\omega_\xi\dfrac{1}{\sin\delta_r}v_{r\eta}\\-\dfrac{\rho Sld}{2}m'_y\omega_\xi\dfrac{1}{\sin\delta_r}v_{r\zeta}\end{bmatrix}\tag{5.2.29}$$

6. 气动偏心产生的附加力矩和附加升力

弹箭存在气动外形不对称时，即使攻角 $\delta=0$，仍有静力矩和升力，只有当 $\delta=\delta_M$ 时，静力矩才为零，$\delta=\delta_N$ 时，升力才为零，故可将静力矩和升力写成如下形式：

$$\begin{cases}M_z=\rho v^2Slm'_z(\delta-\delta_M)/2\\R_y=\rho v^2Sc'_y(\delta-\delta_N)/2\end{cases}\tag{5.2.30}$$

式中，δ_M 和 δ_N 分别为附加力矩的气动偏心角和附加力的气动偏心角。

因此，外形不对称的作用等效于增加了一个附加静力矩和附加升力：

$$\begin{cases}\Delta M_z=-\rho v^2Slm'_z\delta_M/2\\\Delta R_y=-\rho v^2c'_y\delta_N/2\end{cases}\tag{5.2.31}$$

一般来说，δ_M 和 δ_N 并不相等，但当气动不对称主要由尾翼不对称引起时，$\delta_N\approx\delta_M$，这可作如下解释。

设攻角恰好为 $\delta=\delta_{\mathrm{M}}$，则 $M_z=0$，$R_y=\dfrac{\rho v^2}{2}Sc_y'(\delta_{\mathrm{M}}-\delta_{\mathrm{N}})$；另外，此时总空气动力 $\boldsymbol{R}$ 必沿弹轴反方向通过质心(图 5.2.1)，此时阻力 R_x 的方向仍与速度方向相反，升力则为

$$R_y=-R_x\tan\delta_{\mathrm{M}}\approx-\rho v^2Sc_x\delta_{\mathrm{M}}/2 \tag{5.2.32}$$

令以上两个 R_y 表达式相等，并注意到 $c_y'\gg c_x$，即可解出：

$$\delta_{\mathrm{N}}=(1+c_x/c_y')\delta_{\mathrm{M}}\approx\delta_{\mathrm{M}} \tag{5.2.33}$$

当弹箭旋转时，附加力矩和附加空气动力也将随之旋转，改变作用方向。与以前一样，现在的问题是要求出附加力矩在弹轴坐标系下的投影及附加升力在速度坐标系下的投影。

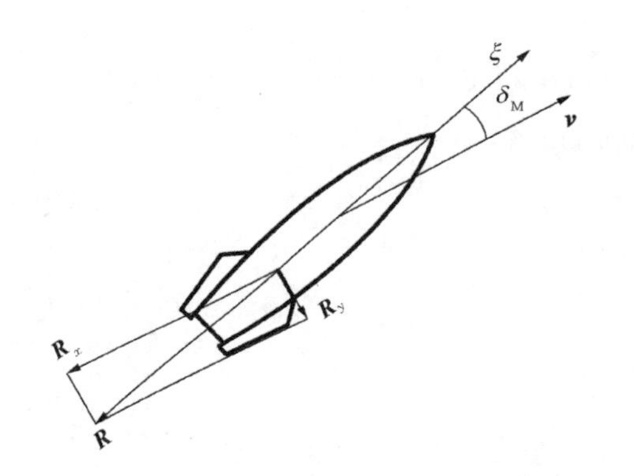

图 5.2.1　气动外形不对称时的力矩平衡示意图

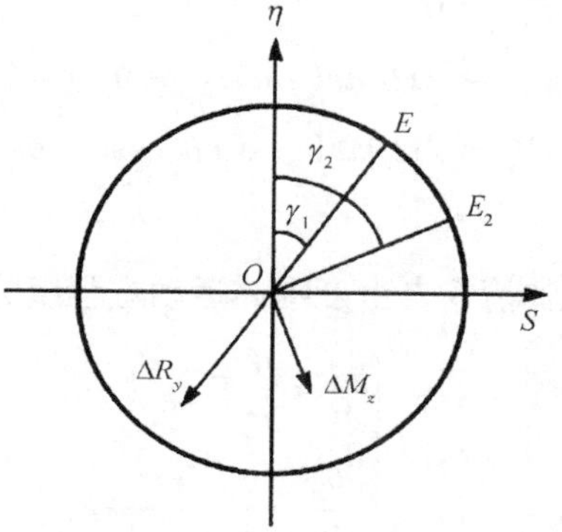

图 5.2.2　附加升力和附加力矩的方向

沿弹轴从弹尾向弹头看，取一垂直于弹轴的横截面，附加力的气动偏心角 δ_{N} 所在的平面 OE 相对于弹轴坐标系的 $O\eta$ 轴转过 γ_1，如图 5.2.2 所示。在只研究附加升力和力矩时可认为 $\delta=0$，并取 $\beta=0$，则速度坐标系与弹轴坐标系重合，附加升力 ΔR_y 沿 OE 反方向，三个分量为

$$\begin{bmatrix}\Delta R_{yx_2}\\ \Delta R_{yy_2}\\ \Delta R_{yz_2}\end{bmatrix}=-\frac{\rho v^2}{2}Sc_y'\delta_{\mathrm{N}}\begin{bmatrix}0\\ \cos\gamma_1\\ \sin\gamma_1\end{bmatrix} \tag{5.2.34}$$

式中，$\gamma_1=\gamma_{10}+\gamma$，而 γ_{10} 表示气动偏心角 δ_{N} 的起始方位，或相对于弹体的方位是个常数，故 $\dot{\gamma}_1=\dot{\gamma}$。

同理，设附加力矩的气动偏心角为 δ_{M}，所在平面为 OE_2 方向，与 $O\eta$ 轴的夹角为 γ_2，附加力矩 ΔM_z 的方向与 OE_2 轴垂直，由图 5.2.2 可见，其分量可写成如下形式：

$$\begin{cases}\Delta M_{z\xi}=0\\ \Delta M_{z\eta}=-\dfrac{\rho v^2}{2}Slm_z'\delta_{\mathrm{M}}\sin\gamma_2\\ \Delta M_{z\zeta}=\dfrac{\rho v^2}{2}Slm_z'\delta_{\mathrm{M}}\cos\gamma_2\end{cases} \tag{5.2.35}$$

式中，$\gamma_2=\gamma_{20}+\gamma$，而 γ_{20} 表示气动偏心角 δ_{M} 的起始方位角，也是个常数，故也有 $\dot{\gamma}_2=\dot{\gamma}$。

5.3 6自由度刚体弹道方程组

将作用在弹箭上的所有力和力矩的表达式代入5.1节弹箭刚体运动一般方程中，就可以得到弹箭6自由度刚体运动方程的具体形式，这种方程常称为6D弹道方程。

利用地面坐标系和速度坐标系的转换关系，可以将地球自转角速度分量转换到速度坐标系中，再由科氏惯性力定义 $F_c = -2m\boldsymbol{\Omega}_E \times \boldsymbol{v}$，其中 $\boldsymbol{\Omega}_E$ 为地球自转角速度，即得科氏惯性力在速度坐标系下分量的表达式：

$$\begin{cases} F_{cx_2} = 0 \\ F_{cy_2} = 2\Omega_E mv(\sin\psi_2\cos\theta_a\cos\Lambda\cos\alpha_N + \sin\theta_a\sin\psi_2\sin\Lambda + \cos\psi_2\cos\Lambda\sin\alpha_N) \\ F_{cz_2} = 2\Omega_E mv(-\sin\theta_a\cos\Lambda\cos\alpha_N + \cos\theta_a\sin\Lambda) \end{cases} \tag{5.3.1}$$

弹箭6自由度刚体运动方程组为

$$\begin{cases} \dfrac{dv}{dt} = \dfrac{1}{m}F_{x_2} \\ \dfrac{d\theta_a}{dt} = \dfrac{1}{mv\cos\psi_2}F_{y_2} \\ \dfrac{d\psi_2}{dt} = \dfrac{1}{mv}F_{z_2} \\ \dfrac{d\omega_\xi}{dt} = \dfrac{M_\xi}{C} \\ \dfrac{d\omega_\eta}{dt} = \dfrac{M_\eta}{A} - \dfrac{C}{A}\omega_\xi\omega_\zeta + \omega_\zeta^2\tan\varphi_2 + \dfrac{A-C}{A}(\beta_{D_\eta}\ddot{\gamma} - \beta_{D_\zeta}\dot{\gamma}^2) \\ \dfrac{d\omega_\zeta}{dt} = \dfrac{M_\zeta}{A} + \dfrac{C}{A}\omega_\xi\omega_\eta - \omega_\eta\omega_\zeta\tan\varphi_2 + \dfrac{A-C}{A}(\beta_{D_\zeta}\ddot{\gamma} + \beta_{D_\eta}\dot{\gamma}^2) \\ \dfrac{d\varphi_a}{dt} = \dfrac{\omega_\zeta}{\cos\varphi_2} \\ \dfrac{d\varphi_2}{dt} = -\omega_\eta \\ \dfrac{d\gamma}{dt} = \omega_\xi - \omega_\zeta\tan\varphi_2 \\ \dfrac{dx}{dt} = v\cos\psi_2\cos\theta_a \\ \dfrac{dy}{dt} = v\cos\psi_2\sin\theta_a \\ \dfrac{dz}{dt} = v\sin\psi_2 \end{cases} \tag{5.3.2}$$

其中，

$$\begin{cases}\sin\delta_2=\cos\psi_2\sin\varphi_2-\sin\psi_2\cos\varphi_2\cos(\varphi_a-\theta_a)\\ \sin\delta_1=\cos\varphi_2\sin(\varphi_a-\theta_a)/\cos\delta_2\\ \sin\beta=\sin\psi_2\sin(\varphi_a-\theta_a)/\cos\delta_2\end{cases}\tag{5.3.3}$$

$$\begin{cases}F_{x_2}=-mg\sin\theta_a\cos\psi_2-\dfrac{\rho v_r}{2}Sc_{x_0}(1+k_\delta\delta_r^2)v_{rx_2}+\dfrac{\rho S}{2}c_y\dfrac{1}{\sin\delta_r}(v_r^2\cos\delta_2\cos\delta_1-v_{r\xi}v_{rx_2})\\ \qquad+\dfrac{\rho Sd}{2}c_z\dfrac{1}{\sin\delta_r}(v_{rz_2}\cos\delta_2\sin\delta_1-v_{ry_2}\sin\delta_2)\\ F_{y_2}=-mg\cos\theta_a-\dfrac{\rho v_r}{2}Sc_{x_0}(1+k_\delta\delta_r^2)v_{ry_2}+\dfrac{\rho S}{2}c_y\dfrac{1}{\sin\delta_r}(v_r^2\cos\delta_2\sin\delta_1-v_{r\xi}v_{ry_2})\\ \qquad+\dfrac{\rho Sd}{2}c_z\dfrac{1}{\sin\delta_r}(v_{rx_2}\sin\delta_2-v_{rz_2}\cos\delta_2\cos\delta_1)\\ \qquad+2\Omega_E mv(\sin\psi_2\cos\theta_a\cos\Lambda\cos\alpha_N+\sin\theta_a\sin\psi_2\sin\Lambda+\cos\psi_2\cos\Lambda\sin\alpha_N)\\ F_{z_2}=mg\sin\theta_a\sin\psi_2-\dfrac{\rho v_r}{2}Sc_{x_0}(1+k_\delta\delta_r^2)v_{rz_2}+\dfrac{\rho S}{2}c_y\dfrac{1}{\sin\delta_r}(v_r^2\sin\delta_2-v_{r\xi}v_{rz_2})\\ \qquad+\dfrac{\rho Sd}{2}c_z\dfrac{1}{\sin\delta_r}(-v_{rx_2}\cos\delta_2\sin\delta_1+v_{ry_2}\cos\delta_2\cos\delta_1)\\ \qquad+2\Omega_E mv(-\sin\theta_a\cos\Lambda\cos\alpha_N+\cos\theta_a\sin\Lambda)\end{cases}\tag{5.3.4}$$

$$\begin{cases}M_\xi=-\dfrac{\rho v_r}{2}Sldm'_{xz}\omega_\xi+\dfrac{\rho v_r^2}{2}Slm'_{xw}\varepsilon_w\\ M_\eta=\dfrac{\rho v_r}{2}Slm_z\dfrac{1}{\sin\delta_r}v_{r\zeta}-\dfrac{\rho v_r}{2}Sldm'_{zz}\omega_\eta-\dfrac{\rho Sld}{2}m'_y\omega_\xi\dfrac{1}{\sin\delta_r}v_{r\eta}-\dfrac{\rho v^2}{2}Slm'_z\delta_M\sin\gamma_2\\ M_\zeta=-\dfrac{\rho v_r}{2}Slm_z\dfrac{1}{\sin\delta_r}v_{r\eta}-\dfrac{\rho v_r}{2}Sldm'_{zz}\omega_\zeta-\dfrac{\rho Sld}{2}m'_y\omega_\xi\dfrac{1}{\sin\delta_r}v_{r\zeta}+\dfrac{\rho v^2}{2}Slm'_z\delta_M\cos\gamma_2\end{cases}\tag{5.3.5}$$

$$\begin{cases}w_x=-w\cos(\alpha_w-\alpha_N)\\ w_z=-w\sin(\alpha_w-\alpha_N)\end{cases}\tag{5.3.6}$$

$$\begin{cases}w_{x_2}=w_x\cos\psi_2\cos\theta_a+w_z\sin\psi_2\\ w_{y_2}=-w_x\sin\theta_a\\ w_{z_2}=-w_x\sin\psi_2\cos\theta_a+w_z\cos\psi_2\end{cases}\tag{5.3.7}$$

$$\begin{cases}v_{rx_2}=v-w_{x_2}\\ v_{ry_2}=-w_{y_2}\\ v_{rz_2}=-w_{z_2}\\ v_r=\sqrt{v_{rx_2}^2+v_{ry_2}^2+v_{rz_2}^2}\end{cases}\tag{5.3.8}$$

$$\begin{cases} v_{r\eta_2} = -v_{rx_2}\sin\delta_1 + v_{ry_2}\cos\delta_1 \\ v_{r\zeta_2} = -v_{rx_2}\sin\delta_2\cos\delta_1 - v_{ry_2}\sin\delta_2\sin\delta_1 + v_{rz_2}\cos\delta_2 \end{cases} \tag{5.3.9}$$

$$\begin{cases} v_{r\xi} = v_{rx_2}\cos\delta_2\cos\delta_1 + v_{ry_2}\cos\delta_2\sin\delta_1 + v_{rz_2}\sin\delta_2 \\ v_{r\eta} = v_{r\eta_2}\cos\beta + v_{r\zeta_2}\sin\beta \\ v_{r\zeta} = -v_{r\eta_2}\sin\beta + v_{r\zeta_2}\cos\beta \\ \delta_r = \arccos(v_{r\xi}/v_r) \end{cases} \tag{5.3.10}$$

5.4 降阶的 5 自由度刚体弹道方程组

6 自由度弹道方程组是较为完备的弹道数学模型，主要用于精确计算弹道。但由于它详细地包含了刚体的角运动，而对于高速旋转弹，弹轴的章动和进动十分迅速，周期很短，因而计算时必须取很小的时间步长（如在 0.005 s 以下），这就导致计算时间很长。在要求计算速度很快时，需研究一些简化的弹道方程，在计算精度损失不大的情况下，大幅度增加积分步长、减少运算时间，以保障在这些场合下能快速完成弹道计算（如有时火控中对一些弹道计算的需求）。

刚体弹道方程描述的弹丸角运动包含周期很短的高频运动和周期较长的低频运动。由于高频运动的存在，计算步长需要很小，否则就会发散溢出。但是理论分析及计算表明，高频运动的幅度很小，实际上对质心运动的影响并不大，可以忽略，这样积分步长就可以增大（至少可以提高一个数量级）。高频运动的存在主要是由于 $\ddot{\varphi}_a$ 和 $\ddot{\varphi}_2$ 的作用，计算表明，这两项数值很小，可令其为零。另外，赤道阻尼力矩和静力矩等相比也可以忽略不计，而 $\dot{\varphi}_a^2$ 和 $\dot{\varphi}_a\dot{\varphi}_2$ 等均成为高阶小量，也可以忽略。

由方程组[式(5.3.2)]的第 7 个和第 8 个方程得 $\omega_\eta = -\dot{\varphi}_2$，$\omega_\zeta = \dot{\varphi}_a\cos\varphi_2$，将其代入第 5 个和第 6 个方程，取 $\ddot{\varphi}_a = 0$，$\ddot{\varphi}_2 = 0$，并忽略高阶小量，于是得到如下简化运动方程组（俗称 5D 弹道方程）：

$$\begin{cases} \dfrac{dv}{dt} = \dfrac{1}{m}F_{x_2} \\ \dfrac{d\theta_a}{dt} = \dfrac{1}{mv\cos\psi_2}F_{y_2} \\ \dfrac{d\psi_2}{dt} = \dfrac{1}{mv}F_{z_2} \\ \dfrac{d\omega_\xi}{dt} = \dfrac{M_\xi}{C} \\ \dfrac{d\varphi_a}{dt} = \dfrac{M_\eta}{C\dot{\gamma}\cos\varphi_2} \\ \dfrac{d\varphi_2}{dt} = \dfrac{M_\zeta}{C\dot{\gamma}} \end{cases}$$

$$
\left\{
\begin{aligned}
&\frac{d\gamma}{dt} = \omega_\xi - \dot{\varphi}_a \sin\varphi_2 \\
&\omega_\eta = -\dot{\varphi}_2 \\
&\omega_\zeta = \dot{\varphi}_a \cos\varphi_2 \\
&\frac{dx}{dt} = v\cos\psi_2 \cos\theta_a \\
&\frac{dy}{dt} = v\cos\psi_2 \sin\theta_a \\
&\frac{dz}{dt} = v\sin\psi_2
\end{aligned}
\right.
\tag{5.4.1}
$$

解方程(5.4.1)时所用到的其他关系式与式(5.3.3)~式(5.3.10)相同,此方程适用于高速旋转稳定炮弹或涡轮式火箭的被动段,不适用于低旋尾翼稳定弹箭,因为其陀螺效应太弱。

以某高旋弹为例,分别采用刚体弹道方程(6D)和降阶刚体弹道方程(5D)计算不同射角下的射程和偏流,对比见表 5.4.1。

表 5.4.1　某高旋弹 6D 和 5D 模型的弹道计算结果

射 角	射程 X/m(6D)	射程 X/m(5D)	偏流 Z/m(6D)	偏流 Z/m(5D)
30°	10 647.3	10 647.4	187.2	187.2
40°	11 779.6	11 779.5	310.8	310.8
50°	11 726.5	11 726.5	458.0	458.0
60°	10 317.7	10 317.5	621.3	621.3
70°	7 439.9	7 440.8	769.4	769.4

从表 5.4.1 可以看出,降阶的刚体弹道方程与精确刚体弹道方程具有非常相近的计算精度,在不同射角下,射程和偏流的计算结果差异非常小。但是由于降阶弹道方程略去了高频角运动,其计算步长可以取到 0.04 s 以上,计算时间几乎只有 6D 方程的 1/10。

5.5　4 自由度修正质点弹道方程组

质点弹道方程组中最主要的假设是攻角 $\delta = 0$。但是实际情况并非这么理想,弹轴受到各种扰动(起始扰动、弹道弯曲、不对称因素等)都会产生绕质心的转动而形成攻角,由攻角产生的诱导阻力、升力和马格努斯力将使实际弹道偏离基本假设下的弹道,因而用质点弹道方程计算得到的结果必然有较大的误差。为了减小弹道计算误差,应该考虑弹丸受扰动以后的攻角,这当然可以用完整的6自由度或简化方程去求解,但这个方法较为复杂,计算工作量大。一个较简单而又兼顾计算精度的方法是在质点弹道方程组中考虑由攻角对应的阻力、升力和马格努斯力的影响,而攻角本身用角运动方程的解析解直接算出。经过这样改进后的质点弹道方程组就称为修正质点弹道方程组。

由弹丸绕心运动的攻角方程知,一般情况下,攻角的解由齐次方程解(它由初始扰动和一些不对称因素产生)同非齐次项解(由重力强迫项引起的动力平衡角)之和构成。在出炮口升弧段上,动力平衡角很小,主要为齐次方程的周期项攻角,对于稳定飞行弹,此项攻角很快衰减。为简化计算,可用其平均值 $\bar{\delta}$ 代替周期项解。随着周期项解快速衰减,在弹丸接近弹道顶点过程中,动力平衡角逐渐增大。周期项攻角(平均值)和动力平衡角(近似解析解)共同影响下的空气动力使实际平均弹道偏离理想弹道,故在修正质点弹道方程中可考虑平均周期攻角 $\bar{\delta}$ 和动力平衡角 $(\delta_{2p}、\delta_{1p})$ 的影响[$\bar{\delta}$、δ_{2p} 和 δ_{1p} 的具体表达式将在式(5.5.3)中列出]。

将刚体运动6自由度方程组中绕质心运动的方程去掉,只留下质心运动方程,保留平均周期攻角 $\bar{\delta}$ 和动力平衡角 $(\delta_{2p}、\delta_{1p})$ 的空气动力分量,即得到修正质点弹道方程。此外,考虑到动力平衡角 δ_{2p} 和 δ_{1p} 除了与速度大小 v 有关外,还与转速 $\dot{\gamma}$ 有关,而 $\dot{\gamma}$ 沿弹道是衰减的,为了准确计算 δ_{2p} 和 δ_{1p},则应保留描述转速 $\dot{\gamma}$ 变化的方程。这样,在修正质点弹道方程中,除了描述质心坐标3自由度的方程外,还有一个转速方程,故也将修正质点弹道方程称为4自由度方程。顺便指出,该方程也适用于低旋尾翼弹,只是注意此时 $k_z < 0$。略去较小的马氏力,其形式如下:

$$\begin{cases} \dfrac{\mathrm{d}v}{\mathrm{d}t} = \dfrac{1}{m}F_{x_2} \\ \dfrac{\mathrm{d}\theta_a}{\mathrm{d}t} = \dfrac{1}{mv\cos\psi_2}F_{y_2} \\ \dfrac{\mathrm{d}\psi_2}{\mathrm{d}t} = \dfrac{1}{mv}F_{z_2} \\ \dfrac{\mathrm{d}\dot{\gamma}}{\mathrm{d}t} = \dfrac{M_\xi}{C} \\ \dfrac{\mathrm{d}x}{\mathrm{d}t} = v\cos\psi_2\cos\theta_a \\ \dfrac{\mathrm{d}y}{\mathrm{d}t} = v\cos\psi_2\sin\theta_a \\ \dfrac{\mathrm{d}z}{\mathrm{d}t} = v\sin\psi_2 \\ \dfrac{\mathrm{d}p}{\mathrm{d}t} = -\rho g v_y = -\dfrac{p}{R_d\tau}v\cos\psi_2\sin\theta_a \end{cases} \tag{5.5.1}$$

式中,

$$\begin{cases}F_{x_2} = -mg\sin\theta_a\cos\psi_2 - \dfrac{\rho v_r}{2}Sc_{x_0}(1+k_\delta\delta^2)(v-w_{x_2}) \\ \qquad + \dfrac{\rho S}{2}c_y\dfrac{1}{\sin\delta_r}[v_r^2\cos\delta_2\cos\delta_1 - v_{r\xi}(v-w_{x_2})] \\ F_{y_2} = -mg\cos\theta_a + \dfrac{\rho v_r}{2}Sc_{x_0}(1+k_\delta\delta^2)w_{y_2} + \dfrac{\rho S}{2}c_y\dfrac{1}{\sin\delta_r}v_r^2\cos\delta_2\sin\delta_1 \\ \qquad + 2\Omega_E mv(\cos\Lambda\cos\alpha_N\sin\psi_2\cos\theta_a + \sin\Lambda\sin\psi_2\sin\theta_a \\ \qquad + \cos\Lambda\sin\alpha_N\cos\psi_2) \\ F_{z_2} = mg\sin\theta_a\sin\psi_2 + \dfrac{\rho v_r}{2}Sc_{x_0}(1+k_\delta\delta^2)w_{z_2} + \dfrac{\rho S}{2}c_y\dfrac{1}{\sin\delta_r}v_r^2\sin\delta_2 \\ \qquad + 2\Omega_E mv(\sin\Lambda\cos\theta_a - \cos\Lambda\sin\theta_a\cos\alpha_N) \\ M_\xi = -\dfrac{\rho Sld}{2}m'_{xz}v_r\dot{\gamma} + \dfrac{\rho v_r^2}{2}Slm'_{xw}\varepsilon_w \\ v_r = \sqrt{(v-w_{x_2})^2 + w_{y_2}^2 + w_{z_2}^2}\end{cases} \tag{5.5.2}$$

其中，

$$\begin{cases}\delta_2 = \bar{\delta}\cos\nu + \delta_{2p} = \bar{\delta}\cos\nu - \dfrac{P}{Mv}\dot{\theta} - \left(\dfrac{PT}{M^2v^2} - \dfrac{2P^3T}{M^3v^2}\right)\ddot{\theta} \\ \delta_1 = \bar{\delta}\sin\nu + \delta_{1p} = \bar{\delta}\sin\nu - \dfrac{P^2T}{M^2v}\dot{\theta} - \left(\dfrac{P^2}{M^2v^2}\dfrac{P^4T^2}{M^4v^2} - \dfrac{1}{Mv^2}\right)\ddot{\theta} \\ \bar{\delta} = \dfrac{\dot{\delta}_0}{2\alpha_0^{*4}\sqrt{\sigma_0\sigma}}e^{-\int_0^s\frac{k_{zz}-b_y-k_{xz}}{2}ds}e^{-\int_0^s\frac{k_{zz}-b_y+2k_y-k_{xz}}{2\sqrt{\sigma}}ds} \\ \nu = \nu_0 + \alpha s + \arctan\left(\dfrac{\tanh\int_0^2\dfrac{k_{zz}-b_y-k_{xz}}{2\sqrt{\sigma}}ds}{\tan\int_0^2\alpha\sqrt{\sigma}\,ds}\right) \\ \delta = \sqrt{\delta_1^2+\delta_2^2} \\ \ddot{\theta} = v\dot{\theta}(b_x + 2g\sin\theta/v^2) \\ \alpha = P/2,\quad \alpha^* = \alpha v \\ \sigma = 1 - 4M/P^2\end{cases} \tag{5.5.3}$$

式中，ν 为进动角；ν_0 为初始进动角；s 为弹道弧长。其他参数的定义如下：

$$\begin{cases}P = \dfrac{C\dot{\gamma}}{Av} \\ M = k_z = \dfrac{\rho Sl}{2A}m'_z \\ T = b_y - \dfrac{A}{C}k_y\end{cases}$$

$$\begin{cases} b_x = \dfrac{\rho S}{2m} c_x \\ b_y = \dfrac{\rho S}{2m} c'_y \\ k_y = \dfrac{\rho Sld}{2m} m''_y \\ k_{zz} = \dfrac{\rho Sld}{2A} m'_{zz} \\ k_{xz} = \dfrac{\rho Sld}{2A} m'_{xz} \\ \delta_r = \arccos\left(\dfrac{v_{r\xi}}{v_r}\right) \end{cases} \tag{5.5.4}$$

$$\begin{cases} v_{r\xi} = (v - w_{x_2})\cos\delta_2\cos\delta_1 - w_{y_2}\cos\delta_2\sin\delta_1 - w_{z_2}\sin\delta_2 \\ w_{x_2} = w_x\cos\psi_2\cos\theta_a + w_z\sin\psi_2 \\ w_{y_2} = - w_x\sin\theta_a \\ w_{z_2} = - w_x\sin\psi_2\cos\theta_a + w_z\cos\psi_2 \\ w_x = - w\cos(\alpha_w - \alpha_N) \\ w_y = - w\sin(\alpha_w - \alpha_N) \end{cases} \tag{5.5.5}$$

对上述方程积分的步长可比6自由度方程的积分步长大得多,如前者可取0.1~0.3 s,后者只能取0.001~0.005 s,故计算时间大为减少。

在中、小射角情况下,由于弹道弯曲不大,动力平衡角较小,动力平衡轴可以较好地代表弹轴的平均位置,这时用修正质点弹道方程算出的结果与用6自由度方程计算的结果差别很小。但当射角很大时,弹道在顶点附近弯曲得厉害,动力平衡角很大,弹道降弧段上实际弹轴位置与动力平衡轴位置相差较大,修正质点弹道方程计算结果就与6自由度弹道方程的计算结果差别较大。因此,上述修正质点弹道方程一般只用于计算射角 $\theta_0 < 50°$ 的全弹道,或用于高炮、海炮的对空射击升弧段弹道。

5.6 弹箭一般运动方程组研究与应用中的一些问题

弹箭运动方程组是弹箭飞行运动的数学模型,是研究各类弹箭运动规律和力学现象的根基。

建立弹箭运动方程组的基本出发点是依据牛顿第二运动定律建立弹箭质心动力学方程、依据动量矩定理建立弹箭绕心动力学方程,再联立质心和绕心的运动学方程及一些几何关系式,构建出弹箭运动方程组的基本形式。

为了具体对表征弹箭空中运动的矢量方程组进行求解,需将其转换、分解成某坐标系下的标量方程组形式。外弹道学中定义、采用的各坐标系,主要目的是在建立弹道方程组时使所有作用在弹箭上的力、力矩和运动诸元矢量在相应坐标系下的投影简洁、方便，再利用各坐标系间的转换关系，较为简便地建立弹箭标量形式的运动方程组。实际上，研究一些特殊弹箭（如非对称弹箭、超远程飞行弹箭等）时，也可根据简便性原则建立一些特殊坐标系，在规定坐标系下研究其运动规律。

目前为止，外弹道学中介绍的各类弹箭的具体标量形式、用于求解飞行弹道的运动方程组，都是经过了一系列假设、简化近似处理而得出的，如有关地球、大气条件的假设，以及弹箭为刚体等假设，近似认为弹箭为轴对称体、绕心运动产生的攻角不大、作用在弹箭上的空气动力和力矩保留主项或忽略高阶非线性项等。对于这些情况，研究者在选用某弹道运动方程组应用时是要清楚的，例如，对某些特殊弹箭，其结构不是轴对称（而且非对称性较重）、其惯性积不为零（且非小量），则动量矩方程组推导中不能忽略相应项。当某些假设或近似出现较大差异或可能对飞行运动产生较大影响时，可以根据上面所说的建立弹箭运动方程组的基本出发点，进行假设或近似处理的合理变化，建立适配的弹箭运动模型。

求解弹箭的飞行弹道诸元，除了选取相应的运动方程组，还要准备好一套求解方程组所需的完整参数（微分方程组初始条件参数、方程组中的各类参数），两者缺一不可。理论上，两者都会影响弹箭飞行弹道的数值解与实测弹道诸元的差异，但大量实际应用案例对比分析表明，影响弹道方程组求解精度更为主要的是这套参数，要完整、准确地确定这些参数也最为困难，包括初始条件参数（初速、初始角度与初始扰动等），弹体结构参数（弹重、质心位置、转动惯量），弹上的作用力系数（各空气动力和力矩、其他作用力或力矩），大气参数（风、气温、气压）等。实际中，主要确定方法是利用分析计算、试验测试、设计值，甚至依靠经验。

根据研究弹箭的特点（如低伸弹道、防空反导炮弹弹道、远程地面火炮弹道等）、解算弹道的要求（计算时间与条件、精度等）选择适当的弹道方程组也是要注意的，一般应用中主要是处理好计算精度和计算耗时等方面的矛盾（近年来出现的一些弹载机在线计算更是关注此问题），通常情况是选用一些修正质点弹道方程组，准确确定所需参数（如试验符合）来解决此问题。

从理论上讲，完备的 6D 弹道运动方程组的解算精度比质点弹道运动方程组要高，但实际应用中要注意，这是对求解方程组的参数误差有保障而言的，因求解完备的 6D 弹道方程组所需的参数远比求解质点弹道（或修正质点弹道）方程组要多，如果许多参数不准确，反而会造成解算误差更大，还不如不应用（类似质点弹道）。另外，弹箭弹道方程组在某些坐标系下的具体标量方程组形式可以是多样的，并不一定有标准形式或唯一形式（如在建立方程组中保留不同主项、考虑非线性项等差异）。

尽管弹箭运动方程组的研究与应用是外弹道学中的传统、经典内容，但随着弹箭技术的发展及新型弹箭的不断出现，伴随着引出了许多新问题，对弹箭运动方程组的研究与应用也必将深入开展下去，目前主要涉及的问题包括以下几种。

（1）超远程超高空飞行弹箭的弹道方程组、弹道气象条件的建立；

（2）多介质中弹丸运动方程组的建立；

（3）利用弹道方程组在飞行弹道上在线开展弹道特征参数辨识及后续弹道预报；

（4）弹道混杂解法（如飞行弹道上弹道方程组、弹表面空气动力加热烧蚀方程组、空气动力学方程等联立求解方法,空中多弹协同飞行弹道求解方法,多条弹道与控制系统的混杂求解方法等)。

因此,对弹箭一般运动方程组的研究与应用将不断深入下去,也必将给外弹道经典内容赋予新的活力。

第二篇

弹箭飞行稳定性理论

第6章　旋转稳定弹角运动理论

弹箭在空中飞行，要求其必须是飞行稳定的，即要求在整个飞行过程中弹头始终向前，弹轴与飞行速度矢量线的夹角（攻角）始终在允许的小范围内变化。对于具有飞行稳定性的弹箭，旋转稳定弹必须具有陀螺稳定性和追随稳定性，尾翼稳定弹必须具有静态稳定性；无论是旋转稳定弹和尾翼稳定弹，都必须具有动态稳定性。

弹箭飞行稳定性研究主要从弹箭的绕心运动着手，通过研究其绕心运动规律、绕心运动对弹丸质心运动的影响等，获得弹箭飞行稳定性条件，这些是弹箭角运动理论研究的重要内容。

对于旋转稳定弹，其飞行稳定性主要是通过绕弹丸纵轴的高速旋转来实现。然而，需要多大的旋转速度才能使弹丸满足稳定飞行的要求，这是旋转稳定弹所要解决的主要问题，事实上，弹丸转速过高或过低均不能满足旋转弹的飞行稳定性要求。基于此，本章主要研究旋转稳定弹的角运动理论。

6.1　引起弹丸角运动的主要原因

在质点弹道学中，所研究的问题都假设弹轴时刻保持与速度矢量或相对速度矢量重合，即攻角为0，此假设使问题大为简化，为弹道近似计算创造了条件。然而实际中，由于各种扰动因素的存在，弹轴不可能时刻保持与速度矢量重合，而是存在着复杂的角运动，此角运动对弹箭的质心运动产生影响。各种扰动因素产生不同规律的角运动，不同类型弹丸又有不同的角运动规律。

引起弹丸角运动的因素很多，归纳起来可分为以下几类。

1. 炮口初始扰动

弹丸在出炮口的半约束期（即前定心部已经脱离炮口至弹带或后定心部飞离炮口）和膛口流场后效期内，由于存在各类作用在弹丸上的扰动因素，弹轴与飞行速度方向之间构成一个夹角（即初始攻角），而且还有一个摆动角速度，此初始攻角和摆动角速度统称为炮口初始扰动，它是引起弹丸角运动的重要原因之一。

在半约束期内产生初始扰动的原因主要有以下几方面。

（1）重力矩的作用。重力作用在质心上，它对后定心部构成一力矩，可引起弹丸绕后定心部的转动，因而产生初始扰动。重力矩引起的初始扰动随机性很小，基本上是系统性的。重力矩引起的角运动也是系统性的，不会产生散布，它对弹道的影响可以通过计算或试验加以修正。

(2) 动不平衡和静不平衡。由于质量分布的不对称性,弹丸的质心往往偏离其几何对称轴,从而形成质量偏心(也称为静不平衡)。质量偏心以质心偏离弹轴的距离来度量。当弹丸绕弹轴高速旋转时,质心也随之绕弹轴旋转,因而产生离心惯性力。此离心惯性力对后定心部的力矩在半约束期内使弹丸绕后定心部转动,故产生初始扰动。

弹丸质量分布的不对称性不仅可以产生静不平衡,还可以产生动不平衡。如图 6.1.1 所示的情况,如果在质心前方有一个向上(在弹轴上方)的不平衡质量,同时在质心后方有一个向下的不平衡质量,此时弹的质心可能不偏离弹轴。但当弹高速旋转时,前方的不平衡质量将产生向上的离心惯性力,而后方的不平衡质量将产生向下的离心惯性力,这两个力将构成一个力偶使弹丸转动,这也是产生初始扰动的原因之一。弹丸质量分布的这种不对称性称为动不平衡,动不平衡的大小以弹丸的惯性主轴与几何轴线的夹角 β_D 来度量,动不平衡与静不平衡都是完全随机的,其存在将引起散布。

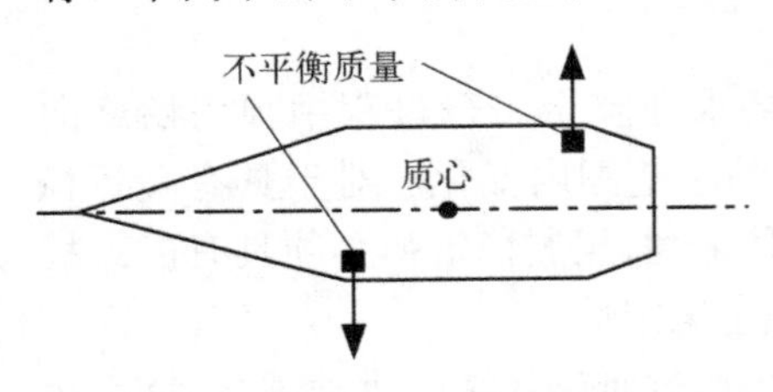

图 6.1.1　动不平衡产生的力偶示意图

(3) 炮管的横向振动。在半约束期内,由于炮管的横向振动,炮管将对弹丸的后定心部产生一个与管壁垂直的力,此力对质心构成一个力矩,使弹绕质心转动,因而产生初始扰动。

在膛口流场后效期内产生初始扰动的主要原因是,从弹丸弹带飞离炮口瞬间起,作用在弹底部的膛内高压气体快速绕流过弹体向外膨胀并伴随弹丸向前运动,在高压气体绕流弹丸过程中,会对弹体四周表面产生非对称作用(因弹体在半约束期内已出现小攻角、膛口流场非对称等),从而加剧对弹丸初始扰动的影响。

2. 风

由于横风或纵风中存在与速度垂直的分量,弹丸与空气的相对速度矢量不与绝对速度重合,弹轴也与相对速度矢量构成一个相对攻角。在有相对攻角的条件下,空气动力合力不再通过质心,对质心构成一个力矩,此力矩也是弹丸产生角运动的原因之一。

风既有系统分量,也有随机分量,低空风的随机分量较大,其引起的角运动对火箭的散布有重大影响,故在火箭发射前,往往要测一下低空风。

3. 弹丸本身的不对称性

弹丸本身的不对称性也是产生角运动的原因之一,它包括外形的不对称性、质量分布的不对称性,对于有火箭助推的炮弹(或火箭弹),还存在火箭推力的不对称性,现分述如下。

(1) 外形不对称性。外形不对称的弹丸将产生附加的空气动力,此力对质心构成力矩,即使在无风、无初始扰动的情况下,弹丸也会产生角运动。外形不对称也称气动偏心,它是完全随机的,对于不旋转的弹丸,它可能是产生散布的重要原因之一;对于旋转弹丸,随着弹的自转,此不对称的空气动力矩也在很快地改变方向,因而起着互相抵消的作用。计算表明,气动偏心对弹道的影响随转速的增大而迅速减小。

(2) 质量分布不对称性。在零攻角时,空气阻力矢量与外形对称的弹丸弹轴重合,如果质心也在弹轴上,此时空气阻力对质心的力矩为零,但在有质量偏心的情况下,即使弹丸的外形对称,在零攻角时,空气动力的合力也会对质心产生力矩,此力矩将引起角运动。

图 6.1.1 说明动不平衡的弹丸在高速旋转时必将产生离心惯性力偶,此力偶不仅在半约束期存在,而且在自由飞行段仍将继续存在,它是引起弹丸角运动的重要原因之一。

质量分布的不对称性完全是随机的,它将引起散布。另外,质量分布不对称性引起的初始扰动也将引起散布。

(3) 火箭推力的不对称性。理想情况下,火箭发动机推力的作用线与弹轴重合,且质心位于弹轴上,于是推力作用在质心上。实际上,由于加工、装配误差及喷气时的不对称性,推力作用线不可能与弹轴完全重合,两者往往构成一个小的夹角(称为推力偏心角)。而且由于质量分布不对称,质心也不在弹轴上,两者都是随机的,推力作用线一般不通过质心,于是形成一个对质心的力矩(称为推力矩)。此推力矩是引起角运动的原因之一,是产生火箭散布的重要原因。

4. 弹道弯曲

重力作用在质心上,在其作用下改变速度方向,弹道逐渐向下弯曲,使弹轴与速度矢量之间逐渐产生攻角,而攻角的出现便引起空气动力矩,在空气动力矩的作用下,弹轴便开始产生角运动,所以与以上所述各类引起角运动的影响因素不同,单纯由于弹道弯曲也会产生角运动。在同样的射击条件下,弹道弯曲引起的角运动具有相似的规律,其随机性较小,它对弹道的影响可以通过计算或试验进行修正。

5. 控制力(矩)的作用

对上述初始扰动、风、弹丸非对称及弹道弯曲等因素的研究,以往主要是关注无控弹。对于目前国内外发展的各类有控弹(如弹道修正弹、滑翔制导炮弹等),造成弹丸角运动变化的因素还有控制力和力矩的作用。有控弹的执行控制机构包括阻力环、脉冲发动机、空气舵、扰流片等,不同执行机构产生的控制力(矩)不尽相同,对弹体角运动的影响也有一定差异。进行有控弹总体方案设计时,控制作用对弹体动态特性、稳定性等的影响,是必须要考虑的因素。

同一种执行控制机构采用的模式不同,对弹体角运动的影响可能不同。例如,对于采用脉冲发动机作为执行控制机构的弹道修正弹,单个脉冲发动机冲量较小,其作用引起的弹体角运动变化不大,攻角幅值增量较小,对弹丸的稳定性影响不大。但若为获得较大的修正能力,使用多个脉冲发动机连续作用(短时间内冲量叠加),有可能导致弹体攻角来不及衰减而叠加,致使增幅较大,一旦超过该弹的稳定边界,将导致飞行失稳。

对于旋转稳定弹和尾翼稳定弹,控制力(矩)作用对弹体角运动的影响也不完全相同。旋转稳定弹是高速旋转的静不稳定弹丸,如果控制力作用在头部,那么该力矩等同于一个附加翻转力矩(使弹丸抬头、攻角增大),对旋转稳定弹保持陀螺稳定不利。尾翼稳定弹是静稳定弹,控制力矩作用会被稳定力矩所抵消(只要控制力矩不完全破坏稳定力矩),对稳定性的影响较小。

在物理层面,控制力、控制力矩作用对弹体角运动的影响与前述几个因素是不同的,但在理论研究的数学形式上却具有一定的相通性。例如,在研究脉冲控制作用对弹体角运动的影响时,通常将脉冲控制作为角运动微分方程的初值,而炮口初始扰动在数学上也作为角运动微分方程的初值。只不过,炮口初始扰动引起的初值和脉冲控制引起的初值在数值上存在差异(含大小和方向),数学本质却是完全相同的。

6.2 旋转稳定弹角运动方程的建立

6.2.1 炮弹角运动的几何描述

本节首先对炮弹的角运动进行几何上的描述。以炮弹质心 O' 为圆心,以单位长度为半径作一球面,设弹轴与单位球面的交点为 B,速度矢量与单位球面的交点为 T,则只要确定了点 B 和点 T 在球面上的位置,也就确定了弹轴和速度矢量在空间的方位。当弹轴运动及速度矢量的方向改变时,通过点 B 和点 T 在单位球面上画出的轨迹就可形象地反映弹轴和速度方向改变的过程。

为了定量地确定点 B 和点 T 在单位球面上的位置,可像地球仪一样在单位球面上画出许多经线和纬线,用经度和纬度确定球面上点的位置。为此先给出理想弹道坐标系 $O'x_iy_iz_i$,它由基准坐标系绕 $O'z_N$ 轴右旋 θ_i 角而成,θ_i 即为理想弹道的弹道倾角,如图 6.2.1(a)所示。$O'x_i$ 轴就是理想弹道的切线方向,也即理想弹道的速度矢量方向,其与单位球面的交点记为 O。

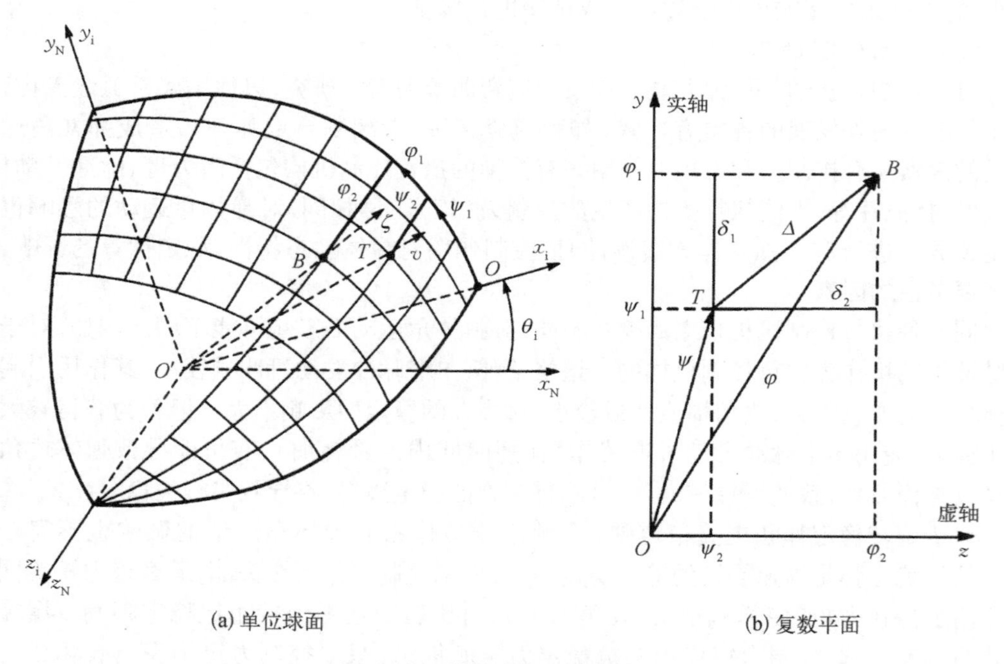

(a) 单位球面　　(b) 复数平面

图 6.2.1　单位球面和复数平面

单位球面位于理想弹道坐标系 $O'x_iy_iz_i$ 第一象限的图形如图 6.2.1(a)所示。以 $O'z_i$ 为极轴,作一系列通过此极轴的平面,它们与单位球面的交线即经线。取 $x_iO'z_i$ 为零经度子午面,则各经线的经度以从 $O'x_iz_i$ 面转至该经线所转过的角度来标记;又取 $O'x_iy_i$ 为零纬度面,即赤道面,作一系列平行于它的平面,这些平面与单位球面的交线即纬线,纬线上任一点至球心 O' 的连线与赤道面之间的夹角即该纬线的纬度。因为球半径为 1,所以球面上大圆弧的弧长与其圆心角的值相等，可用赤道面 $O'x_iy_i$ 上大圆弧的弧长表示经度值，用子午面 $O'x_iz_i$ 上的弧长表示纬度值。记 x_i 轴与球面的交点为 O，则弹轴与单位球面的交点 B 的位置就可用从 O 算起的经度 φ_1 和纬度 φ_2 来表示，速度轴与单位球面交点 T 的位置就可用经度 ψ_1 和纬度 ψ_2 来表示，如图 6.2.1(a) 所示。显然，如果弹轴方位改变，则 φ_1、φ_2 相应改变，同理，如速度方向在空间变化，则 ψ_1 和 ψ_2 也相应改变。

实际上，对于所设计的飞行稳定的炮弹，受到扰动以后的弹道尽管出现了复杂的角运动，但它偏离理想弹道的程度并不大，因而 φ_1、φ_2、ψ_1、ψ_2 都是比较小的角度，故点 B 和点 T 在点 O 附近变化的范围并不大，因此在研究弹轴和速度矢量的运动时不必涉及整个球面，只需在点 O 附近取一小块球面即可。出于方便，可将这一小块球面展开成平面，并将赤道面 Ox_iy_i 的圆弧线展成纵坐标轴 Oy，将零经度面圆弧线展成横坐标轴 Oz。这样，在球坐标系下的经度 φ_1、ψ_1 和纬度 φ_2、ψ_2 就可用直角坐标系 Oyz 坐标系 Oy 轴和 Oz 轴上的线段来表示，如图 6.2.1(b) 所示。

将此平面取作复数平面，取纵轴 Oy 为实轴，向上为正；取 Oz 轴为虚轴，向右为正（与数学中定义的横轴为实轴不同），并定义如下复数：

$$\boldsymbol{\Phi} = \varphi_1 + \mathrm{i}\varphi_2, \quad \boldsymbol{\Psi} = \psi_1 + \mathrm{i}\psi_2 \tag{6.2.1}$$

式中，$\boldsymbol{\Phi}$ 可以确定弹轴的空间方位，称为复摆动角；$\boldsymbol{\Psi}$ 可确定速度线的方位，即复偏角。

从弹轴坐标系和速度坐标系的定义及其自基准坐标系两次旋转而成的方式可知，此处纬圈上的 φ_1 与 φ_a 的关系，以及 ψ_1 与 θ_a 的关系为

$$\varphi_1 = \varphi_a - \theta_i, \quad \psi_1 = \theta_a - \theta_i, \quad \varphi_1 - \psi_1 = \varphi_a - \theta_a \tag{6.2.2}$$

因为 φ_1、ψ_1 均为小量，所以 $\varphi_1 - \psi_1$ 或 $\varphi_a - \theta_a$ 也为小量，此外 φ_2、ψ_2 也是小量。定义复攻角：

$$\boldsymbol{\Delta} = \delta_1 + \mathrm{i}\delta_2 \tag{6.2.3}$$

利用小角度近似关系，由式(6.2.1)中的二式相减，得

$$\boldsymbol{\Delta} = \boldsymbol{\Phi} - \boldsymbol{\Psi} \tag{6.2.4}$$

在单位球面上，$\boldsymbol{\Delta}$ 是从点 T 到点 B 的大圆弧弧段，在复数平面上它是从点 T 指向点 B 的线段，如图 6.2.1 所示，$\boldsymbol{\Delta}$ 的方位在攻角平面与单位球面或复数平面的交线上。

在复数平面上，设复攻角 $\boldsymbol{\Delta}$ 线段与纵坐标轴的夹角为 ν，称为进动角，而 $\boldsymbol{\Delta}$ 的绝对值为幅值 δ，称为章动角：

$$|\boldsymbol{\Delta}| = \delta = \sqrt{\delta_1^2 + \delta_2^2} \tag{6.2.5}$$

则可将复攻角 $\boldsymbol{\Delta}$ 及 δ_1、δ_2 用极坐标形式表示如下：

$$\boldsymbol{\Delta} = \delta \mathrm{e}^{\mathrm{i}\nu}, \quad \delta_1 = \delta\cos\nu, \quad \delta_2 = \delta\sin\nu \tag{6.2.6}$$

6.2.2　弹箭角运动方程组

在基本假设下，弹箭运动满足如下理想弹道方程组：

$$\frac{\mathrm{d}v_{\mathrm{i}}}{\mathrm{d}t}=-\frac{\rho v_{\mathrm{i}}^{2}}{2m}Sc_{x}-g\sin\theta_{\mathrm{i}},\quad \frac{\mathrm{d}\theta_{\mathrm{i}}}{\mathrm{d}t}=-\frac{g\cos\theta_{\mathrm{i}}}{v_{\mathrm{i}}},\quad \frac{\mathrm{d}y_{\mathrm{i}}}{\mathrm{d}t}=v_{\mathrm{i}}\sin\theta_{\mathrm{i}},\quad \frac{\mathrm{d}x_{\mathrm{i}}}{\mathrm{d}t}=v_{\mathrm{i}}\cos\theta_{\mathrm{i}} \tag{6.2.7}$$

式中,下标 i 表示理想弹道参数。

本章所建立的方程不受基本假设的限制,考虑了各种因素、各种力和力矩的影响,比较符合弹箭飞行的实际情况,但这样计算出的弹道必然偏离理想弹道。将那些在理想弹道中未考虑的因素称作扰动,考虑了扰动作用的弹道称为扰动弹道,扰动弹道的各运动参数与理想弹道都有偏差,但由于扰动弹道又很接近理想弹道,它们之间的偏差是较小的,可令 $\theta_{\mathrm{a}}=\theta_{\mathrm{i}}+\psi_1$, $\varphi_{\mathrm{a}}=\theta_{\mathrm{i}}+\varphi_1$。这样,在建立角运动方程时,可认为 φ_1、φ_2、ψ_1、ψ_2、δ_1、δ_2 都是小量。此外,与迅速变化的角运动相比,在一段弹道上又可略去其他量的缓慢变化,这就使 6D 刚体弹道方程组大为简化。为书写方便,记 θ_{i} 为 θ 并引入以下符号:

$$\begin{cases} b_x=\dfrac{\rho S}{2m}c_x,\quad b_y=\dfrac{\rho S}{2m}c_y',\quad b_z=\dfrac{\rho Sd}{2m}c_z'',\quad k_z=\dfrac{\rho Sl}{2A}m_z' \\ k_{zz}=\dfrac{\rho Sl^2}{2A}m_{zz}',\quad k_{xz}=\dfrac{\rho Sld}{2C}m_{xz}',\quad k_{xw}=\dfrac{\rho Sl}{2C}m_{xw}',\quad k_y=\dfrac{\rho Sld}{2A}m_y'' \end{cases} \tag{6.2.8}$$

由于研究炮弹角运动时不考虑由扰动产生的质心速度微小偏差,质心速度方程不变,即

$$\mathrm{d}v/\mathrm{d}t=-b_xv^2-g\sin\theta \tag{6.2.9}$$

根据上述简化条件,不计科氏惯性力,6D 刚体弹道方程组中关于 θ_{a} 和 ψ_2 的方程可分别简化为

$$\begin{cases} \dfrac{\mathrm{d}\theta}{\mathrm{d}t}+\dfrac{\mathrm{d}\psi_1}{\mathrm{d}t}=b_yv\left(\delta_1+\dfrac{w_{y_2}}{v}\right)+b_z\dot{\gamma}\left(\delta_2+\dfrac{w_{z_2}}{v}\right)-\dfrac{g}{v}\cos\theta_{\mathrm{a}}+b_xw_{y_2}-b_yv\delta_{\mathrm{N}}\cos\gamma_1 \\ \dfrac{\mathrm{d}\psi_2}{\mathrm{d}t}=b_yv\left(\delta_2+\dfrac{w_{z_2}}{v}\right)-b_z\dot{\gamma}\left(\delta_1+\dfrac{w_{y_2}}{v}\right)+\dfrac{g}{v}\sin\theta_{\mathrm{a}}\psi_2+b_xw_{z_2}-b_yv\delta_{\mathrm{N}}\sin\gamma_1 \end{cases} \tag{6.2.10}$$

利用式(6.2.7)中的第二个方程消去式(6.2.10)中第一个方程的理想弹道项,并略去其中含 $(\psi_1\cdot\psi_2)$ 的高阶小量项,然后将方程组[式(6.2.10)]中的第二式乘以 i,并与方程组[式(6.2.10)]的第一式相加得

$$\frac{\mathrm{d}\boldsymbol{\Psi}}{\mathrm{d}t}=b_yv\boldsymbol{\Delta}-\mathrm{i}b_z\dot{\gamma}\boldsymbol{\Delta}+\frac{g\sin\theta}{v}\boldsymbol{\Psi}+\left(b_x+b_y-\mathrm{i}b_z\frac{\dot{\gamma}}{v}\right)\boldsymbol{w}_{\perp}-b_yv\boldsymbol{\Delta}_{\mathrm{N0}}\mathrm{e}^{\mathrm{i}\gamma} \tag{6.2.11}$$

该方程称为复偏角方程。式中, $\boldsymbol{w}_{\perp}$ 称为垂直于速度的复垂直风:

$$\boldsymbol{w}_{\perp}=w_{y_2}+\mathrm{i}w_{z_2} \tag{6.2.12}$$

记 δ_{N0} 为气动升力偏心角的模值, γ_{10} 为起始方位角, $\gamma_1=\gamma_{10}+\gamma$,则 $\boldsymbol{\Delta}_{\mathrm{N0}}=\delta_{\mathrm{N}}\mathrm{e}^{\mathrm{i}\gamma_{10}}$。

由于弹箭自转角速度 $\dot{\gamma}$ 一般远大于横向摆动角 ω_{ζ},并且 $\tan\varphi_2$ 又是小量,可将 $\omega_{\zeta}\tan\varphi_2$ 项略去,于是得 $\omega_{\xi}\approx\dot{\gamma}$,则旋转稳定弹的转速方程可简化为

$$d\dot{\gamma}/dt = -k_{xz}v\dot{\gamma} \tag{6.2.13}$$

将关系式 $\omega_\zeta \approx \dot{\varphi}_a = \dot{\varphi}_1 + \dot{\theta}$ 和 $\omega_\eta = -\dot{\varphi}_2$ 代入刚体弹道方程组的摆动角方程中,取第一弹轴坐标系与第二弹轴坐标系之间的夹角 $\beta = 0$, 并略去一些高阶小量,则得到:

$$-\ddot{\varphi}_2 + \frac{C}{A}\dot{\gamma}(\dot{\varphi}_1 + \dot{\theta}) = -k_z v^2\left(\delta_2 + \frac{w_{z_2}}{v}\right) + k_{zz}v\dot{\varphi}_2 + k_y v\dot{\gamma}\left(\delta_1 + \frac{w_{y_2}}{v}\right) + \frac{A-C}{A}(\beta_{D\eta}\ddot{\gamma} - \beta_{D\zeta}\dot{\gamma}^2) - k_z v^2\delta_M \sin\gamma_2 \tag{6.2.14}$$

$$\ddot{\varphi}_1 + \ddot{\theta} + \frac{C}{A}\dot{\gamma}\dot{\varphi}_2 = k_z v^2\left(\delta_1 + \frac{w_{y_2}}{v}\right) - k_{zz}v(\dot{\varphi}_1 + \dot{\theta}) + k_y v\dot{\gamma}\left(\delta_2 + \frac{w_{z_2}}{v}\right) + \frac{A-C}{A}(\beta_{D\zeta}\ddot{\gamma} + \beta_{D\eta}\dot{\gamma}^2) + k_z v^2\delta_M\cos\gamma_2 \tag{6.2.15}$$

将方程(6.2.14)乘以-i,与方程(6.2.15)相加,可得

$$\ddot{\boldsymbol{\Phi}} + \left(k_{zz}v - \mathrm{i}\frac{C}{A}\dot{\gamma}\right)\dot{\boldsymbol{\Phi}} - (k_z v^2 - \mathrm{i}k_y v\dot{\gamma})\left(\boldsymbol{\Delta} + \frac{\boldsymbol{w}_\perp}{v}\right) = \mathrm{i}\frac{C\dot{\gamma}}{A}\dot{\theta} - \ddot{\theta} - k_{zz}v\dot{\theta} + \frac{A-C}{A}(\dot{\gamma}^2 - \mathrm{i}\ddot{\gamma})\boldsymbol{\beta}_D e^{\mathrm{i}\gamma} + k_z v^2\boldsymbol{\Delta}_{M0}e^{\mathrm{i}\gamma} \tag{6.2.16}$$

此方程称为弹箭的复摆动角方程。设 γ_{20} 为气动偏心角的起始方位,则 $\gamma_2 = \gamma_{20} + \gamma$, 且 $\boldsymbol{\beta}_D$、$\boldsymbol{\Delta}_{M0}$ 定义如下:

$$\boldsymbol{\beta}_D = \beta_{D1} + \mathrm{i}\beta_{D2}, \quad \boldsymbol{\Delta}_{M0} = \delta_M e^{\mathrm{i}\gamma_{20}} \tag{6.2.17}$$

在方程(6.2.16)中, $C\dot{\gamma}\dot{\boldsymbol{\Phi}}$ 是以 $\dot{\gamma}$ 旋转的弹箭,当弹轴以 $\dot{\boldsymbol{\Phi}}$ 角速度摆动时产生的惯性力矩,称为陀螺力矩。$C\dot{\gamma}$ 就是弹丸的轴向动量矩, $\mathrm{i}C\dot{\gamma}\dot{\boldsymbol{\Phi}}$ 表示此陀螺力矩的矢量方向垂直于弹丸摆动角速度矢量的方向。上述角度 β_{D1}、β_{D2}、$\beta_{D\zeta}$、$\beta_{D\eta}$ 的具体含义可参见 5.1.2 节,角度 δ_N、δ_M、γ_1、γ_2 的具体含义可参见 5.2.2 节。

至此,偏角方程[式(6.2.11)]、自转角方程[式(6.2.13)]、摆动角方程[式(6.2.16)]便组成了弹箭角运动方程组。根据偏角、摆动角及攻角的关系,可进一步建立攻角方程。

由关系式 $\boldsymbol{\Phi} = \boldsymbol{\Psi} + \boldsymbol{\Delta}$ 得 $\dot{\boldsymbol{\Phi}} = \dot{\boldsymbol{\Psi}} + \dot{\boldsymbol{\Delta}}$, $\ddot{\boldsymbol{\Phi}} = \ddot{\boldsymbol{\Psi}} + \ddot{\boldsymbol{\Delta}}$。先从方程[式(6.2.11)]算出 $\ddot{\boldsymbol{\Psi}}$, 再将 $\dot{\boldsymbol{\Psi}}$、$\ddot{\boldsymbol{\Psi}}$ 代入关于 $\boldsymbol{\Phi}$ 的方程[式(6.2.16)]中消去 $\boldsymbol{\Phi}$ 和 $\boldsymbol{\Psi}$, 便可得到仅含复攻角 $\boldsymbol{\Delta}$ 的方程。

在复偏角方程中, $g\sin\theta\boldsymbol{\Psi}$ 是重力在理想弹道速度线上的分力 $(-mg\sin\theta)$ 再向扰动弹道垂直于速度的方向分解而产生的,称为重力侧分力,其数值很小,只有在沿全弹道积分时才显示出有影响,由复垂直风 $\boldsymbol{w}_\perp$ 所产生的附加马氏力更小,在研究弹丸角运动时也可将它们忽略。于是式(6.2.11)就可简化成

$$\dot{\boldsymbol{\Psi}} = b_y v\boldsymbol{\Delta} - \mathrm{i}b_z\dot{\gamma}\boldsymbol{\Delta} + (b_x + b_y)\boldsymbol{w}_\perp - b_y v\boldsymbol{\Delta}_{N0}e^{\mathrm{i}\gamma} \tag{6.2.18}$$

由此得

$$\ddot{\boldsymbol{\Psi}} = b_y\dot{v}\boldsymbol{\Delta} + b_y v\dot{\boldsymbol{\Delta}} - \mathrm{i}b_z\ddot{\gamma}\boldsymbol{\Delta} - \mathrm{i}b_z\dot{\gamma}\dot{\boldsymbol{\Delta}} - b_y\dot{v}\boldsymbol{\Delta}_{N0}e^{\mathrm{i}\gamma} - \mathrm{i}b_y v\boldsymbol{\Delta}_{N0}\dot{\gamma}e^{\mathrm{i}\gamma}$$

将 $\ddot{\boldsymbol{\Phi}} = \ddot{\boldsymbol{\Psi}} + \ddot{\boldsymbol{\Delta}}$ 和 $\dot{\boldsymbol{\Phi}} = \dot{\boldsymbol{\Psi}} + \dot{\boldsymbol{\Delta}}$ 代入式(6.2.16)得

$$\ddot{\boldsymbol{\Delta}} + b_y v\dot{\boldsymbol{\Delta}} + b_y \dot{v}\boldsymbol{\Delta} - \mathrm{i}b_z\ddot{\gamma}\boldsymbol{\Delta} - \mathrm{i}b_z\dot{\gamma}\dot{\boldsymbol{\Delta}} - b_y v^2\boldsymbol{\Delta}_{\mathrm{N0}}\mathrm{e}^{\mathrm{i}\gamma}\left(\frac{\dot{v}}{v^2} + \mathrm{i}\frac{\dot{\gamma}}{v}\right) + \left(k_{zz}v - \mathrm{i}\frac{C}{A}\dot{\gamma}\right)$$

$$[\dot{\boldsymbol{\Delta}} + b_y v\boldsymbol{\Delta} - \mathrm{i}b_z\dot{\gamma}\boldsymbol{\Delta} + (b_x + b_y)\boldsymbol{w}_{\perp} - b_y v\boldsymbol{\Delta}_{\mathrm{N0}}\mathrm{e}^{\mathrm{i}\gamma}] - k_z v^2\boldsymbol{\Delta} + \mathrm{i}k_y v\dot{\gamma}\boldsymbol{\Delta} - k_z v\boldsymbol{w}_{\perp} + \mathrm{i}k_y\dot{\gamma}\boldsymbol{w}_{\perp}$$

$$= - \mathrm{i}\frac{C}{A}\dot{\gamma}\dot{\theta} - \ddot{\theta} - k_{zz}v\dot{\theta} + \left(1 - \frac{C}{A}\right)(\dot{\gamma}^2 - \mathrm{i}\ddot{\gamma})\boldsymbol{\beta}_{\mathrm{D}}\mathrm{e}^{\mathrm{i}\gamma} + k_z v^2\boldsymbol{\Delta}_{\mathrm{M0}}\mathrm{e}^{\mathrm{i}\gamma} \tag{6.2.19}$$

将 $\dot{v} = - b_x v^2 - g\sin\theta$ 代入式(6.2.19),并注意到与空气动力有关的系数(一般情况下,k_z 约为 10^{-2}量级,b_x、b_y、k_{zz} 都只有 $10^{-3}\sim10^{-4}$量级,而 b_z 只有 10^{-5}量级,$g\sin\theta/v^2$ 也只有 $10^{-3}\sim10^{-4}$量级),可以忽略这些小项。此外,还可略去马格努斯力的影响,且对于炮弹,在一段弹道上可近似认为 $\ddot{\gamma}\approx0$。同时,为了消去 $\boldsymbol{\Delta}$ 和 $\dot{\boldsymbol{\Delta}}$ 前的因子 v^2 和 v,将自变量由时间改为弧长,取气动偏心角 $\delta_{\mathrm{N}} = \delta_{\mathrm{M}}$,则得到以弧长为自变量的攻角方程如下:

$$\begin{aligned}&\boldsymbol{\Delta}'' + (H - \mathrm{i}P)\boldsymbol{\Delta}' - (M + \mathrm{i}PT)\boldsymbol{\Delta}\\ &= - \frac{\ddot{\theta}}{v^2} - (k_{zz} - \mathrm{i}P)\frac{\dot{\theta}}{v} + \left(1 - \frac{C}{A}\right)(\dot{\gamma}^2 - \mathrm{i}\ddot{\gamma})\frac{\boldsymbol{\beta}_{\mathrm{D}}}{v^2}\mathrm{e}^{\mathrm{i}\gamma} + \left(k_z + \mathrm{i}b_y\frac{\dot{\gamma}}{v}\right)\boldsymbol{\Delta}_{\mathrm{M0}}\mathrm{e}^{\mathrm{i}\gamma}\\ &\quad + \left[k_z + \mathrm{i}\left(b_x + b_y - \frac{A}{C}k_y\right)P\right]\frac{\boldsymbol{w}_{\perp}}{v}\end{aligned} \tag{6.2.20}$$

式中,$H = k_{zz} + b_y - b_x - \dfrac{g\sin\theta}{v^2}$;$P = 2\alpha = \dfrac{C\dot{\gamma}}{Av}$;$M = k_z$;$T = b_y - \dfrac{A}{C}k_y$。$H$ 项代表角运动的阻尼,它主要取决于赤道阻尼力矩和非定态阻尼力矩的大小;M 主要与静力矩有关,角运动的频率主要取决于此项;T 主要与升力和马格努斯力矩有关,它影响动态稳定性。

显然,式(6.2.20)是一个关于复攻角 $\boldsymbol{\Delta}$ 的线性变系数非齐次方程,由此方程可求解弹箭在各种因素影响下的运动规律和稳定性。在求得攻角后,将攻角代入偏角方程[式(6.2.11)]中积分,即可求得偏角的变化规律。

6.2.3 质心速度方程和自转角方程的解析解

弹箭质心速度大小变化方程为式(6.2.7)中的第 1 个式子,将自变量改为弧长,考虑到 $\mathrm{d}s/\mathrm{d}t = v$,得

$$\frac{\mathrm{d}v}{\mathrm{d}s} = - \left(b_x + \frac{g\sin\theta}{v^2}\right)v \tag{6.2.21}$$

沿弹道数值积分可得速度变化规律。但在一段不长弧段上,将 b_x、θ、v 取平均值,积分后可得

$$v = v_0\mathrm{e}^{-(b_x+g\sin\theta/v^2)(s-s_0)} \tag{6.2.22}$$

式中,v_0 为 $s = s_0$ 处的速度值。

将旋转稳定弹自转角方程的自变量改为弧长,可得

$$\frac{\mathrm{d}\dot{\gamma}}{\mathrm{d}s} = - k_{xz}\dot{\gamma},\quad k_{xz} = \frac{\rho Sld}{2C}m'_{xz} \tag{6.2.23}$$

对于旋转稳定弹,在一段弹道上,可将 m'_{xz} 近似作为常值,并对式(6.2.23)积分,得

$$\dot{\gamma} = \dot{\gamma}_0 e^{-k_{xz}s} \tag{6.2.24}$$

式中，$\dot{\gamma}_0$ 为所选定弧段上 $s = 0$ 处的转速。

6.3 简化条件下的旋转稳定理论

6.3.1 攻角方程解的一般形式

攻角方程的齐次方程为

$$\boldsymbol{\Delta}'' + (H - \mathrm{i}P)\boldsymbol{\Delta}' - (M + \mathrm{i}PT)\boldsymbol{\Delta} = 0 \tag{6.3.1}$$

式中，符号 H、P、M、T 的定义见式(6.2.20)。对于旋转稳定弹，静力矩为翻转力矩，故方程中的 $M = k_z > 0$。根据微分方程理论，齐次方程的解描述起始条件产生的运动。式(6.3.1)的特征方程为

$$l^2 + (H - \mathrm{i}P)l - (M + \mathrm{i}PT) = 0 \tag{6.3.2}$$

解得两根为

$$l_{1,2} = \frac{1}{2}\left[-H + \mathrm{i}P \pm \sqrt{4M + H^2 - P^2 + 2\mathrm{i}P(2T - H)}\right] \tag{6.3.3}$$

设

$$l_1 = \lambda_1 + \mathrm{i}\phi_1', \quad l_2 = \lambda_2 + \mathrm{i}\phi_2' \tag{6.3.4}$$

于是，攻角方程的解可以表示为

$$\boldsymbol{\Delta} = C_1 e^{(\lambda_1 + \mathrm{i}\phi_1')s} + C_2 e^{(\lambda_2 + \mathrm{i}\phi_2')s} \tag{6.3.5}$$

式中，λ_1 和 λ_2 为阻尼指数；C_1、C_2 为待定系数，由起始条件确定，一般可写成

$$C_1 = K_{10}e^{\mathrm{i}\phi_{10}}, \quad C_2 = K_{20}e^{\mathrm{i}\phi_{20}} \quad (K_{10} > 0; \quad K_{20} > 0) \tag{6.3.6}$$

则复攻角 $\boldsymbol{\Delta}$ 又可写成如下形式：

$$\boldsymbol{\Delta} = K_1 e^{\mathrm{i}\phi_1} + K_2 e^{\mathrm{i}\phi_2} \tag{6.3.7}$$

$$K_j = K_{j0}e^{\lambda_j s}, \quad \phi_j = \phi_{j0} + \phi_j' s \quad (j = 1, 2) \tag{6.3.8}$$

式中，$K_{j0}e^{\mathrm{i}\phi_{j0}} = C_j (j = 1, 2)$。由于通常给定的起始条件为

$$t = 0: \boldsymbol{\Delta}_0 = (\delta e^{\mathrm{i}\nu})_0 = \delta_0 e^{\mathrm{i}\nu_0}, \quad \boldsymbol{\Delta}_0' = \frac{\dot{\delta}_0}{v_0}e^{\mathrm{i}\nu_0} + \mathrm{i}\delta_0\frac{\dot{\nu}_0}{v_0}e^{\mathrm{i}\nu_0} \tag{6.3.9}$$

须求出 $\boldsymbol{\Delta}_0$、$\boldsymbol{\Delta}_0'$ 与 K_{j0}、ϕ_{j0} 之间的关系。将 $s=0$ 时 $\boldsymbol{\Delta} = \boldsymbol{\Delta}_0$ 代入复攻角表达式[式(6.3.5)]中，又将式(6.3.5)对 s 求导一次，再代入 $s=0$ 时 $\boldsymbol{\Delta}' = \boldsymbol{\Delta}_0'$，得到如下代数方程：

$$C_1 + C_2 = \boldsymbol{\Delta}_0, \quad C_1(\lambda_1 + \mathrm{i}\phi_1') + C_2(\lambda_2 + \mathrm{i}\phi_2') = \boldsymbol{\Delta}_0'$$

由此联立方程解出待定常数，为

$$C_1 = K_{10}e^{i\phi_{10}} = \frac{\boldsymbol{\Delta}'_0 - (\lambda_2 + i\phi'_2)\boldsymbol{\Delta}_0}{(\lambda_1 - \lambda_2) + i(\phi'_1 - \phi'_2)}, \quad C_2 = K_{20}e^{i\phi_{20}} = \frac{\boldsymbol{\Delta}'_0 - (\lambda_1 + i\phi'_1)\boldsymbol{\Delta}_0}{(\lambda_2 - \lambda_1) + i(\phi'_2 - \phi'_1)} \tag{6.3.10}$$

式(6.3.7)右边两项分别表示半径为 K_1、K_2，角频率为 ϕ'_1、ϕ'_2 的圆运动，而复攻角 $\boldsymbol{\Delta}$ 即为两个圆运动的合成(称为二圆运动)。如果 $\lambda_1 < 0$，$\lambda_2 < 0$，则这两个圆运动的半径 K_1、K_2 将不断缩小，每个圆运动都成为收缩的螺线，复攻角模 $|\boldsymbol{\Delta}|$ 也将不断减小，$\boldsymbol{\Delta}$ 的矢端将画出不断缩小的外摆线或内摆线，此时运动是渐近稳定的。反之，当 λ_1、λ_2 中有一个大于零时，则相应的一个或两个圆运动就变成发散螺线，复攻角模 $|\boldsymbol{\Delta}| = \delta$ 将随时间无限增大，便发生运动不稳定。

6.3.2 陀螺稳定条件

由于在所有的空气力矩中，静力矩占主导地位。只考虑静力矩时的角运动齐次方程为

$$\boldsymbol{\Delta}'' - iP\boldsymbol{\Delta}' - M\boldsymbol{\Delta} = 0 \tag{6.3.11}$$

根据 6.3.1 节中所述方法，微分方程(6.3.11)的解为

$$\boldsymbol{\Delta} = C_1 e^{i\phi'_1 s} + C_2 e^{i\phi'_2 s} \tag{6.3.12}$$

式中，$\phi'_j = \omega_j (j = 1, 2)$ 是对飞行弧长的角频率，$\phi'_1 = \omega_1 = (P + \sqrt{P^2 - 4M})/2$，$\phi'_2 = \omega_2 = (P - \sqrt{P^2 - 4M})/2$。其中，阻尼指数 $\lambda_1 = \lambda_2 = 0$。

显然，复攻角 $\boldsymbol{\Delta}$ 由角频率分别为 $\omega_1 = \phi'_1$，$\omega_2 = \phi'_2$ 的两个圆运动合成。对于旋转稳定弹，静力矩为翻转力矩，故 $M = k_z > 0$，而由角频率的表达式可见，如果弹丸不旋转或转速不够高，使 $P^2 - 4M < 0$，则根号下为负数，其平方根可写为 $\sqrt{P^2 - 4M} = i\sqrt{4M - P^2}$，则当 $(s \to \infty)$ 时，$C_2 e^{i\omega_2 s} = C_2 e^{iPs/2} \cdot e^{\sqrt{4M-P^2}s/2} \to \infty$，即随着飞行时间增加或弹道弧长增大，复攻角 $\boldsymbol{\Delta}$ 的幅值将无限增大，运动不稳定。因此，对于静不稳定弹 $(M = k_z > 0)$，必须使其高速旋转，即满足如下条件才能保证攻角形成稳定的周期运动：

$$P^2 - 4M > 0 \tag{6.3.13}$$

这种稳定称为陀螺稳定，式(6.3.13)称为陀螺稳定条件。在 $M = k_z > 0$ 的条件下，陀螺稳定条件还可写成如下形式：

$$S_g > 1 \text{ 或 } 1/S_g < 1 \tag{6.3.14}$$

式中，$S_g = \dfrac{P^2}{4M}$；$P = \dfrac{C\dot{\gamma}}{Av} = 2\alpha$；$M = k_z$。

外弹道学中，将 S_g 称为陀螺稳定因子。不难看出，S_g 的分子为 $P^2 = [C\dot{\gamma}/(Av)]^2$，称为陀螺转速项，它表示陀螺效应的强度；$S_g$ 的分母 $M = k_z$ 表示翻转力矩的作用。前者有使弹丸稳定的作用，后者有使弹丸翻倒的作用，S_g 即两种作用之比：$S_g > 1$ 即表示陀螺效应大于翻转力矩的作用，弹丸做周期性运动而不会翻倒，运动稳定；$S_g < 1$ 则表示陀螺效应不足以抵抗翻转力矩的作用，于是导致运动不稳、攻角无限增大。

在满足 $P^2 - 4M > 0$ 的条件下，有 $\omega_1 > 0$，$\omega_2 > 0$ 且 $\omega_1 > \omega_2$，即两圆运动具有相同转向，第一个圆运动的角频率大于第二个圆运动的角频率，因此分别将第一个、第二个圆

运动称为快圆运动、慢圆运动。

根据 S_g 的定义式，可将角频率表达式改写成如下形式：

$$\omega_1=\frac{P}{2}\left(1+\sqrt{1-\frac{1}{S_g}}\right),\quad \omega_2=\frac{P}{2}\left(1-\sqrt{1-\frac{1}{S_g}}\right) \tag{6.3.15}$$

对于旋转稳定弹，弹道上的 S_g 一般较大，因而 $1/S_g$ 较小，利用二项式展开将式(6.3.15)中的根式展成级数，并只取 $1/S_g$ 的一次项，可得

$$\omega_1\approx\frac{P}{2}\left(1+1-\frac{1}{2S_g}\right)\approx P,\quad \omega_2\approx\frac{P}{2}\left(1-1+\frac{1}{2S_g}\right)=\frac{M}{P} \tag{6.3.16}$$

可见，快圆运动角频率 ω_1 主要由弹丸自转产生，并且与 P 成正比；慢圆运动角频率 ω_2 主要由静力矩项 M 产生且与 M 成正比，当 $M=0$ 时，$\omega_2=0$。此外，转速越高(P 越大)，则角频率 ω_2 越小。

式(6.3.12)中的待定常数 C_1 和 C_2 由起始条件 $\boldsymbol{\Delta}_0$、$\boldsymbol{\Delta}_0'$ 确定。根据线性常微分方程的特性，其解可认为是单独有 $\boldsymbol{\Delta}_0$ 和单独有 $\boldsymbol{\Delta}_0'$ 时两种解的叠加。下面分别就这两种情况研究弹轴运动的规律。

6.3.3　初始扰动产生的角运动

首先讨论起始攻角速度引起的攻角方程之解。当 $s=0$ 时，有

$$\boldsymbol{\Delta}_0=0,\quad \boldsymbol{\Delta}_0'=\boldsymbol{\Delta}_0/v_0=\dot{\delta}_0\mathrm{e}^{\mathrm{i}\chi_0}/v_0$$

将 $\boldsymbol{\Delta}_0$、$\boldsymbol{\Delta}_0'$ 及 $\lambda_1=\lambda_2=0$，$\phi_1'-\phi_2'=\sqrt{P^2-4M}$ 代入式(6.3.10)中，得

$$C_1=-C_2=\boldsymbol{\Delta}_0'/(\mathrm{i}\sqrt{P^2-4M}) \tag{6.3.17}$$

于是按式(6.3.12)可得

$$\boldsymbol{\Delta}=\frac{\dot{\delta}_0\mathrm{e}^{\mathrm{i}\chi_0}}{\mathrm{i}v_0\sqrt{P^2-4M}}\left[\mathrm{e}^{\frac{\mathrm{i}}{2}(P+\sqrt{P^2-4M})s}-\mathrm{e}^{\frac{\mathrm{i}}{2}(P-\sqrt{P^2-4M})s}\right] \tag{6.3.18}$$

由式(6.3.18)可见，复攻角 $\boldsymbol{\Delta}$ 曲线由半径相等 $[K_1=K_2=\dot{\delta}_0/(2\alpha v\sqrt{\sigma})]$ 的快慢圆运动叠加而成，弹轴与复平面的交点 B 沿中心在 O'、半径为 K_1 的圆周做快速圆运动的同时，此圆心 O' 又绕中心在坐标原点 O、半径为 K_2 的圆周做慢速圆运动。图 6.3.1 所示为某旋转稳定弹在不同起始攻角角速度下形成的攻角曲线。

对于式(6.3.18)，利用欧拉公式还可得

$$\boldsymbol{\Delta}=\frac{2\dot{\delta}_0}{v\sqrt{P^2-4M}}\mathrm{e}^{\mathrm{i}\left(\frac{P}{2}s+\chi_0\right)}\sin\frac{\sqrt{P^2-4M}}{2}s=\frac{\dot{\delta}_0}{\alpha v\sqrt{\sigma}}\mathrm{e}^{\mathrm{i}(\alpha vt+\chi_0)}\sin(\alpha v\sqrt{\sigma}t) \tag{6.3.19}$$

式中，$\sigma=1-4M/P^2$。此式表明，攻角平面以角频率 $Pv/2=\alpha v$ 绕速度线匀速转动，而弹轴在攻角面内按正弦规律摆动，并通过零点(或通过速度线)。以弧长为变量的振荡角频率 ω_d 和振幅 δ_m 分别为

$$\omega_d = \sqrt{P^2 - 4M}/2 = \alpha\sqrt{\sigma} \tag{6.3.20}$$

$$\delta_m = 2\dot{\delta}_0 \Big/ (\sqrt{P^2 - 4M}v_0) = \dot{\delta}_0 \Big/ (\alpha v_0 \sqrt{\sigma}) \tag{6.3.21}$$

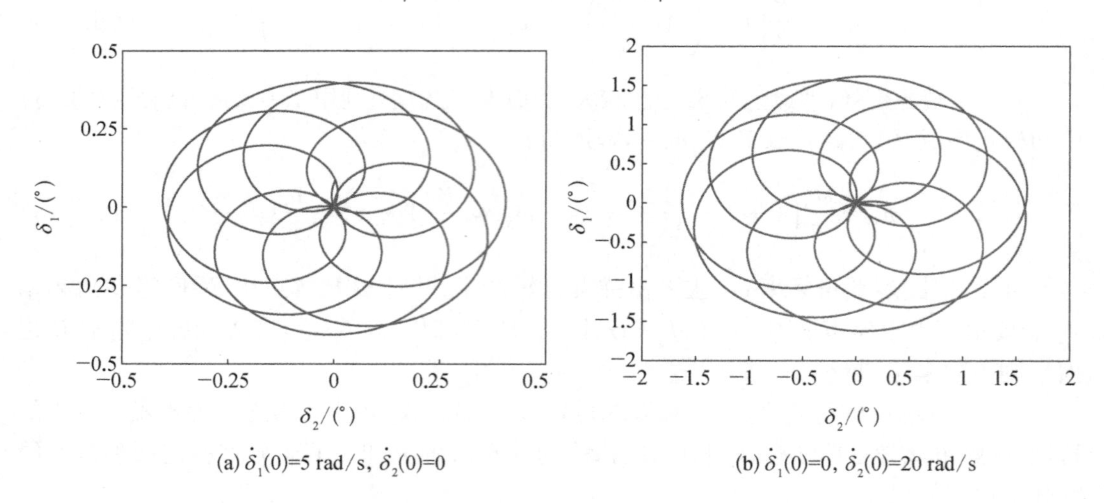

(a) $\dot{\delta}_1(0)=5$ rad/s, $\dot{\delta}_2(0)=0$ (b) $\dot{\delta}_1(0)=0$, $\dot{\delta}_2(0)=20$ rad/s

图 6.3.1 不同起始攻角角速度引起的攻角变化曲线

攻角变化的时间周期为

$$T = 2\pi/(\alpha v\sqrt{\sigma}) \tag{6.3.22}$$

在一周期内弹丸飞过的距离称为波长 λ_m，则有

$$\lambda_m = Tv = 2\pi/(\alpha\sqrt{\sigma}) \tag{6.3.23}$$

可见，旋转稳定弹攻角变化的波长既与静力矩有关，也与转速有关。

接下来讨论起始攻角引起的攻角方程之解。当 $s = 0$ 时，有

$$\boldsymbol{\Delta}_0 = \delta_0 e^{i\chi_0}, \quad \boldsymbol{\Delta}'_0 = 0$$

利用式(6.3.10)可求得待定常数，为

$$C_1 = \frac{-\boldsymbol{\Delta}_0\omega_2}{\sqrt{P^2 - 4M}} = \frac{\delta_0}{2\sqrt{\sigma}}(1 - \sqrt{\sigma})e^{i\chi_0}, \quad C_2 = \frac{\boldsymbol{\Delta}_0\omega_1}{\sqrt{P^2 - 4M}} = \frac{\delta_0}{2\sqrt{\sigma}}(1 + \sqrt{\sigma})e^{i\chi_0}$$

则复攻角为

$$\boldsymbol{\Delta} = [K_1 e^{i(\omega_1 s + \pi)} + K_2 e^{i\omega_2 s}]e^{i\chi_0}$$

式中，

$$K_{1,2} = \frac{1 \mp \sqrt{\sigma}}{2\sqrt{\sigma}}\delta_0, \quad \phi'_{1,2} = \omega_{1,2} = \alpha(1 \pm \sqrt{\sigma}) \tag{6.3.24}$$

这时弹轴的运动仍由两个圆运动组成，并且两个圆运动的方向相同（因 $\omega_1 > 0$，$\omega_2 > 0$），两个圆运动的相位差为 π。因此，弹轴在复数平面上画出的曲线仍为圆外摆线。攻角的最大幅值 δ_m 和最小幅值 δ_n 分别为

$$\delta_m = \sqrt{(K_1 + K_2)^2} = \delta_0 / \sqrt{\sigma}, \quad \delta_n = \sqrt{(K_1 - K_2)^2} = \delta_0 \tag{6.3.25}$$

攻角幅值的最大变化为

$$\Delta\delta = \delta_0(1 - \sqrt{\sigma}) / \sqrt{\sigma} = 2K_1$$

图 6.3.2 为某旋转稳定弹在不同起始攻角下形成的攻角变化曲线。

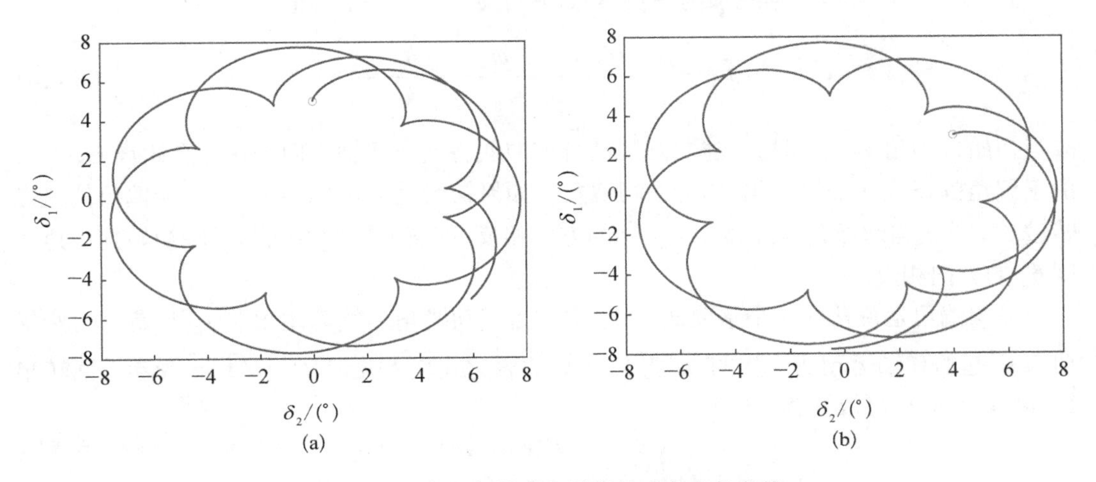

图 6.3.2　不同起始攻角引起的攻角变化曲线

6.4　初始扰动对质心运动的影响——气动跳角

6.4.1　由初始扰动 $\dot{\boldsymbol{\Delta}}_0$ 产生的平均偏角

6.3 节用二圆运动描述了弹轴相对于速度线的运动，得到了由初始扰动产生的攻角变化。有了攻角就会产生升力和马格努斯力，升力在攻角面内，而马格努斯力垂直于攻角面。由于攻角面不断地绕速度轴旋转，这两个力的方向也就不断地改变，于是速度方向也在侧方旋转变化。根据方程(6.2.11)，假设仅考虑影响最大的升力项，则可得由攻角引起的偏角，为

$$\dot{\boldsymbol{\Psi}} = b_y v \boldsymbol{\Delta} \text{ 或 } \boldsymbol{\Psi}' = b_y \boldsymbol{\Delta} \tag{6.4.1}$$

只要把不同的攻角表达式代入方程(6.4.1)中积分，即可得到相应的偏角变化规律。本小节将首先讨论起始攻角角速度引起的偏角。

将仅由初始扰动 $\dot{\boldsymbol{\Delta}}_0$ 产生的攻角 $\boldsymbol{\Delta}$ 的表达式代入偏角方程[式(6.4.1)]中，可得

$$\dot{\boldsymbol{\Psi}} = b_y v \frac{\delta_m}{2} e^{i\chi_0} \left[e^{i\left(\omega_{1t} t + \frac{3}{2}\pi\right)} + e^{i\left(\omega_{2t} t + \frac{\pi}{2}\right)} \right] \tag{6.4.2}$$

式中，$\delta_m = \dot{\delta}_0 / (\alpha v_0 \sqrt{\sigma})$；$\omega_{1t,2t} = \alpha v_0 (1 \pm \sqrt{\sigma})$，$\sigma = \sqrt{1 - 1/S_g}$。

对式(6.4.2)从 0 到 t 积分，可得

$$\boldsymbol{\Psi}_{\dot{\delta}_0}=\frac{b_y v\delta_{\mathrm{m}}}{2}\mathrm{e}^{\mathrm{i}\chi_0}\left[\frac{\mathrm{e}^{\mathrm{i}(\omega_{1t}t+\pi)}}{\omega_{1t}}+\frac{\mathrm{e}^{\mathrm{i}(\omega_{2t}t)}}{\omega_{2t}}-\frac{\omega_{1t}-\omega_{2t}}{\omega_{1t}\omega_{2t}}\right] \tag{6.4.3}$$

由式(6.4.3)可见,偏角曲线前两项也由两个圆运动合成,两圆的半径比也为 $(1-\sqrt{\sigma})/(1+\sqrt{\sigma})$,并且 $K_1\omega_{1t}=K_2\omega_{2t}$。

式(6.4.3)括号内的第三项为一负实数(由于 $\omega_{1t}>\omega_{2t}$),可记为

$$\bar{\psi}_{\dot{\delta}_0}=-\frac{b_y v\delta_{\mathrm{m}}}{2}\frac{\omega_{1t}-\omega_{2t}}{\omega_{1t}\omega_{2t}}=-\frac{b_y}{k_z}\frac{\dot{\delta}_0}{v_0} \tag{6.4.4}$$

故当初始进动角 $\chi_0=0$ 时,上述二圆运动合成曲线将向负实轴方向平移一个距离 $|\bar{\psi}_{\dot{\delta}_0}|$,由于偏角围绕这一个值变化,称为平均偏角。如果初始进动角 $\chi_0\neq 0$,则平均偏角位置也转过 χ_0,总之与起始角速度 $\dot{\boldsymbol{\Delta}}_0=\dot{\delta}_0\mathrm{e}^{\mathrm{i}\chi_0}$ 的方向相反,即速度平均方向与弹轴初始扰动角速度 $\dot{\delta}_0$ 的方向相反。

平均偏角是跳角的一个重要成分,也常称为气动跳角。气动跳角 $|\bar{\psi}_{\dot{\delta}_0}|$ 是由初始扰动 $\dot{\delta}_0$ 引起的弹轴运动所产生的,如将 b_y 和 k_z 的表达式代入并记 $R_{\mathrm{A}}=\sqrt{A/m}$ 为赤道回转半径,则式(6.4.4)可改写为

$$|\bar{\psi}_{\dot{\delta}_0}|=R_{\mathrm{A}}^2\dot{\delta}_0/(hv) \tag{6.4.5}$$

由式(6.4.5)可见,气动跳角与初始扰动 $\dot{\delta}_0$ 成正比,与压心到质心的距离 h 成反比,因此,减小 $\dot{\delta}_0$ 和增大 h 可减小气动跳角,从而减小由此跳角产生的弹着点散布。

由于初始扰动 $\dot{\delta}_0$ 的大小和方向具有随机性,气动跳角 $|\bar{\psi}_{\dot{\delta}_0}|$ 也是随机的,设 $\dot{\delta}_0$ 的概率误差为 $E_{\dot{\delta}_0}$,则气动跳角的概率误差为

$$E_{\bar{\psi}_{\dot{\delta}_0}}=E_{\dot{\delta}_0}R_{\mathrm{A}}^2/(hv) \tag{6.4.6}$$

由式(6.4.6)可见,短弹的赤道回转半径 R_{A} 较小,故短弹的方向散布较小;增大距离 h 可使方向散布减小。因此,将弹丸头部壁厚减小,甚至加装风帽,有利于减小散布,因为这显著地增大了 h,却保持了赤道回转半径 R_{A} 和极回转半径基本不变。将弹尾做成船尾形,不仅减小了底部阻力和总阻力系数,而且还可减小 c_y' 和增大 m_z',使跳角散布减小。

6.4.2 由初始扰动 $\boldsymbol{\Delta}_0$ 产生的气动跳角

将由 $\boldsymbol{\Delta}_0$ 产生的攻角表达式[式(6.3.24)]代入偏角方程[式(6.4.2)]中积分即可,可得偏角为

$$\boldsymbol{\Psi}_{\delta_0}=b_y v_0\mathrm{e}^{\mathrm{i}\left(\chi_0+\frac{3\pi}{2}\right)}\left[\frac{K_1}{\omega_{1t}}\mathrm{e}^{\mathrm{i}(\omega_{1t}t+\pi)}+\frac{K_2}{\omega_{2t}}\mathrm{e}^{\mathrm{i}\omega_{2t}t}+\frac{K_1\omega_{2t}-K_2\omega_{1t}}{\omega_{1t}\omega_{2t}}\right] \tag{6.4.7}$$

此公式表明,由初始扰动 δ_0 产生的复偏角也是由两个圆运动组成的外摆线,其快慢圆运动的角频率仍为 ω_{1t} 和 ω_{2t},半径分别为 $b_y v_0 K_1/\omega_{1t}$ 和 $b_y v_0 K_2/\omega_{2t}$,相位差为 π,此外还有一个不变的平均值,即

$$\bar{\psi}_{\delta_0}=b_y v_0\mathrm{e}^{\mathrm{i}\left(\chi_0+\frac{3}{2}\pi\right)}\frac{K_1\omega_{2t}-K_2\omega_{1t}}{\omega_{1t}\omega_{2t}} \tag{6.4.8}$$

将 ω_{1t}、ω_{2t}、K_1、K_2 的表达式代入后，得

$$\bar{\psi}_{\delta_0}=\frac{2\alpha}{k_z}b_y\delta_0\mathrm{e}^{\mathrm{i}\left(\chi_0+\frac{\pi}{2}\right)} \tag{6.4.9}$$

此偏角就是由 $\boldsymbol{\Delta}_0$ 产生的平均偏角或气动跳角，其相位超前起始攻角平面 $\pi/2$，而大小为

$$|\bar{\psi}_{\delta_0}|=\delta_0R_{\mathrm{C}}^2\dot{\gamma}_0/(hv_0) \tag{6.4.10}$$

式中，$R_{\mathrm{C}}=\sqrt{C/m}$，为极回转半径。

由式(6.4.10)可见，增大 h 也可减小由 δ_0 产生的气动跳角，故将弹尾做成船尾形、弹头壁厚减小，同样有利于减小 δ_0 产生的方向散布。

6.5　脉冲修正弹的稳定性

采用脉冲力矩对弹道进行修正是弹道修正技术中常用的一种技术手段，在实际中脉冲冲量的作用时间极短，多为毫秒(或几十毫秒)量级。因此，可以近似地认为脉冲冲量作用是瞬时完成的，相当于弹丸在弹道上对应于脉冲作用处受到一强干扰，因此可以借用外弹道理论中对初始扰动影响进行分析的思路，来分析脉冲作用对弹丸飞行弹道和稳定性的影响。

设一脉冲冲量为 $\hat{\boldsymbol{P}}$，则对应的脉冲力为

$$\boldsymbol{P}(t)=\hat{\boldsymbol{P}}\delta(t-t_{\mathrm{p}}) \tag{6.5.1}$$

式中，$\delta(t)$ 为 δ 函数；t_{p} 为脉冲作用时刻。将此脉冲力产生的修正力和修正力矩分别向速度坐标系、弹轴坐标系投影，可以得到本次脉冲冲量和脉冲力矩分别为 $(\hat{F}_{\mathrm{p}x_2},\hat{F}_{\mathrm{p}y_2},\hat{F}_{\mathrm{p}z_2})$、$(\hat{M}_{\mathrm{p}\xi},\hat{M}_{\mathrm{p}\eta},\hat{M}_{\mathrm{p}\zeta})$。在此脉冲冲量 $\hat{\boldsymbol{P}}$ 作用下，各弹道诸元此时出现一增量，根据 6 自由度弹道方程组可以推导出此时弹丸的诸元增量，分别为

$$\begin{cases}\Delta v=\hat{F}_{\mathrm{p}x_2}/m,\quad \Delta\theta=\hat{F}_{\mathrm{p}y_2}/(mv\cos\psi_2),\quad \Delta\psi_2=\hat{F}_{\mathrm{p}z_2}/(mv)\\ \Delta\omega_\xi=\hat{M}_{\mathrm{p}\xi}/C,\quad \Delta\omega_\eta=\hat{M}_{\mathrm{p}\eta}/A,\quad \Delta\omega_\zeta=\hat{M}_{\mathrm{p}\zeta}/A\end{cases} \tag{6.5.2}$$

其中，有些主要对弹丸的飞行弹道产生影响(如 Δv、$\Delta\theta$、$\Delta\psi_2$ 等)，这也正是弹道修正所需要的结果；有些会对弹丸的飞行稳定性产生影响，下面主要讨论对飞行稳定性的影响。

利用 6 自由度刚体弹道方程组中的攻角表达式，可推出式(6.5.2)的诸元增量关系，可近似表示为

$$\partial\dot{\delta}_1=\hat{M}_{\mathrm{p}\zeta}/A,\quad \partial\dot{\delta}_2=-\hat{M}_{\mathrm{p}\eta}/A \tag{6.5.3}$$

而：

$$\boldsymbol{\Delta}=\delta_1+\mathrm{i}\delta_2,\quad \partial\dot{\boldsymbol{\Delta}}=\partial\cdot\delta\mathrm{e}^{\mathrm{i}v} \tag{6.5.4}$$

式中，$\partial\dot{\delta}=\sqrt{\partial\dot{\delta}_1^2+\partial\dot{\delta}_2^2}=(1/A)\sqrt{\hat{M}_{\mathrm{p}\eta}^2+\hat{M}_{\mathrm{p}\zeta}^2}$。

式(6.5.3)即在脉冲力矩瞬时作用下弹丸攻角所对应出现的变化量。可见，在脉冲力矩瞬时作用下，弹丸攻角 $\boldsymbol{\Delta}$ 增量为零，但获得一个攻角角速度增量 $\partial\dot{\boldsymbol{\Delta}}_0$。由外弹道理论可

知，在简化条件下的攻角运动（齐次）微分方程为

$$\ddot{\boldsymbol{\Delta}} - 2\mathrm{i}\alpha v\dot{\boldsymbol{\Delta}} - k_z v^2\boldsymbol{\Delta} = 0 \tag{6.5.5}$$

根据外弹道理论，在初始条件为 $\boldsymbol{\Delta}_0 = 0$，$\dot{\boldsymbol{\Delta}}_0 = \dot{\delta}_0 \mathrm{e}^{\mathrm{i}\gamma_0}$ 时，式(6.5.5)的解为

$$\begin{cases}\delta = \dfrac{\dot{\delta}_0}{\alpha^* \sqrt{\sigma}}\sin \alpha^* \sqrt{\sigma}\, t \\ \gamma = \gamma_0 + \alpha^* t\end{cases} \tag{6.5.6}$$

式中，$\alpha^* = \alpha v = \dfrac{C\dot{\gamma}}{2A}$；$\sigma = 1 - (k_z/\alpha^2) = 1 - (k_z^*/\alpha^{*2})$，$k_z^* = k_z v^2$。

对于陀螺稳定（$\sigma > 0$）的飞行弹丸，由上面分析给出的关系式可知，在脉冲力矩瞬时作用后仍可保证 $\sigma > 0$，即陀螺稳定性条件一般不会被破坏（除非脉冲力分量 $\hat{F}_{\mathrm{p}x_2}$ 特别大，造成增量 Δv 较大，此时则需分析 σ 中由 k_z/α^2 带来的影响。通常情况下，这种影响较小，不会对原关系 $\sigma > 0$ 产生很大影响）。

对比前面介绍的脉冲力矩瞬时作用引起的攻角增量和式(6.5.6)等可知，脉冲力矩的瞬时作用使弹丸在随后的攻角运动中出现了攻角幅值增加，其幅值增加量为

$$\partial\delta_{\mathrm{m}} = \frac{\dot{\delta}_0}{\alpha^* \sqrt{\sigma}} = \frac{\partial\dot{\delta}}{\alpha^* \sqrt{\sigma}} = \frac{\sqrt{\hat{M}_{\mathrm{p}\eta}^2 + \hat{M}_{\mathrm{p}\zeta}^2}}{A\alpha^* \sqrt{\sigma}} \tag{6.5.7}$$

尽管脉冲力矩作用后弹丸一般仍可保持原先的陀螺稳定性，但脉冲力矩的瞬时作用使弹丸在随后获得了一个攻角幅值增量，这个攻角幅值增量应小于某允许极限值，否则有可能出现攻角过大而破坏弹丸飞行稳定性，如攻角出现非线性状况等，尽管此时弹丸固有的陀螺稳定性条件等并未遭破坏，但从工程意义上说已经出现了稳定性不良现象。设此允许的攻角幅值增量上限为 $\partial\delta_{\mathrm{m0}}$，则有 $\partial\delta_{\mathrm{m}} \leqslant \partial\delta_{\mathrm{m0}}$，因此：

$$\sqrt{\hat{M}_{\mathrm{p}\eta}^2 + \hat{M}_{\mathrm{p}\zeta}^2} \leqslant A\alpha^* \sqrt{\sigma}\,\partial\delta_{\mathrm{m0}} \tag{6.5.8}$$

式(6.5.8)是一个非常重要的关系式。它明确表示在弹道修正过程中，要保证修正后的弹丸仍具有良好的飞行稳定性，所采用的脉冲力矩的 2 个分量值的平方和不能过大。式(6.5.8)可以视为修正弹道在脉冲力矩作用下需满足的一个新的飞行稳定性条件，可以改写为下列形式：

$$\sqrt{\hat{M}_{\mathrm{p}\eta}^2 + \hat{M}_{\mathrm{p}\zeta}^2} \leqslant \frac{C\dot{\gamma}}{2}\sqrt{1 - \frac{1}{S_{\mathrm{g}}}}\,\partial\delta_{\mathrm{m0}} \tag{6.5.9}$$

式中，$S_{\mathrm{g}} = \dfrac{\alpha^2}{k_z}$，为陀螺稳定因子。

由此可以看出，在一定的允许限值 $\partial\delta_{\mathrm{m0}}$ 下，对于转速较高或是外形短粗、陀螺稳定性较强的弹丸，其飞行稳定性有良好的保证，或说其抗脉冲力矩强干扰的能力较强，这时脉冲力矩可以大些；反之，弹丸飞行稳定性或抗脉冲力矩强干扰的能力较弱。

本节针对弹道修正技术中常采用的脉冲力矩作用及其对弹丸飞行稳定性的影响等进

行了分析，给出了弹道修正弹在脉冲力矩作用下所需满足的一个新的飞行稳定性条件，对于目前正开展研究的弹道修正技术，特别是弹道修正中方案的选取有一定的参考意义。

6.6　动力平衡角的产生机理及特性

6.6.1　动力平衡角的理论推导

由式(6.2.20)可得含有重力非齐次项的角运动方程，即

$$\boldsymbol{\Delta}'' + (H - \mathrm{i}P)\boldsymbol{\Delta}' - (M + \mathrm{i}PT)\boldsymbol{\Delta} = -\ddot{\theta}/v^2 - \dot{\theta}(k_{zz} - \mathrm{i}P)/v \tag{6.6.1}$$

式中，$\dot{\theta}$ 和 $\ddot{\theta}$ 是由重力产生的，可由理想弹道方程求出，即 $\dot{\theta} = -g\cos\theta/v$，$\ddot{\theta} = \dot{v}\theta(b_x + 2g\sin\theta/v^2)$，则方程(6.6.1)的解是齐次方程通解和非齐次方程特解的叠加，即

$$\boldsymbol{\Delta} = C_1 \mathrm{e}^{l_1 s} + C_2 \mathrm{e}^{l_2 s} + \boldsymbol{\Delta}_{\mathrm{p}} \tag{6.6.2}$$

式中，$l_{1,2} = \lambda_{1,2} + \mathrm{i}\phi'_{1,2}$ 仍为齐次方程特征根。由重力非齐次项产生的角运动仍由两个圆运动组成，但此二圆运动围绕攻角特解 $\boldsymbol{\Delta}_{\mathrm{p}}$ 进行。因此，特解 $\boldsymbol{\Delta}_{\mathrm{p}}$ 可作为弹轴的平均位置。在零起始条件 $s = 0$ 下，$\boldsymbol{\Delta}_0 = 0$ 和 $\boldsymbol{\Delta}'_0 = 0$ 时可求出待定常数 C_1 和 C_2，此时，攻角方程[式(6.6.1)]的解仍由齐次方程解与特解组成，齐次方程解中的 C_1 和 C_2 项同前，特解(强迫项解)为动力平衡角。

为便于求解方程(6.6.1)的特解，可略去较小的 $\ddot{\theta}$，则 $\dot{\theta}$ 近似为常数，再略去小项 T 和 H，得到只考虑静力矩 M 的方程：

$$\boldsymbol{\Delta}'' - \mathrm{i}P\boldsymbol{\Delta}' - M\boldsymbol{\Delta} = -\dot{\theta}(-\mathrm{i}P)/v \tag{6.6.3}$$

利用系数冻结法，在一段弹道上令 v、P、M、$\dot{\theta}$ 为常数，令 $\boldsymbol{\Delta}' = 0$，$\boldsymbol{\Delta}'' = 0$，则易得出特解为

$$\boldsymbol{\Delta}_{\mathrm{p}} = \mathrm{i}P|\dot{\theta}|/(Mv) \tag{6.6.4}$$

此特解为一个纯虚数，对于右旋静不稳定弹，$\dot{\gamma} > 0$，$M = k_z > 0$，则 $\boldsymbol{\Delta}_{\mathrm{p}}$ 位于虚轴正向，即弹轴偏向速度线右侧；反之，对于左旋静不稳定弹，$\dot{\gamma} < 0$，$M_z > 0$，弹轴将偏向速度线左侧。

如果要进一步考虑 $\ddot{\theta}$ 时，可采用常数变易法求非齐次方程[式(6.6.1)]的特解，为

$$\boldsymbol{\Delta}_{\mathrm{p}} = \frac{1}{M + \mathrm{i}PT}\left[\frac{\ddot{\theta}}{v^2} + \frac{\dot{\theta}}{v}(k_{zz} - \mathrm{i}P)\right] + \frac{k_{zz} - \mathrm{i}P}{v^2} \cdot \frac{H - \mathrm{i}P}{(M + \mathrm{i}PT)^2}\ddot{\theta} \tag{6.6.5}$$

对于旋转稳定弹，阻尼力矩项的影响远小于重力陀螺项，即 $H \ll P$，故可略去 H 得

$$\boldsymbol{\Delta}_{\mathrm{p}} = \frac{1}{M + \mathrm{i}PT}\left(\frac{\ddot{\theta}}{v^2} - \mathrm{i}\,\frac{\dot{\theta}}{v}P\right) - \frac{P^2}{v^2}\frac{\ddot{\theta}}{(M + \mathrm{i}PT)^2} \tag{6.6.6}$$

将式(6.6.6)的分母实数化，并注意到 $M^2 \gg P^2T^2$，得

$$\boldsymbol{\Delta}_{\mathrm{p}} = \frac{1}{M^2}\left(\frac{\ddot{\theta}}{v^2} - \mathrm{i}\,\frac{P\dot{\theta}}{v}\right)(M - \mathrm{i}PT) - \frac{P^2}{v^2} \cdot \frac{\ddot{\theta}}{M^4}(M - \mathrm{i}PT)^2 \tag{6.6.7}$$

或

$$\boldsymbol{\Delta}_{\mathrm{p}}=-\left(\frac{P^2}{M^2v^2}-\frac{P^4T^2}{M^4v^2}-\frac{1}{Mv^2}\right)\ddot{\theta}-\frac{P^2T}{M^2v}\dot{\theta}+\mathrm{i}\left(-\frac{PM}{M^2v}\dot{\theta}-\frac{PT}{M^2v^2}\ddot{\theta}+\frac{2P^3T}{M^3v^2}\ddot{\theta}\right) \tag{6.6.8}$$

如果略去马格努斯力矩项 T,并注意到 $P=2\alpha$, $M=k_z$, 将式(6.6.8)的实部和虚部分开后得到仅考虑静力矩时的动力平衡角的侧向分量 $\delta_{2\mathrm{p}}$ 和高低分量 $\delta_{1\mathrm{p}}$, 即

$$\delta_{2\mathrm{p}}=-\frac{P}{Mv}\dot{\theta}=-\frac{2\alpha}{k_z}\cdot\frac{\dot{\theta}}{v},\quad \delta_{1\mathrm{p}}=\frac{1}{Mv^2}\ddot{\theta}-\left(\frac{P}{Mv}\right)^2\ddot{\theta}\approx\frac{P}{Mv}\dot{\delta}_{2\mathrm{p}} \tag{6.6.9}$$

6.6.2 动力平衡角沿全弹道的变化

由 $\delta_{1\mathrm{p}}$ 的表达式(6.6.9)可见, $\delta_{1\mathrm{p}}$ 的正负号只与 $\ddot{\theta}$ 有关,而与弹箭是右旋 $(P>0)$ 还是左旋 $(P<0)$、是静不稳定 $(M>0)$ 还是静稳定 $(M<0)$ 无关。将 $\ddot{\theta}$ 的表达式代入式(6.6.9)中得

$$\delta_{1\mathrm{p}}=-\left(\frac{P}{Mv}\right)^2v\dot{\theta}(b_x+2g\sin\theta/v^2)\text{ 或 }\delta_{1\mathrm{p}}=\delta_{2\mathrm{p}}\frac{P}{M}(b_x+2g\sin\theta/v^2) \tag{6.6.10}$$

其中, P 为 0.1~1.0, M 为 $10^{-2}\sim10^{-3}$, $b_x+2g\sin\theta/v^2$ 为 $10^{-3}\sim10^{-4}$ 量级,因此 $|\delta_{1\mathrm{p}}|\ll\delta_{2\mathrm{p}}$, 总的动力平衡角 $\delta_{\mathrm{p}}\approx\delta_{2\mathrm{p}}$。

在弹道升弧段上,因 $\theta>0$, $\dot{\theta}<0$, 所以 $\delta_{1\mathrm{p}}>0$, 即弹轴在速度线上方;在弹道顶点, $\theta=0$, 仍有 $\delta_{1\mathrm{p}}>0$; 此后, $\theta<0$, 但在 $b_x+2g\sin\theta/v^2>0$ 以前,仍有 $\delta_{1\mathrm{p}}>0$, 直到 $b_x+2g\sin\theta/v^2<0$ 以后, $\delta_{1\mathrm{p}}<0$, 这时弹轴转到速度线的下方。

对于右旋 $(P>0)$ 静不稳定 $(M>0)$ 弹, $\delta_{2\mathrm{p}}>0$, 动力平衡角永远偏右侧。将 $M=\rho Slm_z'/(2A)$, $P=C\dot{\gamma}/(Av)$, $\dot{\theta}=-g\cos\theta/v$ 代入式(6.6.10)中得

$$\delta_{2\mathrm{p}}=\frac{2C\dot{\gamma}}{\rho Slm_z'}\cdot\frac{g\cos\theta}{v^3} \tag{6.6.11}$$

由式(6.6.11)可见,动力平衡角随空气密度、飞行速度、弹道倾角的减小而迅速增大,在弹道顶点附近, ρ、v、θ 都达到最小,因此 $\delta_{2\mathrm{p}}$ 达到极大值;而在弹道起点和落点附近, ρ、v、θ 较大, $\delta_{2\mathrm{p}}$ 就较小。小射角时,复攻角 $\boldsymbol{\Delta}_{\mathrm{p}}=\delta_{1\mathrm{p}}+\mathrm{i}\delta_{2\mathrm{p}}$ 沿全弹道的变化如图 6.6.1 中的虚线所示(图中 S 为弹道顶点)。

动力平衡角是由弹道弯曲所引起,故弹道越弯曲的地方,动力平衡角越大,而同一弹道上顶点处的弹道最弯曲,不同弹在最大射角的弹道顶点处的弹道最弯曲,动力平衡角最大(可达 9°~12°)。动力平衡角过大将使阻力增大,偏流及偏流散布加大,密集度变差,严重时甚至造成掉弹。因此,对地射击的旋转稳定弹射角不能过大,一般要小于 65°。图 6.6.1 中的实线为特大射角情况下的动力平衡角沿全弹道的变化,可见弹道降弧段上的实际动力平衡角很大,有时会使弹道计算发散。

动力平衡角 $\delta_{2\mathrm{p}}$ 形成的升力将使弹道扭曲,形成偏流,例如,右旋静不稳定弹的落点偏流偏右。对于中大口径旋转稳定弹,在十几千米射程上,偏流可达数百米。由 $\delta_{2\mathrm{p}}$ 产生的向上或向下的马格努斯力还会影响射程。

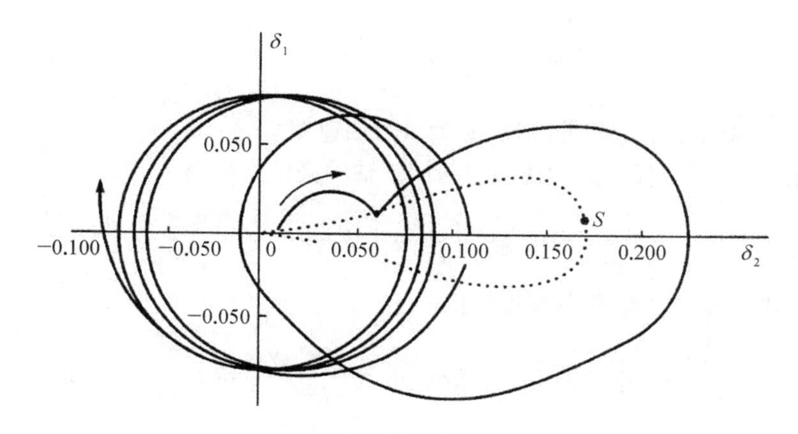

图 6.6.1　复动力平衡角沿全弹道的变化

6.7　偏流的近似计算及工程应用

6.7.1　偏流的近似计算

旋转稳定弹是线膛火炮射出的，其落点偏离射击面，右旋弹偏右、左旋弹偏左，这就是动力平衡角所导致的偏流现象。过去几十年来，许多弹道学者试图导出偏流的计算公式。但由于偏流是在弹丸全飞行过程中逐渐累积产生的，在这个过程中，不仅速度和转速在变化，而且各个气动系数也在缓慢变化，而这种变化又没有解析函数式表达，因而也就不可能通过方程积分精确求得偏流的解析表达式。但在计算机水平十分发达的今天，利用弹道方程，在计算射程的同时也获得偏流已经不是什么难事了，因此偏流的近似解似乎已失去了其重要性。然而数值解的缺点是不能明显看出各种因素对偏流影响的定性关系，不便于对偏流问题进行理论分析及相关弹道设计，因此本节将给出偏流近似公式的建立。

由前面的介绍知，偏流由动力平衡角引起，且主要由垂直于射击面的横向分量 $\delta_{2\text{p}}$ 决定，将弹道模型中的加速度项在地面坐标系下投影且经过推导，得到对应的横向加速度为

$$a_z = \dot{\psi}_2 v = b_y v^2 \delta_{2\text{p}} \tag{6.7.1}$$

由式(6.7.1)可得

$$\dot{\psi}_2 = b_y v \delta_{2\text{p}} \tag{6.7.2}$$

其中，

$$b_y = \frac{\rho S}{2m}c_y', \quad \delta_{2\text{p}} = \frac{2\alpha^*}{k_z^*}\,|\,\dot{\theta}\,|\,, \quad 2\alpha^* = \frac{C}{A}\dot{\gamma} = \frac{C}{A}\dot{\gamma}_0 \text{e}^{-k_{xz}\bar{v}t}, \quad k_z^* = k_z v^2 = \frac{\rho Sl}{2A}m_z' v^2, \,|\,\dot{\theta}\,|\, = \frac{g\cos\theta}{v}$$

式中，l 为弹丸特征长度；m_z' 为翻转力矩系数导数；k_{xz} 为极阻尼力矩弹道系数；c_y' 为升力系数导数；$\bar{v}$ 表示一段弹道的平均速度；$\dot{\gamma}_0$ 为一段弹道上的转速初值。

将上述具体表达式代入式(6.7.2)，整理并积分可得

$$\psi_2 = \frac{gCc'_y}{mlm'_z}\dot{\gamma}_0\int_0^T \frac{\cos\theta}{v^2}\mathrm{e}^{-k_{xz}\bar{v}t}\mathrm{d}t \tag{6.7.3}$$

式中，T 表示一段弹道上的积分时长；g 为重力加速度。

由于偏流 z 曲线上任一点的切线与射向 x 轴的夹角很小，有

$$z = \int_0^z \mathrm{d}z = \int_0^T \psi_2 v\mathrm{d}t \tag{6.7.4}$$

将式(6.7.3)代入式(6.7.4)积分整理可得

$$z = \frac{gCc'_y}{mlm'_z}\frac{\dot{\gamma}_0}{v_0}\int_0^T \cos\theta\left(\int_0^T \mathrm{e}^{-k_{xz}\bar{v}t}\mathrm{d}t\right)\mathrm{d}t = \frac{gCc'_y}{mlm'_z}\frac{\dot{\gamma}_0}{v_0}\overline{\cos\theta}\int_0^T\int_0^T \mathrm{e}^{-k_{xz}\bar{v}t}\mathrm{d}t\mathrm{d}t \tag{6.7.5}$$

式中，v_0 为一段弹道上的速度初值。

将 $\overline{\cos\theta}$ 在射角 θ_0 至落角 θ_c 上积分平均，得

$$\overline{\cos\theta} = \frac{1}{\theta_c - \theta_0}\int_{\theta_0}^{\theta_c}\cos\theta\mathrm{d}\theta = \frac{\sin\theta_0 + \sin|\theta_c|}{\theta_0 + |\theta_c|} = f(\theta_0, |\theta_c|)$$

令 $B = 2\pi gCc'_y/(mldm'_z)$，$u = k_{xz}\bar{v}$，则偏流 z 的近似计算式为

$$z = Bf(\theta_0, |\theta_c|)\frac{1}{\eta}\int_0^T\int_0^T \mathrm{e}^{-ut}\mathrm{d}t\mathrm{d}t \tag{6.7.6}$$

式中，η 为火炮缠度；d 为弹径。

若全程无控飞行，则对应落点处侧向偏流值为

$$z = Bf(\theta_0, |\theta_c|)\frac{1}{\eta}G(u, T) \tag{6.7.7}$$

式中，$G(u, T) = \frac{T}{u} + \frac{\mathrm{e}^{-uT}}{u^2} - \frac{1}{u^2}$。

由式(6.7.7)可以看出：

(1) B 反映弹丸结构对偏流的贡献；

(2) $f(\theta_0, |\theta_c|)$ 反映射角对偏流的影响，即射角大，偏流大；

(3) $1/\eta$ 反映了火炮膛线缠度对偏流的影响，缠度小则炮口转速高，偏流大；

(4) $G(u, T)$ 反映了极阻尼力矩系数和全弹道飞行时间对偏流的影响，极阻尼力矩系数小、飞行时间长，则偏流大。

6.7.2 偏流的工程应用

对于线膛炮发射的旋转稳定弹而言，一定存在偏流，且由式(6.7.7)可看出不同参数对偏流的影响趋势，改变这些参数，偏流大小也会改变。

近年来，低成本的弹道修正弹技术发展迅猛，相较于传统的无控弹，成本增加有限，但地面密集度得到很大改善。其中，以弹上带阻力环装置的一维弹道修正弹技术发展最为成熟，并已得到实际应用(因其结构简洁、弹仍保持旋转稳定等)。相对而言，二维弹道修正弹技术由于涉及横向(垂直于射击面)弹道调节，如采用弹上产生侧向作用力的机构，

则一般要求弹丸不能高速旋转、弹上带有舵(或简易舵)机、弹上具备滚转测量装置等,致使全弹结构复杂、成本增加等。

因此,对于横向散布的调节范围及能力要求不是很大,考虑可否在一维弹道修正弹(阻力环结构)的基础上,通过适当调节每发弹偏流值来实现二维弹道修正技术,并保持全弹结构简洁、仍为旋转稳定等特点,基于这种思想,带减旋阻尼片的二维弹道修正弹概念应运而生(控制舱实物如图 6.7.1 所示)。

该弹结构是在带阻力环装置的一维修正弹基础上增加一对(也可是轴对称的两对)可适时张开的减旋阻尼片(改变全弹极阻尼力矩系数,调节转速),其工作原理为:根据对飞行弹丸实测的一段弹道参数(在线)实时预报该发落点,根据落点横向偏差状况适时张开弹上阻尼片、调节极阻尼力矩,进而调节偏流值实现弹道横向修正,纵向弹道修正过程与阻力环机构的一维弹道修正弹完全相同。

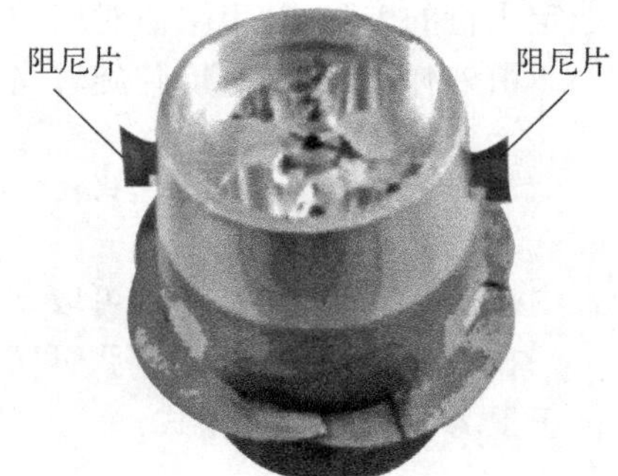

图 6.7.1　带减旋阻尼片二维弹道修正弹的控制舱样机

带减旋阻尼片的二维弹道修正弹的技术特点如下:

(1) 全弹结构简洁、低成本、工程上易实现;

(2) 全弹飞行过程仍保持旋转稳定(同无控旋转稳定弹相比,结构外形变化不大);

(3) 通过调节偏流值来实现横向弹道修正,且弹仍保持旋转稳定飞行,因此横向弹道修正能力有限。

下面结合偏流的近似计算公式(6.7.6),就其在这方面的具体工程应用内容进行介绍。

设具有横向弹道修正能力的旋转稳定弹,其上的减旋阻尼片在飞行弹道上的张开时刻为 t_1,张开前后对应的极阻尼力矩弹道系数分别为 k_{xz}、k_{xz1}(对应 u、u_1),则由式(6.7.6)积分可得经横向弹道修正后的横向偏流值:

$$\bar{z} = Bf(\theta_0, |\theta_c|)\frac{1}{\eta}\left[\frac{t_1}{u} + \frac{e^{-ut_1}}{u^2} - \frac{1}{u^2} + \frac{e^{-u_1 T}}{u_1^2} - \frac{e^{-u_1 t_1}}{u_1^2} + \frac{1}{u_1}(T - t_1)\right] \tag{6.7.8}$$

式中,$u = k_{xz}\bar{v}$,$\bar{v} = (v_0 + v_1)/2$;$u_1 = k_{xz1}\bar{v}_1$,$\bar{v}_1 = (v_1 + v_c)/2$。

根据式(6.7.7)和式(6.7.8)可知,在飞行弹道上,t_1 时刻张开减旋阻尼片,对应落点的横向弹道修正量近似为

$$\begin{aligned}\Delta z = z - \bar{z} &= Bf(\theta_0, |\theta_c|)\frac{1}{\eta}\left[\frac{(u - u_1)(T - t_1)}{uu_1} + \frac{(e^{-uT} - e^{-ut_1})}{u^2}\right.\\ &\left.- \frac{(e^{-u_1 T} - e^{-u_1 t_1})}{u_1^2}\right] = Bf(\theta_0, |\theta_c|)\frac{1}{\eta}H(u, u_1, t_1, T)\end{aligned} \tag{6.7.9}$$

由式(6.7.9)可见:

(1) 影响弹丸偏流的因素同样影响(利用偏流调节的)弹道横向修正量,且影响状况类似,偏流大,横向可调节能力也大;

(2) 在飞行弹道上张开减旋阻尼片进行横向弹道修正时,减旋阻尼片张开越早(即 t_1

越小)，增加的极阻尼力矩系数越大(即 u_1 越大)，则相应的横向修正量也越大。

根据上面建立的落点处的横向弹道修正量公式及相关分析可知，减旋阻尼片越大、张开时间越早，对应的横向弹道修正量越大。但应注意的是，当设计的减旋阻尼片大、张开时间早时，相应弹道上的炮弹转速衰减也会迅速增大，为保证减旋阻尼片张开后，炮弹仍能稳定飞行，则减旋阻尼片增加的极阻尼力矩系数及弹道上张开作用的时间应存在保证稳定飞行的上限，此上限值对应的状况即最大横向弹道修正量状况。

由外弹道理论知，炮弹旋转飞行稳定性条件为

$$S_g = \frac{\alpha^2}{k_z} \geqslant a, \quad \alpha = \frac{C}{2A}\frac{\dot{\gamma}}{v}, \quad k_z = \frac{\rho Sl}{2A}m'_z, \quad \dot{\gamma} = \dot{\gamma}_0 \mathrm{e}^{-ut}$$

式中，$a > 1$，为常数，通常可取 $a = 1.3$。

在飞行弹道上，t_1 时刻张开减旋阻尼片，则对应能保证炮弹稳定飞行的最大横向弹道修正量为下述组合关系式：

$$\begin{cases} \mathrm{e}^{-2u_1 t} \geqslant \dfrac{2A\rho Slm'_z a}{C^2}\dfrac{v^2}{\dot{\gamma}_0^2}, \quad t \geqslant t_1, \\ \Delta z = Bf(\theta_0, |\theta_c|)\dfrac{1}{\eta}H(u, u_1, t_1, T) \end{cases} \tag{6.7.10}$$

快速计算弹道横向落点位置与修正能力是二维弹道修正技术中的一个重要问题。针对通过调节大口径旋转炮弹偏流值进行横向弹道修正技术，前面推导的横向修正量计算方法、稳定性条件等具有计算快速、方法简洁等特点，便于实际应用。但在工程应用中，其计算值与试验值的差异对实际应用效果有直接影响。为此，在前面理论推导与分析的基础上，对计算结果与试验值对比开展了进一步研究。以某大口径炮弹为例，设计、加工了带有减旋阻尼片机构的横向弹道修正控制舱炮弹(图 6.7.1 为控制舱样机)，并对该弹减旋阻尼片在飞行弹道上某时刻张开对应的横向弹道修正量分别进行了弹道计算与炮射试验测量，以开展对比验证。

已知该弹的质量 $m = 30$ kg，弹长 $l = 670$ mm，膛线缠度 $\eta = 25$，设计弹头部有一对可张开的减旋阻尼片。在射角 $\theta_0 = 45°$ 条件下对减旋阻尼片在不同时刻张开对应的横向弹道修正量 Δz 进行分析，结果如图 6.7.2 所示。图中分别采用本书推导出的近似公式和 6D 弹道模型进行了数值计算，并与试验中减旋阻尼片定时张开 ($t_1 = 25$ s、35 s) 的两发弹的横向修正量实测结果进行比较。

由图 6.7.2 可知：① 对于确定结构的炮弹和减旋阻尼片装置，随着弹道上减旋阻尼片装置张开时间的提前，弹丸减旋程度越大，对应横向弹道修正量 Δz 就增加地越明显，横向弹道修正能力越强；② 上面推导出的近似公式与 6D 弹道模型的计算结果相差不大(最大误差不超过 40 m)，特别是减旋阻尼片张开得越晚，两者的差异越小；③ 根据炮射试验数据，近似公式和 6D 弹道模型的计算结果与试验值基本一致，从与试验值的比较来看，6D 弹道模型的计算精度略高，前面所导出的计算公式也具有较高精度，加之近似公式的显式解析表达式，其计算速度比 6D 弹道模型的数值积分快，可满足工程应用的要求。

值得注意的是，正如前面所述，采用减旋阻尼片减旋的横向弹道修正方式是以减小旋转稳定弹陀螺稳定性为代价的，而在进行横向弹道修正的同时必须保持弹丸的稳定飞行。因

此,为保证减旋阻尼片张开后炮弹的飞行稳定性,减旋阻尼片最早张开时间 t_1 还需满足式(6.7.10)的约束。而实际试验中按此约束进行设计,也并未出现飞行失稳(如近弹)的情形。

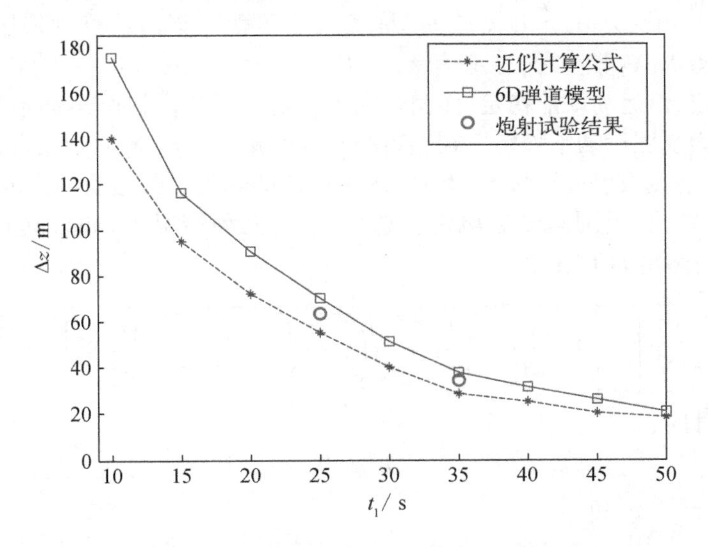

图 6.7.2　不同时刻张开减旋阻尼片对应横向弹道修正量的变化

6.8　考虑全部空气动力和力矩时攻角方程的解及稳定性判据

前面叙述了仅考虑静力矩时弹丸在初始扰动作用下的运动,它基本上确定了弹丸的主要运动规律。本节再进一步考虑在全部外力和力矩作用下弹丸的运动。当考虑全部外力和外力矩时,弹箭的齐次攻角方程为

$$\boldsymbol{\Delta}'' + (H - \mathrm{i}P)\boldsymbol{\Delta}' - (M + \mathrm{i}PT)\boldsymbol{\Delta} = 0 \tag{6.8.1}$$

式中,H、P、M、T 的表达式同式(6.2.20),此方程的特征根为

$$l_{1,2} = \lambda_{1,2} + \mathrm{i}\omega_{1,2} = -\frac{H}{2} + \mathrm{i}\frac{P}{2} \pm \frac{P}{2}\sqrt{\left(\frac{H^2}{P^2} - 1 + \frac{1}{S_{\mathrm{g}}}\right) + \mathrm{i}\frac{2H}{P}S_{\mathrm{d}}} \tag{6.8.2}$$

式中,$S_{\mathrm{g}} = P^2/(4M)$,为陀螺稳定因子;$S_{\mathrm{d}}$ 为动态稳定因子,其定义式如下:

$$S_{\mathrm{d}} = 2T/H - 1 \tag{6.8.3}$$

动态稳定因子 S_{d} 本质上是马格努斯力矩项 T 与阻尼项 H 之比。

利用复数开方公式,可将式(6.8.2)右边的根式开方,再将实部和虚部分开,得

$$\lambda_1 = -\frac{H}{2} \mp \frac{P}{2}\sqrt{\frac{-A + \sqrt{A^2 + B^2}}{2}},\quad \lambda_2 = -\frac{H}{2} \pm \frac{P}{2}\sqrt{\frac{-A + \sqrt{A^2 + B^2}}{2}} \tag{6.8.4}$$

$$\omega_1 = \frac{P}{2}\left(1 + \sqrt{\frac{A + \sqrt{A^2 + B^2}}{2}}\right),\quad \omega_2 = \frac{P}{2}\left(1 - \sqrt{\frac{A + \sqrt{A^2 + B^2}}{2}}\right) \tag{6.8.5}$$

式中，$A = 1 - \frac{1}{S_g} - \frac{H^2}{P^2}$；$B = -\frac{2H}{P}S_d$。

由式(6.8.5)可见，$\omega_1 > \omega_2$，故 ω_1 称为快圆运动频率，ω_2 称为慢圆运动频率。当 $S_d > 0$ 时，$B < 0$，λ_2 取负号，故必有 $\lambda_2 < 0$；λ_1 取正号，故只有 λ_1 有可能为正，因而只要快圆运动稳定，角运动就能稳定，而角运动不稳定只可能由快圆运动不稳造成，$S_d > 0$ 时的不稳定称为快圆运动不稳定。在运动稳定的前提下，因 $|\lambda_1| < |\lambda_2|$，所以慢圆运动衰减快，快圆运动衰减慢；反之，$S_d < 0$ 时的不稳定即称为慢圆运动不稳定，在稳定的前提下，快圆运动衰减快，慢圆运动衰减慢。总之，在这两种情况下，如果同时要求 $\lambda_1 < 0$，$\lambda_2 < 0$，则必须满足如下条件：

$$\frac{P}{2}\sqrt{\frac{1}{2}\left[-\left(1 - \frac{1}{S_g} - \frac{H^2}{P^2}\right) + \sqrt{\left(1 - \frac{1}{S_g} - \frac{H^2}{P^2}\right)^2 + \frac{4H^2}{P^2}S_d^2}\right]} < \frac{H}{2} \tag{6.8.6}$$

当满足如下条件时：

$$H > 0 \tag{6.8.7}$$

将式(6.8.6)平方一次，可得

$$\sqrt{\left(1 - \frac{1}{S_g} - \frac{H^2}{P^2}\right)^2 + \frac{4H^2}{P^2}S_d^2} < 1 - \frac{1}{S_g} + \frac{H^2}{P^2} \tag{6.8.8}$$

在弹箭满足陀螺稳定的条件下，式(6.8.9)右边是一个正数：

$$1 - 1/S_g > 0 \tag{6.8.9}$$

于是可以再平方一次，得

$$1/S_g < 1 - S_d^2 \tag{6.8.10}$$

式(6.8.7)、式(6.8.9)、式(6.8.10)即角运动稳定的充分必要条件。对于一般弹箭，总有 $H > 0$，而式(6.8.9)为陀螺稳定性条件，式(6.8.10)为动态稳定性判据。

因为 $S_d > 0$ 时，慢圆运动必然稳定，所以式(6.8.10)为快圆运动稳定条件；$S_d < 0$ 时，快圆运动必然稳定，故式(6.8.10)为慢圆运动稳定条件。因此，式(6.8.10)也可写成如下两个条件。

快圆运动稳定条件：

$$0 < S_d < \sqrt{1 - 1/S_g} \tag{6.8.11}$$

慢圆运动稳定条件：

$$-\sqrt{1 - 1/S_g} < S_d < 0 \tag{6.8.12}$$

根据复攻角方程特征根与方程系数的关系，可得角频率 ω_1 和 ω_2 与 P、M 的关系（略去阻尼指数 λ_1、λ_2 之积），即

$$M = \omega_1\omega_2, \quad P = \omega_1 + \omega_2 \tag{6.8.13}$$

由此解出：

$$\omega_{1,2} = \frac{1}{2}(P \pm \sqrt{P^2 - 4M}) = \frac{P}{2}(1 \pm \sqrt{\sigma}), \quad \sigma = 1 - 1/S_g \tag{6.8.14}$$

式(6.8.14)表明,在考虑全部外力和力矩时,弹轴角运动频率表达式为

$$\phi_1' = \omega_1 = (P + \sqrt{P^2 - 4M})/2, \quad \phi_2' = \omega_2 = (P - \sqrt{P^2 - 4M})/2$$

上式仍是一个很准确的关系式,由此得

$$\omega_1 - \omega_2 = 2\omega_1 - P = -2\omega_2 + P = \sqrt{P^2 - 4M} = P\sqrt{\sigma} \tag{6.8.15}$$

另外,又可根据阻尼指数 λ_1、λ_2 与 H、P、T 的关系,可解出:

$$\lambda_1 = \frac{-(\omega_1 H - PT)}{\omega_1 - \omega_2} = \frac{-(\omega_1 H - PT)}{2\omega_1 - P}, \quad \lambda_2 = \frac{-(\omega_2 H - PT)}{\omega_2 - \omega_1} = \frac{-(\omega_2 H - PT)}{2\omega_2 - P}$$

或

$$\lambda_1 = -\frac{1}{2}\left[H - \frac{P(2T - H)}{2\omega_1 - P}\right] = -\frac{H}{2}\left(1 - \frac{S_d}{\sqrt{1 - 1/S_g}}\right) \tag{6.8.16}$$

$$\lambda_2 = -\frac{1}{2}\left[H + \frac{P(2T - H)}{2\omega_2 - P}\right] = -\frac{H}{2}\left(1 + \frac{S_d}{\sqrt{1 - 1/S_g}}\right) \tag{6.8.17}$$

由此还可得

$$\lambda_1 - \lambda_2 = \frac{HS_d}{\sqrt{1 - 1/S_g}} = \frac{P(2T - H)}{\sqrt{P^2 - 4M}} \tag{6.8.18}$$

有了阻尼指数 λ_1、λ_2 和角频率 ω_1、ω_2 的近似值,就可以计算攻角随弧长或随时间的变化:

$$\boldsymbol{\Delta} = \delta_1 + \mathrm{i}\delta_2 = \delta \mathrm{e}^{\mathrm{i}\chi} = C_1 \mathrm{e}^{\lambda_1 s} \mathrm{e}^{\mathrm{i}\omega_1 s} + C_2 \mathrm{e}^{\lambda_2 s} \mathrm{e}^{\mathrm{i}\omega_2 s} \tag{6.8.19}$$

可见,对于飞行稳定的弹箭(满足 $\lambda_1 < 0$ 和 $\lambda_2 < 0$),在考虑全部外力和外力矩时,两个圆运动半径将不断减小。图 6.8.1 所示为考虑全部空气动力和力矩条件下,某 105 mm 旋转稳定弹的快慢圆运动曲线。

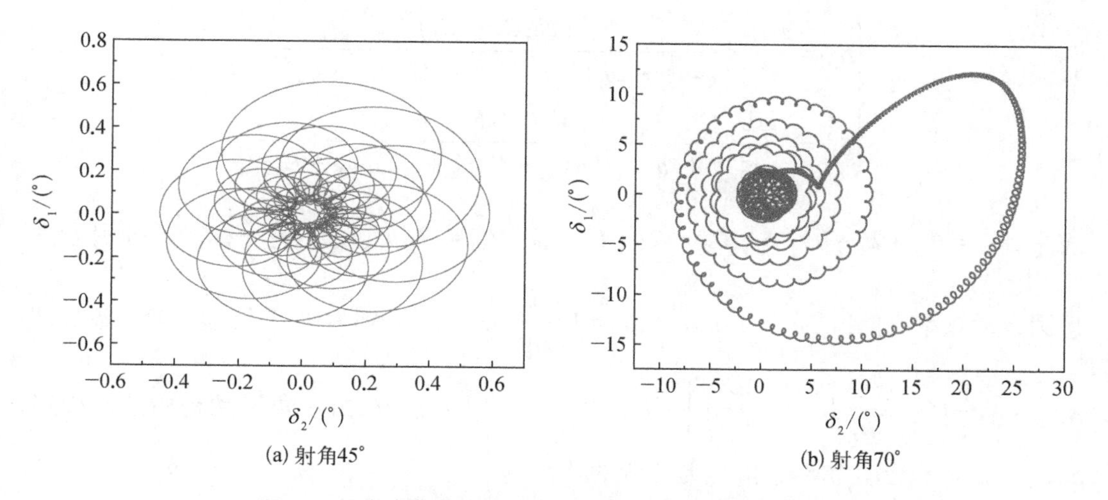

(a) 射角45°　(b) 射角70°

图 6.8.1　考虑全部空气动力和力矩时的快慢圆运动曲线

6.9 过稳定弹丸外弹道特性分析

6.9.1 过稳定弹丸的概念

本章前面几节内容已指出，对于旋转稳定弹丸，旋转速度是影响其飞行稳定性能的一个重要因素。由于转速不同，旋转弹丸在飞行中可能出现三种情况：飞行中转速偏小、无法保证陀螺稳定性、弹丸翻倒；飞行中转速适度、陀螺稳定性及其与追随稳定性的适配度较高，攻角始终很小，飞行稳定性良好；飞行中转速很高、陀螺稳定性过强、弹丸速度在飞行弹道上倾向于维持其初始方向。造成这些现象的原因主要是弹丸陀螺稳定性不同，因此旋转稳定弹丸全弹道飞行稳定的必要条件为陀螺稳定因子 $S_g > 1$。当旋转弹丸飞行中转速很高、陀螺稳定性过强时，可称为旋转过稳定弹丸，简称过稳定弹丸。通常情况下，旋转稳定弹采用过稳定形式(即 $S_g \gg 1$，达到几十，甚至上百)是不可取的，这会导致弹丸的动力平衡角太大，追随稳定性无法得到保证。然而，对于一些有特殊用途、射角较小的直射武器，采用过稳定形式则是可能的，并且可获取一些特殊的弹道效果。一些小口径枪弹的射击试验表明，在小射角下采用过稳定设计弹丸可以增加射程。因此，本节将针对直射武器的低伸弹道情况，介绍过稳定弹丸的飞行弹道特性，并与正常稳定弹丸进行对比，为深入理解旋转稳定弹的陀螺稳定性提供参考，同时也可作为过稳定弹丸工程应用的理论依据。

本节的分析基于旋转稳定弹的绕心运动方程及其解。根据攻角运动方程的解，经变换，攻角纵向分量 δ_1 和侧向分量 δ_2 可写为如下形式：

$$\begin{cases}\delta_1 = \delta_{1t}e^{2b_x s} + B_1 e^{\lambda_n s}\sin(f_n s + A_1) + B_2 e^{\lambda_p s}\sin(f_p s + A_2) \\ \delta_2 = \delta_{2t}e^{2b_x s} - B_1 e^{\lambda_n s}\cos(f_n s + A_1) - B_2 e^{\lambda_p s}\cos(f_p s + A_2)\end{cases} \tag{6.9.1}$$

式中，

$$\begin{cases}\delta_{1t} = \dfrac{gC_2}{v_0^2}\cdot\dfrac{(2b_x C_2 + C_4)}{(4b_x^2 + 2b_x C_1 - C_3)^2 + (2b_x C_2 + C_4)^2} \\ \delta_{2t} = -\dfrac{gC_2}{v_0^2}\cdot\dfrac{(4b_x^2 + 2b_x C_1 - C_3)}{(4b_x^2 + 2b_x C_1 - C_3)^2 + (2b_x C_2 + C_4)^2}\end{cases} \tag{6.9.2}$$

式中，$C_1 = k_{zz} + k_z + b_y - b_x$；$C_2 = 2\alpha$；$C_3 = k_z$；$C_4 = 2\alpha b_y$，$\alpha = \dfrac{C}{2A}\dfrac{\dot{\gamma}}{v}$；$f_n$、$f_p$ 分别为快、慢圆运动频率，即 $f_{n,p} = \dfrac{C_2}{2}(1 \pm \sqrt{\sigma})$，$\sigma = 1 - \dfrac{k_z}{\alpha^2}$；$\lambda_n$、$\lambda_p$ 分别为快、慢圆运动阻尼指数，即 $\lambda_{n,p} = -\dfrac{1}{2}\left[C_1 \pm \dfrac{1}{\sqrt{\sigma}}\left(C_1 - \dfrac{2C_4}{C_2}\right)\right]$；$B_1$、$B_2$、$A_1$、$A_2$ 为常数，由攻角运动初始条件决定；$\delta_{1t}e^{2b_x s}$、$\delta_{2t}e^{2b_x s}$ 为动力平衡角项，是方程的特解。

对于低伸弹道 ($\sin\theta \approx \theta$)，再略去马格努斯力的影响，则有

$$
\begin{cases}
\dfrac{\mathrm{d}v}{\mathrm{d}s} = -b_x v - g\dfrac{\theta}{v} \\
\dfrac{\mathrm{d}\theta}{\mathrm{d}s} = -\dfrac{g}{v^2} + b_y\delta_1 \\
\dfrac{\mathrm{d}y}{\mathrm{d}s} = \theta \\
\dfrac{\mathrm{d}z}{\mathrm{d}s} = \psi \\
\dfrac{\mathrm{d}\psi}{\mathrm{d}s} = b_y\delta_2
\end{cases}
\tag{6.9.3}
$$

由于低伸弹道一般都比较短，且空气动力系数变化缓慢，略去小量后则近似有

$$
v = v_0 \mathrm{e}^{-b_x s} \tag{6.9.4}
$$

上述公式仅仅作了低伸弹道假设，对于正常陀螺稳定弹丸和过稳定弹丸，这些公式都是适用的。下面将以此为基础开展讨论。

6.9.2　低伸弹道条件下正常陀螺稳定弹丸的情况

对于一般旋转稳定弹，在诸空气动力系数中，k_z 远大于其他空气动力系数，则有 $C_3 = k_z \gg b_x C_2 = 2\alpha b_x$，$C_3 = k_z \gg C_4 = 2\alpha b_y$，则式(6.9.2)可简化为

$$
\begin{cases}
\delta_{1\mathrm{t}} \approx \dfrac{gC_2}{v_0^2}\cdot\dfrac{C_2(2b_x + b_y)}{C_3^2} = \dfrac{gC_2^2}{C_3^2 v_0^2}\cdot(2b_x + b_y) \\
\delta_{2\mathrm{t}} \approx -\dfrac{gC_2}{v_0^2}\cdot\dfrac{-C_3}{C_3^2} = \dfrac{gC_2}{C_3 v_0^2}
\end{cases}
\tag{6.9.5}
$$

根据前面几节的分析，对于旋转稳定弹，圆运动阻尼指数 λ_{n}、λ_{p} 远远小于频率 f_{n}、f_{p}，则可将初始攻角 δ_{10}、δ_{20}，初始攻角速度 δ'_{10}、δ'_{20} 代入式(6.9.1)，可得到 B_1、B_2、A_1、A_2 的值。

对低伸弹道方程[式(6.9.3)]积分，并略去高阶小量，可得

$$
\theta = \theta_0 - \frac{g}{v_0^2}\left(\frac{\mathrm{e}^{2b_x s} - 1}{2b_x}\right) + b_y\delta_{1\mathrm{t}}\left(\frac{\mathrm{e}^{2b_x s} - 1}{2b_x}\right) + \frac{b_y B_2}{f_{\mathrm{p}}}\left[\cos A_2 - \mathrm{e}^{\lambda_{\mathrm{p}} s}\cos(f_{\mathrm{p}} s + A_2)\right] \tag{6.9.6}
$$

$$
\begin{aligned}
y = {} & \theta_0 s - \frac{g}{v_0^2}\left(\frac{\mathrm{e}^{2b_x s} - 1 - 2b_x s}{4b_x^2}\right) + b_y\frac{C_2^2}{C_3^2}\frac{g}{v_0^2}(2b_x + b_y)\left(\frac{\mathrm{e}^{2b_x s} - 1 - 2b_x s}{4b_x^2}\right) \\
& - \frac{b_y}{f_{\mathrm{p}}^2}\lambda_{\mathrm{p}} s\left[\delta_{10} - \frac{\delta'_{20}}{f_{\mathrm{n}}} - \frac{C_2^2}{C_3^2}\frac{g}{v_0^2}(2b_x + b_y)\right] - \frac{b_y}{f_{\mathrm{p}}}\lambda_{\mathrm{p}} s^2\left(\frac{C_2}{C_3}\frac{g}{v_0^2} - \delta_{20} - \frac{\delta'_{10}}{f_{\mathrm{n}}}\right)
\end{aligned}
\tag{6.9.7}
$$

又由于 $\dfrac{\mathrm{d}\psi}{\mathrm{d}s} = b_y\delta_2$，$\dfrac{\mathrm{d}z}{\mathrm{d}s} = \psi$，将 δ_2 的表达式代入，经过同样的积分过程，可得

$$\psi = \psi_0 + b_y\delta_{2t}\left(\frac{e^{2b_xs}}{2b_x} - 1\right) - \frac{b_yB_2}{f_p}[-\sin A_2 + e^{\lambda_p s}\sin(f_ps + A_2)] \tag{6.9.8}$$

$$z = \psi_0 s + b_y\frac{C_2}{C_3}\frac{g}{v_0^2}\left(\frac{e^{2b_xs} - 1 - 2b_xs}{4b_x^2}\right) + \frac{b_y}{f_p^2}\lambda_p s\left(\frac{C_2}{C_3}\frac{g}{v_0^2} - \delta_{20} - \frac{\delta'_{10}}{f_n}\right)$$
$$- \frac{b_y}{f_n}\lambda_p s\left[\delta_{10} - \frac{\delta'_{20}}{f_n} - \frac{C_2^2}{C_3^2}\frac{g}{v_0^2}(2b_x + b_y)\right] \tag{6.9.9}$$

式(6.9.6)~式(6.9.9)为低伸弹道条件下正常旋转稳定弹丸的弹道情况。

6.9.3 低伸弹道条件下过稳定弹丸的情况

对于过稳定弹丸,转速 $\dot{\gamma}$ 很大,则 $\alpha = C\dot{\gamma}/(2Av)$ 也很大,此时有 $(C_2 = 2\alpha) \gg (C_3 = k_z)$, $\sigma = 1 - k_z/\alpha^2 \approx 1$, 由式(6.9.2)及 $f_{n,p}$、$\lambda_{n,p}$ 的表达式可得

$$\begin{cases} f_n = \dfrac{C_2}{2}(1 + \sqrt{\sigma}) \approx \dfrac{C_2}{2}(1 + 1) = C_2, \quad f_p = \dfrac{C_2}{2}(1 - \sqrt{\sigma}) \approx \dfrac{C_2}{2}(1 - 1) = 0 \\ \lambda_n = -\dfrac{1}{2}\left[C_1 + \dfrac{1}{\sqrt{\sigma}}\left(C_1 - \dfrac{2C_4}{C_2}\right)\right] \approx -\left(C_1 - \dfrac{C_4}{C_2}\right) = b_y - C_1 \\ \lambda_p = -\dfrac{1}{2}\left[C_1 - \dfrac{1}{\sqrt{\sigma}}\left(C_1 - \dfrac{2C_4}{C_2}\right)\right] \approx -\dfrac{C_4}{C_2} = -b_y \\ \delta_{1t} \approx \dfrac{g}{v_0^2(b_y + 2b_x)}, \quad \delta_{2t} \approx 0 \end{cases} \tag{6.9.10}$$

此时,过稳定弹丸攻角方程的通解为

$$\begin{cases} \delta_1 = \dfrac{g}{v_0^2(b_y + 2b_x)}e^{2b_xs} + B_1e^{\lambda_n s}\sin(f_ns + A_1) + K_1e^{-b_ys} \\ \delta_2 = -B_1e^{\lambda_n s}\cos(f_ns + A_1) - K_2e^{-b_ys} \end{cases} \tag{6.9.11}$$

式中, $K_1 = B_2\sin A_2$; $K_2 = B_2\cos A_2$。

若已知初始攻角 δ_{10}、δ_{20},初始攻角速度 δ'_{10}、δ'_{20},则可由式(6.9.11)确定出四个常数 B_1、B_2、A_1、A_2 的近似值。

与上一小节完全类似,将已求出的过稳定弹丸攻角方程的解 δ_1、δ_2 代入低伸弹道方程组[式(6.9.3)]中积分,可得到低伸弹道条件下过稳定弹丸的弹道,为

$$\theta = \theta_0 - \frac{g}{v_0^2}\left(\frac{e^{2b_xs} - 1}{2b_x}\right) + \frac{b_yg}{(b_y + 2b_x)v_0^2}\left(\frac{e^{2b_xs} - 1}{2b_x}\right) - K_1(e^{-b_ys} - 1) \tag{6.9.12}$$

$$y = \theta_0 s - \frac{2b_xg}{(b_y + 2b_x)v_0^2}\left(\frac{e^{2b_xs} - 1 - 2b_xs}{4b_x^2}\right) - \left[\delta_{10} - \frac{\delta'_{20}}{f_n} - \frac{g}{(b_y + 2b_x)v_0^2}\right]\left(\frac{1 - b_ys - e^{-b_ys}}{b_y}\right) \tag{6.9.13}$$

$$\psi = \psi_0 + K_1(e^{-b_ys} - 1) \tag{6.9.14}$$

$$z=\psi_0 s+\left(\delta_{20}+\frac{\delta'_{10}}{f_n}\right)\left(\frac{e^{-b_y s}-1+b_y s}{b_y}\right) \tag{6.9.15}$$

至此,在低伸弹道条件下,已经解出正常稳定弹丸和过稳定弹丸的绕心运动及飞行弹道情况,下面可对其进行分析比较。

6.9.4　飞行弹道特性分析

由于弹道初始一段上有 $2b_x s<1$, $b_y s<1$(通常对应弹道弧长 s 为 1 km 量级)和 $b_x/b_y<1$,上面低伸弹道解的某些项可表示成级数形式。为便于分析,用下标“norm”表示正常陀螺稳定弹丸的参数,用下标“over”表示过稳定弹丸的参数,则对式(6.9.7)和式(6.9.13)两式保留主项后可得

$$y_{norm}=\theta_0 s-\frac{1}{2}\frac{g}{v_0^2}s^2-\frac{1}{3}b_x\frac{g}{v_0^2}s^3 \tag{6.9.16}$$

$$y_{over}=\theta_0 s-\frac{1}{2}\frac{g}{v_0^2}s^2-\frac{1}{3}b_x\frac{g}{v_0^2}s^3+\frac{b_y g}{6v_0^2}s^3 \tag{6.9.17}$$

比较式(6.9.16)和式(6.9.17)后显见, y_{norm} 与 y_{over} 的差异在于 y_{over} 多出一项 $b_y g s^3/(6v_0^2)$,故可以预见,在飞行弹道上同一 s 处,过稳定弹丸的弹道比正常稳定弹丸的弹道要高。此现象的物理意义是什么呢?因为过稳定弹丸具有更强的陀螺定向性,当弹道在重力的作用下向下弯曲时,过稳定弹丸的弹轴与速度轴之间就形成一个铅直面内的滞后攻角(即动力平衡角的铅直分量),由于弹道低伸,此铅直面内的滞后攻角不大,在此攻角引起的升力作用下,起到了克服弹道向下弯曲的效果,因而尽管过稳定弹丸和正常稳定弹丸均受到空气阻力和重力的作用,使弹道向下弯曲,但过稳定弹丸的弹道要更平直,从而使射程增大。

假定存在一组初始扰动量 δ_{10}、δ_{20}、δ'_{10}、δ'_{20},根据式(6.9.7)、式(6.9.9)、式(6.9.13)、式(6.9.15),由起始扰动引起的弹道偏差量为

$$\begin{cases}\Delta y_{norm}=-\dfrac{b_y}{f_p^2}\lambda_p s\left(\delta_{10}-\dfrac{\delta'_{20}}{f_n}\right)+\dfrac{b_y}{f_p}\lambda_p s^2\left(\delta_{20}+\dfrac{\delta'_{10}}{f_n}\right)\\[2ex] \Delta y_{over}=\dfrac{1}{2}b_y s^2\left(1-\dfrac{1}{3}b_y s\right)\left(\delta_{10}-\dfrac{\delta'_{20}}{f_n}\right)\end{cases} \tag{6.9.18}$$

$$\begin{cases}\Delta z_{norm}=-\dfrac{b_y}{f_p^2}\lambda_p s\left(\delta_{20}+\dfrac{\delta'_{10}}{f_n}\right)-\dfrac{b_y}{f_p}\lambda_p s^2\left(\delta_{10}+\dfrac{\delta'_{20}}{f_n}\right)\\[2ex] \Delta z_{over}=\dfrac{1}{2}b_y s^2\left(1-\dfrac{1}{3}b_y s\right)\left(\delta_{20}-\dfrac{\delta'_{10}}{f_n}\right)\end{cases} \tag{6.9.19}$$

由于 $\lambda_p/f_p\ll 1$,比较式(6.9.18)和式(6.9.19)可知,在同样的初始条件下,过稳定弹道的绝对偏差要比正常稳定弹道大得多,故可推断,在同样的初始条件下,过稳定弹丸飞行弹道的散布更大一些。

6.9.5 实现过稳定弹丸的条件及其对弹道特性的影响

由前述讨论可知,相同环境及初始条件下,直射武器过稳定弹丸具有更大的射程。在前面的比较推导中,假定了两个条件:$2b_x s < 1$, $b_y s < 1$, 目的是将 $e^{2b_x s}$、$e^{-b_y s}$ 项作级数展开,以便直观地比较两种弹道的差异,但并不意味着这些特性只有在初始弹道上才成立。实际上,在直射武器的整个低伸弹道上,所讨论的两种弹道特性比较都是正确的。陀螺稳定因子的表达式如下:

$$S_g = \left(\frac{C\dot{\gamma}}{Av}\right)^2\left(\frac{1}{4k_z}\right) = \frac{(C\dot{\gamma})^2}{Av^2}\cdot\frac{1}{2\rho Slm'_z} \tag{6.9.20}$$

从上式可以看出,转速 $\dot{\gamma}$ 和翻转力矩系数 m'_z 是影响 S_g 的两个重要因素。对于过稳定弹丸,陀螺稳定因子要达到几十,甚至几百,过稳定弹道特性才越来越明显。由于转速受身管寿命等限制,仅靠变化膛线缠度来达到这么大的 S_g 值一般是办不到的。其他途径就是减小 m'_z, 即通过调节弹丸的重心位置来实现,这种方法的潜力很大,但必须具备这一条件:在整个弹道上,弹丸以亚声速或超声速飞行。因为旋转弹丸在该速度段上,压心位置变化缓慢,而跨声速段的压心位置变化剧烈。

增大稳定弹丸的陀螺稳定因子,使之成为过稳定弹丸,这对其射程是有一定影响的。但影响程度有多大,是否有必要采用过稳定弹丸这一技术途径,取决于弹丸的具体种类,不可一概而论。例如,对某 7.62 mm 枪弹(初速为 735 m/s)进行了弹道数值计算,发现若将该弹的炮口陀螺稳定因子增至 $S_{g0} = 100$, 其他参数不变,则在射角为 5°情况下,射程可增加 20%左右,这是相当可观的。

本节针对某些特殊用途武器,在低伸弹道条件下,对正常陀螺稳定弹丸与过稳定弹丸的飞行弹道情况作了详细的讨论,并对两者进行了分析比较,结果表明:

(1) 在同样的初始条件下,过稳定弹丸射程比正常稳定弹丸的射程要远;

(2) 在同样的初始扰动条件下,过稳定弹丸飞行弹道散布要比正常稳定弹丸的散布大一些。

由上面的结论可知,在低伸弹道条件下,设计人员如果采用过稳定弹丸设计方案,要充分考虑到该方案在引起射程增大的同时,也会带来散布增大的不利影响。因此,须根据设计弹种的主要作用、性质等,进行综合考虑。

第 7 章　尾翼稳定弹角运动理论

本章研究尾翼稳定弹的角运动规律及其对质心运动的影响。尾翼稳定弹泛指具有静稳定力矩的一类弹（这时压力中心在质心之后），通常为尾翼式结构弹及各类带有尾翼的制导弹（如末制导迫弹、滑翔增程制导炮弹等）。杆式破甲弹虽然不带尾翼，但由于它是静稳定的，也属于尾翼稳定弹。

尾翼稳定弹与旋转稳定弹的主要区别在于：① 尾翼弹的空气动力作用点在质心之后，因此尾翼弹受到的静力矩总使攻角减小，因而该力矩称为稳定力矩，而具有稳定力矩的尾翼弹又称为是静态稳定的；② 尾翼弹通常不自转或做低速旋转，因此对于尾翼弹而言，一般忽略陀螺力矩的作用。

尾翼弹低速旋转的目的是使不对称因素的作用不断改变方向，其前后影响可互相抵消，从而减小射弹散布。由于转速较低，其陀螺效应很弱，可以忽略不计。

从数学上讲，尾翼稳定弹的角运动与旋转弹的角运动服从同样的运动微分方程，故第 6 章中关于旋转稳定弹的许多公式和结果对于尾翼稳定弹也是适用的，只需要注意公式中的静力矩系数应为 $k_z < 0$，并且转速 $\dot{\gamma}$ 较小，而弹丸的长细比较大，C/A 只有 0.01 量级等。正是由于这些特点，尾翼稳定弹的角运动特性与旋转稳定弹有所不同，须加以专门的研究。值得注意的是，由于尾翼稳定弹的静稳定特性，许多制导炮弹都是以尾翼稳定方式为平台，这给炮弹控制带来了极大的便利，并降低了成本（可以不再专门设计稳定回路）。

对于尾翼稳定弹，一般要求稳定储备量为 12%～16%，才能有较好的飞行稳定性，但是静稳定度过大也不好，这会引起弹箭对风和其他扰动的强烈反应，还会增大振动频率。对于有控飞行器，为了使操纵灵活，稳定储备量不能太大，通常只有 5%～10%，有时甚至设计为静不稳定。

尾翼稳定弹的动态稳定性判据与旋转稳定弹的动态稳定性判据[式(6.8.10)]在形式上完全相同，本章不再赘述。

7.1　攻角运动方程的齐次解

对于非旋转尾翼稳定弹，$P = 0$，$k_z < 0$，弹箭角运动方程[式(6.2.20)]的齐次方程简化为

$$\boldsymbol{\Delta}'' + H\boldsymbol{\Delta}' - M\boldsymbol{\Delta} = 0 \tag{7.1.1}$$

齐次方程的解描述由起始扰动产生的角运动。

方程(7.1.1)的特征根为

$$l_{1,2}=(-H\pm\sqrt{H^2+4M})/2 \tag{7.1.2}$$

攻角方程的齐次解为

$$\boldsymbol{\Delta}=C_1\mathrm{e}^{l_1 s}+C_2\mathrm{e}^{l_2 s} \tag{7.1.3}$$

由于弹箭是静稳定 $(k_z=M<0)$ 的,可将特征根写成如下形式:

$$l_{1,2}=\lambda_{1,2}+\mathrm{i}\,\omega_{1,2}=-\frac{H}{2}\pm\mathrm{i}\frac{1}{2}\sqrt{4(-k_z)-H^2} \tag{7.1.4}$$

因为一般弹箭均为正阻尼,即 $H>0$,并且它远小于静力矩,即 $H^2\ll|-k_z|$,所以虚部为

$$\phi'_{1,2}=\omega_{1,2}=\pm\frac{1}{2}\sqrt{4(-k_z)-H^2}\approx\pm\sqrt{-k_z}=\pm\omega_{\mathrm{c}} \tag{7.1.5}$$

而实部为

$$\lambda_{1,2}=-H/2<0 \tag{7.1.6}$$

在上述情况下,由于 $\lambda_{1,2}<0$,弹箭的运动是稳定的。

式(7.1.5)中,$\omega_{\mathrm{c}}=\omega_1=-\omega_2$,称为尾翼弹箭的特征频率;式(7.1.6)中的 $\lambda_{1,2}$ 称为两个圆运动的阻尼指数。这时,非旋转尾翼弹的角运动由两个圆运动合成,这两个圆运动的阻尼指数相同,角频率大小相等、方向相反,复攻角为

$$\boldsymbol{\Delta}=\mathrm{e}^{\lambda s}\left[K_{10}\mathrm{e}^{\mathrm{i}(\omega_1 s+\varphi_{10})}+K_{20}\mathrm{e}^{\mathrm{i}(\omega_2 s+\varphi_{20})}\right] \tag{7.1.7}$$

式中,$K_{10}\mathrm{e}^{\mathrm{i}\varphi_0}=C_1$ 和 $K_{20}\mathrm{e}^{\mathrm{i}\varphi_{20}}=C_2$ 为待定积分常数,由起始条件确定。由起始条件:$s=0$ 时,$\boldsymbol{\Delta}=\boldsymbol{\Delta}_0$,$\boldsymbol{\Delta}'=\boldsymbol{\Delta}'_0$,仍得到与式(6.3.10)一样的关系式。

对于非旋转弹,可将方程(7.1.1)的实部和虚部分开,得到完全相同的两个方程,即

$$\delta''_j+H\delta'_j-M\delta_j=0\quad(j=1,\ 2) \tag{7.1.8}$$

这两个方程的数学本质是相同的,它可代表非旋转尾翼弹在任意一个平面上的摆动方程。如果弹轴作空间摆动,也可看成两个垂直平面内摆动的合成,每个平面内的摆动都服从方程(7.1.8),可只研究弹轴在一个平面内的摆动。这时弹轴的运动可只用一个攻角 δ 来表示,方程(7.1.8)可统一表示成如下形式:

$$\delta''-H\delta'-M\delta=0 \tag{7.1.9}$$

此方程的特征根仍为式(7.1.4),攻角 δ 可写成如下形式:

$$\delta=\mathrm{e}^{-bs}(C_1\mathrm{e}^{\mathrm{i}\omega_1 s}+C_2\mathrm{e}^{\mathrm{i}\omega_2 s}) \tag{7.1.10}$$

式中,$b=-\lambda=H/2=(k_{zz}+b_y-b_x-g\sin\theta/v^2)/2$;$\omega_1=-\omega_2=\sqrt{-k_z}=\omega_{\mathrm{c}}$。

对于一般起始条件,$s=0$ 时,$\delta_0=0$,$\delta'_0=\dot{\delta}_0/v_0$,可求得待定常数 $C_1=-C_2=\delta'_0/(2\mathrm{i}\omega_{\mathrm{c}})$,将 C_1、C_2 代入式(7.1.10)中,注意到 $\omega_1=-\omega_2$,再利用欧拉公式展开指数项,得

$$\delta=\delta_{\mathrm{m0}}\mathrm{e}^{-bs}\sin\omega_{\mathrm{c}}s,\quad \delta_{\mathrm{m0}}=\dot{\delta}_0/(v_0\omega_{\mathrm{c}}) \tag{7.1.11}$$

式中，δ_{m0} 为起始攻角的幅值。对于另一起始条件（$s=0$ 时，$\delta=\delta_0$，$\delta'_0=0$），也可求得 $C_{1,2}=\delta_0(b\pm i\omega_c)/(2i\omega_c)$。将 C_1、C_2 代入式(7.1.10)中，可得

$$\delta=\delta_0 e^{-bs}(\cos\omega_c s+b\sin\omega_c s/\omega_c) \text{ 或 } \delta=\delta_m e^{-bs}\sin(\omega_c s+\varphi) \tag{7.1.12}$$

式中，

$$\delta_m=\delta_0\sqrt{1+(b/\omega_c)^2},\quad \varphi=\arctan(\omega_c/b) \tag{7.1.13}$$

以上攻角表达式都是简谐摆动，攻角模值 δ 变化的角频率都是 ω_c。只要阻尼项 $H>0$，攻角就按指数规律减小。将攻角变化一周内弹丸飞过的弧长称为弹道波长（记为 λ_c），而攻角变化一周相应的时间周期记为 T，则：

$$\lambda_c=2\pi/\omega_c,\quad T=\lambda_c/v=2\pi/(v\omega_c) \tag{7.1.14}$$

由 λ_c 和 T 的表达式可见，尽管随着飞行速度 v 的减小，时间周期 T 在缓慢增大，然而波长 λ_c 几乎是不变的，它只与弹箭气动、结构参数有关，而与飞行速度的关系很弱（仅通过马赫数改变气动系数）。由旋转稳定弹的波长表达式[式(6.3.23)]可见，旋转稳定弹的波长还与自转转速 $\dot{\gamma}$ 有关，这与尾翼稳定弹是不同的。

7.2　起始扰动对质心运动的影响

将 $\dot{\delta}_0$ 产生的攻角表达式[式(7.1.11)]代入偏角方程[式(6.2.18)]中，并只考虑升力的作用，可得

$$\psi_{\dot{\delta}_0}=b_y\delta_{m0}\int_0^s e^{-bs}\sin\omega_c s\,ds=\frac{b_y\dot{\delta}_0}{\omega_c^2 v_0}\left[1-e^{-bs}\left(\cos\omega_c s+\frac{b}{\omega_c}\sin\omega_c s\right)\right] \tag{7.2.1}$$

式(7.2.1)中除了周期性变化部分外，还有一不变的平均值，即

$$\bar{\psi}_{\dot{\delta}_0}=\dot{\delta}_0 b_y/(\omega_c^2 v_0)=\dot{\delta}_0 R_A^2/(h^* v_0) \tag{7.2.2}$$

式中，R_A 为弹丸的赤道回转半径；$h^*=-lm'_z/c'_y$。

这与旋转稳定弹由 $\dot{\delta}_0$ 产生的平均偏角表达式[式(6.4.6)]是一样的，只是此处 $k_z<0$，故平均偏角与起始扰动 $\dot{\delta}_0$ 的方向相同而不是相反，这就是非旋转弹与旋转弹的一个不同之处。

对于特殊起始条件（$\delta_0\neq 0$，$\delta'_0=0$），只需将相应的攻角表达式[式(7.1.12)]代入偏角方程[式(6.2.18)]中，并只计升力的作用，再利用 $e^{ax}\sin(bx)$ 和 $e^{ax}\cos(bx)$ 的不定积分公式，得偏角：

$$\begin{aligned}\psi_{\delta_0}&=b_y\delta_0\int_0^s e^{-bs}\left(\cos\omega_c s+\frac{b}{\omega_c}\sin\omega_c s\right)ds\\&=\frac{b_y\delta_0}{(-b)^2+\omega_c^2}\left[e^{-bs}(-b\cos\omega_c s+\omega_c\sin\omega_c s)+\frac{be^{-bs}}{\omega_c}(-b\sin\omega_c s-\omega_c\cos\omega_c s)\right]_0^s\end{aligned} \tag{7.2.3}$$

代入上、下限，并略去比 1 小得多的 $(b/\omega_c)^2$ 项，可得式中不变的部分，即平均偏角或气动跳角：

$$\bar{\psi}_{\delta_0}=\frac{2bb_y\delta_0}{-k_z}=2b\frac{c_y'}{-m_z'}\cdot\frac{R_A^2}{l}\delta_0\approx 2b\frac{R_A^2}{h^*}\delta_0 \tag{7.2.4}$$

尾翼弹的气动跳角[式(7.2.4)]与旋转弹的气动跳角[式(6.4.10)]是完全不同的。前者与赤道阻尼力矩有关[因 $b=H/2=(k_{zz}+b_y-b_x-g\sin\theta/v^2)/2$]，而后者与转速 $\dot{\gamma}_0$、初速 v_0 等有关。

由于 $\dot{\delta}_0$ 和 δ_0 的大小和方向的随机性，由此产生的气动跳角会引起射弹散布。增大 h^* 可减小气动跳角，但又会增加尾翼弹对炮口压力场的敏感性，导致 $\dot{\delta}_0$ 增大，不能起到预期的效果。因此，对于某些尾翼弹（如迫击炮弹）的发射，常在弹体上加装闭气环，不仅可以提高初速，减小初速散布，而且可以改善炮口压力场的对称性，缩短炮口流场对尾翼的作用时间，使 $\dot{\delta}_0$ 减小，效果较为明显。

7.3 低旋尾翼弹攻角方程的解

7.3.1 低旋尾翼弹的导转及平衡转速

与旋转稳定弹不同，尾翼弹依靠尾翼产生的稳定力矩保持飞行稳定。但尾翼弹各部件在生产加工、装配过程中不可避免地存在一些误差（如外形非对称、质量偏心，若有火箭助推，还存在推力偏心等），给尾翼弹飞行散布带来不利影响。因此，尾翼弹外弹道方案设计中，常设计使尾翼弹低速旋转，以尽可能减小飞行中一些误差给弹道散布带来的影响。

尾翼弹的低速旋转一般通过斜置尾翼或尾翼端面斜切来实现（可参见图 3.3.5），低旋尾翼弹的转速变化方程为

$$\mathrm{d}\dot{\gamma}/\mathrm{d}t=-k_{xz}v\dot{\gamma}+k_{xw}v^2\delta_f \text{ 或 } \mathrm{d}\dot{\gamma}/\mathrm{d}s=-k_{xz}\dot{\gamma}+k_{xw}v\delta_f \tag{7.3.1}$$

当极阻尼力矩项与导转力矩项相平衡时，方程右边为零，$\mathrm{d}\dot{\gamma}=0$，转速达到平衡，很容易解得平衡转速为

$$\dot{\gamma}_L=(k_{xw}/k_{xz})v\delta_f \tag{7.3.2}$$

式(7.3.2)表明，平衡转速与飞行速度 v、尾翼斜置（或斜切）角 δ_f 成正比，而与初始转速 $\dot{\gamma}_0$ 无关。欲知转速从 $\dot{\gamma}_0$ 变到 $\dot{\gamma}_L$ 的过渡过程，需求方程(7.3.1)的解，它的非齐次特解就是 $\dot{\gamma}=\dot{\gamma}_L$，齐次方程的特征根为 $-k_{xz}$，于是全解为 $\dot{\gamma}=C\mathrm{e}^{-k_{xz}s}+\dot{\gamma}_L$。由 $s=s_0$ 时，$\dot{\gamma}=\dot{\gamma}_0$，得积分常数 $C=\dot{\gamma}_0-\dot{\gamma}_L$，故可得

$$\dot{\gamma}=\dot{\gamma}_L+(\dot{\gamma}_0-\dot{\gamma}_L)\mathrm{e}^{-k_{xz}(s-s_0)} \tag{7.3.3}$$

式(7.3.3)表明，当 $\dot{\gamma}_0>\dot{\gamma}_L$ 时，转速从 $\dot{\gamma}_0$ 减小至 $\dot{\gamma}_L$；当 $\dot{\gamma}_0<\dot{\gamma}_L$ 时，转速从 $\dot{\gamma}_0$ 增大至 $\dot{\gamma}_L$，这个过程的快慢主要取决于极阻尼力矩参数 k_{xz} 的大小。

由于尾翼弹的极阻尼力矩很大，实际中尾翼弹的转速从 $\dot{\gamma}_0$ 变至平衡转速 $\dot{\gamma}_L$ 所需的

时间都不是很长,故当平衡转速 $\dot{\gamma}_L$ 随飞行速度变化时,瞬时转速 $\dot{\gamma}$ 也几乎与 $\dot{\gamma}_L$ 同步变化。图 7.3.1 所示即为平衡转速 $\dot{\gamma}_L$、瞬时转速 $\dot{\gamma}$、飞行速度 v 随 s 变化的情况。显然,当平衡转速下降时,瞬时转速 $\dot{\gamma}$ 略高于平衡转速;当平衡转速上升时,瞬时转速 $\dot{\gamma}$ 略低于平衡转速 $\dot{\gamma}_L$。$\dot{\gamma}$ 的变化总是略微滞后 $\dot{\gamma}_L$ 的变化。

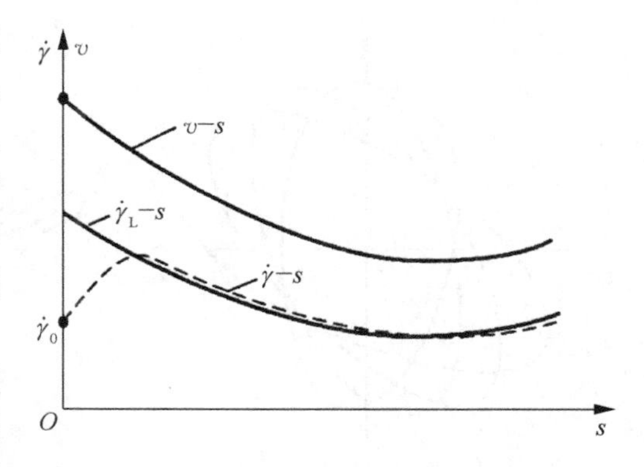

图 7.3.1　低旋尾翼弹的 $\dot{\gamma}_L-s$, $v-s$ 和 $\dot{\gamma}-s$ 曲线

实际上,平衡转速反映了导转力矩、极阻尼力矩(包括一些忽略的非对称因素引起的滚转力矩)之间的一种动力学平衡关系,它除了与尾翼弹的结构(尾翼导转角、尾翼结构形状等)相关外,飞行中的速度及环境(如气流参数)状况也对其有直接影响,故低旋尾翼弹平衡转速在全弹道不断变化,体现出各滚转力矩瞬时平衡(甚至是实际转速围绕平衡转速上下轻微脉动变化)的动态特性。

当低旋尾翼弹全弹道飞行时间较长、气流环境与速度变化范围较大时,平衡转速变化范围也较大。对此,在设计弹体结构参数和选取飞行弹道方案时,要尽量避免平衡转速在尾翼弹共振转速附近长时间变化,这在低旋尾翼弹外弹道设计的工程应用中要加以注意。

7.3.2　由起始扰动引起的角运动及对质心运动的影响

从数学形式来讲,低旋尾翼弹的角运动方程与旋转稳定弹的角运动方程是一样的,因此由起始扰动引起的角运动方程齐次解的形式也一样,仍为式(6.3.5)或式(6.3.7),只需注意其中静力矩项为稳定力矩项,即 $M=k_z<0$,另外,不忽略阻尼 H,弹轴仍做二圆运动。陀螺稳定条件仍为

$$\begin{cases} P^2-4M>0 \text{ 或 } 1/S_g<1 \\ S_g=P^2/4M<0 \end{cases} \tag{7.3.4}$$

因为 $M<0$,所以尾翼弹必定是陀螺稳定的(陀螺稳定因子为负数)。

在满足陀螺稳定的条件下,有

$$\omega_1=(P+\sqrt{P^2-4M})/2>0,\quad \omega_2=(P-\sqrt{P^2-4M})/2<0$$

并且 $\omega_1>|\omega_2|$,ω_1 为顺时针转动,ω_2 为逆时针转动,这与旋转稳定弹二圆运动的同向转动不同。转速较低时,复攻角曲线接近非旋转弹,但由于 $P\neq 0$,$\omega_1\neq|\omega_2|$,此曲线开始逆时针缓慢进动,如图 7.3.2(a)所示。转速增大,快圆运动加快,攻角曲线呈现多叶多瓣形状,如图 7.3.2(b)所示。如果转速再增大,复攻角曲线将成为内摆线形状,如图 7.3.2(c)所示。

当考虑所有的力矩时,式(6.19)中齐次方程的解为

$$\boldsymbol{\Delta}=C_1\mathrm{e}^{l_1 s}+C_2\mathrm{e}^{l_2 s} \tag{7.3.5}$$

将式(7.3.5)求导一次并在起始条件 $\boldsymbol{\Delta}_0'\neq 0$, $\boldsymbol{\Delta}_0=0$ 下求出 C_1、C_2,得到由 $\boldsymbol{\Delta}_0'$ 所产生的攻角:

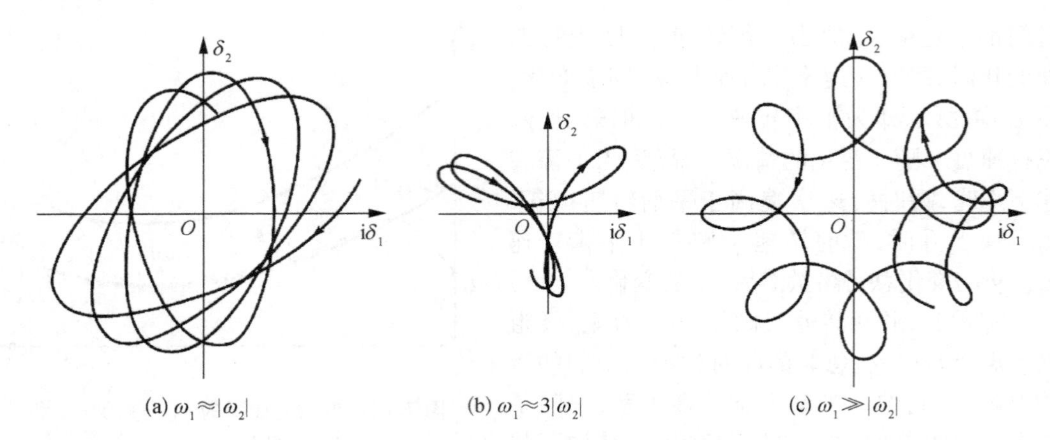

(a) $\omega_1 \approx |\omega_2|$　(b) $\omega_1 \approx 3|\omega_2|$　(c) $\omega_1 \gg |\omega_2|$

图 7.3.2　低旋尾翼弹的攻角曲线

$$\boldsymbol{\Delta} = \boldsymbol{\Delta}'_0(\mathrm{e}^{l_1 s} - \mathrm{e}^{l_2 s})/(l_1 - l_2) \tag{7.3.6}$$

将其代入偏角方程 $\boldsymbol{\Psi}' = b_y \boldsymbol{\Delta}$ 中积分得

$$\boldsymbol{\Psi} = \frac{b_y \boldsymbol{\Delta}'_0}{l_1 - l_2}\left[\frac{\mathrm{e}^{l_1 s}}{l_1} - \frac{\mathrm{e}^{l_2 s}}{l_2}\right]_0^s \tag{7.3.7}$$

代入上、下限后可知，$\boldsymbol{\Psi}$ 中也有一个不变的平均值(也称为平均偏角或气动跳角)：

$$\boldsymbol{\Psi}_{\delta_0} = \frac{b_y \boldsymbol{\Delta}'_0}{l_1 l_2} = \frac{-b_y \boldsymbol{\Delta}'_0}{M + \mathrm{i}PT} \approx \frac{-b_y}{k_z} \cdot \frac{\boldsymbol{\Delta}'_0}{v_0} \tag{7.3.8}$$

对于特殊起始条件 ($s = 0$ 时，$\boldsymbol{\Delta} = \boldsymbol{\Delta}_0$，$\boldsymbol{\Delta}'_0 = 0$)，同理可解得复攻角为

$$\boldsymbol{\Delta} = \boldsymbol{\Delta}_0(-l_2 \mathrm{e}^{l_1 s} + l_1 \mathrm{e}^{l_2 s})/(l_1 - l_2) \tag{7.3.9}$$

将式(7.3.9)代入偏角方程 $\boldsymbol{\Psi}' = b_y \boldsymbol{\Delta}$ 中积分，即得偏角 $\boldsymbol{\Psi}_{\delta_0}$，其中不变的部分为气动跳角：

$$\bar{\boldsymbol{\Psi}}_{\delta_0} = \frac{b_y \boldsymbol{\Delta}_0}{l_1 - l_2}\left(\frac{l_2}{l_1} - \frac{l_1}{l_2}\right) = \frac{-b_y \boldsymbol{\Delta}_0}{M + \mathrm{i}PT}(H - \mathrm{i}P) \approx \frac{b_y(H - \mathrm{i}P)}{(-k_z)}\boldsymbol{\Delta}_0 \tag{7.3.10}$$

对于低旋尾翼弹，P 值不是很大，H 值也不是很小，两者均考虑时，平均偏角 $\bar{\boldsymbol{\psi}}_{\delta_0}$ 的方位与起始扰动 $\boldsymbol{\Delta}_0$ 的方位就不是简单的相同或垂直的关系了，而是与 H、P 的比例大小有关。

7.4　尾翼弹的动力平衡角及偏流

尾翼弹的动力平衡角仍是由弹道弯曲产生，考虑重力影响的角运动方程仍为

$$\boldsymbol{\Delta}'' + (H - \mathrm{i}P)\boldsymbol{\Delta}' - (M + \mathrm{i}PT)\boldsymbol{\Delta} = -\ddot{\theta}/v^2 - \dot{\theta}(k_{zz} - \mathrm{i}P)/v \tag{7.4.1}$$

只不过现在的特点是 P 很小或 $P = 0$，$M = k_z < 0$，赤道阻尼力矩参数 k_{zz} 较大，不能忽略，此方程的解仍为式(6.6.5)。下面分非旋转尾翼弹和低速旋转尾翼弹两种情况讲述。

7.4.1　非旋转尾翼弹的动力平衡角

由式(6.6.5),令 $P = 0$ 并忽略其马格努斯力矩项,得

$$\boldsymbol{\Delta}_{\mathrm{p}} = \frac{1}{M}\left(\frac{\ddot{\theta}}{v^2} + \frac{\dot{\theta}}{v}k_{zz}\right) + \frac{k_{zz}}{v^2}\frac{H}{M^2}\ddot{\theta} \tag{7.4.2}$$

由此可见,$\boldsymbol{\Delta}_{\mathrm{p}}$ 只有实部而无虚部,即只有在射击面内高低方向上的动力平衡角。式(7.4.2)中最后一项数值很小,可以略去,再利用 $\dot{\theta} = -g\cos\theta/v$ 和 $\ddot{\theta} = v\dot{\theta}(b_x + 2g\sin\theta/v^2)$,得

$$\delta_{1\mathrm{p}} = \frac{-g\cos\theta}{k_z v^2}\left(k_{zz} + b_x + \frac{2g\sin\theta}{v^2}\right) \tag{7.4.3}$$

可见,尾翼弹的动力平衡角随速度减小而增大,随弹道倾角减小而增大,故在弹道顶点附近,动力平衡角最大。但尾翼弹的最大动力平衡角比旋转弹的最大动力平衡角小得多,一般只有 $1° \sim 3°$。

在弹道上,由于重力的作用,弹道切线以角速度 $\dot{\theta}$ 逐渐向下弯曲,其角加速度为 $\ddot{\theta}$,由于惯性,弹轴力图保持在原位置,于是形成了铅直面内的攻角,与此同时,尾翼弹又产生了稳定力矩,迫使弹轴追随切线一起下降。

如果建立一个动坐标系随速度方向以角速度 $\dot{\theta}$ 和角加速度 $\ddot{\theta}$ 旋转,则在此动坐标系下,弹箭将以 $\dot{\theta}$ 和 $\ddot{\theta}$ 方向朝相反方向转动,其产生的惯性阻尼力矩为 $-Ak_{zz}\dot{\theta}$,加速旋转的惯性力矩为 $-A\ddot{\theta}$,而由弹轴与速度方向间的攻角 δ_{p} 产生的稳定力矩为 $Ak_z v^2\delta_{\mathrm{p}}$,当这三个力矩互相平衡时,$\delta_{\mathrm{p}}$ 正好满足式(7.4.3),故将 δ_{p} 称为动力平衡角。因 $k_z < 0$,非旋转尾翼弹的动力平衡角 δ_{p} 始终为正,即弹轴总是高于速度线一个角度。

与旋转弹一样,上述动力平衡角也只是弹轴的平均位置,实际上弹轴还绕此位置摆动,用 $\boldsymbol{\Delta}'$ 和 $\boldsymbol{\Delta}''$ 表示。在这种摆动中,除了产生稳定力矩 $Ak_z v^2\boldsymbol{\Delta}$ 外,还形成赤道阻尼力矩 $Ak_{zz}v\boldsymbol{\Delta}'$,弹轴的相对角加速度 $\boldsymbol{\Delta}''$ 即由这个二力矩产生,此时弹轴的全运动方程即为式(7.4.1)。求解此方程就可得到弹轴绕动力平衡轴摆动的情况,即

$$\boldsymbol{\Delta} = \boldsymbol{\Delta}_{\mathrm{p}} - \boldsymbol{\Delta}_{\mathrm{p}}\mathrm{e}^{-bs}[\cos(\omega_{\mathrm{c}}s) + b\sin(\omega_{\mathrm{c}}s)/\omega_{\mathrm{c}}] \approx \boldsymbol{\Delta}_{\mathrm{p}}\{1 - \mathrm{e}^{-bs}[\cos(\omega_{\mathrm{c}}s)]\} \tag{7.4.4}$$

式中,b 和 ω_{c} 的具体表达见式(7.1.10)。

由式(7.4.4)可见,由重力引起的攻角实际上是围绕动力平衡角 $\boldsymbol{\Delta}_{\mathrm{p}}$ 在周期变化,当 $s = 0$ 时,$\boldsymbol{\Delta} = 0$,当 $s \to \infty$ 时,e^{-bs} 项使 $\boldsymbol{\Delta} \to \boldsymbol{\Delta}_{\mathrm{p}}$。

7.4.2　低旋尾翼弹的动力平衡角及偏流

对于低旋尾翼弹,由重力产生的动力平衡角仍为式(6.6.5),只是式中的 $M < 0$,并且要考虑 H。略去马格努斯力矩项 PT,并代入 $\ddot{\theta}$ 的表达式,可得

$$\delta_{1\mathrm{p}} = \frac{\dot{\theta}}{Mv}\left(k_{zz} + b_x + \frac{2g\sin\theta}{v^2}\right) - \left(\frac{P}{Mv}\right)^2\ddot{\theta} + \frac{k_{zz}H}{M^2v^2}\ddot{\theta} \tag{7.4.5}$$

$$\delta_{2\mathrm{p}} = -\frac{P\dot{\theta}}{Mv}\left[1 + \frac{H + k_{zz}}{M}\left(b_x + \frac{2g\sin\theta}{v^2}\right)\right] \tag{7.4.6}$$

对于低旋尾翼弹，其转速 $\dot{\gamma}$ 约小于旋转稳定弹的 10%，而由于长细比较大，赤道转动惯量远比极转动惯量大，$C/A \approx 0.01$（对于旋转稳定弹，$C/A \approx 0.1$），P 的量级约为 0.01，b_x 的量级为 10^{-4}，$M(=k_z)$ 的量级约为 10^{-3}，k_{zz} 或 H 的量级约为 10^{-3}。因此，式(7.4.5)中的第二项、第三项均可以忽略，低旋尾翼弹在铅直面内的动力平衡角与非旋转尾翼弹的动力平衡角[式(7.4.3)]基本相同，旋转的影响可忽略不计，即

$$\delta_{1p} = \frac{\dot{\theta}}{Mv}\left(k_{zz} + b_x + \frac{2g\sin\theta}{v^2}\right) \tag{7.4.7}$$

同理，式(7.4.6)中括号内的第二项比第一项小得多，故可忽略，于是低旋尾翼弹侧向动力平衡角表达式就与旋转稳定弹的侧向动力平衡角[式(6.6.9)]一致，即

$$\delta_{2p} = -\frac{P}{Mv}\dot{\theta} = \frac{C\dot{\gamma}}{Ak_z v^2}\mid\dot{\theta}\mid \tag{7.4.8}$$

只是由于 $M = k_z < 0$，侧向动力平衡角是向左的（$\delta_{2p} < 0$）。因转速 P 很低，这个动力平衡角比旋转稳定弹的动力平衡角要小得多。但对于大射程低旋尾翼弹或低旋尾翼火箭的被动段，由于这一动力平衡角的长期影响，也将形成向左的偏流。

7.4.3 尾翼稳定弹在曲线弹道上的追随稳定性

对于尾翼稳定弹，当铅直平面内出现攻角（或攻角分量）时就产生了相应的稳定力矩，使弹轴转动，紧随弹道切线一起下降，两者间的攻角保持较小，故尾翼弹一般都具有追随稳定性。

尾翼稳定弹只有存在攻角时才会出现稳定力矩，迫使弹轴转动，去追随速度方向的下降，故具有追随稳定性的尾翼弹在飞行中，弹轴必定在铅直面内高于速度线一个角度，这个角度就是尾翼弹的动力平衡角 δ_{1p} [式(7.4.7)]，它是由稳定力矩与弹轴以角速度 $\dot{\theta}$ 转动产生的赤道阻尼力矩相平衡形成的攻角。由于弹道顶点附近稳定力矩小而 $\dot{\theta}$ 很大，动力平衡角最大。过大的动力平衡角将使弹箭的飞行特性变差，散布增大。为保证追随稳定性，必须限制动力平衡角的大小。这样，尾翼弹的追随稳定条件可写为

$$(\delta_{1ps})_{\theta_{0\max}} < \delta_{1pm} \tag{7.4.9}$$

式中，$(\delta_{1ps})_{\theta_{0\max}}$ 为最大射角弹道顶点处的动力平衡角；δ_{1pm} 为动力平衡角的最大允许值，对于尾翼弹，一般为 3°左右，一般的尾翼弹都能满足追随稳定性要求。

7.5 低旋尾翼弹的共振不稳定问题

尾翼弹低速旋转的目的是使非对称因素（如气动外形不对称）对飞行弹道的影响尽可能随弹体转动，以周期性抵消，从而减小散布。但由于旋转，非对称因素方位的改变形成了对弹箭角运动的周期性干扰，如果该干扰的频率与弹体摆动频率相同，即发生共振，将导致攻角突增或发散，造成弹箭飞行失稳，称为共振不稳定。本节将讨论低旋尾翼弹的共振不稳定问题。

在 6.2 节介绍的弹箭角运动方程组中，已列出过动不平衡（β_D）和气动外形不对称（$\boldsymbol{\Delta}_{M0}$）等非对称因素。考虑非对称因素的角运动方程可写成如下形式：

$$\boldsymbol{\Delta}'' + (H - \mathrm{i}P)\boldsymbol{\Delta}' - (M + \mathrm{i}PT)\boldsymbol{\Delta} = B\mathrm{e}^{\mathrm{i}\gamma} \tag{7.5.1}$$

方程(7.5.1)等号右边的系数 B 表示非对称因素，对于不同的非对称因素，有不同的具体表达式，如表 7.5.1 所示。

表 7.5.1　不同非对称因素对应的参数 B 表达式

序 号	非 对 称 因 素	B
1	气动外形非对称	$B = k_z\delta_M \mathrm{e}^{\mathrm{i}\gamma_{20}}$
2	质量偏心(静不平衡)	$B = k_z\delta_{Me}\mathrm{e}^{\mathrm{i}\gamma_{30}}$
3	弹体动不平衡	$B = (1 - C/A)\Gamma^2\beta_D$
4	推力偏心(对火箭助推情形)	$B = -a_p L_p / R_A^2$

对于表 7.5.1 中的质量偏心(静不平衡)，$B = k_z\delta_{Me}\mathrm{e}^{\mathrm{i}\gamma_{30}}$，其中 δ_{Me} 为等效(质量静偏心)气动偏心角。在有质量偏心的情况下，如果弹丸外形对称且攻角为零，由于空气动力的合力与弹轴重合，不通过质心，静力矩(空气动力合力对质心的力矩)必不为零。因此，只有在某一攻角下，当空气动力合力恰好通过质心时，静力矩才为零，因此这里对质量偏心的处理与对气动外形不对称的处理(5.2.2 节)是类似的，这一攻角称为等效气动偏心角。为了区别 5.2.2 节中的气动偏心角起始方位 γ_{20}，这里用 γ_{30} 来代替 γ_{20}，γ_{30} 即等效气动偏心角的起始方位。等效气动偏心角 δ_{Me} 与质量偏心距 L_m 的关系如图 7.5.1 所示。

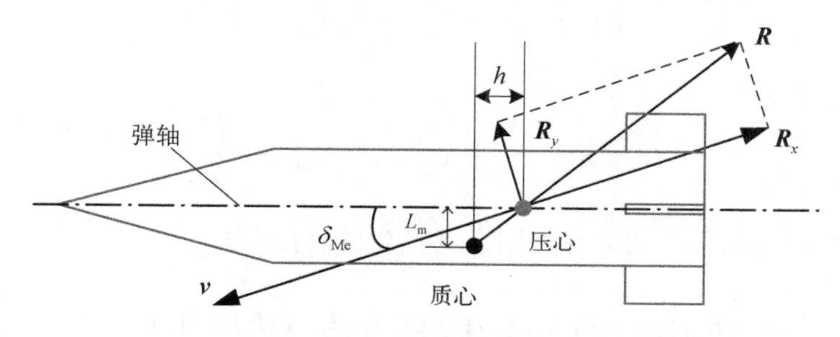

图 7.5.1　等效气动偏心角与质量偏心距的关系示意图

如图 7.5.1 所示，等效气动偏心角 δ_{Me} 应等于“总空气动力矢量 $\boldsymbol{R}$ 与弹轴的夹角”减去“总空气动力矢量 $\boldsymbol{R}$ 与速度矢量 $\boldsymbol{v}$ 的夹角”。图中，h 为压心至质心所在横截面的距离(与 3.3.4 节定义相同)，则有

$$\delta_{Me} = \arctan\frac{L_m}{h} - \arctan\frac{|\boldsymbol{R}_y|}{|\boldsymbol{R}_x|} = \arctan\frac{L_m}{h} - \arctan\frac{R_y}{R_x} \approx \frac{L_m}{h} - \frac{R_y}{R_x} = \frac{L_m}{h} - \frac{c_y'}{c_x}\delta_{Me} \tag{7.5.2}$$

由式(7.5.2)可反解出等效气动偏心角,即

$$\delta_{Me} = \frac{L_m}{h} \Big/ \left(1 + \frac{c_y'}{c_x}\right) \tag{7.5.3}$$

需要说明的是:表7.5.1中仅为示例,将来也可根据研究的实际情况增加其他非对称因素,但均可将其归为参数B,采用下述方法进行类似处理。

对于用斜置尾翼或斜切尾翼导转的尾翼弹,由于$\Gamma = \dot{\gamma}/v$近似为常数,则$\gamma = \Gamma s$,式(7.5.1)可写为

$$\boldsymbol{\Delta}'' + (H - \mathrm{i}P)\boldsymbol{\Delta}' - (M + \mathrm{i}PT)\boldsymbol{\Delta} = B\mathrm{e}^{\mathrm{i}\Gamma s} \tag{7.5.4}$$

当Γ不等于齐次方程特征频率ω_1和ω_2时,方程(7.5.4)的非齐次特解可写为如下形式:

$$\boldsymbol{\Delta}_B = K_{3B} \cdot \mathrm{e}^{\mathrm{i}\Gamma s} \tag{7.5.5}$$

将其代入方程(7.5.4)中,可解出:

$$K_{3B} = \frac{B}{-\Gamma^2 + (H - \mathrm{i}P)\mathrm{i}\Gamma - (M + \mathrm{i}PT)} \tag{7.5.6}$$

于是,方程(7.5.4)的全解为

$$\boldsymbol{\Delta} = C_1\mathrm{e}^{l_1 s} + C_2\mathrm{e}^{l_2 s} + K_{3B}\mathrm{e}^{\mathrm{i}\Gamma s} \tag{7.5.7}$$

式中,C_1、C_2是由初始条件确定的待定常数;而$l_{1,2} = \lambda_{1,2} + \mathrm{i}\omega_{1,2}$是方程(7.5.4)所对应齐次方程的特征根,其具体表达式可参见6.8节。

由初始条件:$s = 0$时,$\boldsymbol{\Delta}_0 = 0$,$\boldsymbol{\Delta}_0' = 0$,可得

$$\begin{cases} \boldsymbol{\Delta}_0 = C_1 + C_2 + K_{3B} = 0 \\ \boldsymbol{\Delta}_0' = C_1 l_1 + C_2 l_2 + \mathrm{i}\Gamma K_{3B} = 0 \end{cases} \tag{7.5.8}$$

联立解得

$$C_1 = K_{3B}\frac{l_2 - \mathrm{i}\Gamma}{l_1 - l_2}, \quad C_2 = K_{3B}\frac{l_1 - \mathrm{i}\Gamma}{l_2 - l_1} \tag{7.5.9}$$

将其代入式(7.5.7)中,可得由非对称因素B产生的攻角,为

$$\boldsymbol{\Delta} = K_{3B}\left\{\frac{1}{l_1 - l_2}[(l_2 - \mathrm{i}\Gamma)\mathrm{e}^{l_1 s} - (l_1 - \mathrm{i}\Gamma)\mathrm{e}^{l_2 s}] + \mathrm{e}^{\mathrm{i}\Gamma s}\right\} \tag{7.5.10}$$

攻角表达式[式(7.5.10)]反映了非对称因素对低旋尾翼弹绕心运动的影响,如代入相关的质心运动方程组,通过分析、计算,可进一步分析非对称因素对低旋尾翼弹质心运动及全飞行弹道的影响特性。由式(7.5.10)可见,由于非对称因素B产生的周期性强迫干扰,弹轴的运动由三个圆运动合成,这三个圆运动的角频率依次为ω_1、ω_2、Γ,其中ω_1和ω_2为齐次方程所对应的自由运动角频率,Γ为由弹丸自转产生的强迫运动角频率,这种运动称为三圆运动。在弹箭动态稳定的前提下,自由运动对应的两个圆运动将逐渐衰减,最后只剩下强迫运动对应的第三个圆运动。

由韦达定理,方程(7.5.4)所对应齐次方程的特征根 l_1、l_2 与系数的关系为

$$H - \mathrm{i}P = -(l_1 + l_2), \quad -(M + \mathrm{i}PT) = l_1 l_2 \tag{7.5.11}$$

将式(7.5.11)代入式(7.5.6)的分母并进行因式分解,可得

$$K_{3B} = \frac{B}{(\mathrm{i}\varGamma - l_1)(\mathrm{i}\varGamma - l_2)} \tag{7.5.12}$$

再将特征根 $l_1 = \lambda_1 + \mathrm{i}\omega_1$, $l_2 = \lambda_2 + \mathrm{i}\omega_2$ 代入式(7.5.12)的分母,即得强迫运动的幅值为

$$|K_{3B}| = \frac{B}{\sqrt{[(\varGamma - \omega_1)^2 + \lambda_1^2][(\varGamma - \omega_2)^2 + \lambda_2^2]}} \tag{7.5.13}$$

如不计小阻尼因子项 λ_1^2 和 λ_2^2, 则可见当自转角频率 $\varGamma$ 等于弹箭角运动频率 ω_1 或 ω_2 时, $|K_{3B}|$ 将变为无穷大,即发生共振。由于阻尼并不为零,共振点略有偏移。

在所有空气动力矩中,静力矩最大,故 ω_1 和 ω_2 可表示为

$$\omega_{1,2} = \frac{1}{2}(P \pm \sqrt{P^2 - 4M}) = \left[\frac{C}{2A}\left(1 \pm \sqrt{1 - \frac{1}{S_g}}\right)\right]\varGamma \tag{7.5.14}$$

对于尾翼弹,一般有 $C/A \approx 0.01$。此外,对于尾翼弹, $S_g < 0$, $1 - 1/S_g > 1$, 因此当转速较低、S_g 的绝对值较小时,式(7.5.14)右边根号开方的数值可以很大,这就有可能使式(7.5.14)右边方括号内取正号时的数值为 1,出现 $\omega_1 = \varGamma$ 的情况。但由于 $1 - \sqrt{1 - 1/S_g} < 0$, 不可能出现 $\omega_2 = \varGamma$ 的情况。因此,对于尾翼弹,只有快圆运动的角频率有可能与自转角频率相同而发生共振。

对于低旋尾翼弹,通常静力矩很大而转速很低,故式(7.5.14)中可略去 P,得

$$\omega_1 = -\omega_2 = \sqrt{-M} = \sqrt{-k_z} = \omega_c \tag{7.5.15}$$

故共振条件为

$$\varGamma = \omega_1 = \omega_c = \sqrt{-k_z} \tag{7.5.16}$$

弹箭飞过一个波长转过的圈数为 $n_\lambda = \varGamma/\omega_c$, 则由共振条件[式(7.5.16)]可知,在 $n_\lambda = 1$ 时,也即每个波长内转一圈时发生共振,故共振条件也可写成

$$n_\lambda = 1 \tag{7.5.17}$$

在共振问题中,放大系数是一个重要的概念,当弹箭不旋转时 ($\varGamma = 0$), 式(7.5.6)可简化为

$$K_{3B0} = B/(-M) \tag{7.5.18}$$

K_{3B0} 是常值干扰力矩作用下产生的定常攻角,是非周期强迫项的特解,可称为"静攻角"。放大系数 μ 定义为: 在周期干扰力矩作用下,稳态强迫振动振幅与静攻角幅值之比,具体表达式为

$$\mu = \left|\frac{K_{3B}}{K_{3B0}}\right| = \frac{|k_z|}{\sqrt{[(\varGamma - \omega_1)^2 + \lambda_1^2][(\varGamma - \omega_2)^2 + \lambda_2^2]}} \tag{7.5.19}$$

对于低旋尾翼弹,可近似取 $\omega_1 = -\omega_2 = \omega_c$, $\lambda_1 = \lambda_2 = -H/2 = \lambda$, 则式(7.5.19)变为

$$\mu = \frac{1}{\sqrt{\left[(n_\lambda - 1)^2 + \frac{\lambda^2}{|k_z|}\right]\left[(n_\lambda + 1)^2 + \frac{\lambda^2}{|k_z|}\right]}} \tag{7.5.20}$$

放大系数μ随n_λ变化的曲线如图7.5.2所示。由图7.5.2可知,当$n_\lambda = 0$时,$\mu \approx 1$;当$n_\lambda = 1$时,μ近似取极大值,即共振时,放大倍数最大;当$n_\lambda < 1$或$\Gamma < \omega_c$时,μ随Γ的增大而增大;当$n_\lambda > 1$或$\Gamma > \omega_c$时,μ随Γ的增大而减小,$\Gamma \to \infty$时,$\mu \to 0$;当$\Gamma/\omega_c = 2$时,有$\mu \approx 1$,此时稳态强迫振动幅值与静攻角幅值相等。为了减小稳态攻角幅值,至少应该使$\Gamma > \sqrt{2}\omega_c$,通常要求$\Gamma > 3\omega_c$,但需检查是否动态稳定。从图7.5.2中还可看出,阻尼指数λ越大,放大系数μ越小,整个曲线是下降的。

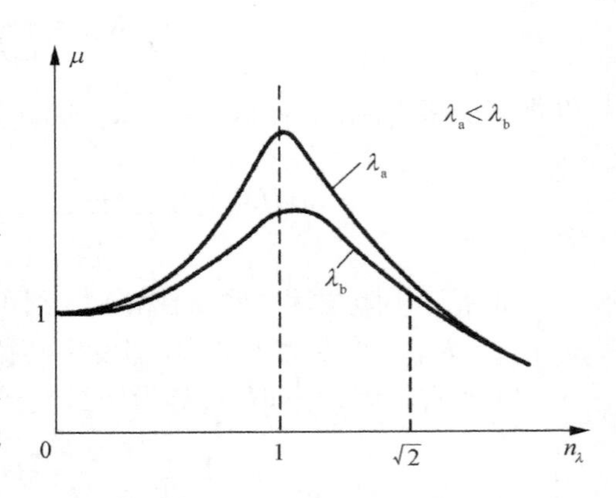

图 7.5.2 强迫运动μ-n_λ曲线

第三篇

外弹道设计理论与增程技术

第8章　外弹道设计

弹箭的飞行弹道表征了弹箭自发射(或投放)至飞达目标全过程的运动轨迹及特性，其弹道性能是弹箭性能的综合体现，因此，弹箭设计的优劣取决于其弹道性能水平。任何弹箭武器的研制，总是从其要求的战术技术指标出发，首先进行外弹道设计，确定弹箭的外形方案、弹重与初速等参数，计算分析其弹道性能是否满足要求等，最终经反复计算、对比和综合优化设计等，确定一较优方案进行试验与改进完善。外弹道设计理论与方法是指导弹箭设计的重要基础理论。

本章在介绍外弹道设计问题、经典外弹道设计方法的基础上，重点阐述弹箭的现代外弹道设计方法，即利用优化设计思想，结合弹道模型，建立弹箭的外弹道优化设计模型，将弹箭设计参数与飞行弹道上的空气动力及多个外弹道性能参数直接联系起来，开展一体化优化设计，通过优化计算获得弹箭的较佳设计方案，然后通过少量试验对方案进行验证与改进完善。外弹道优化设计能有效指导弹箭方案的设计，提升弹箭的设计水平。

8.1　外弹道设计问题

任何弹箭武器的设计，总是在一定的战术技术指标要求下进行的。一般，对弹箭武器的战术技术指标要求，主要有射程、精度、威力和机动性等，而这些战术技术指标要求之间又经常是相互关联、相互制约的。例如，对于爆破榴弹，在炸药性能一定的前提下，弹丸的威力主要与弹丸口径、弹体长度和弹壁厚度(即战斗部结构)等有关。因为口径较大、弹体较长和壁厚较薄时，所能装填的炸药就较多，威力就大；但是口径大了，武器系统必然变得庞大，对机动性不利。在弹壳材料一定的条件下，壁厚也不能过小，过小则弹体强度不够，势必要降低膛压，减小初速，对射程是不利的。弹体细长虽有利于减阻、增加射程，但弹体细长将加大药柱底部与弹体下部接触危险断面处的惯性应力，这就要求炸药顿感较强及弹体下部壁厚较大。同时，弹体较长时，要求旋转弹丸必须有较高的转速，这样才能稳定，这又导致膛线缠度较小，影响火炮寿命。

因此，在设计中，为满足各项战术技术指标要求，往往会出现矛盾，必须权衡利弊，全面考虑，综合优化决策。例如，对于火炮弹丸，为了提高其射程，可以增加发射药装药量或采用高能发射药，提高初速，但这又会造成膛压和炮口动能增大，对整个火炮的强度要求更高且质量增加，不利于机动性，并且高膛压、高初速会增大火炮振动和炮口扰动，对射击精度不利。如果采用助推火箭发动机，在全弹长、弹重不变的限制下，必然要减小战斗部装药量，从而带来威力下降。同时，由于助推发动机会产生推力偏心等，对射击精度也不利。如果采用滑翔增程,必然增加控制系统装置,需要占用一定的体积和重量,使得战斗部的装药量减小,威力下降,也会增加弹药的价格。面对弹药设计中出现这些战技性能指标相互矛盾、相互制约的工程问题,往往没有统一的公式或定理作为设计依据,给研究技术人员带来很多困惑,无从下手。因此,为了协调处理好弹箭武器设计中的战术技术指标性能,首先需要进行外弹道设计。

外弹道设计的目的就是利用外弹道理论,对影响弹箭武器主要性能的参数,在考虑多方面限制条件和要求下协调各种矛盾,使得弹箭武器的综合性能达到较优。

那么,何为外弹道设计,概括说就是对各类武器系统中的弹箭,经设计确定弹箭的外形和结构参数,使弹箭的飞行满足预定的外弹道战术技术指标或按照预期的弹道飞行。要注意的是,外弹道设计过程中,依据具体武器的约束条件,既要考虑所确定的弹箭设计参数能保证弹箭达到预定的外弹道性能要求,又要兼顾设计参数对其他方面(如终点弹道等)的影响,使之在实际应用中切实可行,这是外弹道设计的原则。

外弹道设计所面临的问题是复杂、多样的,有时希望设计的弹箭气动外形良好,射程远;有时希望弹箭飞抵目标处的飞行时间短或存速高;有时希望弹箭的立靶精度或地面密集度好;有时希望弹箭能沿一预定弹道飞行等。在外弹道设计中,所遇到的问题常存在许多制约因素,它们常常是相互联系、相互制约的,所以外弹道设计实际上就是一个发现与分析矛盾、协调与匹配好矛盾的过程。

由于弹箭飞行弹道性能是其武器性能的重要表征,外弹道设计水平对弹箭武器性能状况有直接影响。外弹道设计得好,表明在满足武器系统的相关要求和限制条件下,弹箭能达到(或超过)预定的外弹道战术技术指标,并能按预期弹道飞行。

在外弹道设计中应注意以下问题。

(1) 弹箭各性能间的相互匹配问题。弹箭的性能涉及内弹道(炮口能量、膛压、初速或然误差等)、外弹道(飞行稳定性、空气动力特性、射程、精度等)、终点弹道(终点毁伤效应等)及其他方面性能,而这些性能之间是密切关联的,有时是相互制约的。在外弹道设计中必须考虑到不同性能的限制条件及外弹道设计结果对它们的影响,否则不考虑与其他性能的相关联系,仅从外弹道性能方面无约束、无限制地进行外弹道设计是没有意义的。

(2) 外弹道性能中各因素间的相互匹配问题。在外弹道性能中,反映其性能的外弹道特性及影响因素很多,如空气动力特性、飞行稳定性、速度降、射程、飞行时间、精度等外弹道特性,它们综合反映了外弹道性能,而这些外弹道特性间也是紧密相关、相互制约的。例如,为改善阻力特性而设计细长形弹丸,则可能引出阻力与飞行稳定性、精度等之间的矛盾,也就是说弹箭外形与结构参数的变化会影响到许多外弹道特性,因此不能仅考虑对某单一特性的影响进行弹箭结构参数的选取。在这个过程中要根据弹箭的主要作战使命、功能、要解决的主要性能指标及兼顾满足其他特性限制条件等的前提下,抓住主要矛盾,确定弹箭外形与结构参数。

8.2 经典外弹道设计方法

影响外弹道性能的因素很多且关系复杂,一般难以用一些解析关系式将各类因素对外弹道性能的影响准确地表达出来。早期研究人员主要通过以下两类设计方法进行外弹道设计。

第一类方法是通过一定的假设与简化等,建立某外弹道性能参数与一些影响因素(如弹箭的主要外形与结构参数)的近似解析关系式,来寻求较佳的设计方案。由于这种方法作了很多近似、简化,且考虑的性能间的相互关系与因素简单、单一,通常与实际情况有较大差异,从而影响了设计结果最终在实际中的应用效果。

第二类方法是研究人员根据下达的外弹道战术技术指标和一些相关要求,先行按满足某项单一性能要求设计出弹箭结构方案,然后按此方案对其他性能指标进行外弹道计算校核(如飞行稳定性、外弹道诸元等),若不满足要求,再调整某些外形或结构参数,循环反复,并通过试验进行修改与验证,直至满足指标要求。这个过程虽然也能达到外弹道设计目的,但从最终方案的性能水平、研制经费与周期等方面看,效果并不理想。

早期(20 世纪 80 年代前)的这两类外弹道设计方法可以称为经典外弹道设计方法。从根本上讲,其核心思想是设法建立弹箭的主要外形和结构参数与追求外弹道性能的近似解析关系式,选用适当的数学方法求解;或通过不断调整弹箭的主要外形与结构参数,寻求满足性能要求的弹箭方案,反复用射击试验对方案进行调整。这两类外弹道设计方法都是通过弹箭方案来引导外弹道性能的设计,即"弹引导道"的设计。

下面通过一些具体例子来介绍经典外弹道设计方法的过程。

8.2.1 榴弹炮较佳弹丸质量与初速的设计

设计榴弹炮用弹时,应满足下述几个主要战术技术指标要求:

(1) 一定的最大射程(与榴弹的口径、弹形、弹丸质量和初速等有关);

(2) 火炮允许最大重量(主要与炮口动能等有关);

(3) 一定的杀伤威力(与榴弹的口径和装药量等有关);

(4) 一定的射击精度。

除第(4)个要求外,对于其余三个要求,在火炮口径确定的前提下可以综合近似为:在可能达到的较好弹形条件下,选择能满足一定最大射程、最小炮口动能的较佳弹丸质量与初速的组合。

在外弹道基本假设条件下,射程 X 是由 c、v_0、θ_0 三个参量完全确定的函数,其全微分式为

$$\mathrm{d}X = \frac{\partial X}{\partial c}\mathrm{d}c + \frac{\partial X}{\partial \theta_0}\mathrm{d}\theta_0 + \frac{\partial X}{\partial v_0}\mathrm{d}v_0 \tag{8.2.1}$$

在最大射程情况下必然满足下述条件:

$$\mathrm{d}X = 0,\quad \frac{\partial X}{\partial \theta_0} = 0 \tag{8.2.2}$$

故得

$$\mathrm{d}v_0 = -\frac{\dfrac{\partial X}{\partial c}}{\dfrac{\partial X}{\partial v_0}}\mathrm{d}c \tag{8.2.3}$$

根据弹道系数 c 与弹丸质量 m 的关系式 $c=\frac{\mathrm{i}d^2}{m}\cdot 10^3$，对其进行微分得

$$\mathrm{d}c=-\frac{\mathrm{i}d^2}{m^2}10^3\mathrm{d}m \tag{8.2.4}$$

而炮口动能 $E_0=\frac{1}{2}mv_0^2$ 的全微分为

$$\mathrm{d}E_0=mv_0\mathrm{d}v_0+\frac{v_0^2}{2}\mathrm{d}m \tag{8.2.5}$$

将式(8.2.3)、式(8.2.4)代入式(8.2.5)，整理可得

$$\mathrm{d}E_0=\left(\frac{v_0^2}{2}+v_0\cdot\frac{\frac{\partial X}{\partial c}}{\frac{\partial X}{\partial v_0}}\cdot\frac{\mathrm{i}d^2}{m}10^3\right)\mathrm{d}m \tag{8.2.6}$$

根据炮口动能最小条件，应有 $\mathrm{d}E_0=0$，则求得的弹丸质量与初速的较佳组合条件为

$$m=-2\frac{\frac{\partial X}{\partial c}}{\frac{\partial X}{\partial v_0}}\cdot\frac{\mathrm{i}d^2}{v_0}10^3 \tag{8.2.7}$$

式(8.2.7)即为在一定炮口动能下，射程最大时所对应的弹丸质量与初速的较佳匹配关系，但在某些实际情况下，常发现采用此关系式设计的弹丸质量与初速并不合适。原因主要是该关系式仅考虑在一定炮口动能下弹丸质量与初速间的变化对射程的影响，常与实际情况有较大差别，它反映了经典外弹道设计中近似解析设计法的思路及其过程。

8.2.2 飞行稳定性设计

为了保证旋转弹丸在其最大射角范围内弹道上的飞行稳定，除了周期性章动幅值不宜过大外，还需要满足陀螺稳定性、追随稳定性和动态稳定性。

1. 陀螺稳定性与膛线缠度上限设计

陀螺稳定性是为了保证旋转弹丸在全弹道上的章动运动呈周期性，要求陀螺稳定因子至少大于1，即

$$S_g=\frac{\alpha^2}{k_z}=\frac{1}{4k_z}\left(\frac{C}{A}\right)^2\left(\frac{\dot{\gamma}}{v}\right)^2>1 \tag{8.2.8}$$

陀螺稳定因子沿全弹道是变化的。在炮口处，因初速 v_0 较大，翻转力矩大，故炮口处的 S_{g0} 小一些；在弹道升弧段上，尽管速度 v 和转速 $\dot{\gamma}$ 都在衰减，但 v 的减小速度比 $\dot{\gamma}$ 减小得快，使得比值 $\dot{\gamma}/v$ 在升弧段上是增大的，即陀螺稳定因子不断增大；在弹道降弧段，$\dot{\gamma}$ 继续减小，v 开始增大，又使得陀螺稳定因子逐渐减小，特别在弹道落点附近的 S_g 较小，但由于弹道顶点附近的陀螺稳定性余量很大，大多数火炮弹丸在弹道落点处的 S_g 仍大于炮

口。因此,在一般情况下,只要保证炮口处的陀螺稳定性条件 ($S_{g0} > 1$),即可保证全弹道上的陀螺稳定性。

将炮口处的转速关系 $\dot{\gamma}_0 = \dfrac{2\pi v_0}{\eta D}$ 代入式(8.2.8),即得到为保证陀螺稳定性,火炮膛线缠度 η 须满足的上限 $\eta_{上}$,即

$$\eta < \frac{\pi}{D} \cdot \frac{C}{A} \Big/ \sqrt{k_z} \tag{8.2.9}$$

将 $k_z = \rho Slm'_z/(2A)$ 代入式(8.2.9),得

$$\eta < \left(\frac{d}{D}\right)\eta_{上}, \quad \eta_{上} = \sqrt{\left(\frac{C}{A}\right)\frac{8\pi C}{\rho d^4 lm'_z}} \tag{8.2.10}$$

显然,当弹与炮口径相同时,即 $d = D$, 则式(8.2.10)变为 $\eta < \eta_{上}$。但对于次口径弹,弹在膛内被弹托支撑包围,沿膛线旋转前进,出炮口后,弹托分离,弹丸飞行部分(弹芯)直径 d 不同于火炮口径 D,则膛线缠度 η 必须满足式(8.2.10)。

由陀螺稳定性条件[式(8.2.8)]可见,弹丸长细比越大,C/A 越小,越难满足陀螺稳定性。这样,为了满足陀螺稳定性,必须有更高的转速,以提高 $\dot{\gamma}/v$, 这又会造成膛线缠度过小,加剧了膛线的磨损,使得起始扰动大、追随稳定性变差等。因此,旋转稳定弹的长细比一般不超过 5.5 倍口径,为减小阻力,某些大口径远程弹可提高射程,弹丸设计得稍细长,但一般长细比也只有 6 左右。

2. 追随稳定性与膛线缠度下限设计

为了保证弹丸在弹道曲线段上具有弹轴跟随弹道切线近似以同样角速度向下转动的特性,追随稳定性要求其最大动力平衡角小于最大允许值的条件,即

$$\delta_{2\text{ps}\theta_{0\text{m}}} < \delta_{2\text{psm}} \tag{8.2.11}$$

式中,$\delta_{2\text{ps}\theta_{0\text{m}}}$ 为最大射程角下弹道顶点处的动力平衡角;$\delta_{2\text{psm}}$ 为动力平衡角的最大允许值。

将动力平衡角的表达式 $\delta_{2\text{p}} = \dfrac{C\dot{\gamma}}{A} \cdot \dfrac{1}{k_z v^2} |\dot{\theta}|$ 代入式(8.2.11),同时,在弹道顶点处有 $\theta_s = 0$, $\cos\theta_s = 1$, 则式(8.2.11)可写为

$$\frac{2C\dot{\gamma}_s g}{\rho_s Slm'_{zs} v_s^3} < \delta_{2\text{psm}} \tag{8.2.12}$$

式中,$\dot{\gamma}_s$ 为弹道顶点处的转速,由转速变化关系式 $\dot{\gamma} = \dot{\gamma}_0 e^{-\bar{k}_{xz}s}$ 和炮口转速关系 $\dot{\gamma}_0 = \dfrac{2\pi v_0}{\eta D}$ 可得,$\dot{\gamma}_s = \dfrac{2\pi v_0}{\eta D} e^{-\bar{k}_{xz}s_s}$,其中 s_s 为炮口至弹道顶点的升弧段弧长,$\bar{k}_{xz}$ 为升弧段上极阻尼力矩组合系数的平均值。将 $\dot{\gamma}_s$ 的表达式代入式(8.2.12),解得火炮膛线缠度 η 须满足的下限 $\eta_{下}$,即

$$\eta > \left(\frac{\mathrm{d}}{D}\right)\eta_{下}, \quad \eta_{下} = \left[\frac{16gC}{\delta_{2\text{psm}} d^3 l} \cdot \frac{v_0}{\rho_s m'_{zs} v_s^3} e^{-\bar{k}_{xz}s_s}\right]_{\theta_{0\max}} \tag{8.2.13}$$

这表明,为保证追随稳定性,火炮膛线缠度 η 至少要大于其下限值 $\eta_{下}$。同理,对于同口径弹和炮,$d/D=1$,式(8.2.13)变为 $\eta>\eta_{下}$;对于次口径弹,由于 $d/D<1$,要满足式(8.2.13)。

将式(8.2.10)和式(8.2.13)合并考虑,即得到既能满足陀螺稳定性要求,又能满足追随稳定性要求的火炮膛线缠度设计范围,即

$$\left(\frac{d}{D}\right)\eta_{下}<\eta<\left(\frac{d}{D}\right)\eta_{上} \tag{8.2.14}$$

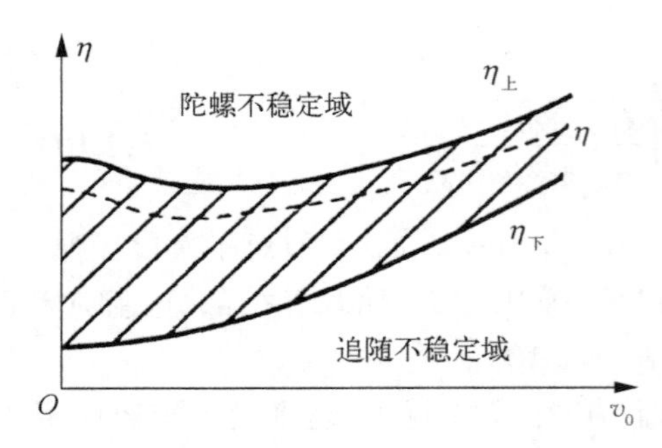

图 8.2.1 火炮膛线缠度上下限随初速变化的关系

由 $\eta_{上}$ 的表达式[式(8.2.10)]知,翻转力矩系数导数 $m_z'(Ma_0)$ 是初速 v_0 的函数;由 $\eta_{下}$ 的表达式[式(8.2.13)]知,式中不仅显示含有 v_0,而且弹道顶点处的 v_s 也是随 v_0 而变的。因此,$\eta_{上}$ 和 $\eta_{下}$ 都是初速 v_0 的函数,为了方便设计,可计算出其随 v_0 的变化曲线,如图 8.2.1 所示。在图 8.2.1 中,[$\eta_{上}$,$\eta_{下}$]即膛线缠度可选择的区域,$\eta_{上}$ 曲线以上为陀螺不稳定域,$\eta_{下}$ 曲线以下为追随不稳定域。

经验表明,η 过分接近 $\eta_{上}$ 或 $\eta_{下}$ 时,弹丸的射击密集度均变差,其中有个较佳值。为便于膛线缠度设计,通常以标准气象条件下的膛线缠度上限为基础,将 $\eta_{上}$ 乘以一个安全系数 a,作为设计火炮的膛线缠度,即

$$\eta=a\eta_{上} \tag{8.2.15}$$

为了保证我国北方冬季严寒条件下的陀螺稳定性,安全系数不宜选得过大;同时,又为了增加火炮寿命并保证追随稳定性,安全系数也不宜选得过小。实践表明,安全系数 a 宜在 0.7~0.85 选用。在确定 a 值后,仍应对所选的 η 值进行检查,看能否保证严寒地区冬季的陀螺稳定性,以及保证在平原和高原地区进行大射角射击时弹道顶点处的追随稳定性,如果不够理想,还可调整 a 值。

3. 动态稳定性设计

动态稳定性设计是为了保证弹丸的章动幅值始终衰减的特性,要求其快、慢圆运动的衰减指数始终为负值,满足动态稳定性条件,即

$$\frac{1}{S_g}<1-S_d^2 \tag{8.2.16}$$

式中,S_d 为动态稳定因子,其表达式为

$$S_d=\frac{2(b_y-k_yA/C)}{k_{zz}+b_y-b_x-g\sin\theta/v^2}-1 \tag{8.2.17}$$

由式(8.2.8)、式(8.2.16)、式(8.2.17)可知,动态稳定性条件主要由弹丸的空气动力特征系数、转动惯量和飞行速度等参量决定,通过式(8.2.16)进行弹丸的动态稳定性设计与校核。

此外,上述动态稳定性条件是假设各空气动力系数是线性的。当章动角过大(一般小口径弹不超过 12°~15°、中大口径弹不超过 6°~10°)时,这个线性假设可能不成立,由此可能在弹道上出现动态不稳定,使得射击密集度变坏。因此,要求起始章动幅值须严格限制在最大允许值内。

为了避免起始章动幅值过大,也就是要保证起始扰动 $\dot{\delta}_0$ 不过大,在设计弹、炮系统时,通常设法减小弹炮间隙 $2e$、质量偏心 Δ_m、弹丸质心与弹带中心的距离 l_c,增大弹丸前定心部与弹带间的距离 l_b、阻质心距离 h^*,以及避免炮口压力 p_g 过大,改善炮口压力场的对称性等。

对于尾翼弹,由于它是利用压心位于质心之后产生的静稳定力矩来实现稳定飞行,为了保证尾翼弹丸在其最大射角范围内弹道上的飞行稳定,需要满足静稳定性、动态稳定性、攻角起始幅值有限性条件和偏角有限性条件。

1. 静稳定性储备量设计

满足静态稳定性要求尾翼弹的压心在质心与尾翼之间,一般要求压心到质心的距离 h 与全弹长 l 之比(称为稳定性储备量 ε) 在某个范围内,即

$$\varepsilon = h/l, \quad 12\% \leqslant \varepsilon \leqslant 20\% \tag{8.2.18}$$

根据空气动力学知识,近似有 $h/l \approx m_z'/c_y'$,因此,在稳定性储备量 ε 设计时,通过设计尾翼面积、形状、翼片数、尾翼相对于弹丸质心的位置等改变空气动力参数 m_z'、c_y' 来实现。

2. 动态稳定性与转速设计

低旋尾翼弹的动态稳定性条件仍是式(8.2.16),即 $1/S_g < 1 - S_d^2$。由于尾翼弹的 $k_z < 0$, $S_g = \alpha^2/k_z < 0$,这样,如果动态稳定因子 $|S_d| < 1$,则式(8.2.16)必定成立,即对转速无限制。但事实上,常见的尾翼弹大都是 $|S_d| > 1$,这时就需要根据动态稳定性条件对转速进行设计。此时,式(8.2.16)可改变成

$$|S_g| < 1/(S_d^2 - 1) \tag{8.2.19}$$

注意到 $|S_g| = \left(\dfrac{C}{A}\right)^2 \dfrac{æ^2}{4k_z}$,其中 $æ = \dfrac{\dot{\gamma}}{v}$ 为转速比,而 $n_\lambda = æ/\sqrt{-k_z}$ 为每一波长内弹丸转过的圈数,将其代入式(8.2.19),即得到转速上限:

$$n_\lambda < \frac{2A/C}{\sqrt{S_d^2 - 1}} \tag{8.2.20}$$

此外,为了防止共振,要求尾翼弹的自转转速要远离其自由摆动频率 ω_c,一般要求 æ 至少大于 $\sqrt{2}\omega_c$,或 $n_\lambda = æ/\omega_c > \sqrt{2}$ (通常使 $n_\lambda > 3$),这样得到尾翼弹的转速范围为

$$\sqrt{2} < n_\lambda < \frac{2A/C}{\sqrt{S_d^2 - 1}} \tag{8.2.21}$$

3. 攻角起始幅值有限性条件

根据尾翼弹弹轴摆动运动在常用起始条件下的解,攻角起始幅值有限性条件为

$$\delta_{m0}=\frac{\dot{\delta}_0}{v_0\sqrt{|k_z|}}\leqslant\delta_L \tag{8.2.22}$$

式中，δ_L 为尾翼弹允许的最大章动角幅值，一般取 $\delta_L\leqslant 10°$。

将稳定力矩特征系数 k_z 的表达式代入，得到：

$$|m_z'|\geqslant K_1\frac{A}{\rho d^3 l^2} \tag{8.2.23}$$

式中，无因次量 $K_1=\dfrac{8dl\dot{\delta}_0^2}{\pi v_0^2\delta_L^2}$。该式表示通过设计稳定力矩系数导数 m_z' 来限制攻角的起始幅值。

4. 偏角有限性条件

根据尾翼弹在常用起始条件下的偏角变化规律，偏角有限性条件为

$$\bar{\psi}_{\dot{\delta}_0}=\frac{b_y}{|k_z|}\frac{\dot{\delta}_0}{v_0}\leqslant\psi_L \tag{8.2.24}$$

将静稳定力矩与升力的特征系数 k_z 与 b_y 的表达式代入，得到：

$$\frac{|m_z'|}{c_y'}\geqslant K_2\frac{R_A^2}{l^2} \tag{8.2.25}$$

式中，无因次量 $K_2=\dfrac{l\dot{\delta}_0}{v_0\psi_L}$。该式表示通过设计稳定力矩系数导数 m_z'、升力系数导数 c_y' 来限制平均偏角的大小，要求稳定力矩系数导数 m_z' 尽量大些，而升力系数导数 c_y' 尽量小些，也就是希望尾翼小，而压心到质心的距离 h 尽量大些。

8.2.3 地炮初速级设计

对于地面火炮，若火炮的最小射程为 X_{min}，最大射程为 X_{max}，则 $\Delta X_{射}=X_{max}-X_{min}$ 称为全射击区域。对火炮全射击区域内的小射程，如果也用全装药射击，当射角 $\theta_0<20°$ 时，易产生跳弹，从而降低射击效果。此外，由于全装药膛压高、烧蚀严重，将影响火炮寿命，故对于小射程，有时改用小初速大射角进行射击。也就是说，为了达到较佳的射击效果并考虑火炮的使用寿命等，一个初速难以用改变射角的办法来覆盖全射击区域，有时可采用多级装药（多个初速），一个初速射击一段射程，利用多级装药、初速分级的办法达到射击全区域。由此产生了在最大射程和最小射程之间，究竟应该选取几个初速较为合理的问题。

由于每一初速负责射击一段射程 ΔX_i，在两初速的交接处要保证火力压制可靠、不留空白区。如果弹道没有散布，只要两相邻装药（初速）的射程重合，就能保证没有射击空白区。实际上，弹道存在散布。理论与试验表明，射程散布服从以平均射程为中心、对称分布概率误差为 $E_{X\Sigma}$ 的正态分布。如果两相邻装药的射程重叠区取 $4E_{X\Sigma}$，则落入该区域内弹丸的概率为99.7%，即两相邻装药都能对 $4E_{X\Sigma}$ 区域内的目标进行射击，实际上达到两相邻装药平均射程的全落弹概率。这样，设计射程重叠区 $4E_{X\Sigma}$ 作为两相邻装药平均射程的重叠量。图 8.2.2 给出了射程重叠量的示意图。

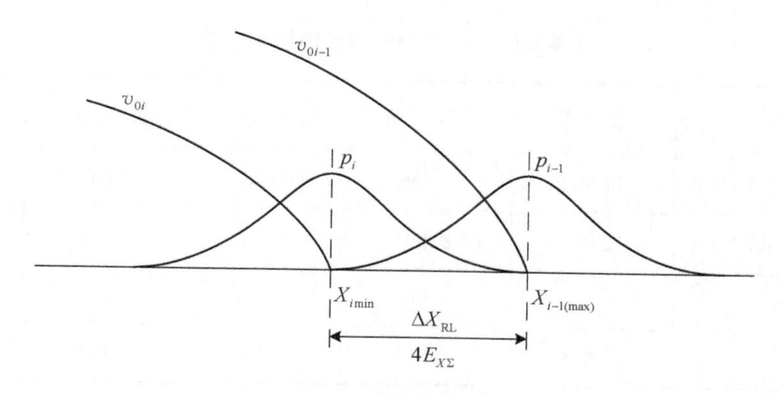

图 8.2.2 射程重叠量示意图

如图 8.2.2 所示,如果前一装药的最小射程为 $X_{i\min}$,后一装药的最大射程为 $X_{i-1(\max)}$,它们的半散布区间重合为 $4E_{X\Sigma}$,此时,两弹道平均射程的重叠量 $\Delta X_{RL}=4E_{X\Sigma}$。由于两弹道的平均射程全覆盖 $4E_{X\Sigma}$ 区域,就可靠保证在 v_{0i} 与 v_{0i-1} 下都能对 ΔX_{RL} 进行射击,无空白区,其中 $E_{X\Sigma}$ 为射击精度。

随着炮兵技术的发展,火炮的射击精度在不断提高,目前水平为(0.6%~1.0%)$\bar{X}$。这样,若取 $E_{X\Sigma}=1\%\bar{X}$,则 $\Delta X_{RL}=4E_{X\Sigma}=4\%\bar{X}$。

前面介绍了射程重叠量的设计思想,下面给出初速分级的一般方法。

(1) 根据最大射程 X_m,利用 8.2.1 节中的方法求得合理的弹重和初速 v_{0m}(全装药时的初速)。

(2) 用全装药初速 v_{0m}、射角 $\theta_0=20°$ 和弹丸的空气动力参数、结构参数计算全装药初速对应的最小射程 $X_{m20°}$,再加上一个射程重叠量 ΔX_1(一般 $\Delta X_1\geqslant 4\%X_{m20°}$),作为一号装药 $v_{0\mathrm{I}}$ 在 $\theta_0=45°$ 下的射程 $X_{\mathrm{I}45°}(=X_{m20°}+\Delta X_1)$,由此反算出一号装药时的初速 $v_{0\mathrm{I}}$。

(3) 用一号装药初速 $v_{0\mathrm{I}}$、射角 $\theta_0=20°$ 计算出对应的最小射程 $X_{\mathrm{I}20°}$,再加上一个射程重叠量 $\Delta X_2(\geqslant 4\%X_{\mathrm{I}20°})$,作为二号装药 $v_{0\mathrm{II}}$ 在 $\theta_0=45°$ 下的射程 $X_{\mathrm{II}45°}(=X_{\mathrm{I}20°}+\Delta X_2)$,反算出二号装药时的初速 $v_{0\mathrm{II}}$。

(4) 重复上述步骤,可依次求出三号装药、四号装药……的初速 $v_{0\mathrm{III}}$, $v_{0\mathrm{IV}}$, …,直到某号装药 $\theta_0=20°$ 的射程小于最小射程 $X_{\min}$ 为止,最后一个装药即最大号装药(即对应的最小初速)。

根据上述射程重叠量的介绍,射程重叠量与火炮射击精度有关,为了保证相邻装药号间在任何情况下均能衔接而不会出现空白区,重叠量可大于 $4\%\bar{X}$,但不允许小于 $4\%\bar{X}$。例如,现行的《炮用发射装药定型试验规程》(GJB 9321-2018)中要求低射界不小于 $8\%\bar{X}$,高射界不小于 $4\%\bar{X}$。这样便于在装药设计时有更大的自由(如采用增减统一药量药包的方式改变装药号)。

药筒内的基本药包放在最下面,其余小药包放在上面,战斗使用时,从药筒内取出一个小药包后即称为一号装药,取出两个小药包称为二号装药,依次类推。以某 152 mm 加榴炮为例,最大射程 $X_{\max}=17\,500$ m,最小射程 $X_{\min}=4\,500$ m,按上述步骤可得表 8.2.1 所示的初速分级。

表 8.2.1 某 152 mm 加榴炮初速分级

参数	全装药	一号装药	二号装药	三号装药	四号装药
射程 /m(θ_0 = 45°)	17 500	13 336	9 858	7 107	5 111
射程 /m(θ_0 = 20°)	12 823	9 479	6 834	4 914	3 476
ΔX/m	513	379	273	197	
v_0 /(m/s)	655	502	375	292	241

迫击炮的射角使用范围为 45°~85°,不会产生落角过小、跳弹等问题,其初速分级原则与榴弹炮、加农炮不同。迫击炮的初速分级原则主要是:① 满足最小距离时对隐蔽目标的射击;② 消除对各个距离的目标死角。例如,对于弹道系数 c_{43} = 2、最大射角 $\theta_{0\max}$ = 85° 时的某迫击炮弹,射程自 50~1 000 m 时的初速如表 8.2.2 所示。

表 8.2.2 某迫击炮弹的初速

X/m	50	100	150	200	300	400	500	600	800	1 000
v_0/(m/s)	52	80	97	115	135	173	200	226	280	354

目前,迫击炮的初速分级与药包数大致与表 8.2.2 相近。迫击炮的主药包是基本药管,放在尾杆中,其他为小药包,使用时加一个小药包即一号装药,再加一个小药包即二号装药,以此类推。目前,大口径迫击炮火箭增程弹的射程可达 13 km 以上。

8.3 现代外弹道设计方法

随着兵器技术的迅速发展和对弹箭性能要求的不断提升,弹箭的研制水平也在日益提高,这种“弹引导道”的经典外弹道设计已难以适应现代弹箭性能对设计水平的要求。弹道性能反映了兵器弹箭的飞行运动性能,科学地处理好“弹”与“道”的先行牵引关系极为重要,通过先行(或同时)设计弹道性能优良的方案,进而寻找能按此方案飞行运动的弹箭结构,即通过“道指导弹”的先行设计,保障弹箭飞行运动的道不是“羊肠小道”,而是“康庄大道”,这就是现代外弹道设计的核心思想。

现代外弹道设计是在一定的限制条件和要求下采用一些优化设计方法或在大量方案计算对比等的基础上先确定某一(或某几个)较优方案,然后经少量的试验(调整、验证)来最终确定方案,即为外弹道设计问题在一些约束条件下的单目标(或多目标)、多参数时的参数优化设计或过程优化设计。

经典外弹道设计和现代外弹道设计可以大致采用以下设计过程反映其差别。

(1) 经典外弹道设计:先行按满足某单一性能要求设计弹箭方案→检验弹箭是否满

足各项性能要求→若满足，则完成设计；若不满足，则在先行设计方案的基础上调节方案参数、再检验，反复此过程，直至满足条件。

（2）现代外弹道设计：根据要求和（约束）条件确定综合匹配性能和影响因素及优化（性能）原则→构建反映诸性能状况的优化设计数学模型，并设计出相应的较佳弹道及对应弹箭方案→检验后（或微调）确定弹箭方案。

实践表明，现代外弹道设计是目前解决外弹道设计问题的较优方法，在这个过程中应注意的是，过分强调理论设计或试验研究的重要性都是不合适的，两者应相互支撑，在整个外弹道设计过程中起着不可缺少的互补作用。

8.4　外弹道优化设计

外弹道优化设计是进行外弹道设计的一种行之有效的设计方法，是现代外弹道设计理论的重要内容。

弹箭外弹道优化设计，就是针对某一具体弹箭武器的用途和特点，依据一定的设计思想，采用某种优化设计方法，将弹箭的结构参数和弹道参数对其主要外弹道性能的影响在飞行弹道上进行一体化的综合优化设计，确定出较佳的结构方案，其核心思想就是采用“道指导弹”的设计。与以往的外弹道设计相比，外弹道优化设计的特点是在一定理论方法指导下协调、匹配不同弹箭结构和外形参数对主要外弹道性能的影响，且外弹道优化设计追求的不仅是满足预定的外弹道性能指标，而是在所具备条件下有良好外弹道性能的弹箭结构方案。

8.4.1　外弹道优化设计数学模型的建立

对于外弹道优化设计，首先需要建立其优化设计数学模型，即确定其目标函数、约束条件、优化设计变量、关联方程等。对于不同的弹种，由于具体的技术要求与设计思想等方面的差别，最终的外弹道优化设计数学模型也不相同，但在应用最优化理论建立数学模型的过程中，一些共性的问题和原则是相同的。本节对这些内容作一介绍，下节则结合一些具体弹种，介绍其外弹道优化设计数学模型的具体情况。

1. 目标函数

目标函数又称为评价函数，是优化过程中判断方案优劣的评价依据。求解优化问题的实质就是通过改变优化设计变量获得不同的目标函数值，通过比较目标函数值的大小来衡量方案的优劣，从而找出最优方案。目标函数的最优值可能是最大值，也可能是最小值，在建立优化问题的数学模型时，一般将目标函数 $f(\boldsymbol{x})$ 的求优表示为求极大值 $\max f(\boldsymbol{x})$ 或极小值 $\min f(\boldsymbol{x})$。求目标函数 $f(\boldsymbol{x})$ 的极大值等效于求目标函数 $-f(\boldsymbol{x})$ 的极小值，因此通常将求目标函数的极值统一表示为求其极小值。

外弹道优化设计中，目标函数一般选取某外弹道性能参数，对于任何弹箭，所关心的外弹道性能可能有多个（针对具体弹种有所不同），至于如何在这些外弹道性能中选择确定目标函数，要根据具体弹箭武器的作战任务使命、弹道特点和确定的设计思想，选定一个或几个最主要的外弹道性能参数作为目标函数。

在优化问题中,如果只有一个目标函数,则为单目标函数优化问题;如果有两个或两个以上目标函数,则为多目标函数优化问题。目标函数越多,对优化的评价越周全,综合效果也越好,但是问题的求解也越复杂。实际应用中一定要抓主要矛盾,选择的目标函数不宜过多。在最优化理论中对多目标函数的处理,许多方法最终也是设法对多目标函数进行改造,处理成单目标函数来求解。

由近年来有关外弹道优化设计的研究看,比较方便的处理方法是选择一个(至多两个)最主要的外弹道性能作为目标函数,而将其他外弹道性能要求作为约束条件来处理,这样构造的数学模型简洁,处理方便,实际应用中的效果也较好。

2. 约束条件

约束条件是对优化设计变量取值给予某些限制的数学关系式,或是对优化设计问题中某些性能指标要求提出的限制条件,使设计方案在满足这些限制条件下达到较优。约束条件可以是等式约束,也可以是不等式约束。

根据约束性质的不同,可分为边界约束和性能约束两类。边界约束直接用来限制优化设计变量的取值范围,如长度变化的范围;性能约束则是根据某种性能指标要求推导出限制条件,如零件的强度条件。

根据约束条件的作用情况,可将约束划分为起作用约束(又称紧约束、有效约束)和不起作用约束(又称松约束、无效约束)。对于同一优化目标,约束条件越多,可行域就越小,可供选择的方案也就越少,计算求解的工作量也随之增大。因此,在确定约束条件时,应在满足要求的前提下,尽可能减少约束条件的数量。同时,也要注意避免出现重复的约束、互相矛盾的约束。

在外弹道优化设计中,对约束条件的选择应注意以下问题。

(1) 约束条件的约束功能要符合实际要求。约束条件要真正体现出实际中对弹箭方案的一些限制要求,这些要求有的是针对某些性能参数而言,有的是针对优化设计变量而言(如实际中的可取值范围等)。对于必须要满足的一些性能,而又没有作为目标函数来处理时,通常在约束条件中体现,如弹箭的飞行稳定性要求等。

(2) 约束条件可以是显式或隐式函数。约束条件是某些限制的数学关系式,这些关系有的可以用一些简单的显式解析函数表达,有的则无显式关系,需要通过其他方程或数值计算关系来表达。

(3) 正确选取适当的约束条件。外弹道优化设计中,约束条件对优化过程和最终优化结果的影响是非常大的,选取约束条件,一定要根据预先确定的设计思想,选取那些必须考虑、一定要满足的限制条件作为约束条件。不加节制地将所有可能的因素均作为约束来考虑,致使约束条件过多的情况是不可取的,约束条件过多常使约束域性态变差,有时可能无优化解。

外弹道优化设计中约束条件的选取主要分几个方面,首先是一些没有作为目标函数出现,而又必须加以要求的重要外弹道性能(如飞行稳定性、立靶精度或地面密集度等);其次是依据一些实际条件等,对优化设计变量的取值范围直接提出一些限制条件(如弹丸不能过长、过重或过轻,弹箭结构参数非负等);再者就是针对具体的弹种特点和要求,提出一些其他必须满足的要求(如发射强度、内装炸药量、存速等)。

外弹道优化设计中,约束条件会出现松约束与紧约束,对于一些约束,当其取值限制范围较松时，常成为松约束，松约束对外弹道优化过程的影响较小。

3. 优化设计变量

一个实际的优化方案可以用一组参数（如几何参数、物理参数、工作性能参数等）来表示。在这些参数中，有些根据要求在优化过程中始终保持不变，这类参数称为常量；而另一些参数的取值则需要在优化过程中进行调整和优选，一直处于变化的状态，这类参数称为优化设计变量。

优化设计变量的全体可以用向量来表示，包含 n 个设计变量的优化问题称为 n 维优化问题，这些变量可以表示成一个 n 维列向量，即

$$\boldsymbol{x} = [x_1 \quad x_2 \quad \cdots \quad x_n]^{\mathrm{T}}$$

设计变量的个数（优化问题的维数）称为自由度。设计变量的个数越多，自由度就越大，可供选择的方案就越多，优化的难度就越大，计算量也越大。因此，在建立数学模型时，应尽可能把对优化目标没有影响或者影响不大的参数作为常量，而只把对优化目标影响显著的参数作为设计变量，以减少设计变量的数目，却不影响优化效果。

在外弹道优化设计中，确定的设计变量多为弹箭结构参数与外形参数，如弹重、头部长、柱部长和船尾长等。外弹道优化设计中，确定设计变量要注意以下问题：

（1）设计变量必须是相互独立的参数。外弹道优化设计应用的数学规划是定义在 n 维欧氏空间的，要求设计变量相互独立。如果设计变量之间存在相互关联，会使目标函数出现“山脊”或“沟谷”等现象，给寻优带来困难。

（2）设计变量应选择对目标函数影响较大的参数，而且对目标函数有着矛盾的影响，这样目标函数才有明显的极值存在。在外弹道优化设计中，设计变量一定要选取主要参数，抓住主要矛盾，使问题简洁。

（3）依据设计变量对目标函数影响的重要程度，对设计变量依次排序（影响大的放前面），对寻优过程是十分有利的。

（4）设计变量要无量纲化，尽量将它们约化在大致同一数量级范围内变化，有利于寻优过程的收敛，且使优化程序有较好的通用性。

4. 关联方程

通常选取的目标函数或部分约束条件同设计变量间无直接的函数关系，需要通过建立关联方程把它们相互关联起来。

外弹道优化设计是研究弹箭在飞行运动过程中，其外形结构参数等对外弹道性能有良好累积效应的方案优化过程，建立函数关系就是将这一飞行弹道寻优过程进行模型化。

由弹箭空气动力学和外弹道数值计算可知，当弹箭的主要外形结构参数确定后，在一定的弹道条件下就可计算对应该弹箭方案的空气动力、外弹道参数，改变结构参数后再重复计算，又可得到在改变结构参数方案后对应的空气动力、外弹道参数，按照一定的优化方法，就可对不同结构方案对应的外弹道性能参数进行寻优比较。这个过程中，由弹箭结构参数方案到对应的空气动力、外弹道参数间的关联性是构造函数关系的基础。由弹箭空气动力学和外弹道学理论知，根据弹箭结构参数确定对应的空气动力系数、外弹道参数，一般无简单的、有显式函数表达的解析关系式。外弹道优化设计中用到的空气动力计

算方法应具有良好的通用性,能满足不同弹箭结构方案计算(一些由试验结果总结出的空气动力计算经验关系式作为外弹道优化设计的函数关系往往适用性较差)。因此,在外弹道优化设计中,构造目标函数或部分约束函数同设计变量间的函数关系,常常通过一些弹箭空气动力系数计算模型、外弹道方程组来联系。

在建立关联方程时,应注意以下问题。

(1) 现实性。构造的函数关系计算结果,要符合弹箭的运动规律。

(2) 简洁性与可行性。在保证现实性的基础上,避免过分追求数学模型的完备性,这样有可能使得模型过于复杂(尽管计算精度可能略有提高),造成一次方案的计算需消耗大量时间,整个优化设计机时太长,甚至无法实现。

(3) 适应性。外弹道优化设计需要对大量方案进行计算对比,因此构造的函数关系对不同方案应有较好的适应性。

在上述要求中,现实性是核心,在保证现实性的基础上力求达到简洁性和适应性。

5. 外弹道优化设计问题的数学模型

由目标函数、约束条件和优化设计变量所组成的最优化问题的数学模型可以表述为:在满足约束条件的前提下,寻求一组优化设计变量,使目标函数达到最优值。一般约束优化问题的数学模型可表示为

$$\begin{cases}\min f(\boldsymbol{x}), & \boldsymbol{x} \in \mathbf{R} \\ \text{s.t.} & \begin{cases} h_l(\boldsymbol{x}) = 0, & l = 1, 2, \cdots, L \\ g_m(\boldsymbol{x}) \leqslant 0, & m = 1, 2, \cdots, M \end{cases}\end{cases} \tag{8.4.1}$$

式中,$\mathbf{R}$ 表示可行域或约束域。当 $L = 0$ 时,为不等式约束优化问题;当 $M = 0$ 时,为等式约束优化问题;当 $L = 0$, $M = 0$ 时,便退化为无约束优化问题。

最优化问题的类别很多,可以从不同角度分类,以下是一些常见的分类。

(1) 按照约束的有无,分为无约束优化问题和有约束优化问题。

(2) 按照优化变量的个数,分为一维优化问题和多维优化问题。

(3) 按照目标函数的数目,分为单目标优化问题和多目标优化问题。

(4) 按照目标函数与约束条件线性与否,分为线性规划问题和非线性规划问题。当目标函数是优化变量的线性函数,且约束条件也是优化变量的线性等式或不等式时,该优化问题称为线性规划问题;当目标函数和约束条件中至少有一个是非线性时,该优化问题称为非线性规划问题。

(5) 当目标函数 $f(\boldsymbol{x})$ 为优化变量的二次函数,约束函数 $h_l(\boldsymbol{x})$ 和 $g_m(\boldsymbol{x})$ 均为线性函数时,该优化问题为二次规划问题。

(6) 当优化变量中有一个或一些只能取整数时,称为整数规划;如果只能取 0 或 1 时,称为 0-1 规划;如果只能取某些离散值,称为离散规划。

(7) 当优化变量随机取值时,称为随机规划。

(8) 当目标函数为凸函数,可行域为凸集时,该优化问题称为凸规划问题。

根据上述定义,外弹道优化设计问题一般归结为有约束非线性规划问题,有着自身的复杂性,表现在优化问题的目标函数和一些约束条件同设计变量之间无显式的解析

表达式,目标函数值等往往需通过求解一微分方程组(关联方程)获得,很难由解析法求其导数或判断其凸性,因此对外弹道优化设计问题的求解,选取合适的优化方法非常重要。

8.4.2　典型弹种的外弹道优化设计数学模型

本节针对一些常见的、较典型的弹种,建立其外弹道优化设计数学模型。应当指出,在不同的要求、不同的指导思想下,即使对同一弹种,不同时期、不同设计者所建立的外弹道优化设计数学模型也可能是不一样的。这里结合一些典型弹种,介绍建立其外弹道优化设计数学模型的过程、具体情况等,帮助设计人员了解建立外弹道优化设计的思路与方法。需要指出,这些模型绝大多数在工程实际中已进行了应用,如对某小口径火炮榴弹改进的外弹道设计、对某小口径脱壳弹的方案设计等,在缩短弹丸(到达目标)的飞行时间、提高毁伤能力等方面取得了较好的应用效果。

1. 小口径高炮榴弹外弹道优化设计数学模型

1) 确定目标函数

小口径高炮榴弹主要用于应对低空机动目标,因而反应迅速、到达弹目未来相遇点处的时间短是其重要性能。小口径高炮弹丸的弹道具有有效射程较短、弹道较平直的特点,因而陀螺稳定性条件是其主要的飞行稳定性条件,同时应具有良好的射击精度。此外,在一定炮口动能条件下,弹丸的重量与初速可以有多种组合,选取不同的弹重与初速组合,弹丸到达一定斜距离时的飞行时间不同,我们所要选择的就是飞行时间 t 最小(或较小)的那些组合。

弹丸飞行时间短意味着:

(1) 弹丸气动外形好(阻力小);

(2) 弹丸飞行稳定;

(3) 初速与弹重组合较佳;

(4) 到达弹目未来相遇点处的存速较大。

根据以上分析,结合小口径高炮榴弹的特点和主要作战使命等,选择到达某斜距离处的飞行时间最小为目标函数,而将其他一些重要因素作为约束条件来加以考虑。

2) 建立关联方程

通过对弹道方程进行数值计算可获得弹丸到达某斜距离处的飞行时间。在外弹道优化设计中,涉及对不同方案的外弹道计算,根据情况可以采用不同的外弹道模型,包括 6 自由度外弹道模型、修正质点弹道模型和质点弹道模型等。通常情况下,外弹道优化设计要求外弹道计算的速度要快。另外,弹丸在稳定飞行状态下,质点弹道基本上能反映弹丸的实际飞行情况,因而在外弹道优化设计中可以选择质点弹道作为外弹道计算模型。对于小口径高炮榴弹,选取以弹道弧长 s 为自变量的质点运动方程组较方便,形式为

$$\begin{cases}\dfrac{\mathrm{d}\boldsymbol{U}}{\mathrm{d}s}=F(\boldsymbol{U})\\ \boldsymbol{U}(0)=\boldsymbol{U}_0\end{cases}\tag{8.4.2}$$

式中，

$$F(\boldsymbol{U})=\begin{bmatrix} -\dfrac{\rho v}{2m}Sc_x-\dfrac{g\sin\theta}{v} \\ -\dfrac{g\cos\theta}{v^2} \\ \sin\theta \\ \cos\theta \\ \dfrac{1}{v} \end{bmatrix},\quad \boldsymbol{U}=\begin{bmatrix} v \\ \theta \\ y \\ x \\ t \end{bmatrix},\quad \boldsymbol{U}_0=\begin{bmatrix} v_0 \\ \theta_0 \\ y_0 \\ x_0 \\ 0 \end{bmatrix}$$

弹道方程中的阻力系数 c_x 与部分约束条件(如飞行稳定性约束)同设计变量间的关联通过空气动力系数计算方法进行联系，该空气动力计算方法要具有良好的通用性，能满足不同弹箭结构方案计算。

3）确定优化设计变量

根据前面介绍，优化设计变量必需选取对目标函数影响大而且相互独立的那些变量。

由弹道方程组[式(8.4.2)]知，当 c_x、d、m、v_0、θ_0 确定后，弹道也就确定了，所以它们是影响目标函数(弹丸飞行时间 t)的参数。

弹径 d 一般为技术指标，故不作为设计变量。射角 θ_0 需根据射击时的具体情况而定，不能作为设计变量。阻力系数 c_x 是影响飞行弹道的重要参数，它是马赫数 Ma 的函数，由弹箭空气动力学的知识可知，当弹丸主要外形结构参数：头部长 l_n、圆柱部长 l_c、尾部长 l_b、尾锥角 β、头部母线形状参数(如 x_{00} 为弹丸头部圆弧母线中心至弹顶部的轴向距离)确定后，c_x 也就基本确定了。

弹丸质量 m 和初速 v_0 对飞行时间的影响十分明显，但在火炮炮口动能一定的情况下，两者变化并不独立，满足：

$$E_0=\frac{1}{2}mv_0^2 \tag{8.4.3}$$

式中，E_0 为给定的炮口动能值。

综上所述，选取 m、l_n、l_b、l_c、β、x_{00} 这 6 个变量作为优化设计变量。这 6 个变量一经确定，通过空气动力计算可算出不同马赫数下的弹丸阻力系数 c_x，从而由方程组[式(8.4.2)]可计算出指定射角 θ_0 下对应的一条弹道，进而求出对应的弹丸飞行时间 t。

4）确定约束条件

对于小口径高炮榴弹，设计的方案要能满足：① 弹丸的飞行是稳定的；② 弹丸应满足其在膛内的发射强度(如弹壁不能太薄)；③ 弹丸必须满足其毁伤要求，要具有一定的内腔容积，即装药能力；④ 弹丸的射击精度不能太差。

可根据小口径高炮榴弹的以上要求来确定其约束关系。

(1) 飞行稳定性约束。

小口径高炮榴弹的有效射程较短，该段弹道平直，因此所设计的弹丸通常需满足陀螺与动态稳定性条件，即

$$S_g\geqslant a \tag{8.4.4}$$

$$1 - S_{\mathrm{d}}^{2} \geqslant 1/S_{\mathrm{g}} \tag{8.4.5}$$

式中,a 为某个大于 1 的常值;S_{g} 为陀螺稳定因子;S_{d} 为动态稳定因子。S_{g}、S_{d} 与各设计变量间的关系由空气动力系数等关联起来。

(2) 发射强度约束。

设计的弹丸壁厚要满足弹丸在膛内发射强度所允许的壁厚,即

$$m \geqslant m_{\text{极}} \tag{8.4.6}$$

式中,$m_{\text{极}}$ 为弹壁在发射强度允许厚度下对应的弹丸质量。

(3) 平均偏角约束。

对于小口径高炮弹丸,通常有效射程较短,弹道较平直,因而弹轴运动对质心运动的周期项影响与非周期项影响中,非周期项影响可以忽略不计。周期项影响形成了平均偏角散布,这是影响小口径高炮弹丸射击精度的重要因素,因此限制弹丸平均偏角的大小是保证射击精度的一个手段,故有

$$|\bar{\psi}_{\dot{\delta}_0}|_{\mathrm{m}} - |\bar{\psi}_{\dot{\delta}_0}| \geqslant 0 \tag{8.4.7}$$

式中,$|\bar{\psi}_{\dot{\delta}_0}|_{\mathrm{m}}$ 为允许的平均偏角上限;$|\bar{\psi}_{\dot{\delta}_0}|$ 为平均偏角计算值。

(4) 弹丸长度约束。

弹丸长度需在一定的范围内变化,即有

$$\bar{\lambda} - (\lambda_{\mathrm{n}} + \lambda_{\mathrm{c}} + \lambda_{\mathrm{b}}) \geqslant 0 \tag{8.4.8}$$

式中,$\bar{\lambda}$ 为允许的弹丸长径比上限;λ_{n}、λ_{c}、λ_{b} 分别为弹丸头部长径比、圆柱部长径比和尾部长径比。

综上所述,前面介绍了目标函数、关联方程、优化设计变量、约束条件的确定,至此就得到小口径高炮榴弹外弹道优化设计数学模型,具体如下。

目标函数为

$$\min t = f(\boldsymbol{Z}) = \int_0^s \frac{1}{v} \mathrm{d}s \tag{8.4.9}$$

式中,$\boldsymbol{Z} \in \mathbf{R} \cap E_6$, $\boldsymbol{Z}$ 为向量,对应无量纲化后的 m、l_{n}、l_{b}、l_{c}、β、x_{00} 这 6 个设计变量,E_6 为六维欧氏空间。

约束域 $\mathbf{R}$ 为

$$\begin{cases} g_1 = S_{\mathrm{g}} - a \geqslant 0 \\ g_2 = (1 - S_{\mathrm{d}}^2) - \dfrac{1}{S_{\mathrm{g}}} \geqslant 0 \\ g_3 = m - m_{\text{极}} \geqslant 0 \\ g_4 = |\bar{\psi}_{\dot{\delta}_0}|_{\mathrm{m}} - |\bar{\psi}_{\dot{\delta}_0}| \geqslant 0 \\ g_5 = \bar{\lambda} - (\lambda_{\mathrm{n}} + \lambda_{\mathrm{c}} + \lambda_{\mathrm{b}}) \geqslant 0 \end{cases} \tag{8.4.10}$$

目标函数与优化设计变量、约束条件间的关联方程为

$$\begin{cases}\dfrac{\mathrm{d}v}{\mathrm{d}s} = -\dfrac{\rho v}{2m}Sc_x - \dfrac{g\sin\theta}{v}\\ \dfrac{\mathrm{d}\theta}{\mathrm{d}s} = -\dfrac{g\cos\theta}{v^2}\\ \dfrac{\mathrm{d}y}{\mathrm{d}s} = \sin\theta\\ \dfrac{\mathrm{d}x}{\mathrm{d}s} = \cos\theta\\ \dfrac{\mathrm{d}t}{\mathrm{d}s} = \dfrac{1}{v}\\ v(0) = v_0,\ \theta(0) = \theta_0,\ x(0) = x_0,\ y(0) = y_0,\ t(0) = t_0\end{cases} \tag{8.4.11}$$

对于上面建立的小口径高炮榴弹外弹道优化设计数学模型,已经在实际工程中得到应用,并取得了较好的应用效果。

2. 地炮榴弹外弹道优化设计数学模型

1）确定目标函数

对地面目标进行打击的中大口径旋转稳定炮弹,评价其外弹道性能的指标较多,但通常来说,射程是最重要的性能指标,故可以选取射程 X 作为优化目标函数。

2）建立关联方程

弹丸飞抵打击目标处的射程可由弹道方程数值计算获得,对于该问题,选取以飞行时间 t 为自变量的方程组较方便,形式为

$$\begin{cases}\dfrac{\mathrm{d}\boldsymbol{U}}{\mathrm{d}t} = F(\boldsymbol{U})\\ \boldsymbol{U}(0) = \boldsymbol{U}_0\end{cases} \tag{8.4.12}$$

式中,

$$F(\boldsymbol{U}) = \begin{bmatrix} -\dfrac{\rho v^2}{2m}Sc_x - g\sin\theta \\ -\dfrac{g\cos\theta}{v} \\ v\sin\theta \\ v\cos\theta \\ -\dfrac{\rho Sld}{2C}vm'_{xz}\dot{\gamma} \end{bmatrix},\quad \boldsymbol{U} = \begin{bmatrix} v\\ \theta\\ y\\ x\\ \dot{\gamma}\end{bmatrix},\quad \boldsymbol{U}_0 = \begin{bmatrix} v_0\\ \theta_0\\ y_0\\ x_0\\ \dot{\gamma}_0\end{bmatrix}$$

弹道方程中的空气动力系数与部分约束条件(如飞行稳定性约束)同设计变量间的关联通过空气动力系数计算方法进行联系。

3）确定优化设计变量

对于旋转稳定弹丸,影响弹丸飞行弹道特性的主要参数、选择优化设计变量的一些依据等与前述“小口径高炮榴弹外弹道优化设计数学模型”中介绍的情况相同,故这里仍然选取 m、l_n、l_b、l_c、β、x_{00} 这 6 个变量作为优化设计变量。同样,这 6 个变量一经确定,通

过弹丸空气动力计算可获得空气动力系数,经外弹道方程组可计算出指定射角 θ_0 下对应的一条弹道,进而求出弹丸对应的射程 X。

4）确定约束条件

对于地炮榴弹射程的外弹道优化设计,设计方案应满足：① 弹丸飞行是稳定的；② 弹丸密集度要满足要求；③ 弹丸具有一定的内装炸药容积并保证满足发射强度。

可根据以上要求确定约束条件。

（1）飞行稳定性约束。

对地面目标进行打击的中大口径旋转稳定炮弹,其射程一般较远,弹道弯曲,所设计的弹丸通常必须满足陀螺、动态和追随稳定性条件,即

$$S_g \geqslant a \tag{8.4.13}$$

$$1 - S_d^2 \geqslant 1/S_g \tag{8.4.14}$$

$$\delta_{pm} \geqslant \delta_{ps} \tag{8.4.15}$$

式中，a 为某个大于 1 的常数；δ_{pm} 为允限的最大动力平衡角；δ_{ps} 为飞行弹道上对应的最大动力平衡角，δ_{ps}、S_g、S_d 与各设计变量间的关系通过空气动力系数等关联起来。

（2）发射强度约束。

设计的弹丸壁厚不能小于弹丸在膛内发射强度限所允许的壁厚,有

$$m \geqslant m_{极} \tag{8.4.16}$$

（3）弹丸射击精度约束。

根据外弹道基本假设条件下的质点弹道理论,由 c、v_0、θ_0 三个参数决定一条飞行弹道,所以对以地面目标为主的中大口径炮弹,弹道系数散布、初速散布和跳角散布是影响这类弹丸散布的一些重要因素,为此对这些因素要加以约束,即

$$\Delta c_m \geqslant \Delta c \tag{8.4.17}$$

$$\Delta v_{0m} \geqslant \Delta v_0 \tag{8.4.18}$$

$$|\bar{\psi}_{\dot{\delta}_0}|_m \geqslant |\bar{\psi}_{\dot{\delta}_0}| \tag{8.4.19}$$

式中，Δc_m、Δv_{0m} 分别为允许的弹道系数误差限和最大初速误差；Δc、Δv_0 同优化设计变量间的关系通过空气动力系数和假定炮口能量不变而联系起来。

（4）弹丸长度约束。

弹丸长度需在一定的范围内变化,即有

$$\bar{\lambda} - (\lambda_n + \lambda_c + \lambda_b) \geqslant 0 \tag{8.4.20}$$

式中，$\bar{\lambda}$ 为允许的弹丸长径比上限；λ_n、λ_c、λ_b 分别为弹丸头部长径比、圆柱部长径比和尾部长径比。

综上所述,上面介绍了目标函数、关联方程、优化设计变量、约束条件的确定,至此就得到中大口径地炮榴弹外弹道优化设计数学模型,具体如下。

目标函数为

$$\max X = f(\boldsymbol{Z}) = \int_0^T v\cos\theta \mathrm{d}t \tag{8.4.21}$$

式中，$\mathbf{Z} \in \mathbf{R} \cap E_6$，$\mathbf{Z}$ 和 E_6 的含义同前；约束域 $\mathbf{R}$ 为

$$\begin{cases} g_1 = S_{\mathrm{g}} - a \geqslant 0 \\ g_2 = (1 - S_{\mathrm{d}}^2) - \dfrac{1}{S_{\mathrm{g}}} \geqslant 0 \\ g_3 = \delta_{\mathrm{pm}} - \delta_{\mathrm{ps}} \geqslant 0 \\ g_4 = m - m_{极} \geqslant 0 \\ g_5 = \Delta c_{\mathrm{m}} - \Delta c \geqslant 0 \\ g_6 = \Delta v_{0\mathrm{m}} - \Delta v_0 \geqslant 0 \\ g_7 = |\bar{\psi}_{\dot{\delta}_0}|_{\mathrm{m}} - |\bar{\psi}_{\dot{\delta}_0}| \geqslant 0 \\ g_8 = \bar{\lambda} - (\lambda_{\mathrm{n}} + \lambda_{\mathrm{c}} + \lambda_{\mathrm{b}}) \geqslant 0 \end{cases} \tag{8.4.22}$$

目标函数与优化设计变量、约束条件间的关联方程为

$$\begin{cases} \dfrac{\mathrm{d}v}{\mathrm{d}t} = -\dfrac{\rho v^2}{2m} S c_x - g\sin\theta \\ \dfrac{\mathrm{d}\theta}{\mathrm{d}t} = -\dfrac{g\cos\theta}{v} \\ \dfrac{\mathrm{d}y}{\mathrm{d}t} = v\sin\theta \\ \dfrac{\mathrm{d}x}{\mathrm{d}t} = v\cos\theta \\ \dfrac{\mathrm{d}\dot{\gamma}}{\mathrm{d}t} = -\dfrac{\rho S l d}{2C} v m'_{xz} \dot{\gamma} \\ t = 0,\ v = v_0,\ \theta = \theta_0,\ y = y_0,\ x = x_0,\ \dot{\gamma} = \dot{\gamma}_0 = \dfrac{2\pi v_0}{\eta d} \end{cases} \tag{8.4.23}$$

对于上面建立的地炮榴弹外弹道优化设计数学模型，采用相应的最优化方法就可对其进行求解。

3. 旋转稳定脱壳穿甲弹外弹道优化设计数学模型

1）确定目标函数

对于脱壳穿甲弹，命中目标时的穿甲能力、飞行时间、飞行稳定性、精度、飞行阻力及速度降等均是重要的外弹道性能。在外弹道优化中通常将最为关心的性能作为目标函数，而将其他作为约束来处理。

断面比动能是衡量穿甲能力的重要指标，飞达目标时的断面比动能为

$$E_{\mathrm{sd}} = \frac{\frac{1}{2} m v_{\mathrm{sd}}^2}{S} \tag{8.4.24}$$

式中，m 为弹芯质量；v_{sd} 为命中目标时的存速；S 为弹芯最大横截面积。

断面比动能大意味着：

（1）飞行阻力小，弹道速度降小，着靶时的存速大；

（2）弹丸飞行稳定性好，攻角衰减较快；

（3）一定炮口能量下，弹重与初速匹配合理。

因此，飞达目标时的断面比动能是一综合性能指标；此外，脱壳穿甲弹主要对付机动目标，所以反应快、飞行时间短也是极为重要的。为此，选取一定飞行距离上的断面比动能 E_{sd} 和飞行时间 t 两项性能参数作为优化设计目标函数，分别记为 $\bar{f}_1$ 和 $\bar{f}_2$。

2）建立关联方程

弹丸飞抵一定距离上的断面比动能和飞行时间可由弹道方程数值计算获得，对于该问题，选取以弹道弧长 s 为自变量的质点运动方程组较方便，形式同式(8.4.2)。弹道方程中的空气动力系数与设计变量间通过空气动力系数计算方法进行联系。

3）确定优化设计变量

同前面介绍的外弹道优化设计数学模型中的弹丸不同，旋转稳定脱壳穿甲弹弹芯一般为实心、次口径弹体，因此弹芯外形一定时，其弹芯结构和质量（材料比重一定）也就确定了，类似于前面确定优化设计变量时介绍的情况，弹芯的主要外形参数包括：弹芯直径 d、头部长 l_n、圆柱部长 l_c、尾部长 l_b、尾锥角 β、头部母线形状参数 x_{00}，这 6 个参数一定，弹芯结构和质量也随之确定，它们互相独立变化，故选取这 6 个参数为优化设计变量。

4）确定约束条件

在脱壳穿甲弹外弹道优化设计中，一些外弹道性能应能得到满足，或根据要求对优化设计变量变化范围加以限制，这些均通过约束关系来反映。

（1）飞行稳定性约束。

脱壳穿甲弹通常有效射程较短，故所设计的弹丸一般需满足陀螺和动态稳定性条件，即

$$S_g \geqslant a \tag{8.4.25}$$

$$1 - S_d^2 \geqslant 1/S_g \tag{8.4.26}$$

（2）一定飞行距离上的断面比动能约束。

前面已介绍，断面比动能作为目标函数处理，但在某些特殊情况下，可能只要求将飞行时间作为单目标函数进行优化设计，而要求一定飞行距离上的断面比动能不小于某一限定值即可。为保证建立的优化模型有一定通用性，在约束关系中对此也加以考虑，其关系式为

$$1 - \frac{E_p}{\left(\dfrac{mv_{sd}^2}{2S}\right)} \geqslant 0 \tag{8.4.27}$$

式中，E_p 为给定的断面比动能限定值。

如果将某距离处的断面比动能值作为目标函数来进行优化设计，无须考虑约束[式(8.4.27)]，则此时只需将限定值 E_p 取很小值（如 $E_p = 0$），约束[式(8.4.27)]就成为一个松约束而自动消失。

（3）弹芯结构尺寸变化范围约束。

终点弹道学理论和实验均表明，断面比动能是影响穿甲弹穿甲能力的重要指标，但不是唯一的影响因素。穿甲效应还与装甲材料、弹着靶姿态、弹丸质量、弹径和弹长度等有关。对于弹芯结构，穿甲过程中，通过应力波和产生的高温金属射流达到穿甲效果。因

此,优化设计中为保证一定的穿甲能力,需对弹芯长度 l 和弹径 d 提出一定要求,即

$$l - l_{\min} \geqslant 0 \tag{8.4.28}$$

$$d - d_{\min} \geqslant 0 \tag{8.4.29}$$

式中,$l_{\min}$、$d_{\min}$ 分别为穿透某一厚度匀质装甲板所需的最小弹芯长度和直径,它由终点弹道学分析或实验数据确定。

(4) 最大弹径约束。

脱壳穿甲弹芯直径小于炮管内径,因此:

$$1 - d/D \geqslant 0 \tag{8.4.30}$$

式中,D 为火炮口径。

综上所述,脱壳穿甲弹外弹道优化设计问题就是在一定飞行距离上,当 $\mathbf{Z} \in \mathbf{R}$ 时达到:

$$\begin{cases} \max \bar{f}_1 \\ \min \bar{f}_2 \end{cases} \tag{8.4.31}$$

式中,$\mathbf{R}$ 为约束域;$\bar{f}_1 = \left(\dfrac{1}{2}mv_{\mathrm{sd}}^2\right) \Big/ S$,$\bar{f}_2 = t_{\mathrm{sd}}$,$v_{\mathrm{sd}}$、$t_{\mathrm{sd}}$ 分别为斜距离 sd 上弹芯的存速和飞行时间。式(8.4.31)等价于

$$\begin{cases} \min[-f_1, f_2] \\ \mathbf{Z} \in \mathbf{R} \end{cases} \tag{8.4.32}$$

式中,f_1、f_2 分别代表无量纲化 $\bar{f}_1$、$\bar{f}_2$ 后的两个子目标。

与前面两个弹种介绍情况有所不同,这里确定的目标函数有两个,属多目标最优化问题,按最优化理论,一般来说只寻求其"有效解"。对于多目标最优化问题,有许多处理方法,这里采用线性系数加权法将其处理成单目标问题求解。根据这个思路,只要再将外弹道方程组作一些变化,就可以建立脱壳穿甲弹外弹道优化设计的数学模型:

$$\begin{cases} \min f = -kf_1 + (1-k)f_2 \\ \mathbf{Z} \in \mathbf{R} \cap E_6, \quad 0 \leqslant k \leqslant 1 \end{cases} \tag{8.4.33}$$

式中,k 为权重系数;约束域 $\mathbf{R}$ 为

$$\begin{cases} g_1(\mathbf{Z}) = S_{\mathrm{g}} - a \geqslant 0 \\ g_2(\mathbf{Z}) = (1 - S_{\mathrm{d}}^2) - \dfrac{1}{S_{\mathrm{g}}} \geqslant 0 \\ g_3(\mathbf{Z}) = 1 - \dfrac{E_{\mathrm{p}}}{\left(\dfrac{mv_{\mathrm{sd}}^2}{2S}\right)} \geqslant 0 \\ g_4(\mathbf{Z}) = l - l_{\min} \geqslant 0 \\ g_5(\mathbf{Z}) = d - d_{\min} \geqslant 0 \\ g_6(\mathbf{Z}) = 1 - \dfrac{d}{D} \geqslant 0 \end{cases} \tag{8.4.34}$$

目标函数、约束函数与优化设计变量之间可以通过下列方程联系起来：

$$\begin{cases}\dfrac{\mathrm{d}v}{\mathrm{d}s}=-\dfrac{\rho v}{2m}Sc_x-\dfrac{g\sin\theta}{v}\\ \dfrac{\mathrm{d}\theta}{\mathrm{d}s}=-\dfrac{g\cos\theta}{v^2}\\ \dfrac{\mathrm{d}y}{\mathrm{d}s}=\sin\theta\\ \dfrac{\mathrm{d}x}{\mathrm{d}s}=\cos\theta\\ \dfrac{\mathrm{d}t}{\mathrm{d}s}=\dfrac{1}{v}\\ s=0,\ x=x_0=0,\ y=y_0=0,\ \theta=\theta_0,\ v=v_0,\ t=0\end{cases}\tag{8.4.35}$$

式(8.4.33)~式(8.4.35)为旋转稳定脱壳穿甲弹外弹道优化设计数学模型，与前面讨论的外弹道优化设计数学模型有所不同，这是有两个子目标的优化设计数学模型。权重系数 k 在取值范围内的大小反映了设计者对两个子目标的权重分配情况，极端情况下，当 $k=0$ 或 $k=1$ 时，目标函数退变为某子目标的单目标优化设计问题，实际上约束关系[式(8.4.27)]就是仅当 $k=0$ 时才需起约束限制作用。对于构造的旋转稳定脱壳穿甲弹外弹道优化设计数学模型，采用相应的最优化方法就可对其进行求解。要说明的是，对于式(8.4.33)~式(8.4.35)构造的外弹道优化设计模型，结合某小口径旋转稳定脱壳穿甲弹外弹道设计，在实际工程应用中取得了良好的应用效果。

4. 底部排气弹底排装置参数优化设计数学模型

1）确定目标函数

底部排气弹是利用底排装置向弹底排入燃气来填充低压区，进而减小弹体前后压差来实现减阻增程。因此，对于底部排气弹，底排装置减阻率的高低直接影响着该弹的射程性能，底排装置参数设计的优劣至关重要。

对于底部排气弹，评价其弹道性能的指标较多，如射程、落点散布、减阻率、增程率等。炮弹增加底排装置的目的就是增程，故选取底部排气弹的射程最大作为优化目标函数。

2）建立关联方程

弹丸的射程由外弹道方程数值计算获得，对于该问题，选取以飞行时间 t 为自变量的方程组较方便，如式(8.4.12)；底排装置工作时的排气参数、减阻率由底排装置内弹道方程组确定。

3）确定优化设计变量

底部排气弹设计通常是在同口径榴弹(如杀爆弹)的基础上进行的，在武器设计中，一般先研制榴弹，在榴弹的优化设计中，弹丸的外形参数、初速、壁厚等已确定；在底排弹设计中通常只对这些参数作小的调整，重点在于底排装置参数的设计。

底排装置参数包括药柱、喷口等结构参数，以及药剂成分、燃烧温度和燃速系数等，其减阻性能也主要受这些参数的影响。底排装置设计是在理想点火条件下进行的，即假设底排药柱燃面出炮口瞬时全部点燃，达到稳态燃烧。这样，对于确定的底排药剂方案，一旦确定了其药柱的结构、燃速等参量后,药柱的燃气质量流量、燃烧变化情况和排气参数等也就可以确定。因此,选取底排药柱燃速系数 b、底排药柱长度 L_B、初始内半径 r_0、分瓣数 n_B、喷口直径 d_{noz} 这 5 个参数作为底排参数优化设计变量。

4）确定约束条件

根据上面所述,底部排气弹设计是在同口径榴弹已有方案基础上开展的,弹丸的飞行稳定性、发射强度等是满足的,只对底排装置参数进行约束。

（1）设计变量取值范围约束。

药柱燃速系数 b、底排药柱长度 L_B、喷口直径 d_{noz}、初始内半径 r_0、分瓣数 n_B 应在合理的范围内进行取值,即要满足：$x_{dmin} \leqslant x_d \leqslant x_{dmax}$，式中，$x_{dmax}$、$x_{dmin}$ 分别为设计变量 x_d 取值的上下限。

（2）排气参数约束。

对应一定马赫数的底排装置具有最佳排气参数,称为极限排气参数 I_{max}，底排装置工作期间应满足：$I \leqslant I_{max}$。

综上所述,上面介绍了目标函数、关联方程、优化设计变量、约束条件的确定,至此就得到底部排气弹底排参数优化设计数学模型,具体如下。

目标函数为

$$\max X = f(\mathbf{Z}) = \int_0^T v\cos\theta \mathrm{d}t \tag{8.4.36}$$

式中，$\mathbf{Z} \in \mathbf{R} \cap E_5$。$\mathbf{Z}$ 为向量,对应无量纲化后的 b、L_B、d_{noz}、r_0、n_B 这 5 个设计变量；E_5 为五维欧氏空间。

约束域 $\mathbf{R}$ 为

$$\begin{cases} g_1 = b - b_{min} \geqslant 0, \quad g_2 = b_{max} - b \geqslant 0 \\ g_3 = L_B - L_{Bmin} \geqslant 0, \quad g_4 = L_{Bmax} - L_B \geqslant 0 \\ g_5 = d_{noz} - d_{nozmin} \geqslant 0, \quad g_6 = d_{nozmax} - d_{noz} \geqslant 0 \\ g_7 = r_0 - r_{0min} \geqslant 0, \quad g_8 = r_{0max} - r_0 \geqslant 0 \\ g_9 = n_B - n_{Bmin} \geqslant 0, \quad g_{10} = n_{Bmax} - n_B \geqslant 0 \\ g_{11} = I_{max} - I \geqslant 0 \end{cases} \tag{8.4.37}$$

目标函数与优化设计变量、约束条件间通过外弹道方程组和底排装置内弹道方程组关联起来。

8.4.3 外弹道优化设计问题可采用的优化方法

在建立了具体弹种的外弹道优化设计数学模型后,要选取相应的优化方法进行优化问题的求解。最优化理论与方法是一个专门研究领域,研究非常活跃,相应的最优化理论和方法广泛地应用于许多学科领域,有关这方面内容,本书不作过多的介绍,可以参阅有关的教材和著作。本节主要介绍常用于外弹道优化设计问题中的一些优化方法。

在一般的数学规划或最优化设计中,通常分为线性规划、非线性规划、动态规划等。具体地,又分为许多优化方法,如最优化问题的解析法、最优化问题的直接法等,理论上讲,这些优化方法在外弹道设计中均可采用,主要视对具体弹种的研究内容、要求及适用性等来选择,但对于外弹道优化设计问题,通常情况下归结为一个有约束非线性数学规划问题,而且优化设计变量与目标函数和一些约束条件间常无显式的数学函数关系式(也缺乏对函数数学性态的了解,如目标函数或约束条件对优化设计变量是否具有连续的二阶偏导数等)。因此,在外弹道优化设计中,一般更多、更安全地采用一些直接法,在解析方法中,要用到对函数的二阶偏导数等性态,当然在实际中可以假设所需条件成立,而在外弹道优化设计中就采用(差分代替)这些解析方法,如在优化搜索过程中发现存在问题,则应注意假设条件是否成立,或者换用最优化理论中的直接法。

本节结合最优化理论和方法,就一些具体的、常用的优化方法在外弹道优化设计中的应用情况等进行介绍。

1. 直接法与罚函数配合法

外弹道优化设计问题一般为一有约束非线性规划问题。对于有约束的非线性规则问题,在最优化设计中有一个基于惩罚函数和障碍函数的序列无约束最小化方法,把求解一个有约束的最优化问题转化为求解一系列无约束的最优化问题。由于罚函数法具有简单、易行等特点,在外弹道优化设计中,研究人员常采用罚函数法将有约束最优化问题转化为无约束最优化问题,然后采用优化理论中的一些直接法,如模式搜索法、方向加速法等求解。本节主要介绍坐标轮换法、模式搜索法和方向加速法这些直接法在外弹道优化设计中的应用情况,以期为研究人员在外弹道设计中选用一些适合的方法提供参考。

1) 外弹道优化设计中常用的直接法

(1) 坐标轮换法。

现求解如下问题:

$$\begin{cases}\min f(\boldsymbol{Z}) \\ \boldsymbol{Z} \in \mathbf{R}\end{cases} \tag{8.4.38}$$

为简单起见,以二个优化变量情况 $\boldsymbol{Z} = [z_1, z_2]^{\mathrm{T}}$ 来介绍该方法,假设约束域 $\mathbf{R}$ 为

$$a_1 \leqslant z_1 \leqslant b_1, \quad a_2 \leqslant z_2 \leqslant b_2$$

给定初始点 $Z^0 = [z_1^0, z_2^0]^{\mathrm{T}}$,求解问题[式(8.4.38)]。从点 $\boldsymbol{Z}^0$ 出发,先将 z_2 固定在 z_2^0,利用求解单变量极值问题的方法沿第一个坐标轴方向 $\boldsymbol{e}^1 = [1, 0]^{\mathrm{T}}$ 进行最优化,并设

$$\min_t f(\boldsymbol{Z}^0 + t\boldsymbol{e}^1) = f(\boldsymbol{Z}^1) \tag{8.4.39}$$

式中, $\boldsymbol{Z}^1 = \boldsymbol{Z}^0 + t_0\boldsymbol{e}^1$。

要指出,t 必须保持可行性,即

$$a_1 - z_1^0 \leqslant t_0 \leqslant b_1 - z_1^0$$

再以 $\boldsymbol{Z}^1$ 为起点,沿第二个坐标轴方向 $\boldsymbol{e}^2 = [0, 1]^{\mathrm{T}}$ 进行最优化,设

$$\min_t f(\boldsymbol{Z}^1 + t\boldsymbol{e}^2) = f(\boldsymbol{Z}^2) \tag{8.4.40}$$

式中, $\boldsymbol{Z}^2 = \boldsymbol{Z}^1 + t_1\boldsymbol{e}^2$。

t_1 仍必须保持可行性,即

$$a_2 - z_2^1 \leqslant t_1 \leqslant b_2 - z_2^1$$

显而易见,点 $\boldsymbol{Z}^1$ 优于点 $\boldsymbol{Z}^0$, 点 $\boldsymbol{Z}^2$ 优于点 $\boldsymbol{Z}^1$, 即 $f(\boldsymbol{Z}^2) \leqslant f(\boldsymbol{Z}^1) \leqslant f(\boldsymbol{Z}^0)$。对于二维问题,上述过程已经分别沿两个坐标轴方向进行最优化得到点 $\boldsymbol{Z}^2$, 再从点 $\boldsymbol{Z}^2$ 出发,重复上述步骤,可得问题的任意近似解。如果预先给定允许误差 $\varepsilon > 0$, 若满足如下条件时:

$$\| \boldsymbol{Z}^2 - \boldsymbol{Z}^0 \| \leqslant \varepsilon$$

则可以停止迭代,取 $\boldsymbol{Z}^2$ 近似为最优解。

(2) 模式搜索法。

模式搜索法又称步长加速法,由两类移动组成,一类是探测性移动,另一类是模式性移动。前者的目的是探求有利方向,后者是按一定模式,循着有利方向加速移动。

对于求解式(8.4.38)的问题,为简单起见,以两个变量为例介绍该方法。

为叙述方便,将探测性移动的起点称为参考点,用 $\boldsymbol{R}_0$, $\boldsymbol{R}_1$, $\boldsymbol{R}_2$, $\cdots$ 表示,其终点称为基点,用 $\boldsymbol{B}_0$, $\boldsymbol{B}_1$, $\boldsymbol{B}_2$, $\cdots$ 表示。模式运动则以基点为起点,而以参考点为终点。过程如下:取步长 $\delta_0 > 0$, $\boldsymbol{Z}^0$ 为初始点,记 $\boldsymbol{Z}^0 = \boldsymbol{B}_0 = \boldsymbol{R}_0$, $\boldsymbol{e}^1 = [1, 0]^{\mathrm{T}}$ 和 $\boldsymbol{e}^2 = [0, 1]^{\mathrm{T}}$ 为 z_1、z_2 两坐标轴方向;沿 $\boldsymbol{e}^1$ 方向自点 $\boldsymbol{R}_0$ 向右以 δ_0 为步长移动一步,若移动成功[即 $f(\boldsymbol{R}_0 + \delta_0 \boldsymbol{e}^1) < f(\boldsymbol{R}_0)$], 则该点记为 $\boldsymbol{R}_{01}$; 否则退回 $\boldsymbol{R}_0$, 沿 $\boldsymbol{e}^1$ 反向自点 $\boldsymbol{R}_0$ 向左以 δ_0 为步长移动一步,若移动成功,则该点记为 $\boldsymbol{R}_{01}$; 若自点 $\boldsymbol{R}_0$ 向右、向左移动均不成功,则记点 $\boldsymbol{R}_0$ 为 $\boldsymbol{R}_{01}$; 现沿 $\boldsymbol{e}^2$ 方向自点 $\boldsymbol{R}_{01}$ 向上以 δ_0 为步长移动一步,若移动成功,则该点记为 $\boldsymbol{R}_{02}$; 否则退回 $\boldsymbol{R}_{01}$, 再自点 $\boldsymbol{R}_{01}$ 以 δ_0 为步长向下移动一步,若移动成功,则该点记为 $\boldsymbol{R}_{02}$; 若自点 $\boldsymbol{R}_{01}$ 向上、向下移动均不成功,则将点 $\boldsymbol{R}_{01}$ 记为 $\boldsymbol{R}_{02}$; 此时必有 $f(\boldsymbol{R}_{02}) \leqslant f(\boldsymbol{R}_0)$, 此过程为探测性移动过程,随后进行模式性移动。记 $\boldsymbol{B}_1 = \boldsymbol{R}_{02}$, 取:

$$\boldsymbol{R}_1 = 2\boldsymbol{B}_1 - \boldsymbol{B}_0$$

至此,由 $\boldsymbol{R}_0$、$\boldsymbol{B}_0$ 得到 $\boldsymbol{R}_1$、$\boldsymbol{B}_1$, 重新从点 $\boldsymbol{R}_1$ 开始重复上述探测性移动和模式性移动又可得 $\boldsymbol{R}_2$、$\boldsymbol{B}_2$, 反复此过程构成迭代过程,若至某一点,进一步的探测过程无法继续,此时只需从此点出发,缩小步长,取 $\delta_1 = \alpha\delta_0 (0 < \alpha < 1)$, 重复上述步骤,直至求出满足给定精确度的近似解。如果预先给定允许误差 $\varepsilon > 0$, 则当步长 $\delta_i < \varepsilon$ 时,可以停止迭代。

(3) 方向加速法(Powell 方法)。

对于求解式(8.4.38)的问题,为简单起见,仍以两个变量为例介绍该方法,有更多变量时,完全类似地推广应用即可。

任给初始点 $\boldsymbol{Z}^0 \in E_2$, 从点 $\boldsymbol{Z}^0$ 出发,沿第一个坐标轴方向 $\boldsymbol{e}^1$ 优化,设有

$$\min_t f(\boldsymbol{Z}^0 + t\boldsymbol{e}^1) = f(\boldsymbol{Z}^0 + t_0 \boldsymbol{e}^1) \tag{8.4.41}$$

令 $\boldsymbol{Z}^1 = \boldsymbol{Z}^0 + t_0 \boldsymbol{e}^1$, 再从点 $\boldsymbol{Z}^1$ 出发,沿第二个坐标轴方向优化,设有

$$\min_t f(\boldsymbol{Z}^1 + t\boldsymbol{e}^2) = f(\boldsymbol{Z}^1 + t_1 \boldsymbol{e}^2) \tag{8.4.42}$$

令

$$\boldsymbol{Z}^2 = \boldsymbol{Z}^1 + t_1 \boldsymbol{e}^2$$

并记:

$$f_i = f(\boldsymbol{Z}^i), \quad i = 0, 1, 2$$

比较$f_0 - f_1$与$f_1 - f_2$的大小,引用符号：

$$\Delta = f_k - f_{k+1} = \max_{0 \leqslant j \leqslant 1}(f_j - f_{j+1})$$

将点到点 $\boldsymbol{Z}^2$ 的连线延伸一倍得点 $\boldsymbol{Z}^*$, 即

$$\boldsymbol{Z}^* = 2\boldsymbol{Z}^2 - \boldsymbol{Z}^0$$

记：

$$f^* = f(\boldsymbol{Z}^*) = f(2\boldsymbol{Z}^2 - \boldsymbol{Z}^0)$$

判别条件为

$$(f_0 - 2f_2 + f^*)/2 \geqslant \Delta \tag{8.4.43}$$

如果判别条件[式(8.4.43)]成立,则以 $\boldsymbol{Z}^2$ 作为下次迭代的出发点,仍以 $\boldsymbol{e}^1$、$\boldsymbol{e}^2$ 为探测方向；如果判别条件[式(8.4.43)]不成立,则用 $\boldsymbol{P}$ 表示 $\boldsymbol{Z}^2$ 与 $\boldsymbol{Z}^0$ 的连线方向,并用 $\bar{\boldsymbol{Z}}$ 表示目标函数在此方向上的最优解,即

$$\boldsymbol{P} = \boldsymbol{Z}^2 - \boldsymbol{Z}^0$$

$$\min f(\boldsymbol{Z}^2 + t\boldsymbol{P}) = f(\boldsymbol{Z}^2 + \bar{t}\boldsymbol{P}) = f(\bar{\boldsymbol{Z}})$$

式中, $\bar{\boldsymbol{Z}} = \boldsymbol{Z}^2 + \bar{t}\boldsymbol{P}$。

再以 $\bar{\boldsymbol{Z}}$ 作为迭代的新出发点,若 $k = 0$ 时,以 $\boldsymbol{e}^2$、$\boldsymbol{P}$ 为探测方向;若 $k = 1$ 时,以 $\boldsymbol{e}^1$、$\boldsymbol{P}$ 为探测方向。

重复上述步骤,构成迭代过程。如果预先给定了允许误差 $\varepsilon > 0$, 则当进行至某一次探测过程,终点与出发点差值模小于 ε 时,停止迭代。

2）一维搜索步长对优化结果的影响

对于外弹道优化设计这类有约束非线性规划问题,当采用罚函数法求解时,步骤如下：首先将其转化为无约束优化问题,然后由目标函数 $f(\boldsymbol{Z}) = f(z_1, z_2, \cdots, z_n)$ 的一个初始点 $\boldsymbol{Z}^{(0)}$ 出发,计算出一系列 $\boldsymbol{Z}^{(k)}(k = 1, 2, \cdots)$, 希望点列 $\{\boldsymbol{Z}^{(k)}\}$ 的极限点 $\boldsymbol{Z}^*$ 是 $f(\boldsymbol{Z})$ 的一个极小值点。由 $\boldsymbol{Z}^{(k)}$ 出发,得到 $\boldsymbol{Z}^{(k+1)}$ 的过程如下：从 $\boldsymbol{Z}^{(k)}$ 出发,沿某一选定的方向 $\boldsymbol{p}^{(k)}$, 求取最佳步长因子 t_k, 使之满足：

$$f[\boldsymbol{Z}^{(k+1)}] = f[\boldsymbol{Z}^{(k)} + t_k\boldsymbol{p}^{(k)}] = \min f[\boldsymbol{Z}^{(k)} + t\boldsymbol{p}^{(k)}] \tag{8.4.44}$$

该过程称为一维搜索,它是优化计算的基础。一维搜索首先都是确定 $f(\boldsymbol{Z})$ 的一个初始搜索区间,然后逐渐缩小此区间,最终得到最优值。而搜索步长的选取直接影响到初始搜索区间的性态,对优化结果的影响较大。以一维目标函数为例,当搜索步长较大时,若在此区域内 $f(\boldsymbol{Z})$ 不为单谷函数,而是存在多个极值点,则在一维搜索时可能会丢掉最优解,所以搜索步长不宜取得太大。但是当步长取得太小时,一维搜索的速度缓慢,计算时间增长。因此,在外弹道优化中,选择一个适当的搜索步长,使之既能保证解的精度,又可以节约计算时间,是一个较有意义的技巧问题。

为了比较搜索步长对坐标轮换法、模式搜索法、Powell 法的影响情况,对同一外弹道优化模型、同一初始点位置,采用不同的搜索步长优化设计计算,分析一维搜索步长对三种优化方法优化计算的影响情况。结果表明,模式搜索法具有独特的寻优方式,在保证计

算精度的前提下,搜索步长可适当放大,以加快收敛速度;而坐标轮换法和 Powell 法都要进行精确的一维搜索,受目标函数与约束函数复杂性的影响,步长要取得小些。

3) 初始罚因子对优化结果的影响

对外弹道优化模型采用外点罚函数求解时,首先要针对外弹道优化模型:

$$\begin{cases}\min f(\boldsymbol{Z}) \\ g_i(\boldsymbol{Z}) \geqslant 0, \quad i=1,\ 2,\ \cdots,\ m\end{cases} \tag{8.4.45}$$

利用惩罚函数,构造一无约束的新目标函数:

$$T(\boldsymbol{Z},\ M_k) = f(\boldsymbol{Z}) + M_k \sum_{i=1}^{m} \{\min[0,\ g_i(\boldsymbol{Z})]\}^2 \tag{8.4.46}$$

式中, $\{M_k\}$ 为数列, $0 < M_0 < M_1 < \cdots < M_k < \cdots$, $k \to \infty$ 则 $M_k \to \infty$ 。

对式(8.4.45)的求解就转换为对无约束的新目标函数[式(8.4.46)]求其最小值,即 $\min T(\boldsymbol{Z},\ M_k)$ 。针对某一 M_k, 可求最优点 $\boldsymbol{Z}^{(k)}$, 这样可得一数列 $\{\boldsymbol{Z}^{(k)}\}$, 理论上来讲,当 $M_k \to \infty$ 时, $\boldsymbol{Z}^{(k)}$ 即为模型[式(8.4.45)]的最优解。

因此,当采用外点罚函数法求解时,是将“惩罚”加于不可行点,通过逐步增大罚因子 M_k, 迫使解的迭代点列 $\{\boldsymbol{Z}^{(k)}\}$ 从可行域外部向位于可行域边界上的某最优解接近。因此,罚因子的变化将直接影响求解的结果,在求解过程中,随着罚因子的增大,相应地,增广目标函数的 Hesse 矩阵会变得越来越病态,给对应的无约束非线性规划问题的求解带来困难。

由最优化理论知,当初始罚因子太小时,约束条件起不到相应的作用,计算时间延长;当初始罚因子太大时,虽然加快了收敛速度,但将会使惩罚函数的曲面变得十分陡峭,只要优化计算的迭代方向或步长稍有一点误差,函数值就会有显著变化,导致计算过程很不稳定,因此罚因子的取值对外弹道优化计算过程有较大影响。如何选取初始罚因子,使计算时间和优化结果都较为理想,是外弹道优化设计过程中一个重要的技巧问题。

为了比较初始罚因子对不同优化方法优化计算结果的影响情况,仍采用同一外弹道优化模型、同一初始点位置,分别采用坐标轮换法、模式搜索法、Powell 法进行对比计算。

对比计算结果表明,这三种直接优化方法对初始罚因子的选取都极为敏感。当初始罚因子取值不同时,优化计算结果往往有差异(表明影响了优化计算结果向理论极值点的逼近程度)。这说明外弹道优化设计的约束条件极为复杂,在优化计算中起着至关重要的作用,罚因子的不同取值造成了惩罚函数曲面性态的变化,从而造成了最优计算结果的差异。因此,在外弹道优化设计中,当采用惩罚函数法处理约束条件时,无论采用何种直接方法进行计算,都要针对不同罚因子下的计算结果进行比较,选取最优的作为最终优化结果,对于 8.4.2 节介绍的一些外弹道优化模型,一般初始罚因子的选取范围为 20~100,优化效果较好。

对比优化计算表明,在上述三种直接法中,在适当的初始罚因子下,模式搜索法的优化求解效果最好,但是计算时间最长;鲍威尔(Powell)法在优化求解效果和计算时间两方面均较好;相对而言,坐标轮换法的优化求解效果最差。

4) 解析算法在外弹道优化设计中的局限性

前面讨论了在外弹道优化设计中采用的一些直接法:坐标轮换法、模式搜索法、

Powell 法。外弹道优化问题的目标函数和约束函数无解析表达式，难以求得函数导数，而直接法在优化过程中，直接利用函数的数值，无须计算函数的导数，其具有以下特点：

（1）不要求目标函数有较好的解析性质，这对于目标函数十分复杂，甚至无具体表达式的情况是非常有利的；

（2）求解最优化问题的可靠性比解析法高；

（3）没有利用函数的解析性质，这样也会导致收敛速度较慢，计算时间较长。

解析法则能充分利用函数的解析性质，收敛速度要比直接法快，但是这类方法的可靠性要差些。在外弹道优化设计这一复杂的有约束非线性规划问题中，也可尝试通过对目标函数（或约束函数）离散化处理应用一些解析的方法，但实际应用中会发现，有时未必能达到解析法预期的效果。

拟牛顿法是无约束优化过程中利用梯度方向较为有效的方法之一，它充分利用了函数的解析性质，具有收敛快等特点。为此针对 8.4.2 节中给出的一些外弹道优化设计数学模型，尝试用差分代替导数进行了优化计算，结果并不能令人满意，与直接法相比，其计算时间还要略长些，未达到节省计算时间的目的，下面分析原因。

在采用罚函数法处理约束条件后，惩罚函数在约束边界上是不连续的，函数值会发生突变。因此，当迭代点靠近约束边界时，惩罚函数的梯度在边界内外产生了很大变化，为优化计算造成了困难。具体而言，最优点一般在约束边界上取得，所以优化过程中迭代点逐渐向边界靠近。而在边界外，罚函数值突然增大，导数也发生突变，则沿负梯度方向又返回可行域内，经过一段时间搜索后，又逐渐靠近边界，然后又返回可行域。这样，迭代点在边界内外来回振荡，难以向最优点靠拢，对于罚因子很大的情况，这种现象尤为严重。由此可见，正是由于采用罚函数处理约束条件，才将外弹道优化这一有约束非线性规划问题转化为一系列无约束最优化问题，使求解成为可能。另外，惩罚函数又改变了原目标函数的性态，直接影响到优化计算过程和结果，同时又限制了解析算法的优良特性在外弹道优化中的应用。

5）三种直接法在外弹道优化设计应用中的比较

本节对前面介绍的坐标轮换法、模式搜索法、Powell 法在外弹道优化设计中应用的效果进行综合评价。

（1）可靠性。

可靠性就是指某优化算法在合理的精度要求下，在一定的计算时间和一定的迭代次数下，求解最优化问题的计算成功率。

由一些算例及对影响最优化结果的因素分析表明，模式搜索法和 Powell 法的可靠性较好，坐标轮换法的可靠性相对差些。

采用坐标轮换法计算时，当选取的初始值离最优解较远或搜索步长过大时，优化结果总不太令人满意，这是由于坐标轮换法仅沿固定坐标轴寻优，优化结果在很大程度上取决于目标函数的性态，对于求解外弹道优化这一复杂的有约束非线性规划问题，常难以获得良好的优化效果。

模式搜索法以“探测性”搜索寻求目标函数的变化趋势，沿有利方向以“模式性”搜索寻求最优点，对初始点要求不高，优化效果较好。

Powell 法充分利用了目标函数的性态，利用目标函数值的变化构造共轭方向，沿共轭方向寻优,所以该方法对初始点要求不高,优化效果也较为满意。

此外,对这三种方法的一些外弹道优化计算对比表明,它们对初始罚因子的变化都很敏感,当初始罚因子取值不同时,优化计算结果会有一定差异,因此在外弹道优化计算中,如选用罚函数法来处理约束关系,要注意合理选择初始罚因子。

(2)有效性。

这里的有效性是指某种算法的解题效率。对于有效性评价,一般可以从算法所用的计算时间和函数求值次数两方面进行考虑。

在相同精度范围内,在同一计算机上进行计算,求解问题所需时间是衡量有效性的重要标志。但是,针对不同的算法,所需输出计算结果的时间是有差异的。因此,在比较不同算法的效率时,要综合计算时间与惩罚函数的求值次数(优化效果)两方面的情况加以考虑。

为了进行对比,针对这三种直接法,选取8.4.2节中的"小口径高炮榴弹外弹道优化设计数学模型"为例,采用同样的计算初始数据,在同一计算机上进行比较,对于这个求目标函数极小值问题的例子,三种计算方法的计算过程比较如表8.4.1所示。

表8.4.1 三种直接法的有效性计算比较

优化方法	目标函数/s	计算机时/min	罚函数求值次数/次
模式搜索法	3.601	42	1 980
坐标轮换法	3.674	31	1 445
Powell法	3.605	26	1 196

由上面对比结果可知,无论是计算时间还是惩罚函数的求值次数,Powell法都是最优的,因此Powell法的解题效率最高。模式搜索法虽然优化效果较好,但计算时间却是最长的。

2. 智能优化算法

前面介绍了采用罚函数处理约束条件后,一些常用的直接法在外弹道优化设计中的应用情况。从中可以发现,采用罚函数处理约束条件后,新的目标函数在约束边界上易产生奇性,即新目标函数的曲面变得非常陡峭。一方面,这样导致了当迭代点比较接近约束边界时,只要搜索方向稍有偏差,函数值就会发生显著变化,很难求得最优解;另一方面,罚函数的梯度在边界内外产生突变,造成迭代点在边界内外来回摆动,难以向最优解靠近。对于出现的这些问题,采用一些智能优化算法可以把搜索空间扩展到整个问题空间,具有全局优化性能。本节对近年来在外弹道优化设计中应用过的几种常用智能优化算法进行一些简要介绍。

1)遗传算法

遗传算法(genetic algorithm, GA)是模拟自然界生物进化的一种随机、并行和自适应搜索算法,它将优化参数表示成的编码串群体,根据适应度函数进行选择、交叉和变异遗传操作。

遗传算法的一次迭代称为一代，每一代都拥有一组解。新的一组解不但可以有选择地保留一些适度值高的旧解，而且可以包括一些由其他解结合得到的新解。最初的一组解（初始群体）是随机生成的，之后的每组新解由遗传操作生成。每个解都通过一个与目标函数相关的适应度函数给予评价，通过遗传过程不断重复，达到收敛，从而获得问题的最优解。在初始群体中，个体数目 M 越大，搜索范围就越大，效果也就越好，但是每代遗传操作时间也会越长，运行效率也越低；反之，M 越小，搜索的范围越窄，每代遗传操作的时间越短，遗传算法的运算速度就可以提高，但降低了群体的多样性，有可能引起遗传算法的早熟现象（即无法获得全局最优解）。通常，M 的取值范围为 20~100。初始群体构成了最原始的遗传搜索空间，初始群体的个体是随机产生的，每个个体的基因常采用均匀分布的随机数生成，因此初始群体中的个体素质一般不会太好，即它们的目标函数值与最优解差距较远。遗传算法就是要从初始群体出发，通过遗传操作，择优汰劣，最后得到优秀的群体与个体（问题的最优解）。

遗传算法中的群体由众多个体组成，每个个体所包含的参量即构成优化问题的一个解，称为染色体。染色体在寻优过程中将基因传递给下一代，不断繁衍进化，这一过程称为遗传。遗传算法通过染色体编码来代替搜索问题中的设计变量，以适应度作为个体表现优劣的评价标准，以众多个体所组成的群体作为遗传进化的物种基础，通过对每个个体进行遗传操作来实现个体的选择和基因的遗传，从而构建出搜索寻优的迭代过程。在遗传过程中，父代染色体会进行选择、交叉和变异 3 种基本操作，将较优的染色体基因信息传递给子代。这些操作看似随机，但整个物种的遗传进化特征却是在随机中向更优的表现发展，是整个群体在一定评价体系下向最优集聚的过程。如此反复操作，通过迭代遗传若干世代之后，按一定标准结束操作，算法中群体在遗传过程中不断向表现最优的染色体靠拢，最后进化到一个适应度表现最优的个体上，此时该个体即问题的最优解。

遗传算法实现的关键就是 3 种基本操作：选择（selection）、交叉（crossover）和变异（mutation），下面对这 3 种基本操作的算法进行介绍。

为体现染色体的适应能力而引入的对每个染色体进行度量的函数，称为适应度函数。适应度函数是根据在优化问题中给出的目标函数，通过一定的转换规则得到的。对于一个群体中第 i 个染色体，通过对其目标函数值转换所得到的数值称为适应度值，用 f_i 表示。由于在遗传算法中，一次迭代后得到的是一个群体，用群体中每一个个体适应度值构成的比例系数（称为存活率）作为确定个体是否应该被遗传到下一代的依据。用 $\sum f_i$ 表示一个群体的适应度值总和，第 i 个染色体的适应度值 f_i 占总值的比例 $f_i/\sum f_i$ 视为该染色体在下一代中可能存活的概率，即存活率。

（1）选择。

选择是按一定规则从原始群体中随机选取若干对个体作为繁殖后代的群体。选择根据新个体的适应度值进行，个体的适应度值越大，被选中的概率就越大。

设在 D 维目标搜索空间中，种群的个体数为 m_g，$\boldsymbol{X}_i=(x_{i1}, x_{i2}, \cdots, x_{iD})^{\mathrm{T}}$ 表示第 i 个个体。首先通过个体与目标函数之间的计算关系得出个体的适应度值，再将每个个体的适应度值在总适应度值中的比例作为其被选择的概率，即对于个体 $\boldsymbol{X}_i$，设其适应度值为 $f(\boldsymbol{X}_i)$，其被选中的概率为

$$p(\boldsymbol{X}_i)=\frac{f(\boldsymbol{X}_i)}{\sum_{i=1}^{m_g}f(\boldsymbol{X}_i)},\quad i=1,2,\cdots,m_g \tag{8.4.47}$$

选择操作是从旧的群体中选出优秀者,但并不是生成新的个体,产生新的个体还需要进行交叉和变异操作。

(2) 交叉。

交叉操作利用来自不同染色体的基因通过交换和重组产生新一代染色体,从而产生下一代新个体。交叉操作的过程是:在当前群体中任选取两个个体,按给定的交叉概率 p_{cro} 在染色体的基因链上选取交叉位置,交换部分基因。交叉操作有一点交叉、两点交叉、均匀交叉和算术交叉等。

算术交叉常用于实数编码的遗传算法中,指由两个个体的线性组合而产生出新的个体。设对 $\boldsymbol{X}_i$、$\boldsymbol{X}_j$ 两个个体进行算术交叉,则交叉后的两个新个体 $\boldsymbol{X}'_i$、$\boldsymbol{X}'_j$ 为

$$\begin{cases}\boldsymbol{X}'_i=q\boldsymbol{X}_i+(1-q)\boldsymbol{X}_j\\ \boldsymbol{X}'_j=(1-q)\boldsymbol{X}_i+q\boldsymbol{X}_j\end{cases} \tag{8.4.48}$$

式中,$q\in(0,1)$ 为一随机数。

交叉操作是产生新个体的主要途径之一,因此交叉概率 p_{cro} 应取较大值。但 p_{cro} 取值过大则可能破坏群体中的优良模式,反而对进化计算产生不利的影响;若 p_{cro} 取值过小,则产生新个体的速度较慢,算法效率低。交叉操作概率 p_{cro} 通常可取 0.59~0.99。

(3) 变异。

选择和交叉操作完成了遗传算法的大部分搜索功能,而变异则增加了遗传算法找到接近最优解能力,变异操作可以维持群体的多样性,防止出现早熟。

变异是按给定的变异概率 p_{mut} 改变某个体的某一基因值,以生成一个新的个体,在二进制编码中,就是将变异位置处的基因由 0 变成 1,或者由 1 变成 0。

对于实数编码的变异操作,对每个个体 $\boldsymbol{X}_i$ 的位置 $x_{id}(d=1,2,\cdots,D)$,以一定的概率 p_{mut} 进行变异,可按如下公式进行计算:

$$x'_{id}=x_{id}+q_{id}\Delta x_{id} \tag{8.4.49}$$

式中,q_{id} 为$[-1,1]$区间的均匀随机数;Δx_{id} 是对应于 x_{id} 的变异范围。

变异操作为新个体的产生提供了机会。变异概率 p_{mut} 不宜选取过大,过大可能会把群体中较好的个体变异掉,变异概率 p_{mut} 一般取 0.000 1~0.1。

(4) 终止。

遗传算法是一个反复迭代的随机搜索过程,因此需要给出终止条件使过程结束,并从最终稳定的群体中选取最好的个体作为遗传算法所得的最优解。遗传操作的终止条件可以有以下几种方式:① 根据终止进化代数 N,一般取值范围为 100~500;② 根据适应度值的最小偏差满足要求的偏差范围;③ 根据适应度值的变化趋势,当适应度值逐渐趋于缓和或者停止时,即群体中的最优个体在连续若干代没有改进或平均适应度值在连续若干代基本没有改进后即可停止。

在满足终止条件后,把输出群体中最优适应度值的染色体作为问题的最优解。

(5) 遗传算法流程图。

实现遗传算法的关键在于编码、遗传操作和设定遗传算法的运行参数。需要设定的主要参数有：染色体长度 l、交叉概率 p_{cro}、变异概率 p_{mut}、群体大小 M 和终止进化代数 N 等。遗传算法的流程图如图 8.4.1 所示。

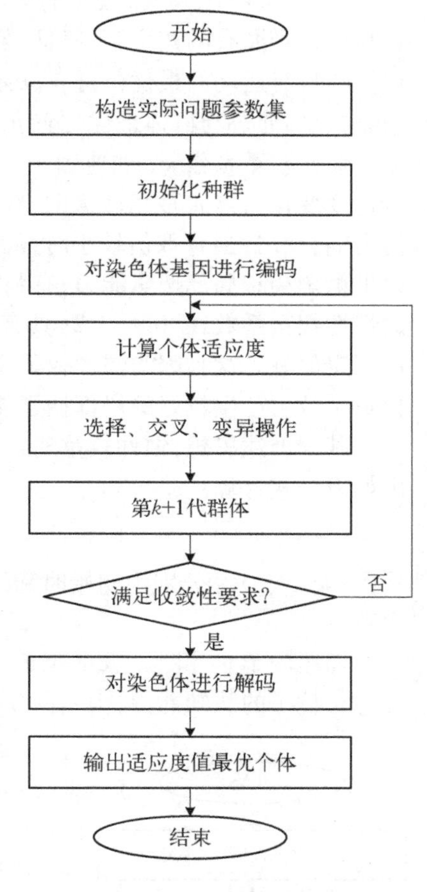

图 8.4.1　遗传算法流程图

2) 粒子群优化算法

粒子群优化(particle swarm optimization, PSO)算法是通过模拟鸟群觅食行为而发展起来的一种基于群体协作的随机搜索算法。采用 PSO 算法模拟鸟群寻找食物过程中的行为方式和逻辑：假定在某一区域内只有一块食物，一群鸟在这一区域内随机搜索，所有的鸟都不知道食物的具体位置，但是它们知道自己当前的位置距离食物有多远，那么找到食物的最佳策略，就是搜寻目前距离食物最近的鸟的周围区域。

研究人员从这种模型中得到启示并将 PSO 算法用于解决优化问题。在 PSO 算法中，鸟群中的每只鸟称为"粒子"，粒子的行为是一种共生合作的行为，每个粒子的搜索行为受到群体中其他粒子搜索行为的影响。同时，记忆了粒子过去的最优位置，具备对过去经验的简单学习能力。PSO 算法首先生成初始种群，即在可行解空间中随机初始化一群粒子，每个粒子都为优化问题的一个可行解，并由目标函数为之确定一个适应度值。每个粒子将在解空间中运动，并由速度决定其下一时刻的运动方向和距离。通常粒子将追随当前的最优粒子而运动，并经逐代搜索，最后得到最优解。在每一代中，粒子将跟踪两个极值来更新自己的位置，一个为粒子本身迄今找到的最优解 p_{id} (称为个体极值)，另一个为全种群迄今找到的最优解 p_{gd} (称为全局极值)。

在 PSO 算法中，每个粒子都是 D 维解空间上的一点，并且都具有一个速度。对于第 i 个粒子，它的位置表示为 $\boldsymbol{X}_i=(x_{i1}, x_{i2}, \cdots, x_{iD})^{\mathrm{T}}$，速度表示为 $\boldsymbol{V}_i=(v_{i1}, v_{i2}, \cdots, v_{iD})^{\mathrm{T}}$，$i=1, 2, \cdots, M$，其中 M 为粒子数目，D 为粒子维数。每个粒子根据自身的飞行经验 p_{id} 和群体的飞行经验 p_{gd} 来确定自身的飞行速度，调整自己的飞行轨迹，向最优点靠拢。不同粒子对应的目标函数都具有自身的个体适应度值，根据个体适应度值评价个体优劣。粒子根据以下公式更新速度和位置：

$$v_{id}^{n+1}=w^n v_{id}^n+c_1 q_1^n(p_{id}^n-x_{id}^n)+c_2 q_2^n(p_{gd}^n-x_{id}^n) \tag{8.4.50}$$

$$x_{id}^{n+1}=x_{id}^n+v_{id}^{n+1} \tag{8.4.51}$$

式中，$d=1, 2, \cdots, D$，D 为解向量维数；$n=1, 2, \cdots$ 为世代数；w 为惯性权重系数；c_1、c_2 为加速因子；q_1、q_2 为[0, 1]内的随机数；p_{id} 为该粒子记录的最优位置；p_{gd} 为全局最优位置。

由式(8.4.50)可见,粒子的运动速度由三部分组成：第一部分为粒子的运动惯性,包含粒子本身原有的速度 v_{id}^{n} 信息;第二部分为“认知部分”,这部分考虑了粒子自身的经验,通过与自身运动的最优位置 p_{id} 的距离反映;第三部分为“社会部分”,表示粒子间的社会信息共享,通过与群体最优位置 p_{gd} 的距离反映。

惯性权重系数 w、加速因子 c_1 和 c_2 的具体含义如下。惯性权重系数 w：控制粒子飞行速度变化。当 w 取值较大时,粒子飞行速度变化幅度较大,全局寻优能力强,局部寻优能力弱;反之,当 w 取值较小时,局部寻优能力强,全局寻优能力弱。选择一个合适的 w 可以平衡全局和局部搜索能力,有利于以最少的迭代次数找到最优解。实验发现,PSO 算法的惯性权重系数在[0.9, 1.2]具有较好的性能,还发现惯性权重系数从 1.4 减小到 0 要比用固定值好。这是因为惯性权重系数开始较大时可以遍历比较大的范围,后面,小的惯性权重系数可产生较好的局部搜索能力。

基于上述思想,惯性权重通常采用线性递减权值策略,第 n 代的惯性权重系数 w^n 可由如下公式计算：

$$w^n = (w_{\text{start}} - w_{\text{end}})(N - n)/N + w_{\text{end}} \tag{8.4.52}$$

式中,w_{start}、w_{end} 分别为初始时和终止时的惯性权重系数；n 为当前代数；N 为最大迭代次数。

加速因子 c_1 和 c_2：表示粒子向自身极值和全局极值推进的随机加速权值。c_1 的大小标志着粒子的认知能力,当 $c_1 = 0$ 时,表示粒子没有认知能力,只有“社会信息”;在粒子相互作用下,有能力达到新的搜索空间,收敛速度快,但易陷入局部极值。c_2 的大小标志着粒子的社会信息交换共享能力,当 $c_2 = 0$ 时,表示粒子间没有社会信息共享,只有认知能力;由于粒子之间没有信息交互,相当于众多单个的粒子飞行,得到最优解的概率变小。

PSO 算法可以概括为以下几个基本步骤。

(1) 设定相关参数 w、c_1、c_2 和粒子个数,并初始化种群,随机生成群体中粒子候选解的位置和速度。

(2) 逐一评价种群中的个体,即计算每个粒子对应的适应度值,用以衡量粒子的优秀程度。

(3) 对每个个体的适应度值,将其与自身所经历过的最优位置 p_{id} 的适应度值进行比较,若较好,则将其作为当前的最优位置;将其适应度值与群体所经历的历史最优值 p_{gd} 的适应度值进行比较,若较好,则将其作为全局最优位置。

(4) 按照式(8.4.50)和式(8.4.51)计算每个粒子新一代的速度和位置。

(5) 检查结束条件是否满足。如果满足就结束计算,否则转至第(2)步。

PSO 算法的流程图如图 8.4.2 所示。

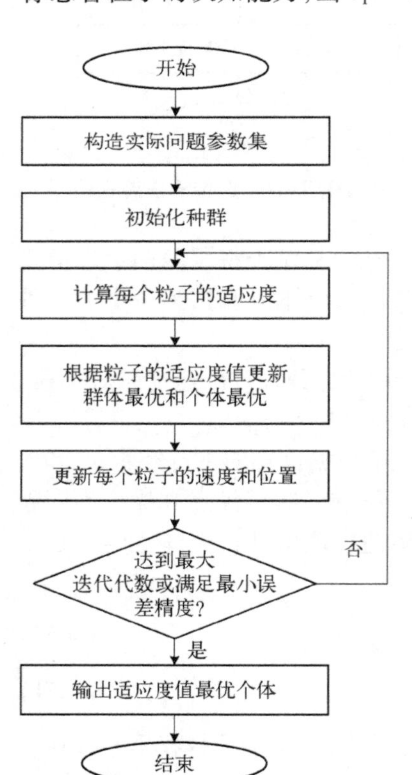

图 8.4.2　PSO 算法流程图

对于 PSO 算法，一般来说，群体规模 M 不用太大，一般几十个粒子就足够用了，通常 M 的取值范围为 20～100。针对多目标优化等比较复杂的问题等，粒子数可以取到 100～200 个。粒子的维数 D 由优化问题所决定，也就是解空间的纬度，进化代数 N 的一般取值范围为 100～500。

3）GA 与 PSO 算法在外弹道优化设计中的特点

对于外弹道优化问题，采用 GA 或 PSO 算法的效果较好，具有如下特点。

（1）可靠性好，计算精度高。

两种算法都是在解空间内随机产生初始种群，在全局的解空间内根据个体的适应度值进行搜索，通过随机优化方法更新种群和搜索最优点，不受函数性质（如连续性、解析性等）的限制。

根据编制的外弹道优化程序，在解空间内随机生成初始种群进行优化计算，得到了极为相似的计算结果，没有出现采用直接法计算时优化结果有时会有明显差异的现象，优化结果较为可靠。

（2）收敛速度快，优化效果好。

两种算法的搜索过程都是从问题解的一个集合（种群）开始，而不是从单个个体开始，具有隐含并行搜索特性，从而减小陷入局部极小的可能性，且由于这种并行性而提高了优化问题的收敛速度。

GA 中，染色体之间相互共享信息，所以整个种群比较均匀地向最优区域移动。PSO 算法中，粒子是通过当前搜索到的最优点进行共享信息，整个搜索更新过程是跟随当前最优解的过程。

对于外弹道优化问题，这两种智能算法要比前面介绍的三种直接法的计算效率高，但 PSO 算法能以更快的速度收敛到最优解。

（3）程序编制、调试简便。

从上一节对三种直接法优化计算结果的分析可知，在初值点给定的情况下，搜索步长和初始罚因子的取值将会对优化结果产生不同程序的影响。因此，在利用直接法求解外弹道优化问题时，要调整步长与罚因子的取值，使之存在一个较为合理的搭配，才能取得较为满意的优化结果，这无疑增大了程序调试和计算过程的难度。

GA 的编码技术和遗传操作比较简单。相对于 GA，PSO 算法不需要编码，没有交叉和变异操作，粒子只是通过内部速度进行更新，原理更简单、参数更少、更容易实现。

这两种智能算法在解空间内进行全局随机搜索，遗传操作或更新过程与搜索步长在计算中由程序自动给出。这样，在用这两种智能算法求解外弹道优化问题时，只需设定群体规模 M 和进化代数 N 即可，程序调试和计算过程十分简便。

8.4.4　外弹道优化设计中应注意的问题

前面介绍了外弹道优化设计数学模型的建立、可采用的一些外弹道优化设计方法等，它们构成了外弹道优化设计的主要内容，可以按照上面介绍的思路和过程寻求相关外弹道优化设计问题的较佳解。但在实际应用中，要注意以下一些问题。

1. 初始迭代点的选取问题

对于建立的外弹道优化设计模型，通常目标函数、约束函数与优化设计变量之间无解析函数,需要采用某种优化方法进行数值计算求解。一般对于一些直接优化方法,在求解时首先要对优化设计变量选取一初始迭代点。

理论上讲,在约束域 **R** 内的任意一点 $\mathbf{Z}_0$ 均可作为初始迭代点,但实际应用表明,不同初始点不仅影响整个寻优过程的计算时间,而且对优化计算结果也有一定影响。这反映出尽管初始点可以在 **R** 内任意取值,不会对最终优化结果有很大影响,但总希望能依照某些条件来选取较好的初始点,使得整个寻优过程和优化结果较佳。那么,自然想到选取初始迭代点的标准是什么? 很显然,初始点越接近最优点越好。

弹箭外弹道优化设计问题中,设计变量一般为外形参数(如弹丸头部长和母线形状等)、结构或弹道参数等(如弹重等),对于外形参数,可以从良好的空气动力特性角度来指导选取,对于弹箭结构参数(或弹道参数),可以从有利于改善外弹道性能角度来进行选取。目前,实际中对初始点的选取可以采用下面两种途径。

1）工程估算法

通常采用一些非常简单的工程算式(或经验公式),通过简单的分析(如求导等),则可获得初始点 $\mathbf{Z}_0$。

对于弹丸头部、尾部外形参数,可由空气动力特性分析选定。例如,有弹箭的弹形系数估算式为

$$i_{43} = 2.9 - 1.373(\lambda_n + \lambda_b) + 0.32(\lambda_n + \lambda_b)^2 - 0.0267(\lambda_n + \lambda_b)^3 \tag{8.4.53}$$

或

$$C_{xn} = \left[0.0016 + \frac{0.002}{M^2}\right]\beta_0^{1.7}\left[1 - \frac{(196\lambda_n^2 - 16)}{14(M + 18)\lambda_n^2}\right] \tag{8.4.54}$$

式中,λ_n、λ_b 分别为弹丸头部、尾部长细比;β_0 为弹丸头顶部半顶角;C_{xn} 为弹丸头部波阻。利用这些经验公式可以对弹丸头部、尾部外形参数初值作一估算。

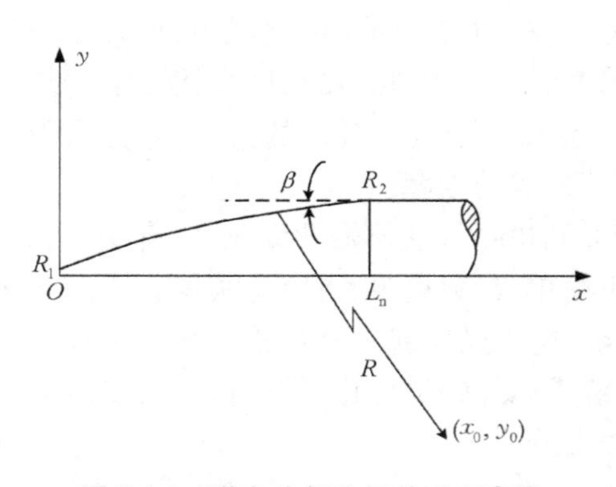

图 8.4.3　弹丸头部几何关系示意图

对于弹丸头部母线形状参数,也可由空气动力特性分析选定。例如,弹丸头部为圆弧母线,要确定母线形状参数,设弹丸头部长为 L_n,前头部和圆柱部半径分别为 R_1 和 R_2,圆弧中心坐标和半径分别为 (x_0, y_0)、R,图8.4.3为弹丸头部几何关系示意图。

在 R_1、R_2、L_n 已定的情况下,变量 x_0 影响头部母线斜率,从而影响阻力系数。空气动力学中的一些实验结果表明,对应较小阻力外形时,弹丸头部与圆柱部交接处的割角 β 为 3°~5°,由此可以确定 x_0 的选取。

因为:

$$y = y_0 + \sqrt{R^2 - (x - x_0)^2} \tag{8.4.55}$$

$$y' = -\frac{x - x_0}{\sqrt{R^2 - (x - x_0)^2}} \tag{8.4.56}$$

在点 R_1 和点 R_2 处有

$$x_0^2 + (R_1 - y_0)^2 = R^2 \tag{8.4.57}$$

$$(L_n - x_0)^2 + (R_2 - y_0)^2 = R^2 \tag{8.4.58}$$

在 $x = L_n$ 处(严格说是 $x = L_n$ 处的左导数)：

$$\tan\beta = \frac{x_0 - L_n}{\sqrt{R^2 - (L_n - x_0)^2}} \tag{8.4.59}$$

由式(8.4.57)~式(8.4.59)可联立解出：

$$x_0 = \frac{F \pm \sqrt{F^2 - EH}}{E} \tag{8.4.60}$$

式中，

$$F = L_n + \frac{1}{2}\left[R_1 - R_2 - \frac{L_n^2}{(R_2 - R_1)}\right] \cdot \frac{L_n}{(R_2 - R_1)}\tan^2\beta + L_n\tan^2\beta$$

$$E = 1 - \frac{L_n^2}{(R_2 - R_1)^2} \cdot \tan^2\beta$$

$$H = L_n^2 - \left[\frac{(R_1 - R_2)}{2} - \frac{L_n^2}{2(R_2 - R_1)}\right]^2 \tan^2\beta + L_n^2\tan^2\beta$$

式(8.4.60)中正号情况下为实际中有意义的根(负号情况对应 $x_0 < L_n$)，所以 x_0 的初始值为

$$x_0 = \frac{F + \sqrt{F^2 - EH}}{E} \tag{8.4.61}$$

计算时，β 可在 3°~5°范围取值。

以上从影响空气动力特性的角度分析了弹箭外形设计变量初始值的选取方法，而对于弹道参数，可从影响外弹道性能的角度，采用一些工程方法进行初始值的选取，如弹丸质量参数的初始值选取问题。

对于弹丸质量参数的初始值选取，根据 8.2.1 节中的内容，弹丸质量与初速的较佳组合条件为

$$m = -2\frac{\dfrac{\partial X}{\partial c}}{\dfrac{\partial X}{\partial v_0}} \cdot \frac{id^2}{v_0}10^3 \tag{8.4.62}$$

在初步获得敏感因子 $\dfrac{\partial X}{\partial c}$、$\dfrac{\partial X}{\partial v_0}$ 和弹形系数 i 的情况下，根据式(8.4.62)可以获得一定初速下的弹丸质量参数初始值。

2）经验法

工程估算方法是通过选择(或构造)一些设计变量与外弹道性能间的简单关系式，利用求极值等思想来获得设计变量的初值。而在有些情况下，特别是对初值没有很高要求

情况下,可以采用一些经验办法来确定初值。

所谓经验方法,就是针对弹箭外形、结构和弹道参数的设计变量,可以根据以往的工作经验,参考类似的弹箭参数,选取相应设计变量的初值。设计者凭经验选取初值时,通常可以从改善空气动力特性、改善外弹道特性(如速度降、飞行稳定性等)方面考虑,作为确定设计变量初值的依据。

2. 优化设计变量的参数分析问题

根据前面介绍的外弹道优化设计方法,设计者结合某一弹种进行应用,可以获得一个具体的最优方案。但在实际应用中,这往往还不能令设计者满意。

因为在弹箭的外弹道优化设计中,无论对何种弹道性能指标进行优化,都是在某一具体的优化方法下,对具体的数学模型进行优化计算得到的最优解,它给设计者提供了唯一的设计方案。但是不管数学模型建立得如何好,也很难将实际问题中的所有因素都全部考虑(像经济性、加工方便性等),故在实际应用中,设计者往往会根据情况需要,在已获得的最优方案的基础上做一些小的变动,那么设计者自然需要对这些变动给最优目标值带来的“损失”情况有所了解。因此,在弹箭外弹道优化设计应用中,仅仅给出最佳方案通常是不能令人满意的,还应对目标函数值在最优解附近的变化情况进行分析,即优化设计变量参数分析问题。

优化设计变量在最优解附近的参数分析,即计算各优化设计变量在最优解附近的变化对目标函数值的影响,分析各设计变量变化对目标值影响的变化趋势。通过参数分析,设计者可以在最优解周围给出一个范围(如定出一个可以接受的“损失”界限),认为在此范围内的方案都是较好的,以便为设计者根据具体情况进行方案选取提供依据。下面简单介绍如何确定此范围。

对于弹箭的外弹道优化问题,有

$$\begin{cases}\min f(\boldsymbol{Z})\\ g_i(\boldsymbol{Z})\geqslant 0,\quad i=1,\ 2,\ \cdots,\ m\\ \boldsymbol{Z}\in E_{\mathrm{n}}\end{cases}\tag{8.4.63}$$

假设最优解及其目标值为 $\boldsymbol{Z}^*$、f^*, 现给出一个允许限 Δf, 并认为

$$P=\{\boldsymbol{Z}\mid f(\boldsymbol{Z})\leqslant f^*+\Delta f,\ g_i(\boldsymbol{Z})\geqslant 0, i=1,\ \cdots,\ m\}$$

即所要求的“较佳”范围。

在目标函数有解析表达式的情况下,可利用函数的方向导数 $\dfrac{\partial f}{\partial n}=\nabla f\cdot\boldsymbol{n}$ 及约束的罚函数来确定此范围。

对于外弹道优化设计问题,一般目标函数 $f(\boldsymbol{Z})$ 无解析表达式,在实际应用中可采用沿各坐标轴方向确定区间的办法,即当已知最优解 $\boldsymbol{Z}^*$、f^* 及其允许限 Δf 后,在点 $\boldsymbol{Z}^*$ 处依次变动一个坐标分量,而暂时固定其余的变量,计算该坐标分量在点 $\boldsymbol{Z}^*$ 附近变化所引起的目标值变化,直至目标值达到 $f^*+\Delta f$, 此时便定出了该变量对应的变化区间。同理,再依次处理其他变量,得出各变量在给定允许限 Δf 下所对应的变化区间,这些区间就大致构成了所要求的“较佳”范围。由这些区间大小情况,还可以清楚地看出在最优点处各个设计变量的变动对最优目标值的影响程度。设计者可以根据各变量的影响程度及这个

“较佳”范围,有针对性地对某些变量进行适当调整。

根据前面介绍的参数分析计算过程,针对不同弹箭外弹道优化设计模型的具体情况,设计者可以编制一个优化设计变量参数分析的计算程序,放在对应外弹道优化设计计算程序后面,形成一个整体的弹箭外弹道优化设计计算程序。为了避免不必要的计算以节省机时并保证设计计算中使用的灵活性,程序中可以加开关控制,可以单独计算外弹道优化部分,在已知最优解的情况下也可以单独计算参数分析,当然也可以在外弹道优化设计计算结束后接着进行参数分析计算。

由已往开展过的外弹道优化设计工程应用情况来看,在实际应用中,优化设计变量参数分析对最终确定方案是非常有帮助的。

8.4.5　外弹道优化设计的一般步骤

概括 8.4.1~8.4.4 节介绍的内容,设计者针对不同弹种在实际应用中进行外弹道优化设计时,可遵循以下一般步骤。

(1) 针对具体弹种的特点与用途等,明确设计思想,确定主要的弹道性能指标参数。

(2) 确定要考虑的限制条件,获取设计计算所需的相关弹道参数(如炮口能量、膛线缠度等)。

(3) 分析确定目标函数、约束条件、优化设计变量,通过一些外弹道方程、空气动力计算方法、限制条件关系等,构造函数关系,并进行无量纲化处理等。

(4) 选取相应的外弹道优化设计方法,编制计算软件,分析选定一些初始迭代点、迭代步长、约束限与终止限等参数,用于优化设计计算。

(5) 选取相应的优化设计变量参数分析方法,编制计算软件,在最优目标函数值及最优方案的基础上,确定可接受的较优目标函数值界限,进行外弹道优化设计变量参数分析,获取“较佳”优化设计变量范围,为最终综合分析选定方案提供依据。

(6) 依据最优解方案及相应“较佳”优化设计变量范围,综合考虑其他方面问题,选取少量优化方案,进行试验,根据试验结果,比较分析确定出最终方案。

在上述设计步骤中,最为关键的是步骤(3),在外弹道主要性能中,要将最重要的性能参数确定为目标函数,把其他性能参数作为约束条件,目标函数、约束条件与设计变量间的关联通过弹道方程、空气动力系数计算方法等来建立,优化设计变量要选取主要的弹丸外形或结构参数,且对空气动力参数和外弹道影响显著,各设计变量要相互独立。步骤(4)也很重要,优化计算过程中,选取不同初始迭代点、迭代步长、约束限、终止限等优化参数,往往会对最终优化解产生一定影响,设计者在缺少这方面经验的情况下,可以试探用不同的优化参数进行计算,分析最优解的变化情况,确定相应的最优解方案。

8.5　外弹道反设计

8.5.1　外弹道反设计的概念、目的与设计流程

有时会遇到这样的情况:仅有弹箭产品,却无其有关的设计资料与设计性能等,然

而,又想了解该弹箭产品的外弹道性能、设计状况等,例如,对于一些引进的弹药,就会遇到此问题,这就是外弹道反设计需要解决的问题。

外弹道反设计是从已知弹箭产品的有关战术技术指标、弹箭结构参数和其他相关弹道参数等信息,分析其弹道性能与设计思想等,回溯设计的科学依据,在此基础上进行弹箭改进和创新,提高其弹道性能。

外弹道反设计常常是以引进的先进弹药产品或技术为对象,通过深入的弹道分析研究,探索并掌握其设计原理与关键技术,在消化、吸收的基础上,改进与提高其弹道性能,设计并研制出同类型的新产品或技术。

由前面章节的介绍可知,弹箭常规外弹道设计通常根据下达的战术技术指标要求和一定的火炮条件等,设计者依据一定的设计思想、设计方法,设计出满足各项指标要求的弹药方案,完成全部设计过程,而弹箭的外弹道性能等是其设计思想和设计水平的直接产物。这样一个过程就是通常所说的外弹道设计过程,称为正设计过程,概括地说,就是由未知到已知、由设想到现实的过程。

外弹道反设计则是从已知弹箭方案的有关信息(如弹箭结构参数和初速、火炮膛线缠度等其他相关弹道参数)出发,分析了解该弹箭的各外弹道性能,探寻设计方案的先进性、经济性和合理性等,并分析原设计者的设计思想、设计水平等,在充分消化和吸收的基础上,改进与提高弹箭的外弹道性能。这样一个过程称为外弹道反设计过程,概括地说,就是由引进弹箭产品到弹道性能分析、由设计到需要,反向设计思维的全过程。

如果用两个最简单的设计流程来反映上述过程,外弹道正设计流程如图 8.5.1 所示,外弹道反设计流程如图 8.5.2 所示。

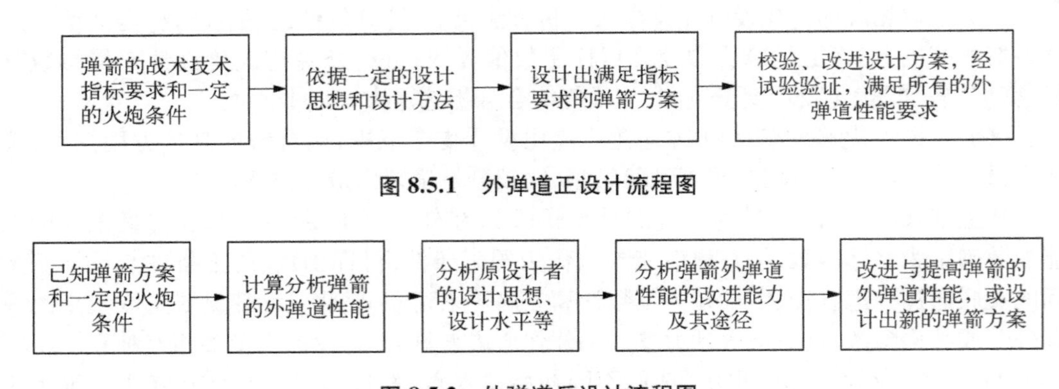

图 8.5.1 外弹道正设计流程图

图 8.5.2 外弹道反设计流程图

外弹道反设计主要应用于对引进弹药或样弹的技术性能分析过程中。应该说,反设计能否正确、全面地分析清楚,与研究人员所掌握的外弹道设计理论、方法,甚至经验有很大关系,设计理论、方法和经验不够,所开展的外弹道计算分析就不够全面、系统,自然也就无法掌握原设计者所采取的设计思想与设计水平。

8.5.2 外弹道反设计主要解决的问题与常用计算方法

根据外弹道反设计的目的与设计流程,外弹道反设计主要解决的问题有以下几个方面。

（1）分析该弹的主要外弹道性能（如稳定性、密集度、速度降、弹道诸元情况等）。

（2）分析一些主要因素（如初速、射角、弹丸主要外形参数等）对该弹外弹道性能的影响情况。

（3）分析原设计者在外弹道设计方面可能的设计思想、设计水平与要求等。

（4）分析该弹在外弹道性能方面可以改进的潜力及主要技术途径。

（5）分析该弹药研仿、改进中应注意的一些问题。

外弹道反设计用到的计算方法和软件主要涉及弹箭空气动力参数计算、外弹道诸元计算（含飞行稳定性计算）、外弹道优化设计、立靶精度或地面密集度外弹道统计分析等。

弹箭空气动力参数计算主要用来计算该弹的空气动力系数，分析其空气动力特性，其结果一方面用于外弹道计算；另一方面，通过空气动力特性分析，判断该弹在空气动力特性上的设计状况，进而对影响外弹道性能的设计思想等开展反设计分析。

外弹道诸元计算主要用来计算该弹在任意射角下不同飞行弹道位置上的坐标、飞行时间、速度、弹道倾角与偏角、转速、弹丸攻角及稳定因子等，依据其结果可对外弹道性能与设计水平等进行分析。外弹道计算模型可采用6D刚体弹道模型或其他简化弹道模型（如5D、4D等），具体采用哪种外弹道模型作为反设计中的外弹道计算模型，可根据反设计中所具有的条件（如弹道参数、空气动力参数等）来选定，多数情况下选择6D外弹道模型。

各类弹箭的外弹道优化设计方法（本章的8.4节进行了详细介绍），也是外弹道反设计中常采用的方法。分析人员可根据弹箭所具有的参数和条件，针对弹种特点等，依据一定的设计思想，在不同条件和状况下进行外弹道优化设计，并将设计方案和原弹方案进行综合对比分析，据此可以分析原设计者可能的设计思想、设计水平与要求等。

对弹箭的立靶精度或地面密集度的计算可以采用一些数理统计方法（如蒙特卡洛模拟方法），根据各弹道扰动源的概率分布和误差源范围，利用随机数模拟程序，对弹道随机参量进行抽样，并对每组抽样进行外弹道计算，进而对弹丸的立靶精度或地面密集度性能指标进行统计分析。

第 9 章　外弹道相似性理论

在外弹道设计中,有时会遇到另外一类情形,即需要通过设计一种弹进行射击试验去测试(或模拟)另一种弹的弹道参数。这种情况因外弹道测试技术问题引起,通过建立相似性条件,设计小弹来模拟大弹,使得两弹满足运动相似,近年来逐步发展形成了外弹道相似性理论。外弹道相似性理论的建立提升了外弹道测试技术的水平、扩展了靶道(靶场)的测试能力。

本章在介绍外弹道相似性问题、外弹道诸元相似性分类的基础上,重点研究外弹道相似性条件的建立及其非完全相似条件下的外弹道相似性修正问题。

9.1　外弹道相似性问题

外弹道测试技术是开展弹箭外弹道研究的非常重要的一个方面,通过测试弹箭在飞行弹道上的一些弹道参数,进行弹箭的空气动力和外弹道理论计算结果验证、获取有关参数、开展试验研究等均是非常必要的。因此,有关外弹道测试技术、测试手段与方法等方面的研究一直非常活跃,研制出了许多测试功能较强、测试精度较高的弹道测试仪器,对外弹道学的深入研究和发展起到了促进作用。

但在许多情况下,受试验条件、场所、测试设备、经费等方面原因,一些中大口径火炮用弹无法直接采用实弹射击来进行某些外弹道科目测试,致使对这些弹种的相应的外弹道性能研究受到了限制,一些先进的测试仪器也难以充分发挥出作用(在一些室内弹道靶道测试中常遇到这样的问题)。这就自然想到,能否对外弹道测试中的某些测试内容,在一定条件下用小口径炮弹的外弹道测试参数来反映大口径炮弹的对应参数,即外弹道相似性问题。这些问题如果能得以解决,形成外弹道相似性理论,将延伸许多原有外弹道测试仪器设备的测试能力,扩大外弹道研究范围,充分发挥许多测试设备在外弹道研究中的效益,促进外弹道学研究的发展。

实际上,在许多技术领域,如航空航天等,早已开展过相似性问题研究并有相关的相似理论,而在外弹道学领域,以往由于受研究水平、测试设备性能与测试要求等所限,一直未深入开展过这方面的研究。但随着研究水平的提高、测试设备功能的增强与完善、外弹道测试技术(特别是靶道测试技术)的不断提高,对外弹道相似性问题的研究、探讨以小口径弹箭外弹道试验代替中大口径弹箭对应试验的可行性,就变得尤为迫切、重要。这方面的研究,对探讨新的弹箭外弹道测试技术、提高外弹道研究水平,有重要作用。

外弹道相似性问题的解决、相似性理论的建立,为外弹道设计中用一种弹去模拟、测试另一种弹的设计问题的求解提供了理论依据。

9.2　外弹道相似性与相似性条件

要讨论外弹道相似性理论,首先要分析不同口径炮弹外弹道诸元相似的可能性,如部分外弹道诸元可以相似,则应分析对应的相似条件、相似程度等。在空气动力学中已经证明不同弹径的弹丸在一定条件下具有空气动力参数相似性,这些空气动力相似特性为外弹道相似性的研究提供了重要基础。但对于炮弹的外弹道相似性要求,空气动力相似条件显然是不充分的。外弹道诸元相似性要求两弹在弹道轨迹、飞行速度和章动特性等方面分别具有一定的相似关系,即运动相似,这就需要根据弹丸的弹道特性和弹道模型等,研究两弹外弹道相似性所必须满足的相似条件,本节主要讨论这些问题。

9.2.1　外弹道诸元相似性分类

外弹道诸元相似性的本质是诸元的相似模拟,即对某些诸元用模拟弹的参数近似代替真实弹对应的参数。既然是模拟,只针对一些系统的、固有的特征参数;而对于一些随机因素引起的参数,则不便开展相应的模拟、相似性分析。因此,这里讨论的外弹道诸元相似性分析,主要针对弹丸的飞行时间、坐标、速度、章动波长或周期等;而对于散布等外弹道参数,不去讨论其相似的可能性。

炮弹的外弹道特性一般包括弹丸的质心运动特性、转速特性和弹轴摆动特性等,研究表明,要使两种不同口径弹丸在这三个方面的弹道参数完全相似是无法实现的,但通过调整两弹的某些结构参数和射击条件,可使其在某些弹道参数上实现相似性要求,然而不同的弹道参数所需要的相似条件往往不同。为此,按各参数组所需的相似条件不同,可以把外弹道诸元相似性分为以下四类。

1. 第一类外弹道相似性

包括的诸元参数:弹丸飞行时间 t、射击面内弹道上的坐标(x, y)、弹丸飞行速度 v。

2. 第二类外弹道相似性

包括的诸元参数:弹丸飞行时间 t、射击面内弹道上的坐标(x, y)、偏流 z、弹丸飞行速度 v、弹丸自转角速度 $\dot{\gamma}$。

3. 第三类外弹道相似性

包括的诸元参数:弹丸飞行时间 t、射击面内弹道上的坐标(x, y)、弹丸飞行速度 v、弹丸章动周期 T_δ、章动幅值的衰减因子 η_δ。

4. 第四类外弹道相似性

适用于接近水平射击的情况,包括的诸元参数:弹丸飞行时间 t、水平飞行距离 x、弹丸飞行速度 v、章动周期 T_δ、章动衰减因子 η_δ。

9.2.2　旋转弹的外弹道相似性条件

旋转弹的外弹道相似性首先要保证两弹是飞行稳定的,因此进行相似性比较的两种弹丸必须满足各自的外弹道飞行稳定性条件。当然,在一定的相似条件下,两弹的稳定性,特别是陀螺稳定性也有一定的关系。

设弹Ⅰ(小弹或模拟弹)和弹Ⅱ(大弹或原型弹)外形相似,重心相对位置 $\bar{x}_G$、赤道转动惯量 A 和极转动惯量 C 之比(赤极比 A/C)、初速均相同,则两弹在炮口处陀螺稳定因子的比值为

$$\frac{S_{g0\mathrm{I}}}{S_{g0\mathrm{II}}}=\frac{\eta_{\mathrm{II}}^2\lambda_{\mathrm{II}}d_{\mathrm{II}}}{\eta_{\mathrm{I}}^2\lambda_{\mathrm{I}}d_{\mathrm{I}}},\quad \lambda_{\mathrm{I}}=\frac{S_{\mathrm{I}}}{m_{\mathrm{I}}},\quad \lambda_{\mathrm{II}}=\frac{S_{\mathrm{II}}}{m_{\mathrm{II}}} \tag{9.2.1}$$

陀螺稳定性要求:

$$S_{g0}>1 \tag{9.2.2}$$

由式(9.2.1)可知,当弹Ⅱ陀螺稳定时(即 $S_{g0\mathrm{II}}>1$),如果满足如下条件:

$$\frac{S_{g0\mathrm{I}}}{S_{g0\mathrm{II}}}\geqslant 1 \tag{9.2.3}$$

则弹Ⅰ也必然是陀螺稳定的,此时两弹的参数之间要求满足:

$$\frac{\eta_{\mathrm{II}}^2\lambda_{\mathrm{II}}d_{\mathrm{II}}}{\eta_{\mathrm{I}}^2\lambda_{\mathrm{I}}d_{\mathrm{I}}}\geqslant 1 \tag{9.2.4}$$

考虑到弹Ⅱ的稳定储备量,式(9.2.4)可表示为

$$\frac{\eta_{\mathrm{II}}^2\lambda_{\mathrm{II}}d_{\mathrm{II}}}{\eta_{\mathrm{I}}^2\lambda_{\mathrm{I}}d_{\mathrm{I}}}\geqslant \varphi \tag{9.2.5}$$

式中,φ 为大于 1 的常数。式(9.2.5)是在外弹道相似性分析中,模拟的小口径弹丸首先必须要保证满足的前提条件。

对上述四类外弹道诸元相似性,下面分别建立其对应的相似性条件。

两个不同口径弹箭的外弹道相似性,主要基于相应的外弹道运动方程组,研究在什么样的参数条件下两弹的外弹道运动方程组相同或相似。

1. 第一类外弹道相似性条件

在外弹道基本假设条件下,采用简单质点弹道模型(2D)时,弹丸的运动方程组可写为

$$\begin{cases}\dfrac{\mathrm{d}v}{\mathrm{d}t}=-\dfrac{1}{2}\rho\lambda v^2 c_x-g\sin\theta\\[2mm]\dfrac{\mathrm{d}\theta}{\mathrm{d}t}=-\dfrac{g\cos\theta}{v}\\[2mm]\dfrac{\mathrm{d}x}{\mathrm{d}t}=v\cos\theta\\[2mm]\dfrac{\mathrm{d}y}{\mathrm{d}t}=v\sin\theta\end{cases} \tag{9.2.6}$$

初始条件:$t=0$ 时,$v=v_0$,$\theta=\theta_0$,$x=y=0$。

从方程(9.2.6)可以看出,当两种弹丸(弹Ⅰ和弹Ⅱ)的阻力特性相同,即 $c_{x\mathrm{I}}=c_{x\mathrm{II}}$;弹丸的断面质量比相同,即 $\lambda_{\mathrm{I}}=\lambda_{\mathrm{II}}(\lambda=S/m)$;且在相同的射击条件($v_{0\mathrm{I}}=v_{0\mathrm{II}}$,$\theta_{0\mathrm{I}}=\theta_{0\mathrm{II}}$)和

相同的气象条件（$\rho_{\mathrm{I}}=\rho_{\mathrm{II}}$）下，两弹所对应的方程(9.2.6)及其解完全相同，也即两弹在任一时刻 t 时的飞行速度 $v(t)$、弹道倾角 $\theta(t)$、质心坐标 $x(t)$ 与 $y(t)$ 相同。因此，在上述条件下，由方程(9.2.6)所代表的两弹外弹道诸元是可以相似的，即第一类外弹道相似性条件如下：

（1）两弹几何外形相似；

（2）两弹断面质量比 $\left(\lambda=\dfrac{S}{m}\right)$ 相同；

（3）初速相同、射角相同。

2. 第二类外弹道相似性条件

第一类外弹道相似性条件是由 2D 质点弹道模型推导建立的，在 2D 弹道模型中未考虑弹丸在重力作用下引起的动力平衡角和弹道偏流。为了研究弹丸转速及弹道偏流的相似性，必须引入修正的质点弹道模型，即

$$\begin{cases}\dfrac{\mathrm{d}v}{\mathrm{d}t}=-b_x v^2(1+k_\delta\delta_{\mathrm{p}}^2)-g\sin\theta\cos\psi_2\\ \dfrac{\mathrm{d}\theta}{\mathrm{d}t}=(b_y v^2\delta_{\mathrm{p1}}-g\cos\theta)/(v\cos\psi_2)\\ \dfrac{\mathrm{d}\psi_2}{\mathrm{d}t}=(b_y v^2\delta_{\mathrm{p2}}+g\sin\theta\sin\psi_2)/v\\ \dfrac{\mathrm{d}x}{\mathrm{d}t}=v\cos\psi_2\cos\theta\\ \dfrac{\mathrm{d}y}{\mathrm{d}t}=v\cos\psi_2\sin\theta\\ \dfrac{\mathrm{d}z}{\mathrm{d}t}=v\sin\psi_2\\ \dfrac{\mathrm{d}\dot{\gamma}}{\mathrm{d}t}=-k_{xz}v\dot{\gamma}\end{cases}\tag{9.2.7}$$

起始条件：$t=0$ 时，$v=v_0$，$\theta=\theta_0$，$\psi_2=\psi_{20}$，$x=y=z=0$，$\dot{\gamma}_0=\dfrac{2\pi v_0}{\eta d}$。

动力平衡角 δ_{p1} 和 δ_{p2} 为

$$\delta_{\mathrm{p1}}=\frac{gB}{1+h_{\mathrm{L}}^2}(\sin\theta\sin\psi_2+h_{\mathrm{L}}\cos\theta)$$

$$\delta_{\mathrm{p2}}=\frac{gB}{1+h_{\mathrm{L}}^2}(\cos\theta-h_{\mathrm{L}}\sin\theta\sin\psi_2)$$

$$\delta_{\mathrm{p}}=\sqrt{\delta_{\mathrm{p1}}^2+\delta_{\mathrm{p2}}^2}$$

式中，

$$b_x=\frac{\rho S}{2m}c_x,\quad b_y=\frac{\rho S}{2m}c_y',\quad k_z=\frac{\rho Sl}{2A}m_z',\quad k_{xz}=\frac{\rho Sld}{2C}m_{xz}'$$

$$B=\frac{\dot{\gamma}}{nk_z v^3},\quad h_L=\frac{b_y\dot{\gamma}}{nk_z v},\quad n=\frac{A}{C}$$

同理,对比方程(9.2.7)中的两弹参数,为使两弹的方程完全相同,则可以建立两种弹丸的第二类外弹道相似性条件如下:

(1) 两弹几何外形相似,重心相对位置 $\bar{x}_G$ 相同;

(2) 两弹的端面质量比 $\lambda=S/m$,转动惯量比 $n=A/C$,参数 $\beta=(Sld)/A$ 相同,即

$$\lambda_{\text{I}}=\lambda_{\text{II}},\quad n_{\text{I}}=n_{\text{II}},\quad \beta_{\text{I}}=\beta_{\text{II}}$$

(3) 发射两弹所用的火炮膛线缠度 η 相同,即

$$\eta_{\text{I}}=\eta_{\text{II}}$$

(4) 两弹的初速 v_0 相同、射角 θ_0 相同,即

$$v_{0\text{I}}=v_{0\text{II}},\quad \theta_{0\text{I}}=\theta_{0\text{II}}$$

在上述条件下,对弹Ⅰ和弹Ⅱ可以得到:

$$\begin{cases}b_{x\text{I}}=b_{x\text{II}},\quad b_{y\text{I}}=b_{y\text{II}},\quad k_{xz\text{I}}=k_{xz\text{II}}\\ k_{z\text{I}}d_{\text{I}}=k_{z\text{II}}d_{\text{II}}\end{cases}\tag{9.2.8}$$

从方程(9.2.7)中还可以看出两弹的转速 $\dot{\gamma}(t)$ 符合下列关系:

$$d_{\text{I}}\dot{\gamma}_{\text{I}}(t)=d_{\text{II}}\dot{\gamma}_{\text{II}}(t)\tag{9.2.9}$$

在动力平衡角表达式中,利用式(9.2.9)可得

$$B_{\text{I}}=B_{\text{II}},\quad h_{\text{LI}}=h_{\text{LII}}$$

由此可见,在第二类外弹道相似性条件下,两弹的动力平衡角是一样的,即

$$\delta_{\text{p1I}}=\delta_{\text{p1II}},\quad \delta_{\text{p2I}}=\delta_{\text{p2II}}\tag{9.2.10}$$

由方程(9.2.7)和式(9.2.8)、式(9.2.9)可知,在第二类外弹道相似条件下,任一时刻 t 时两弹的质心弹道参数 $v(t)$、$\theta(t)$、$x(t)$、$y(t)$ 和 $z(t)$ 是一致的,两弹的转速满足式(9.2.9)。

与第一类相似性条件比较,第二类相似性条件的要求则更为严格,而且第二类相似性条件中包容了第一类相似性条件。满足第二类相似性条件时,两弹的动力平衡角的大小和变化规律是一致的,动力平衡角对弹丸质心运动的影响也相同。因此,在第二类相似性条件下,外弹道相似的诸元数比第一类相似性条件下的诸元数多,条件要求更为严格。

3. 第三类外弹道相似性条件

弹丸的章动规律反映了弹丸的飞行稳定性状况,是外弹道试验研究中的一项重要内容,因此研究弹丸章动特性中某些参数的相似性有着极其重要的意义。由于章动特性主要反映在弹丸出炮口后的弹道直线段上,此时重力作用引起的动力平衡角较小,可以忽略不计。根据弹丸在起始扰动作用下的角运动方程的解,章动幅值具有很大的随机性,因此两弹的章动幅值是难以相似性的。这里讨论弹丸章动的相似性是指其章动周期和章动幅值衰减性的相似性。由外弹道理论知,在一般条件下,由起始扰动 $\dot{\delta}_0$ 引起的弹丸的章动运动解可近似表示为

$$\delta(t)=\frac{\dot{\delta}_0}{\alpha^*\sqrt{\sigma_0}}\sqrt[4]{\frac{\sigma_0}{\sigma}}\mathrm{e}^{-\int_0^t\frac{k_{zz}+b_y-k_{xz}}{2}v\mathrm{d}t}\sqrt{\sin^2\int_0^t\alpha^*\sqrt{\sigma}\,\mathrm{d}t+\sinh^2\int_0^t\frac{k_{zz}-b_y+2k_y-k_{xz}}{2\sqrt{\sigma}}v\mathrm{d}t} \tag{9.2.11}$$

式中，

$$b_y=\frac{\rho S}{2m}c'_y,\quad k_z=\frac{\rho Sl}{2A}m'_z$$

$$k_{zz}=\frac{\rho Sld}{2A}m'_{zz},\quad k_{xz}=\frac{\rho Sld}{2C}m'_{xz},\quad k_y=\frac{\rho Sld}{2A}m''_y$$

$$\alpha^*=\frac{C\dot{\gamma}}{2A},\quad \sigma=1-\frac{k_zv^2}{\alpha^{*2}}$$

对式(9.2.11)中出现的飞行时间、速度、坐标等诸元，仍近似采用弹丸质心运动方程组描述，即

$$\begin{cases}\dfrac{\mathrm{d}v}{\mathrm{d}t}=-b_xv^2-g\sin\theta\\ \dfrac{\mathrm{d}\theta}{\mathrm{d}t}=-\dfrac{g\cos\theta}{v}\\ \dfrac{\mathrm{d}x}{\mathrm{d}t}=v\cos\theta\\ \dfrac{\mathrm{d}y}{\mathrm{d}t}=v\sin\theta\end{cases} \tag{9.2.12}$$

式中，$b_x=\frac{\rho S}{2m}c_x$。当 $t=0$ 时，$v=v_0$，$\theta=\theta_0$，$x=y=0$。

转速方程为

$$\frac{\mathrm{d}\dot{\gamma}}{\mathrm{d}t}=-k_{xz}v\dot{\gamma} \tag{9.2.13}$$

当 $t=0$ 时，$\dot{\gamma}=\dot{\gamma}_0=\frac{2\pi v_0}{\eta d}$。

假设弹 Ⅰ 和弹 Ⅱ 除了膛线缠度 η 之外均符合第二类外弹道相似性条件。此时，方程(9.2.12)所决定的两弹的基本弹道特性是一致的，且在式(9.2.11)中有

$$\begin{cases}b_{y\mathrm{I}}=b_{y\mathrm{II}},\quad k_{zz\mathrm{I}}=k_{zz\mathrm{II}}\\ k_{xz\mathrm{I}}=k_{xz\mathrm{II}},\quad k_{y\mathrm{I}}=k_{y\mathrm{II}}\\ d_{\mathrm{I}}k_{z\mathrm{I}}=d_{\mathrm{II}}k_{z\mathrm{II}}\end{cases} \tag{9.2.14}$$

从章动运动的解[式(9.2.11)]可以看出，章动的周期性主要由根号中的第一项 $\sin^2\int_0^t\alpha^*\sqrt{\sigma}\,\mathrm{d}t$ 所决定。炮口附近的章动周期 T_{δ_0} 应为

$$T_{\delta_0}=\frac{\pi}{\alpha_0^*\sqrt{\sigma_0}} \tag{9.2.15}$$

对两弹章动周期的相似性,主要应要求 $T_{\delta_0 \mathrm{I}} = T_{\delta_0 \mathrm{II}}$。

将 α_0^*、σ_0 的表达式代入式(9.2.15),可分别得到弹Ⅰ和弹Ⅱ的章动周期为

$$T_{\delta_0 \mathrm{I}} = \frac{\pi}{\alpha_{0\mathrm{I}}^* \sqrt{\sigma_{0\mathrm{I}}}} = \frac{\pi}{\sqrt{\left(\frac{\dot{\gamma}_{0\mathrm{I}}}{2n_{\mathrm{I}}}\right)^2 - \frac{\tilde{k}_{z_0} v_{0\mathrm{I}}^2}{d_{\mathrm{I}}}}} \tag{9.2.16}$$

$$T_{\delta_0 \mathrm{II}} = \frac{\pi}{\alpha_{0\mathrm{II}}^* \sqrt{\sigma_{0\mathrm{II}}}} = \frac{\pi}{\sqrt{\left(\frac{\dot{\gamma}_{0\mathrm{II}}}{2n_{\mathrm{II}}}\right)^2 - \frac{\tilde{k}_{z_0} v_{0\mathrm{II}}^2}{d_{\mathrm{II}}}}} \tag{9.2.17}$$

式中,$n = n_{\mathrm{I}} = n_{\mathrm{II}}$;$v_0 = v_{0\mathrm{I}} = v_{0\mathrm{II}}$;$\tilde{k}_{z_0} = d_{\mathrm{I}} k_{z_0 \mathrm{I}} = d_{\mathrm{II}} k_{z_0 \mathrm{II}}$。

令式(9.2.16)和式(9.2.17)相等,则有

$$\frac{\pi}{\sqrt{\left(\frac{\dot{\gamma}_{0\mathrm{I}}}{2n_{\mathrm{I}}}\right)^2 - \frac{\tilde{k}_{z_0} v_{0\mathrm{I}}^2}{d_{\mathrm{I}}}}} = \frac{\pi}{\sqrt{\left(\frac{\dot{\gamma}_{0\mathrm{II}}}{2n_{\mathrm{II}}}\right)^2 - \frac{\tilde{k}_{z_0} v_{0\mathrm{II}}^2}{d_{\mathrm{II}}}}}$$

将 $\dot{\gamma}_{0\mathrm{I}} = \dfrac{2\pi v_{0\mathrm{I}}}{\eta_{\mathrm{I}} d_{\mathrm{I}}}$ 和 $\dot{\gamma}_{0\mathrm{II}} = \dfrac{2\pi v_{0\mathrm{II}}}{\eta_{\mathrm{II}} d_{\mathrm{II}}}$ 代入上式,并有 $v_{0\mathrm{I}} = v_{0\mathrm{II}}$,$n = n_{\mathrm{I}} = n_{\mathrm{II}}$,经整理后可得

$$\frac{1}{\eta_{\mathrm{I}}^2 d_{\mathrm{I}}^2} - \frac{1}{\eta_{\mathrm{II}}^2 d_{\mathrm{II}}^2} = \frac{n^2 \tilde{k}_{z_0}}{\pi^2}\left(\frac{1}{d_{\mathrm{I}}} - \frac{1}{d_{\mathrm{II}}}\right) \tag{9.2.18}$$

式(9.2.18)即两弹章动周期和波长相似时所必须满足的有关膛线缠度的相似条件。在该条件下,两弹的初始章动周期是相同的,但随着时间的变化,两弹的章动周期都将有所减小。从减小的情况来看,两者略有差异。在通常实际测试中所涉及的前几个章动周期内,这种差异相差很小,对两弹的数值仿真可以表明这一点。

从章动运动的解[式(9.2.11)]中可以看到,章动幅值的衰减因子为

$$\sqrt[4]{\frac{\sigma_0}{\sigma}}\mathrm{e}^{-\int_0^t \frac{k_{zz}+b_y-k_{xz}}{2} v\mathrm{d}t}$$

衰减因子以指数衰减规律为主。根据式(9.2.14)可知,在前述相似条件下,两弹的指数衰减因子是一样的。因此,可以说两弹的章动衰减性基本相同,仅在乘子 $\sqrt[4]{\dfrac{\sigma_0}{\sigma}}$ 上稍有不同,在弹道起始段上,该乘子的影响是较小的。

对章动运动的解作进一步分析,不难看出,若两弹的起始章动幅值 δ_{m0} 相同,则两弹的章动曲线也基本上是一致的,但 δ_{m0} 与起始扰动 $\dot{\delta}_0$ 有关,而 $\dot{\delta}_0$ 是随机量,因此在不同的试验中,弹丸的章动曲线一般不会相同,仅章动曲线的摆动周期和指数衰减因子是一致的。

综上所述,第三类外弹道相似性条件可概括如下:

(1) 两弹几何外形相似,重心相对位置 $\bar{x}_G$ 相同;

(2) 两弹的端面质量比 $\lambda = S/m$,转动惯量比 $n = A/C$,参数 $\beta = (Sld)/A$ 相同,即

$$\lambda_{\mathrm{I}} = \lambda_{\mathrm{II}}, \quad n_{\mathrm{I}} = n_{\mathrm{II}}, \quad \beta_{\mathrm{I}} = \beta_{\mathrm{II}}$$

（3）两弹的初速 v_0 相同、射角 θ_0 相同，即

$$v_{0\mathrm{I}} = v_{0\mathrm{II}}, \quad \theta_{\mathrm{I}} = \theta_{\mathrm{II}}$$

（4）发射两弹所对应的火炮膛线缠度 η 要满足：

$$\frac{1}{\eta_{\mathrm{I}}^2 d_{\mathrm{I}}^2} - \frac{1}{\eta_{\mathrm{II}}^2 d_{\mathrm{II}}^2} = \frac{n^2 \tilde{k}_{z_0}}{\pi^2}\left(\frac{1}{d_{\mathrm{I}}} - \frac{1}{d_{\mathrm{II}}}\right)$$

在上述条件下，在任一时刻 t，两弹的飞行速度 $v(t)$、弹道倾角 $\theta(t)$、弹道坐标 $x(t)$ 和 $y(t)$ 相同，两弹的章动周期 T_δ（或波长）和章动衰减因子也相同。

第三类相似性条件与第二类相似性条件的唯一差别在有关膛线缠度 η 的条件上，正是因为这一点，表明这两类相似条件是不相容的。

前面，基于一些简化的外弹道模型，对诸外弹道参数分门别类地讨论了其外弹道相似的可能性和相似性条件等。但是对于考虑因素更为全面、更为一般的 6 自由度弹道模型，小弹与大弹的外弹道诸元相似性如何呢？为此，以式(9.2.19)所代表的弹丸 6 自由度运动方程组为例，讨论该情况下外弹道相似的可能性。

$$\frac{\mathrm{d}\boldsymbol{U}}{\mathrm{d}t} = \boldsymbol{F}(\boldsymbol{U}, t) \tag{9.2.19}$$

式中，

$$\boldsymbol{U} = (v, \theta, \psi_2, x, y, z, \dot{\gamma}, \gamma, \dot{\delta}_1, \dot{\delta}_2, \delta_1, \delta_2)^{\mathrm{T}}$$

$$\boldsymbol{F} = (F_1, F_2, \cdots, F_{12})^{\mathrm{T}}$$

且：

$$F_1 = -b_x v^2(1 + k_\delta \delta^2) - g\sin\theta\cos\psi_2$$

$$F_2 = (b_y v^2 \delta_1 + b_z \dot{\gamma} v \delta_2 - g\cos\theta)/(v\cos\psi_2)$$

$$F_3 = (b_y v^2 \delta_2 - b_z \dot{\gamma} v \delta_1 + g\sin\theta\sin\psi_2)/v$$

$$F_4 = v\cos\psi_2\cos\theta, \quad F_5 = v\cos\psi_2\sin\theta, \quad F_6 = v\sin\psi_2$$

$$F_7 = -k_{xz} v\dot{\gamma}, \quad F_8 = \dot{\gamma}$$

$$F_9 = -[(k_{zz} + b_y)\dot{\delta}_1 + 2\alpha\dot{\delta}_2]v - k_{zz}v\dot{\theta}_i - \ddot{\theta}_i - \left[\left(k_z - 2\alpha\frac{\dot{\gamma}}{v}b_z\right)\delta_1 - 2\alpha(k_y - b_y)\delta_2\right]v^2$$

$$F_{10} = -[(k_{zz} + b_y)\dot{\delta}_2 - 2\alpha\dot{\delta}_1]v - [(-k_z - 2\dot{\gamma}/vb_z)\delta_2 + 2\alpha(k_y - b_y)\delta_1]v^2 - 2\alpha v\dot{\theta}_i$$

$$F_{11} = \dot{\delta}_1, \quad F_{12} = \dot{\delta}_2, \quad \delta = \sqrt{\delta_1^2 + \delta_2^2}$$

$$b_x = \frac{\rho S}{2m}c_x, \quad b_y = \frac{\rho S}{2m}c_y', \quad b_z = \frac{\rho S}{2m}c_z''$$

$$k_y = \frac{\rho Sld}{2A}m_y'', \quad k_z = \frac{\rho Sl}{2A}m_z', \quad k_{zz} = \frac{\rho Sld}{2A}m_{zz}'$$

$$k_{xz}=\frac{\rho Sld}{2C}m'_{xz},\quad \alpha=\frac{C}{2A}\cdot\frac{\dot{\gamma}}{v}$$

$$\dot{\theta}_i=-\frac{g\cos\theta}{v},\quad \ddot{\theta}_i=\frac{g\left(v\dfrac{\mathrm{d}\theta}{\mathrm{d}t}\sin\theta+\dfrac{\mathrm{d}v}{\mathrm{d}t}\cos\theta\right)}{v^2}$$

初始条件：$t=0$ 时，$\boldsymbol{U}(0)=(v_0,\theta_0,\psi_{20},0,0,0,\dot{\gamma}_0,\gamma_0,\dot{\delta}_{10},\dot{\delta}_{20},\delta_{10},\delta_{20})^{\mathrm{T}}$。

通过比较分析方程组[式(9.2.19)]可知，此时无论是上面介绍的诸外弹道相似性条件成立，还是引入任何其他新的相似关系式，由于角运动方程的存在，$\dot{\delta}_1$、$\dot{\delta}_2$、δ_1、δ_2 均受起始扰动的影响，无法使小弹与大弹各自运动方程组中的所有系数保持一一对应相同（或均保持相差某一比例关系），因而在考虑 6 自由度外弹道模型情况下（或在严格意义下说），小弹与大弹的外弹道是不能相似的。由类似的分析可知，如考虑非线性力系作用下的外弹道运动方程组，则两弹在严格的意义上也无法保持外弹道相似性。因为此时方程组[式(9.2.19)]中对应攻角部分出现了非线性项，使得原方程组[式(9.2.19)]已无法相似。且攻角的出现对外弹道运动方程组解中的每一个诸元均产生了影响，而攻角的解（主要是幅值）受随机因素起始扰动的影响，因此考虑这些因素，严格意义上，小弹与大弹是无法满足外弹道相似的。

由以上分析讨论可知，在完备的 6 自由度运动方程组下，外弹道是无法严格相似的，上述的各类外弹道相似性均带有近似性，也即外弹道参数的相似性总是近似的。但是对于飞行稳定性状态良好的弹丸，在理论上可以确切地说，外弹道相似性有很好的近似精度，正如上述对应的简化外弹道模型在实际使用中有很好的计算精度一样。通过对比分析小弹与大弹的 6 自由度弹道数值模拟结果，表明外弹道相似性有很好的近似精度。

4. 第四类外弹道相似性条件

上面分析讨论的三类外弹道相似性条件，均是表明如果小弹满足一些具体的条件，那么通过实测出小弹在飞行弹道上的某些弹道参数，则能够直接代表模拟大弹在相同弹道点上的对应参数，是一种弹道点上两参数直接对应的相似关系。与此不同，在第四类外弹道相似性条件分析中，将通过一些自变量及参数变换，寻求所要模拟大弹的外弹道运动方程（组）与某一小弹外弹道运动方程（组）的解对应当量，从而通过对小弹的外弹道诸元解转换求出大弹外弹道诸元对应的解，由此建立起必要的外弹道相似关系，所以第四类外弹道相似性分析与前三类有所不同，是一种弹道上间接当量所反映的外弹道相似关系。这类外弹道相似性关系，在一些短距离靶道等场合下进行弹道测量时常会用到。

在靶道内进行的炮弹飞行试验，一般接近于水平射击且弹道也较短。针对这一特点，从弹道基本方程出发可以推导出两种不同口径弹丸在接近水平射击时的飞行时间、飞行速度、飞行距离等弹道参数之间的相似条件和相似关系，为通过靶道内的小弹飞行试验来模拟大弹的实际飞行试验提供理论依据。

采用以下基本假设：

（1）两弹都接近水平射击且弹道较短，因而 $\theta\approx 0$；

（2）两弹都是飞行稳定的；

（3）忽略随机扰动对基本弹道参数的影响；

（4）两弹在相同的气象条件下射击。

设有弹Ⅰ和弹Ⅱ，其弹径分别为 d_{I} 和 d_{II}。根据假设(1)~(3)，则两弹的质心运动方程分别如下。

弹Ⅰ：

$$\begin{cases}\dfrac{\mathrm{d}v_{\mathrm{I}}}{\mathrm{d}t}=-\dfrac{\rho S_{\mathrm{I}}}{2m_{\mathrm{I}}}v_{\mathrm{I}}^{2}c_{x\mathrm{I}}\\[2mm]\dfrac{\mathrm{d}x_{\mathrm{I}}}{\mathrm{d}t}=v_{\mathrm{I}}\end{cases}\tag{9.2.20}$$

当 $t=0$ 时，$v_{\mathrm{I}}=v_{0\mathrm{I}}$，$x_{\mathrm{I}}=0$。

弹Ⅱ：

$$\begin{cases}\dfrac{\mathrm{d}v_{\mathrm{II}}}{\mathrm{d}t}=-\dfrac{\rho S_{\mathrm{II}}}{2m_{\mathrm{II}}}v_{\mathrm{II}}^{2}c_{x\mathrm{II}}\\[2mm]\dfrac{\mathrm{d}x_{\mathrm{II}}}{\mathrm{d}t}=v_{\mathrm{II}}\end{cases}\tag{9.2.21}$$

当 $t=0$ 时，$v_{\mathrm{II}}=v_{0\mathrm{II}}$，$x_{\mathrm{II}}=0$。

记：

$$\begin{cases}\bar{t}_{\mathrm{I}}=\dfrac{t}{d_{\mathrm{I}}},\quad \bar{t}_{\mathrm{II}}=\dfrac{t}{d_{\mathrm{II}}}\\[2mm]\bar{x}_{\mathrm{I}}=\dfrac{x_{\mathrm{I}}}{d_{\mathrm{I}}},\quad \bar{x}_{\mathrm{II}}=\dfrac{x_{\mathrm{II}}}{d_{\mathrm{II}}}\\[2mm]K_{\mathrm{I}}=\dfrac{S_{\mathrm{I}}d_{\mathrm{I}}}{m_{\mathrm{I}}},\quad K_{\mathrm{II}}=\dfrac{S_{\mathrm{II}}d_{\mathrm{II}}}{m_{\mathrm{II}}}\end{cases}\tag{9.2.22}$$

则式(9.2.20)和式(9.2.21)可写为

$$\begin{cases}\dfrac{\mathrm{d}v_{\mathrm{I}}}{\mathrm{d}\bar{t}_{\mathrm{I}}}=-\dfrac{1}{2}\rho K_{\mathrm{I}}v_{\mathrm{I}}^{2}c_{x\mathrm{I}}\\[2mm]\dfrac{\mathrm{d}\bar{x}_{\mathrm{I}}}{\mathrm{d}\bar{t}_{\mathrm{I}}}=v_{\mathrm{I}}\end{cases}\tag{9.2.23}$$

当 $\bar{t}_{\mathrm{I}}=0$ 时，$v_{\mathrm{I}}=v_{0\mathrm{I}}$，$\bar{x}_{\mathrm{I}}=0$。

$$\begin{cases}\dfrac{\mathrm{d}v_{\mathrm{II}}}{\mathrm{d}\bar{t}_{\mathrm{II}}}=-\dfrac{1}{2}\rho K_{\mathrm{II}}v_{\mathrm{II}}^{2}c_{x\mathrm{II}}\\[2mm]\dfrac{\mathrm{d}\bar{x}_{\mathrm{II}}}{\mathrm{d}\bar{t}_{\mathrm{II}}}=v_{\mathrm{II}}\end{cases}\tag{9.2.24}$$

当 $\bar{t}_{\mathrm{II}}=0$ 时，$v_{\mathrm{II}}=v_{0\mathrm{II}}$，$\bar{x}_{\mathrm{II}}=0$。

比较方程(9.2.23)和方程(9.2.24)不难发现，如果弹Ⅰ和弹Ⅱ满足下列条件：

$$\begin{cases} c_{x\text{I}} = c_{x\text{II}} \\ K_{\text{I}} = K_{\text{II}} \\ v_{0\text{I}} = v_{0\text{II}} \\ \bar{t}_{\text{I}} = \bar{t}_{\text{II}} \end{cases} \tag{9.2.25}$$

则两弹的飞行速度和飞行距离具有下列关系：

$$\begin{cases} v_{\text{I}}(\bar{t}_{\text{I}}) = v_{\text{II}}(\bar{t}_{\text{II}}) \\ \bar{x}_{\text{I}}(\bar{t}_{\text{I}}) = \bar{x}_{\text{II}}(\bar{t}_{\text{II}}) \end{cases} \tag{9.2.26}$$

因此，式(9.2.25)为小弹当量模拟大弹飞行速度和飞行距离的相似性条件，即第四类外弹道相似性条件。

根据式(9.2.22)，若测得弹Ⅰ在 t_1 时刻的速度 $v_{\text{I}}(t_1)$ 和距离 $x_{\text{I}}(t_1)$，则弹Ⅱ在等于 t_2 时刻的速度 $v_{\text{II}}(t_2)$ 和距离 $x_{\text{II}}(t_2)$ 对应为

$$\begin{cases} t_2 = t_1 \cdot \dfrac{d_{\text{II}}}{d_{\text{I}}} \\ v_{\text{II}}(t_2) = v_{\text{I}}(t_1) \\ x_{\text{II}}(t_2) = x_{\text{I}}(t_1) \cdot \dfrac{d_{\text{II}}}{d_{\text{I}}} \end{cases} \tag{9.2.27}$$

设 $d_{\text{I}} = 25\ \text{mm}$，$d_{\text{II}} = 100\ \text{mm}$，则由式(9.2.27)可知，$t_2 = 4t_1$，$x_{\text{II}}(t_2) = 4x_{\text{I}}(t_1)$，即若测得小弹Ⅰ在 $t_1 = 1\ \text{s}$ 处的速度 v_{I} 和飞行距离 x_{I}，则可确定大弹Ⅱ在 $t_2 = 4\ \text{s}$ 处对应的参数 v_{II} 和 x_{II}；若测得小弹Ⅰ在 $x_{\text{I}} = 100\ \text{m}$ 处的速度 v_{I} 和飞行时间 t_1，则可确定大弹在 $x_{\text{II}} = 400\ \text{m}$ 处的参数 v_{II} 和 t_2。由此可见，将相似关系[式(9.2.22)~式(9.2.27)]应用于靶道内小弹对于大弹的模拟试验时，无形中扩大了靶道的可测距离。

9.2.3 外弹道相似性与相似条件的讨论

1. 外弹道相似性的前提条件

前面已经指出，外弹道相似性分析应该在两弹飞行稳定的前提条件下讨论，因此在上述各类外弹道相似性条件中并不涉及弹丸的飞行稳定性条件。需要指出的是，满足外弹道相似性条件并不一定能保证两弹飞行稳定，因此在进行外弹道相似性分析前，必须按弹丸飞行稳定性条件对两弹丸的飞行稳定性进行校核。在已知模拟大弹飞行稳定的情况下，模拟用小弹的陀螺稳定性可按两弹的稳定性关系式[式(9.2.5)]进行校核。

此外，对外弹道相似性条件与弹丸飞行稳定性条件是否相容的问题进行讨论。通常，模拟试验测试距离不是很远，如靶道测试，这时主要保证的飞行稳定性是弹丸的陀螺稳定性，因此下面主要分析弹丸的陀螺稳定性。

设有弹Ⅰ和弹Ⅱ，根据第一类外弹道相似性条件和式(9.2.1)可知，两弹的陀螺稳定因子在炮口处的比值为

$$\frac{S_{g0\text{I}}}{S_{g0\text{II}}} = \frac{\eta_{\text{II}}^2 d_{\text{II}}}{\eta_{\text{I}}^2 d_{\text{I}}} \tag{9.2.28}$$

式(9.2.28)需在同时满足第一类外弹道相似性条件和式(9.2.1)所对应的条件下才能成立。

由式(9.2.28)可知,当弹Ⅱ满足陀螺稳定性条件时,如果有 $S_{g0Ⅰ} \geqslant S_{g0Ⅱ}$,即

$$\eta_{Ⅰ}^{2} d_{Ⅰ} \leqslant \eta_{Ⅱ}^{2} d_{Ⅱ} \tag{9.2.29}$$

则可保证弹Ⅰ飞行时的陀螺稳定性。当弹Ⅰ和弹Ⅱ的弹径确定后,两弹对应火炮的膛线缠度需满足如下关系:

$$\eta_{Ⅰ} \leqslant \sqrt{\frac{d_{Ⅱ}}{d_{Ⅰ}}}\eta_{Ⅱ} \tag{9.2.30}$$

由此可见,当弹Ⅱ为大弹时,在满足陀螺稳定性要求下,小弹的膛线缠度 $\eta_{Ⅰ}$ 可以比大弹($\eta_{Ⅱ}$)大些;反之,当弹Ⅱ为小弹时,为满足陀螺稳定性条件,大弹的膛线缠度必须更小些。根据式(9.2.30)可知,在膛线缠度相同的情况下,大弹稳定时,小弹必然稳定。

从以上分析可以得出,第一类外弹道相似性条件与弹丸的飞行稳定性条件是相容的,但不是稳定性的充分条件。当大弹Ⅱ陀螺稳定时,小弹需要满足第一类外弹道相似条件,小弹的陀螺飞行稳定性可根据式(9.2.29)来检验。

在第二类外弹道相似性条件下,式(9.2.1)可简化为

$$\frac{S_{g0Ⅰ}}{S_{g0Ⅱ}} = \frac{d_{Ⅱ}}{d_{Ⅰ}} \tag{9.2.31}$$

由此可见,当弹Ⅱ为大弹时, $d_{Ⅱ} > d_{Ⅰ}$,因而有

$$\frac{S_{g0Ⅰ}}{S_{g0Ⅱ}} > 1$$

即当大弹Ⅱ陀螺稳定($S_{g0Ⅱ} > 1$)时,小弹Ⅰ也自然满足陀螺飞行稳定性条件($S_{g0Ⅰ} > 1$)。

第三类外弹道相似性条件要求下式成立:

$$\frac{\pi}{\alpha_{0Ⅰ}^{*}\sqrt{\sigma_{0Ⅰ}}} = \frac{\pi}{\alpha_{0Ⅱ}^{*}\sqrt{\sigma_{0Ⅱ}}}$$

因此,当弹Ⅱ满足陀螺飞行稳定性条件时,则应有

$$\sigma_{0Ⅱ} > 0$$

于是有

$$\sigma_{0Ⅰ} = \left(\frac{\alpha_{0Ⅱ}^{*}}{\alpha_{0Ⅰ}^{*}}\right)^{2}\sigma_{0Ⅱ} > 0 \tag{9.2.32}$$

即当弹Ⅱ满足陀螺稳定性条件时,弹Ⅰ也必然是陀螺稳定的,也就是说,在第三类外弹道相似性条件下,当大弹飞行稳定时,小弹也必然稳定飞行。

对于第四类外弹道相似性,当弹Ⅰ和弹Ⅱ满足飞行速度和飞行距离的相似性条件[式(9.2.25)和式(9.2.1)]时,有

$$\frac{S_{g0Ⅰ}}{S_{g0Ⅱ}} = \frac{\eta_{Ⅱ}^{2}}{\eta_{Ⅰ}^{2}} \tag{9.2.33}$$

由此可见,当弹Ⅱ陀螺稳定时,如果有 $S_{g0\mathrm{I}} \geqslant S_{g0\mathrm{II}}$,即

$$\eta_{\mathrm{I}} \leqslant \eta_{\mathrm{II}} \tag{9.2.34}$$

则可保证弹Ⅰ飞行时的陀螺稳定性。

综上所述,各类外弹道相似性条件与弹丸的陀螺稳定性条件是相容的。在第二类、第三类相似性条件下,只要大弹陀螺稳定,则小弹的陀螺稳定性自然满足;第一类与第四类外弹道相似性条件对两弹飞行稳定性的判断不够充分,需补充式(9.2.1)所对应的有关条件,以及参考式(9.2.29)和式(9.2.34)进行判断。

需要指出的是,上述诸分析均是在满足各类外弹道相似性条件下的一些相容性分析。实际应用中,常常有一些相似性条件不能完全满足,从而引出非标准相似条件下的修正问题(这在后面将专门介绍),但无论外弹道相似性条件有何差异,均需满足陀螺稳定性的前提条件,即式(9.2.5)是必须要校核满足的。

2. 外弹道诸元相似关系的近似性

上面分析和推导了四类外弹道相似性条件下弹道诸元参数之间的相似关系,需要指出的是这些关系都是在一定的假设条件下获得的,因而都有一定的近似性。

从弹丸完备的 6 自由度刚体弹道方程出发,无法建立弹道参数之间的相似关系,为此在一定简化模型下将外弹道参数的相似性分成了四类,这种简化就引入了一定的近似性。无论是哪一类外弹道相似性条件,建立的核心部是构造关系式,使两弹对应的外弹道运动方程组在形式上完全相同。因此,这些简化的外弹道运动方程组在实际应用中所具有的近似程度,就完全反映和代表了对应外弹道相似性条件的近似程度。

实际上,当弹丸具有良好的飞行稳定性时,这些简化的外弹道运动方程组(如修正质点弹道方程组)有相当好的近似程度,因此外弹道相似性也具有良好的近似程度。通过对两个满足外弹道相似条件的弹丸进行 6 自由度刚体弹道仿真分析,表明其外弹道参数之间的差异是极小的,完全可以忽略不计。

3. 各类外弹道相似性的相容性

四类外弹道相似性也存在一定的相容性,例如,在四类相似性中都存在有关弹丸飞行速度、质心坐标等的相似关系,在实际应用时,如何选取相应的外弹道相似条件呢? 四类外弹道相似性各有特点,如在第一类、第二类、第三类相似性中,在满足相似性条件下,大弹和小弹的弹道参数(转速除外)是一致的;而在第四类相似性中,在满足相似性条件下,大弹和小弹的弹道参数并不对应相等,而是存在一定的变换关系,当然是一种简单的变换。第一类相似性完全是射击面内弹丸质心运动参数的相似性,第二类相似性在第一类相似性的基础上增加了弹丸转速、动力平衡角和偏流的相似性,第三类相似性在第一类相似性基础上增加了弹丸转速、章动周期和章动衰减的相似性,第二类相似性与第一类相似性是相容的,第三类相似性与第一类相似性也是相容的,但第三类相似性与第二类相似性是不相容的。从相似条件来看,第四类相似性与前三类相差较大,因而与前三类相似性是不相容的。从理论上说,前三类相似性是各射角下外弹道(从出炮口至落点)的相似性,而第四类相似性只适用于接近水平射击和短弹道(弹道直线段)的相似性分析。

9.2.4 尾翼弹的外弹道相似性条件

上面介绍的几类外弹道相似性条件,主要针对旋转稳定弹丸。对于尾翼弹相应的外弹道相似性关系,也可以根据前面分析、推导旋转弹外弹道相似性条件的思想,推导建立相应的外弹道相似性条件。

1. *尾翼弹质心运动相似性分析*

首先在忽略尾翼弹绕心运动对其质心运动影响的情况下,分析其质心运动部分的外弹道相似性情况。

因为无论是旋转弹还是尾翼弹,忽略绕心运动影响下的质心运动方程组在形式上是完全一样的,所以对尾翼弹而言,第一类外弹道相似性条件完全适用。

在忽略攻角影响下,当两个不同口径尾翼弹满足第一类外弹道相似条件时,模拟弹与被模拟弹在飞行弹道上的坐标、速度、飞行时间相同,满足相似性。

2. *尾翼弹飞行稳定规律相似性分析*

同样地,这里介绍的尾翼弹飞行稳定规律,也是指尾翼弹攻角运动中的摆动周期、攻角衰减速率等。一般情况下,尾翼稳定弹丸的外弹道方程组为

$$\begin{cases}\dfrac{\mathrm{d}v}{\mathrm{d}t}=-b_xv^2(1+k_\delta\delta^2)-g\sin\theta\cos\psi_2\\ \dfrac{\mathrm{d}\theta}{\mathrm{d}t}=(b_yv^2\delta_1-g\cos\theta)/(v\cos\psi_2)\\ \dfrac{\mathrm{d}\psi_2}{\mathrm{d}t}=(b_yv^2\delta_2+g\sin\theta\sin\psi_2)/v\\ \dfrac{\mathrm{d}x}{\mathrm{d}t}=v\cos\psi_2\cos\theta\\ \dfrac{\mathrm{d}y}{\mathrm{d}t}=v\cos\psi_2\sin\theta\\ \dfrac{\mathrm{d}z}{\mathrm{d}t}=v\sin\psi_2\\ \ddot{\boldsymbol{\Delta}}+(b_y+k_{zz})v\dot{\boldsymbol{\Delta}}+k_zv^2\boldsymbol{\Delta}=\dfrac{\dot{\overbrace{g\cos\theta}}}{v}+k_{zz}g\cos\theta\\ t=0,\ v=v_0,\ \theta=\theta_0,\ \psi_2=\psi_{20},\ x=x_0,\ y=y_0,\ z=z_0\\ \boldsymbol{\Delta}=\boldsymbol{\Delta}_0,\ \dot{\boldsymbol{\Delta}}=\dot{\boldsymbol{\Delta}}_0\end{cases}\tag{9.2.35}$$

引入相似参数 $\lambda=\dfrac{S}{m}$、$\beta=\dfrac{Sld}{A}$。

1）尾翼弹静稳定性和摆动周期相似性分析

式(9.2.35)中的攻角运动方程,在一定假设条件下可以看作线性微分方程,其齐次方程的解为

$$\boldsymbol{\Delta}=\mathrm{e}^{-bs}(A\mathrm{e}^{\mathrm{i}\sqrt{k_z}s}+B\mathrm{e}^{-\mathrm{i}\sqrt{k_z}s})\tag{9.2.36}$$

式中,A、B 为由起始条件确定的常数,b 的计算公式为

$$b = (b_y + k_{zz} - b_x - g\sin\theta/v^2)/2 \tag{9.2.37}$$

在常用初始条件 $\delta_0 = 0$, $\delta'_0 = \dot{\delta}_0/v_0$ 下,有

$$\delta = \left(\frac{\dot{\delta}_0}{v_0\sqrt{k_z}}\right) e^{-bs}\sin\sqrt{k_z}s$$

摆动周期为

$$T = \frac{2\pi}{\sqrt{k_z}\cdot\bar{v}}$$

由外弹道理论知,尾翼弹飞行中满足静稳定性的条件是压心位于弹丸质心之后,对应式(9.2.36),即要求 $k_z > 0$。由 k_z 的表达式 $\left(k_z = \frac{\rho Sl}{2A}|m'_z|\right)$ 可知,若模拟弹与被模拟弹相似参数 β 满足 $\beta_{\mathrm{I}} = \beta_{\mathrm{II}}$,且 $|m'_{z\mathrm{I}}| = |m'_{z\mathrm{II}}|$,则有 $k_{z\mathrm{I}} d_{\mathrm{I}} = k_{z\mathrm{II}} d_{\mathrm{II}}$,即

$$k_{z\mathrm{I}} = k_{z\mathrm{II}} d_{\mathrm{II}}/d_{\mathrm{I}} \tag{9.2.38}$$

式(9.2.38)表明,若两弹的相似参数相等,则模拟弹不会改变被模拟弹的静稳定性条件,同样,若两弹相似参数 β 相等,且满足前面介绍的外弹道相似条件,则摆动周期存在如下关系:

$$T_{\mathrm{I}} = T_{\mathrm{II}}\sqrt{d_{\mathrm{I}}/d_{\mathrm{II}}} \tag{9.2.39}$$

由上面讨论可知,若两弹满足:

(1) 两弹几何外形相似,重心相对位置 $\bar{x}_G$ 相同;

(2) 两弹相似参数满足 $\lambda_{\mathrm{I}} = \lambda_{\mathrm{II}}$, $\beta_{\mathrm{I}} = \beta_{\mathrm{II}}$;

(3) 两弹初始条件 v_0、θ_0、ψ_{20} 等相同。

则两弹的静稳定性和摆动周期可以相似,且小口径模拟弹的摆动周期较原弹缩短。

2) 尾翼弹动态稳定性相似性分析

要保证尾翼弹的动态稳定性,要求式(9.2.36)中的指数因子 b 满足 $b > 0$。由式(9.2.37)中各参数的表达式可知,若两弹满足与上面静稳定性和摆动周期相似性分析中相同的条件,则两弹存在 $b_{\mathrm{I}} = b_{\mathrm{II}}$,即两弹的攻角衰减速率相同,动态稳定性可以相似。

3) 尾翼弹追随稳定性影响分析

方程组[式(9.2.35)]中的攻角方程存在一个非周期项特解,根据外弹道理论,此攻角特解可近似为

$$\delta_{1p} = \frac{g\cos\theta}{k_z v^2}\left(b_x + k_{zz} + \frac{2g\sin\theta}{v^2}\right) \tag{9.2.40}$$

完全类似于前面的讨论,当两弹满足上面摆动周期相似性分析中的条件(1)~(3)时,则两弹存在关系: $\delta_{1p\mathrm{I}} = \delta_{1p\mathrm{II}} d_{\mathrm{I}}/d_{\mathrm{II}}$,此时小口径模拟弹的动力平衡角较原弹减小。

3. 尾翼弹相似参数的相容性

在前面分析尾翼弹的外弹道相似性过程中,要求两弹满足的外弹道相似性条件,最重要的是两弹的相似参数 λ、β 要同时满足关系: $\lambda_{\mathrm{I}} = \lambda_{\mathrm{II}}$, $\beta_{\mathrm{I}} = \beta_{\mathrm{II}}$。这就引出一个问题,当设计模拟弹满足一个相似参数关系时,另一个相似参数是否经适当调整也能同时满足,即两个相似参数的相容性问题。经分析后可知,相似参数 λ 与 β 是满足相容性的。

因 $\lambda = S/m$, $\beta = Sld/A$, 即 $\lambda_{\mathrm{I}} = \lambda_{\mathrm{II}}$ 等价于

$$\frac{d_{\mathrm{I}}^2}{d_{\mathrm{II}}^2} = \frac{m_{\mathrm{I}}}{m_{\mathrm{II}}} \tag{9.2.41}$$

而 $\beta_{\mathrm{I}} = \beta_{\mathrm{II}}$ 等价于

$$\frac{l_{\mathrm{I}} d_{\mathrm{I}}^3}{l_{\mathrm{II}} d_{\mathrm{II}}^3} = \frac{A_{\mathrm{I}}}{A_{\mathrm{II}}} \tag{9.2.42}$$

而 $\dfrac{A_{\mathrm{I}}}{A_{\mathrm{II}}} = \dfrac{\left(\dfrac{A_{\mathrm{I}}}{C_{\mathrm{I}}}\right) C_{\mathrm{I}}}{\left(\dfrac{A_{\mathrm{II}}}{C_{\mathrm{II}}}\right) C_{\mathrm{II}}}$，由外弹道学知，有 $C = \dfrac{\mu m d^2}{4}$，其中 μ 为弹丸质量分布系数，对于实际弹丸，一般有 $\mu = 0.45 \sim 0.60$。根据弹丸设计理论，当两弹几何外形相似时，近似有 $\dfrac{\left(\dfrac{A_{\mathrm{I}}}{C_{\mathrm{I}}}\right)}{\left(\dfrac{A_{\mathrm{II}}}{C_{\mathrm{II}}}\right)} \approx 1$，$\dfrac{\mu_{\mathrm{I}}}{\mu_{\mathrm{II}}} = 1$，$\dfrac{l_{\mathrm{I}}}{d_{\mathrm{I}}} = \lambda_1$，$\dfrac{l_{\mathrm{II}}}{d_{\mathrm{II}}} = \lambda_1$，其中 λ_1 为全弹长径比。

利用这些关系式就能证明式(9.2.41)和式(9.2.42)是可以互相转换的，即这两个相似参数是相容的。对于尾翼弹，只要能保证相似参数 λ 满足相似性条件，则相似参数 β 也比较容易满足相似性条件。

9.3 非完全相似条件下的外弹道相似性修正问题

9.3.1 问题的引出

根据上节提出的外弹道相似理论可知，两弹必须满足一定的相似条件才具有某些外弹道特性的相似性。这些相似条件主要与两弹的结构参数和射击条件相关，然而在实际中，由于受试验条件、火炮条件等的限制，两弹的这些相似性条件往往难以全部满足。这时，实际的模拟用弹与被模拟弹的外弹道特性的相似性必然会产生一定的差异，这种差异是由于相似性条件不能完全满足而造成的，因此可以根据相似性条件的差异进行适当的修正，使得模拟弹修正后的外弹道与被模拟弹的外弹道仍保持良好的相似性。这就是非完全相似条件下的外弹道相似性修正问题，解决这个问题，对于外弹道相似性理论在工程实际中的应用是非常重要的。

对于这种非完全相似条件下的外弹道相似，外弹道修正的任务就是要确定模拟弹在非完全相似条件下的弹道参数与完全相似条件下对应弹道参数的差值。至于以哪些弹道参数作为修正对象，应由弹道相似性研究的要求来确定。例如，在同一飞行时刻，对弹丸的飞行速度、飞行距离、弹道高、偏流进行修正，以及对弹丸章动周期和衰减指数的修正等。

弹道参数的修正方法可用求差法，即对模拟弹分别求解其在非完全相似条件和完全

相似条件下的弹道方程，将求得的弹道诸元对应相减，就得到所需的弹道修正量。设模拟弹在完全相似条件下的某弹道参数为 x，而在非完全相似条件下的值为 x'，则该弹道参数的修正量 Δx 为

$$\Delta x = x - x' \tag{9.3.1}$$

下面依据这种思想，介绍各类相似性条件下的外弹道相似性修正。

9.3.2 非完全相似条件下的外弹道相似性修正方法

在前面的外弹道相似性条件讨论中，主要介绍了两弹在结构、外形和一些射击条件上的要求，实际上，模拟弹和被模拟弹在相同的气象条件下比较才有意义，因此不加说明，外弹道相似性分析中要求两弹的气象条件是相同的。

1. 第一类外弹道相似性修正

在第一类相似性分析中，可能出现的非完全相似参数包括：

（1）弹丸质量 m；

（2）初速 v_0；

（3）气温 τ、气压 p；

（4）纵风 w_x 和横风 w_z。

气温 τ 和气压 p 的变化引起空气密度的变化，即

$$\rho = \frac{p}{R_d \tau} \tag{9.3.2}$$

气温 τ 的变化还引起声速的变化，即

$$c_s = \sqrt{kR_d \tau} \tag{9.3.3}$$

在完全相似条件下，纵风 w_x 和横风 w_z 应为零。

在非完全相似条件下，弹丸运动方程为

$$\begin{cases} \dfrac{dv}{dt} = -b_x v_r (v - w_{x\parallel}) - g\sin\theta\cos\psi_2 \\ \dfrac{d\theta}{dt} = (-b_x v_r w_{x\perp} - g\cos\theta)/(v\cos\psi_2) \\ \dfrac{d\psi_2}{dt} = (b_x v_r w_z + g\sin\theta\sin\psi_2)/v \\ \dfrac{dx}{dt} = v\cos\psi_2\cos\theta \\ \dfrac{dy}{dt} = v\cos\psi_2\sin\theta \\ \dfrac{dz}{dt} = v\sin\psi_2 \\ w_{x\parallel} = w_x\cos\theta, \quad w_{x\perp} = w_x\sin\theta \\ v_r = \sqrt{(v - w_{x\parallel})^2 + w_{x\perp}^2 + w_z^2} \end{cases} \tag{9.3.4}$$

当 $t=0$ 时，$v=v_0$，$\theta=\theta_0$，$\psi_2=0$，$x=y=z=0$。

当气象条件为标准气象条件及 $w_x=w_z=0$ 时，方程(9.3.4)则转为完全相似条件下弹丸运动方程的形式。设求解完全相似条件下的弹丸运动方程所得的解为 $v(t)$、$\theta(t)$、$x(t)$、$y(t)$，求解非完全相似条件下的弹丸运动方程所得的解为 $v'(t)$、$\theta'(t)$、$\psi'_2(t)$、$x'(t)$、$y'(t)$、$z'(t)$，则非完全相似条件下的外弹道修正量由式(9.3.5)确定，即

$$\begin{cases}\Delta v(t)=v(t)-v'(t)\\ \Delta\theta(t)=\theta(t)-\theta'(t)\\ \Delta x(t)=x(t)-x'(t)\\ \Delta y(t)=y(t)-y'(t)\end{cases}\tag{9.3.5}$$

2. 第二类外弹道相似性修正

在第二类相似性分析中，可能出现的非完全相似参数包括：

(1) 弹丸质量 m；

(2) 赤道转动惯量 A；

(3) 极转动惯量 C；

(4) 初速 v_0；

(5) 膛线缠度 η；

(6) 气温 τ 和气压 p；

(7) 纵风 w_x 和横风 w_z。

同第一类外弹道相似性相比，第二类外弹道相似性中的相似弹道诸元主要多了偏流项，因此取非完全相似条件下的弹丸运动方程组为

$$\begin{cases}\dfrac{\mathrm{d}v}{\mathrm{d}t}=-b_x(1+k_\delta\delta_{\mathrm{p}}^2)v_{\mathrm{r}}(v-w_{x\parallel})-g\sin\theta\cos\psi_2\\ \dfrac{\mathrm{d}\theta}{\mathrm{d}t}=(-b_xv_{\mathrm{r}}w_{x\perp}+b_yv_{\mathrm{r}}^2\delta_{\mathrm{p1}}-g\cos\theta)/(v\cos\psi_2)\\ \dfrac{\mathrm{d}\psi_2}{\mathrm{d}t}=(b_xv_{\mathrm{r}}w_z+b_yv_{\mathrm{r}}^2\delta_{\mathrm{p2}}+g\sin\theta\sin\psi_2)/v\\ \dfrac{\mathrm{d}\dot{\gamma}}{\mathrm{d}t}=-k_{xz}v_{\mathrm{r}}\dot{\gamma}\\ \dfrac{\mathrm{d}x}{\mathrm{d}t}=v\cos\psi_2\cos\theta\\ \dfrac{\mathrm{d}y}{\mathrm{d}t}=v\cos\psi_2\sin\theta\\ \dfrac{\mathrm{d}z}{\mathrm{d}t}=v\sin\psi_2\\ w_{x\parallel}=w_x\cos\theta,\ w_{x\perp}=w_x\sin\theta\\ v_{\mathrm{r}}=\sqrt{(v-w_{x\parallel})^2+w_{x\perp}^2+w_z^2}\\ \delta_{\mathrm{p}}=\sqrt{\delta_{\mathrm{p1}}^2+\delta_{\mathrm{p2}}^2}\end{cases}$$

$$\begin{cases}\delta_{\mathrm{p1}}=\dfrac{gB}{1+h_{\mathrm{L}}^{2}}(\sin\theta\sin\psi_{2}+h_{\mathrm{L}}\cos\theta)\\ \delta_{\mathrm{p2}}=\dfrac{gB}{1+h_{\mathrm{L}}^{2}}(\cos\theta-h_{\mathrm{L}}\sin\theta\sin\psi_{2})\\ B=\dfrac{C\dot{\gamma}}{Ak_{z}v_{\mathrm{r}}^{3}},\ h_{\mathrm{L}}=\dfrac{Cb_{y}\dot{\gamma}}{Ak_{z}v_{\mathrm{r}}}\end{cases}\tag{9.3.6}$$

当 $t=0$ 时，$v=v_0$，$\theta=\theta_0$，$\psi_2=0$，$x=y=z=0$，$\dot{\gamma}_0=\dfrac{2\pi v_0}{\eta d}$。

当气象条件为标准气象条件及 $w_x=w_z=0$ 时，方程(9.3.6)则转为完全相似条件下弹丸的运动方程形式。对模拟弹分别求解其在完全相似条件和非完全相似条件下的弹丸运动方程，即可获得第二类相似性的修正量为

$$\begin{cases}\Delta v(t)=v(t)-v'(t)\\ \Delta\theta(t)=\theta(t)-\theta'(t)\\ \Delta\psi_2(t)=\psi_2(t)-\psi_2'(t)\\ \Delta x(t)=x(t)-x'(t)\\ \Delta y(t)=y(t)-y'(t)\\ \Delta z(t)=z(t)-z'(t)\\ \Delta\dot{\gamma}(t)=\dot{\gamma}(t)-\dot{\gamma}'(t)\end{cases}\tag{9.3.7}$$

上面等式右边第一项为完全相似条件下求解得到的外弹道参数，第二项为非完全相似条件下求出的外弹道参数。

3. 第三类外弹道相似性修正

在第三类相似性分析中，可能出现的非完全相似参数包括：

(1) 弹丸质量 m；

(2) 赤道转动惯量 A；

(3) 极转动惯量 C；

(4) 初速 v_0；

(5) 膛线缠度 η；

(6) 气温 τ 和气压 p；

(7) 纵风 w_x 和横风 w_z。

同第一类外弹道相似性相比，第三类外弹道相似性中相似弹道诸元主要多了章动周期等项，因此取非完全相似条件下的弹丸运动方程组为

$$\begin{cases}\dfrac{\mathrm{d}v}{\mathrm{d}t}=-b_x(1+k_\delta\delta^2)v_{\mathrm{r}}(v-w_{x\parallel})-g\sin\theta\cos\psi_2\\ \dfrac{\mathrm{d}\theta}{\mathrm{d}t}=(-b_xv_{\mathrm{r}}w_{x\perp}-g\cos\theta)/(v\cos\psi_2)\\ \dfrac{\mathrm{d}\psi_2}{\mathrm{d}t}=(b_xv_{\mathrm{r}}w_z+g\sin\theta\sin\psi_2)/v\end{cases}$$

$$
\begin{cases}
\dfrac{\mathrm{d}x}{\mathrm{d}t} = v\cos\psi_2\cos\theta \\
\dfrac{\mathrm{d}y}{\mathrm{d}t} = v\cos\psi_2\sin\theta \\
\dfrac{\mathrm{d}z}{\mathrm{d}t} = v\sin\psi_2 \\
\dfrac{\mathrm{d}\dot{\gamma}}{\mathrm{d}t} = -k_{xz}v_{\mathrm{r}}\dot{\gamma} \\
\dfrac{\mathrm{d}\dot{\delta}_1}{\mathrm{d}t} = -[(k_{zz}+b_y)\dot{\delta}_1 + 2\alpha\dot{\delta}_2]v_{\mathrm{r}} - [(-k_z - 2\alpha\dot{\gamma}b_z/v)\delta_1 - 2\alpha(k_y - b_y)\delta_2]v_{\mathrm{r}}^2 \\
\dfrac{\mathrm{d}\dot{\delta}_2}{\mathrm{d}t} = -[(k_{zz}+b_y)\dot{\delta}_2 - 2\alpha\dot{\delta}_1]v_{\mathrm{r}} - [(-k_z - 2\alpha\dot{\gamma}b_z/v)\delta_2 + 2\alpha(k_y - b_y)\delta_1]v_{\mathrm{r}}^2 \\
\dfrac{\mathrm{d}\delta_1}{\mathrm{d}t} = \dot{\delta}_1 \\
\dfrac{\mathrm{d}\delta_2}{\mathrm{d}t} = \dot{\delta}_2 \\
w_{x\parallel} = w_x\cos\theta,\ w_{x\perp} = w_x\sin\theta \\
v_{\mathrm{r}} = \sqrt{(v - w_{x\parallel})^2 + w_{x\perp}^2 + w_z^2} \\
\delta = \sqrt{\delta_1^2 + \delta_2^2}
\end{cases}
\tag{9.3.8}
$$

当 $t=0$ 时，$v=v_0$，$\theta=\theta_0$，$\psi_2=0$，$x=y=z=0$，$\dot{\gamma}_0=\dfrac{2\pi v_0}{\eta d}$，$\delta_1=\delta_2=0$，$\dot{\delta}_1=\dot{\delta}_{10}$，$\dot{\delta}_2=\dot{\delta}_{20}$。

当气象条件为标准气象条件及 $w_x=w_z=0$ 时，方程(9.3.8)则转为完全相似条件下的弹丸运动方程形式，分别求解完全相似条件和非完全相似条件下的弹丸运动方程，对两者对应弹道参数求差后，即可得到对应的弹道修正量，即

$$
\begin{cases}
\Delta v(t) = v(t) - v'(t) \\
\Delta\theta(t) = \theta(t) - \theta'(t) \\
\Delta x(t) = x(t) - x'(t) \\
\Delta y(t) = y(t) - y'(t) \\
\Delta\dot{\gamma}(t) = \dot{\gamma}(t) - \dot{\gamma}'(t) \\
\Delta T_\delta = T_\delta - T'_\delta
\end{cases}
\tag{9.3.9}
$$

4. 第四类外弹道相似性修正

在第四类相似性分析中，可能出现的非完全相似参数如下。

(1) 弹丸质量 m；

(2) 赤道转动惯量 A；

(3) 极转动惯量 C；

(4) 初速 v_0；

（5）膛线缠度 η；

（6）气温 τ 和气压 p；

（7）纵风 w_x 和横风 w_z。

第四类外弹道相似性主要是用小弹水平射击、近距离上部分外弹道诸元模拟大弹稍远距离上对应的诸元情况，取非完全相似条件下的弹丸运动方程组为

$$
\begin{cases}
\dfrac{\mathrm{d}v}{\mathrm{d}t} = -b_x(1+k_\delta\delta^2)v_\mathrm{r}(v-w_{x\parallel}) - g\sin\theta\cos\psi_2 \\
\dfrac{\mathrm{d}\theta}{\mathrm{d}t} = (-b_x v_\mathrm{r} w_{x\perp} - g\cos\theta)/(v\cos\psi_2) \\
\dfrac{\mathrm{d}\psi_2}{\mathrm{d}t} = (b_x v_\mathrm{r} w_z + g\sin\theta\sin\psi_2)/v \\
\dfrac{\mathrm{d}x}{\mathrm{d}t} = v\cos\psi_2\cos\theta \\
\dfrac{\mathrm{d}y}{\mathrm{d}t} = v\cos\psi_2\sin\theta \\
\dfrac{\mathrm{d}z}{\mathrm{d}t} = v\sin\psi_2 \\
\dfrac{\mathrm{d}\dot{\gamma}}{\mathrm{d}t} = -k_{xz}v_\mathrm{r}\dot{\gamma} \\
\dfrac{\mathrm{d}\dot{\delta}_1}{\mathrm{d}t} = -[(k_{zz}+b_y)\dot{\delta}_1 + 2\alpha\dot{\delta}_2]v_\mathrm{r} - [(-k_z - 2\alpha\dot{\gamma}b_z/v)\delta_1 - 2\alpha(k_y-b_y)\delta_2]v_\mathrm{r}^2 \\
\dfrac{\mathrm{d}\dot{\delta}_2}{\mathrm{d}t} = -[(k_{zz}+b_y)\dot{\delta}_2 - 2\alpha\dot{\delta}_1]v_\mathrm{r} - [(-k_z - 2\alpha\dot{\gamma}b_z/v)\delta_2 + 2\alpha(k_y-b_y)\delta_1]v_\mathrm{r}^2 \\
\dfrac{\mathrm{d}\delta_1}{\mathrm{d}t} = \dot{\delta}_1 \\
\dfrac{\mathrm{d}\delta_2}{\mathrm{d}t} = \dot{\delta}_2 \\
w_{x\parallel} = w_x\cos\theta,\ w_{x\perp} = w_x\sin\theta \\
v_\mathrm{r} = \sqrt{(v-w_{x\parallel})^2 + w_{x\perp}^2 + w_z^2} \\
\delta = \sqrt{\delta_1^2+\delta_2^2}
\end{cases}
\tag{9.3.10}
$$

当 $t=0$ 时，$v=v_0$，$\theta=0$，$\psi_2=0$，$x=y=z=0$，$\dot{\gamma}_0=\dfrac{2\pi v_0}{\eta d}$，$\delta_1=\delta_2=0$，$\dot{\delta}_1=\dot{\delta}_{10}$，$\dot{\delta}_2=\dot{\delta}_{20}$。

当气象条件为标准气象条件及 $w_x=w_z=0$ 时，方程(9.3.10)则转为完全相似条件下的弹丸运动方程形式。分别求解完全相似条件和非完全相似条件下的弹丸运动方程，求差后可得所需的弹道修正量：

$$\begin{cases}\Delta v(t) = v(t) - v'(t) \\ \Delta x(t) = x(t) - x'(t) \\ \Delta \dot{\gamma}(t) = \dot{\gamma}(t) - \dot{\gamma}'(t) \\ \Delta T_{\delta} = T_{\delta} - T'_{\delta}\end{cases} \tag{9.3.11}$$

5. 非完全相似条件下外弹道相似性修正应用中要注意的问题

一般来说,外弹道相似理论在实际应用中常会遇到非完全相似条件问题,因在实际应用中由于受火炮炮口动能、膛线缠度、试验条件和气象条件等影响,要求模拟弹与被模拟弹完全满足相似性条件,并按相似性条件来设计小弹结构参数进行试验有时是难以实现的,这就需要进行非完全相似条件下的外弹道相似性修正。但在实际应用中,设计者仍应注意,对那些无法满足的相似性条件关系式中的某些参数(如弹丸质量、转动惯量等),在允许范围内仍应尽可能设计、选择接近相似性条件关系的参数,因为非完全相似性条件下的参数差异越小,引入的计算弹道修正量误差也就越小。

9.4　外弹道相似性应用实例

前面几节从理论上介绍了外弹道相似性条件、非完全相似条件下的外弹道修正问题等,根据这些理论知识,设计者可以通过设计一个小弹方案来模拟大弹,进行一些外弹道测试试验。本节通过一个应用实例,简要介绍外弹道相似理论在实际应用中的状况。

9.4.1　基本弹与模拟弹选定

为了检验、分析外弹道相似性在实际应用中的效果,选取两个不同口径的弹丸进行模拟对比试验。通常中大口径炮弹为被模拟弹,称为基本弹。根据已有的数据情况,选定某 85 mm 口径榴弹为基本弹,其试验数据为已往的试验数据,并且基本弹的炮弹结构参数等是不能改变的。小口径弹一般为模拟弹,考虑到火炮膛线缠度接近、器材来源及试验条件等因素,选择某 37 mm 口径弹丸作为模拟弹来进行设计。

9.4.2　模拟弹方案设计

根据几类外弹道相似性条件,除了火炮膛线缠度 η 要求以外,设计模拟弹主要考虑的因素如下:

(1) 两弹的初速和射角相同;

(2) 两弹的几何外形相似,且弹丸质心相对位置相同;

(3) 两弹的断面质量比、转动惯量比、组合参数 $\beta(=Sld/A)$ 相同等。

设计分析表明,根据选取的 37 mm 火炮条件等,设计模拟弹同时满足上述要求难以达到,例如,85 mm 基本弹的弹丸质量为 9.6 kg,如果模拟弹设计中要同时达到断面质量比和初速均与基本弹相同,则在炮口动能大致不变的状况下是无法实现的。因此,在少数外弹道相似性条件无法保证满足的状况下,只能选取尽量接近的方案,而对相似性条件不满足

(非完全相似)所引起的外弹道相似性差异,则需通过非完全相似条件下的外弹道相似性修正来解决。据此设计出的 37 mm 模拟弹外形与 85 mm 基本弹几何相似,两弹部分结构参数对比如表 9.4.1 所示。

表 9.4.1 设计的 37 mm 模拟弹与 85 mm 基本弹部分结构参数

弹　丸	质量/kg	质心相对位置	弹丸长细比	弹丸转动惯量比
37 mm 模拟弹	0.84	0.397	4.729	9.20
85 mm 基本弹	9.60	0.393	4.729	9.37

针对设计出的 37 mm 模拟弹加工了一批样弹,在某靶道内进行了射击飞行试验(8 发),同以往 85 mm 基本弹的飞行试验结果进行外弹道相似性对比分析。两弹实际飞行试验时的一些主要参数状况如下。

(1) 基本弹的参数如下:弹径 d_{I} 为 85 mm,弹长 l_{I} 为 402 mm,弹丸质量 m_{I} 为 9.60 kg,赤道转动惯量 A_{I} 为 0.087 22 kg · m^2,极转动惯量 C_{I} 为 0.009 31 kg · m^2,火炮膛线缠度 η_{I} 为 29.9,实测平均初速 $v_{0\mathrm{I}}$ 为 788.0 m/s。

(2) 基本弹的试验条件如下:气温 t_{I} = 22℃, 气压 $p_{0\mathrm{I}}$ = 916 hPa, 空气相对湿度 a_{I} = 80%, 水平射击。

(3) 设计加工后模拟弹的参数(个别参数同设计值略有差异)如下:弹径 d_{II} 为 37 mm,弹长 l_{II} 为 174 mm,弹丸质量 m_{II} 为 0.842 3 kg,赤道转动惯量 A_{II} 为 0.001 52 kg · m^2,极转动惯量 C_{II} 为 0.000 179 8 kg · m^2,火炮膛线缠度 η_{II} 为 30.0,实测平均初速 $v_{0\mathrm{II}}$ 为 795.0 m/s;

(4) 模拟弹试验条件如下:气温 t_{II} = 19.2 ℃, 气压 $p_{0\mathrm{II}}$ = 1 007.2 hPa, 空气相对湿度 a_{II} = 81.4%, 水平射击。

9.4.3 两弹外弹道相似性对比分析

由于试验条件等方面的限制,所设计加工出的 37 mm 模拟弹不能完全满足外弹道相似性条件,在对应参数的相似关系上必然存在差异,这种差异将通过外弹道相似性修正来补偿。

由于各类外弹道相似性的相似条件有所不同,对所设计出的一种模拟弹而言,如某些参数不满足相似关系,则在各类外弹道相似性要求下所对应的相似条件差异是不同的,应根据需要获得何类外弹道测试数据,按各类外弹道相似性条件分别进行修正,将修正量补偿到模拟弹对应测试数据上,即可获得所需要的最终模拟弹数据。由于靶道内测试距离等条件限制,这里针对模拟弹和基本弹,主要分析各时刻弹道上的水平飞行距离、飞行速度、章动周期等参量的相似性状况。表 9.4.2 中列出了模拟弹与基本弹在飞行弹道上关于上述诸元测试结果的对比状况(表中模拟弹诸元已进行了非相似性条件下的外弹道修正),表中 x_{I}、v_{I}、T_{I} 为 85 mm 基本弹数据,x_{II}、v_{II}、T_{II} 为 37 mm 模拟弹数据。此外,章动周期为:T_{I} = 78.0 ms, T_{II} = 76.1 ms, ΔT =− 1.90 ms。

表 9.4.2　37 mm 模拟弹和 85 mm 基本弹外弹道诸元相似性比较

t/s	x_{I}/m	x_{II}/m	Δx/m	v_{I}/(m/s)	v_{II}/(m/s)	Δv/(m/s)
0.000	0.00	0.00	0.00	788.0	788.0	0.0
0.005	3.94	3.94	0.00	787.7	787.6	−0.1
0.010	7.88	7.88	0.00	787.4	787.1	−0.3
0.015	11.81	11.82	0.01	787.1	786.8	−0.3
0.020	15.75	15.75	0.00	786.7	786.4	−0.3
0.025	19.68	19.67	−0.01	786.4	785.8	−0.6
0.030	23.61	23.60	−0.01	786.1	785.6	−0.5
0.035	27.54	27.53	−0.01	785.8	785.1	−0.7
0.040	31.47	31.45	−0.02	785.5	784.7	−0.8
0.045	35.40	35.38	−0.02	785.2	784.4	−0.8
0.050	39.32	39.30	−0.02	784.9	783.9	−1.0
0.055	43.25	43.22	−0.03	784.6	783.5	−1.1
0.060	47.17	47.13	−0.04	784.3	783.2	−1.1
0.065	51.09	51.04	−0.05	783.9	782.7	−1.2
0.070	55.01	54.96	−0.05	783.6	782.4	−1.2
0.075	58.92	58.88	−0.04	783.3	782.0	−1.3
0.080	62.84	62.78	−0.06	783.0	781.5	−1.5
0.085	66.75	66.68	−0.07	782.7	781.2	−1.5
0.090	70.67	70.59	−0.08	782.4	780.9	−1.5
0.095	74.58	74.49	−0.09	782.1	780.4	−1.7
0.100	78.49	78.39	−0.10	781.8	780.0	−1.8
0.105	82.40	82.29	−0.11	781.5	779.7	−1.8
0.110	86.30	86.19	−0.11	781.2	779.3	−1.9
0.115	90.21	90.09	−0.12	780.9	778.9	−2.0
0.120	94.11	93.98	−0.13	780.5	778.5	−2.0

续 表

t/s	x_{I}/m	x_{II}/m	Δx/m	v_{I}/(m/s)	v_{II}/(m/s)	Δv/(m/s)
0.125	98.01	97.87	−0.14	780.2	778.2	−2.0
0.130	101.91	101.76	−0.15	779.9	777.9	−2.0
0.135	105.81	105.65	−0.16	779.6	777.4	−2.2
0.140	109.71	109.54	−0.17	779.3	777.0	−2.3
0.145	113.61	113.43	−0.18	779.0	776.7	−2.3
0.150	117.50	117.30	−0.20	778.7	776.3	−2.4
0.155	121.39	121.19	−0.20	778.4	776.0	−2.4
0.160	125.28	125.07	−0.21	778.1	775.7	−2.4
0.165	129.17	128.94	−0.23	777.8	775.2	−2.6
0.170	133.06	132.82	−0.24	777.5	774.9	−2.6
0.175	136.95	136.69	−0.26	777.2	774.5	−2.7
0.180	140.83	140.56	−0.27	776.9	774.1	−2.8
0.185	144.72	144.43	−0.29	776.6	773.8	−2.8
0.190	148.60	148.30	−0.30	776.3	773.4	−2.9
0.195	152.48	152.17	−0.31	776.0	773.0	−3.0
0.200	156.36	156.03	−0.33	775.7	772.7	−3.0
0.205	160.24	159.90	−0.34	775.4	772.5	−2.9
0.210	164.11	163.75	−0.36	775.1	772.1	−3.0
0.215	167.99	167.61	−0.38	774.7	771.8	−2.9
0.220	171.86	171.47	−0.39	774.4	771.4	−3.0
0.225	175.73	175.33	−0.40	774.1	771.0	−3.1
0.230	179.60	179.18	−0.42	773.8	770.7	−3.1
0.235	183.47	183.04	−0.43	773.5	770.3	−3.2
0.240	187.34	186.88	−0.46	773.2	770.0	−3.2
0.245	191.20	190.73	−0.47	772.9	769.7	−3.2
0.250	195.07	194.58	−0.49	772.6	769.2	−3.4

由表 9.4.2 中的结果对比可以看出，37 mm 模拟弹的试验结果经相似性条件差异修正后，与 85 mm 基本弹的试验结果有较好的外弹道相似性。就 200 m 飞行试验距离内而言，在水平距离上，两弹差异在 2.6‰以内；在飞行速度上，两弹差异在 4.5‰以内；在章动周期上，两弹差异在 2.5‰以内。以上表明外弹道相似理论在实际应用中有较好的相似精度。

第 10 章　外弹道减阻与增程技术

使弹箭达到“远、准、狠、灵”，是弹箭兵器技术发展进程中，研究人员追求的永恒主题。其中，射程是弹箭兵器装备设计的重要技术指标，增程是兵器技术发展的主要推动力之一。炮弹增程技术是火炮、弹药系统设计中最活跃的一个技术领域。研究人员不断探索减小弹丸飞行中的阻力、在弹上增加一些增程减阻装置等方法来提高射程（对于通过提高炮口动能来增程的方法，不在这里讨论），从 20 世纪 70 年代开始，由于战术要求与技术的发展，炮弹增程技术得到了很大的发展。本章主要对外弹道减阻与增程技术中的一些主要技术途径及其原理、方法等作一介绍。

10.1　气动外形减阻增程技术

10.1.1　优化弹形减阻增程概述

现代远程榴弹大都是旋转稳定的圆柱形弹丸，它主要由卵形头部、圆柱部、船尾部、定心部和弹带组成。弹丸在飞行中受到的空气阻力由零升阻力和攻角引起的诱导阻力组成。飞行性能良好的弹丸，诱导阻力很小，弹丸空气阻力的主要组成部分是零升阻力或称零攻角阻力。零升阻力主要由以下几部分组成：由垂直弹体表面的压力引起的阻力称为压差阻力（超声速时也称波阻），由空气的黏性引起的切向阻力称为摩擦阻力，弹底后部低压区形成的阻力称为底部阻力，此外还有像弹丸表面凸起、弹顶引信前部小平面等形成的附加阻力。

上述各阻力与弹丸的各部分形状有关，还与弹丸的飞行马赫数有关，摩阻系数和底阻系数还与雷诺数有关。弹丸的头部波阻、尾部波阻合称波阻，这样可以把弹丸的空气阻力系数大致分成三部分：波阻系数、底阻系数和摩阻系数。弹丸的总阻系数及各部分阻力系数占总阻系数的比例，与弹全长、弹头长占全弹长的比例、弹头和弹尾的几何形状、弹丸表面状况和飞行马赫数有关。对于一般旋转稳定弹丸，在亚声速条件下（$Ma < 0.8$），摩擦阻力占总阻的 35%～40%；底阻占总阻的 60%～65%。在超声速条件下（$Ma > 1.25$），摩阻只占总阻的 9%～13%，底阻占总阻的 27%～31%，波阻占总阻的 57%～64%。远程榴弹一般都在超声速条件下飞行，阻力的主要部分是波阻和底阻。

综上所述，对于现代远程榴弹，弹形减阻的关键是减小波阻和底阻。对波阻影响最大的因素是全弹长细比和弹头长细比，影响底阻最大的因素是尾部长细比和船尾角。为了减小阻力、增大射程，近几十年，在远程榴弹的全弹及弹头部长细比设计上发生了很大变化，老式榴弹弹长只有 4.5 倍弹径左右，远程榴弹弹长超过 6 倍弹径以上，可使阻力减小

30%以上。20 世纪 80 年代,为减小弹丸阻力,出现了一种无圆柱部(或圆柱部极短)的低阻增程弹(俗称枣核弹),与通常的弹形(头部-圆柱部-船尾部)相比,该弹形在减阻方面的效果是明显的。

在气动外形减阻增程的实际应用中,除了对全弹长细比、弹头部长细比及头部母线、弹尾部长细比等进行优化设计外,还应关注全弹表面的各类台沿、孔槽等影响。由于全弹由许多零部件组成,在生产加工、组装过程,有时出于工艺需要,各零部件连接、定位组装后,弹体表面会出现许多缝隙、台沿、沟槽或孔洞,在超声速飞行条件下,这些地方均是气流绕流弹表面的强扰动源,会产生激波和波阻(工程上常常不注意这些环节、耗能较大),因此在设计全弹、生产加工及组装过程中,对这些环节要加以严格管控。

10.1.2　炮弹最小波阻母线方程近似解

通过合理地设计弹丸外形可以减小阻力,这自然就引出一个问题:采用什么样的弧线母线可使减阻效果更佳?原有的最小波阻母线方程的研究成果,有的因限制条件难以满足,直接应用效果并非最佳。例如,西斯-哈克弹形是在弹丸体积与弹长一定的条件下,要求弹丸两头为尖头时导出的,实际上,由于受飞行稳定性、内装炸药量等限制,弹丸不可能做成两端尖头。为此,可针对低阻增程弹的具体情况提出新的约束要求,导出适用的最小波阻母线方程。这里对此进行推导,其结果对低阻增程弹的气动外形设计有一定参考意义。

1. 限制条件

低阻增程弹外形大致如图 10.1.1 所示。图中,(x_m, y_m)、(l, y_b) 为全弧母线经过弹丸最大截面与弹底处两点的坐标,通常情况下 $y_b \neq 0$,根据弹形的实际情况假定:弹丸为细长体,头部为尖头;弹体母线方程 $Y = F(X)$ 在头部、最大截面处和弹底处分别满足 $F(0) = 0$,$F(x_m) = y_m$,$F(l) = y_b$,且在底部截面处沿 X 方向变化率为任意常数,并设来流为超声速,攻角为零。

为了方便推导,重新定义一个坐标系,如图 10.1.2 所示。图中 Oxy 平面位于弹丸子午面内,x、y 分别为无量纲坐标,$x = X/l$,$y = Y/l$。

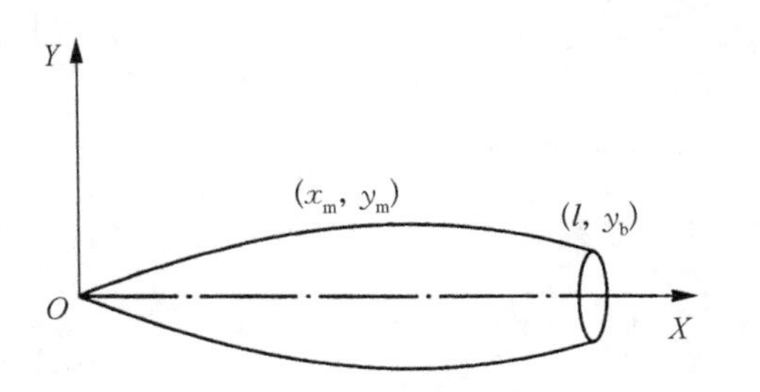

图 10.1.1　低阻增程弹外形示意图

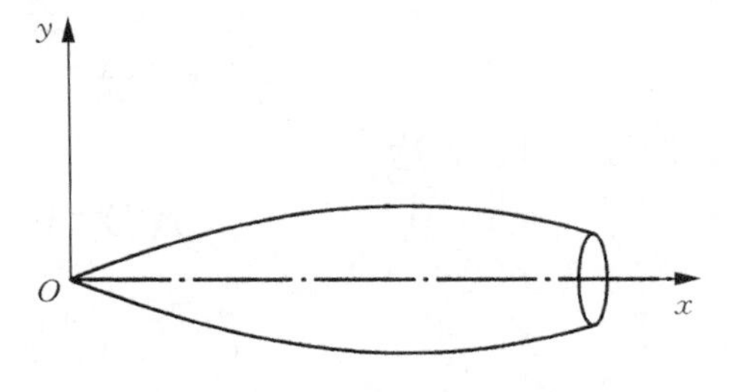

图 10.1.2　坐标示意图

在细长体理论下,弹丸的零升波阻系数为

$$c_x = \frac{1}{S_m}\left(\frac{[S'(l)]^2}{2\pi}\ln\frac{2}{\beta y_b} + \frac{1}{\pi}\int_0^l\int_0^l S''(x)S''(\xi)\ln|l-\xi|\,\mathrm{d}x\mathrm{d}\xi - \frac{1}{2\pi}\int_0^l\int_0^l S''(\xi)S''(\eta)\ln|\xi-\eta|\,\mathrm{d}\xi\mathrm{d}\eta\right\} \tag{10.1.1}$$

式中，ξ、η 为 $[0, l]$ 上的积分变量；$S_m = \pi y_m^2$；$S'(l) = 2\pi y_b \dfrac{dy_b}{dx}$；$\bar{\beta} = \sqrt{Ma^2 - 1}$，$Ma$ 为马赫数。

现在的问题是求使式(10.1.1)达极小的母线方程，这实际是一个有约束条件的变分问题，由假定条件可知，只需对下面的函数 I 求变分即可：

$$I = \frac{1}{S_m}\left[\frac{1}{\pi}\int_0^l\int_0^l S''(x)S''(\xi)\ln|l-\xi|\,dx d\xi - \frac{1}{2\pi}\int_0^l\int_0^l S''(\xi)S''(\eta)\ln|\xi-\eta|\,d\xi d\eta\right] \tag{10.1.2}$$

式中，$N = f(1)$，$f(x)$ 为源强度函数，$f(x) = y \cdot y'$。

2. 最小波阻母线方程

对于绕弹体的流动，其流函数为

$$\psi_* = \rho v l^2\left(\psi - \frac{y^2}{2}\right) \tag{10.1.3}$$

式中，ρ 为来流密度；v 为来流速度；ψ 为约化的流函数。

$$\psi = \int_0^{x-\bar{\beta}y} \frac{(x-\xi)f(\xi)\,d\xi}{\sqrt{(x-\xi)^2 - \bar{\beta}^2 y^2}} \tag{10.1.4}$$

在流线上，流函数为常数，因此有

$$\int_0^{x-\bar{\beta}y} \frac{(x-\xi)f(\xi)\,d\xi}{\sqrt{(x-\xi)^2 - \bar{\beta}^2 y^2}} - \frac{y^2}{2} = \text{常数} \tag{10.1.5}$$

沿弹体表面有

$$\int_0^{x-\bar{\beta}y} \frac{(x-\xi)f(\xi)\,d\xi}{\sqrt{(x-\xi)^2 - \bar{\beta}^2 y^2}} - \frac{y^2}{2} = 0 \tag{10.1.6}$$

上面的假定可以表达为

$$f(0) = 0, \quad f(1) = \text{常数} \tag{10.1.7}$$

$$\int_0^{x_m-\bar{\beta}y_m} \frac{(x_m-\xi)f(\xi)\,d\xi}{\sqrt{(x_m-\xi)^2 - \bar{\beta}^2 y_m^2}} = \frac{y_m^2}{2} \tag{10.1.8}$$

$$\int_0^{1-\bar{\beta}y_b} \frac{(1-\xi)f(\xi)\,d\xi}{\sqrt{(1-\xi)^2 - \bar{\beta}^2 y_b^2}} = \frac{y_b^2}{2} \tag{10.1.9}$$

因此，所求的变分问题具体为：在满足条件式(10.1.7)~式(10.1.9)的 $f(\xi)$ 函数集合中，找出一特殊的函数 $f(\xi)$，使式(10.1.2)为极小。由等周条件下的泛函极值可知，上述问题即求如下函数的极小值：

$$J = -\int_0^1\int_0^1 \dot{f}(\xi)\dot{f}(\eta)\ln|\xi-\eta|\,\mathrm{d}\xi\mathrm{d}\eta + 2N\int_{-0}^1 \dot{f}(\xi)\ln|1-\xi|\,\mathrm{d}\xi$$
$$+ 2\int_0^{1-\bar{\beta}y_b}\lambda_1\frac{(1-\xi)f(\xi)\mathrm{d}\xi}{\sqrt{(1-\xi)^2-\bar{\beta}^2y_b^2}} + 2\int_0^{x_m-\bar{\beta}y_m}\lambda_2\frac{(x_m-\xi)f(\xi)\mathrm{d}\xi}{\sqrt{(x_m-\xi)^2-\bar{\beta}^2y_m^2}} \quad (10.1.10)$$

式中，λ_1、λ_2 为拉格朗日待定因子。经过分部积分等推导，对式(10.1.10)的一阶变分为

$$\delta J = 2\int_0^1\left[K(\xi) + \lambda_1T_1(\xi)\frac{(1-\xi)}{\sqrt{(1-\xi)^2-\bar{\beta}^2y_b^2}}\right.$$
$$\left. + \lambda_2T_2(\xi)\frac{(x_m-\xi)}{\sqrt{(x_m-\xi)^2-\bar{\beta}^2y_m^2}} + \frac{N}{1-\xi}\right]\delta f(\xi)\,\mathrm{d}\xi \quad (10.1.11)$$

式中，$K(\xi) = \int_0^1\frac{\dot{f}(\eta)}{\xi-\eta}\mathrm{d}\eta$；$T_1(\xi)$、$T_2(\xi)$ 为分段函数，即

$$T_1(\xi) = \begin{cases}1, & \xi \leqslant Z_b\\ 0, & \xi > Z_b\end{cases},\quad T_2(\xi) = \begin{cases}1, & \xi \leqslant Z_m\\ 0, & \xi > Z_m\end{cases} \quad (10.1.12)$$

$$Z_b = 1-\bar{\beta}y_b,\quad Z_m = x_m - \bar{\beta}y_m \quad (10.1.13)$$

在极值条件下，一阶变分为 0，$\delta J = 0$，且对任意 $\delta f(\xi)$ 成立，所以得欧拉方程为

$$\int_0^1\frac{\dot{f}(\eta)}{\xi-\eta}\mathrm{d}\eta + \lambda_1T_1(\xi)\frac{(1-\xi)}{\sqrt{(1-\xi)^2-\bar{\beta}^2y_b^2}} + \lambda_2T_2(\xi)\frac{(x_m-\xi)}{\sqrt{(x_m-\xi)^2-\bar{\beta}^2y_m^2}} + \frac{N}{1-\xi} = 0 \quad (10.1.14)$$

这是一个有限区间上的积分方程，利用有限区间上的希尔伯特积分变换可得

$$\dot{f}(\xi) = \frac{1}{\pi^2\sqrt{\xi}}\left[\int_0^{Z_b}\lambda_1\frac{\sqrt{\eta}}{\xi-\eta}\cdot\frac{(1-\xi)}{\sqrt{(1-\xi)^2-\bar{\beta}^2y_b^2}}\mathrm{d}\eta\right.$$
$$\left. + \int_0^{Z_m}\lambda_2\frac{\sqrt{\eta}}{\xi-\eta}\cdot\frac{(x_m-\eta)}{\sqrt{(x_m-\eta)^2-\bar{\beta}^2y_m^2}}\mathrm{d}\eta + \int_0^1\frac{\sqrt{\eta}}{\xi-\eta}\cdot\frac{N}{1-\eta}\mathrm{d}\eta\right] \quad (10.1.15)$$

式(10.1.15)右端的积分可以用完全的椭圆积分来表示，但这会给下面的求解(解析关系)增加困难，为此对其作适当简化。考虑到细长弹体径向尺寸远小于轴向尺寸，即 $\bar{\beta}y_b \ll 1$，$\bar{\beta}y_m \ll 1$，有

$$\dot{f}(\xi) = \frac{1}{\pi^2\sqrt{\xi}}\left[\int_0^1\lambda_1\frac{\sqrt{\eta}}{\xi-\eta}\mathrm{d}\eta + \int_0^{x_m}\lambda_2\frac{\sqrt{\eta}}{\xi-\eta}\mathrm{d}\eta + N\int_0^1\frac{\sqrt{\eta}}{\xi-\eta}(1+\eta+\eta^2)\mathrm{d}\eta\right] \quad (10.1.16)$$

式(10.1.16)中的积分为广义积分，一般情况下，这类广义积分形式为

$$I_m = \int_0^c\frac{\eta^n}{\xi-\eta}\mathrm{d}\eta \quad (10.1.17)$$

式中，$c > 0$；$0 \leqslant \xi \leqslant c$。由推导知有如下递推关系：

$$I_{\mathrm{m}} = I_{\mathrm{m}-1} - \frac{c^n}{n} \tag{10.1.18}$$

且

$$I_{-\frac{1}{2}} = \frac{1}{\sqrt{\xi}}\ln\left|\frac{\sqrt{c}+\sqrt{\xi}}{\sqrt{c}-\sqrt{\xi}}\right|,\quad I_n = \ln\frac{\xi}{c-\xi} \tag{10.1.19}$$

由此可以积分出式(10.1.16)，将积分结果中的对数函数展开成级数，并略去ξ高阶小量（$\xi \in [0, 1]$）后得

$$\begin{aligned}\dot{f}(\xi) = \frac{2}{\pi^2}\Bigg[&\lambda_1\sqrt{\xi} + \frac{\lambda_2}{\sqrt{x_{\mathrm{m}}}}\sqrt{\xi} - \frac{(\lambda_1 + \lambda_2\sqrt{x_{\mathrm{m}}})}{\sqrt{\xi}} \\ &+ N\left(\frac{1}{3}\xi^{7/2} + \frac{4}{3}\xi^{5/2} + \frac{1}{3}\xi^{3/2} - \frac{1}{3}\sqrt{\xi} - \frac{23}{15}\frac{1}{\sqrt{\xi}}\right)\Bigg]\end{aligned} \tag{10.1.20}$$

$$\begin{aligned}f(\xi) = &\frac{2}{3}a_1\xi^{3/2} + \frac{2}{3}\frac{a_2}{\sqrt{x_{\mathrm{m}}}}\xi^{3/2} - 2(a_1 + a_2\sqrt{x_{\mathrm{m}}})\xi^{1/2} \\ &+ f(1)\ \frac{2}{\pi^2}\left(\frac{2}{27}\xi^{9/2} + \frac{8}{21}\xi^{7/2} + \frac{2}{15}\xi^{5/2} - \frac{2}{9}\xi^{3/2} - \frac{46}{15}\xi^{1/2}\right)\end{aligned} \tag{10.1.21}$$

式中，$a_1 = \frac{2}{\pi^2}\lambda_1$；$a_2 = \frac{2}{\pi^2}\lambda_2$。当$\xi = 1$时，由式(10.1.21)可解出：

$$f(1) = -1.292\,623\left[\frac{2}{3}a_1 + \frac{(3x_{\mathrm{m}} - 1)}{3\sqrt{x_{\mathrm{m}}}}a_2\right] \tag{10.1.22}$$

现由约束条件来确定拉格朗日乘子（因$\bar{\beta}y_{\mathrm{b}} \ll 1$，$\bar{\beta}y_{\mathrm{m}} \ll 1$，下面推导中都略去了高阶小量）。

由式(10.1.8)、式(10.1.9)积分可得

$$Aa_1 + Ba_2 = \frac{y_{\mathrm{m}}^2}{2} \tag{10.1.23}$$

$$Ca_1 + Da_2 = \frac{y_{\mathrm{b}}^2}{2} \tag{10.1.24}$$

式中，

$$A = \frac{4}{15}x_{\mathrm{m}}^{5/2} - \frac{4}{3}x_{\mathrm{m}}^{3/2} - 0.861\,749H(x_{\mathrm{m}})$$

$$B = -\frac{16}{15}x_{\mathrm{m}}^2 - 0.430\,874\frac{(3x_{\mathrm{m}} - 1)}{\sqrt{x_{\mathrm{m}}}}H(x_{\mathrm{m}})$$

$$C = -\frac{16}{15} - 0.861\,749H(1)$$

$$D = \frac{4}{15\sqrt{x_m}} - \frac{4}{3}\sqrt{x_m} - 0.430\,874\,\frac{(3x_m - 1)}{\sqrt{x_m}}H(1)$$

函数 $H(x)$ 为

$$H(x) = \frac{2}{\pi^2}\left(\frac{4}{297}x^{11/2} + \frac{16}{189}x^{9/2} + \frac{4}{105}x^{7/2} - \frac{4}{45}x^{5/2} - \frac{92}{45}x^{3/2}\right) \tag{10.1.25}$$

由此解出：

$$\begin{cases} a_1 = \dfrac{Dy_m^2 - By_b^2}{2(\overline{AD} - \overline{BC})} \\ a_2 = \dfrac{Ay_b^2 - Cy_m^2}{2(\overline{AD} - \overline{BC})} \\ a_2 = \dfrac{Ay_b^2 - Cy_m^2}{Dy_m^2 - By_b^2} \cdot a_1 \end{cases} \tag{10.1.26}$$

根据式(10.1.6)积分，可得弹体母线方程为

$$\begin{aligned} y^2 = &\frac{2}{3}\left[\frac{4}{5}\left(a_1 + \frac{a_2}{\sqrt{x_m}}\right)x^{5/2} - 4(a_1 + a_2\sqrt{x_m})x^{3/2}\right] \\ &- 2.585\,246\left[\frac{2}{3}a_1 + \frac{(3x_m - 1)}{3\sqrt{x_m}}a_2\right]H(x) \end{aligned} \tag{10.1.27}$$

式(10.1.21)和式(10.1.27)即最佳源强度函数和低阻增程弹具有最小波阻的母线方程。由于在推导中已根据低阻增程弹的实际情况作了一些假设(如细长体、尖头等)，不必再有其他的限制条件(如体积一定、弹长一定、弹体表面积一定等)，这里推导的式(10.1.27)比以往的研究结果更为接近实际情况，具有更为广泛的应用性。

此外，通常低阻增程弹在重心附近设置了 4 个定心舵片，以保持弹丸在膛内的定心和发射稳定。如果忽略舵片与弹身之间的空气动力干扰，那么(未考虑定心舵片)导出的最小波阻母线可直接应用于低阻增程弹上，而不会影响全弹的减阻效果。

10.1.3　外形减阻优化设计

弹丸外形减阻优化设计的内涵是：确定目标函数、限制条件及优化设计参数，通过气动计算程序或解析表达式来建立它们之间的函数关系，采用适当的优化算法进行寻优，最终确定较佳的气动外形参数。目标函数为弹丸阻力，优化设计参数通常选择对目标函数影响较大的参数，如弹丸头部长、柱部长、尾锥长、尾锥角、头部母线参数坐标等。为了使设计的弹丸在实际中得以应用，必须要满足一些条件，如弹径、全弹长限制等。

长期以来，针对弹丸外形减阻优化设计，弹丸设计者的要求基本上是追求最小阻力外形。因此，先后出现了各种最小阻力外形(如卡门蛋形头部、西斯-哈克弹形等，包括上一节中推导的最小波阻母线)，总体来讲，这些外形主要是以某一马赫数条件下减小波阻为主要目的。而在实际全飞行过程中，弹丸承受全部阻力(波阻、摩阻和底阻)且马赫数在

不断变化中。在马赫数变化的全飞行过程中,单一的马赫数对波阻的最佳弹丸外形不一定最佳。近些年来,随着弹丸气动理论和计算技术的进步,已形成准确性较高、计算速度较快的空气动力数值计算程序,因而可以根据不同的战术技术指标,通过适当的优化方法,考虑弹丸在全飞行过程中外弹道空气动力的综合效果,由大量计算获得总体性能较优的弹丸外形。采用这样的综合优化设计方法,可以获得更好的气动外形减阻增程效果。

应当指出的是,尽管飞行阻力是影响炮弹飞行弹道的最重要因素之一,但实际中还有其他影响外弹道性能的重要因素,仅从减小飞行阻力出发优化出的气动外形及结构是否在外弹道设计中最终采用,还应综合考虑其他关联性能影响(如第 8 章中介绍内容),所以仅以减小飞行阻力而设计出的弹形结构参数,可以作为弹箭外弹道设计的初始参数。

10.2 底排外弹道增程技术

10.2.1 底排减阻增程原理

对于圆柱形弹丸,如图 10.2.1 所示,在弹尾部形成低压区,产生底部阻力。在超声速条件下,对于一般旋转稳定弹丸,底阻约占总阻的 30%,在亚声速条件下,底阻所占比例更高。设法向尾部低压区排放气体,提高底压,可以减小底阻,增大射程。如果把尾部低压区考虑成周围被气体边界包围的一定空间,根据气体热力学原理,向这一空间排入质量或向这一区域排放热量(相当增加能量),都可提高这一空间的压力,这就是底排增程的基本原理。

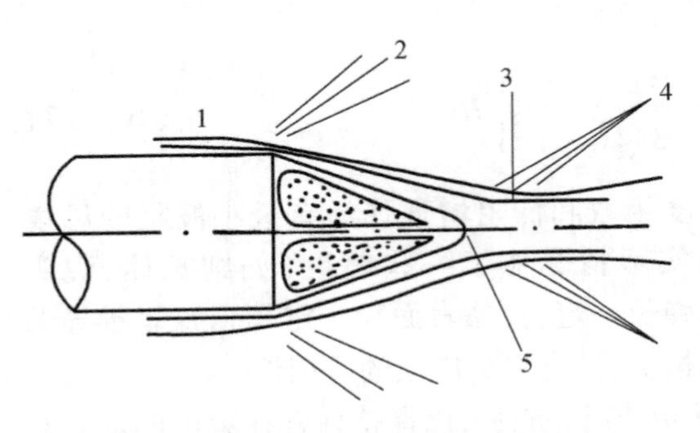

图 10.2.1 弹尾流场示意图

1 -边界层;2 -扇形膨胀区;3 -喉部;4 -尾激波;5 -尾迹驻点

从上述原理可以看出,底排与火箭增程虽然都是向尾部区域排气,但是两者有本质的区别。底排是提高底压、减小底阻,属于减阻增程。火箭增程是利用动量原理来提高弹丸的速度。

下面围绕底排弹排气与不排气时,弹丸底部流场的对比情况,进一步阐明底部排气减阻机理。

1. 无底排时弹丸底部流场

无底部排气时的底部流场和分区如图 10.2.2 和图 10.2.3 所示。

(1) 由于弹丸向前运动,弹体表面上的边界层越接近拐角处越厚。边界层中有层流、过渡区和紊流三种状态且边界层的外部为自由流,并且可以是非均匀流动。

(2) 在拐角处,边界层与自由流同时转折并膨胀,从而产生气流分离及唇形激波并确定了从拐角处开始的自由剪切层的初始条件,来流的边界层开始形成弹底区域的自由剪切层。

(3) 自由剪切层的下边缘为分流线,它将底部流动与拐角上游来的流动区分开。区

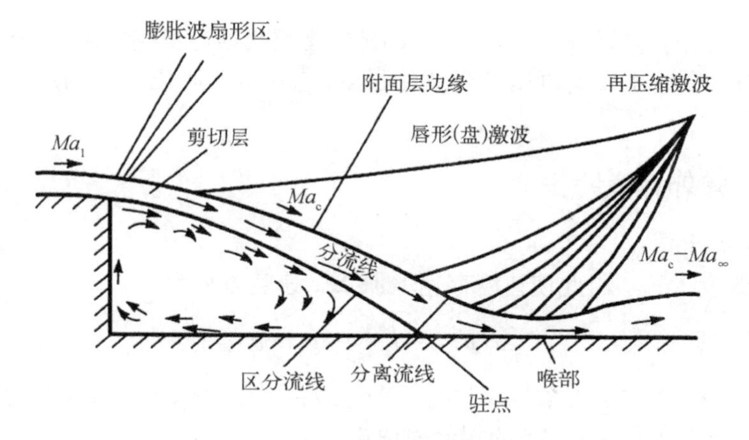

图 10.2.2　弹丸底部的流动状态

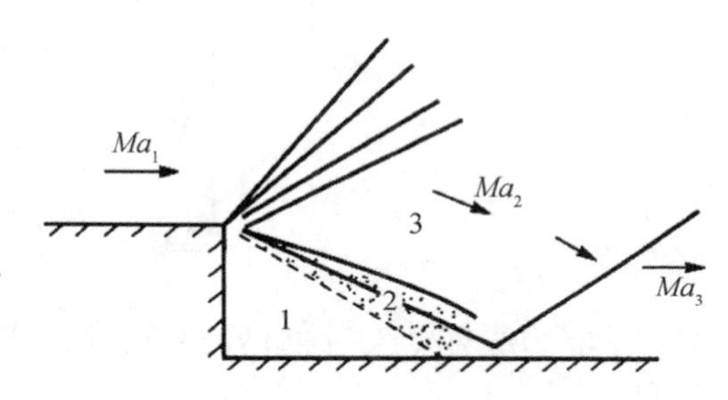

图 10.2.3　底部流动的区分

1 -底部回流区;2 -混合区;3 -自由流区

分流线的下方为底部流动的区域,其气流可能是不动的或者速度很低的回流运动。因此,这一区域又称回流区或死水区,其中压力较低。剪切层的上缘为分离流线,它把剪切层与自由流区分开,分离流线的外侧为自由流,因此弹丸底部流动分为自由流区、剪切层区和回流区三部分。

(4) 流动必须在尾迹的某处压缩转折,使得在远下游达到环境压力。在转折过程中,剪切层中有一条流线停滞在弹轴线上,这条流线定义为再附流线,它与轴线的交点为驻点。在此种条件下,分流线与再附流线重合。气流方向向外转折时,呈压缩状态,形成尾激波,尾激波的强度由转角决定,即由剪切层的最小断面——喉部决定。

理论与实验表明,底部流动状态及底压的大小与剪切层密切相关,故提高底压必须改变剪切层的状态,分离流线越平直,膨胀角越小,喉部越拱起,底压就越高,底阻就越小,反之亦然。

2. 有底部排气时的底部流场

底部排气时,由弹丸底部端面底排装置喷口向底部低压区排入低动量高温气体,向底部低压区添质加能,改变了底部低压区的流动状态,改变了回流区的形状、体积和密度,也改变了回流区的热力特性,如温度、平均相对分子质量和气体常数等。排气改变了剪切层的位置和形状,从而改变了外流区的压力分布,然后通过剪切层再影响底压。

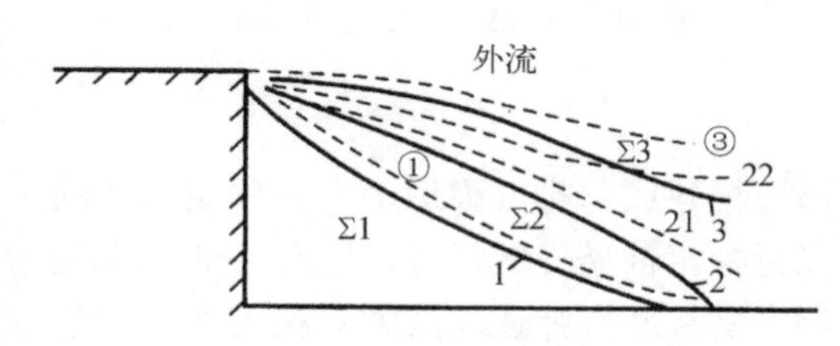

图 10.2.4　底部排气条件下的流动

底部回流区的状态如图 10.2.4 所示。实线表示无底排的状态,虚线表示有底排的状态。由图可见,底排后的分流线更为外移了,进而使剪切层或混合区外推,最后使分离流线变得平直。这样使得外部流动静压增大,反过来通过混合层的传递使底压增大。底部排气主要是通过影响回流区的流动状态来影响混合层的结构，同时也影响再压缩激波的强度，达到增大底压、减小底阻和尾部波阻的目的。

10.2.2 底排弹外弹道特性

1. 增程率分析

记底排减阻为 Δc_{xb}，由此使速度存速增加 Δv，速度方程为

$$dv/dt = -b_x v^2 - g\sin\theta$$

将式中的 v 改成 $v+\Delta v$，阻力系数改为 $c_x - \Delta c_{xb}$，再作线性化，可得关于存速增量 Δv 的方程及存速增量 Δv 和射程增量 Δx 的积分表达式：

$$\begin{cases} \dfrac{d(\Delta v)}{dt} = \dfrac{\rho S}{2m}\Delta c_{xb}v^2 \\ \Delta v = \displaystyle\int_{t_H}^{t_B}\dfrac{\rho S}{2m}\Delta c_{xb}v^2 dt \\ \Delta x_B = \displaystyle\int_{t_H}^{T}\int_{t_H}^{t_B}\dfrac{\rho S}{2m}\Delta c_{xb}v^2\cos\theta dt dt \end{cases} \tag{10.2.1}$$

式中，t_H 为底排点火时刻；t_B 为底排工作结束时刻；θ 为弹道倾角；T 为弹丸飞行结束时刻。

由式(10.2.1)可见，底排引起的射程增量随减阻率和弹丸速度的增大而增大。对于初速较高的弹，采用底排增程效果更为明显。图 10.2.5 是某底部排气弹增程率随减阻率的变化曲线。图 10.2.6 是增程率随初速变化的曲线。

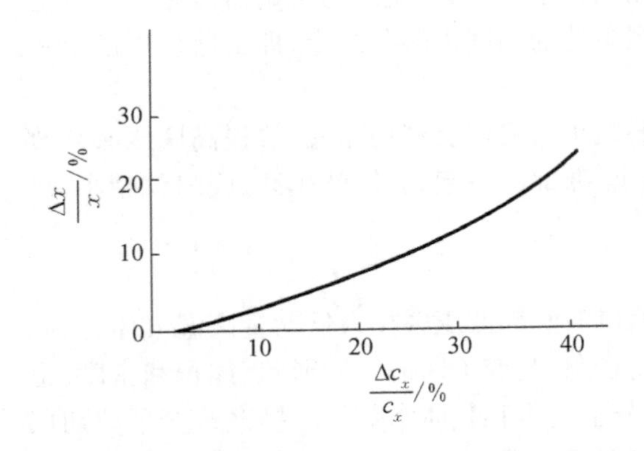

图 10.2.5 $\Delta x/x$ 与 $\Delta c_x/c_x$ 的关系

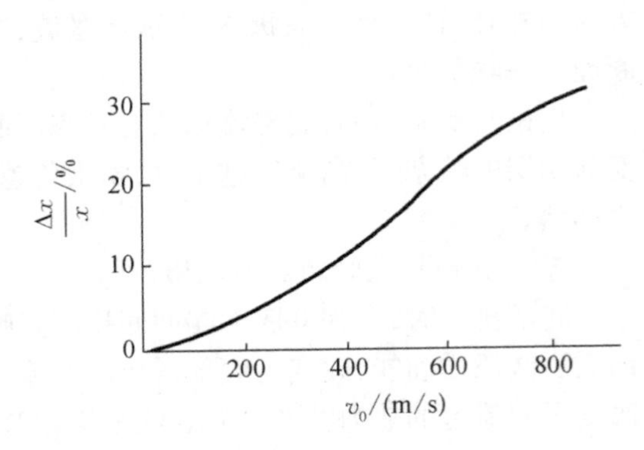

图 10.2.6 $\Delta x/x$ 与 v_0 的关系

2. 飞行稳定性分析

如上所述，除了阻力系数的计算方式有差异外，描述底部排气弹运动的方程组与普通弹丸完全相同，这样，由运动方程组得到的各种飞行稳定性条件的形式也应与普通弹丸完全相同。底排弹排气和不排气时对稳定性的影响主要从底排弹速度增大对稳定性的影响来考虑。

3. 底部排气弹的散布分析

底部排气对弹丸横向散布的影响较小,这里讨论底排对纵向散布的影响。图 10.2.7 所示为底排工作段阻力系数 c_x 的变化情况。

(1) 扰动因素分析。

与不排气时相比,底部排气弹排气后,第一是扰动因素增多或相关值增大,第二是主要扰动因素的影响增大。

扰动因素增多主要是增加了底排工作段上减阻引起的阻力散布。例如,点火和传火过程长短不同,火药燃烧情况也不同,底排药剂及加工不一致都会引起底排减阻和阻力的散布。

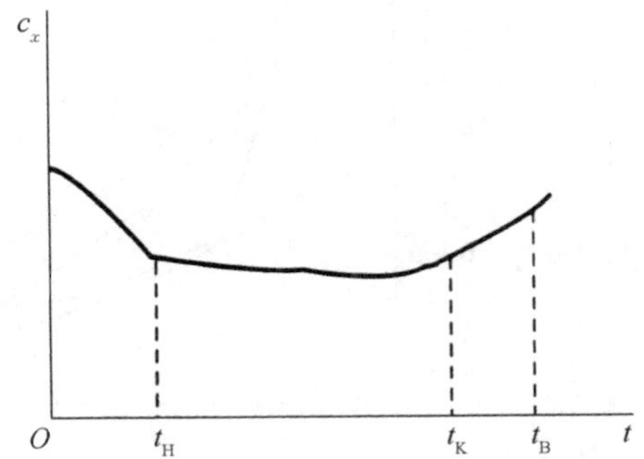

图 10.2.7 底排工作段阻力系数的变化情况

扰动因素增大主要指起始扰动增大。因为底排装置可能使弹丸的静、动不平衡有所增大,影响弹丸的膛内及膛口运动。另外,弹丸一出炮口,环境压力降低,底排装置有一个卸压过程。在短时间内将给弹丸一个脉冲推力,在有推力偏心的情况下会引起弹丸摆动。章动测试表明,底排弹的起始章动角要比无底排装置弹丸大。

(2) 有关因素对底排弹射程的影响。

底排弹底排工作后,存速增大,阻力系数小,飞行时间长,使主要敏感因子 $\partial x/\partial c_x$、$\partial x/\partial v_0$ 大幅度增大(约增大 50%),即使扰动因素散布不增大,也会使底排弹的落点散布明显增大,扰动因素散布增大之后,使底排弹的落点散布增大更多。尽管底部排气后射程增大,但是散布增大较射程增大更快。因此,在其他条件相同的状况下,有底排装置作用炮弹较无底排装置作用炮弹的射程有较大幅度提高,但纵向散布影响也较大。

(3) 底排弹减阻散布引起的落点散布估算。

因为底排工作段上不同时间段内的阻力系数散布不同,并且各段内的阻力系数散布对落点散布的影响也不同,对这种情况,可采用加权平均方法求出底排工作段上阻力系数散布的平均值,在已知底排工作段上射程对阻力系数的敏感因子后,就可计算出底排减阻散布引起的落点散布。

根据测速雷达测得的一组弹的数据,提取得到的阻力系数随时间的变化曲线如图 10.2.8 所示。将每发的阻力曲线按时间分为 n 段,第 j 段上的阻力系数的平均值为 $\bar{c}_j$,概率误差为 $E_{c_{xj}}$,则底排工作段上的阻力系数散布平均值 $E_{c_{xB}}$ 和落点射程散布平均值 $E_{Xc_{xB}}$ 为

$$\begin{cases} E_{c_{xB}}^2 = \sum_{j=1}^{n_1} (q_{c_{xj}} E_{c_{xj}})^2 \\ q_{c_{xj}} = \dfrac{\partial X}{\partial c_{xj}} \Big/ \dfrac{\partial X}{\partial c_x} \\ E_{Xc_{xB}} = \dfrac{\partial X}{\partial c_x} E_{c_{xB}} \end{cases} \tag{10.2.2}$$

式中,$\partial X/\partial c_{xj}$ 为射程对第 j 段上阻力系数的敏感因子,在给定条件下,根据弹道方程计算得出;$\partial X/\partial c_x$ 为射程对底排工作段上阻力系数的敏感因子,可根据弹道方程计算。

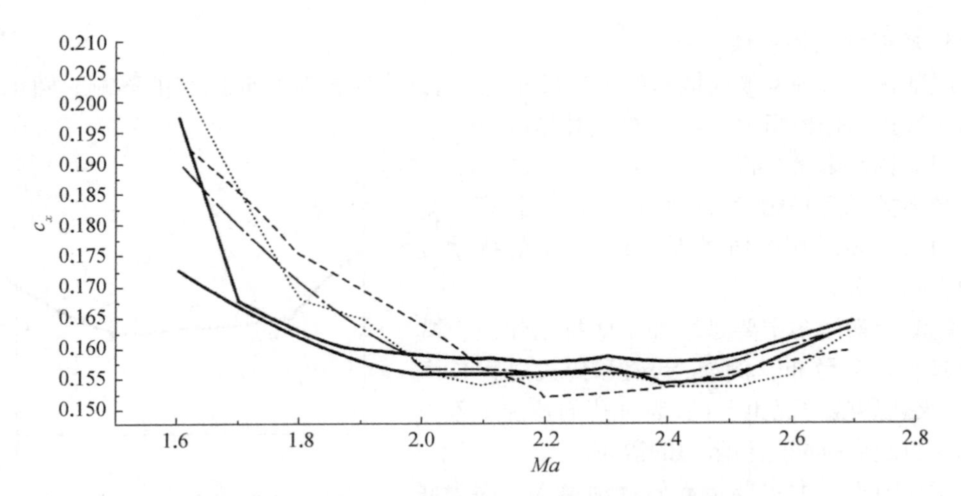

图 10.2.8 根据雷达实测数据提取的阻力系数曲线

（4）减小底排弹散布的方法。

根据以上对引起底排弹散布因素的分析可知，为了减小底部排气的散布，主要应对以下几方面进行管控：

a. 提高底排装置的点火一致性、减小各发弹底排点火工作时间的跳差。主要通过设计选择性能良好的点火具、管控好点火具的加工组装误差、匹配好点火具同底排药剂的设计安装等来实现。

b. 提高底排装置（燃烧、排气）工作一致性。底排药剂（配方）及药柱力学性能、药柱结构与燃烧方式、燃速及燃烧稳定性等对底排工作一致性有直接影响，设计上要通过计算分析结合试验加以完善；同时，在底排装置生产、组装过程中，底排药剂的温湿度、药剂混制过程中的均匀性（减少气泡与缝隙等）、生产与组装条件、药柱的尺寸误差与同轴度等都需要严格管控。

c. 在设计指标一定的条件下，优化设计弹形、弹道参数、底排工作参数，减小射程对各扰动因素的敏感因子。

d. 提高生产质量，减小弹丸及安装底排装置引起的不对称，改善弹丸膛内运动状态。

10.3 火箭增程技术

10.3.1 火箭增程原理

火箭发动机的增程原理与底排增程原理不同。火箭增程靠火箭发动机产生的高速后喷气流，利用火箭系统的动量守恒原理，使火箭得到向前的速度而增程，底排则是通过减阻增程。

根据第 3 章的知识，火箭发动机向后喷射的燃气流质量流量为 $\dot{m}$，喷射速度为 u_1，火箭发动机出口处的压力为 p_e，大气压力为 p，发动机出口截面积为 S_e，则火箭产生的总推力 F_p 为

$$F_p = |\dot{m}| u_1 + S_e(p_e - p) \tag{10.3.1}$$

式中，$|\dot{m}| u_1$ 为动推力，表示燃气从火箭发动机喷出对火箭的反作用力；$S_e(p_e - p)$ 表示由于静压力引起的推力，称为静推力。

在工程设计中，常把 F_p 表示为

$$F_p = |\dot{m}| u_{eff} \tag{10.3.2}$$

$$u_{eff} = u_1 + S_e(p_e - p)/|\dot{m}| \tag{10.3.3}$$

式中，u_{eff} 称为有效排气速度，它可表示为

$$u_{eff} = I_1 g \tag{10.3.4}$$

式中，I_1为比冲量；g 为重力加速度。对于远程火箭增程弹，一般取 $I_1 = 200 \sim 260$ s，$u_{eff} = 2\,000 \sim 2\,600$ m/s。

由推力加速度产生的主动段末端速度 v_k 为

$$v_k = u_{eff} K(\mu_k) \tag{10.3.5}$$

$$K(\mu_k) = \ln \frac{1}{1 - \mu_k} \tag{10.3.6}$$

$$\mu_k = \frac{m_k}{m_0} \tag{10.3.7}$$

式中，m_0为火箭增程弹起始质量；m_k 为火箭装药量。

火箭增程弹一般由引信、弹体、火箭发动机组成，火箭发动机与弹体底部联结，它主要由发动机壳体、火箭药、点火系统和喷管组成。

10.3.2　火箭助推增程弹外弹道特性

火箭助推增程弹由火炮击发后，弹体在发射药燃气压力的作用下沿身管内膛向前运动，并同时点燃延期点火装置的点火药，炮弹以一定的初速和射角飞出炮管，并沿弹道 OL 飞行。t_H时刻，火箭发动机点火，火箭发动机工作，火箭助推增程弹开始加速，直至点 K，发动机工作结束，得到 v_k、θ_k。之后，弹丸以惯性飞行，直到落点 C。火箭助推增程弹的弹道如图 10.3.1 所示。

火箭助推增程弹的弹道分为三段：① 起始段，即从炮口到发动机开始工作的一段弹道，此段的飞行时间称为点火时间，或点火延迟时间；② 主动段或发动机工作段（增速段），即从发动机开始工作到工作结束的一段弹道，到工作结束点得到 v_k 和 θ_k，v_k、θ_k 决定了炮弹的射程；③ 被动段，即从发动机停止工作到落点。

为了增大射程，要合理地选择火箭助推增程弹的有关参数，使各参数合理匹配，达到最大射程。在远程火箭助推增程弹总体设计中，要考虑各种增大射程的因素。

1. 比冲量的选择

比冲量越大，有效排气速度越大，从而使 v_k 值越大。比冲量主要与箭药的性能有关，也与发动机结构有关。在药剂配方选择与发动机结构设计上，必须考虑增大比冲量。对

于目前采用的发动机结构与推进剂的类型，比冲量增大是有限的。

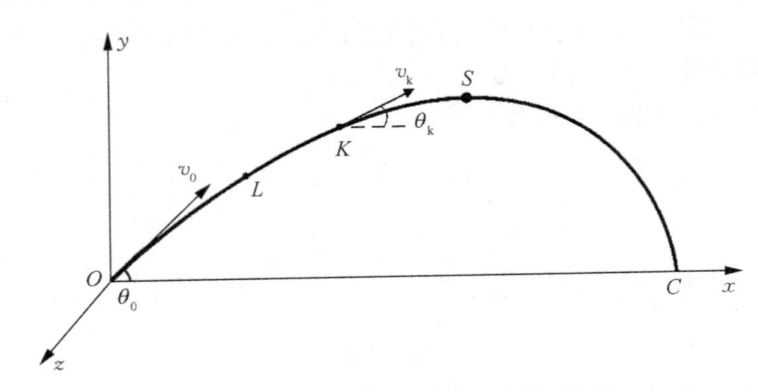

图 10.3.1　火箭助推增程弹全弹道示意图

OL-起始段；*LK*-主动段；*KC*-被动段

2. 相对药量的选择

相对药量越大，v_k 越大。在参数选择时，应尽可能选择大一些的相对药量，但是如果全弹质量一定，相对药量大，就会使箭药增多，这就要同时考虑威力（有效载荷）、全弹体积及弹长对稳定性影响等因素。

3. 点火延迟时间与发动机工作时间的选择

从射程最远的观点考虑点火延迟时间与发动机工作时间。点火延迟时间使火箭发动机通过空气密度大的区域后，在空气密度小的区域开始工作。此时，再提高速度可使空气阻力减小，这样可以获得较小的速度损失。火箭发动机总冲能量一定时，针对组装到不同弹上相应的条件（全弹结构外形、初速等），需设计分析匹配较佳的火箭点火时刻与工作时间，以获取较佳的飞行弹道匹配效果、增大射程，同时要考虑对落点密集度的影响。

另外，远程火箭助推增程弹在着眼于增程的同时，必须综合考虑各种性能，使综合性能最优，才能在战场上发挥效能。远程火箭助推增程弹最大的问题是散布较大。在考虑增大射程时，必须考虑射弹散布，这就要充分利用火箭助推增程弹的弹道特性。

火箭助推增程炮弹与火箭弹不同，其炮口速度与推力加速度无关，因此可以选择合适的推力加速度，使有效滑轨长度增大，减小各种扰动因素的影响。另外，也要选择合适的推力加速度与阻力加速度的比例。在设计远程增程弹时，推力加速度与阻力加速度相差越大，风的影响也越大，所以合适地选择这一比例，可使风偏减小，从而减小散布。

点火时间对散布也有影响。对于远程火箭助推增程弹，选择合适的点火延迟时间，使起始扰动引起的弹丸摆动衰减后，发动机再点火，可以减小散布。

10.4　滑翔增程技术

10.4.1　炮弹滑翔增程原理

滑翔的主要原理是产生与重力方向相反的升力，使飞行体在空中滑翔较长的距离。

但是,与传统的滑翔机相比,滑翔增程炮弹在结构上和发射(起飞)方式上均有很多不同。飞机起飞与炮弹发射条件有很大差别,起飞时,飞机结构不用改变;炮弹发射时,在炮管内,对于具有弹翼的弹丸,必须采取结构上的措施,使之适应圆筒形的炮管,在膛内运动时采用收缩尾翼,或采用次口径。飞机起飞时加速度小,炮弹在发射时的高膛压下产生高过载。炮弹为细长旋成体,从炮弹的结构体积空间布局和空气动力特性考虑,能产生的升力小,升阻比小,翻转力矩较大,这都不利于滑翔增程。从飞行特性考虑,炮弹的弹道与飞机航迹完全不同,炮弹弹道要经历升弧段、弹道顶点、降弧段,速度和空气密度都有很大变化。基于炮弹的发射特性、弹道特性,实现滑翔增程要复杂、困难得多。

炮弹滑翔增程的核心是炮弹在飞行中能产生比较确定的(不是随机的)向上的升力与重力尽量平衡,使得炮弹在垂直方向的加速度很小,从而使其飞行较远的距离,达到增大射程的目的。

根据第 3 章的介绍,在攻角不大的条件下,空气产生的升力为

$$R_y = \frac{1}{2}\rho v^2 S c_y \tag{10.4.1}$$

$$c_y = c'_y \delta \tag{10.4.2}$$

式中,R_y为升力;ρ 为空气密度;v 为飞行速度;S 为特征面积;c_y为升力系数;c'_y为升力系数导数;δ 为攻角。

一般来讲,对于身管发射的弹丸,其升力系数不大,升阻比较小,很难达到升力与重力相等的条件。因此,对于炮弹滑翔增程,首先要增大升力系数和升阻比。滑翔增程炮弹为飞行控制炮弹,且飞行控制中需保持一个向上的合力分量(克服重力,使弹快速下降),为实现控制,炮弹一般设计为低速旋转(或不转)尾翼稳定弹且弹上带有控制舵翼。在设计上,除了满足弹药发射环境、其他功能要求等条件外,全弹气动布局结构应尽可能兼顾好操控性与稳定性的关系、尽可能增大升阻比。飞行控制中,舵翼偏转与来流形成舵偏攻角、产生舵偏升力,并对全弹(重心)产生偏转力矩,使弹体偏转,与来流产生全弹的飞行攻角(此时,舵的偏转力矩与全弹静稳定力矩相匹配下的攻角为对应的平衡攻角),尾翼弹在平衡攻角下飞行对应的全弹升阻比要比小攻角下的升阻比大得多,由此来实现滑翔增程飞行。因此,对于滑翔增程炮弹,针对火炮发射环境、全弹性能要求等,设计良好的舵翼、弹翼气动布局,使全弹飞行中的升阻比较大,围绕适当的平衡攻角飞行,对于滑翔增程效果有重要影响。

近年来,随着高新技术的发展,采用控制方法的滑翔增程的增程效果明显,备受世界各国重视。这类弹箭滑翔增程的主要控制原理是:在弹箭发射前,根据当时飞行环境条件及任务要求,规划好一条较佳的理想滑翔方案弹道,在弹箭飞行过程中,通过弹上探测系统不断地实时测量其实际弹道参数,控制系统将实测弹道参数与方案弹道参数进行比较,形成弹道偏差,据此偏差的大小按照预先确定的控制规律形成舵控指令,控制舵面偏转,改变弹箭的飞行姿态,从而改变弹箭飞行,使弹箭向方案弹道追踪并沿方案弹道飞行,实现增程目的。

滑翔增程炮弹在全飞行弹道上的飞行过程可以简单描述为:炮弹以一定的初速发射出去,一出炮口,尾翼张开保持稳定飞行,在此阶段,炮弹像普通尾翼弹一样在升弧段上飞行(如果配备火箭发动机,在该阶段,火箭点火助推,使弹丸进一步爬高增程);弹道

升弧段某位置上，舵面张开，弹载弹道参数探测系统开始工作，在弹道顶点附近，滑翔控制系统控制舵面偏转，滑翔飞行开始，通过不断调整炮弹的滑翔姿态，向前滑翔至弹道终点。图 10.4.1 为滑翔增程炮弹飞行弹道示意图。

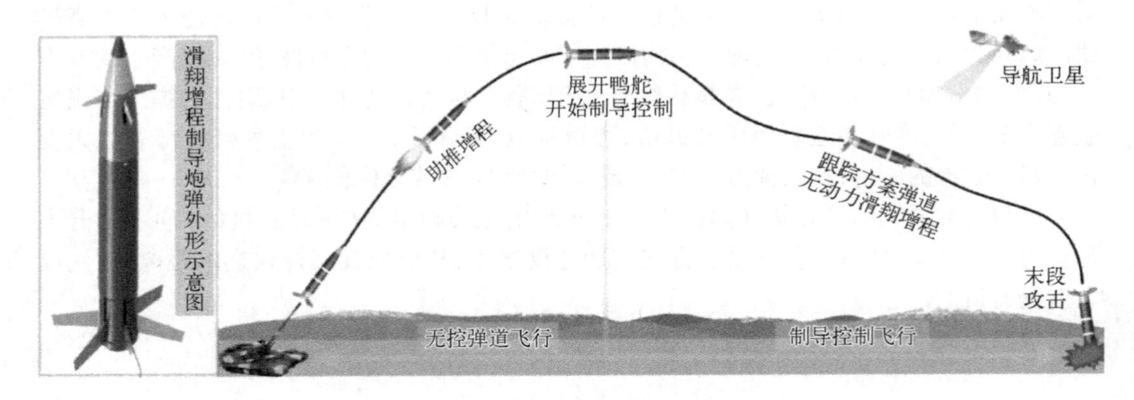

图 10.4.1 滑翔增程制导炮弹飞行弹道示意图

10.4.2 滑翔增程弹弹道特性

在滑翔飞行段，滑翔增程弹控制全弹保持一定的（平衡）攻角、提高全弹的升力以克服重力引起炮弹下降的影响，向前滑翔飞行，达到增程目的。在飞行过程中，要控制全弹保持适当攻角（不同存速、空气来流状况等均有影响），同时炮弹（受各种误差因素影响）偏离预定弹道，均需进行控制调节，因此滑翔增程弹为飞行可控的制导炮弹。

滑翔增程制导炮弹的全飞行弹道分为前段无控飞行段+后段飞行控制段，控制飞行可分为中段飞行控制+末段飞行控制，一般中段飞行控制采用方案弹道与方案弹道追踪来实现。在飞达目标前几千米（如 2~5 km）的末段飞行控制，若弹上配有导引头，则转入末制导控制；若无导引头，可采用比例导引等控制方法尽量改善控制精度，当然也可以继续采用方案弹道加方案弹道追踪来控制。

方案弹道为根据发射时的环境条件与作战任务要求（如射程等），规划设计出的一条理想的、可以实现任务要求的理论飞行控制弹道，包括：发射射角、炮弹开始飞行控制的起控时刻、对应当时条件下可实现飞行任务的理论方案弹道滑翔舵偏函数等。方案弹道为滑翔制导炮弹控制飞行的基准弹道，对滑翔控制飞行效能有重要影响，而炮弹飞行中的存速、升阻比、来流空气特性等均对滑翔飞行效能有重要影响，滑翔飞行中速度高、升阻比大、来流空气密度高，有利于滑翔增程，反之则不利。一般而言，滑翔增程制导炮弹有以下一些主要特性。

1. 滑翔飞行控制的起控点选择

滑翔飞行起控时刻早（如在出炮口后升弧段上某处），可较早地开始舵控飞行，有利于全弹升高和贮（势）能，但这样未能充分发挥出无控段炮弹自身贮（势）能的效能，致使炮弹自身动能消耗过快，不利于滑翔增程；反之，若起控时刻晚（如在弹道顶点后较晚某处），则未能充分发挥出舵控滑翔能力，不利于滑翔增程。综合各方面因素进行仿真分析和试验，结果表明，选取起控点为弹道顶点（或顶点后附近某处），有利于滑翔增程飞行。

2. 无控飞行段弹道对滑翔飞行影响

初速、全弹结构气动布局(如尾翼形式等)、射角、弹上火箭发动机工作状况(如炮弹带有发动机)等对无控段飞行弹道均有重要影响,进而将影响弹道顶点附近弹道诸元状况。

当选择弹道顶点附近作为滑翔飞行起控点时,希望起控点处的存速尽可能大、高度尽可能高(当然也希望对应距离远),而这些有时会相冲突,需综合考虑,匹配设定。

在弹重一定时,初速高,自然有利于提高弹道顶点附近存速且有利于滑翔增程,但增大了火炮压力。实际中,应注重在一定炮口动能下,合理匹配弹重与初速分配,这样有利于全弹滑翔增程飞行。

全弹结构气动布局设计应尽可能使升阻比高,但同时要匹配好飞行稳定性与(舵控)操控性之间的关系,一般为兼顾良好的操纵性(有利于舵控),尾翼弹静稳定储备量在设计上可取偏低值,如全弹静稳定储备量不小于 10%。

射角不同将直接改变弹道顶点前弹道高与距离的分配。射角大、顶点弹道高(实际上全弹势能贮备大),有利于滑翔增程,但对应顶点处的射向距离短、存速低,又不利于滑翔增程,因此要综合匹配考虑。仿真分析及试验对比表明,有利于全弹滑翔增程的最大射程角比该弹完全按全程无控飞行时对应的最大射程角要大(例如,某大口径滑翔增程制导炮弹最大射程角 θ_0 约 61°,而对应的无控最大射程角 θ_0 约 53°)。

受全弹体积空间布局等所限,希望不断增大弹载火箭发动机总冲来增加射程是不现实的,当弹上火箭发动机总冲为确定值时,则火箭发动机选取的工作状况,如出炮口多久点火、工作多久(即一定总冲下采用短时大推力还是长时小推力方案),对无控飞行段顶点弹道诸元及后面滑翔增程飞行效能的影响还是比较明显的,要在一定条件下设计确定有利于滑翔增程的工作状态。

总之,一定炮口动能下的初速与弹重匹配、射角、全弹结构气动布局、弹上火箭发动机工作状况等对无控飞行顶点弹道诸元及舵控滑翔增程效能有较大影响,应针对全弹特点、要求等开展综合匹配设计。这些内容将在第 13 章介绍,这里不再赘述。

3. 方案弹道选取的不唯一性

对于某一已研制确定性能状态的无控炮弹,当射角变化限定在最大射程角范围内时,发射时的环境条件与作战任务一经确定,满足该任务有唯一对应的一条无控弹道、射角等射击诸元(如由射表确定弹道)。而对于滑翔增程制导炮弹的理论方案弹道,当作战任务要求的射程在最大与最小射程范围内时,对应满足该任务的方案弹道可以选择多种组合(如不同射角、起控点、滑翔舵偏函数等)来实现,即方案弹道不唯一。实际中,可以针对所研制的滑翔增程制导炮弹性能特性、所需完成任务的要求与范围等,研究提出确定较佳方案弹道的规划和方法,使之与发射环境和作战任务对应,便于在实际应用中快速确定出较佳方案弹道。

10.5　冲压增程技术

10.5.1　冲压增程原理

固体燃料冲压发动机增程弹由进气口、喷射器、燃烧室、燃料壁和喷管组成,如

图 10.5.1 所示。

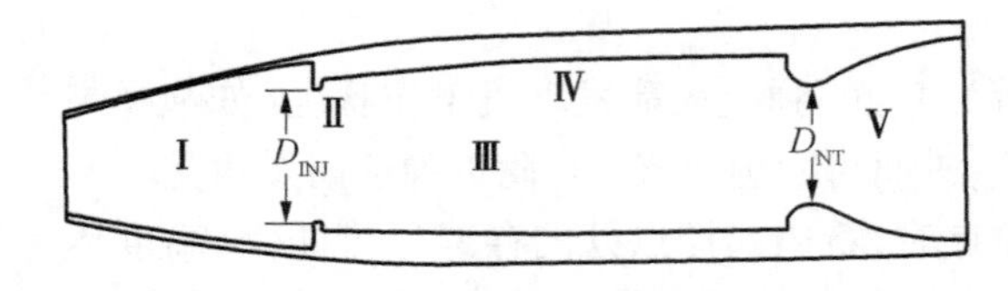

图 10.5.1 冲压增程弹示意图

Ⅰ-进气口；Ⅱ-喷射器；Ⅲ-燃烧室；Ⅳ-燃料壁；Ⅴ-喷管；D_{INJ}-喷射器口直径；D_{NT}-喷喉直径

弹丸从膛内发射出去之后，将获得很高的初速。在高速飞行中，空气由弹丸头部的进气口进入弹丸内膛的喷射器，然后进入燃烧室。空气流过燃烧的燃料表面，空气中的氧与燃料充分作用，燃气流经喷管加速，以很高的速度从喷管喷出，由于后喷动量较高，弹丸得到很高的速度。

由于利用空气中的氧，燃料用量较少，且燃料能与空气充分接触、混合燃烧，固体燃料冲压发动机增程弹具有比火箭增程弹高 4～5 倍的比冲，其增程量比底部排气弹增加 2 倍以上。美国研制的 203 mm 冲压发动机增程弹的最大射程为 70 km，155 mm 冲压发动机增程弹的最大射程为 50 km。

固体燃料冲压发动机增程弹增程的关键是获得较大的推力，推力表达式为

$$F_p = \dot{m}_a[(1+f)u_e - u_a] \tag{10.5.1}$$

式中，F_p 为推力；$\dot{m}_a$ 为空气质量流量；u_e 为燃气流出口速度；u_a 为空气流速；f 为燃料质量流量 $\dot{m}_f$ 与空气质量流量 $\dot{m}_a$ 之比，即 $f = \dot{m}_f/\dot{m}_a$，燃料质量流量 $\dot{m}_f$ 和空气质量流量 $\dot{m}_a$ 可通过如下公式计算：

$$\begin{cases} \dot{m}_f = \rho_f \gamma_f S_t \\ \dot{m}_a = \rho_a u_a S_m \end{cases} \tag{10.5.2}$$

式中，ρ_f 为燃料密度；γ_f 为燃料的燃速；S_t 为燃烧面积；ρ_a 为空气密度；S_m 为进气口截面积。

推力也可用空气阻力的形式表达：

$$F_p = \frac{1}{2}\rho v^2 S \Delta c_x \tag{10.5.3}$$

式中，ρ 为空气密度；v 为弹丸运动速度；S 为特征面积；Δc_x 为燃料不工作与工作阻力系数之差。

10.5.2 固体燃料冲压发动机增程弹增程的影响因素

许多因素对冲压发动机增程弹的增程有影响。在一定条件下，为了获得最大射程，必须考虑各种因素的合理匹配，设计出综合性能最好的固体冲压发动机增程弹，影响增程的因素主要有以下几方面。

1. *初速的影响*

充分发挥冲压发动机的高效率，必须有高初速，若初速太低，则冲压效果不佳。一般 $Ma > 3$，这正是火炮所具备的条件，大部分实弹试验中也可达到此初速。

2. *燃料成分的影响*

燃料中的氧化剂含量、燃料质量流量与空气质量流量之比、燃料在弹体内的几何形状，都会影响流动特性和射程。对于冲压发动机，最理想的是燃料不含氧化剂，完全由燃

烧剂组成,但考虑点火及维持燃烧因素,燃料中需包含一定量的氧化剂。理论和实验均表明,随着燃料中氧化剂含量的增加,比冲呈下降趋势,但发动机推力与燃料质量流量之比增大。关于燃料质量流量与空气质量流量之比,即空燃比的因素,经研究发现,在燃烧效率一定、推力与阻力相等的情况下,燃料中的氧化剂含量越高,所需的空燃比就越小。

3. 进气道形状的影响

冲压发动机中的进气道可分为中心体进气道与皮托式进气道两种。理论分析及大量风洞试验证明,在攻角相等(0°~4°)的情况下,中心体进气道的总压恢复系数大于皮托进气道,这对燃烧性能非常重要。但是中心体进气道对攻角变化非常敏感,一旦出现不稳定飞行,性能反而不如皮托进气道。

4. 燃烧时间影响

给定飞行马赫数与弹丸直径后,燃速的初始值与弹体长径比有关,且随飞行马赫数的增加而增大。以色列研究人员曾做过相关试验,在弹丸长径比等于 4、飞行马赫数等于 3 的条件下,端羟基聚丁二烯(hydroxyl terminated polybutadience, HTPB)燃料的燃速约为 2 mm/s,当飞行马赫数增加到 5 时,燃速高达 5 mm/s,证明燃烧时间也受到飞行马赫数的显著影响。但是研究发现,燃烧时间对射程的影响却是次要的,因为射程主要取决于总冲和弹丸速度。同时指出,小直径发动机的燃烧稳定性比大直径发动机要差一些,在这种情况下,燃烧时间较短,射程较近。当长径比较大时,燃烧稳定性要好一些。推力持续时间和射程随长径比线性增加,从这一点讲,冲压发动机增程弹丸的长径比应尽可能大。

5. 弹体结构的影响

固体燃料冲压发动机的重要特点之一就是需要燃烧室入口台阶,以保持稳定燃烧,这对于弹体设计来说是限制因素。针对增程的目的,燃料体积越大越好,弹体长径比越大越好。但由于入口台阶的限制,其占用一定体积,无法装填燃料。与底排增程弹相比,冲压发动机增程弹的长径比要大于底排增程弹,这对于炮弹飞行稳定性又提出了要求,因此大口径的冲压发动机增程弹都倾向使用尾翼稳定方式。对于小口径冲压发动机弹丸,由于燃烧室燃烧稳定性的下降,会产生更多的限制条件。

应当指出,在目前的常规炮弹增程技术中,冲压增程是近些年发展起来、增程效率相对较高的增程技术,但缺点是对炮弹结构改变较大,应用限制较多。

第四篇

弹箭飞行弹道控制理论与技术

第 11 章　弹道滤波与弹道预报

目前，为进行弹道修正或精确制导控制，弹道测量系统会对弹箭的一些飞行弹道参数进行测量，作为信息源参数。然而，任何工程测量数据（或信号）中都包含着干扰或噪声所引起的误差，从弹道测量数据中提取所需要的、高精度的信息，就需要进行弹道滤波数据处理。在此基础上，根据弹道滤波辨识的弹道特征参数，结合弹道模型等，可用于预报后续飞行弹道诸元，为弹箭实现弹道修正或精确制导控制提供依据。为此，本章首先对弹道滤波的基本概念、弹道滤波方法进行介绍，随后，讨论弹道预报的概念与方法，以及弹道预报在工程中的应用情况。

11.1　弹道滤波的基本概念

在实际工程中，任何传感器测得的数据（或信号）都不可避免地包含干扰和噪声所引起的误差。在使用原始测量数据时，有必要对数据进行处理，从中提取出所需要的、具有较高精度的信息，这种数据处理的方式称为滤波。滤波不仅可以通过对原始含噪声数据进行平滑、去噪，给出量测值的最优或次最优估计，甚至可以对未测量的随机变量进行定量推断。

从历史发展看，德国数学家高斯于 19 世纪初发明了最小二乘法，并将其用于天体运动的轨道测量计算；英国统计学家罗纳德 · 费希尔于 1922 年提出了极大似然估计方法，这是一种根据给定观察数据来评估模型参数的技术；20 世纪 40 年代初，数学家诺伯特 · 维纳根据随机过程理论，为火炮指挥仪设计了脉冲响应的连续滤波器，但这种方法要求信号和噪声都必须是以平稳过程为条件，具有一定的局限性；20 世纪 60 年代初，卡尔曼和布塞提出了一种名为卡尔曼滤波的非平稳、多维线性滤波和预测理论，其特点是将待估计的状态用动态模型表示，结合量测方程，在无须知道量测的自协方差矩阵、量测与状态的互协方差矩阵的情况下，可得到状态变量的线性、无偏、最小方差估计及估值误差的协方差矩阵。

在外弹道工程应用中，无论是飞行测试还是有控弹的制导控制，都需要对各种传感器测得的原始数据进行处理，从而满足应用条件。例如，在有控弹箭的飞行过程中，需由弹道探测系统（如雷达、卫星、惯导及其他姿态传感器等）获取弹箭和目标多个时刻的飞行弹道参数（如速度、位置、姿态等），从而为弹道控制提供必要的依据。对于测得的弹道数据，如果不加处理而直接用于弹道解算与控制，极易产生较大误差，影响弹道控制效果。将滤波技术应用于各类弹道数据的处理，从有误差的数据中提取所需弹道信息，称为弹道滤波。采用弹道滤波可以较准确地断定或预报弹箭在空中的位置、速度及姿态，并有可能准确地估计出弹箭在某一段飞行弹道上的阻力系数、升力系数等重要参数，从而提供更为广泛和深入的弹道信息。

弹道滤波的具体方法及其各种变形有很多,本章将从最简单、最古典的最小二乘滤波方法开始,逐步介绍常用的线性卡尔曼滤波、扩展卡尔曼滤波及无迹卡尔曼滤波等,并介绍一些实例,以了解弹道滤波理论与技术的具体应用。

11.2 弹道滤波方法

11.2.1 最小二乘滤波

最小二乘滤波是德国数学家高斯于19世纪初提出的,可对一组含噪声的量测数据在最小二乘意义下找到最优的曲线拟合,至今仍是极为重要并广泛应用的数据处理方法之一。实际工程应用中,采用最小二乘滤波方法从含噪声的测量数据中提取出真实信号或对真实信号的特征进行估计,通常分为两步:第一步是构造一个多项式模型来描述真实信号;第二步是采用一个合适的方法估计这个多项式模型的系数。最小二乘滤波采用的是最小二乘准则,最小二乘准则的含义是信号测量值与理论值(多项式模型的计算值)之差的平方和最小,对应的多项式系数即为可描述真实信号的多项式模型的最优系数。由于采用多项式描述真实信号,选择不同的多项式阶数,就形成不同阶数的最小二乘滤波。本节将介绍零阶、一阶、二阶及高阶最小二乘滤波,并引出递推形式的最小二乘滤波。

1. 零阶最小二乘滤波

如果对一个真实信号 x 采用零阶多项式描述,实际上就是用一个常数 a_0 来表示,即 $\hat{x}=a_0$($\hat{x}$ 表示真实值 x 的最优估计)。假设对该信号有 n 个测量数据 $x_k^*(k=1,2,\cdots,n)$,测量点的间隔时间(采样间隔)为 T_s,则信号测量值与理论值之差(也可称为残差)的平方和 R 为

$$R=\sum_{k=1}^{n}(\hat{x}-x_k^*)^2=\sum_{k=1}^{n}(a_0-x_k^*)^2 \tag{11.2.1}$$

式中,a_0 是未知的,根据最小二乘准则,残差平方和 R 取最小值时对应的 a_0 值即为最优估计。

利用对函数求极值的方法,令残差平方和 R 关于 a_0 的一阶导数等于零,可得

$$\frac{\partial R}{\partial a_0}=2\sum_{k=1}^{n}(a_0-x_k^*)=0 \tag{11.2.2}$$

进一步整理,得

$$a_0=\frac{\sum_{k=1}^{n}x_k^*}{n} \tag{11.2.3}$$

式(11.2.3)表明,采用零阶多项式(即一个常数)描述信号,其最优估计值就是对所有的测量值取算术平均。在实际工程中,取平均值是较为简单的处理,从最小二乘角度考虑,平均值实际上是最小二乘准则下真实信号模型系数的最优估计值,只不过这个模型是零阶多项式模型。

2. 一阶最小二乘滤波

如果真实信号不是一个常数，而是一条斜率不为零的直线，则可采用一阶多项式进行描述，对应形成一阶最小二乘滤波。真实信号可表示为

$$\hat{x} = a_0 + a_1 t \tag{11.2.4}$$

式中，t 为时间；a_0、a_1 为多项式的系数。

实际应用中通常采用离散形式，则式(11.2.4)改写为

$$\hat{x} = a_0 + a_1(k-1)T_s \tag{11.2.5}$$

式中，k 表示采样序号；T_s 为采样间隔，可根据具体问题适当选取。

仍假设对该实际信号有 n 个测量数据 $x_k^*(k = 1, 2, \cdots, n)$，则残差平方和 R 为

$$R = \sum_{k=1}^{n}(\hat{x} - x_k^*)^2 = \sum_{k=1}^{n}[a_0 + a_1(k-1)T_s - x_k^*]^2 \tag{11.2.6}$$

令残差平方和 R 关于 a_0 和 a_1 的一阶偏导数分别等于零，可得

$$\begin{cases} \dfrac{\partial R}{\partial a_0} = 2\sum_{k=1}^{n}[a_0 + a_1(k-1)T_s - x_k^*] = 0 \\ \dfrac{\partial R}{\partial a_1} = 2\sum_{k=1}^{n}\{[(k-1)T_s][a_0 + a_1(k-1)T_s - x_k^*]\} = 0 \end{cases} \tag{11.2.7}$$

将式(11.2.7)整理可得

$$\begin{cases} na_0 + a_1\sum_{k=1}^{n}[(k-1)T_s] = \sum_{k=1}^{n}x_k^* \\ a_0\sum_{k=1}^{n}[(k-1)T_s] + a_1\sum_{k=1}^{n}[(k-1)T_s]^2 = \sum_{k=1}^{n}[(k-1)T_s x_k^*] \end{cases} \tag{11.2.8}$$

式(11.2.8)可看成未知数为 a_0、a_1 的二元线性代数方程组，可写成如下矩阵形式：

$$\begin{bmatrix} n & \sum_{k=1}^{n}[(k-1)T_s] \\ \sum_{k=1}^{n}[(k-1)T_s] & \sum_{k=1}^{n}[(k-1)T_s]^2 \end{bmatrix}\begin{bmatrix} a_0 \\ a_1 \end{bmatrix} = \begin{bmatrix} \sum_{k=1}^{n}x_k^* \\ \sum_{k=1}^{n}[(k-1)T_s x_k^*] \end{bmatrix} \tag{11.2.9}$$

则根据线性代数知识可求出系数 a_0、a_1，即

$$\begin{bmatrix} a_0 \\ a_1 \end{bmatrix} = \begin{bmatrix} n & \sum_{k=1}^{n}[(k-1)T_s] \\ \sum_{k=1}^{n}[(k-1)T_s] & \sum_{k=1}^{n}[(k-1)T_s]^2 \end{bmatrix}^{-1}\begin{bmatrix} \sum_{k=1}^{n}x_k^* \\ \sum_{k=1}^{n}[(k-1)T_s x_k^*] \end{bmatrix} \tag{11.2.10}$$

至此，描述真实信号的一阶多项式模型便可确定。

3. 二阶最小二乘滤波

如果采用二阶多项式描述真实信号，对应形成二阶最小二乘滤波。离散形式的多项

式模型可表达为

$$\hat{x} = a_0 + a_1(k-1)T_s + a_2[(k-1)T_s]^2 \tag{11.2.11}$$

式中，k 表示采样序号；T_s 为采样间隔；a_0、a_1、a_2 为二阶多项式的系数。

采用与前面相同的思路，假设对该实际信号有 n 个测量数据 $x_k^*(k=1, 2, \cdots, n)$，则可令残差平方和 R 关于 a_0、a_1、a_2 的一阶偏导数分别为零，可得到以 a_0、a_1、a_2 为未知数的三元线性代数方程组。这里略去类似的推导（作为练习，读者可自行推导详细过程），直接给出矩阵表示的 a_0、a_1、a_2 的解，为

$$\begin{bmatrix} a_0 \\ a_1 \\ a_2 \end{bmatrix} = \begin{bmatrix} n & \sum_{k=1}^{n}[(k-1)T_s] & \sum_{k=1}^{n}[(k-1)T_s]^2 \\ \sum_{k=1}^{n}[(k-1)T_s] & \sum_{k=1}^{n}[(k-1)T_s]^2 & \sum_{k=1}^{n}[(k-1)T_s]^3 \\ \sum_{k=1}^{n}[(k-1)T_s]^2 & \sum_{k=1}^{n}[(k-1)T_s]^3 & \sum_{k=1}^{n}[(k-1)T_s]^4 \end{bmatrix}^{-1} \begin{bmatrix} \sum_{k=1}^{n} x_k^* \\ \sum_{k=1}^{n}[(k-1)T_s x_k^*] \\ \sum_{k=1}^{n}[(k-1)^2 T_s^2 x_k^*] \end{bmatrix} \tag{11.2.12}$$

求解 a_0、a_1、a_2 具体数值的核心是对上面这个 3×3 阶矩阵求逆，尽管烦琐，但利用线性代数知识仍是可以求出的，这样就确定了描述真实信号的二阶多项式。

4. 高阶最小二乘滤波

前面三小节从最简单的零阶情形开始，逐步给出一阶和二阶最小二乘滤波对应的表达式，推导思路是完全类似的。在实际工程应用中，许多信号比较复杂，有可能需要采用更高阶数的多项式模型对真实信号进行描述，即高阶最小二乘滤波。无论阶数多大，基本推导思路与零阶、一阶、二阶情况并无本质差别，只是阶数增大导致计算复杂度有所增加。本节将给出高阶最小二乘滤波的理论表达式，前述零阶、一阶、二阶表达式为其特例。

假设采用 m 阶多项式描述真实信号，则离散形式的多项式可表达为

$$\hat{x} = a_0 + a_1(k-1)T_s + \cdots + a_m[(k-1)T_s]^m \tag{11.2.13}$$

式中，k 表示采样序号；T_s 为采样间隔；$a_0, a_1, \cdots, a_m$ 为 m 阶多项式的系数。

采用与前面相同的思路，假设对该实际信号有 n 个测量数据 $x_k^*(k=1, 2, \cdots, n)$，则可令残差平方和 R 关于 $a_0, a_1, \cdots, a_m$ 的一阶偏导数分别为零，可得到以 $a_0, a_1, \cdots, a_m$ 为未知数的 $m+1$ 元线性代数方程组，根据线性代数知识可得到 $a_0, a_1, \cdots, a_m$ 的解：

$$\begin{bmatrix} a_0 \\ a_1 \\ \vdots \\ a_2 \end{bmatrix} = \begin{bmatrix} n & \sum_{k=1}^{n}[(k-1)T_s] & \cdots & \sum_{k=1}^{n}[(k-1)T_s]^m \\ \sum_{k=1}^{n}[(k-1)T_s] & \sum_{k=1}^{n}[(k-1)T_s]^2 & \cdots & \sum_{k=1}^{n}[(k-1)T_s]^{m+1} \\ \vdots & \vdots & \ddots & \vdots \\ \sum_{k=1}^{n}[(k-1)T_s]^m & \sum_{k=1}^{n}[(k-1)T_s]^{m+1} & \cdots & \sum_{k=1}^{n}[(k-1)T_s]^{2m} \end{bmatrix}^{-1} \begin{bmatrix} \sum_{k=1}^{n} x_k^* \\ \sum_{k=1}^{n}[(k-1)T_s x_k^*] \\ \vdots \\ \sum_{k=1}^{n}[(k-1)^m T_s^m x_k^*] \end{bmatrix} \tag{11.2.14}$$

求解 a_0, a_1, …, a_m 的核心是对式(11.2.14)中的 $(m+1)\times(m+1)$ 阶矩阵求逆。可以采用高斯-若尔当(Gauss - Jordan)消元法对上述线性代数方程组进行数值求解,具体方法可以参考相关书籍。

5. 递推形式的最小二乘滤波

前面几节介绍的最小二乘滤波都是批处理形式的,只有当所有的测量数据收集完毕后,才能对整个数据进行一次性的滤波处理。在处理过程中,需要作矩阵求逆的运算,并且随着多项式阶数的增加,矩阵的阶数相应增加,求逆过程更加复杂,对于三阶及以上的高阶最小二乘滤波,矩阵求逆宜采用数值方法。本节将介绍递推形式的最小二乘滤波,它具有两个特点:第一,不需要等到全部测量数据收集齐后才能进行滤波处理,有一个数据就可以处理一个数据;第二,滤波过程中不再需要对矩阵求逆。这两个特点非常适用于数字计算机的实时处理,并且计算可靠性较高。

下面将以零阶系统为例,介绍如何将一般形式的最小二乘滤波转为递推形式的最小二乘滤波。

根据前面小节所述,真实信号的最优估计可表示为

$$\hat{x}_k = a_0 = \frac{\sum_{i=1}^{k} x_i^*}{k} \tag{11.2.15}$$

式中, k 为测量数据点的个数; x_i^* 为第 i 个点的测量值; a_0 为常数。

显然,式(11.2.15)是用 k 个测量值的平均作为最优估计,改变下标,可得

$$\hat{x}_{k+1} = \frac{\sum_{i=1}^{k+1} x_i^*}{k+1} \tag{11.2.16}$$

进一步将式(11.2.16)的分子等价变换为

$$\hat{x}_{k+1} = \frac{\left(\sum_{i=1}^{k} x_i^*\right) + x_{k+1}^*}{k+1} \tag{11.2.17}$$

根据式(11.2.15),有

$$\sum_{i=1}^{k} x_i^* = k\hat{x}_k \tag{11.2.18}$$

代入式(11.2.17)可得

$$\hat{x}_{k+1} = \frac{(k+1)\hat{x}_k + x_{k+1}^* - \hat{x}_k}{k+1} \tag{11.2.19}$$

进一步整理,得

$$\hat{x}_{k+1} = \hat{x}_k + \frac{1}{k+1}(x_{k+1}^* - \hat{x}_k) \tag{11.2.20}$$

改变式(11.2.20)的下标,则有

$$\hat{x}_k = \hat{x}_{k-1} + \frac{1}{k}(x_k^* - \hat{x}_{k-1}) \tag{11.2.21}$$

至此,零阶最小二乘滤波公式就改造成了递推形式。最优估计值 $\hat{x}_k$ 等于上一时刻最优估计值 $\hat{x}_k$ 与 $\frac{1}{k}(x_k^* - \hat{x}_{k-1})$ 之和。其中,$\frac{1}{k}$ 称为零阶最小二乘滤波的增益,后续可以看出,不同阶数的最小二乘滤波对应不同的增益表达式;$(x_k^* - \hat{x}_{k-1})$ 称为残差,为当前时刻测量值与上一时刻最优估计值之差。

如果实际测量数值含有均值为零、方差为 σ_n^2 的高斯白噪声,则递推形式最小二乘滤波可以给出滤波估计误差的方差。滤波估计误差为真实信号 x_k 减去最优估计值 $\hat{x}_k$,即

$$x_k - \hat{x}_k = x_k - \hat{x}_{k-1} - \frac{1}{k}(x_k^* - \hat{x}_{k-1}) \tag{11.2.22}$$

测量数据 x_k^* 可以表示为真实信号叠加一个噪声,即

$$x_k^* = x_k + v_k \tag{11.2.23}$$

将式(11.2.23)代入式(11.2.22),可得

$$x_k - \hat{x}_k = x_k - \hat{x}_{k-1} - \frac{1}{k}(x_k + v_k - \hat{x}_{k-1}) \tag{11.2.24}$$

由于零阶系统的真实信号为常数,则:

$$x_k = x_{k-1} \tag{11.2.25}$$

将式(11.2.25)代入式(11.2.24),可得

$$x_k - \hat{x}_k = (x_{k-1} - \hat{x}_{k-1})\left(1 - \frac{1}{k}\right) - \frac{1}{k}v_k \tag{11.2.26}$$

对式(11.2.26)等号两边取平方,可得

$$(x_k - \hat{x}_k)^2 = (x_{k-1} - \hat{x}_{k-1})^2\left(1 - \frac{1}{k}\right)^2 - 2\left(1 - \frac{1}{k}\right)(x_{k-1} - \hat{x}_{k-1})\frac{v_k}{k} + \left(\frac{v_k}{k}\right)^2 \tag{11.2.27}$$

对式(11.2.27)等号两边取期望值,可得

$$\begin{aligned} &E[(x_k - \hat{x}_k)^2] \\ &= E[(x_{k-1} - \hat{x}_{k-1})^2]\left(1 - \frac{1}{k}\right)^2 - 2\left(1 - \frac{1}{k}\right)E[(x_{k-1} - \hat{x}_{k-1})v_k]\frac{1}{k} + E\left[\left(\frac{v_k}{k}\right)^2\right] \end{aligned} \tag{11.2.28}$$

定义滤波估计误差的方差为 P_k、测量噪声的方差为 σ_n^2,并假设噪声与状态量或状态量的估计不相关,则有

$$\begin{cases} E[(x_k - \hat{x}_k)^2] = P_k \\ E[v_k^2] = \sigma_n^2 \\ E[(x_k - \hat{x}_k)v_k] = 0 \end{cases} \tag{11.2.29}$$

将式(11.2.29)代入式(11.2.28),可得

$$P_k = P_{k-1}\left(1 - \frac{1}{k}\right)^2 + \frac{\sigma_n^2}{k^2} \tag{11.2.30}$$

这个方差是一个差分方程,可采用 z 变换技术进行求解。为便于研究,这里不采用 z 变换,而是将不同的 k 值 ($k = 1, 2, 3, 4$) 代入式(11.2.30),可得

$$\begin{cases} P_1 = P_0\left(1 - \frac{1}{1}\right)^2 + \frac{\sigma_n^2}{1^2} = \sigma_n^2 \\ P_2 = P_1\left(1 - \frac{1}{2}\right)^2 + \frac{\sigma_n^2}{2^2} = \sigma_n^2 \frac{1}{4} + \frac{\sigma_n^2}{4} = \frac{\sigma_n^2}{2} \\ P_3 = P_2\left(1 - \frac{1}{3}\right)^2 + \frac{\sigma_n^2}{3^2} = \frac{\sigma_n^2}{2}\frac{4}{9} + \frac{\sigma_n^2}{9} = \frac{\sigma_n^2}{3} \\ P_4 = P_3\left(1 - \frac{1}{4}\right)^2 + \frac{\sigma_n^2}{4^2} = \frac{\sigma_n^2}{3}\frac{9}{16} + \frac{\sigma_n^2}{16} = \frac{\sigma_n^2}{4} \end{cases} \tag{11.2.31}$$

由此可归纳出(注意,不是证明) P_k 与 k、σ_n^2 的关系,为

$$P_k = \frac{\sigma_n^2}{k} \tag{11.2.32}$$

式中,σ_n^2 为测量噪声的方差;k 为测量点数 ($k = 1, 2, \cdots, n$)。

假如真实信号是一个一阶多项式,即

$$x_k = a_0 + a_1(k - 1)T_s \tag{11.2.33}$$

则采用零阶最小二乘滤波对真实信号进行滤波处理,会产生截断误差 ε_k,截断误差 ε_k 定义为真实信号与其最优估计之差,即

$$\varepsilon_k = x_k - \hat{x}_k \tag{11.2.34}$$

由于这里是研究模型引起的截断误差,则可假设测量数据无噪声,第 i 个点的真值 x_i 就是其测量值 x_i^*,最优估计可表达为

$$\hat{x}_k = \frac{\sum_{i=1}^{k} x_i}{k} = \frac{\sum_{i=1}^{k}[a_0 + a_1(i-1)T_s]}{k} = \frac{ka_0 - ka_1T_s + a_1T_s\sum_{i=1}^{k} i}{k} \tag{11.2.35}$$

由于 $\sum_{i=1}^{k} i = k(k+1)/2$,则式(11.2.35)可改写为

$$\hat{x}_k = \frac{ka_0 + a_1T_s k(k+1)/2 - ka_1T_s}{k} = a_0 + \frac{a_1T_s}{2}(k-1) \tag{11.2.36}$$

因此,采用零阶模型处理一阶多项式信号产生的截断误差为

$$\varepsilon_k = x_k - \hat{x}_k = [a_0 + a_1(k-1)T_s] - \left[a_0 + \frac{a_1T_s}{2}(k-1)\right] = \frac{a_1T_s}{2}(k-1) \tag{11.2.37}$$

至此,就给出了零阶最小二乘滤波的递推表达式及其截断误差。采用完全相同的思路处理一阶最小二乘滤波和二阶最小二乘滤波,可分别得到递推表达式和截断误差的表达式。

一阶最小二乘滤波的递推形式为

$$\begin{cases}\hat{x}_k = \hat{x}_{k-1} + \hat{\dot{x}}_{k-1}T_s + K_{1k}\text{Res}_k \\ \hat{\dot{x}}_k = \hat{\dot{x}}_{k-1} + K_{2k}\text{Res}_k\end{cases} \tag{11.2.38}$$

式中,残差 $\text{Res}_k = x_k^* - \hat{x}_{k-1} - \hat{\dot{x}}_{k-1}T_s$, x_k^* 为测量值; T_s 为采样间隔时间; K_{1k} 和 K_{2k} 的表达式如下:

$$\begin{cases}K_{1k} = \dfrac{2(2k-1)}{k(k+1)} \\ K_{2k} = \dfrac{6}{k(k+1)T_s}\end{cases}, \quad k = 1, 2, \cdots, n \tag{11.2.39}$$

基于同样思路,可以推出估计误差的方差 P_k。对于一阶多项式系统,状态变量包含信号本身及其一阶导数,故估计误差的方差可表示为 P_{11} 和 P_{22},则有

$$\begin{cases}P_{11k} = \dfrac{2(2k-1)}{k(k+1)}\sigma_n^2 \\ P_{22k} = \dfrac{12}{k(k^2-1)T_s^2}\sigma_n^2\end{cases} \tag{11.2.40}$$

式中, σ_n^2 为测量噪声的方差。

如果用一阶最小二乘滤波去处理二阶多项式信号,同样会产生截断误差,采取与前面相同的思路,可得截断误差的表达式为

$$\begin{cases}\varepsilon_k = \dfrac{1}{6}a_2 T_s^2(k-1)(k-2) \\ \dot{\varepsilon}_k = a_2 T_s(k-1)\end{cases} \tag{11.2.41}$$

同理,二阶最小二乘滤波的递推形式为

$$\begin{cases}\hat{x}_k = \hat{x}_{k-1} + \hat{\dot{x}}_{k-1}T_s + \dfrac{1}{2}\hat{\ddot{x}}_{k-1}T_s^2 + K_{1k}\text{Res}_k \\ \hat{\dot{x}}_k = \hat{\dot{x}}_{k-1} + \hat{\ddot{x}}_{k-1}T_s^2 + K_{2k}\text{Res}_k \\ \hat{\ddot{x}}_k = \hat{\ddot{x}}_{k-1} + K_{3k}\text{Res}_k\end{cases} \tag{11.2.42}$$

式中,残差 $\text{Res}_k = x_k^* - \hat{x}_{k-1} - \hat{\dot{x}}_{k-1}T_s - 0.5\hat{\ddot{x}}_{k-1}T_s^2$; K_{1k}、K_{2k}、K_{3k} 的表达式如下:

$$\begin{cases}K_{1k} = \dfrac{3(3k^2-3k+2)}{k(k+1)(k+2)} \\ K_{2k} = \dfrac{18(2k-1)}{k(k+1)(k+2)T_s}, \quad k = 1, 2, \cdots, n \\ K_{3k} = \dfrac{60}{k(k+1)(k+2)T_s^2}\end{cases} \tag{11.2.43}$$

对于二阶多项式系统,状态变量包含信号本身及其一、二阶导数,故估计误差的方差可表示为 P_{11}、P_{22} 和 P_{33},则有

$$\begin{cases} P_{11k} = \dfrac{3(3k^2 - 3k + 2)}{k(k+1)(k+2)}\sigma_n^2 \\ P_{22k} = \dfrac{12(16k^2 - 30k + 11)}{k(k^2-1)(k^2-4)T_s^2}\sigma_n^2 \\ P_{33k} = \dfrac{720}{k(k^2-1)(k^2-4)T_s^4}\sigma_n^2 \end{cases} \tag{11.2.44}$$

截断误差的表达式为

$$\begin{cases} \varepsilon_k = \dfrac{1}{20}a_3 T_s^3 (k-1)(k-2)(k-3) \\ \dot{\varepsilon}_k = \dfrac{1}{10}a_3 T_s^2 (6k^2 - 15k + 11) \\ \ddot{\varepsilon}_k = 3a_3 T_s (k-1) \end{cases} \tag{11.2.45}$$

至此,不仅给出了零阶、一阶、二阶最小二乘滤波的递推形式,还给出了对应的估计误差方差(反映噪声的影响)及截断误差(反映模型误差的影响)的表达式。这些表达式都是离散形式表示的,并且都是代数表达式,非常适用于数字计算机编程处理。如果要研究更高阶最小二乘滤波的递推形式及误差表达式,采用的思路是类似的,但具体过程更为复杂。

11.2.2　多项式卡尔曼滤波

1. 多项式卡尔曼滤波的理论方程

上一节介绍了递推形式的最小二乘滤波,其中假设信号可采用多项式模型进行描述,本节将介绍的多项式卡尔曼滤波,仍假设系统模型可采用多项式描述。本节中将看到,在一定条件下,递推最小二乘卡尔曼滤波与多项式卡尔曼滤波具有等价性。

应用卡尔曼滤波理论,首先要采用一组微分方程组作为描述真实系统的模型,将方程组写成状态空间的形式,即

$$\dot{\boldsymbol{x}} = \boldsymbol{F}\boldsymbol{x} + \boldsymbol{G}\boldsymbol{u} + \boldsymbol{w} \tag{11.2.46}$$

式中,$\boldsymbol{x}$ 为系统状态变量的列向量;$\boldsymbol{F}$ 称为系统动力矩阵;$\boldsymbol{u}$ 为已知的控制向量;$\boldsymbol{G}$ 为系统控制矩阵;$\boldsymbol{w}$ 为高斯白噪声,用向量来表示。

卡尔曼滤波理论中定义了一个过程噪声,用于反映系统模型与真实世界的差异。过程噪声对应一个过程噪声矩阵 $\boldsymbol{Q}$,其表达式为

$$\boldsymbol{Q} = E[\boldsymbol{w}\boldsymbol{w}^{\mathrm{T}}] \tag{11.2.47}$$

过程噪声往往没有明确的物理意义,它只是表示系统模型所描述的状况与实际状况是存在差异的。在卡尔曼滤波理论框架下,要求测量值与状态变量也是线性相关的,则量测方程为

$$z = Hx + v \tag{11.2.48}$$

式中，z 为量测值组成的列向量；H 称为量测矩阵；v 为量测噪声，也用向量来表示。对应的量测噪声矩阵 R 为

$$R = E[vv^{\mathrm{T}}] \tag{11.2.49}$$

在建立离散卡尔曼滤波模型之前，上述关系式必须首先离散化。根据线性系统理论，对于一个非时变系统 $\dot{x} = Fx$（动力矩阵 F 是时不变的），存在一个所谓的基本矩阵 Φ，可用于精确地从任意时刻 t_0 开始到时刻 t，对系统状态变量进行前向传播，即

$$x(t) = \Phi(t - t_0)x(t_0) \tag{11.2.50}$$

该基本矩阵可采用拉普拉斯逆变换得到，也可采用泰勒级数展开得到，本节将介绍后者。基本矩阵可表示成如下级数形式：

$$\Phi(t) = \mathrm{e}^{Ft} = I + Ft + \frac{(Ft)^2}{2!} + \cdots + \frac{(Ft)^n}{n!} + \cdots \tag{11.2.51}$$

对状态变量和基本矩阵表达式离散化（采用下标 k），可得

$$x_k = \Phi_k x_{k-1} \tag{11.2.52}$$

再对量测方程和量测噪声进行离散化，得

$$\begin{cases} z_k = Hx_k + v_k \\ R_k = E[v_k v_k^{\mathrm{T}}] \end{cases} \tag{11.2.53}$$

式中，R_k 是量测噪声方差组成的矩阵，对于多项式卡尔曼滤波，R_k 是一个标量。

因此，卡尔曼滤波方程可表示为

$$\hat{x}_k = \Phi_k \hat{x}_{k-1} + G_k u_{k-1} + K_k(z_k - H\Phi_k \hat{x}_{k-1} - HG_k u_{k-1}) \tag{11.2.54}$$

式中，$\hat{x}$ 表示 x 的最优估计；控制矩阵 G_k 可由如下公式确定：

$$G_k = \int_0^{T_s} \Phi(\tau) G \mathrm{d}\tau \tag{11.2.55}$$

式中，T_s 为离散系统的采样时间。

卡尔曼滤波方程中的 K_k 为卡尔曼滤波增益矩阵，假设控制向量 u_{k-1} 为常数，则 K_k 可以通过求解矩阵形式的黎卡提方程得到。矩阵形式的黎卡提方程由一组递推方程组构成，即

$$\begin{cases} M_k = \Phi_k P_{k-1} \Phi_k^{\mathrm{T}} + Q_k \\ K_k = M_k H^{\mathrm{T}}(HM_k H^{\mathrm{T}} + R_k)^{-1} \\ P_k = (I - K_k H)M_k \end{cases} \tag{11.2.56}$$

式中，M_k 为 k 时刻数据更新前的状态估计值协方差矩阵；P_k 则为数据更新后的状态估计值协方差矩阵，相应地，P_{k-1} 为上一时刻的状态估计值协方差矩阵；K_k 为卡尔曼增益矩

阵；$\boldsymbol{Q}_k$ 为离散过程噪声矩阵，可由连续过程噪声矩阵和基本矩阵得到，即

$$\boldsymbol{Q}_k = \int_0^{T_s} \boldsymbol{\Phi}(\tau)\boldsymbol{Q}\boldsymbol{\Phi}^{\mathrm{T}}(\tau)\,\mathrm{d}\tau \tag{11.2.57}$$

这里，所有的矩阵元素中凡是涉及状态变量的，均采用上一时刻的最优估计值 $\hat{\boldsymbol{x}}_{k-1}$。由于黎卡提方程[式(11.2.56)]需要迭代求解，必须给出状态估计值协方差矩阵的初始值 $\boldsymbol{P}_0$ 和状态变量的初值 $\boldsymbol{x}_0$。

为便于研究，可先不考虑控制向量和过程噪声，则卡尔曼滤波方程(11.2.54)可简化为

$$\hat{\boldsymbol{x}}_k = \boldsymbol{\Phi}_k \hat{\boldsymbol{x}}_{k-1} + \boldsymbol{K}_k(z_k - \boldsymbol{H}\boldsymbol{\Phi}_k \hat{\boldsymbol{x}}_{k-1}) \tag{11.2.58}$$

黎卡提方程可简化为

$$\begin{cases} \boldsymbol{M}_k = \boldsymbol{\Phi}_k \boldsymbol{P}_{k-1} \boldsymbol{\Phi}_k^{\mathrm{T}} \\ \boldsymbol{K}_k = \boldsymbol{M}_k \boldsymbol{H}^{\mathrm{T}}(\boldsymbol{H}\boldsymbol{M}_k \boldsymbol{H}^{\mathrm{T}} + \boldsymbol{R}_k)^{-1} \\ \boldsymbol{P}_k = (\boldsymbol{I} - \boldsymbol{K}_k \boldsymbol{H})\boldsymbol{M}_k \end{cases} \tag{11.2.59}$$

下面对方程(11.2.58)和方程(11.2.59)进行简单的应用。仍从最简单的零阶多项式情形开始，真实信号为一常数 a_0，即 $x = a_0$，则 $\dot{x} = 0$，状态方程 $\dot{\boldsymbol{x}} = \boldsymbol{F}\boldsymbol{x}$ 中的动力矩阵 $\boldsymbol{F} = [0]$。对于一阶多项式情形，$x = a_0 + a_1 t$，则 $\dot{x} = a_1$，$\ddot{x} = 0$，状态方程 $\dot{\boldsymbol{x}} = \boldsymbol{F}\boldsymbol{x}$ 可以写成如下形式：

$$\begin{bmatrix} \dot{x} \\ \ddot{x} \end{bmatrix} = \begin{bmatrix} 0 & 1 \\ 0 & 0 \end{bmatrix} \begin{bmatrix} x \\ \dot{x} \end{bmatrix} \tag{11.2.60}$$

则动力矩阵 $\boldsymbol{F}$ 为

$$\boldsymbol{F} = \begin{bmatrix} 0 & 1 \\ 0 & 0 \end{bmatrix} \tag{11.2.61}$$

根据式(11.2.51)，可以求出对应的基本矩阵：

$$\boldsymbol{\Phi}(t) = \mathrm{e}^{Ft} = \begin{bmatrix} 1 & 0 \\ 0 & 1 \end{bmatrix} + \begin{bmatrix} 0 & 1 \\ 0 & 0 \end{bmatrix} t + \begin{bmatrix} 0 & 1 \\ 0 & 0 \end{bmatrix} \begin{bmatrix} 0 & 1 \\ 0 & 0 \end{bmatrix} \frac{t^2}{2} = \begin{bmatrix} 1 & t \\ 0 & 1 \end{bmatrix} \tag{11.2.62}$$

用采样时间间隔 T_s 替换式(11.2.62)中的时间 t，则得

$$\boldsymbol{\Phi}_k = \begin{bmatrix} 1 & T_s \\ 0 & 1 \end{bmatrix} \tag{11.2.63}$$

根据式(11.2.53)，假设仅测量 x（而不测量 $\dot{x}$），则对于零阶多项式，量测矩阵 $\boldsymbol{H} = [1]$；对于一阶多项式，量测矩阵 $\boldsymbol{H} = [1 \quad 0]$；量测噪声方差矩阵实际上为标量，即 $\boldsymbol{R}_k = [\sigma_n^2]$，其中 σ_n^2 为量测值的方差。对于二阶多项式情形，分析的思路是类似的，这里略去具体过程，将各种情形的结果列于表 11.2.1。

至此，就得到了不考虑过程噪声的零阶、一阶及二阶多项式卡尔曼滤波理论方程[式(11.2.58)]和黎卡提方程[式(11.2.59)]，方程中矩阵的具体形式如表 11.2.1 所示。

表 11.2.1 不同阶多项式卡尔曼滤波方程的具体矩阵

多项式阶数	动力矩阵	基本矩阵	量测矩阵	量测噪声方差阵
0	$\boldsymbol{F} = [0]$	$\boldsymbol{\Phi}_k = [1]$	$\boldsymbol{H} = [1]$	$\boldsymbol{R}_k = [\sigma_n^2]$
1	$\boldsymbol{F} = \begin{bmatrix} 0 & 1 \\ 0 & 0 \end{bmatrix}$	$\boldsymbol{\Phi}_k = \begin{bmatrix} 1 & T_s \\ 0 & 1 \end{bmatrix}$	$\boldsymbol{H} = [1 \quad 0]$	$\boldsymbol{R}_k = [\sigma_n^2]$
2	$\boldsymbol{F} = \begin{bmatrix} 0 & 1 & 0 \\ 0 & 0 & 1 \\ 0 & 0 & 0 \end{bmatrix}$	$\boldsymbol{\Phi}_k = \begin{bmatrix} 1 & T_s & 0.5T_s^2 \\ 0 & 1 & T_s \\ 0 & 0 & 1 \end{bmatrix}$	$\boldsymbol{H} = [1 \quad 0 \quad 0]$	$\boldsymbol{R}_k = [\sigma_n^2]$

2. 多项式卡尔曼滤波与递推最小二乘滤波的关系

首先,考虑零阶多项式情形,将表 11.2.1 中零阶情形对应的具体矩阵代入卡尔曼滤波理论方程[式(11.2.58)]中,可得如下标量方程:

$$\hat{x}_k = \hat{x}_{k-1} + K_{1k} \cdot \mathrm{Res}_k \tag{11.2.64}$$

式中, $\mathrm{Res}_k = (x_k^* - \hat{x}_{k-1})$, 表示残差; x_k^* 为 k 时刻对应的含噪声测量值。

对比式(11.2.64)和递推零阶最小二乘滤波表达式[式(11.2.21)],两者形式上完全相同。下面考察一下式(11.2.64)中增益项 K_{1k} 的具体表达。

如前所述,要迭代求解黎卡提方程[式(11.2.59)],必须要提供一个初始协方差矩阵 $\boldsymbol{P}_0$。对于零阶情形, $\boldsymbol{P}_0$ 实际上为一标量,假设取为 $\boldsymbol{P}_0 = [\infty]$, 这里取初始协方差为无穷大,意味着对于如何初始化滤波器的状态毫无了解,即没有任何的先验信息可供参考。为便于理解,迭代计算黎卡提方程[式(11.2.59)],当 $k = 1$ 时,有

$$\begin{cases} \boldsymbol{M}_1 = \boldsymbol{\Phi}_1 \boldsymbol{P}_0 \boldsymbol{\Phi}_1^{\mathrm{T}} = 1 \cdot \infty \cdot 1 = \infty \\ \boldsymbol{K}_1 = \boldsymbol{M}_1 \boldsymbol{H}^{\mathrm{T}} (\boldsymbol{H} \boldsymbol{M}_1 \boldsymbol{H}^{\mathrm{T}} + \boldsymbol{R}_1)^{-1} = \dfrac{\boldsymbol{M}_1}{\boldsymbol{M}_1 + \sigma_n^2} = \dfrac{\infty}{\infty + \sigma_n^2} = 1 \\ \boldsymbol{P}_1 = (\boldsymbol{I} - \boldsymbol{K}_1 \boldsymbol{H}) \boldsymbol{M}_1 = \left(\boldsymbol{I} - \dfrac{\boldsymbol{M}_1}{\boldsymbol{M}_1 + \sigma_n^2} \right) \boldsymbol{M}_1 = \dfrac{\sigma_n^2 \boldsymbol{M}_1}{\boldsymbol{M}_1 + \sigma_n^2} = \sigma_n^2 \end{cases} \tag{11.2.65}$$

当 $k = 2$ 时,有

$$\begin{cases} \boldsymbol{M}_2 = \boldsymbol{\Phi}_2 \boldsymbol{P}_1 \boldsymbol{\Phi}_2^{\mathrm{T}} = 1 \cdot \sigma_n^2 \cdot 1 = \sigma_n^2 \\ \boldsymbol{K}_2 = \dfrac{\boldsymbol{M}_2}{\boldsymbol{M}_2 + \sigma_n^2} = \dfrac{\sigma_n^2}{\sigma_n^2 + \sigma_n^2} = \dfrac{1}{2} \\ \boldsymbol{P}_2 = \dfrac{\sigma_n^2 \boldsymbol{M}_2}{\boldsymbol{M}_2 + \sigma_n^2} = \dfrac{\sigma_n^2}{2} \end{cases} \tag{11.2.66}$$

当 $k = 3$ 时,有

$$\begin{cases} \boldsymbol{M}_3 = \boldsymbol{\Phi}_3 \boldsymbol{P}_2 \boldsymbol{\Phi}_3^{\mathrm{T}} = \dfrac{1}{2}\sigma_n^2 \\ \boldsymbol{K}_3 = \dfrac{\boldsymbol{M}_3}{\boldsymbol{M}_3 + \sigma_n^2} = \dfrac{\sigma_n^2}{\sigma_n^2 + \sigma_n^2} = \dfrac{1}{3} \\ \boldsymbol{P}_3 = \dfrac{\sigma_n^2 \boldsymbol{M}_3}{\boldsymbol{M}_3 + \sigma_n^2} = \dfrac{\sigma_n^2}{3} \end{cases} \tag{11.2.67}$$

当 $k = 4$ 时，有

$$\begin{cases} \boldsymbol{M}_4 = \boldsymbol{\Phi}_4 \boldsymbol{P}_3 \boldsymbol{\Phi}_4^{\mathrm{T}} = \dfrac{1}{3}\sigma_n^2 \\ \boldsymbol{K}_4 = \dfrac{\boldsymbol{M}_4}{\boldsymbol{M}_4 + \sigma_n^2} = \dfrac{\sigma_n^2}{\sigma_n^2 + \sigma_n^2} = \dfrac{1}{4} \\ \boldsymbol{P}_4 = \dfrac{\sigma_n^2 \boldsymbol{M}_4}{\boldsymbol{M}_4 + \sigma_n^2} = \dfrac{\sigma_n^2}{4} \end{cases} \tag{11.2.68}$$

回顾 11.2.1 节，零阶最小二乘滤波的增益为 $1/k$、协方差 $P_k = \sigma_n^2/k$，对比式(11.2.65)～式(11.2.68)，结果表明，在不考虑过程噪声、初始协方差为无穷大的条件下，零阶多项式卡尔曼滤波与递推零阶最小二乘滤波是完全相同的。

考虑一阶多项式情形，将表 11.2.1 中零阶情形对应的具体矩阵代入卡尔曼滤波理论方程[式(11.2.58)]中，可得如下方程组：

$$\begin{cases} \hat{x}_k = \hat{x}_{k-1} + T_{\mathrm{s}} \hat{\dot{x}}_{k-1} + K_{1k} \cdot \mathrm{Res}_k \\ \hat{\dot{x}}_k = \hat{\dot{x}}_{k-1} + K_{2k} \cdot \mathrm{Res}_k \end{cases} \tag{11.2.69}$$

式中，残差 $\mathrm{Res}_k = x_k^* - \hat{x}_{k-1} - T_{\mathrm{s}} \hat{\dot{x}}_{k-1}$。

对比式(11.2.69)与递推一阶最小二乘滤波表达式[式(11.2.38)]，两者形式上也是完全等价的。对于最小二乘滤波，增益 K_{1k} 和 K_{2k} 有代数表达式[式(11.2.39)]，协方差 P_{11k} 和 P_{22k} 也有代数表达式[式(11.2.40)]。由于黎卡提方程[式(11.2.59)]较为复杂，对一阶情形进行手工运算没有必要，也很不方便。可从初值 $P_{110} = P_{220} = \infty$ 开始，根据表 11.2.1 中对应的具体矩阵，利用计算机编程序迭代求解黎卡提方程[式(11.2.59)]，算出每一时刻 k 的 K_{1k} 值、K_{2k} 值，以及 P_{11k} 值和 P_{22k} 值，在相同条件下将数值解与式(11.2.39)、式(11.2.40)解析解进行对比，结果表明，在不考虑过程噪声、初始协方差为无穷大的条件下，一阶多项式卡尔曼滤波与递推一阶最小二乘滤波也是完全相同的。值得说明的是，在编制计算程序求解黎卡提方程[式(11.2.59)]时，“∞”可取一个很大的数，如 10^{12}。

对于二阶多项式，采用上述相同的思路，结果表明：在不考虑过程噪声、初始协方差为无穷大的条件下，二阶多项式卡尔曼滤波与递推二阶最小二乘滤波也是完全相同的，具体过程及公式不再赘述。

3. 初始协方差矩阵和过程噪声的作用

上一节的分析是在初始协方差矩阵元素取为无穷大且不考虑过程噪声的条件下进行的。本节将首先说明一下初始协方差矩阵的作用。

前已述及，协方差初值取为无穷大，意味着对卡尔曼滤波状态的初始化没有任何的先验知识。如果协方差初值取为零,则意味着滤波器无任何估计误差(即卡尔曼滤波完美初始化),在不考虑过程噪声的条件下,实际上就是认为理论模型与真实世界完全相同,这样就会造成卡尔曼滤波失效。可对零阶情形的黎卡提方程[式(11.2.59)]进行分析,当 $\boldsymbol{P}_0=[0]$ 时,则矩阵 $\boldsymbol{M}_k$、$\boldsymbol{K}_k$、$\boldsymbol{P}_k$ 的元素永远为 0,即卡尔曼滤波失效。在实际应用中,或多或少能够从各种渠道获得一些有用的先验信息,以帮助滤波器初始化,即矩阵 $\boldsymbol{P}_0$ 的对角线元素可根据需要赋非零数值。有相关资料中提到,卡尔曼滤波在炮位侦察雷达中的应用算例中,状态变量初始协方差就是利用侦察雷达的两个初始测量点计算得到的。

过程噪声的实质是反映了卡尔曼滤波器对真实信号的认识具有误差或偏差。如果考虑过程噪声,则黎卡提方程组为

$$\begin{cases}\boldsymbol{M}_k=\boldsymbol{\Phi}_k\boldsymbol{P}_{k-1}\boldsymbol{\Phi}_k^{\mathrm{T}}+\boldsymbol{Q}_k\\ \boldsymbol{K}_k=\boldsymbol{M}_k\boldsymbol{H}^{\mathrm{T}}(\boldsymbol{H}\boldsymbol{M}_k\boldsymbol{H}^{\mathrm{T}}+\boldsymbol{R}_k)^{-1}\\ \boldsymbol{P}_k=(\boldsymbol{I}-\boldsymbol{K}_k\boldsymbol{H})\boldsymbol{M}_k\end{cases}\tag{11.2.70}$$

根据过程噪声矩阵 $\boldsymbol{Q}$ 的计算公式[式(11.2.57)],推导出零阶、一阶、二阶多项式卡尔曼滤波的过程噪声矩阵表达式,分别为

$$\begin{cases}\boldsymbol{Q}_k=[\phi_{\mathrm{s}}T_{\mathrm{s}}]\\ \boldsymbol{Q}_k=\phi_{\mathrm{s}}\begin{bmatrix}T_{\mathrm{s}}^3/3 & T_{\mathrm{s}}^3/2\\ T_{\mathrm{s}}^3/2 & T_{\mathrm{s}}\end{bmatrix}\\ \boldsymbol{Q}_k=\phi_{\mathrm{s}}\begin{bmatrix}T_{\mathrm{s}}^5/20 & T_{\mathrm{s}}^4/8 & T_{\mathrm{s}}^3/6\\ T_{\mathrm{s}}^4/8 & T_{\mathrm{s}}^3/3 & T_{\mathrm{s}}^2/2\\ T_{\mathrm{s}}^3/6 & T_{\mathrm{s}}^2/2 & T_{\mathrm{s}}\end{bmatrix}\end{cases}\tag{11.2.71}$$

式中,ϕ_{s} 为过程噪声的谱密度;T_{s} 为采样时间。

如果建立的系统模型与实际相比没有误差(这只有在数字仿真中可以做到),而是仅仅存在测量误差(仿真中,往往将理论计算结果加上零均值高斯白噪声作为模拟测量值),当考虑过程噪声时,过程噪声的谱密度 ϕ_{s} 越大,估计误差也越大,状态变量对应的协方差会很快收敛到一个较大的误差数值。事实上,过程噪声谱密度的数值也很难确定,往往需要经过调试,故很多情况下并未考虑过程噪声。

在实际应用中,建立的系统模型与真实状态一定存在差异,而这种差异往往无法用数学方法进行描述,为了达到良好的滤波效果,这时候可以利用过程噪声来弥补。在下一节介绍扩展卡尔曼滤波时,将给出一个例子用以说明过程噪声的作用。

11.2.3 扩展卡尔曼滤波

前面在介绍多项式卡尔曼滤波方法时,假设系统可以用多项式模型进行准确描述,在这一假设下,系统的动力学方程可采用线性微分方程组以状态空间的形式进行表达,并且测量值与状态变量之间也是线性关系。然而,在实际工程中,特别是在外弹道工程应用中,绝大多数问题都是非线性的,甚至是强非线性的,主要表现为系统动力学方程是非线性方程、测量值与状态变量之间也是非线性关系。显然,多项式卡尔曼滤波无法处理这些

非线性的问题。因此,人们就研究出可以处理非线性问题的扩展卡尔曼滤波(extended Kalman filter, EFK)。扩展卡尔曼滤波可以处理线性问题(相当于退化为多项式卡尔曼滤波)和非线性问题,下面将给出扩展卡尔曼滤波方法的理论方程。

假设真实系统可采用一阶非线性微分方程组进行描述,将方程组以状态空间形式进行表达,即

$$\dot{\boldsymbol{x}} = f(\boldsymbol{x}) + \boldsymbol{w} \tag{11.2.72}$$

式中,$\boldsymbol{x}$ 为系统状态变量组成的列向量;$f(\boldsymbol{x})$ 为状态变量的非线性函数;$\boldsymbol{w}$ 表示零均值的随机过程,$\boldsymbol{w}$ 可用于描述系统的过程噪声 $\boldsymbol{Q}$,即

$$\boldsymbol{Q} = E(\boldsymbol{w}\boldsymbol{w}^{\mathrm{T}}) \tag{11.2.73}$$

假设系统的测量值与状态变量之间也是非线性关系(量测方程),如下:

$$\boldsymbol{z} = h(\boldsymbol{x}) + \boldsymbol{v} \tag{11.2.74}$$

式中,$\boldsymbol{z}$ 为测量值组成的列向量;$h(\boldsymbol{x})$ 为量测量关于状态变量的非线性函数;$\boldsymbol{v}$ 表示零均值的随机过程,可采用量测噪声矩阵 $\boldsymbol{R}$ 表示,即

$$\boldsymbol{R} = E(\boldsymbol{v}\boldsymbol{v}^{\mathrm{T}}) \tag{11.2.75}$$

对于离散系统,非线性量测方程可改写为

$$\boldsymbol{z}_k = h(\boldsymbol{x}_k) + \boldsymbol{v}_k \tag{11.2.76}$$

由于系统方程和量测方程都是非线性的,系统动力矩阵 $\boldsymbol{F}$ 和量测矩阵 $\boldsymbol{H}$ 可采用如下一阶近似得到:

$$\begin{cases} \boldsymbol{F} = \left.\dfrac{\partial f(\boldsymbol{x})}{\partial \boldsymbol{x}}\right|_{\boldsymbol{x}=\hat{\boldsymbol{x}}} \\ \boldsymbol{H} = \left.\dfrac{\partial h(\boldsymbol{x})}{\partial \boldsymbol{x}}\right|_{\boldsymbol{x}=\hat{\boldsymbol{x}}} \end{cases} \tag{11.2.77}$$

式中,$\hat{\boldsymbol{x}}$ 通常取上一时刻状态变量 $\boldsymbol{x}$ 的估计值。这一近似称为“线性化”,实际上,“线性化”是存在误差的。

基本矩阵 $\boldsymbol{\Phi}_k$ 可以采用泰勒级数展开进行表示,即

$$\boldsymbol{\Phi}_k = \boldsymbol{I} + \boldsymbol{F} \cdot T_{\mathrm{s}} + \frac{\boldsymbol{F}^2 \cdot T_{\mathrm{s}}^2}{2!} + \frac{\boldsymbol{F}^3 \cdot T_{\mathrm{s}}^3}{3!} + \cdots \tag{11.2.78}$$

式中,T_{s} 为采样时间;$\boldsymbol{I}$ 为单位矩阵。

通常,基本矩阵可采用式(11.2.78)的前两项表示:

$$\boldsymbol{\Phi}_k \approx \boldsymbol{I} + \boldsymbol{F} \cdot T_{\mathrm{s}} \tag{11.2.79}$$

在扩展卡尔曼滤波的应用中,基本矩阵只是用于计算卡尔曼增益。由于基本矩阵并不用于状态递推,现有研究已经证明,增加基本矩阵的项数并不能改善滤波器的性能。

在扩展卡尔曼滤波框架下,用于计算卡尔曼增益的黎卡提方程与多项式卡尔曼滤波框架下的方差是相同的,即

$$\begin{cases} \boldsymbol{M}_k = \boldsymbol{\Phi}_k \boldsymbol{P}_{k-1} \boldsymbol{\Phi}_k^{\mathrm{T}} + \boldsymbol{Q}_k \\ \boldsymbol{K}_k = \boldsymbol{M}_k \boldsymbol{H}^{\mathrm{T}} (\boldsymbol{H} \boldsymbol{M}_k \boldsymbol{H}^{\mathrm{T}} + \boldsymbol{R}_k)^{-1} \\ \boldsymbol{P}_k = (\boldsymbol{I} - \boldsymbol{K}_k \boldsymbol{H}) \boldsymbol{M}_k \end{cases} \tag{11.2.80}$$

状态变量的估计值可表示为

$$\hat{\boldsymbol{x}}_k = \bar{\boldsymbol{x}}_k + \boldsymbol{K}_k [z_k - h(\bar{\boldsymbol{x}}_k)] \tag{11.2.81}$$

式中，$[z_k - h(\bar{\boldsymbol{x}}_k)]$ 表示真实测量值与非线性量测方程的差异；$\bar{\boldsymbol{x}}_k$ 为采用系统动力学方程计算得到的理论值，例如，可以采用龙格-库塔法，以上一时刻的估计值 $\hat{\boldsymbol{x}}_{k-1}$ 为初始条件，数值积分得到 $\bar{\boldsymbol{x}}_k$，注意，积分步长应小于采样时间 T_s。

至此，得到了扩展卡尔曼滤波的全部理论方程，下面将给出外弹道工程应用中的一些例子，来说明如何使用扩展卡尔曼滤波。

1. 算例 1：基于扩展卡尔曼滤波的弹箭飞行状态估计

本小节给出一个利用雷达跟踪弹箭并对其飞行状态进行估计的算例。从式(11.2.81)可以看出，扩展卡尔曼滤波方法的核心在于采用系统的理论动态模型进行状态值预估(求出 $\bar{\boldsymbol{x}}_k$)，而利用量测信息对预估值进行校正(乘以卡尔曼增益 $\boldsymbol{K}_k$)。因此，为提高精度，有必要建立较为精确的弹道模型，考虑到工程应用的快速性要求，这里考虑动力平衡角高低分量 δ_{1p}、侧向分量 δ_{2p} 所产生的升力，建立一个扩展质点弹道模型，如下：

$$\begin{cases} \dfrac{\mathrm{d}x}{\mathrm{d}t} = v_x, \quad \dfrac{\mathrm{d}y}{\mathrm{d}t} = v_y, \quad \dfrac{\mathrm{d}z}{\mathrm{d}t} = v_z \\ \dfrac{\mathrm{d}v_x}{\mathrm{d}t} = -\dfrac{\rho S c_x}{2m} v_r (v_x - w_x) \\ \dfrac{\mathrm{d}v_y}{\mathrm{d}t} = -\dfrac{\rho S c_x}{2m} v_r (v_y - w_y) + \dfrac{F_y}{m} - g \\ \dfrac{\mathrm{d}v_z}{\mathrm{d}t} = -\dfrac{\rho S c_x}{2m} v_r (v_z - w_z) + \dfrac{F_z}{m} \\ v_r = \sqrt{(v_x - w_x)^2 + (v_y - w_y)^2 + (v_z - w_z)^2} \end{cases} \tag{11.2.82}$$

式中，F_y、F_z 分别为 δ_{1p}、δ_{2p} 产生的升力和侧向力；v_x、v_y、v_z 为弹箭速度在地面坐标系下的分量；x、y、z 为弹箭位置在地面坐标系下的分量；w_x、w_y、w_z 为风速在地面坐标系下的分量；v_r 为弹箭相对速度；ρ 为大气密度；S 为弹箭特征面积；c_x 为弹箭阻力系数；m 为弹体质量；g 为重力加速度。

在弹箭飞行过程中，F_y、F_z 可由如下公式计算：

$$\begin{cases} F_y = \dfrac{1}{2} \rho v_r^2 S c_y' \delta_{1p} \\ F_z = \dfrac{1}{2} \rho v_r^2 S c_y' \delta_{2p} \end{cases} \tag{11.2.83}$$

式中，c_y' 为弹箭升力系数导数。

根据外弹道学理论，δ_{1p}、δ_{2p} 的近似计算公式为

$$\begin{cases}\delta_{1\mathrm{p}}=\dfrac{-g\cos\theta}{k_z v_\mathrm{r}^2}\left(k_{zz}+b_x+\dfrac{2g\sin\theta}{v_\mathrm{r}^2}\right)\\ \delta_{2\mathrm{p}}=-\left(\dfrac{C}{A}\right)\cdot\dfrac{\dot{\gamma}}{k_z v_\mathrm{r}^2}\dot{\theta}\end{cases}\tag{11.2.84}$$

式中，A 为弹体赤道转动惯量；C 为极转动惯量；$\dot{\gamma}$ 为弹体转速，对于低旋尾翼弹，可取其平衡转速，即 $\dot{\gamma}=m'_{x\mathrm{w}}\varepsilon_\mathrm{w}v_\mathrm{r}/m'_{x\mathrm{d}}$，其中 $m'_{x\mathrm{w}}$ 为尾翼导转力矩系数导数，ε_w 为尾翼导转角，$m'_{x\mathrm{d}}$ 为极阻尼力矩系数导数；$k_z=\rho Slm'_z/(2A)$，其中 m'_z 为静力矩系数导数，l 为弹箭特征长度；$k_{zz}=\rho Sldm'_{zz}/(2A)$，其中 m'_{zz} 为赤道阻尼力矩系数导数，d 为弹径；$\dot{\theta}=-g\cos\theta/v_\mathrm{r}$，为弹道倾角 θ 的变化率。在滤波过程中，弹箭结构参数为已知量，各空气动力系数由风洞吹风试验或其他方法得到。

根据上述扩展质点弹道模型，首先建立弹箭飞行状态方程。取飞行弹箭在地面坐标系下的 3 个位置分量和 3 个速度分量为状态变量，即

$$\boldsymbol{x}=[x\ y\ z\ v_x\ v_y\ v_z]^\mathrm{T}\tag{11.2.85}$$

则可建立状态空间形式的动力学方程如下：

$$\dot{\boldsymbol{x}}=f(\boldsymbol{x})+\boldsymbol{w}=\begin{bmatrix}v_x\\ v_y\\ v_z\\ -\dfrac{\rho Sc_x}{2m}v_\mathrm{r}(v_x-w_x)\\ -\dfrac{\rho Sc_x}{2m}v_\mathrm{r}(v_y-w_y)+\dfrac{F_y}{m}-g\\ -\dfrac{\rho Sc_x}{2m}v_\mathrm{r}(v_z-w_z)+\dfrac{F_z}{m}\end{bmatrix}+\begin{bmatrix}0\\0\\0\\0\\0\\u_\mathrm{s}\end{bmatrix}\tag{11.2.86}$$

为了反映弹道模型与实际飞行状态的差异，式(11.2.86)中在高阶状态项 $\dot{v}_z$ 上加入了过程噪声，即有 $\boldsymbol{w}=[0\quad 0\quad 0\quad 0\quad 0\quad u_\mathrm{s}]^\mathrm{T}$，其中 u_s 为随机横风引起的弹箭侧向运动模型偏差，过程噪声的方差矩阵为

$$\boldsymbol{Q}=E[\boldsymbol{w}\boldsymbol{w}^\mathrm{T}]=\begin{bmatrix}\boldsymbol{0}_{5\times5} & \boldsymbol{0}_{5\times1}\\ \boldsymbol{0}_{1\times5} & \phi_\mathrm{s}\end{bmatrix}\tag{11.2.87}$$

式中，$\phi_\mathrm{s}=E(u_\mathrm{s}^2)$，为过程噪声谱密度，$u_\mathrm{s}$ 的值可由实际风场数据的统计特性确定。

过程噪声项反映了由随机横风引起的未建模动态，在滤波过程中，可用于适当补偿系统的模型误差，阻止滤波发散并提高其精度。

下一步考虑建立系统的量测方程。在实际射击时，雷达一般并不恰好置于炮位，因此建立天线坐标系 $A-x_Ay_Az_A$，如图 11.2.1 所示。坐标雷达的量测值，即斜距 r、方位角 β 和高低角 ε 在天线坐标系下测得。图中反映了天线坐标系 $A-x_Ay_Az_A$、地面坐标系 $O-xyz$ 及雷达测量值之间的关系。

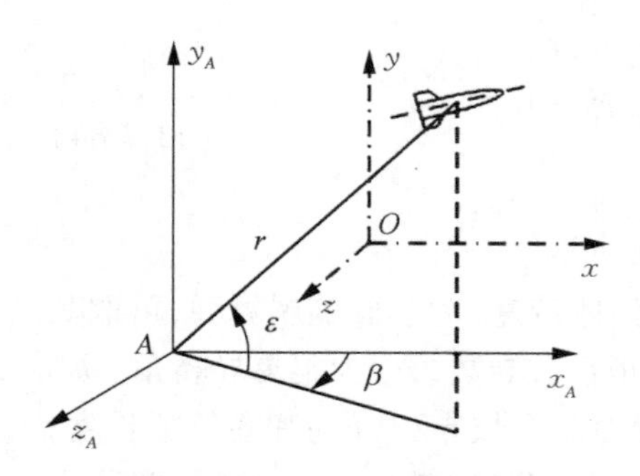

图 11.2.1 天线坐标系、地面坐标系与雷达坐标系

由图 11.2.1 可推出雷达测量值与地面坐标系的关系为

$$\begin{cases} r = \sqrt{(x - x_A)^2 + (y - y_A)^2 + (z - z_A)^2} \\ \beta = \arctan[(z - z_A)/(x - x_A)] \\ \varepsilon = \arctan\left[\dfrac{(y - y_A)}{\sqrt{(x - x_A)^2 + (z - z_A)^2}}\right] \end{cases} \tag{11.2.88}$$

式中，(x_A, y_A, z_A) 为雷达天线中心(即天线坐标系的坐标原点 A) 在地面坐标系下的坐标。

建立量测方程如下：

$$\boldsymbol{z} = h(\boldsymbol{x}) + \boldsymbol{v} \tag{11.2.89}$$

式中，$\boldsymbol{z} = [r \quad \beta \quad \varepsilon]^{\mathrm{T}}$，为坐标雷达的观测量阵列；$h(\boldsymbol{x})$ 表示状态变量与雷达观测量的非线性函数关系；$\boldsymbol{v}$ 为雷达测量噪声，假定为零均值高斯白噪声，则离散形式的量测噪声方差矩阵为

$$\boldsymbol{R}_k = E[\boldsymbol{v}_k \boldsymbol{v}_k^{\mathrm{T}}] = \begin{bmatrix} \sigma_r^2 & 0 & 0 \\ 0 & \sigma_\beta^2 & 0 \\ 0 & 0 & \sigma_\varepsilon^2 \end{bmatrix} \tag{11.2.90}$$

式中，σ_r^2、σ_β^2、σ_ε^2 分别为斜距、方位角、高低角的量测噪声方差，且相互独立。

应用扩展卡尔曼滤波的核心是通过求系统状态方程和量测方程的雅可比(Jacobian)矩阵对其进行线性化。状态方程[式(11.2.86)]的 Jacobian 矩阵为

$$\boldsymbol{F} = \begin{bmatrix} \partial f_1/\partial x & \partial f_1/\partial y & \partial f_1/\partial z & \partial f_1/\partial v_x & \partial f_1/\partial v_y & \partial f_1/\partial v_z \\ \partial f_2/\partial x & \partial f_2/\partial y & \partial f_2/\partial z & \partial f_2/\partial v_x & \partial f_2/\partial v_y & \partial f_2/\partial v_z \\ \vdots & \vdots & \vdots & \vdots & \vdots & \vdots \\ \partial f_6/\partial x & \partial f_6/\partial y & \partial f_6/\partial z & \partial f_6/\partial v_x & \partial f_6/\partial v_y & \partial f_6/\partial v_z \end{bmatrix}_{\boldsymbol{x}=\hat{\boldsymbol{x}}} \tag{11.2.91}$$

式中，矩阵右下角的 $\boldsymbol{x} = \hat{\boldsymbol{x}}$ 表示 $\boldsymbol{F}$ 在最优估计 $\hat{\boldsymbol{x}}$ 处取值。

且有

$$\begin{cases} f_1 = v_x, \quad f_2 = v_y, \quad f_3 = v_z \\ f_4 = -\rho S c_x v_{\mathrm{r}}(v_x - w_x)/(2m) \\ f_5 = -\rho S c_x v_{\mathrm{r}}(v_y - w_y)/(2m) + F_y/m - g \\ f_6 = -\rho S c_x v_{\mathrm{r}}(v_z - w_z)/(2m) + F_z/m \end{cases} \tag{11.2.92}$$

则可方便地求出系统动力学矩阵 $\boldsymbol{F}$ 的 36 个元素的具体表达式，在此从略。

得到动力学矩阵 $\boldsymbol{F}$ 的具体表达式后，弹箭系统的基本矩阵 $\boldsymbol{\Phi}_k$ 可根据泰勒(Taylor)级数展开近似求得

$$\boldsymbol{\Phi} = \boldsymbol{I} + \boldsymbol{F} \cdot t + \frac{\boldsymbol{F}^2 \cdot t^2}{2!} + \cdots \approx \boldsymbol{I} + \boldsymbol{F} \cdot t \tag{11.2.93}$$

式中，$\boldsymbol{I}$ 为 6×6 阶单位矩阵。用滤波采样时间间隔 T_s 代替式中的 t，可近似得到离散形式的基本矩阵 $\boldsymbol{\Phi}_k$。

这里，不妨记动力学矩阵为

$$
\boldsymbol{F}=\begin{bmatrix} F_{11} & F_{12} & \cdots & F_{16} \\ F_{21} & F_{22} & \cdots & F_{26} \\ \vdots & \vdots & \ddots & \vdots \\ F_{61} & F_{62} & \cdots & F_{66} \end{bmatrix}
$$

根据式(11.2.93)则有

$$
\boldsymbol{\Phi}_k \approx \begin{bmatrix} F_{11}\cdot T_s+1 & F_{12}\cdot T_s & \cdots & F_{16}\cdot T_s \\ F_{21}\cdot T_s & F_{22}\cdot T_s+1 & \cdots & F_{26}\cdot T_s \\ \vdots & \vdots & \ddots & \vdots \\ F_{61}\cdot T_s & F_{62}\cdot T_s & \cdots & F_{66}\cdot T_s+1 \end{bmatrix} \tag{11.2.94}
$$

式(11.2.94)即为离散形式的弹箭系统基本矩阵的具体表达式。下面再推导离散形式的弹箭系统过程噪声方差矩阵 $\boldsymbol{Q}_k$ 的具体形式。根据以下定义式：

$$
\boldsymbol{Q}_k=\int_0^{T_s}\boldsymbol{\Phi}(\tau)\boldsymbol{Q}\boldsymbol{\Phi}^{\mathrm{T}}(\tau)\,\mathrm{d}\tau \tag{11.2.95}
$$

式中，$\boldsymbol{\Phi}(\tau)$ 为连续时间域内的基本矩阵，只需将式(11.2.94)中的 T_s 换成 τ 即可得近似到；$\boldsymbol{Q}$ 由式(11.2.87)所定义。

由于 $\boldsymbol{w}=[0\quad 0\quad 0\quad 0\quad 0\quad u_s]^{\mathrm{T}}$，则有

$$
\boldsymbol{Q}=E(\boldsymbol{w}\boldsymbol{w}^{\mathrm{T}})=E\left(\begin{bmatrix}0\\0\\\vdots\\u_s\end{bmatrix}\begin{bmatrix}0 & 0 & \cdots & u_s\end{bmatrix}\right)=\begin{bmatrix}\boldsymbol{0}_{5\times5} & 0\\ 0 & \phi_s\end{bmatrix} \tag{11.2.96}
$$

将 $\boldsymbol{Q}$ 和 $\boldsymbol{\Phi}(\tau)$ 的表达式代入式(11.2.95)进行积分运算，最终可得到过程噪声方差矩阵 $\boldsymbol{Q}_k$ 的具体形式。这里为了说明问题，只考虑了一个较为简单的情形，即只在 $\dot{v}_z$ 项上加入了过程噪声，至于更加一般和复杂的情形，其处理思路是完全相同的，只是在推导上更为烦琐。

量测方程[式(11.2.89)]的 Jacobian 矩阵为

$$
\boldsymbol{H}=\begin{bmatrix} \dfrac{\partial h_1}{\partial x} & \dfrac{\partial h_1}{\partial y} & \dfrac{\partial h_1}{\partial z} & \dfrac{\partial h_1}{\partial v_x} & \dfrac{\partial h_1}{\partial v_y} & \dfrac{\partial h_1}{\partial v_z} \\ \dfrac{\partial h_2}{\partial x} & \dfrac{\partial h_2}{\partial y} & \dfrac{\partial h_2}{\partial z} & \dfrac{\partial h_2}{\partial v_x} & \dfrac{\partial h_2}{\partial v_y} & \dfrac{\partial h_2}{\partial v_z} \\ \dfrac{\partial h_3}{\partial x} & \dfrac{\partial h_3}{\partial y} & \dfrac{\partial h_3}{\partial z} & \dfrac{\partial h_3}{\partial v_x} & \dfrac{\partial h_3}{\partial v_y} & \dfrac{\partial h_3}{\partial v_z} \end{bmatrix}_{\boldsymbol{x}=\hat{\boldsymbol{x}}} \tag{11.2.97}
$$

式中，

$$\begin{cases} h_1 = \sqrt{(x - x_A)^2 + (y - y_A)^2 + (z - z_A)^2} \\ h_2 = \arctan[(z - z_A)/(x - x_A)] \\ h_3 = \arctan[(y - y_A)/\sqrt{(x - x_A)^2 + (z - z_A)^2}] \end{cases} \tag{11.2.98}$$

已知 $\boldsymbol{\Phi}_k$、$\boldsymbol{H}$、$\boldsymbol{Q}_k$、$\boldsymbol{R}_k$，便可数值求解黎卡提方程[式(11.2.80)]，得到估计值协方差矩阵 $\boldsymbol{P}_k$ 和卡尔曼增益 $\boldsymbol{K}_k$。黎卡提方程需要迭代求解，有必要给出状态估计值协方差矩阵的初值 $\boldsymbol{P}_0$ 和状态变量的初值 $\boldsymbol{x}_0$。

当炮弹飞出炮口以后一小段时间，雷达系统开始工作，测得开始的两点，设为 $(r_1, \beta_1, \varepsilon_1)$ 和 $(r_2, \beta_2, \varepsilon_2)$。由雷达坐标系与地面坐标系的转换关系，可以求得状态变量的初值：

$$\boldsymbol{x}_0 = \begin{bmatrix} x_2 & y_2 & z_2 & \dfrac{x_2 - x_1}{T_s} & \dfrac{y_2 - y_1}{T_s} & \dfrac{z_2 - z_1}{T_s} \end{bmatrix}^{\mathrm{T}} \tag{11.2.99}$$

为使卡尔曼滤波器正常工作，$\boldsymbol{P}_0$ 的各元素可根据如下公式选取：

$$\boldsymbol{P}_0 = \begin{bmatrix} P_{011} & 0 & \cdots & 0 \\ 0 & P_{022} & \cdots & \vdots \\ \vdots & \vdots & \ddots & 0 \\ 0 & 0 & 0 & P_{066} \end{bmatrix} \tag{11.2.100}$$

式中，

$$\begin{cases} P_{011} = (\cos\beta_2\cos\varepsilon_2)^2\sigma_r^2 - (r_2\sin\beta_2\cos\varepsilon_2)^2\sigma_\beta^2 - (r_2\cos\beta_2\sin\varepsilon_2)^2\sigma_\varepsilon^2 \\ P_{022} = (\sin\varepsilon_2)^2\sigma_r^2 + (r_2\cos\varepsilon_2)^2\sigma_\varepsilon^2 \\ P_{033} = (\sin\beta_2\cos\varepsilon_2)^2\sigma_r^2 + (r_2\cos\beta_2\cos\varepsilon_2)^2\sigma_\beta^2 - (r_2\sin\beta_2\sin\varepsilon_2)\sigma_\varepsilon^2 \\ P_{044} = 2P_{011}/(T_s)^2, \quad P_{055} = 2P_{022}/(T_s)^2, \quad P_{066} = 2P_{033}/(T_s)^2 \end{cases}$$

在卡尔曼滤波过程中，求解黎卡提方程是为了获取卡尔曼增益 $\boldsymbol{K}_k$，以实现用量测值来修正理论模型预测值的目的。

将具体的 6 个状态变量代入扩展卡尔曼滤波基本方程[式(11.2.81)]，得

$$\begin{cases} \hat{x}_k = \bar{x}_k + K_{11k} \cdot \mathrm{Res}_{1k} + K_{12k} \cdot \mathrm{Res}_{2k} + K_{13k} \cdot \mathrm{Res}_{3k} \\ \hat{y}_k = \bar{y}_k + K_{21k} \cdot \mathrm{Res}_{1k} + K_{22k} \cdot \mathrm{Res}_{2k} + K_{23k} \cdot \mathrm{Res}_{3k} \\ \hat{z}_k = \bar{z}_k + K_{31k} \cdot \mathrm{Res}_{1k} + K_{32k} \cdot \mathrm{Res}_{2k} + K_{33k} \cdot \mathrm{Res}_{3k} \\ \hat{v}_{xk} = \bar{v}_{xk} + K_{41k} \cdot \mathrm{Res}_{1k} + K_{42k} \cdot \mathrm{Res}_{2k} + K_{43k} \cdot \mathrm{Res}_{3k} \\ \hat{v}_{yk} = \bar{v}_{yk} + K_{51k} \cdot \mathrm{Res}_{1k} + K_{52k} \cdot \mathrm{Res}_{2k} + K_{53k} \cdot \mathrm{Res}_{3k} \\ \hat{v}_{zk} = \bar{v}_{zk} + K_{61k} \cdot \mathrm{Res}_{1k} + K_{62k} \cdot \mathrm{Res}_{2k} + K_{63k} \cdot \mathrm{Res}_{3k} \end{cases} \tag{11.2.101}$$

式中，

$$
\begin{cases}
\mathrm{Res}_{1k} = r_k^* - \sqrt{\bar{x}_k^2 + \bar{y}_k^2 + \bar{z}_k^2} \\
\mathrm{Res}_{2k} = \beta_k^* - \tan^{-1}\left(\dfrac{\bar{z}_k}{\bar{x}_k}\right) \\
\mathrm{Res}_{3k} = \varepsilon_k^* - \tan^{-1}\left(\dfrac{\bar{y}_k}{\sqrt{\bar{x}_k^2 + \bar{z}_k^2}}\right)
\end{cases}
\tag{11.2.102}
$$

式中，$(r_k^*, \beta_k^*, \varepsilon_k^*)$ 表示当前时刻雷达系统给出的含噪测量值。

由式(11.2.99)和式(11.2.100)启动，迭代计算式(11.2.80)和式(11.2.101)，便可完成整个扩展卡尔曼滤波的计算过程。

根据卡尔曼滤波的相关原理，随着滤波的进行，卡尔曼增益 $\boldsymbol{K}_k$ 的值将不断减小，由式(11.2.81)可以看出，量测值对状态预估值的校正作用也会越来越小(特别是当过程噪声很小，甚至为零时)。如果状态预估值 $\bar{\boldsymbol{x}}_k$ 与实际的炮弹飞行参数越接近，即使没有量测值，也可保证弹道滤波具有较好的精度。

由于估计值 $\hat{\boldsymbol{x}}_k$ 由预测值 $\bar{\boldsymbol{x}}_k$ 和校正项 $\boldsymbol{K}_k[z_k - h(\bar{\boldsymbol{x}}_k)]$ 决定。随着滤波的进行，$\boldsymbol{P}_k$ 的元素值不断减小，$\boldsymbol{K}_k$ 也相应减小，则量测值对 $\hat{\boldsymbol{x}}_k$ 的校正作用越来越小(特别是在过程噪声很小或为零的条件下)，则 $\bar{\boldsymbol{x}}_k$ 将占主导，其值与实际弹道参数越接近，滤波精度便越高。因此，扩展卡尔曼滤波采用对弹道方程组作数值积分的方法来进行状态预测，其精度取决于初值和积分步长。初值取为上一时刻的最优估计值，并取积分步长 t_{h} 远远小于采样间隔时间 T_{s}，则在一个滤波周期内可对弹道模型进行多步积分，以得到较为精确的状态预测值。图 11.2.2 所示为采用四阶定步长龙格-库塔法得到的积分步长 t_{h} 与采样间隔 T_{s} 之间的大小关系对估计误差的影响。

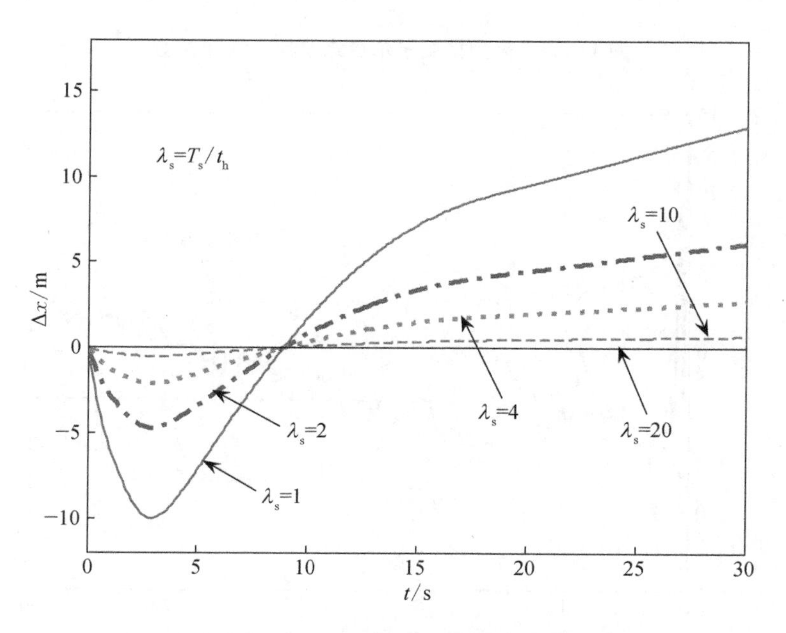

图 11.2.2　积分步长与采样间隔时间之间的大小关系对估计误差的影响

由图 11.2.2 可知：① 当采样间隔时间 T_s 一定时，积分步长越小，则估计误差越小，滤波的精度越高；② 当积分步长减小到一定程度时，其对于估计精度的改善能力也将越来越有限；③ 估计误差在滤波过程中是变化的，对于图中任意的 λ_s 值，都是先从零开始朝负向增大，到达某一极值点后逐渐向零点回落，到达零点后继续朝正向增大；④ λ_s 值越大，则其随时间的变化越为平缓，当 $\lambda_s = 20$ 时，估计误差曲线几乎就是水平直线。

取如下仿真条件：① 初速 $v_0 = 650\ \mathrm{m/s}$，射角 $\theta_{a0} = 35°$；② 坐标雷达的测量误差为 $\sigma_r = 10.0\ \mathrm{m}$，$\sigma_\beta = \sigma_\varepsilon = 0.2°$；③ 弹丸发射以后 5 s 开始进行滤波，飞行 30 s 后滤波终止，滤波采样时间间隔 $T_s = 0.1\ \mathrm{s}$。图 11.2.3～图 11.2.8 所示即扩展卡尔曼滤波的相关结果。

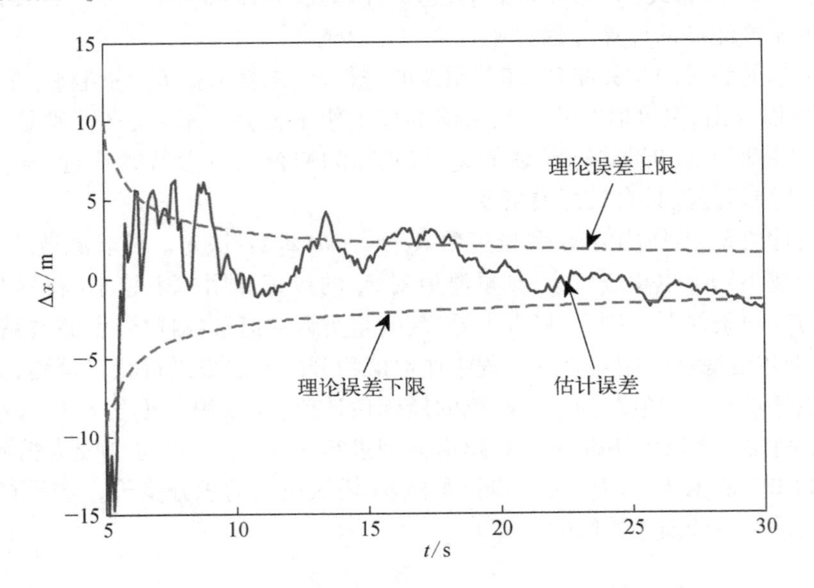

图 11.2.3　采用扩展卡尔曼滤波的 x 估计误差

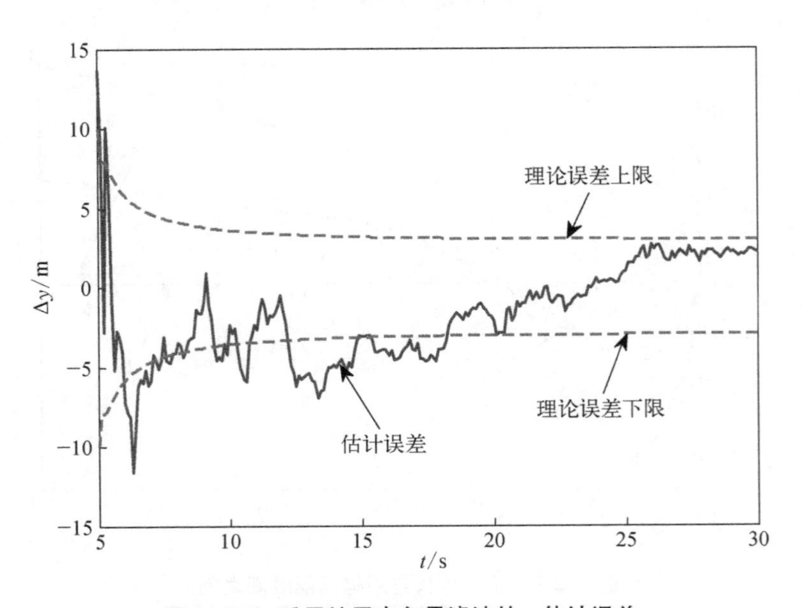

图 11.2.4　采用扩展卡尔曼滤波的 y 估计误差

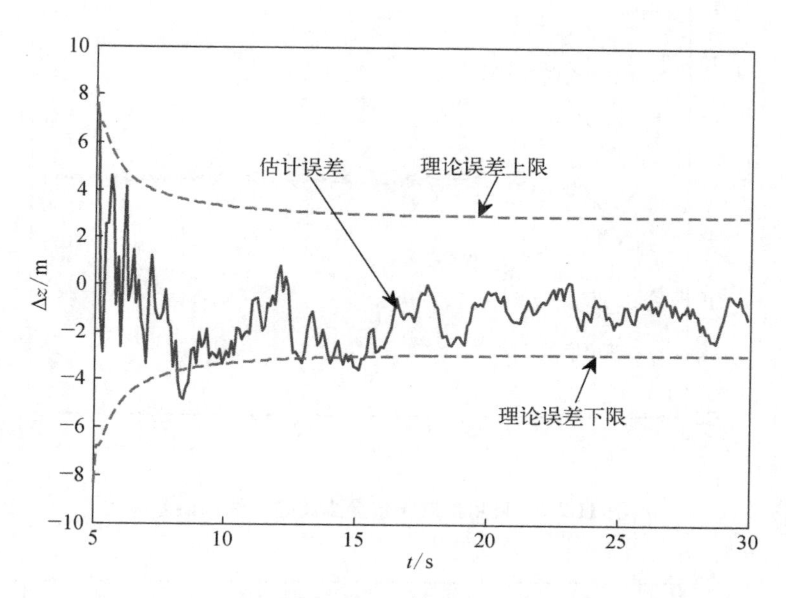

图 11.2.5　采用扩展卡尔曼滤波的 z 估计误差

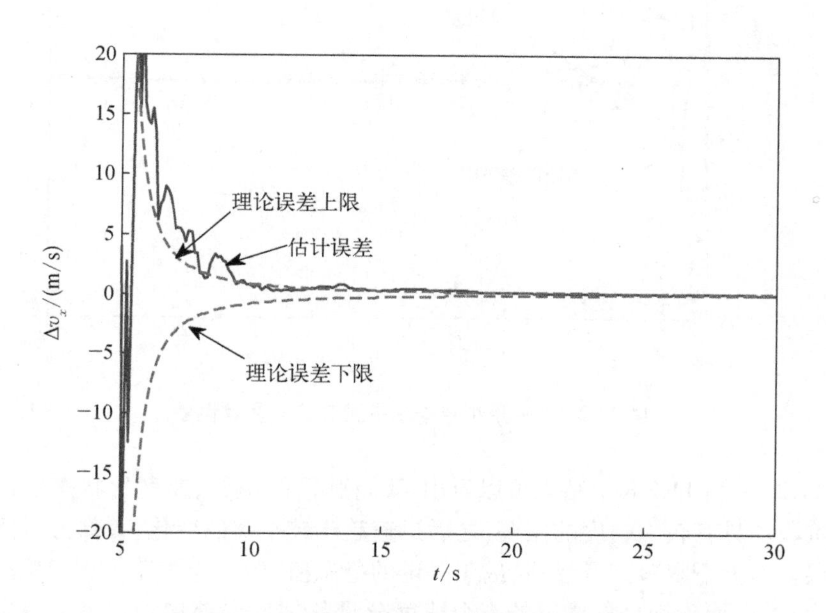

图 11.2.6　采用扩展卡尔曼滤波的 v_x 估计误差

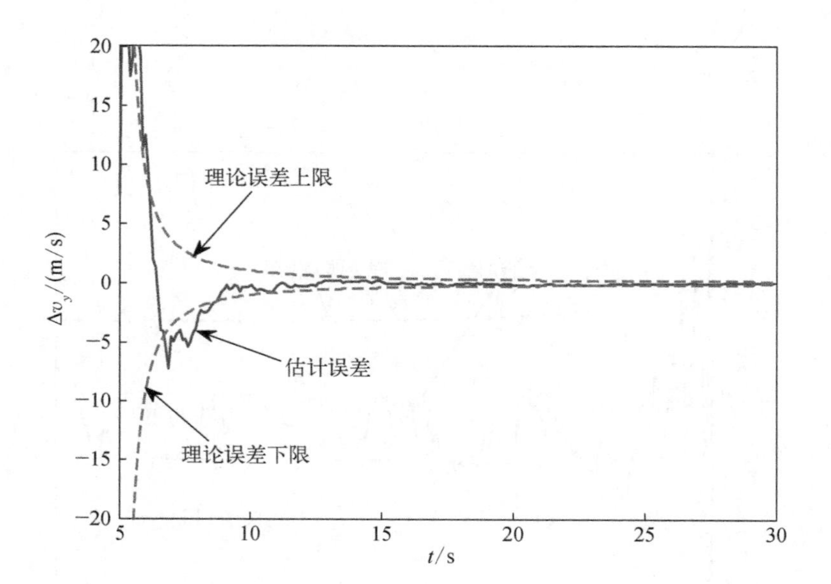

图 11.2.7 采用扩展卡尔曼滤波的 v_y 估计误差

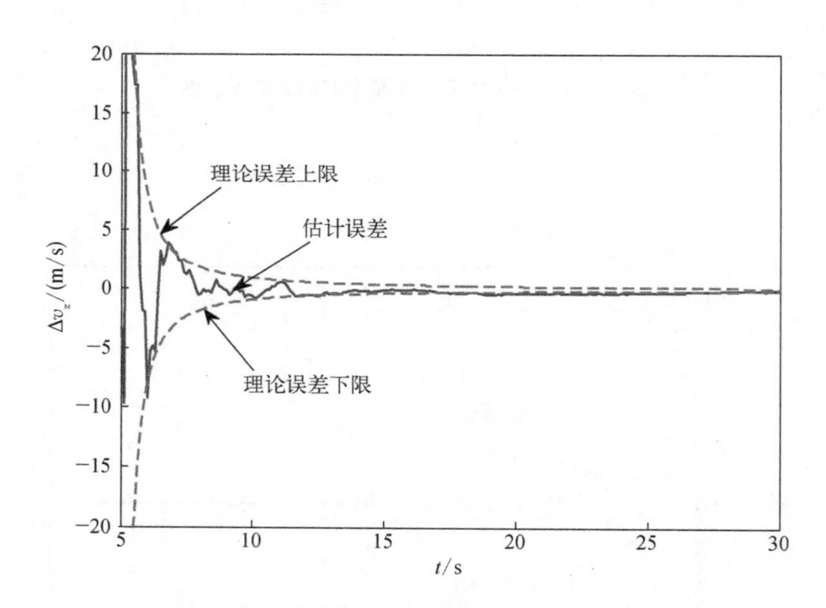

图 11.2.8 采用扩展卡尔曼滤波的 v_z 估计误差

由图 11.2.3～图 11.2.8 中结果可以看出，飞行弹箭的位置、速度的状态估计误差在滤波的初始阶段均具有较大幅度的振荡，之后迅速趋于较平缓的变化，大部分时间内可被控制在理论误差的上下限范围，最终收敛于一定的稳态值，如 x、y 的稳态误差为±2.5 m，z 的稳态误差为±2 m，而地面坐标系下的三个速度分量的估计误差均趋于零。图中的理论误差值为对应状态变量最优估计的协方差值的开方（上限取正号，下限取负号），由图可知，在滤波的初始阶段，由于初始协方差矩阵 $\boldsymbol{P}_0$ 元素的取值较大，理论误差的上下限范围较大，但随着滤波的进行，误差曲线迅速向稳态值衰减。如果状态变量的估计误差曲线大部分在理论误差界限之内，则可认为弹道滤波取得了良好的效果。

2. 算例 2：一种基于过程噪声控制的弹道滤波方案

在算例 1 中，重点关注的是扩展卡尔曼滤波的应用，并未考虑过程噪声，过程噪声谱密度 ϕ_s 取为零值。在算例 1 的基础上，算例 2 中重点观察过程噪声的作用。

在工程应用中，无论多么完备的模型，都不可能与实际状态完全一致。因此，当弹道模型精确度在一定工程条件下达到饱和时，便可通过对过程噪声的合理控制来提高弹道滤波的性能并避免失效。为说明问题，取和前面基本相同的仿真条件。不同的是，当炮弹飞行至 15 s 时，假设弹体受到外界一强扰动的瞬时作用，如将此强扰动当量为一个大小为 20 N · s 的横向脉冲。炮弹受到该瞬时扰动后，继续飞行至 30 s 时。如果不考虑过程噪声，即令过程噪声谱密度 $\phi_s = 0$，则图 11.2.9 所示为扩展卡尔曼滤波对侧偏距离 z 的估计结果。

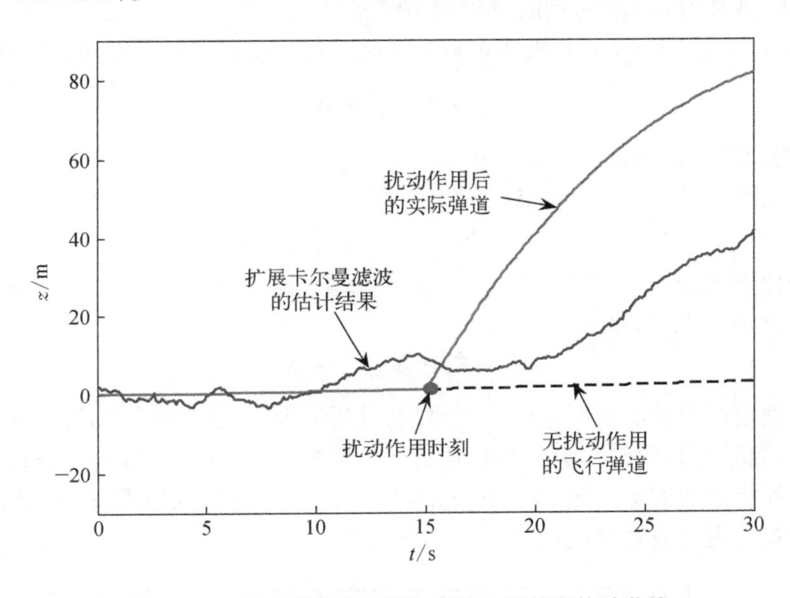

图 11.2.9　瞬时扰动作用下的炮弹飞行状态估计曲线

由图 11.2.9 可知，当炮弹受到脉冲扰动作用前(15 s 之前)，采用扩展卡尔曼滤波尚能较好地估计实际弹道，侧向距离 z 的误差在±10 m 以内。当炮弹受到脉冲作用以后，其实际飞行弹道与无脉冲作用时的无控弹道在侧偏方向上产生了较大的变化(算例中达到80 m)。此时，尽管滤波系统不断地利用雷达提供的测量值进行校正，但如图 11.2.9 所示，状态变量的最优估计却很难再跟得上实际弹道参数(误差可达 40 m)，并且逐渐呈现出发散的趋势。

产生上述现象的根本原因在于：当弹体受到横向脉冲扰动作用以后，系统模型发生了突变，即系统的理论动态模型与实际状态产生了明显偏差，而滤波仍采用的是原扩展质点弹道模型，从而造成了状态变量最优估计值误差很大的现象。对于卡尔曼滤波这一数据处理技术，由于测量值的校正作用并不占有优势(特别是测量点数足够多时)，系统理论模型的精度往往决定了最终的滤波效果。

解决这一问题的一个直接思路是，在滤波过程中根据实际状况的变化适时调整系统理论动态模型，尽可能减小其与实际状态的偏差。然而，根据前面对三种滤波算法的应用与分析，这一思路事实上是行不通的，理论模型一旦变化，滤波所用各种矩阵的具体形式也将发生很大的变大,所涉及的计算量是相当大的。更重要的是,在弹箭飞行过程中,通常无法准确描述模型与实际状况的偏差,调整理论模型就无从谈起。

这里考虑采用过程噪声控制解决这一问题。首先给出理论误差 $\boldsymbol{E}_{tk}$ 及滤波残差 $\mathbf{RES}_k$ 的定义如下:

$$\begin{cases}\boldsymbol{E}_{tk}=\sqrt{\boldsymbol{H}\boldsymbol{M}_k\boldsymbol{H}^{\mathrm{T}}+\boldsymbol{R}_k}\\ \mathbf{RES}_k=\boldsymbol{Z}_k-h(\bar{\boldsymbol{X}}_k)\end{cases} \tag{11.2.103}$$

具体的过程噪声控制方法为:在求解黎卡提方程的过程中,每一时刻根据式(11.2.95)计算理论误差 $\boldsymbol{E}_{tk}$ 及滤波残差 $\mathbf{RES}_k$ 的值,然后进行判断,当满足 $|\mathbf{RES}_k|>\alpha\cdot|\boldsymbol{E}_{tk}|$ 时,则产生过程噪声控制函数 $\boldsymbol{\phi}_{sk}=\boldsymbol{\eta}[\boldsymbol{\phi}_{s(k-1)}]$,其中,$\alpha$ 为估计误差的容许系数,$\boldsymbol{\phi}_{sk}$、$\boldsymbol{\phi}_{s(k-1)}$ 分别为第 k 时刻和第 $k-1$ 时刻的过程噪声谱密度。

过程噪声控制函数 $\boldsymbol{\eta}(\boldsymbol{\phi}_s)$ 的具体形式可根据需要取为多种形式,如增量形式:

$$\boldsymbol{\phi}_{sk}=\boldsymbol{\phi}_{s(k-1)}+\Delta\boldsymbol{\phi}_s \tag{11.2.104}$$

式中,$\Delta\boldsymbol{\phi}_s$ 为自适应增量。

或取为比例形式:

$$\boldsymbol{\phi}_{sk}=K_{\phi}\boldsymbol{\phi}_{s(k-1)} \tag{11.2.105}$$

式中,K_{ϕ} 为比例系数。

或取为比例-增量形式:

$$\boldsymbol{\phi}_{sk}=K_{\phi}\cdot\boldsymbol{\phi}_{s(k-1)}+\Delta\boldsymbol{\phi}_s \tag{11.2.106}$$

通过对理论误差及滤波残差的实时监控,发现需要加入过程噪声时,可选取一定形式的过程噪声控制函数,使其对卡尔曼增益值产生影响,从而在一定程度上补偿系统理论动态模型与实际状态的偏差。图 11.2.10 和图 11.2.11 所示为加入过程噪声控制后的弹道滤波效果与原有方案滤波效果的比较。

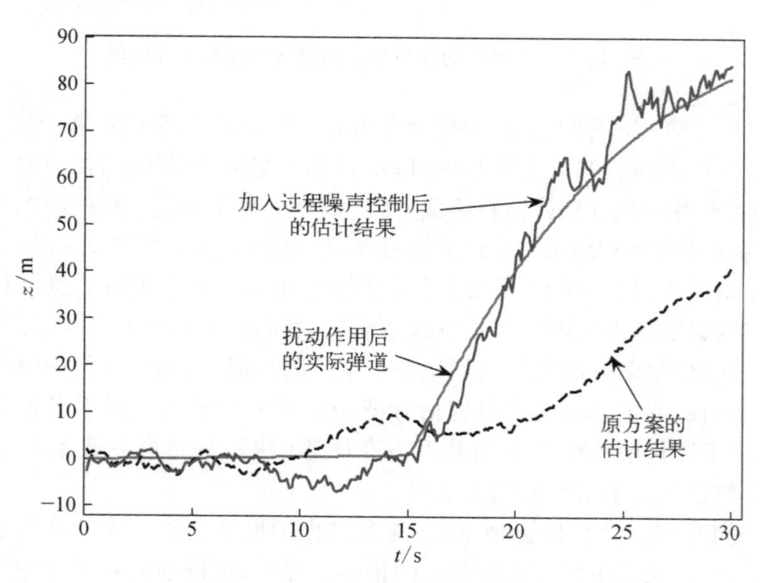

图 11.2.10 基于过程噪声控制的炮弹飞行状态估计曲线

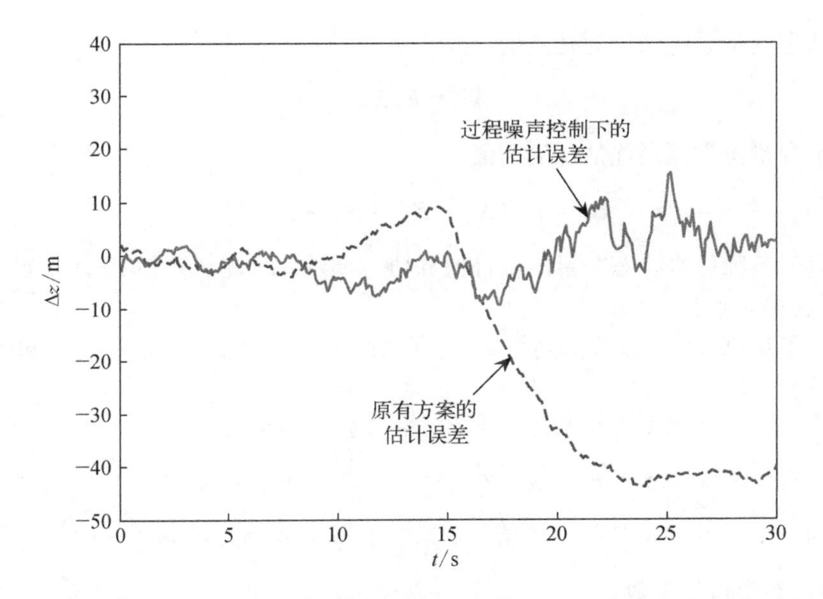

图 11.2.11　有、无过程噪声控制条件下炮弹侧向飞行距离的估计误差

由图 11.2.10 和图 11.2.11 可知，加入了过程噪声控制作用以后，当炮弹受到脉冲扰动作用而发生飞行状态突变时，采用原有的理论模型进行弹道滤波，仍可使系统状态变量估计值与实际弹道参数吻合较好，尽管由于引入过程噪声而带来了一些高频噪声，但相比原有方案，侧向距离 z 的估计误差减小 50%以上，可控制在±15 m 范围内，且并未给弹道滤波系统增加太多的计算量。值得说明的是，上述过程噪声函数中的相关参数，如 K_{ϕ}、$\Delta\phi_{s}$ 等，需依据具体的弹箭系统参数及性能指标选取，从而确保估计值既能有效地跟踪实际弹道参数，又不致引入过大的高频噪声而降低精度。这一工作在理论上并无现成的方法，只能依靠大量的数值仿真及地面配套试验来调试。

11.2.4　无迹卡尔曼滤波

根据上一节的介绍，应用扩展卡尔曼滤波处理非线性问题的核心是通过求系统状态方程和量测方程的 Jacobian 矩阵对其进行线性化。在实际工程应用中，存在两个问题，第一是线性化可能引起较大的误差，第二是 Jacobian 矩阵元素的求取十分复杂，特别是当状态变量个数较多时，Jacobian 矩阵维数和元素的复杂程度大大增加，应用时较为不便。为此，人们研究出无须对非线性方程线性化、可直接使用非线性方程的无迹卡尔曼滤波（unscented Kalman filter, UKF）。本节将简要给出无迹卡尔曼滤波的理论方程。

给定具有 n 个状态变量的离散时间非线性系统，记为

$$\boldsymbol{X}_{k+1}=f(\boldsymbol{X}_k,\ \boldsymbol{u}_k,\ t_k)+\boldsymbol{w}_k \tag{11.2.107}$$

式中，$\boldsymbol{w}_k\sim(0,\ \boldsymbol{Q}_k)$，表示过程噪声的方差；$\boldsymbol{u}_k$ 表示控制向量。

系统量测方程可记为

$$\boldsymbol{y}_k=h(\boldsymbol{X}_k,\ t_k)+\boldsymbol{v}_k \tag{11.2.108}$$

式中，$\boldsymbol{v}_k\sim(0,\ \boldsymbol{R}_k)$ 表示测量噪声的方差。

给定状态变量最优估计的初始值:

$$\hat{\boldsymbol{X}}_0^+ = E(\boldsymbol{X}_0) \tag{11.2.109}$$

并给出状态变量协方差最优估计的初值:

$$\boldsymbol{P}_0^+ = E[(\boldsymbol{X}_0 - \hat{\boldsymbol{X}}_0^+)(\boldsymbol{X}_0 - \hat{\boldsymbol{X}}_0^+)^{\mathrm{T}}] \tag{11.2.110}$$

利用以下步骤可将状态变量的估计值和协方差从一个测量点(第 $k-1$ 点)传播到下一个测量点(第 k 点)。

(1) 为了从第 $k-1$ 步传播到第 k 步,利用第 $k-1$ 步的最优估计 $\hat{\boldsymbol{X}}_{k-1}^+$ 和协方差 $\boldsymbol{P}_{k-1}^+$ 构造点 σ:

$$\begin{cases} \hat{\boldsymbol{X}}_{k-1}^{(i)} = \hat{\boldsymbol{X}}_{k-1}^+ + \tilde{\boldsymbol{X}}^{(i)}, & i = 1, 2, \cdots, 2n \\ \tilde{\boldsymbol{X}}^{(i)} = (\sqrt{n \cdot \boldsymbol{P}_{k-1}^+})_i^{\mathrm{T}}, & i = 1, 2, \cdots, n \\ \tilde{\boldsymbol{X}}^{(i+n)} = -(\sqrt{n \cdot \boldsymbol{P}_{k-1}^+})_i^{\mathrm{T}}, & i = 1, 2, \cdots, n \end{cases} \tag{11.2.111}$$

式中, n 为状态变量的个数。

(2) 利用已知的非线性函数 $f(\cdot)$ 对点 σ 进行变换,可得

$$\hat{\boldsymbol{X}}_k^{(i)} = f[\hat{\boldsymbol{X}}_{k-1}^{(i)}, \boldsymbol{u}_k, t_k] \tag{11.2.112}$$

也就是说将 $\hat{\boldsymbol{X}}_{k-1}^{(i)}$ 作为初值,对系统的非线性方程组进行积分,积分步长恰为 $\Delta t = t_k - t_{k-1}$,得到点 σ $\hat{\boldsymbol{X}}_{k-1}^{(i)}$ 的变化值 $\hat{\boldsymbol{X}}_k^{(i)}$。

(3) 利用无迹变换求得第 k 时刻状态变量最优估计的预测值,得

$$\hat{\boldsymbol{X}}_k^- = \frac{1}{2n}\sum_{i=1}^{2n} \hat{\boldsymbol{X}}_k^{(i)} \tag{11.2.113}$$

(4) 同理,利用无迹变换求得第 k 时刻协方差的预测值,得

$$\boldsymbol{P}_k^- = \frac{1}{2n}\sum_{i=1}^{2n} [\hat{\boldsymbol{X}}_k^{(i)} - \hat{\boldsymbol{X}}_k^-][\hat{\boldsymbol{X}}_k^{(i)} - \hat{\boldsymbol{X}}_k^-]^{\mathrm{T}} + \boldsymbol{Q}_{k-1} \tag{11.2.114}$$

利用以下步骤对量测方程进行更新。

(1) 利用最新的状态变量最优估计预测值来构造点 σ,有

$$\begin{cases} \hat{\boldsymbol{X}}_k^{(i)} = \hat{\boldsymbol{X}}_k^- + \tilde{\boldsymbol{X}}^{(i)}, & i = 1, 2, \cdots, 2n \\ \tilde{\boldsymbol{X}}^{(i)} = (\sqrt{n \cdot \boldsymbol{P}_k^-})_i^{\mathrm{T}}, & i = 1, 2, \cdots, n \\ \tilde{\boldsymbol{X}}^{(i+n)} = -(\sqrt{n \cdot \boldsymbol{P}_k^-})_i^{\mathrm{T}}, & i = 1, 2, \cdots, n \end{cases} \tag{11.2.115}$$

(2) 利用量测方程对点 σ 进行非线性变换,可得

$$\hat{\boldsymbol{y}}_k^{(i)} = h[\hat{\boldsymbol{X}}_k^{(i)}, t_k] \tag{11.2.116}$$

(3) 求测量量的近似均值:

$$\hat{\boldsymbol{y}}_k = \frac{1}{2n}\sum_{i=1}^{2n} \hat{\boldsymbol{y}}_k^{(i)} \tag{11.2.117}$$

(4) 求测量量近似协方差：

$$\boldsymbol{P}_y = \frac{1}{2n}\sum_{i=1}^{2n}[\hat{\boldsymbol{y}}_k^{(i)} - \hat{\boldsymbol{y}}_k][\hat{\boldsymbol{y}}_k^{(i)} - \hat{\boldsymbol{y}}_k]^{\mathrm{T}} + \boldsymbol{R}_k \tag{11.2.118}$$

(5) 求状态变量与测量量之间的交叉协方差估计：

$$\boldsymbol{P}_{xy} = \frac{1}{2n}\sum_{i=1}^{2n}[\hat{\boldsymbol{X}}_k^{(i)} - \hat{\boldsymbol{X}}_k^{-}][\hat{\boldsymbol{y}}_k^{(i)} - \hat{\boldsymbol{y}}_k]^{\mathrm{T}} \tag{11.2.119}$$

(6) 卡尔曼增益及基本递推关系式：

$$\begin{cases}\boldsymbol{k}_k = \boldsymbol{P}_{xy}(\boldsymbol{P}_y)^{-1}\\ \hat{\boldsymbol{X}}_k^{+} = \hat{\boldsymbol{X}}_k^{-} + \boldsymbol{k}_k \cdot (\boldsymbol{y}_k - \hat{\boldsymbol{y}}_k)\\ \boldsymbol{P}_k^{+} = \boldsymbol{P}_k^{-} - \boldsymbol{k}_k\boldsymbol{P}_y(\boldsymbol{k}_k)^{\mathrm{T}}\end{cases} \tag{11.2.120}$$

注意,如果噪声是非线性的,则可将 $\boldsymbol{w}_k$、$\boldsymbol{v}_k$ 作为系统的状态变量进行处理,同步开展最优估计,此时 $\boldsymbol{R}_k$、$\boldsymbol{Q}_k$ 就不用考虑了。

在前述无迹卡尔曼滤波的计算过程中,涉及需要求解矩阵的平方根,即

$$\sqrt{\boldsymbol{A}} \tag{11.2.121}$$

式中,$\boldsymbol{A}$ 一般是协方差矩阵,而协方差矩阵为对角矩阵且元素为方差,故可认为其是正定对称矩阵。

实际上就是对正定对称矩阵 $\boldsymbol{A}$, 找到一个非奇异实数下三角矩阵 $\boldsymbol{L}$, 使得

$$\boldsymbol{A} = \boldsymbol{L}\boldsymbol{L}^{\mathrm{T}} \tag{11.2.122}$$

则：

$$\boldsymbol{L} = \sqrt{\boldsymbol{A}} \tag{11.2.123}$$

可采用楚列斯基(Cholesky)分解法求出正定对称矩阵 $\boldsymbol{A}$ 的三角分解,主要公式为

$$l_{jj} = \sqrt{a_{jj} - \sum_{k=0}^{j-1} l_{jk}^2},\quad j = 0,\ 1,\ \cdots,\ n-1 \tag{11.2.124}$$

$$l_{ij} = \frac{a_{ij} - \sum_{k=0}^{j-1} l_{ik}l_{jk}}{l_{jj}},\quad i = j+1,\ \cdots,\ n-1 \tag{11.2.125}$$

根据以上推导过程可以看出,采用无迹卡尔曼滤波方法进行弹道滤波时,无须对非线性动力学模型进行线性化处理,因而不会引出相应的线性化误差,并且无须求 Jacobian 矩阵,推导过程大为简化。

下面给出利用无迹卡尔曼滤波处理子母弹开舱点诸元的算例。在外弹道工程应用中,准确测量子母弹的开舱点弹道诸元(主要指速度和位置)是一项重要工作。开舱点弹道诸元是子弹飞行的起始条件,其准确程度直接影响子弹弹道的计算精度。对于子母弹实际开舱点,目前基本上是依据时间引信开舱时刻(即爆炸开舱时刻)对应的弹道测量数据是否发生突变进行判别。目前,弹箭飞行弹道参数主要使用雷达测量,多普勒雷达主要

用于测弹箭飞行速度,相控阵雷达和扩展功能的多普勒雷达可用于测弹箭位置和速度,但是这种测量都包含由于噪声和干扰引起的误差。例如,如果雷达的测角中间误差是 0.5 密位,测距标准差为 10 m,则在 70 km 处带来的坐标误差可达±160 m 以上,无法与地面落点的测量误差(1~2 m)相比,如果直接用这些数据去进行射表符合计算,会给符合系数来很大误差,导致此后的射表计算不准。因此,采用卡尔曼滤波技术对雷达测量的子母弹开舱点诸元进行处理,是提高开舱点诸元精度的一个途径。

本节讨论的是无迹卡尔曼滤波,为了体现无迹卡尔曼滤波相较于扩展卡尔曼滤波的优势,应用算例中采用 6D 刚体弹道模型作为系统动力学模型。根据前面章节对 6D 刚体弹道方程的介绍,其具有 12 个微分变量,对应 12 个状态变量。在实际工程应用中,考虑到阻力系数、升力系数和滚转阻尼力矩系数对弹道的射程和偏流影响较大且具有一定误差,故要对给定的阻力系数、升力系数和滚转阻尼力矩系数分别引入修正系数 k_{c_x}、k_{c_y}、$k_{m_{xz}}$,这三个修正系数分别与给定的阻力系数、升力系数和滚转阻尼力矩系数相乘,通过调整修正系数的值对三个给定气动系数进行调整,使计算出的弹道与实际弹道更为接近。通常,构造三个新的微分方程,即

$$\begin{cases} \dfrac{\mathrm{d}k_{c_x}}{\mathrm{d}t} = 0 \\ \dfrac{\mathrm{d}k_{c_y}}{\mathrm{d}t} = 0 \\ \dfrac{\mathrm{d}k_{m_{xz}}}{\mathrm{d}t} = 0 \end{cases} \tag{11.2.126}$$

式(11.2.126)表明,修正系数 k_{c_x}、k_{c_y}、$k_{m_{xz}}$ 为未知的常数。

这样,原来 12 个微分变量加上 k_{c_x}、k_{c_y}、$k_{m_{xz}}$,共 15 个变量、15 个微分方程。按照前面对扩展卡尔曼滤波的介绍,在求系统动力矩阵时,要对每一个微分方程右端的函数分别关于每一状态变量求偏导数,则构造出的系统动力矩阵将是 15 × 15 阶,并且矩阵中的元素(共 225 个)是通过求偏导数取得的,较为复杂和烦琐,不便于实际应用。

如果是采用无迹卡尔曼滤波,则无须求解复杂的动力矩阵,只要按照式(11.2.107)~式(11.2.125)一步一步进行计算即可。在应用式(11.2.112)时,非线性函数 $f(\cdot)$ 就是 6D 刚体弹道方程组;在应用式(11.2.116)时,利用量测方程对点 σ 进行非线性变换,就是根据量测值与状态变量的非线性函数关系进行计算。

因此,6D 刚体弹道系统的状态变量为

$$\boldsymbol{X} = [v \quad \theta_{\mathrm{a}} \quad \psi_2 \quad x \quad y \quad z \quad \omega_\xi \quad \omega_\eta \quad \omega_\zeta \quad \varphi_{\mathrm{a}} \quad \varphi_2 \quad \gamma \quad k_{c_x} \quad k_{c_y} \quad k_{m_{xz}}]^{\mathrm{T}} \tag{11.2.127}$$

将弹道方程组改写成状态空间形式,为

$$\frac{\mathrm{d}\boldsymbol{X}}{\mathrm{d}t} = f(\boldsymbol{X}) = [f_1 \quad f_2 \quad f_3 \quad f_4 \quad f_5 \quad f_6 \quad f_7 \quad f_8 \quad f_9 \quad f_{10} \quad f_{11} \quad f_{12} \quad f_{13} \quad f_{14} \quad f_{15}]^{\mathrm{T}} \tag{11.2.128}$$

式中,

$$f_1 = \frac{F_{x_2}}{m},\quad f_2 = \frac{F_{y_2}}{mv\cos\psi_2} + \frac{v\cos\theta_a\cos\psi_2}{R_E + h_0 + y},\quad f_3 = \frac{F_{z_2}}{mv}$$

$$f_4 = v\cos\psi_2\cos\theta_a\left(1 + \frac{y}{R_E + h_0}\right)^{-1},\quad f_5 = v\cos\psi_2\sin\theta_a,\quad f_6 = v\sin\psi_2$$

$$f_7 = \frac{1}{C}M_\xi,\quad f_8 = \frac{1}{A}M_\eta - \frac{C}{A}\omega_\xi\omega_\zeta + \omega_\zeta^2\tan\varphi_2$$

$$f_9 = \frac{1}{A}M_\zeta + \frac{C}{A}\omega_\xi\omega_\eta - \omega_\eta\omega_\zeta\tan\varphi_2$$

$$f_{10} = \frac{\omega_\zeta}{\cos\varphi_2} + \frac{\mathrm{d}x}{\mathrm{d}t}\cdot\left(\frac{1}{R_E + h_0 + y}\right),\quad f_{11} = -\omega_\eta,\quad f_{12} = \omega_\xi - \omega_\zeta\tan\varphi_2$$

$$f_{13} = 0,\quad f_{14} = 0,\quad f_{15} = 0$$

假设弹丸在飞行过程中可以测得的弹道参数为

$$\boldsymbol{Z} = [v \quad \theta_a \quad \psi_2 \quad x \quad y \quad z \quad \omega_\xi]^{\mathrm{T}} \tag{11.2.129}$$

一般情况下,靶场直接提供的测量数据是弹丸位置三分量 $(x,\ y,\ z)$ 和速度三分量 $(v_x,\ v_y,\ v_z)$,转速 ω_ξ 可由弹载器件测量(如采用地磁传感器),则可以在滤波进行前将速度三分量转化为弹道倾角 θ_a 和弹道偏角 ψ_2,用来简化计算,即

$$\begin{cases} v = \sqrt{v_x^2 + v_y^2 + v_z^2} \\ \theta_a = \tan^{-1}(v_y/v_x) \\ \psi_2 = \tan^{-1}(v_z\cos\theta_a/v_x) \end{cases} \tag{11.2.130}$$

因此,系统的量测方程可以表达为线性的形式,即

$$\boldsymbol{Z} = h(\boldsymbol{X}) + \boldsymbol{v} = \boldsymbol{H}\cdot\boldsymbol{X} + \boldsymbol{v} \tag{11.2.131}$$

式中,$\boldsymbol{v}$ 为量测噪声;$\boldsymbol{H}$ 为量测矩阵。

由于状态变量 $\boldsymbol{X}$ 为 15×1 阶矩阵,$\boldsymbol{Z}$ 为 7 × 1 阶矩阵,量测矩阵 $\boldsymbol{H}$ 为 7 × 15 阶矩阵,$\boldsymbol{v}$ 为 7 × 1 阶矩阵。

量测矩阵 $\boldsymbol{H}$ 的具体表达式如下:

$$\boldsymbol{H} = \begin{bmatrix} \dfrac{\partial h_1}{\partial v} & \dfrac{\partial h_1}{\partial \theta_a} & \dfrac{\partial h_1}{\partial \psi_2} & \cdots & \dfrac{\partial h_1}{\partial k_{c_y}} & \dfrac{\partial h_1}{\partial k_{m_{xz}}} \\ \vdots & \cdots & \cdots & \cdots & \cdots & \vdots \\ \dfrac{\partial h_7}{\partial v} & \dfrac{\partial h_7}{\partial \theta_a} & \dfrac{\partial h_7}{\partial \psi_2} & \cdots & \dfrac{\partial h_7}{\partial k_{c_y}} & \dfrac{\partial h_7}{\partial k_{m_{xz}}} \end{bmatrix}_{7\times 15} \tag{11.2.132}$$

又由于有

$$[h_1 \quad h_2 \quad h_3 \quad h_4 \quad h_5 \quad h_6 \quad h_7]^{\mathrm{T}} = [v \quad \theta_a \quad \psi_2 \quad x \quad y \quad z \quad \omega_\xi]^{\mathrm{T}} \tag{11.2.133}$$

则有

$$\boldsymbol{H}=\begin{bmatrix}1&0&0&0&0&0&0&0&0&0&0&0&0&0&0\\0&1&0&0&0&0&0&0&0&0&0&0&0&0&0\\0&0&1&0&0&0&0&0&0&0&0&0&0&0&0\\0&0&0&1&0&0&0&0&0&0&0&0&0&0&0\\0&0&0&0&1&0&0&0&0&0&0&0&0&0&0\\0&0&0&0&0&1&0&0&0&0&0&0&0&0&0\\0&0&0&0&0&0&1&0&0&0&0&0&0&0&0\end{bmatrix}_{7\times 15} \tag{11.2.134}$$

如上所述,量测方程是线性的,量测矩阵不需要线性化。

量测噪声 $\boldsymbol{v}$ 的方差矩阵为

$$\boldsymbol{R}_k=\begin{bmatrix}\sigma_v^2&0&0&0&0&0\\0&\sigma_{\theta_a}^2&0&0&0&0\\0&0&\sigma_{\psi_2}^2&0&0&0\\0&0&0&\sigma_x^2&0&0\\0&0&0&0&\sigma_y^2&0\\0&0&0&0&0&\sigma_z^2\end{bmatrix} \tag{11.2.135}$$

式中,σ 表示标准差。

另外,与状态方程相对应的还有过程噪声方差矩 $\boldsymbol{Q}_k$,如果很难描述弹道模型与实际状态的差异,可取 $\boldsymbol{Q}_k=\boldsymbol{0}_{15\times 15}$。当然,也可以不采用式(11.2.130)进行转换,则量测方程就是非线性的,对于无迹卡尔曼滤波,直接应用式(11.2.116)即可。接下来,只要给定初值 $\boldsymbol{X}_0$ 和 $\boldsymbol{P}_0$,按照式(11.2.107)~式(11.2.125)一步一步进行计算即可完成滤波过程。

以某大口径子母弹为算例,在某次靶场炮射试验中,采用韦伯(Weibel)弹道跟踪雷达对炮射弹丸进行跟踪(直至开舱点),测弹丸飞行的位置和速度。图 11.2.12~图 11.2.17 为采用无迹卡尔曼滤波对弹丸位置和速度的估计结果。

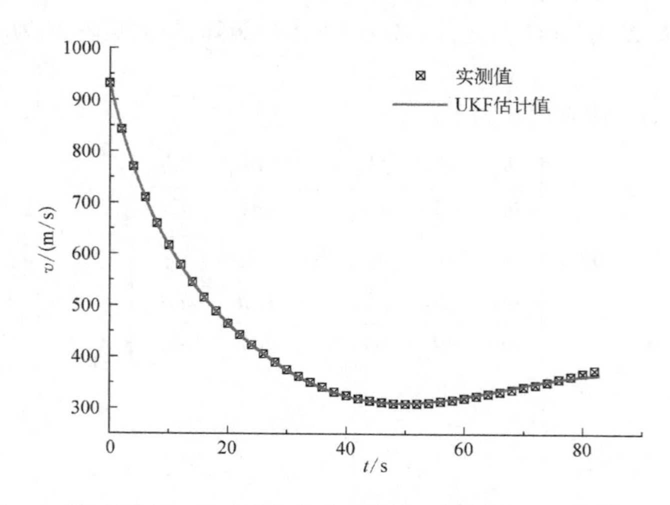

图 11.2.12 无迹卡尔曼滤波对速度的最优估计结果

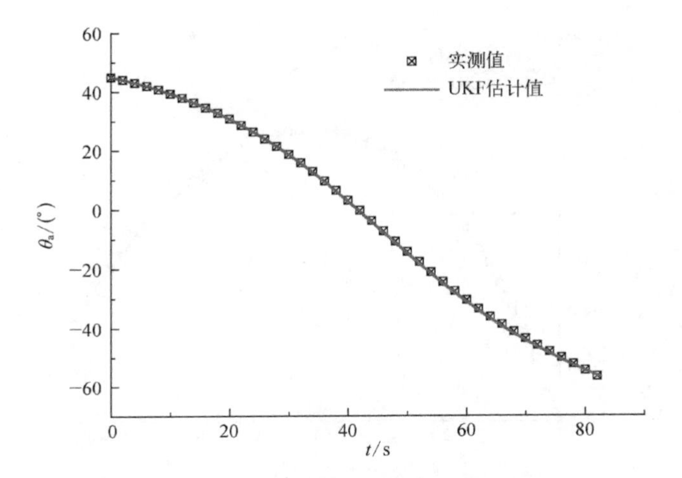

图 11.2.13　无迹卡尔曼滤波对弹道倾角的最优估计结果

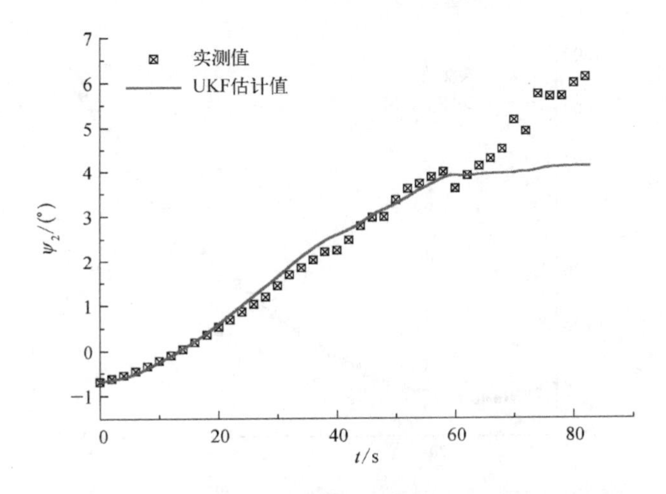

图 11.2.14　无迹卡尔曼滤波对弹道偏角的最优估计结果

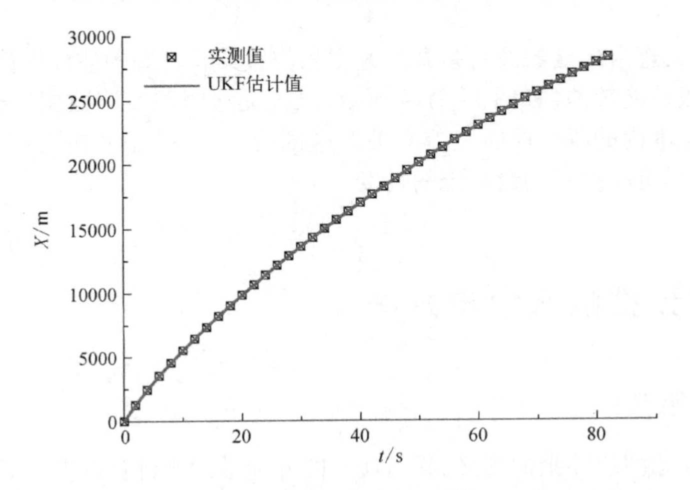

图 11.2.15　无迹卡尔曼滤波对飞行距离的最优估计结果

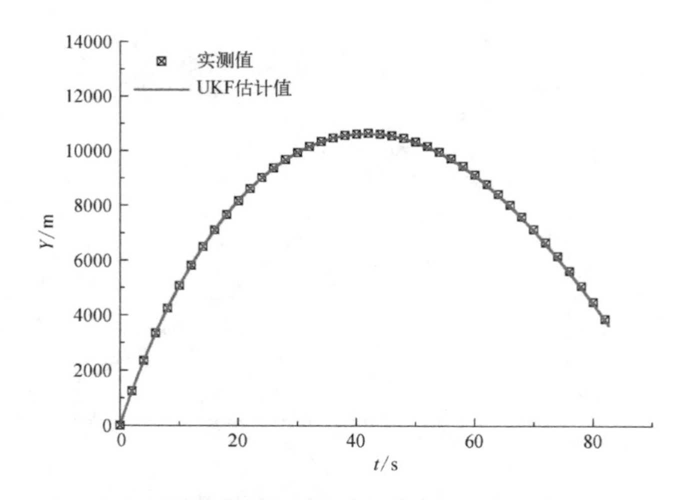

图 11.2.16　无迹卡尔曼滤波对飞行高度的最优估计结果

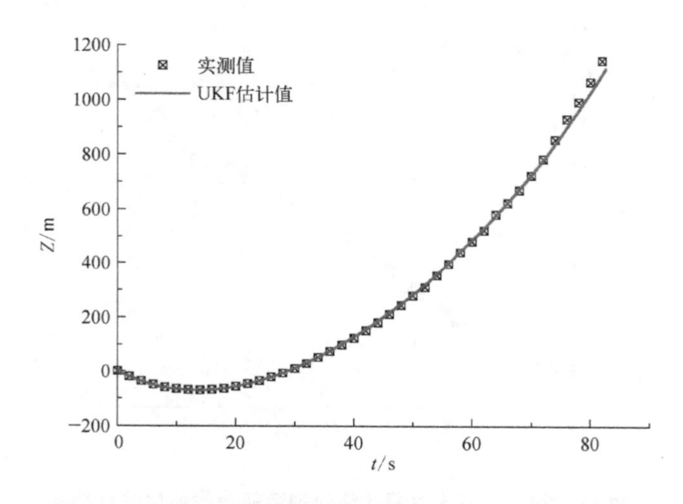

图 11.2.17　无迹卡尔曼滤波对飞行侧偏的最优估计结果

如图所示,无迹卡尔曼滤波对弹丸的速度和位置具有良好的估计性能,只是对速度偏角的估计在末段性能较差(如图 11.2.14 所示,已经无法跟踪实测数据),这与弹道跟踪雷达在这一弹道范围内的跟踪性能变差有关。这说明,卡尔曼滤波在实际工程应用中也是有局限性的,应尽可能提高测量系统的精度。

11.3 弹道预报的概念与方法

11.3.1 基本概念

本节首先介绍弹道预报的含义、其与通常的外弹道理论计算的差异、弹道预报常用理论方法及主要难点等。

外弹道理论计算是指对某一火炮/火箭炮发射的炮弹/火箭弹,自炮口至飞达目标计算出全程的飞行弹道诸元参数,是外弹道学中的重要内容。通常,外弹道理论计算涉及外弹道模型选取及确定模型计算中所用的全套参数。对于某一确定状态的火炮武器及其发射的弹箭,都有其对应的设计状态参数或经试验对比确定的平均弹道参数。

外弹道模型是在一定假设(如地球地表假设、炮弹刚体假设、坐标系假设、作用在弹上的各类力系假设等)条件下,根据炮弹飞行动力学理论建立的飞行运动方程组(如质心运动方程组、刚体弹道方程组等,一般为微分方程组形式),方程组中的变量为弹道诸元。

选用某一外弹道方程组进行飞行弹道诸元数值计算时,要用到各类状态参数,主要包括初始条件参数(θ_0、φ_0、v_0、$\dot{\gamma}_0$、x_0、y_0、z_0、t_0),弹结构参数,作用在炮弹上的各类力(矩)参数(空气动力、火箭或底排、重力等),气象条件参数等。

采用一具体外弹道运动模型,在一套确定的状态参数下(无论是设计值还是试验确定的平均值),对一具体的弹箭进行外弹道(微分)运动方程组诸元数值计算,就可获得一条在炮弹发射前就计算好的理论飞行弹道,它代表了炮弹在上述射击和飞行状态参数下的平均弹道状况。

理论计算的飞行弹道与实际弹道的偏差主要来源于两方面:一是外弹道模型与实际情况之间存在误差,如建立模型时的一些假设、简化等;二是涉及模型计算用的条件状态参数存在误差。目前,对一般弹箭的外弹道模型的研究相对较成熟,大量对比分析和试验结果表明,通常情况下,后者是造成理论弹道计算误差的主要原因。

提高理论飞行弹道的计算精度、减小其与实际飞行弹道的差异,一直是外弹道研究人员所努力研究的一项内容。其中,核心就是设法使计算所用的状态参数同实际尽量一致。无论如何管控,在实际发射和飞行过程中,每一个状态参数都会与预先确定值(或平均值)之间产生小的误差,即随机误差,这造成实际飞行弹道诸元围绕预先计算的弹道诸元变化,从而产生差异,这个实际飞行弹道也可称为随机弹道。当然,在各随机误差中,有一些是影响弹道的主要误差源,例如,对于炮弹地面散布,初速、空气阻力(或弹上存在的一些增程作用力)、随机风等误差是主要因素。由于影响飞行弹道的各类随机误差不可避免,时至今日,已难以在提高理论飞行弹道的计算精度方面有大的突破。

虽然预先无法获知随机误差、无法预先计算随机弹道,但一发炮弹发射出去后,实际飞行的弹道诸元已经体现出随机误差的影响,之前的随机误差已成为确定误差值。通过实时测量炮弹的某一段飞行弹道的诸元参数,设法辨识出已确定的主要误差参数对弹道的影响,并当量成某主要弹道特征参量(如阻力系数)的影响,据此对后续飞行弹道进行计算,这一过程为弹道预报。弹道预报的后续弹道已(部分)考虑了先前弹道主要随机误差的影响,因此比理论计算弹道更接近实际弹道,可大幅度提高飞行弹道计算精度,是近年来外弹道研究并应用于实际的一种新技术。

因此,理论计算弹道是指在预先确定的一套(条件)状态参数下计算的飞行弹道;弹道预报是在理论计算弹道模型及一套状态参数的基础上,根据一段实测飞行弹道诸元,在线辨识一些主要误差对飞行弹道的影响并当量成对某弹道特征量的影响,据此预报后续飞行弹道诸元。弹道预报是同随机弹道密切关联的,其主要难点在于在线辨识及等效当量成某弹道特征量的影响。

有关弹道预报采用的方法,常常根据可测飞行弹道参数的信息状况(如可测诸元、可测弹道时间段等）、对后续预报弹道的要求等，选择相应的方法，其理论基础仍是外弹道理论与相关运动方程组模型等。目前，常见的弹道预报方法主要有外推方法、卡尔曼滤波等，前者相对简单，后者相对复杂。

11.3.2 影响弹道预报效果的主要因素

根据上述对弹道预报概念的描述，可归纳出影响弹道预报效果的主要因素有以下方面。

1. 弹道测量数据的种类与数量

从上面的分析可知，弹道预报的起点往往不是炮口，而是飞行弹道上的某一点，这一点是可以测量的，弹道测量数据是从各类传感器得到的，尽管含有测量误差，但仍反映了弹箭在随机误差影响下的实际飞行状态，如果通过合理的数据处理，这些弹道数据就是工程可用的，即可作为弹道预报的初始值。一般来说，弹道测量数据的种类越多、数量越多，可以从中提取出越多、越准确，甚至是必需的弹道信息。但在实际应用中，也要注意数据量与资源分配之间的平衡，数据量与时效性之间的平衡，测量精度和数据处理速度与简易性、成本等之间的平衡等。选择的测量弹道段越靠后，一些随机误差对弹道的影响越充分（如弹体结构参数、气象参数等），数据处理辨识后对后续弹道的预报就越接近实际弹道。

2. 模型误差

弹道预报的本质是弹道计算，这就涉及计算模型的问题。在其他条件都相同的条件下，模型误差越小，弹道预报的精度就越高。事实上，随着计算技术和外弹道理论的发展，实际工程可用的弹道计算模型的完备性不断提高，从最简单的质点弹道模型，到 6D 刚体弹道模型，再到复杂的多刚体弹道模型、刚体-柔性体耦合弹道模型等，理论模型考虑的因素逐渐增多，越来越接近实际条件，模型误差占弹道预报总误差的比例越来越小。然而，如前所述，弹道预报有时候具有实时性要求，故实际应用中要综合考虑模型的误差和复杂度，在计算精度和处理速度方面取得必要的平衡。

3. 参数误差

对于相同的弹道计算模型，所需的参数精度越高，则计算精度越高。弹道预报涉及的参数主要包括空气动力参数、弹箭结构参数、气象参数等。对于炮弹射程的预报，最重要的参数就是阻力系数。以某大口径地炮榴弹在最大射程角下发射为例，阻力系数变化 1%，引起的射程变化量可达 200 多米（约为射程的 0.5%），如何准确获取弹箭的实际阻力系数，是外弹道工程应用中经常遇到的问题。此外，气象参数对弹道预报的影响也很大，以某大口径滑翔增程制导炮弹的最大射程计算为例，仅考虑气象参数的影响，采用标准气象条件和随高度变化的实际气象参数分别计算，射程差异可达十几千米。因此，要尽可能通过各种方法和手段获得准确的参数，这样有利于提高弹道预报的精度。

4. 弹道特征量的选取与辨识

如前所述，弹道预报的核心是弹道特征量的选取与在线辨识。上面提到的“减小参数误差”，实际上是要求尽可能准确地获取参数的期望值（均值），例如，通过更为有效的方法取得弹丸的阻力系数，采用精度更高的气象探测设备获取气象数据等。对于参数随机误差对飞行弹道的影响，可以通过对弹道影响最为主要的一些特征量表征出来。为了满足在线辨识的需要,往往需要用一个或两个弹道特征量予以当量。如果对弹箭的射程和侧偏这两个指标比较关心,针对弹道上的随机扰动,凡是对射程有影响的,可以当量为阻力系数的变化,这是由于阻力系数对射程的影响较大;同理,凡是对侧偏有影响的,可以当量为升力系数的变化,这是由于升力系数对弹箭的侧偏有影响。需要说明的是,弹道特征量的选取并不是唯一的,并非一定要用阻力系数和升力系数来分别当量对射程、侧偏的随机扰动影响,也可以采用纵风、横风来当量对射程、侧偏的随机扰动影响,甚至可以采用弹重来当量对射程的随机扰动影响。总之,弹道特征量要具有代表性和重要性,以及考虑对实际飞行弹道诸元的影响程度,可根据实际应用的需要,结合外弹道理论来进行选取。

弹道特征量的辨识强调快速性和准确性,一般通过弹道滤波来实施,其快速性主要取决于弹道滤波方法的性能、滤波所用模型的复杂度等,其准确性主要取决于弹道滤波方法的性能、测量数据的品质等。

11.3.3　弹道预报与弹道滤波的关系及弹道预报模型的建立

根据前面的内容,弹道滤波是利用实测的弹道数据对弹箭的飞行状态进行实时估计,并且选定弹箭空气动力系数作为特征量来表征随机误差对弹道的影响,可以对其进行修正,即通过弹道滤波获得空气动力系数对应修正系数的最优估计值(如 11.2.4 节中的 k_{c_x}、k_{c_y} 和 $k_{m_{xz}}$)。因此,弹道滤波可为弹道预报提供较为准确的积分初值(弹道上某一点的状态变量估计值)和模型参数(修正后的空气动力系数)。有了积分初值和模型参数,采用一定的弹道模型进行数值积分,即可实现弹道预报。

在建立弹道预报模型时,有若干重要问题需要说明,现介绍如下。

(1) 在不同应用场合,弹道预报采用的弹道模型的适用性有差异。例如,当实时性要求较高、而弹载计算硬件能力较弱时,应尽可能采用简洁、可靠的弹道模型,积分步长也应尽可能取较大值。当对弹道预报有特殊要求时(如要求预报弹箭的偏流),必须在弹道模型中考虑相关因素。

(2) 弹道预报模型必须与弹道滤波兼容、适配。弹道滤波时也要采用一个弹道模型作为系统动力学模型,弹道滤波用弹道模型应尽可能与弹道预报的模型一致,这样可以消除由于模型差异带来的误差。

(3) 弹道预报模型未必是多个自由度的弹道微分方程组,在某些应用场合,即使是最简单的两自由度质点弹道方程也不能满足实时性要求,这时候可以考虑采用弹道方程的解析解作为弹道预报模型。例如,有相关学者给出了 6 自由度刚体弹道方程的解析解,虽然这些表达式看上去仍较为复杂,但相比 6 自由度刚体弹道方程组的数值积分(为避免攻角发散,积分步长还不能太大),其计算量是大大降低的;也有学者利用普通物理学中的匀加速直线运动方程,并结合质点弹道方程,给出了非常简单、解析形式的弹道计算模型,非常便于弹道预报的实时计算。

因此,弹道预报模型的建立,主要是对预报用弹道模型的选择,弹道模型可以是各类多自由度的微分方程组,也可以是各种形式的弹道诸元解析解,甚至是微分方程组与解析解混杂的弹道模型,这要根据实际应用的要求进行选取。此外,由于弹道滤波为弹道预报提供计算必需的各种信息,应考虑弹道滤波与弹道预报接口的兼容、匹配。

11.3.4 弹道预报在工程中的应用

1. 实际工程中采用的弹道模型

在本书后面章节，将会介绍一维弹道修正技术及该技术在实际应用中的有关内容，这里仅简要介绍一下弹道预报在一维弹道修正技术中的应用。

在研制的一维弹道修正弹系统中，弹道预报是核心环节之一。在一维弹道修正弹发射后，雷达实时跟踪、测量炮弹的位置和速度，将某一段弹道上（如升弧段上的 5 s 弹道）的实测弹道参数提供给地面火控系统，地面火控系统要利用这 5 s 的数据快速预报出该发炮弹的落点，将预报落点与目标点进行比较，确定出射程修正量，从而做出在何时启动弹道修正机构调节弹道可使该发炮弹命中目标的决策。显然，预报落点的精度对弹道修正的效果具有较大影响，这就涉及弹道特征量的选取、弹道滤波与弹道预报技术的应用。

弹道特征量的选取，要本着简单（个数不宜太多，否则辨识复杂，将影响实时性）、对飞行弹道的影响显著（其变化对弹道影响明显，能够充分当量表征出主要随机误差对弹道的影响）等原则，由于应用背景为一维（纵向）弹道修正，核心是能反映出一些随机误差（如炮口初速及初始扰动误差、弹形误差、气象条件误差等）对射程的影响，为此选取弹丸的阻力系数作为弹道特征量。

在该一维弹道修正弹的弹道预报中，应用了较为成熟的扩展卡尔曼滤波技术，采用一种实用的弹道方程。由于弹箭的参数均已知，而且所采用的弹道模型拟考虑到利用弹箭自身的空气动力系数，同时要计及非标准条件（包括非标准弹道条件、非标准气象条件）。对于要预报的弹道段，也没有必要采用 6 自由度刚体弹道方程，不过应适当计及偏流。综合考虑计算时间、精度、表征出对纵向弹道的随机影响等，确定出如下弹箭运动方程：

$$
\begin{cases}
\dfrac{\mathrm{d}x}{\mathrm{d}t}=v_x\\
\dfrac{\mathrm{d}y}{\mathrm{d}t}=v_y\\
\dfrac{\mathrm{d}z}{\mathrm{d}t}=v_z\\
\dfrac{\mathrm{d}v_x}{\mathrm{d}t}=\dfrac{-Sk_{c_x}c_x(Ma)}{2m}\rho v_{\mathrm{r}}(v_x-w_x)+\dfrac{Sk_{c_x}c_x(Ma)}{2m}\rho v_{\mathrm{r}}w'_x\\
\dfrac{\mathrm{d}v_y}{\mathrm{d}t}=\dfrac{-Sk_{c_x}c_x(Ma)}{2m}\rho v_{\mathrm{r}}v_y-g+\dfrac{Sk_{c_x}c_x(Ma)}{2m}\rho v_{\mathrm{r}}w'_y\\
\dfrac{\mathrm{d}v_z}{\mathrm{d}t}=\dfrac{-Sk_{c_x}c_x(Ma)}{2m}\rho v_{\mathrm{r}}(v_z-w_z)+\dfrac{Sk_{c_x}c_x(Ma)}{2m}\rho v_{\mathrm{r}}w'_z+K_z\exp(b_x^*x)\cos\theta\\
\dfrac{\mathrm{d}k_{c_x}}{\mathrm{d}t}=0
\end{cases}
\tag{11.3.1}
$$

式中，S 为弹丸特征面积；k_{c_x} 为阻力系数的修正系数；m 为质量；g 为重力加速度；v_x、v_y、v_z 为弹箭速度 $\boldsymbol{v}$ 的三个分量；w_x、w_y 分别为纵风和横风的平均值；w'_x、w'_y、w'_z 分别为纵风、铅直风、横风的随机量,实际应用时可采用一些统计数据或赋为零值; $c_x(Ma)$ 为空气阻力系数,是马赫数 Ma 的函数。

马赫数 Ma 为

$$Ma = \frac{v_r}{c_s} \tag{11.3.2}$$

相对速度 v_r 为

$$v_r = \sqrt{(v_x - w_x)^2 + v_y^2 + (v_z - w_z)^2} \tag{11.3.3}$$

声速 c_s 为

$$c_s = 20.046\,8\sqrt{\tau_0 - Gy}, \quad y \leqslant 9\,300\ \mathrm{m} \tag{11.3.4}$$

式中, $G = 6.328 \times 10^{-3}(\mathrm{K/m})$; $\tau_0 = 273.15 + t_0$, t_0 为地面温度(℃)。

ρ 为空气密度,即

$$\rho = \rho_0 H(y), \quad H(y) = \exp(-\beta' y) \tag{11.3.5}$$

地面密度 ρ_0 与地面气压 p_0 的关系为

$$\rho_0 = \frac{p_0}{R_d \tau_0} \tag{11.3.6}$$

式中, $R_d = 287.05\ \mathrm{J/(kg \cdot K)}$。

式(11.3.1)中的 $K_z \exp(b_x^* x)\cos\theta$ 是由动力平衡角所引起的侧向升力加速度,此项是产生偏流的主要来源。K_z 的表达式为

$$K_z = \frac{Cc'_y g}{mlm'_z} \cdot \frac{2\pi}{\eta d} \tag{11.3.7}$$

式中, C 为极转动惯量; c'_y 为升力系数导数; m'_z 为静力矩系数导数; l 为弹长; η 为膛线缠度。

b_x^* 的计算表达式为

$$b_x^* = (b_x - k_{xz})/\cos\theta_0 \tag{11.3.8}$$

式中, $b_x = \dfrac{\rho S C_x}{2m}$; $k_{xz} = \dfrac{\rho S l d}{2C} m'_{xz}$, m'_{xz} 为滚转(极)阻尼力矩系数导数。

应用实践表明,上述弹道方程充分兼顾了计算耗时与精度的关系,工程实用性较强,为此将方程组同时用于弹道滤波和弹道预报。具体应用过程与前面介绍的卡尔曼滤波应用例子完全类似,这里不再赘述。

2. 弹道预报的工程应用效果

对于一维弹道修正弹系统的弹道预报,主要是预报当前该发炮弹的射程。在实际应用中,对比了大量的无控炮弹射击试验(即修正弹的修正机构不起作用),将每一发无控弹的实测射程与预报射程进行比较,从而验证弹道预报的精度。

由于试验样本较多,下面仅展示某次炮射试验的结果,如表 11.3.1 所示。此次炮射试验共开展了两组无控弹射击(每组 5 发),第一组为最大射程(射角 $\theta_0 = 53°$),第二组为小

射程(射角 $\theta_0 = 20°$)。采用弹道跟踪雷达进行弹道测量,利用每一发炮弹 22~27 s 这一段的实测弹道数据(速度和位置)进行弹道滤波,将 27 s 的最优估计结果(速度、位置及阻力系数的修正系数)作为弹道预报的起点,快速预报出每一发炮弹的落点。

表 11.3.1 某次炮射试验预报射程与实测射程的对比

序号	第一组(射角 53°)			第二组(射角 20°)		
	预报射程/m	实测射程/m	误差/m	预报射程/m	实测射程/m	误差/m
1	46 337	46 308	29	26 898	26 876	22
2	46 773	46 696	77	26 363	26 383	-20
3	47 424	47 492	-68	26 854	26 848	6
4	46 234	46 307	-73	26 436	26 457	-21
5	46 758	46 806	-48	26 290	26 308	-18

从表 11.3.1 中的结果看,弹道预报的误差均较小,第一组的最大相对误差不到 0.2%,第二组的最大相对误差不到 0.09%,完全可以满足一维弹道修正弹系统的工程应用要求。最大射程无控弹的飞行时间约为 125 s,小射程无控弹的飞行时间约为 53 s,但两组射击均采用 22~27 s 的实测数据进行弹道滤波和弹道预报,大射程的预报距离较远,后续未计入的误差影响占比大一些,故预报误差相比小射程要稍大。

为进行对比,采用相同的计算模型和条件进行常规弹道计算(不利用实测数据进行弹道特征参数辨识),最大射程条件下射程计算值与实测值的误差平均值约为 220 m,小射程条件下射程计算值与实测值的误差平均值约为 100 m。由弹道预报、常规弹道计算与实测随机弹道落点的对比可见,弹道预报技术的提出及应用,对于准确地获知实际弹道状况、开展相关弹箭飞行控制技术应用等,具有重要的意义。

为了验证弹道滤波、弹道预报的实时性,在火控系统中专门设计了验证试验。对于大射程条件(如射程 45 km),经多次测试,弹道滤波、弹道预报的时间约为 400 ms;对于小射程条件(如射程 27 km),经多次测试,弹道滤波、弹道预报的时间约为 280 ms。当然,这些数据是在某一火控设备上测得的,若采用不同性能的火控设备,数值上会有差异。由于这一火控设备是实际工程研制中使用的,从上述数据可以看出,弹道滤波和弹道预报的精度和速度可完全满足实际工程的要求。

第 12 章　弹道修正技术

炮弹在发射和飞行过程中,受各种随机误差的影响,会造成射弹散布。设法减小或控制随机误差影响、改善炮弹地面密集度,始终是常规弹箭技术研究的方向,但时至今日,已难有根本性突破。随着技术发展,研究人员开始另辟蹊径:对随机误差影响下的随机弹道进行实时落点预报,并采用简易控制机构对后续弹道进行一次或若干次简易(非闭环控制)修正,以调节飞行弹道,使其靠近理论弹道中心,从而大幅度提高炮弹地面密集度。由此,发展了弹道修正理论与技术。本章主要讨论弹道修正技术方面的相关内容。

12.1　弹道修正技术简介

"射程、精度、威力"是弹箭技术发展的永恒主题。近些年来,广泛利用底凹底排技术、火箭助推技术、弹体外形优化设计技术及这些技术的复合来大幅度提高弹箭的射程。然而,随着弹箭射程的增加,其射击精度逐渐下降,作战效果难以达到预期的目标。因此,在大幅度提高弹箭射程的同时,改善弹箭的射击精度是提高其实用性的关键。近年来发展的弹道修正技术就是改善弹箭射击密集度、提高对目标命中概率的有效技术途径之一。

普通弹箭根据火炮射击前装定的射击诸元,理想状态下是沿由射表或理论计算确定的理论弹道飞向目标。但在实际发射及飞行过程中,由于受到各种随机误差(如初速、初始扰动、弹道上随机风、弹丸外形与结构参数误差等)的影响,每发弹丸的飞行弹道均不同于该理论平均弹道,但通常围绕该理论平均弹道分布,从而产生弹道落点偏差,造成散布,也可将这些随机误差引起的实际弹道称为随机弹道。给射弹带来散布的各种随机误差越大,落点散布越大,密集度越差。以往通常采用减小或控制影响散布的主要随机误差(如起始扰动、初速或然误差等)来提高弹箭的密集度,但时至今日,已难有根本性突破。

随着技术的发展,研究人员另辟蹊径:能否对随机误差影响下的随机弹道进行实时测量,并采用简易控制机构对后续弹道进行一次或若干次的简易(非闭环控制)弹道修正,从而大幅度改善弹箭密集度,弹道修正技术由此应运而生。弹道修正技术在普通弹箭上应用,产生了弹道修正弹。对发射出去的弹丸,可实时测量一段弹道参数,由此获知由各种随机误差因素影响造成的弹道偏差,弹上有修正执行机构,在飞行弹道的恰当弧段上能根据弹箭偏离预定轨迹或偏离目标的状况,进行一次或若干次的简易弹道修正,从而减小弹道偏差,向目标靠近。采用这种技术可大幅度提高弹箭的射击密集度和对目标的命中概率,而且成本相对较低,是减小弹道散布、提高弹箭命中概率的一种全新设计理念与技术。

弹道修正弹通常只进行一次或若干次的开环简易弹道修正，主要改善弹箭的密集度性能，弹上的控制部件体积较小，控制算法简易，成本较低，属于低成本简易控制炮弹的范畴。因此，对该类弹箭的使用，需要采用其他途径（如校射等）保障其无控弹的落点散布中心尽可能靠近理论方案弹道落点，弹道修正后逼近目标点。相对于弹道修正弹，精确制导炮弹可对飞行弹道进行长时间连续的闭环控制，实现对目标的精确打击，属于炮射导弹的范畴；然而，该类炮弹通常价格高，适合打击高价值的目标。

通常弹道修正弹的修正原理是在弹丸发射前根据观测的目标坐标等信息预先装定方案弹道参数或目标参数，弹丸发射后实时测量其在飞行弹道特定弧段上的弹道参数，同预定方案弹道参数或目标参数进行比较，获知弹丸偏离预定方案弹道或目标间的差异（弹道偏差），由偏差的大小和方向确定出控制指令，通过弹上执行机构，在后续飞行弹道适时位置上进行一次或若干次的简易开环控制，修正飞行弹道向预定弹道或目标逼近，实现弹道修正。

弹道修正系统由弹道测量分系统、信息处理与弹道解算分系统和修正执行机构分系统组成。弹道测量分系统：实时测量空中弹丸的一些弹道参数（如坐标、飞行速度、时间等），有的安装在弹上（如卫星测量装置），有的采用地面跟踪雷达测量。信息处理与弹道解算分系统：根据弹道偏差，确定需要多大的控制作用力、何时作用及作用时间等，要求能快速、准确地进行弹道解算，从而形成修正指令；该分系统可用小型的弹载计算机部件安装在弹上，也可由地面测控设备完成，并向弹上发送修正指令。修正执行机构分系统：根据修正指令，驱动弹载修正执行机构动作，产生所需的控制作用力，实现弹道修正。

如果弹箭飞行中弹上的修正执行机构作用只能对弹道上的一个方向（或维度）进行调节、修正，则为一维弹道修正；如果能同时对弹道上的两个方向（或两个维度）进行调节、修正，则为二维弹道修正。

根据国内外研究现状，目前实现弹道修正的执行机构主要有 3 种类型：① 阻力型机构，该机构在飞行弹道某位置上适时张开，增大作用在弹箭上的飞行阻力，进行一维距离修正，实现落点趋近目标；② 小型脉冲火箭发动机，根据修正指令点燃配置于弹体四周的小型脉冲火箭发动机，如果沿轴向布置，可增大弹箭飞行速度，如果沿弹体圆周径向布置，可产生改变质心速度方向的力，还可产生使弹体转动的力矩，实现弹丸距离和方向的二维修正；③ 简易偏转舵机构，舵机执行修正指令，驱动舵片偏转适当角度，改变弹丸升力和操纵弹体转动的力矩，实现弹丸距离和方向上的二维修正。其中，阻力型机构结构简单、控制易实现，能实现一维弹道修正。小型脉冲火箭发动机和简易偏转舵机构结构相对复杂，能实现二维弹道修正。

概括说，弹道修正弹，就是对发射出去的炮弹实时测量出一段飞行弹道参数，并将一些随机误差对飞行弹道的影响用某主要弹道特征量（如阻力系数）当量表征并在线辨识出来，据此对后续飞行弹道实时预报、获得同理论弹道间的弹道偏差，由弹上简易控制机构在弹道上进行一次（或若干次）开环弹道调节修正，减小该弹道偏差，大幅度改善密集度。实时测量一段飞行弹道参数及进行数据处理、在线辨识能反映随机误差对弹道影响的当量弹道特征量、实时预报后续飞行弹道并准确实施弹道调节修正等是弹道修正技术中的难点问题。只进行一次（或若干次）开环弹道修正控制是弹道修正弹同制导炮弹在弹道修正控制上的最大差异。

弹道修正弹因其成本低廉（相对于制导炮弹和导弹）、对目标命中概率高、作战效费比高等特点，在提高现有武器系统作战效能方面有着显著的优势。由于一维弹道修正弹的工作原理相对简单、成熟度高、易于实现，是目前国内弹道修正弹发展的主流。二维弹道修正弹目前正处于研究阶段，二维弹道修正技术越来越成熟，是未来弹道修正弹发展的趋势。

12.2 阻力型一维弹道修正技术

12.2.1 阻力型一维弹道修正执行机构及其特点

阻力型一维弹道修正仅对纵向射程进行修正，对应的炮弹称为阻力型一维弹道修正弹。修正原理：当要打击目标点 A，要瞄准比目标远一点的点 B（瞄准点，即理论方案落点），按瞄准点 B 装定射击诸元；弹丸出炮口后，弹道测量系统实时测量一段飞行弹道参数，弹道解算处理系统根据测量的这段弹道参数进行弹道滤波与后续飞行弹道预报，获得该发弹的预报弹道落点 C；根据预报弹道落点 C 与目标点 A 得到射程偏差，基于阻力机构在不同弹道上作用时的弹道修正能力进行弹道解算，形成修正控制指令；在对应修正指令时刻的飞行弹道处张开阻力环，增大阻力，调节飞行弹道，使弹丸的实际落点接近目标，从而起到修正各种误差的作用，提高弹箭的纵向密集度，如图 12.2.1 所示。这种修正原理是通过损失一定火炮弹丸的射程，来换取其地面纵向密集度的提高，为“打远修近”的弹道修正模式。

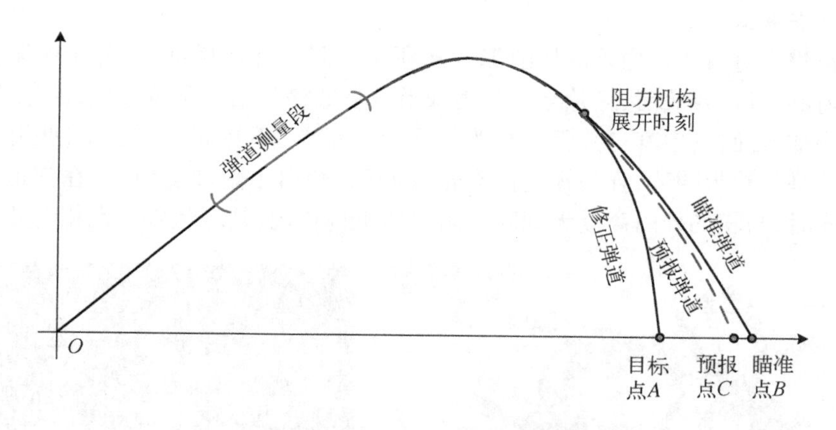

图 12.2.1　阻力型一维弹道修正原理

阻力型一维弹道修正弹修正原理简单，采用增阻装置来调节弹丸的纵向速度，改变弹道，达到修正的目的。弹上执行机构布局方便，具有对弹丸结构及弹丸飞稳定方式影响不大、对弹丸横向散布影响较小的优点。

本书主要介绍阻力型一维弹道修正弹的相关知识内容，为了书写方便，统称为一维弹道修正弹，不作特别说明时，均指阻力型一维弹道修正弹。

阻力环机构是一维弹道修正弹的执行机构，安装在弹丸头部附近，目前国内外见到的几种阻力环机构外形如下。

1. 浆式扇形阻力环

浆式扇形阻力环机构外形如图 12.2.2 所示。阻力环作用前，八片浆式阻力片紧贴机构的外表面，减小对弹丸飞行特性的影响。当阻力环需要打开时，依靠扭力弹簧和空气阻力的合力矩使阻力片向外张开。该外形阻力环可以充分利用引信位置的侧面空间布置阻力片，在阻力片张开到位后能获得较大的径向扩增面积；由于利用引信位置侧面空间布置了阻力片，不用再额外增加弹丸的长度来设计阻力环机构。该外形阻力环阻力片张开后，由于片与片间存在间隙，易引起空气流场的不对称性，从而引起附加侧向力，会在弹道上带来新的误差。同时，与相同外露高度无间隙的阻力环机构相比，其增阻效果也相对差一些。

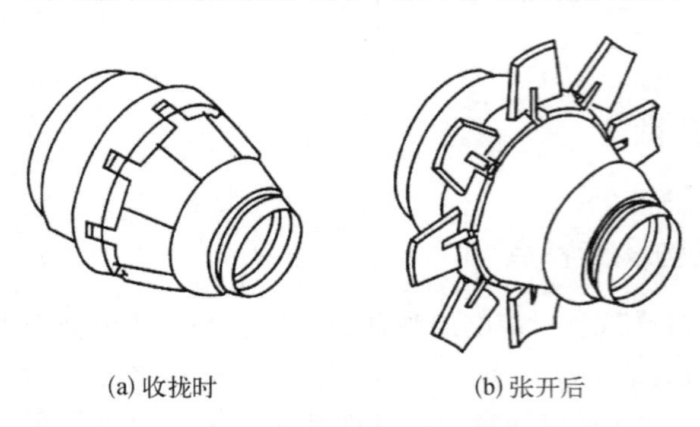

图 12.2.2 浆式扇形阻力环机构外形

2. 旋转折扇形阻力环

旋转折扇形阻力环机构外形如图 12.2.3 所示。阻力环作用前，阻力片置于机构内部，机构释放后，若干阻力片弹出，并依靠弹丸旋转产生的离心力旋转至预定位置，阻力片张开到位后类似旋转折扇形。该外形阻力环机构复杂，片状刚性物依次旋转打开后形成的圆环无法保持在同一平面内，片与片之间存在交接台阶，会引出附加侧向力，在弹道上带来新的误差。

3. 三片花瓣式阻力环

三片花瓣式阻力环机构外形如图 12.2.4 所示。阻力环作用前，三片半圆阻力板层叠置于机构内部，机构释放后，三片半圆阻力板沿各自凹槽弹出至预定位置，类似三片花瓣。该外形机构结构简单，但其三片阻力板为轴向上下配置，不在同一平面上，张开后外露出弹体表面的是三片半圆环，环与环之间有很大间隙，会引出附加侧向力，在弹道上带来新的误差。同时，与相同外露高度无间隙的阻力环机构相比，其增阻效果也相对差一些。

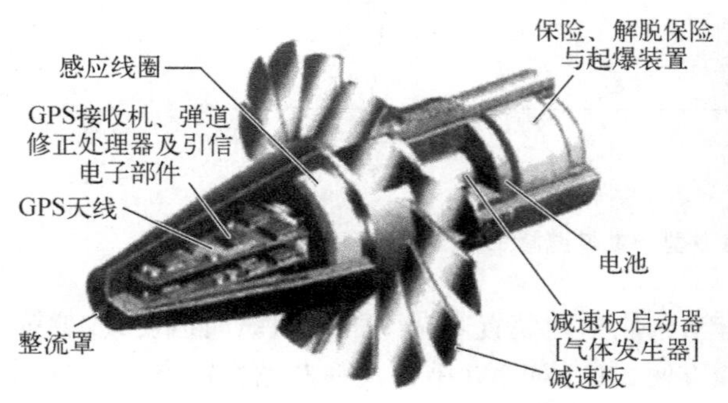

图 12.2.3 旋转折扇形阻力环机构外形

图 12.2.4 三片花瓣式阻力环机构外形

4. 环状柔性伞形阻力环

环状柔性伞形阻力环机构外形如图 12.2.5 所示。该外形阻力环机构就像折叠伞一样，采用化纤材料和刚性支撑梁制成。阻力环作用前，伞衣收拢，附着在弹丸头部外壁上；

当阻力环需要打开时,依靠拉杆等机构与空气阻力作用使伞衣向外张开。该外形结构设计简单,伞衣张开到位后能获得较大的径向扩增面积,增阻效果好,但对柔性材料的强度和气密性要求较高,驱动机构设计复杂,在实际应用中每发弹打开柔性伞后的外形难以保证均匀一致,在弹道上会带来新的误差。

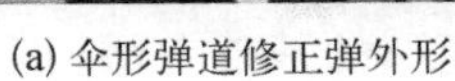

(a) 伞形弹道修正弹外形

(b) 环状柔性伞阻力环机构外形

图 12.2.5　环状柔性伞形阻力环机构弹道修正弹

5. 同平面无缝伸缩式圆环形阻力环

同平面无缝伸缩式圆环形阻力环机构外形如图 12.2.6 所示。该外形阻力环机构由气室本体、4 片阻力环片、挡板和电点火具等零件组成,作用前,4 片阻力环片收缩置于机构内部,需要张开时,活塞作用推出 4 片阻力环片至预定位置,张开后形成一个直径增大的圆环(设计时阻力环片与片相交部分的厚度减半,这样收缩时,片与片相交的部分可以重叠在一起,阻力环张开后可实现同平面无缝)。该机构具有体积小、驱动响应快、外露阻力环同平面无缝、气动对称性好、修正效率高与抗高过载等特点;不改变原炮弹的结构布局、发射与飞行稳定方式等,具有广泛的适配性;结构简洁,易于推广应用。

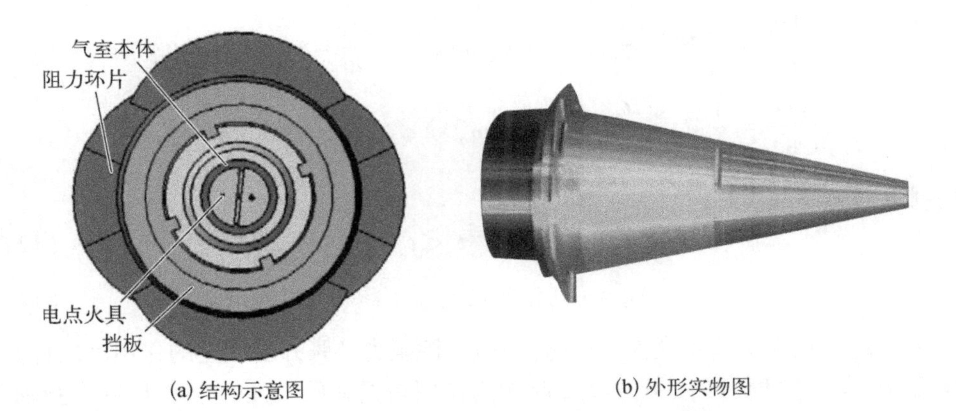

(a) 结构示意图　　(b) 外形实物图

图 12.2.6　同平面无缝伸缩式圆环形阻力环机构外形

阻力环机构的形状和面积大小,决定了其在张开后在不同马赫数下的阻力系数和阻力大小,直接影响着调节弹道的能力。上述几种阻力环机构各有特点,可根据具体工程问题进行选择应用,选择的原则: 阻力环结构简洁、高效、可靠、易实现,不改变原弹结构布局、发射与飞行稳定方式等;增阻效率高、弹道调节能力强。实际应用中,重点要把握以下两个方面。

(1)小型高效。阻力环机构越小,所占空间越小,对原弹体结构影响也越小,但机构过小,张开的阻力环(外露)面积也较小,则增阻有限,影响修正能力。由弹箭气动特性可知,超声速弹箭飞行时,其弹头部外形变化对气动阻力的影响显著,故通常将阻力环机构置于弹头部某处。

(2)阻力环张开外形的均匀一致性。阻力环张开后,其外形保持均匀、对称至关重要(相对弹几何纵轴,最好全环无缝),这样不仅可增大增阻效率,也可使增加的空气动力合力尽可能保持与弹几何纵轴同轴,不会在弹道上产生新的误差源。

12.2.2 阻力型一维弹道修正弹的外弹道模型

1. 外弹道模型与控制方程

在阻力环机构张开前,一维弹道修正弹的外弹道模型与常规炮弹一样;当阻力环张开后,增加了阻力环的阻力。因此,只要在常规炮弹弹道模型的基础上增加阻力环的阻力项即可得到阻力环机构张开后的外弹道模型。下面给出一维弹道修正弹的6自由度刚体弹道方程组:

$$
\begin{cases}
\dfrac{\mathrm{d}v}{\mathrm{d}t}=\dfrac{1}{m}(F_{x_2}+F_D), \quad \dfrac{\mathrm{d}\gamma}{\mathrm{d}t}=\omega_\xi-\omega_\zeta\tan\varphi_2 \\
\dfrac{\mathrm{d}\theta_a}{\mathrm{d}t}=\dfrac{1}{mv\cos\psi_2}F_{y_2}, \quad \dfrac{\mathrm{d}\varphi_a}{\mathrm{d}t}=\dfrac{1}{\cos\varphi_2}\omega_\zeta \\
\dfrac{\mathrm{d}\psi_2}{\mathrm{d}t}=\dfrac{1}{mv}F_{z_2}, \quad \dfrac{\mathrm{d}\varphi_2}{\mathrm{d}t}=-\omega_\eta \\
\dfrac{\mathrm{d}\omega_\xi}{\mathrm{d}t}=\dfrac{1}{C}M_\xi, \quad \dfrac{\mathrm{d}x}{\mathrm{d}t}=v\cos\psi_2\cos\theta_1 \\
\dfrac{\mathrm{d}\omega_\eta}{\mathrm{d}t}=\dfrac{1}{A}M_\eta-\dfrac{C}{A}\omega_\xi\omega_\zeta+\omega_\xi^2\tan\varphi_2, \quad \dfrac{\mathrm{d}y}{\mathrm{d}t}=v\cos\psi_2\sin\theta_1 \\
\dfrac{\mathrm{d}\omega_\zeta}{\mathrm{d}t}=\dfrac{1}{A}M_\zeta+\dfrac{C}{A}\omega_\xi\omega_\eta-\omega_\zeta\omega_\eta\tan\varphi_2, \quad \dfrac{\mathrm{d}z}{\mathrm{d}t}=v\sin\psi_2
\end{cases}
\tag{12.2.1}
$$

控制方程为

$$F_D=0, \quad t<t_k \tag{12.2.2}$$

$$F_D=-0.5\rho v^2 S\Delta c_x, \quad t\geqslant t_k \tag{12.2.3}$$

式中,$(F_{x_2}, F_{y_2}, F_{z_2})$ 为作用在弹丸上的合力 $\boldsymbol{F}$(除阻力环张开后产生的作用力之外)在速度坐标系 $Ox_2y_2z_2$ 上的投影;(M_ξ, M_η, M_ζ) 为作用在弹丸质心处的合力矩 $\boldsymbol{M}$ 在弹轴坐标系 $O\xi\eta\zeta$ 下的投影;F_D 为阻力环张开后增加的阻力;t_k 为阻力环张开时间;Δc_x 为阻力环张开后产生的扩增阻力系数;式(12.2.1)~式(12.2.3)中的其他符号定义见第5章内容。

2. 扩增阻力系数计算方法

进行一维弹道修正弹的飞行弹道计算,相比常规普通弹箭的弹道计算,其弹道模型中只增加了阻力环机构的扩增阻力,因此阻力环机构的扩增阻力系数计算就变得至关重要。

由于阻力环机构的类型多样，气动外形相对复杂，其空气动力数据主要由风洞实验或飞行试验获取。这里，针对同平面无缝伸缩式圆环形阻力环，基于牛顿流理论和风洞实验数据给出其扩增阻力系数的一种工程计算方法。

阻力环机构的扩增阻力系数与其安装位置和张开面积有关，风洞实验研究表明，阻力环的张开面积对扩增阻力系数的影响远大于其安装位置的影响，作为近似处理，假设阻力环的安装位置和张开面积对扩增阻力系数的影响是独立的，即 $\Delta c_x = \Delta c_{xl} \cdot \Delta c_{xs} = f(\bar{l}_\mathrm{d}, Ma)g(\bar{S}_\mathrm{d}, Ma)$。其中，$\bar{l}_\mathrm{d} = l_\mathrm{d}/l$，$\bar{S}_\mathrm{d} = S_\mathrm{d}/S$，$\Delta c_x$ 为阻力环张开后的扩增阻力系数，l_d、$\bar{l}_\mathrm{d}$、l 分别表示阻力环的安装位置（从弹顶算起）、相对安装位置和全弹长，S_d、$\bar{S}_\mathrm{d}$、S 分别为阻力环的张开面积、相对张开面积和弹体特征面积。

在超声速飞行条件下，张开面积引起的扩增阻力系数由牛顿流理论导出。根据空气动力学中有关气流滞止状态参数关系式，滞点压强系数表达式为

$$C_\mathrm{p} = \frac{2}{kMa^2}\left[\left(\frac{k+1}{2}Ma^2\right)^{\frac{k}{k-1}}\left(\frac{2k}{k+1}Ma^2 - \frac{k-1}{k+1}\right)^{-\frac{1}{k-1}} - 1\right] \tag{12.2.4}$$

式中，$C_\mathrm{p} = p/(1/2\rho v^2)$；$Ma$、$\rho$、$v$ 分别为来流的马赫数、空气密度和速度；k 为比热比，对于空气，一般取 $k = 1.404$；p 为作用在阻力环张开面积上的气体压力。这样，作用在阻力环张开面积上的空气动力为 $F_x = pS_\mathrm{d}$，张开面积引起的扩增阻力系数 Δc_{xs} 为

$$\Delta c_{xs} = g(\bar{S}_\mathrm{d}, Ma) = \frac{F_x}{1/2\rho v^2 S} = C_\mathrm{p}\frac{S_\mathrm{d}}{S} = C_\mathrm{p}\bar{S}_\mathrm{d} \tag{12.2.5}$$

根据风洞实验研究，在阻力环张开面积相同的条件下，马赫数一定时，安装位置越靠后，扩增阻力系数越大；阻力环安装位置和张开面积一定，马赫数变化对扩增阻力系数的影响较小。对大量的风洞实验数据进行总结，得到安装位置引起的扩增阻力系数 Δc_{xl} 为

$$\Delta c_{xl} = f(\bar{l}_\mathrm{d}, Ma) \approx f(\bar{l}_\mathrm{d}) = 1 + 0.3339\bar{l}_\mathrm{d} - 0.1696\bar{l}_\mathrm{d}^2 \tag{12.2.6}$$

因此，对于大口径一维弹道修正弹，阻力环机构张开后引起的扩增阻力系数计算表达式为

$$\Delta c_x = f(\bar{l}_\mathrm{d}, Ma)g(\bar{S}_\mathrm{d}, Ma) = a_1(1 + 0.3339\bar{l}_\mathrm{d} - 0.1696\bar{l}_\mathrm{d}^2)C_\mathrm{p}\bar{S}_\mathrm{d} \tag{12.2.7}$$

式中，a_1 为符合系数。

以某大口径一维弹道修正弹为例，分别对阻力环机构采用不同的外露高度和安装位置进行空气动力计算。图 12.2.7 给出了阻力环在安装位置 $0.2l$ 处的不同外露高度 $h_{外露}$（阻力环外露在弹体外的高度）下的扩增阻力系数，图 12.2.8 给出了阻力环外露高度 $h_{外露} = 15$ mm 时不同安装位置下对应的扩增阻力系数，图 12.2.9 给出了阻力环外露高度 $h_{外露} = 15$ mm，安装位置 $l_\mathrm{d} = 0.2l$ 时阻力环张开、未张开情况下全弹阻力系数的风洞实验结果和计算结果比较。

根据风洞实验结果和空气动力计算，表明阻力环具有如下气动特性。

（1）阻力环张开面积（外露高度）对扩增阻力系数的影响远大于安装位置的影响。

（2）扩增阻力系数随着阻力环安装位置的后移而略有增加，但数值上的变化不是太大。

（3）对于大口径一维弹道修正弹，为方便结构设计等，阻力环安装位置宜在 $(0.15\sim0.3)l$（弹头部附近），对应外露高度为 10～15 mm 时，相对原弹阻力系数，扩增阻力系数增加了 1 倍左右。

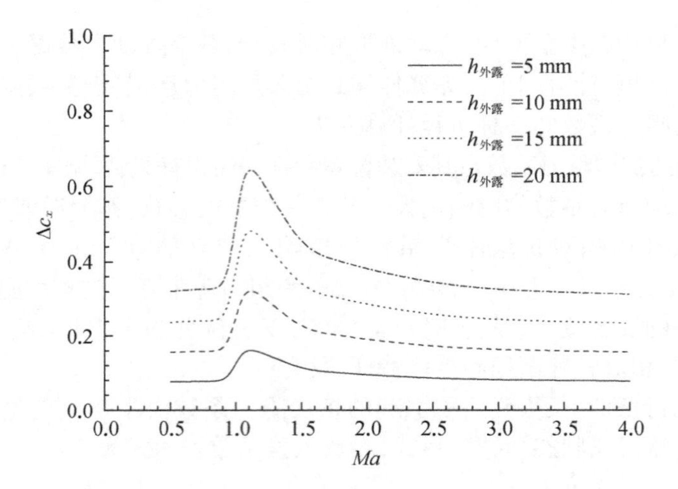

图 12.2.7 阻力环在安装位置 0.2l 处不同外露高度对应的扩增阻力系数曲线

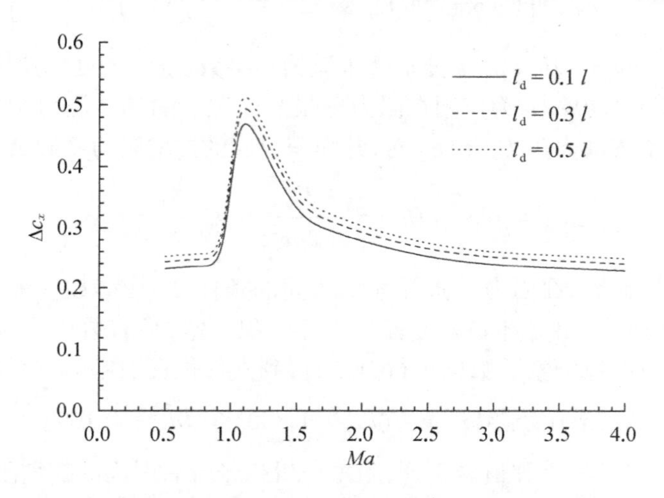

图 12.2.8 阻力环外露高度为 15 mm 时不同安装位置对应的扩增阻力系数曲线

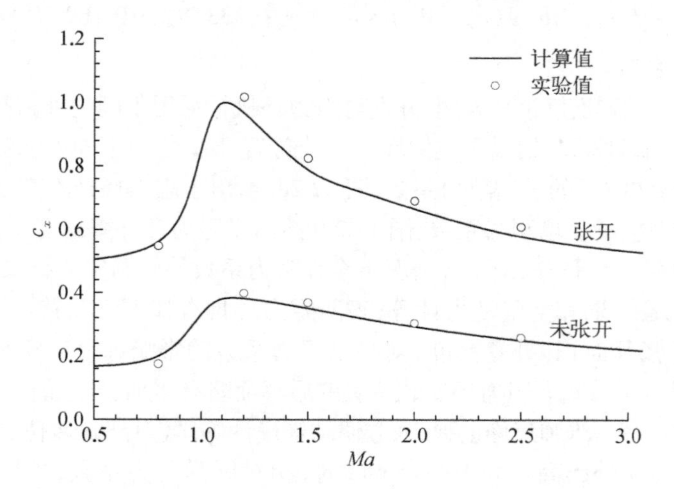

图 12.2.9 阻力环张开、未张开下全弹的阻力系数曲线($h_{外露}$ = 15 mm，l_d = 0.2l)

12.2.3　射程超越量函数

阻力型一维弹道修正弹的修正模式是“打远修近”，为打击目标点 A，要瞄准比目标远一点的点 B（瞄准点，即当日条件下射击诸元确定对应的无控弹理论落点），称目标点 A 与瞄准点 B 间的距离 X_K 为射程超越量，对于某一具体弹种，它主要是打击目标射程 X_L 的函数，如图 12.2.10 所示，与弹箭无控时本身的距离散布 E_{x_1}（如某底排火箭复合增程弹无控时的纵向密集度约为 1/160）、射击诸元准备误差 E_{x_3}（对于大口径炮弹，通常约为射程的 4/1 000），以及修正执行机构工作中由于装定误差、弹道参数测量误差、弹道解算误差、执行机构误差等造成的对目标点 A 的距离散布 E_{x_2} 有关，E_{x_2} 即为修正后的距离散布指标要求。

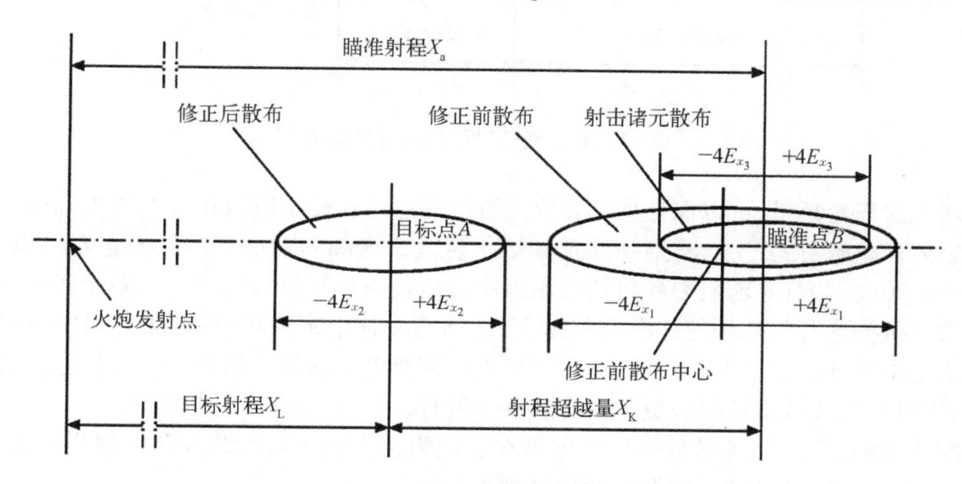

图 12.2.10　与射程超越量相关的距离散布示意图

当射击诸元没有误差时，在标准弹道条件下，弹箭无控飞行的平均弹着点将与瞄准点重合。但这种情况几乎不可能出现，因为无论采用哪一种方法准备射击诸元，误差总是不可避免的。在图 12.2.10 中，以瞄准点 B 为中心的椭圆是射击准备诸元散布椭圆，无控弹箭的落点散布中心将分布在 $\pm 4E_{x_3}$ 的椭圆内。

实际射击过程中，由于初速、跳角、阻力系数等弹道参数的散布，以及起始扰动和气象条件等的影响，弹箭无控飞行时的落点不可能与未修正时的落点散布中心重合，而是落在围绕散布中心、分布在 $\pm 4E_{x_1}$ 的椭圆内。

一维弹道修正机构作用后，由于有装定误差、模型误差、弹道参数测量误差、弹道解算误差及阻力机构执行误差等，炮弹修正后的实际落点不可能完全与目标点重合，而是落在以目标点为中心、分布在 $\pm 4E_{x_2}$ 的修正后的散布椭圆内。

1. 确定射程超越量的原则

当射程超越量较小时（小于图 12.2.11 所示距离），有可能会出现炮弹无控飞行的一部分落点落在修正后的散布椭圆左侧。基于一维弹道修正弹的修正原理，只能使弹着点变近，而无法使弹着点变远，因此无法对这部分炮弹进行修正，不能满足修正距离散布的要求。也就是说，炮弹无控飞行的落点要落在修正后散布椭圆的内部或右侧，是一维弹道修正弹能够完成射程修正的必要条件。

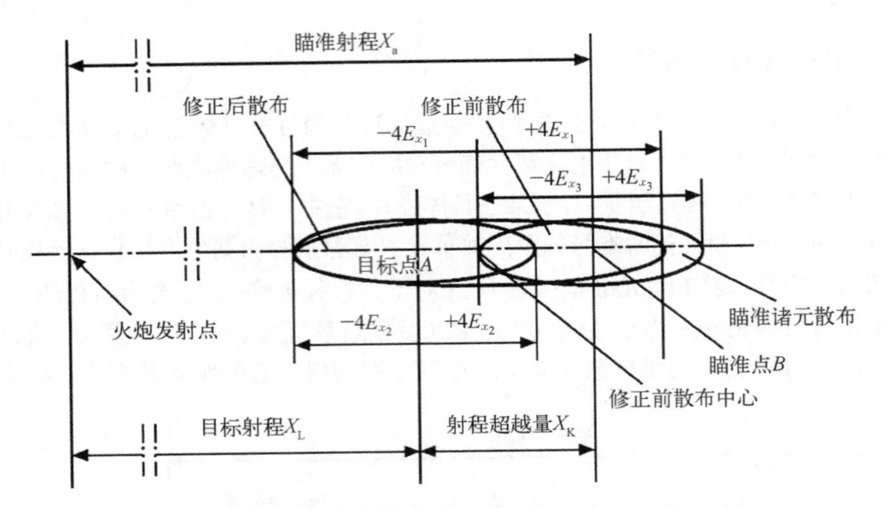

图 12.2.11 最佳射程超越量关系图

增大射程超越量,可以保证炮弹无控飞行的落点落在修正后散布椭圆的内部或右侧,但随着射程超越量的增大,将炮弹修正到修正后散布椭圆内对应所需的修正距离也会增大。修正距离越大,要求阻力环机构的增阻能力越强或张开时间越早。增阻能力越强,要求阻力环机构张开后圆环的外露面积越大,给结构设计带来困难;要求张开时间越早,会在弹道上带来新的扰动误差积累,不利于修正后密集度的提高。另外,随着射程超越量的增大,也将使原武器系统损失更多的有效战斗射程。

因此,确定射程超越量的基本原则是在保证炮弹无控飞行的落点落在修正后散布椭圆的内部或右侧的前提下,使射程超越量最小。

2. 最佳射程超越量计算

当弹箭无控飞行时的落点散布中心出现在射击准备诸元散布椭圆的最左边($-4E_{x_3}$),而出现在射弹散布椭圆最左边($-4E_{x_1}$)的落点仍不越出修正后对目标点A的散布椭圆$4E_{x_2}$内时,射程超越量X_K最佳。如图12.2.11所示,如果瞄准点左移,将使无控落点散布中心左移,必将导致较多的炮弹无法进行弹道修正;如果瞄准点右移,无控落点散布中心右移,虽然可以对较多的炮弹进行弹道修正,但却使修正距离增大,阻力环机构越早张开,从而引入新的误差积累,不利于炮弹密集度的提高。因此,此时的瞄准点为确定射程超越量的最佳瞄准点。

由此可知,确定最佳射程超越量的计算关系为

$$X_K = 4E_{x_1} + 4E_{x_3} - 4E_{x_2} \tag{12.2.8}$$

由最佳射程超越量X_K确定最佳瞄准点B。

假设某大口径一维弹道修正弹的目标射程为X_L,无控弹的射程密集度指标为1/160,修正后的射程密集度指标为1/500,射击准备诸元误差为4/1 000,则最佳射程超越量X_K的计算如下。

目标射程为X_L,瞄准射程为X_a,无控散布中心距火炮发射点的距离为X_f,有

$$X_a = X_L + X_K,\quad X_f = X_a - 4E_{x_3} \approx X_a$$

则由$X_K = 4E_{x_1} + 4E_{x_3} - 4E_{x_2}$得

$$X_K = 4 \cdot \frac{1}{160} \cdot X_f + 4 \cdot \frac{4}{1\,000} \cdot X_a - 4 \cdot \frac{1}{500} \cdot X_L$$
$$= 4 \cdot \frac{1}{160} \cdot (X_L + X_K) + 4 \cdot \frac{4}{1\,000} \cdot (X_L + X_K) - 4 \cdot \frac{1}{500} \cdot X_L$$

可求得最佳射程超越量为 $X_K = \frac{33}{959} \cdot X_L$。当目标射程 X_L 为 40 km 时，最佳射程超越量为 1 376 m。

3. 最大射程修正量计算

当弹箭无控飞行时的落点出现在修正后散布椭圆的右侧时，则需要依靠阻力环机构调节其弹道，使其弹道落点调整到修正后的散布椭圆内，所需要调整的距离为射程修正量，即无控弹道落点与目标点间的距离。

无控散布中心出现在射击诸元散布椭圆的最右侧（$4E_{x_3}$），而无控落点又出现在无控散布椭圆的最右端（$4E_{x_1}$）时，为了将这种情况的弹丸落点调整至修正后的散布椭圆内，此时所需的射程修正量最大，即最大射程修正量，记为 ΔX_{max}，如图 12.2.12 所示。

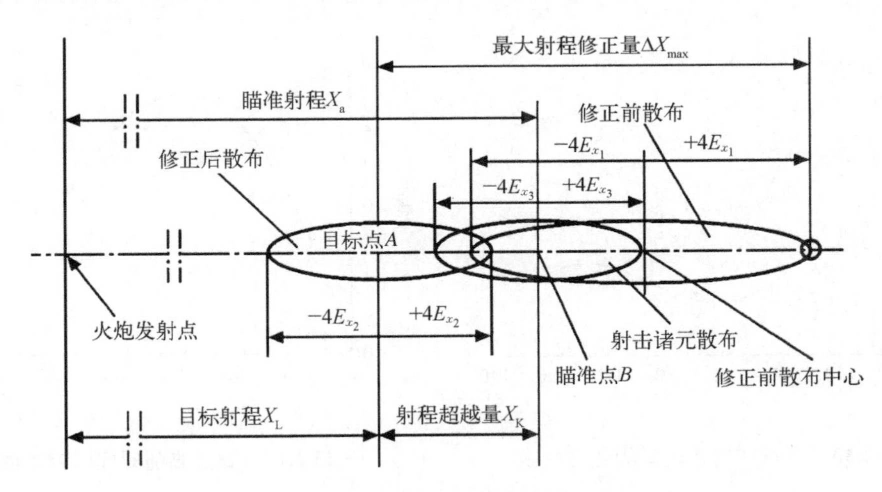

图 12.2.12　最大射程修正量关系图

最大射程修正量的计算关系为

$$\Delta X_{max} = X_K + 4E_{x_1} + 4E_{x_3} \tag{12.2.9}$$

由最大射程修正量 ΔX_{max} 可确定阻力环机构所需的最大修正能力，以便作为设计阻力环面积大小的依据等。

同样假设某大口径一维弹道修正弹的目标射程、射程密集度指标与上述计算最佳射程超越量时的指标相同，将上面计算的最佳射程超越量、无控弹的射程密集度指标 1/160、射击准备诸元误差 4/1 000 代入计算关系式，得

$$\Delta X_{max} = X_K + 4 \cdot \frac{1}{160} \cdot (X_L + X_K) + 4 \cdot \frac{4}{1\,000} \cdot (X_L + X_K)$$
$$= 1.041X_K + 0.041X_L = 1.041 \cdot \frac{33}{959}X_L + 0.041X_L = 0.768\,2X_L$$

当目标射程 X_L 为 40 km 时，最大射程修正量为 3 073 m。

12.2.4 阻力型一维弹道修正弹的外弹道特性

阻力型一维弹道修正弹在飞行弹道的适时位置处张开阻力环机构，开环控制实现一维弹道修正。因此，该类弹药阻力环机构张开后，就像一个带环的常规弹丸一样作无控飞行，只能改善其地面纵向密集度。从弹道控制的本质上看，该类弹药为开环弹道修正控制，与全程精确制导（闭环控制）炮弹有本质不同。

该类弹药的飞行弹道在阻力环机构张开前后分为两段，张开前为无控弹道段，张开后为阻力环机构增阻作用下的修正弹道段（阻力型弹道修正弹只控制阻力环何时张开）。阻力环机构张开后，由于其增阻特性，作用在全弹上的阻力增大，相对于原无控飞行弹道，飞行速度相对减小，飞行时间变长，弹道倾角变化更大，弹道弯曲更陡峭。

图 12.2.13～图 12.2.16 分别给出了某一维弹道修正弹的飞行速度、弹道高、飞行弹道、弹道倾角的变化曲线，由图中曲线变化规律可以清晰看出阻力型一维弹道修正弹的上述外弹道特性。

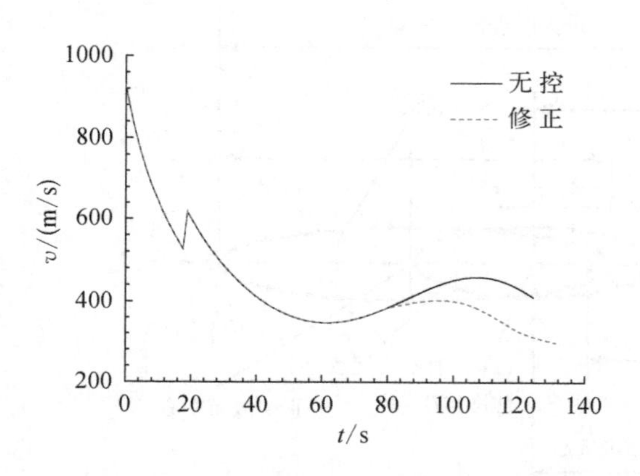

图 12.2.13 飞行速度随时间的变化曲线

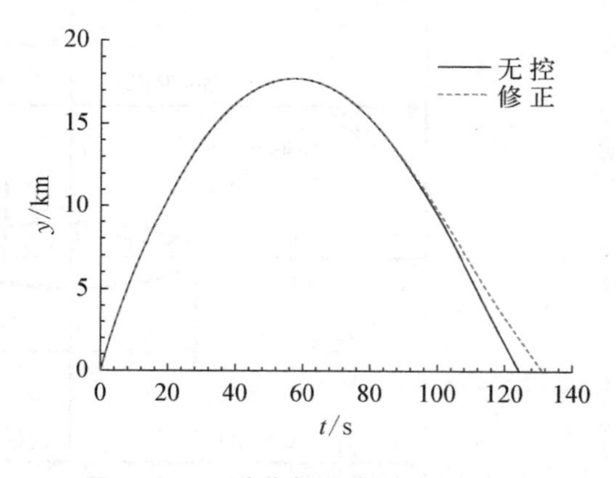

图 12.2.14 弹道高随时间的变化曲线

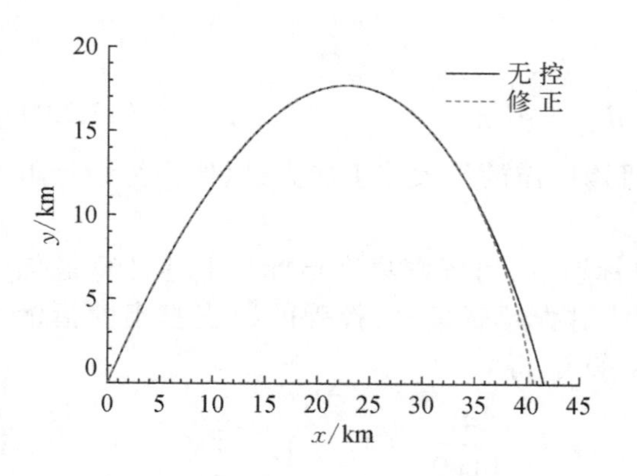

图 12.2.15 飞行弹道变化曲线

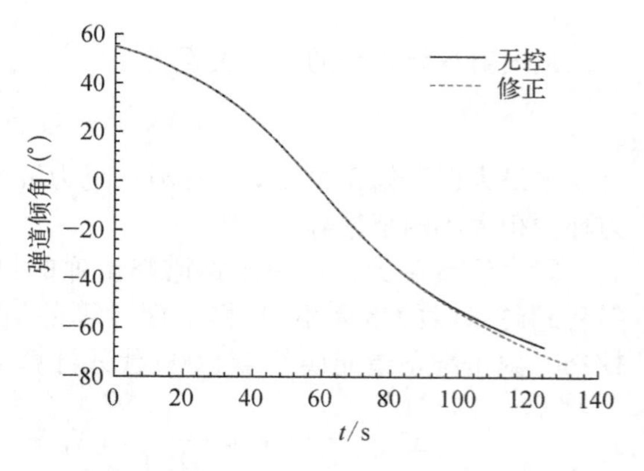

图 12.2.16 弹道倾角随时间的变化曲线

12.3 二维弹道修正技术

12.3.1 二维弹道修正执行机构及其特点

对打击地面目标的炮弹进行二维弹道修正，主要修正落点的纵向距离和横向侧偏。对于高炮弹丸，则主要进行高低和方向坐标的修正。

为进行二维弹道修正，需要提供改变速度方向的侧向力，目前提供侧向力的方式主要有两种：一种是采用小型脉冲火箭发动机，另一种是采用简易偏转舵。

采用小型脉冲火箭发动机控制，通常在弹丸的质心位置或质心附近周向均匀布置若干个小型脉冲火箭发动机（简称脉冲发动机，如图 12.3.1 和图 12.3.2 所示），在控制时刻由脉冲发动机喷射出燃气流，喷流的反作用力对弹丸产生控制力或控制力矩，从而改变弹丸的飞行速度方向、弹道倾角和偏角，达到快速弹道修正的目的。根据脉冲发动机在弹体上的布置位置，控制力分为力操纵方式和力矩操纵方式。力操纵方式将脉冲发动机布置在质心处；力矩操纵方式将脉冲发动机布置在弹丸质心前后的一段距离，在控制力作用的同时产生控制力矩。脉冲发动机的大小、个数、布置位置与脉冲工作时间等都对其修正能力有影响，要求弹丸微旋，目前脉冲发动机主要应用于低速旋转的尾翼弹上（如迫弹等）。

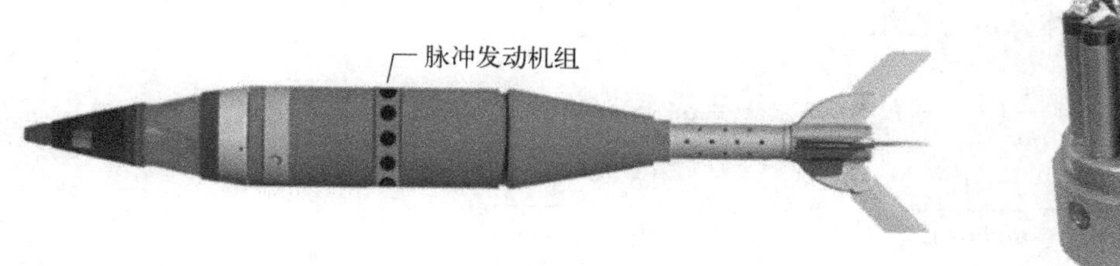

图 12.3.1 脉冲发动机布置图

图 12.3.2 脉冲发动机装置

脉冲发动机控制方案具有如下特点：① 对控制指令的响应时间短，反应速度快；② 脉冲发动机能量有限，脉冲控制力的大小有限；③ 不能够连续作用，具有离散性。这样的特点使其工作方式显现出如下特性：① 脉冲控制力的作用时间短，修正能力较弱，一般在弹道末段开始起控；② 与气动控制力相比，由于脉冲控制力的离散性，其控制精度相对较低；③ 结构简单，成本较低。

简易偏转舵主要是通过改变舵面的偏转角度或滚转位置，以调整弹丸姿态，改变弹体受到的空气动力，在预定时机获得预定方向的控制力和控制力矩，使弹丸速度方向改变，达到修正弹道的目的。根据舵面是否可动，分为可动鸭式舵和固定鸭式舵（国外有些资料中称为精确制导组件）。可动鸭式舵通过舵机驱动舵面偏转，舵偏角度能够进行改变；固定鸭式舵的舵面角度不可变，主要通过滚转通道的控制实现控制力的方向变化。常见的简易偏转舵弹道修正弹外形如图 12.3.3 所示。

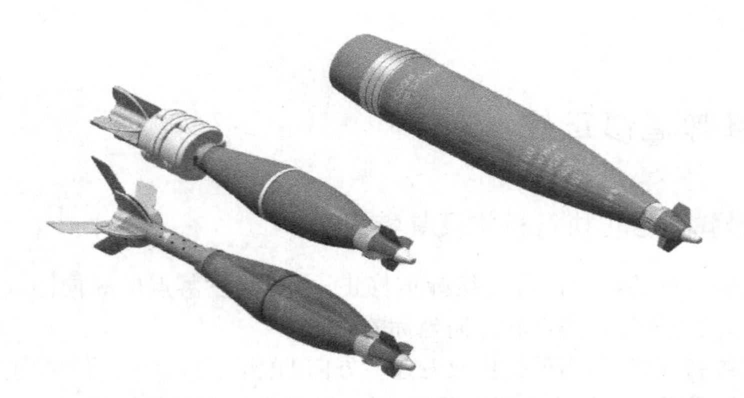

图 12.3.3 采用简易偏转舵的弹道修正弹

简易偏转舵能够实现快速、持续和稳定的控制力输出,目前主要的难点在于结构的小型化和微型化,在保证性能的基础上减小结构体积,提高其应用范围,具有如下特点: ① 舵面控制是连续实时控制,修正能力大;② 控制精度高;③ 结构相对复杂,成本相对较高。

在工程应用中,应根据战术技术指标、成本、对原弹的改变及结构实现难易程度等,综合考虑采用哪种执行机构(脉冲发动机或简易偏转舵)对弹箭实施简易控制。

12.3.2 二维弹道修正弹的外弹道模型

对于二维弹道修正弹的外弹道模型,只需在常规弹箭运动方程组的作用力中增加执行机构产生的控制力,在力矩表达式中增加控制力矩即可。下面给出二维弹道修正弹的通用 6 自由度刚体弹道方程组:

$$\begin{cases}\dfrac{\mathrm{d}v}{\mathrm{d}t}=\dfrac{1}{m}(F_{x_2}+F_{\mathrm{c}x_2}), & \dfrac{\mathrm{d}\gamma}{\mathrm{d}t}=\omega_\xi-\omega_\zeta\tan\varphi_2\\ \dfrac{\mathrm{d}\theta_{\mathrm{a}}}{\mathrm{d}t}=\dfrac{1}{mv\cos\psi_2}(F_{y_2}+F_{\mathrm{c}y_2}), & \dfrac{\mathrm{d}\varphi_{\mathrm{a}}}{\mathrm{d}t}=\dfrac{1}{\cos\varphi_2}\omega_\zeta\\ \dfrac{\mathrm{d}\psi_2}{\mathrm{d}t}=\dfrac{1}{mv}(F_{z_2}+F_{\mathrm{c}z_2}), & \dfrac{\mathrm{d}\varphi_2}{\mathrm{d}t}=-\omega_\eta\\ \dfrac{\mathrm{d}\omega_\xi}{\mathrm{d}t}=\dfrac{1}{C}(M_\xi+M_{\mathrm{c}\xi}), & \dfrac{\mathrm{d}x}{\mathrm{d}t}=v\cos\psi_2\cos\theta_1\\ \dfrac{\mathrm{d}\omega_\eta}{\mathrm{d}t}=\dfrac{1}{A}(M_\eta+M_{\mathrm{c}\eta})-\dfrac{C}{A}\omega_\xi\omega_\zeta+\omega_\xi^2\tan\varphi_2, & \dfrac{\mathrm{d}y}{\mathrm{d}t}=v\cos\psi_2\sin\theta_1\\ \dfrac{\mathrm{d}\omega_\zeta}{\mathrm{d}t}=\dfrac{1}{A}(M_\zeta+M_{\mathrm{c}\zeta})+\dfrac{C}{A}\omega_\xi\omega_\eta-\omega_\zeta\omega_\eta\tan\varphi_2, & \dfrac{\mathrm{d}z}{\mathrm{d}t}=v\sin\psi_2\end{cases}\tag{12.3.1}$$

式中,(F_{x_2}, F_{y_2}, F_{z_2}) 为作用在弹丸上的合力 $\boldsymbol{F}$(除执行机构作用产生的控制力之外)在速度坐标系 $Ox_2y_2z_2$ 上的投影;(M_ξ, M_η, M_ζ) 为作用在弹丸质心处的合力矩 $\boldsymbol{M}$(除执行机构作用产生的控制力矩之外)在弹轴坐标系 $O\xi\eta\zeta$ 上的投影;($F_{\mathrm{c}x_2}$, $F_{\mathrm{c}y_2}$, $F_{\mathrm{c}z_2}$) 为执行机构作用产生的控制力在速度坐标系 $Ox_2y_2z_2$ 上的投影;($M_{\mathrm{c}\xi}$, $M_{\mathrm{c}\eta}$, $M_{\mathrm{c}\zeta}$) 为执行机构作用产生的控制力矩在弹轴坐标系 $O\xi\eta\zeta$ 上的投影;式(12.3.1)中其他符号定义见第 5 章内容。

采用小型脉冲火箭发动机与简易偏转舵作为执行机构产生的具体控制力和控制力矩如下。

1. 脉冲弹道修正弹的控制力与控制力矩

脉冲发动机为小型固体火箭发动机,其布局与主要特点如下。

(1) 由多个相同的脉冲发动机沿弹体表面周向以环状形式均匀布置,理想条件下发动机喷口产生的推力位于与弹轴垂直的横剖面内,如图 12.3.1 所示。

(2) 每次作用一个脉冲发动机点火工作,且每个脉冲发动机只能工作一次。

(3) 对控制指令反应时间短,响应快。

(4) 脉冲发动机点火后,其实际推力值先迅速增大,到达峰值后迅速减小,且作用时间极短,通常约几毫秒至几十毫秒,如图 12.3.4 图中的曲线 A 所示。

(5) 脉冲发动机空间体积小,装药量少,质量小,产生的控制力大小有限。

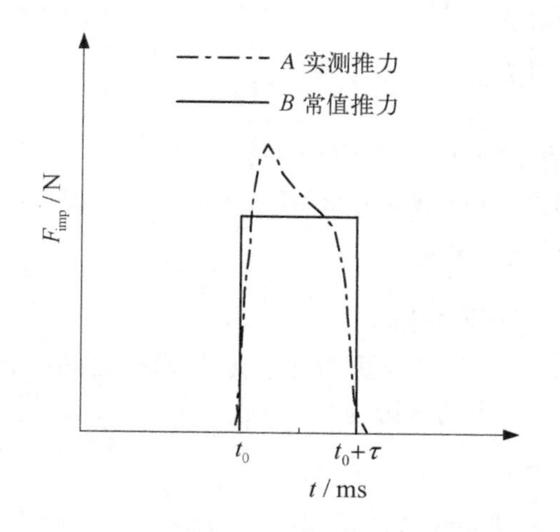

图 12.3.4　实际脉冲推力的矩形波近似

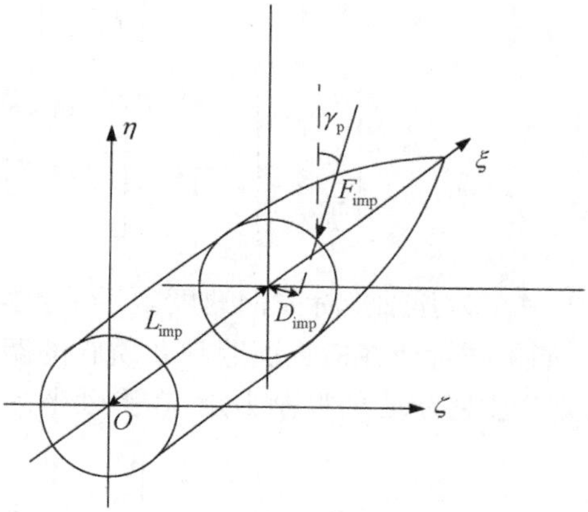

图 12.3.5　脉冲推力作用方位图

为了便于问题描述,根据上述特点,作如下简化假设:

(1) 不考虑脉冲发动机工作时的横向喷流干扰效应,仅计及其作用力。

(2) 为了简化计算,基于冲量相等原则,采用矩形波函数来描述实际脉冲力,即认为在脉冲工作时间段内,其推力值为常数,如图 12.3.4 中的曲线 B 所示。

(3) 忽略脉冲发动机火药燃烧过程中弹丸质量、质心位置和转动惯量的变化。

脉冲发动机作用力与作用力矩的表达关系如下。设单个脉冲发动机的冲量为 I_{imp}、持续作用时间为 τ,则平均脉冲力 F_{imp} 为

$$F_{imp} = I_{imp}/\tau \tag{12.3.2}$$

对于径向布置的脉冲发动机,如果其作用线通过质心,则产生改变速度方向的直接作用力 F_{imp}(图 12.3.5),而不产生对质心的力矩。设该直接作用力的作用线与弹体坐标系 Oy_1 轴的夹角为 γ_{p0},则该直接作用力沿弹体坐标系 $Ox_1y_1z_1$ 三轴上的分量为

$$\begin{bmatrix} F_{impx_1} \\ F_{impy_1} \\ F_{impz_1} \end{bmatrix} = \begin{bmatrix} 0 \\ -F_{imp}\cos\gamma_{p0} \\ -F_{imp}\sin\gamma_{p0} \end{bmatrix} = -F_{imp}\begin{bmatrix} 0 \\ \cos\gamma_{p0} \\ \sin\gamma_{p0} \end{bmatrix} \tag{12.3.3}$$

将其转换到弹轴坐标系 $O\xi\eta\zeta$，三轴上的分量为

$$\begin{bmatrix} F_{\mathrm{imp}\xi} \\ F_{\mathrm{imp}\eta} \\ F_{\mathrm{imp}\zeta} \end{bmatrix} = -F_{\mathrm{imp}} \begin{bmatrix} 1 & 0 & 0 \\ 0 & \cos\gamma & -\sin\gamma \\ 0 & \sin\gamma & \cos\gamma \end{bmatrix} \begin{bmatrix} 0 \\ \cos\gamma_{\mathrm{p0}} \\ \sin\gamma_{\mathrm{p0}} \end{bmatrix} = -F_{\mathrm{imp}} \begin{bmatrix} 0 \\ \cos\gamma_{\mathrm{p}} \\ \sin\gamma_{\mathrm{p}} \end{bmatrix} \tag{12.3.4}$$

式中，$\gamma_{\mathrm{p}} = \gamma_{\mathrm{p0}} + \gamma$，$\gamma$ 为弹体自转角。

通过坐标转换，将弹轴坐标系的三个分量投影到速度坐标系 $Ox_2y_2z_2$ 上，得到脉冲控制力在速度坐标系上的三个分量为

$$\begin{bmatrix} F_{\mathrm{imp}x_2} \\ F_{\mathrm{imp}y_2} \\ F_{\mathrm{imp}z_2} \end{bmatrix} = \boldsymbol{A}_{VA} \cdot \begin{bmatrix} F_{\mathrm{imp}\xi} \\ F_{\mathrm{imp}\eta} \\ F_{\mathrm{imp}\zeta} \end{bmatrix} \tag{12.3.5}$$

$$\begin{bmatrix} F_{\mathrm{imp}x_2} \\ F_{\mathrm{imp}y_2} \\ F_{\mathrm{imp}z_2} \end{bmatrix} = -F_{\mathrm{imp}} \begin{bmatrix} -\cos\gamma_{\mathrm{p}}\sin\delta_1 - \sin\gamma_{\mathrm{p}}\sin\delta_2\cos\delta_1 \\ \cos\gamma_{\mathrm{p}}\cos\delta_1 - \sin\gamma_{\mathrm{p}}\sin\delta_2\sin\delta_1 \\ \sin\gamma_{\mathrm{p}}\cos\delta_2 \end{bmatrix} \tag{12.3.6}$$

式中，$\boldsymbol{A}_{VA}$ 为弹轴坐标系向速度坐标系转换的坐标转换矩阵。

如果喷管所在横剖面距弹丸质心的距离为 L_{imp}，当横剖面位于质心与弹头之间时为正，则产生对质心的控制力矩，在弹轴坐标系 $O\xi\eta\zeta$ 上的投影为

$$\begin{bmatrix} M_{\mathrm{imp}\xi} \\ M_{\mathrm{imp}\eta} \\ M_{\mathrm{imp}\zeta} \end{bmatrix} = \begin{bmatrix} 0 \\ -F_{\mathrm{imp}\zeta}L_{\mathrm{imp}} \\ F_{\mathrm{imp}\eta}L_{\mathrm{imp}} \end{bmatrix} = \begin{bmatrix} 0 \\ F_{\mathrm{imp}}\sin\gamma_{\mathrm{p}}L_{\mathrm{imp}} \\ -F_{\mathrm{imp}}\cos\gamma_{\mathrm{p}}L_{\mathrm{imp}} \end{bmatrix} \tag{12.3.7}$$

将式(12.3.6)和式(12.3.7)代入二维弹道修正弹的通用弹道方程组[式(12.3.1)]中，就可得到脉冲发动机作用时的弹丸刚体运动方程组。

2. 简易可动鸭舵弹道修正弹的控制力与控制力矩

利用简易可动鸭舵进行弹道修正，通常采用鸭式气动布局结构，头部布置两对简易鸭舵(一对俯仰舵，一对偏航舵)，尾部有弹翼。

相对于常规尾翼弹的运动方程组，增加了俯仰舵和偏航舵产生的力和力矩。设在弹体坐标系 $Ox_1y_1z_1$ 内一对俯仰舵可绕 Oz_1 轴转动舵偏角 δ_z，定义俯仰舵在弹体坐标系的 Ox_1z_1 平面内，从弹尾向前看，沿 Oy_1 轴向上为正。在弹体坐标系下，一对俯仰舵产生的轴向力和法向力为 $(F_{\delta_z x_1}, F_{\delta_z y_1}, F_{\delta_z z_1})$。舵偏角 $\delta_z = 0$ 时，由攻角产生的舵面升力、阻力合并到弹体空气动力中。

$$\begin{bmatrix} F_{\delta_z x_1} \\ F_{\delta_z y_1} \\ F_{\delta_z z_1} \end{bmatrix} = \begin{bmatrix} -1/2\rho v^2 S c_{x_0\delta_z}(1 + k_{\delta_1}\delta_z^2) \\ 1/2\rho v^2 S c'_{y\delta_z}\delta_z \\ 0 \end{bmatrix} \tag{12.3.8}$$

式中，$c_{x_0\delta_z}$、$c'_{y\delta_z}$、k_{δ_1} 分别为一对俯仰舵的零升阻力系数、升力系数导数和诱导阻力系数。

通过坐标转换，将弹体坐标系的三个分量投影到速度坐标系 $Ox_2y_2z_2$，得到俯仰舵控制力在速度坐标系下的三个分量为

$$\begin{bmatrix} F_{\delta_z x_2} \\ F_{\delta_z y_2} \\ F_{\delta_z z_2} \end{bmatrix} = \boldsymbol{A}_{VA} \cdot \boldsymbol{A}_{AB} \cdot \begin{bmatrix} F_{\delta_z x_1} \\ F_{\delta_z y_1} \\ 0 \end{bmatrix} \tag{12.3.9}$$

$$\begin{bmatrix} F_{\delta_z x_2} \\ F_{\delta_z y_2} \\ F_{\delta_z z_2} \end{bmatrix} = \begin{bmatrix} F_{\delta_z x_1}\cos\delta_2\cos\delta_1 - F_{\delta_z y_1}(\cos\gamma\sin\delta_1 + \sin\gamma\sin\delta_2\cos\delta_1) \\ F_{\delta_z x_1}\cos\delta_2\sin\delta_1 + F_{\delta_z y_1}(\cos\gamma\cos\delta_1 - \sin\gamma\sin\delta_2\sin\delta_1) \\ F_{\delta_z x_1}\sin\delta_2 + F_{\delta_z y_1}\sin\gamma\cos\delta_2 \end{bmatrix} \tag{12.3.10}$$

式中，$\boldsymbol{A}_{AB}$ 为弹体坐标系向弹轴坐标系转换的坐标转换矩阵；$\boldsymbol{A}_{VA}$ 为弹轴坐标系向速度坐标系转换的坐标转换矩阵。

设舵面压心到弹丸质心的距离为 L_δ，则在弹体坐标系下的控制力矩为

$$[M_{\delta_z x_1},\ M_{\delta_z y_1},\ M_{\delta_z z_1}]^{\mathrm{T}} = [0,\ 0,\ F_{\delta_z y_1}L_\delta]^{\mathrm{T}} \tag{12.3.11}$$

将其投影到弹轴坐标系，得到弹轴坐标系下的三分量为

$$\begin{bmatrix} M_{\delta_z \xi} \\ M_{\delta_z \eta} \\ M_{\delta_z \zeta} \end{bmatrix} = \boldsymbol{A}_{AB} \cdot \begin{bmatrix} 0 \\ 0 \\ F_{\delta_z y_1}L_\delta \end{bmatrix} = \begin{bmatrix} 0 \\ -F_{\delta_z y_1}L_\delta\sin\gamma \\ F_{\delta_z y_1}L_\delta\cos\gamma \end{bmatrix} \tag{12.3.12}$$

同样，对于偏航舵，设在弹体坐标系 $Ox_1y_1z_1$ 内一对偏航舵可绕 Oy_1 轴转动舵偏角 δ_y，定义偏航舵在弹体系的 Ox_1y_1 平面内，从弹尾向前看，沿 Oz_1 轴向右为正。在弹体坐标系下，一对偏航舵产生的轴向力和法向力为 $(F_{\delta_y x_1},\ F_{\delta_y y_1},\ F_{\delta_y z_1})$。舵偏角 $\delta_y = 0$ 时，由攻角产生的舵面升力、阻力合并到弹体空气动力中。

$$\begin{bmatrix} F_{\delta_y x_1} \\ F_{\delta_y y_1} \\ F_{\delta_y z_1} \end{bmatrix} = \begin{bmatrix} -1/2\rho v^2 S c_{x_0\delta_y}(1 + k_{\delta_2}\delta_y^2) \\ 0 \\ 1/2\rho v^2 S c'_{y\delta_y}\delta_y \end{bmatrix} \tag{12.3.13}$$

式中，$c_{x_0\delta_y}$、$c'_{y\delta_y}$、k_{δ_2} 分别为一对偏航舵的零升阻力系数、升力系数导数和诱导阻力系数。

通过坐标转换，得到偏航舵控制力在速度坐标系 $Ox_2y_2z_2$ 下的三个分量为

$$\begin{bmatrix} F_{\delta_y x_2} \\ F_{\delta_y y_2} \\ F_{\delta_y z_2} \end{bmatrix} = \begin{bmatrix} F_{\delta_y x_1}\cos\delta_2\cos\delta_1 + F_{\delta_y z_1}(\sin\gamma\sin\delta_1 - \cos\gamma\sin\delta_2\cos\delta_1) \\ F_{\delta_y x_1}\cos\delta_2\sin\delta_1 - F_{\delta_y z_1}(\sin\gamma\cos\delta_1 + \cos\gamma\sin\delta_2\sin\delta_1) \\ F_{\delta_y x_1}\sin\delta_2 + F_{\delta_y z_1}\cos\gamma\cos\delta_2 \end{bmatrix} \tag{12.3.14}$$

在弹体坐标系下的控制力矩为

$$[M_{\delta_y x_1},\ M_{\delta_y y_1},\ M_{\delta_y z_1}]^{\mathrm{T}} = [0,\ -F_{\delta_y z_1}L_\delta,\ 0]^{\mathrm{T}} \tag{12.3.15}$$

将其投影到弹轴坐标系，得到弹轴坐标系下的三个分量为

$$\begin{bmatrix} M_{\delta_y \xi} \\ M_{\delta_y \eta} \\ M_{\delta_y \zeta} \end{bmatrix} = \begin{bmatrix} 0 \\ -F_{\delta_y z_1} L_\delta \cos \gamma \\ -F_{\delta_y z_1} L_\delta \sin \gamma \end{bmatrix} \tag{12.3.16}$$

当弹箭滚转时,俯仰舵和偏航舵会产生滚转阻尼力矩,即

$$\begin{bmatrix} M_{xz\delta_z \xi} \\ M_{xz\delta_z \eta} \\ M_{xz\delta_z \zeta} \end{bmatrix} = \begin{bmatrix} M_{xz\delta_y \xi} \\ M_{xz\delta_y \eta} \\ M_{xz\delta_y \zeta} \end{bmatrix} = \begin{bmatrix} -1/2\rho Sldv\dot{\gamma} m'_{xz\delta_z} \\ 0 \\ 0 \end{bmatrix} \tag{12.3.17}$$

式中,$m'_{xz\delta_z}$ 为舵面滚转阻尼力矩系数导数。

将式(12.3.10)、式(12.3.12)、式(12.3.14)、式(12.3.16)和式(12.3.17)代入二维弹道修正弹的通用弹道方程组[式(12.3.1)]中,就可得到简易可动鸭舵控制时的弹丸刚体运动方程组。

3. 简易固定鸭舵双旋弹道修正弹的控制力与控制力矩

将固定鸭舵精确制导组件(precision guidance kit, PGK)加装在旋转稳定弹体上,这类弹称为简易固定鸭舵 PGK 双旋弹道修正弹,如图 12.3.6 所示。该弹由前体(精确制导组件)和后体(弹体)两部分组成,两者通过轴承连接,在自由飞行过程中可分别以低速(每秒十几转)和高速(每秒几百转)绕弹体纵轴旋转,故称为"双旋"。

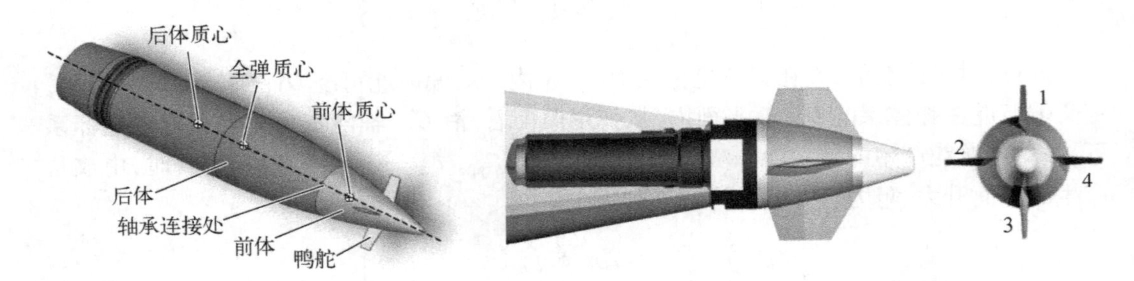

图 12.3.6 PGK 双旋弹道修正弹

图 12.3.7 精确制导组件

精确制导组件由弹道测量与解算模块、固定鸭舵、控制电机、电机制动控制模块、安全保险装置等组成,如图 12.3.7 所示,其外壳体上固定两对气动舵面(固定鸭舵的根部没有转轴),一对舵面相对于弹轴差动安装,起减旋和稳定鸭舵方位的作用,偏角大小相同,方向相反,称为差动舵,如图 12.3.7 中的 1、3 舵面;另一对舵面与弹轴之间有一个固定的同向偏转角或安装角,偏角大小和方向相同,称为同向舵,如图 12.3.7 中的 2、4 舵面,主要提供升力和力矩。同向舵的控制作用是通过控制,使其停留在空间某方位上,提供升力,以改变弹丸在高低和方向上的作用力和力矩;在不需要控制时,释放受锁状态下的鸭舵,使其自由低速旋转,则其平均控制力为零。

弹丸发射后,来流作用于一对差动舵,产生导转力矩,驱动前体(精确制导组件)与弹体反方向自由旋转;后体(弹体)高速旋转,保证弹丸稳定飞行;通过弹道测量与解算模块实时获取弹丸的位置与速度信息、鸭舵的滚转角位置,根据控制算法进行弹道解算,产生

控制指令；控制电机产生电磁力矩，使一对同向舵停留在目标滚转角位置，产生控制力和力矩，使弹体姿态发生改变，从而实现二维弹道修正。

相对于常规旋转稳定弹的运动方程组，增加了固定鸭舵产生的力和力矩。设一对同向舵在弹体坐标系 $Ox_1y_1z_1$ 的 Ox_1z_1 平面内，安装舵偏角为 δ_D，从弹尾向前看，沿 Oy_1 轴向上为正。在弹体坐标系下，一对同向舵产生的轴向力和法向力为 $(F_{\delta_D x_1}, F_{\delta_D y_1}, F_{\delta_D z_1})$。安装舵偏角 $\delta_D = 0$ 时，由攻角产生的舵面升力、阻力合并到弹体空气动力中。

$$\begin{bmatrix} F_{\delta_D x_1} \\ F_{\delta_D y_1} \\ F_{\delta_D z_1} \end{bmatrix} = \begin{bmatrix} -1/2\rho v^2 S c_{x_0\delta_D}(1 + k_{\delta_1}\delta_D^2) \\ 1/2\rho v^2 S c'_{y\delta_D}\delta_D \\ 0 \end{bmatrix} \tag{12.3.18}$$

式中，$c_{x_0\delta_D}$、$c'_{y\delta_D}$、k_{δ_1} 分别为一对同向舵的零升阻力系数、升力系数导数和诱导阻力系数。

假设需要控制时，该同向舵的法线与弹轴坐标系 $O\eta$ 轴间的夹角为 γ_D；同向舵升力的方向与舵面法线一致，指向舵面偏转的方向。由固定舵偏角 δ_D 产生的升力方向与舵面法线的滚转方位角 γ_D 有关。

将其转换到弹轴坐标系 $O\xi\eta\zeta$ 上，三轴上的分量为

$$\begin{bmatrix} F_{\delta_D \xi} \\ F_{\delta_D \eta} \\ F_{\delta_D \zeta} \end{bmatrix} = \begin{bmatrix} 1 & 0 & 0 \\ 0 & \cos\gamma_D & -\sin\gamma_D \\ 0 & \sin\gamma_D & \cos\gamma_D \end{bmatrix} \begin{bmatrix} F_{\delta_D x_1} \\ F_{\delta_D y_1} \\ 0 \end{bmatrix} = \begin{bmatrix} F_{\delta_D x_1} \\ F_{\delta_D y_1}\cos\gamma_D \\ F_{\delta_D y_1}\sin\gamma_D \end{bmatrix} \tag{12.3.19}$$

式中，γ_D 即舵面控制方位角。

通过坐标转换，将弹轴坐标系下的三分量投影到速度坐标系 $Ox_2y_2z_2$ 上，得到舵面控制力在速度坐标系下的三分量为

$$\begin{bmatrix} F_{\delta_D x_2} \\ F_{\delta_D y_2} \\ F_{\delta_D z_2} \end{bmatrix} = \boldsymbol{A}_{VA} \cdot \begin{bmatrix} F_{\delta_D \xi} \\ F_{\delta_D \eta} \\ F_{\delta_D \zeta} \end{bmatrix} \tag{12.3.20}$$

$$\begin{bmatrix} F_{\delta_D x_2} \\ F_{\delta_D y_2} \\ F_{\delta_D z_2} \end{bmatrix} = \begin{bmatrix} F_{\delta_D x_1}\cos\delta_2\cos\delta_1 - F_{\delta_D y_1}(\cos\gamma_D\sin\delta_1 + \sin\gamma_D\sin\delta_2\cos\delta_1) \\ F_{\delta_D x_1}\cos\delta_2\sin\delta_1 + F_{\delta_D y_1}(\cos\gamma_D\cos\delta_1 - \sin\gamma_D\sin\delta_2\sin\delta_1) \\ F_{\delta_D x_1}\sin\delta_2 + F_{\delta_D y_1}\sin\gamma_D\cos\delta_2 \end{bmatrix} \tag{12.3.21}$$

设舵面压心到弹丸质心的距离为 L_D，在弹轴坐标系下，控制力矩的三分量为

$$\begin{bmatrix} M_{\delta_D \xi} \\ M_{\delta_D \eta} \\ M_{\delta_D \zeta} \end{bmatrix} = \boldsymbol{A}_{AB} \cdot \begin{bmatrix} 0 \\ 0 \\ F_{\delta_D y_1}L_D \end{bmatrix} = \begin{bmatrix} 0 \\ -F_{\delta_D y_1}L_D\sin\gamma_D \\ F_{\delta_D y_1}L_D\cos\gamma_D \end{bmatrix} \tag{12.3.22}$$

一对差动舵以斜置角 δ_F 差动安装，弹丸飞行时，来流在两个舵面上产生的空气动力垂直于舵面，大小相等、方向相反，故其空气动力的合力为零，但对前体形成滚转操纵力

矩,沿弹轴方向,对前体起到减旋的作用。在弹轴坐标系下的分量形式为

$$M_{x\delta_F\xi}=1/2\rho v^2 Slm'_{x\delta_F}\delta_F,\quad M_{x\delta_F\eta}=0,\quad M_{x\delta_F\zeta}=0 \tag{12.3.23}$$

式中,$m'_{x\delta_F}$ 为一对差动舵的导转力矩系数导数。

一对差动舵同时对前体产生滚转阻尼力矩,沿弹轴反方向,在弹轴坐标系下的分量形式为

$$M_{xz\delta_F\xi}=-1/2\rho vSldm'_{xz\delta_F}\omega_{\xi\delta_F},\quad M_{xz\delta_F\eta}=0,\quad M_{xz\delta_F\zeta}=0 \tag{12.3.24}$$

式中,$m'_{xz\delta_F}$ 为舵面滚转阻尼力矩系数导数;$\omega_{\xi\delta_F}$ 为前体滚转角速度。

将式(12.3.21)和式(12.3.22)代入二维弹道修正弹的通用弹道方程组[式(12.3.1)]中,就可得到固定鸭舵控制时的弹丸刚体运动方程组。

考虑到前体头部修正组件具有独立的滚转运动特性,可补充前体的滚转运动方程:

$$\begin{cases}\dfrac{\mathrm{d}\omega_{\xi\delta_F}}{\mathrm{d}t}=\dfrac{1}{2C}\rho v^2 Slm'_{x\delta_F}\delta_F-\dfrac{1}{2C}\rho v^2 Slm'_{xz\delta_F}\dfrac{\mathrm{d}\omega_{\xi\delta_F}}{v}\\ \dfrac{\mathrm{d}\gamma_{\delta_F}}{\mathrm{d}t}=\omega_{\xi\delta_F}\end{cases} \tag{12.3.25}$$

12.3.3 脉冲弹道修正弹的外弹道特性

1. 脉冲作用下弹丸的攻角运动方程

脉冲作用下弹丸攻角运动方程的建立方法与第 6 章的常规弹箭方法相同,只是分别在质心动力学方程和绕心动力学方程中增加了横向脉冲作用时的控制力和控制力矩。

同样,在建立角运动方程时认为 φ_1、φ_2、ψ_1、ψ_2、δ_1 和 δ_2 都是小量,任意小量 α_i 的三角关系近似取 $\sin\alpha_i\approx\alpha_i$, $\cos\alpha_i\approx 1$。与快速变化的角运动相比,在一段弹道上可略去其他量的缓慢变化,取近似关系 $v_r\approx v_{rx_2}\approx v_{r\xi}\approx v$。此外,研究弹丸的角运动时不考虑由扰动产生的质心速度微小偏差,故质心速度方程不变。同时,忽略第一弹轴坐标系和第二弹轴坐标系之间的微小差异,即令 $\beta=0$。

在上述简化条件下,可得到如下方程:

$$\frac{\mathrm{d}\theta}{\mathrm{d}t}+\frac{\mathrm{d}\psi_1}{\mathrm{d}t}=b_y v\left(\delta_1+\frac{w_{y2}}{v}\right)+b_z\dot{\gamma}\left(\delta_2+\frac{w_{z2}}{v}\right)+b_x w_{y_2}-\frac{g\cos\theta}{v}+\frac{g\sin\theta}{v}\psi_1-\frac{F_{\mathrm{imp}}\cos\gamma_{\mathrm{p}}}{mv} \tag{12.3.26}$$

$$\frac{\mathrm{d}\psi_2}{\mathrm{d}t}=b_y v\left(\delta_2+\frac{w_{z2}}{v}\right)-b_z\dot{\gamma}\left(\delta_1+\frac{w_{y2}}{v}\right)+b_x w_{z_2}+\frac{g\sin\theta}{v}\psi_2-\frac{F_{\mathrm{imp}}\sin\gamma_{\mathrm{p}}}{mv} \tag{12.3.27}$$

$$-\ddot{\varphi}_2+\frac{C}{A}\dot{\gamma}(\dot{\varphi}_1+\dot{\theta})=-k_z v^2\left(\delta_2+\frac{w_{z2}}{v}\right)+k_{zz}v\dot{\varphi}_2+k_y v\dot{\gamma}\left(\delta_1+\frac{w_{y2}}{v}\right)+\frac{F_{\mathrm{imp}}\sin\gamma_{\mathrm{p}}L_{\mathrm{imp}}}{A} \tag{12.3.28}$$

$$\ddot{\varphi}_1+\ddot{\theta}+\frac{C}{A}\dot{\gamma}\dot{\varphi}_2=k_z v^2\left(\delta_1+\frac{w_{y2}}{v}\right)-k_{zz}v(\dot{\varphi}_1+\dot{\theta})+k_y v\dot{\gamma}\left(\delta_2+\frac{w_{z2}}{v}\right)-\frac{F_{\mathrm{imp}}\cos\gamma_{\mathrm{p}}L_{\mathrm{imp}}}{A} \tag{12.3.29}$$

在以上方程的基础上，采用第 6 章中的方法，经推导，可得到其复攻角运动方程为

$$\ddot{\boldsymbol{\Delta}} + \left(k_{zz} + b_y - \mathrm{i}\frac{C}{A}\frac{\dot{\gamma}}{v}\right)v\dot{\boldsymbol{\Delta}} - \left[k_z - k_{zz}b_y + \mathrm{i}\frac{C}{A}\frac{\dot{\gamma}}{v}\left(b_y - \frac{A}{C}k_y\right) + b_y\left(b_x + \frac{g\sin\theta}{v^2}\right)\right]v^2\boldsymbol{\Delta}$$
$$= -\ddot{\theta} - k_{zz}v\dot{\theta} + \mathrm{i}\frac{C}{A}\frac{\dot{\gamma}}{v}v\dot{\theta} + \left[k_z - \mathrm{i}k_y\frac{\dot{\gamma}}{v} - \left(k_{zz} - \mathrm{i}\frac{C}{A}\frac{\dot{\gamma}}{v}\right)(b_x + b_y)\right]vw_{\perp}$$
$$+ \frac{F_{\mathrm{imp}}\mathrm{e}^{\mathrm{i}\gamma_{\mathrm{p}}}}{m}\left[k_{zz} + b_x + \frac{g\sin\theta}{v^2} - \mathrm{i}\frac{C}{A}\frac{\dot{\gamma}}{v} - \frac{mL_{\mathrm{imp}}}{A}\right] \tag{12.3.30}$$

通过常规弹箭空气动力、弹道参数量级分析，上面与空气动力有关的系数 k_z 为 10^{-2} 量级，b_x、b_y、k_{zz} 为 $10^{-3} \sim 10^{-4}$ 量级，b_z 为 10^{-5} 量级，$g\sin\theta/v^2$ 为 $10^{-3} \sim 10^{-4}$ 量级，故这些系数相互的乘积更小，可以忽略，于是复攻角方程[式(12.3.30)]可以简化为

$$\ddot{\boldsymbol{\Delta}} + \left(k_{zz} + b_y - \mathrm{i}\frac{C}{A}\frac{\dot{\gamma}}{v}\right)v\dot{\boldsymbol{\Delta}} - \left[k_z + \mathrm{i}\frac{C}{A}\frac{\dot{\gamma}}{v}\left(b_y - \frac{A}{C}k_y\right)\right]v^2\boldsymbol{\Delta}$$
$$= -\ddot{\theta} - k_{zz}v\dot{\theta} + \mathrm{i}\frac{C}{A}\frac{\dot{\gamma}}{v}v\dot{\theta} + \left[k_z + \mathrm{i}\frac{C}{A}\frac{\dot{\gamma}}{v}\left(b_x + b_y - \frac{A}{C}k_y\right)\right]vw_{\perp}$$
$$+ \frac{F_{\mathrm{imp}}\mathrm{e}^{\mathrm{i}\gamma_{\mathrm{p}}}}{m}\left[k_{zz} + b_x + \frac{g\sin\theta}{v^2} - \mathrm{i}\frac{C}{A}\frac{\dot{\gamma}}{v} - \frac{mL_{\mathrm{imp}}}{A}\right] \tag{12.3.31}$$

利用导数关系 $\mathrm{d}s/\mathrm{d}t = v$，将自变量由时间 t 转换为弹道弧长 s，得到以弧长 s 为自变量的复攻角方程：

$$\boldsymbol{\Delta}'' + (H - \mathrm{i}P)\boldsymbol{\Delta}' - (M + \mathrm{i}PT)\boldsymbol{\Delta}$$
$$= -\frac{\ddot{\theta}}{v^2} - (k_{zz} - \mathrm{i}P)\frac{\dot{\theta}}{v} + \left[k_z + \mathrm{i}P\left(b_x + b_y - \frac{A}{C}k_y\right)\right]\frac{w_{\perp}}{v}$$
$$+ \frac{F_{\mathrm{imp}}\mathrm{e}^{\mathrm{i}\gamma_{\mathrm{p}}}}{mv^2}\left[k_{zz} + b_x + \frac{g\sin\theta}{v^2} - \mathrm{i}\frac{C}{A}\Gamma - \frac{mL_{\mathrm{imp}}}{A}\right] \tag{12.3.32}$$

式中，

$$H = k_{zz} + b_y - b_x - \frac{g\sin\theta}{v^2},\quad \Gamma = \frac{\dot{\gamma}}{v},\quad P = \frac{C}{A}\Gamma,\quad M = k_z,\quad T = b_y - \frac{A}{C}k_y \tag{12.3.33}$$

2. 横向脉冲修正时对飞行稳定性的影响

式(12.3.32)反映了横向脉冲作用下弹丸的攻角运动方程，该式的齐次方程与常规普通弹丸完全相同，由重力和风所引起的非齐次项也完全相同，但该方程的非齐次项中多出了第四项，该项体现了脉冲控制力及控制力矩对攻角的影响。由于横向脉冲作用时可看作一瞬时强干扰，作用前后对攻角的脉冲项扰动 $\boldsymbol{\Delta}_0$、$\boldsymbol{\Delta}'_0$ 的影响较大，由此可表明：① 横向脉冲作用前对弹丸攻角运动齐次方程的解没有影响，陀螺稳定性与动态稳定性条件等同普通弹丸；横向脉冲作用后，由于脉冲项扰动 $\boldsymbol{\Delta}_0$、$\boldsymbol{\Delta}'_0$ 发生较大变化，

攻角运动齐次方程的解产生变化;② 横向脉冲修正时对重力项引起的追随稳定性没有影响,对风 w 引起的攻角特解没有影响;③ 横向脉冲修正时,脉冲推力的非齐次项对攻角产生影响。

为了分析横向脉冲控制对攻角的强迫作用,仅保留方程右端的脉冲非齐次项,求其特解。此时,复攻角方程可写为

$$\boldsymbol{\Delta}'' + (H - \mathrm{i}P)\boldsymbol{\Delta}' - (M + \mathrm{i}PT)\boldsymbol{\Delta} = B_{\mathrm{imp}}\mathrm{e}^{\mathrm{i}\gamma_{\mathrm{P}}} \tag{12.3.34}$$

式中,

$$B_{\mathrm{imp}} = \frac{F_{\mathrm{imp}}}{mv^2}\left[k_{zz} + b_x + \frac{g\sin\theta}{v^2} - \frac{mL_{\mathrm{imp}}}{A} - \mathrm{i}\,\frac{C}{A}\Gamma\right] \tag{12.3.35}$$

设脉冲引起的非齐次特解有如下形式:

$$\boldsymbol{\Delta}_{\mathrm{imp}} = K_{\mathrm{imp}}\mathrm{e}^{\mathrm{i}\gamma_{\mathrm{P}}} \tag{12.3.36}$$

其对弹道弧长的一阶、二阶导数分别为

$$\boldsymbol{\Delta}'_{\mathrm{imp}} = \mathrm{i}K_{\mathrm{imp}}\Gamma\mathrm{e}^{\mathrm{i}\gamma_{\mathrm{P}}},\quad \boldsymbol{\Delta}''_{\mathrm{imp}} = -K_{\mathrm{imp}}\Gamma^2\mathrm{e}^{\mathrm{i}\gamma_{\mathrm{P}}} \tag{12.3.37}$$

将式(12.3.36)和式(12.3.37)代入方程(12.3.34)解出 K_{imp},得

$$K_{\mathrm{imp}} = \frac{B_{\mathrm{imp}}}{-\Gamma^2 + (P + \mathrm{i}H)\Gamma - M - \mathrm{i}PT} \tag{12.3.38}$$

对式(12.3.38)的分母进行因式分解,则可改写为

$$K_{\mathrm{imp}} = \frac{B_{\mathrm{imp}}}{[\lambda_1 - \mathrm{i}(\Gamma - \omega_1)][\lambda_2 - \mathrm{i}(\Gamma - \omega_2)]} \tag{12.3.39}$$

式中,λ_1、λ_2、ω_1 和 ω_2 的表达式如下:

$$\omega_1 = \frac{1}{2}(P + \sqrt{P^2 - 4M}),\quad \omega_2 = \frac{1}{2}(P - \sqrt{P^2 - 4M}) \tag{12.3.40}$$

$$\lambda_1 = -\frac{1}{2}\left[H - \frac{P(2T - H)}{\sqrt{P^2 - 4M}}\right],\quad \lambda_2 = -\frac{1}{2}\left[H + \frac{P(2T - H)}{\sqrt{P^2 - 4M}}\right] \tag{12.3.41}$$

若不考虑较小的阻尼因子项 λ_1 和 λ_2,则当 $\Gamma = \omega_1$ 或 $\Gamma = \omega_2$ 时,K_{imp} 的模值将变为无穷大,会产生共振现象。但对于脉冲修正弹,通常为低旋尾翼弹,其转速比 Γ 较小,弹丸的摆动频率 ω_1 或 ω_2 远大于 Γ,即该条件难以成立,因此正常情况下,在横向脉冲推力修正过程中不会出现强迫解(攻角)的共振现象,而只需注意控制 F_{imp} 与 L_{imp} 的量值不要使攻角 $\boldsymbol{\Delta}_{\mathrm{imp}}$ 的幅值过大。

3. 横向脉冲修正后弹丸的攻角运动特性

在实际中,脉冲发动机的作用时间极短,多为毫秒(或几十毫秒)量级,因此可以近似地认为脉冲冲量作用是瞬时完成的,相当于弹丸在弹道上对应脉冲作用处受到一强

扰动,根据外弹道学中研究起始扰动引起的攻角运动的思路,分析脉冲修正后攻角的运动特性。

在脉冲作用时,与脉冲控制力相比,其他外力很小,可以忽略,则有

$$\begin{cases}\dfrac{\mathrm{d}\psi_1}{\mathrm{d}t}=-\dfrac{F_{\mathrm{imp}}\cos\gamma_{\mathrm{p}}}{mv}\\ \dfrac{\mathrm{d}\psi_2}{\mathrm{d}t}=-\dfrac{F_{\mathrm{imp}}\sin\gamma_{\mathrm{p}}}{mv}\\ \ddot{\varphi}_2=-\dfrac{F_{\mathrm{imp}}\sin\gamma_{\mathrm{p}}L_{\mathrm{imp}}}{A}\\ \ddot{\varphi}_1=-\dfrac{F_{\mathrm{imp}}\cos\gamma_{\mathrm{p}}L_{\mathrm{imp}}}{A}\end{cases}\tag{12.3.42}$$

将上述等式两边同时乘以脉冲作用时间 τ, 并近似认为脉冲作用瞬时完成,即令 $\tau\to 0$, 可得到每次横向脉冲修正后弹丸运动状态 ψ_1、ψ_2、$\dot{\varphi}_1$ 和 $\dot{\varphi}_2$ 的改变量为

$$\begin{cases}\Delta\psi_1=-\dfrac{F_{\mathrm{imp}}\tau\cos\gamma_{\mathrm{p}}}{mv}=-\dfrac{I_{\mathrm{imp}}\cos\gamma_{\mathrm{p}}}{mv}\approx-\Delta\delta_1\\ \Delta\psi_2=-\dfrac{F_{\mathrm{imp}}\tau\sin\gamma_{\mathrm{p}}}{mv}=-\dfrac{I_{\mathrm{imp}}\sin\gamma_{\mathrm{p}}}{mv}\approx-\Delta\delta_2\\ \Delta\dot{\varphi}_1=-\dfrac{F_{\mathrm{imp}}\tau L_{\mathrm{imp}}}{A}\cos\gamma_{\mathrm{p}}=-\dfrac{I_{\mathrm{imp}}L_{\mathrm{imp}}}{A}\cos\gamma_{\mathrm{p}}\approx\Delta\dot{\delta}_1\\ \Delta\dot{\varphi}_2=-\dfrac{F_{\mathrm{imp}}\tau L_{\mathrm{imp}}}{A}\sin\gamma_{\mathrm{p}}=-\dfrac{I_{\mathrm{imp}}L_{\mathrm{imp}}}{A}\sin\gamma_{\mathrm{p}}\approx\Delta\dot{\delta}_2\end{cases}\tag{12.3.43}$$

设脉冲作用前后的复攻角分别为 $\boldsymbol{\Delta}_{\mathrm{b}}$ 和 $\boldsymbol{\Delta}_{\mathrm{a}}$, 其对弹道弧长的导数分别为 $\boldsymbol{\Delta}'_{\mathrm{b}}$ 和 $\boldsymbol{\Delta}'_{\mathrm{a}}$, 由式(12.3.43)可知:

$$\boldsymbol{\Delta}_{\mathrm{a}}=\boldsymbol{\Delta}_{\mathrm{b}}+\frac{I_{\mathrm{imp}}}{mv}\mathrm{e}^{\mathrm{i}\gamma_{\mathrm{p}}},\quad \boldsymbol{\Delta}'_{\mathrm{a}}=\boldsymbol{\Delta}'_{\mathrm{b}}-\frac{I_{\mathrm{imp}}L_{\mathrm{imp}}}{Av}\mathrm{e}^{\mathrm{i}\gamma_{\mathrm{p}}}\tag{12.3.44}$$

以式(12.3.44)作为脉冲作用后的起始条件,复攻角齐次方程的解描述了脉冲扰动起始条件产生的运动,而复攻角齐次方程为

$$\boldsymbol{\Delta}''+(H-\mathrm{i}P)\boldsymbol{\Delta}'-(M+\mathrm{i}PT)\boldsymbol{\Delta}=0\tag{12.3.45}$$

其解可写成如下形式:

$$\boldsymbol{\Delta}=K_{\mathrm{F0}}\mathrm{e}^{\mathrm{i}\phi_{\mathrm{F0}}}\mathrm{e}^{(\lambda_{\mathrm{F}}+\mathrm{i}\phi'_{\mathrm{F}})s}+K_{\mathrm{S0}}\mathrm{e}^{\mathrm{i}\phi_{\mathrm{S0}}}\mathrm{e}^{(\lambda_{\mathrm{S}}+\mathrm{i}\phi'_{\mathrm{S}})s}\tag{12.3.46}$$

各系数的具体表达式为

$$\begin{cases}\lambda_{\mathrm{F}}=\lambda_1=-\dfrac{1}{2}\left[H-\dfrac{P(2T-H)}{\sqrt{P^2-4M}}\right],\quad \lambda_{\mathrm{S}}=\lambda_2=-\dfrac{1}{2}\left[H+\dfrac{P(2T-H)}{\sqrt{P^2-4M}}\right]\\ \phi'_{\mathrm{F}}=\omega_1=\dfrac{1}{2}(P+\sqrt{P^2-4M}),\quad \phi'_{\mathrm{S}}=\omega_2=\dfrac{1}{2}(P-\sqrt{P^2-4M})\end{cases}\tag{12.3.47}$$

式中，K_{F0}、K_{S0} 分别表示快、慢圆运动振幅的初始值；λ_F、λ_S 分别表示快、慢圆运动的阻尼指数；ϕ_{F0}、ϕ_{S0} 分别表示快、慢圆运动的初始相位角；ϕ'_F、ϕ'_S 分别表示快、慢圆运动的频率。

将 $s=0$ 时的扰动起始条件 $\boldsymbol{\Delta}=\boldsymbol{\Delta}_a$ 代入复攻角表达式［式(12.3.46)］中，并将式(12.3.46)对 s 求导后，代入 $\boldsymbol{\Delta}'=\boldsymbol{\Delta}'_a$，由此联立方程可解出待定常数：

$$K_{F0}e^{i\phi_{F0}}=\frac{\boldsymbol{\Delta}'_a-(\lambda_S+i\phi'_S)\boldsymbol{\Delta}_a}{(\lambda_F-\lambda_S)+i(\phi'_F-\phi'_S)},\quad K_{S0}e^{i\phi_{S0}}=\frac{\boldsymbol{\Delta}'_a-(\lambda_F+i\phi'_F)\boldsymbol{\Delta}_a}{(\lambda_S-\lambda_F)+i(\phi'_S-\phi'_F)} \tag{12.3.48}$$

将式(12.3.48)代入式(12.3.46)，得到攻角运动的解为

$$\boldsymbol{\Delta}=\frac{\boldsymbol{\Delta}'_a-(\lambda_S+i\phi'_S)\boldsymbol{\Delta}_a}{(\lambda_F-\lambda_S)+i(\phi'_F-\phi'_S)}e^{(\lambda_F+i\phi'_F)s}+\frac{\boldsymbol{\Delta}'_a-(\lambda_F+i\phi'_F)\boldsymbol{\Delta}_a}{(\lambda_S-\lambda_F)+i(\phi'_S-\phi'_F)}e^{(\lambda_S+i\phi'_S)s} \tag{12.3.49}$$

在参数给定的条件下，根据式(12.3.47)和式(12.3.49)，可通过计算获得脉冲修正后攻角的运动情况。

下面结合某具体算例来说明，主要参数如下：$m=17\,\text{kg}$，$d=120\,\text{mm}$，$C=0.029\,3\,\text{kg}\cdot\text{m}^2$，$A=0.603\,1\,\text{kg}\cdot\text{m}^2$，$v=221.55\,\text{m/s}$，$\theta=-51.468°$，$\dot{\gamma}=25.296\,\text{rad/s}$，$b_x=7.735\times10^{-5}$，$b_y=1.234\times10^{-3}$，$k_z=-6.208\times10^{-3}$，$k_{zz}=2.185\times10^{-3}$，将上述数值代入式(12.3.33)得到 $H=3.497\times10^{-3}$，$P=5.547\times10^{-3}$，$M=-6.208\times10^{-3}$，$T=1.234\times10^{-3}$，由式(12.3.47)求得 $\lambda_F=-1.767\times10^{-3}$，$\lambda_S=-1.731\times10^{-3}$，$\phi'_F=8.161\times10^{-2}$，$\phi'_S=-7.606\times10^{-2}$。为简化起见，假设脉冲作用前的攻角及其角速度 $\boldsymbol{\Delta}_b=\boldsymbol{\Delta}'_b=0$，脉冲冲量 $I_{imp}=60\,\text{N}\cdot\text{s}$，脉冲喷管距弹丸质心的距离 $L_{imp}=10\,\text{mm}$，脉冲发动机的滚转作用方位 $\gamma_p=3\pi/2\,\text{rad}$（向右修正）。采用以上攻角运动解析解［式(12.3.49)］，计算得到脉冲扰动后弹丸的攻角变化情况，如图 12.3.8～图 12.3.11 所示。

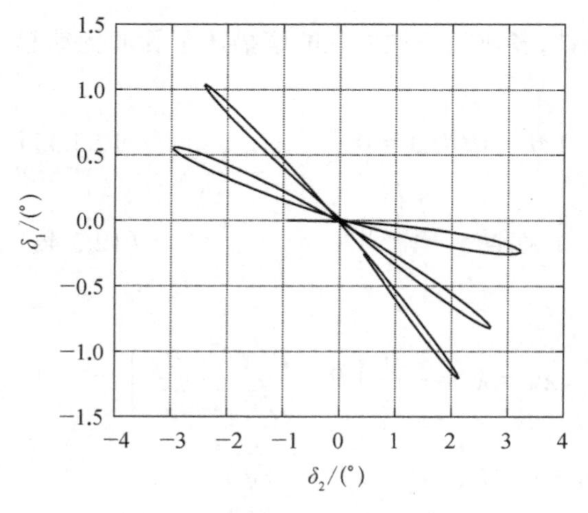

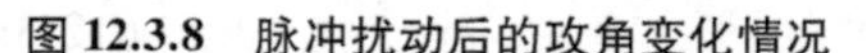
图 12.3.8 脉冲扰动后的攻角变化情况

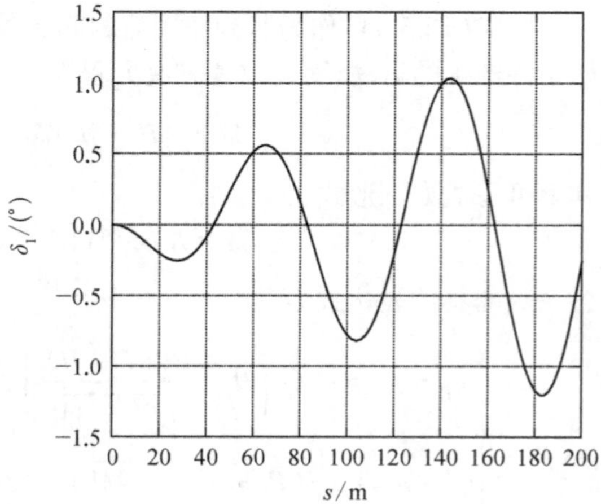

图 12.3.9 高低攻角随弹道弧长的变化曲线

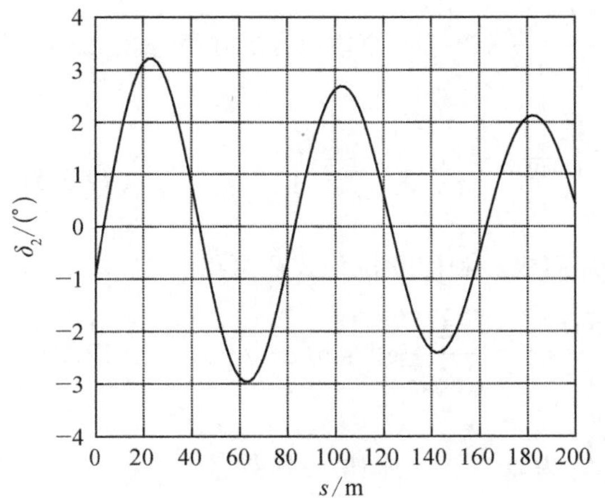

图 12.3.10　方向攻角随弹道弧长的变化曲线

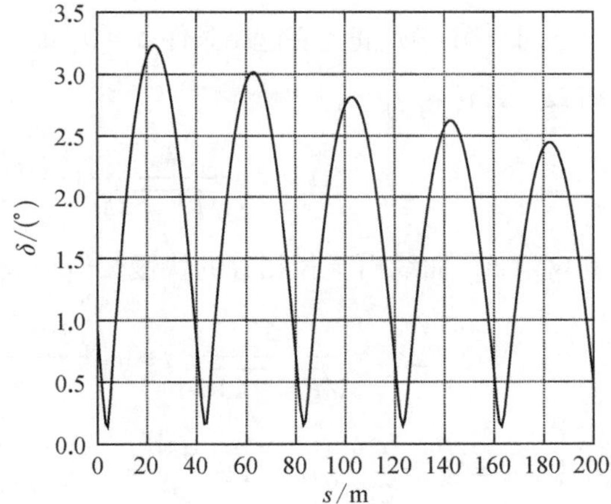

图 12.3.11　总攻角模值随弹道弧长的变化曲线

算例表明，在所取的弹箭结构参数、空气动力参数、脉冲参数（包括脉冲冲量、发动机布置位置）等条件下，弹体在突然受到脉冲作用时，攻角的突跃幅值仍被限制在了较小的范围内。在 200 m 的弹道弧长范围内，高低攻角近似按正弦曲线规律逐渐增大，方向攻角近似按正弦曲线规律逐渐减小。由于脉冲的作用方位为正侧向，方向攻角的幅值要大于高低攻角的幅值，总攻角模值的峰值随着弹道弧长逐渐减小。

同时可以看出，即使弹丸无控飞行时的稳定性设计良好，如果脉冲参数设计不当，脉冲作用后仍有可能造成弹丸的攻角幅值超过某一限制范围，影响其飞行稳定性。因此，采用本节推导出的攻角运动解析模型可以方便地研究弹丸在脉冲作用下的飞行稳定性问题，并且利用式（12.3.49）可分析出弹体结构参数、气动参数、脉冲参数等对弹丸稳定性的影响。由于我们重点关注的是脉冲参数，下面将进一步利用脉冲作用下的弹丸攻角运动解析模型建立起一个脉冲冲量大小和轴向偏心距离的约束条件，可用于指导脉冲弹道修正弹脉冲参数的设计。

4. 脉冲发动机参数的约束条件

当横向脉冲发动机对弹丸进行弹道修正时，如果脉冲参数设计不合理（如脉冲冲量过大等），会引起弹丸飞行状态发生较大改变，出现弹体绕其质心的剧烈摆动，对弹丸的飞行稳定性产生影响。因此，限制脉冲发动机作用后的攻角幅值 δ_m，也即限制脉冲冲量 I_{imp} 大小和布置位置 L_{imp}，是脉冲发动机设计的一个重要方面。为便于分析，取 $\boldsymbol{\Delta}_b=\boldsymbol{\Delta}'_b=\dot{\boldsymbol{\Delta}}_b=0$（$\dot{\boldsymbol{\Delta}}_b$ 为 $\boldsymbol{\Delta}_b$ 关于时间 t 的导数），此时，$\boldsymbol{\Delta}_a$ 即等于脉冲作用后的复攻角增量。

式（12.3.49）中，与空气动力有关的系数 P、T、H 都只有 10^{-3} 量级，λ_F、λ_S 为 $10^{-3}\sim10^{-4}$ 量级，ϕ'_F、ϕ'_S 为 10^{-2} 量级，这样有 $PT\ll H$，$PH\ll H$，$\lambda_F\ll\phi'_F$，$\lambda_S\ll\phi'_S$，则复攻角表达式［式（12.3.49）］可简化为

$$\boldsymbol{\Delta}=\frac{\boldsymbol{\Delta}'_a}{\mathrm{i}(\phi'_F-\phi'_S)}(\mathrm{e}^{\mathrm{i}\phi'_F s}-\mathrm{e}^{\mathrm{i}\phi'_S s})+\frac{\boldsymbol{\Delta}_a}{\phi'_F-\phi'_S}(-\phi'_S\mathrm{e}^{\mathrm{i}\phi'_F s}+\phi'_F\mathrm{e}^{\mathrm{i}\phi'_S s}) \tag{12.3.50}$$

式（12.3.50）包含了两种攻角运动，第一项是由脉冲扰动起始攻角速度 $\boldsymbol{\Delta}'_a$ 引起的，第二项是由脉冲扰动起始攻角 $\boldsymbol{\Delta}_a$ 引起的。

对于第一项,正是在起始条件$\boldsymbol{\Delta}_{a}=0$, $\boldsymbol{\Delta}'_{a}=-\dfrac{I_{imp}L_{imp}}{Av}e^{i\gamma_{p}}$下对复攻角齐次方程[式(12.3.45)]的解。复攻角为

$$\boldsymbol{\Delta}_{\Delta'_{a}}=\frac{\boldsymbol{\Delta}'_{a}}{i\sqrt{P^{2}-4M}}\left[e^{\frac{i}{2}(P+\sqrt{P^{2}-4M})s}-e^{\frac{i}{2}(P-\sqrt{P^{2}-4M})s}\right] \tag{12.3.51}$$

复攻角$\boldsymbol{\Delta}_{\Delta'_{a}}$曲线由半径相等的快慢圆运动叠加而成。利用欧拉公式还可得

$$\boldsymbol{\Delta}_{\Delta'_{a}}=\frac{2\boldsymbol{\Delta}'_{a}}{\sqrt{P^{2}-4M}}e^{i\frac{P}{2}s}\sin\left(\frac{\sqrt{P^{2}-4M}}{2}s\right)=\frac{\dot{\boldsymbol{\Delta}}_{a}}{\alpha v\sqrt{\sigma}}e^{i\alpha vt}\sin(\alpha v\sqrt{\sigma}\,t) \tag{12.3.52}$$

式中,$\alpha=\dfrac{P}{2}=\dfrac{C\dot{\gamma}}{2Av}$; $\sigma=1-\dfrac{4M}{P^{2}}=1-\dfrac{k_{z}}{\alpha^{2}}$; $\dot{\boldsymbol{\Delta}}_{a}$为$\boldsymbol{\Delta}_{a}$关于时间的一阶导数。

式(12.3.52)表明弹轴在攻角平面内按正弦规律摆动,其最大幅值$\delta_{m\Delta'_{a}}$为

$$\delta_{m\Delta'_{a}}=\frac{2|\boldsymbol{\Delta}'_{a}|}{\sqrt{P^{2}-4M}}=\frac{|\dot{\boldsymbol{\Delta}}_{a}|}{\alpha v\sqrt{\sigma}} \tag{12.3.53}$$

对于第二项,是在起始条件$\boldsymbol{\Delta}_{a}=\dfrac{I_{imp}}{mv}e^{i\gamma_{p}}$, $\boldsymbol{\Delta}'_{a}=0$下对复攻角齐次方程[式(12.3.45)]的解。复攻角为

$$\begin{aligned}\boldsymbol{\Delta}_{\Delta_{a}}&=\boldsymbol{\Delta}_{a}\left[-\frac{(1-\sqrt{\sigma})}{2\sqrt{\sigma}}e^{i\alpha(1+\sqrt{\sigma})s}+\frac{(1+\sqrt{\sigma})}{2\sqrt{\sigma}}e^{i\alpha(1-\sqrt{\sigma})s}\right]\\&=\boldsymbol{\Delta}_{a}\left[-K_{1}e^{i\alpha(1+\sqrt{\sigma})s}+K_{2}e^{i\alpha(1-\sqrt{\sigma})s}\right]\end{aligned} \tag{12.3.54}$$

式(12.3.54)表明,这时弹轴的运动仍由两个圆运动组成,攻角的最大幅值$\delta_{m\Delta_{a}}$为

$$\delta_{m\Delta_{a}}=\sqrt{K_{1}^{2}+K_{2}^{2}}\,|\boldsymbol{\Delta}_{a}|=\frac{|\boldsymbol{\Delta}_{a}|}{\sqrt{\sigma}} \tag{12.3.55}$$

对于横向脉冲修正,在最严重的情况下,最大总攻角为两种情况下攻角最大幅值之和,于是得到脉冲限制条件为

$$\delta_{m\Delta'_{a}}+\delta_{m\Delta_{a}}=\frac{|\dot{\boldsymbol{\Delta}}_{a}|}{\alpha v\sqrt{\sigma}}+\frac{|\boldsymbol{\Delta}_{a}|}{\sqrt{\sigma}}<\delta_{L} \tag{12.3.56}$$

式中,δ_{L}为脉冲修正过程中允许的最大攻角幅值。

由于前面已取$\boldsymbol{\Delta}_{b}=\boldsymbol{\Delta}'_{b}=\dot{\boldsymbol{\Delta}}_{b}=0$,故$\dot{\boldsymbol{\Delta}}_{a}=\boldsymbol{\Delta}'_{a}v=-\dfrac{I_{imp}L_{imp}}{A}e^{i\gamma_{p}}$,则进一步有

$$\frac{2|\boldsymbol{\Delta}'_{a}|}{\sqrt{P^{2}-4M}}=\frac{|\dot{\boldsymbol{\Delta}}_{a}|}{\alpha v\sqrt{\sigma}}=\frac{I_{imp}L_{imp}}{A\alpha v\sqrt{\sigma}},\qquad\frac{|\boldsymbol{\Delta}_{a}|}{\sqrt{\sigma}}=\frac{I_{imp}}{mv\sqrt{\sigma}} \tag{12.3.57}$$

因此,条件[式(12.3.56)]可写成如下简化形式:

$$\delta_{m\Delta'_{a}}+\delta_{m\Delta_{a}}=\frac{I_{imp}L_{imp}}{A\alpha v\sqrt{\sigma}}+\frac{I_{imp}}{mv\sqrt{\sigma}}<\delta_{L} \tag{12.3.58}$$

为检验上述限制条件的正确性,设 $\boldsymbol{\Delta}_{\mathrm{b}}=\boldsymbol{\Delta}'_{\mathrm{b}}=0$, $\delta_{\mathrm{L}}=15°$,而 A、v、P、M、m 等仍采用上述算例中的具体数值,根据以上约束条件设计了四组脉冲参数(I_{imp}, L_{imp})作为四个算例,利用 6 自由度弹道方程的数值积分对各组脉冲引起的最大攻角 $\delta_{\max}$ 进行了计算,结果如表 12.3.1 所示。从表中结果可以看出,算例 1 中脉冲作用引起的最大攻角为 14.2°,算例 2~算例 4 中脉冲作用引起的最大攻角均未超过 14°,四组算例中的最大攻角均小于 15°,满足了预设的要求。

表 12.3.1　不同冲量及轴向偏心距条件下引起的最大攻角

算例编号	L_{imp}/mm	I_{imp}/(N·s)	$\delta_{\max}$/(°)
1	0	983.5	14.2
2	10	215.5	11.6
3	20	121.0	12.7
4	30	84.1	13.2

图 12.3.12 给出了算例 1 中攻角随时间的变化曲线。不难看出,弹体总攻角模值因脉冲的作用产生了较大的突跃,但在静力矩和赤道阻尼力矩的作用下,脉冲作用引起的攻角将随着时间的增加而逐渐衰减掉,弹体可保持稳定飞行。

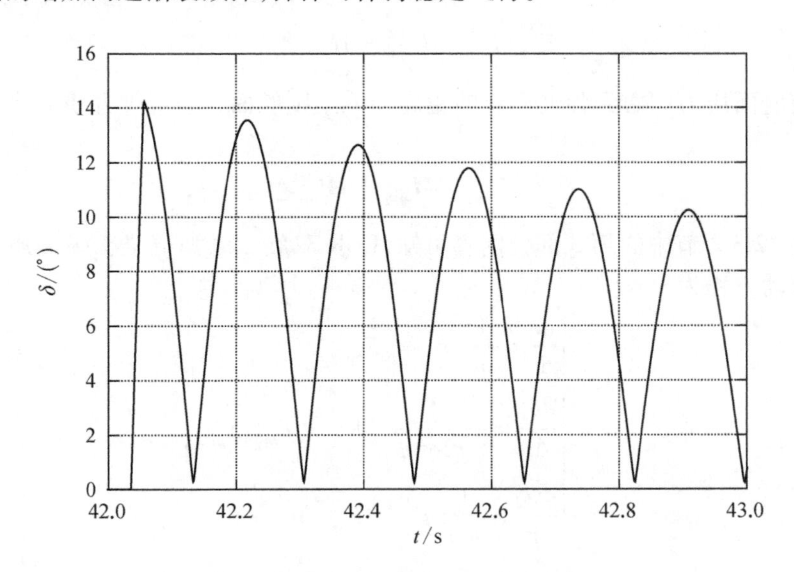

图 12.3.12　算例 1 中攻角随时间的变化曲线

通过以上算例的分析可知,按照约束条件来设计 I_{imp}、L_{imp},完全可以使得脉冲作用后的最大攻角小于允许的上限值内,从而保证脉冲修正炮弹的稳定飞行。

值得说明的是,在上述算例中,预先假设 $\boldsymbol{\Delta}_{\mathrm{b}}=\boldsymbol{\Delta}'_{\mathrm{b}}=\dot{\boldsymbol{\Delta}}_{\mathrm{b}}=0$,即认为在脉冲作用之前弹体不存在攻角及其角速度,这包含两种情况:一是弹体在脉冲作用之前是无控、稳定飞行的，其攻角和攻角角速度很小，可以忽略；另一种情况是弹体之前已经受到过一次单脉冲的作用，但随着弹体自身的气动阻尼作用，在一段时间后，攻角和攻角角速度衰减到可以忽略的程度。在这两种情形下，利用简化约束判别式[式(12.3.58)]具有较好的效果。

更为普遍存在的一种情况是 $\boldsymbol{\Delta}_b \neq 0$, $\boldsymbol{\Delta}'_b \neq 0$, $\dot{\boldsymbol{\Delta}}_b \neq 0$。此种情况下，必须利用约束判别式[式(12.3.56)]，并使用式(12.3.44)来确定 $\boldsymbol{\Delta}_a$ 和 $\boldsymbol{\Delta}'_a$。但此时要精确确定初始 $\boldsymbol{\Delta}_b$ 和 $\boldsymbol{\Delta}'_b$ 的值是比较困难的，特别是当多脉冲连续作用时，弹道情况更加复杂，因此在工程应用时，可考虑仍然利用简化判别式[式(12.3.58)]，但结合初始攻角、角速度不为零的条件，可将式中的 δ_L 相应减小，以留有足够的余量。

12.3.4 简易固定鸭舵 PGK 双旋弹道修正弹的外弹道特性

1. *PGK 双旋弹道修正弹的攻角运动方程*

对于 PGK 双旋二维弹道修正弹，由于 PGK 的质量和体积相对于全弹来说较小，它基本上不改变全弹的质量分布特性与轴对称性，主要的变化是增加了组件的控制力和力矩。因此，通过在无控弹角运动基础上增加 PGK 提供的控制力和力矩来建立其角运动方程。

以弹轴坐标系 $O\xi\eta\zeta$ 的近似铅直面 $O\xi\eta$ 为弹体滚转角的零位置，设一对同向舵的舵面法线方向相对于此零位置的滚转角为 γ_D，则同向舵的升力 F_{δ_D} 也在 γ_D 方向，它沿弹轴坐标轴 $O\eta$ 和 $O\zeta$ 的分量分别为 $F_{\delta_D\eta}$ 和 $F_{\delta_D\zeta}$，在外弹道学里已设 $O\eta$ 为复数平面的实轴，$O\zeta$ 为虚轴，故舵面升力的复数形式为

$$F_{\delta_D} = F_{\delta_D\eta} + \mathrm{i}F_{\delta_D\zeta} \tag{12.3.59}$$

设固定舵面压力中心到弹丸质心的距离为 L_D，则舵面升力对弹丸质心产生的力矩复数形式为

$$M_{\delta_D} = M_{\delta_D\eta} + \mathrm{i}M_{\delta_D\zeta} \tag{12.3.60}$$

由前述 12.3.2 节中的第 3 部分内容可知，PGK 双旋二维弹道修正弹的质心动力学方程和绕心转动方程为

$$\begin{cases} \dfrac{\mathrm{d}v}{\mathrm{d}t} = \dfrac{1}{m}(F_{x_2} + F_{\delta_D x_2}) \\ \dfrac{\mathrm{d}\theta_a}{\mathrm{d}t} = \dfrac{1}{mv\cos\psi_2}(F_{y_2} + F_{\delta_D y_2}) \\ \dfrac{\mathrm{d}\psi_2}{\mathrm{d}t} = \dfrac{1}{mv}(F_{z_2} + F_{\delta_D z_2}) \end{cases} \tag{12.3.61}$$

$$\begin{cases} \dfrac{\mathrm{d}\omega_\eta}{\mathrm{d}t} = \dfrac{1}{A}(M_\eta + M_{\delta_D\eta}) - \dfrac{C}{A}\dot{\gamma}\omega_\zeta + \omega_\zeta^2\tan\varphi_2 \\ \dfrac{\mathrm{d}\omega_\zeta}{\mathrm{d}t} = \dfrac{1}{A}(M_\zeta + M_{\delta_D\zeta}) + \dfrac{C}{A}\dot{\gamma}\omega_\eta - \omega_\eta\omega_\zeta\tan\varphi_2 \end{cases} \tag{12.3.62}$$

采用第 6 章中的方法，忽略小量，经推导得到其复攻角运动方程为

$$\boldsymbol{\Delta}'' + (H - \mathrm{i}P)\boldsymbol{\Delta}' - (M + \mathrm{i}PT)\boldsymbol{\Delta} = -\frac{\ddot{\theta}}{v^2} - (k_{zz} - \mathrm{i}P)\frac{\dot{\theta}}{v} + \left[k_z + \mathrm{i}P\left(b_x + b_y - \frac{A}{C}k_y\right)\right]\frac{w_\perp}{v}$$
$$+ \frac{F_{\delta_D y_1}\mathrm{e}^{\mathrm{i}\gamma_D}}{mv^2}\left[\frac{mL_D}{A} - k_{zz} - b_x - \frac{g\sin\theta}{v^2} + \mathrm{i}\frac{C}{A}\Gamma\right] \quad (12.3.63)$$

假设在某一小段弹道上，方程(12.3.63)中的系数变化较小，可近似为常数，则式(12.3.63)为线性常系数非齐次方程。

2. 固定鸭舵控制后弹丸的攻角运动特性

固定鸭舵实施控制时，舵面方位角 γ_D 随着预报落点偏差方位而变化，平行于弹轴的气流产生控制力和力矩，由控制力产生的攻角运动非齐次方程为

$$\boldsymbol{\Delta}'' + (H - \mathrm{i}P)\boldsymbol{\Delta}' - (M + \mathrm{i}PT)\boldsymbol{\Delta} = \frac{F_{\delta_D y_1}\mathrm{e}^{\mathrm{i}\gamma_D}}{mv^2}\left[\frac{mL_D}{A} - k_{zz} - b_x - \frac{g\sin\theta}{v^2} + \mathrm{i}\frac{C}{A}\Gamma\right] \quad (12.3.64)$$

方程的解为

$$\boldsymbol{\Delta} = C_1\mathrm{e}^{(\lambda_1 + \mathrm{i}\omega_1)s} + C_2\mathrm{e}^{(\lambda_2 + \mathrm{i}\omega_2)s} + \boldsymbol{\Delta}_{\delta_D} \quad (12.3.65)$$

式(12.3.65)等号右边前两项为齐次方程的解，由鸭舵控制前的零起始条件，$s = 0$ 时，在 $\boldsymbol{\Delta}_0 = 0$ 和 $\boldsymbol{\Delta}'_0 = 0$ 下可求出待定常数 C_1、C_2；$\boldsymbol{\Delta}_{\delta_D}$ 为 $s \to \infty$ 时的稳态解。对于动态稳定的弹丸，$s \to \infty$ 时，自由运动衰减到零，只剩下强迫运动解，则由式(12.3.64)和式(12.3.65)可得

$$-(M + \mathrm{i}PT)\boldsymbol{\Delta} = \frac{F_{\delta_D y_1}\mathrm{e}^{\mathrm{i}\gamma_D}}{mv^2}\left[\frac{mL_D}{A} - k_{zz} - b_x - \frac{g\sin\theta}{v^2} + \mathrm{i}\frac{C}{A}\Gamma\right] \quad (12.3.66)$$

其稳态解为

$$\boldsymbol{\Delta}_{\delta_D} = -\frac{(a + \mathrm{i}b)}{M + \mathrm{i}PT}K_{\delta_D}\mathrm{e}^{\mathrm{i}\gamma_D} \quad (12.3.67)$$

式中，$K_{\delta_D} = \dfrac{F_{\delta_D y_1}}{mv^2}$；$a = \dfrac{mL_D}{A} - k_{zz} - b_x - \dfrac{g\sin\theta}{v^2}$；$b = \dfrac{C}{A}\Gamma$。

式(12.3.66)和式(12.3.67)表明，由攻角 $\boldsymbol{\Delta}_{\delta_D}$ 产生的翻转力矩、陀螺力矩与控制力矩相平衡，故将 $\boldsymbol{\Delta}_{\delta_D}$ 称为控制平衡角。

对式(12.3.67)进行变换，可得

$$\boldsymbol{\Delta}_{\delta_D} = \left(\frac{aM + bPT}{M^2 + P^2T^2} + \mathrm{i}\frac{bM - aPT}{M^2 + P^2T^2}\right)K_{\delta_D}\mathrm{e}^{\mathrm{i}(\gamma_D + \pi)}$$
$$= \frac{\sqrt{(aM + bPT)^2 + (bM - aPT)^2}}{M^2 + P^2T^2}K_{\delta_D}\mathrm{e}^{\mathrm{i}(\gamma_D + \pi + \Delta\phi)} \quad (12.3.68)$$

式中，$\Delta\phi = \arctan\left(\dfrac{bM - aPT}{aM + bPT}\right)$。由于 $a \gg b$，$(aM + bPT) \gg (bM - aPT)$，则 $\Delta\phi$ 为一较小的角度。

可见,固定鸭舵在方位角 γ_D 上长时间作用,弹丸经过一段时间运动后,攻角达到平衡值 $\boldsymbol{\Delta}_{\delta_D}$。此时,平衡攻角 $\boldsymbol{\Delta}_{\delta_D}$ 的方位在角度 $(\gamma_D + \Delta\phi)$ 的相反方向上,即在舵面法线方向 γ_D 相反的 180°附近,相差一个小角度 $\Delta\phi$。

当不考虑马格努斯力矩项时, $T = 0$; 当鸭舵控制作用时, $a \gg b$, 如果忽略 b 的影响,则式(12.3.67)可写成

$$\boldsymbol{\Delta}_{\delta_D} = -\frac{a}{M}K_{\delta_D}e^{i\gamma_D} = \frac{a}{M}K_{\delta_D}e^{i(\gamma_D+\pi)} \tag{12.3.69}$$

此时平衡攻角 $\boldsymbol{\Delta}_{\delta_D}$ 的方位与舵面法线方向 γ_D 正相反,相差 180°。

下面给出某大口径双旋弹道修正弹鸭舵长时间停留在某固定方位(0°、180°、90°、270°)处的攻角与速度偏角的数值计算变化曲线。射角为 45°、初速为 930 m/s、一对同向舵的舵偏角为 6°、舵面压力中心到弹丸质心的距离 480 mm,从弹道顶点开始一直按某固定方位进行控制。

由图 12.3.13 和图 12.3.14 中的数值计算变化曲线可知,在固定方位 γ_D 上,舵控力长时间作用,攻角逐渐趋于某平衡值,平衡攻角的方向与控制力方向近似呈 180°,相差一个小的角度 $\Delta\phi$。攻角方向的变化引起速度偏角方向的变化,将影响弹道的质心运动,实现弹道修正。

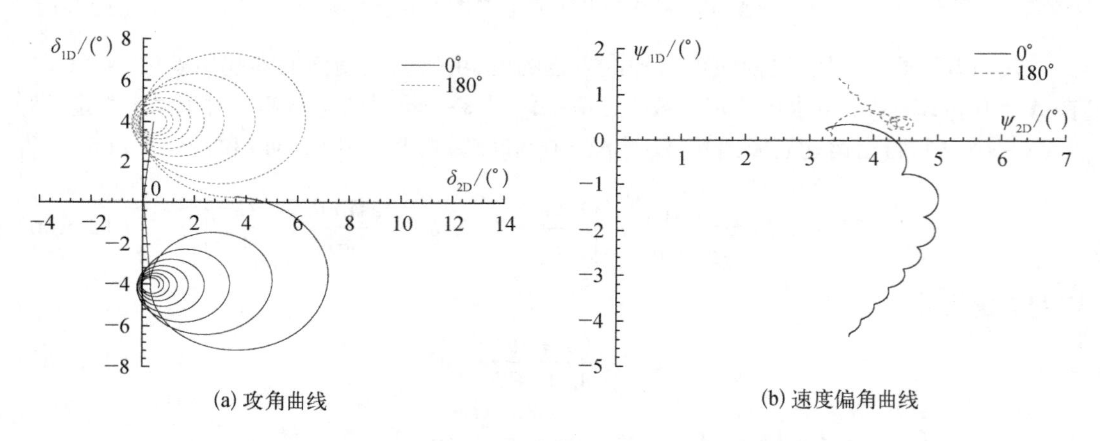

(a) 攻角曲线 (b) 速度偏角曲线

图 12.3.13 控制方位角为 0°和 180°时的攻角与速度偏角变化曲线

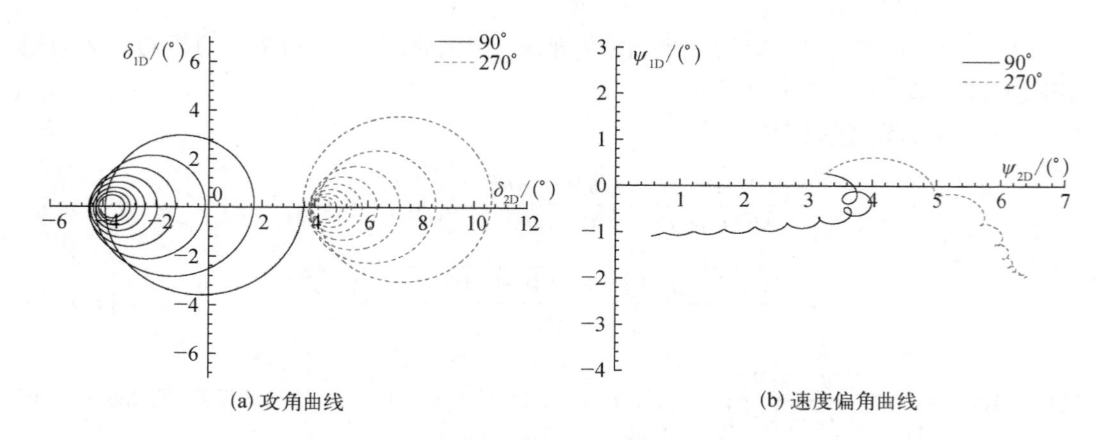

(a) 攻角曲线 (b) 速度偏角曲线

图 12.3.14 控制方位角为 90°和 270°时的攻角与速度偏角变化曲线

3. PGK 双旋弹道修正弹的稳定性条件

方程(12.3.63)反映了固定鸭舵控制力作用下弹丸的攻角运动方程,该方程的齐次方程与一般旋转弹丸完全相同,由重力和风所引起的非齐次项也完全相同,但该方程的非齐次项中多出了第四项,该项体现了固定鸭舵控制力及控制力矩对攻角的影响。由于固定鸭舵控制力是连续长时间控制,相对于横向脉冲发动机修正时的瞬时强作用力,鸭舵控制力较小,作用前后对攻角的起始扰动 $\boldsymbol{\Delta}_0$、$\boldsymbol{\Delta}'_0$ 的影响较小。由此可表明: ① 鸭舵控制对弹丸攻角运动齐次方程的解没有影响,陀螺稳定性与动态稳定性条件等同于一般旋转弹; ② 对重力项引起的追随稳定性没有影响,对风 w 引起的攻角特解没有影响;③ 鸭舵控制时控制力的非齐次项对攻角产生影响。

根据式(12.3.66),控制平衡角越大,翻转力矩越大,要求的控制力矩越大。反过来,在控制力矩一定的条件下,过大的控制平衡角将使飞行特性变差,控制效率降低。为使弹丸保持良好的控制稳定性,必须限制控制平衡角的大小。

根据式(12.3.68),控制平衡角的幅值为

$$|\boldsymbol{\Delta}_{\delta_D}| = \frac{\sqrt{(aM + bPT)^2 + (bM - aPT)^2}}{M^2 + P^2T^2} K_{\delta_D} \tag{12.3.70}$$

要限制其最大值 $|\boldsymbol{\Delta}_{\delta_D}|_{max}$ 小于界限值 δ_{Dm} 即可,即要求:

$$|\boldsymbol{\Delta}_{\delta_D}|_{max} < \delta_{Dm} \tag{12.3.71}$$

式(12.3.71)即固定鸭舵双旋弹的控制稳定性条件。

12.4　弹道修正控制方法

弹道修正弹属于低成本简易控制炮弹的范畴,要求其弹道修正控制方法简便、工程上易实现。目前,研究较多的弹道修正方法有: 弹道落点预报法、弹体追踪法和各类比例导引法等。这些方法各有特点,可适用于不同的应用场合。近年来,弹道落点预报法在大口径一维、二维弹道修正弹的工程研制中应用较多。

(1) 弹道落点预报法是指利用一段实测的飞行弹道参数,通过弹道滤波快速辨识出该发弹丸在一些随机误差影响下的弹道特征参数,并进行在线弹道解算,快速准确预报出该发弹丸的实际弹道落点坐标,与打击目标点坐标进行比较,获知修正偏差量,据此形成控制指令,驱动执行机构动作实施弹道调节,通过若干次弹道落点预报、控制指令生成、弹道调节,实现弹道修正,提高对目标的命中概率。

(2) 弹体追踪法是指在攻击目标的导引过程中,力求使弹丸的弹轴指向目标的一种控制导引方法,即要求弹轴与弹目视线之间的偏差角 β 等于零。因此,弹体追踪法的导引关系方程为 $\beta = 0$(理想控制关系式)。

(3) 比例导引法是指在弹丸向目标接近的过程中,使弹丸速度矢量的转动角速度与目标视线的转动角速度成正比的一种导引方法。

对于采用弹道跟踪雷达或卫星接收装置进行弹道参数探测的一维、二维弹道修正弹

(如阻力型一维弹道修正弹、PGK 双旋二维弹道修正弹),多采用弹道落点预报法。该方法的关键在于如何根据一段实测的弹道参数,实现在线弹道特征参数辨识和实时准确弹道预报,具体原理与详细过程见第 11 章内容。

阻力型一维弹道修正弹:为使结构简洁、降低成本等,阻力环机构通常为 1 次张开机构,阻力环张开后不再收回。因此,在阻力环机构张开前,根据全弹功能流程时序进行弹道落点预报,获得弹丸的实际弹道落点射程,然后通过弹道迭代解算,逼近打击点目标射程,计算出阻力环张开时间(控制指令),阻力环机构一旦张开,弹丸就以此外形飞行至落点,其控制策略为 1 次弹道决策、开环弹道修正控制。

PGK 双旋二维弹道修正弹:通过改变一对同向舵(操纵舵)的控制方位,可进行多次控制。在每个控制周期内进行弹道落点预报、控制力相位指令解算、弹道调节。在该控制过程中,舵控力实施在弹体上时,对质心运动的影响要经过一定的响应时间才能比较好地体现出来,且控制周期也直接影响着电机、弹载计算机的性能,因此控制周期的合理选取将影响弹道修正效果、弹载器件的选择及其弹药成本等;其次,由于弹体自旋,会产生陀螺效应和马格努斯效应,从而产生惯性交联和气动交联,纵向和侧向运动产生运动耦合,其弹轴的平衡位置并不是正好与控制力方向相反,而是在相反相位的基础上存在一个相位差 $\Delta\gamma$,即存在控制指令相位补偿角 $\Delta\gamma$,其大小并不是一个固定值,与射角、控制力方向、起控时间等有关;再次,对于不同射角,不同的弹道落点偏差存在较优的起控时间。也就是说,控制周期、控制指令、相位补偿角、起控时间是影响该类弹药弹道修正效果的重要参数,需要根据不同射角、不同弹目偏差量的大小和方位进行合理设计,形成适宜的控制策略,其一般步骤为:① 根据预报的弹目偏差量 ΔR 与偏差量方位 $\gamma_{\Delta R}$ 确定一对同向舵的起控时间 t_c,即 $t_c = f(\Delta R, \gamma_{\Delta R})$;② 根据每个控制周期预报的弹目纵横向偏差 $(\Delta x, \Delta z)$,结合相位补偿角 $\Delta\gamma_d$ 确定舵控方位 γ_d,$\gamma_d = \arctan(\Delta z/\Delta x) + \Delta\gamma_d$。

对于一些采用导引头装置(如激光导引头、毫米波雷达导引头等)进行弹道参数探测的二维弹道修正弹,在弹道末端多采用弹体追踪法或比例导引法进行简易控制弹道修正。例如,采用激光导引头探测的某脉冲末修迫弹,能实时提供弹轴线和弹目连线之间的夹角 β(偏差角)、该夹角所在的平面与铅直面间的方位 α 及弹体的自转角 γ 数据。由于脉冲发动机具有离散控制的特点,脉冲发动机需逐个旋转到修正方位范围内才能起控作用,且脉冲发动机作用后,其作用时间短、作用力大,使得弹体摆动变化剧烈,不利于后续探测弹道参数的准确获取与修正决策等。因此,通常在弹道末端适时位置处通过比较实测角度偏差量 β 与预设值 β_{on} 的大小,结合偏差量方位信息 α 进行决策,形成匹配的作用脉冲个数,按等脉冲间隔方式选取相应脉冲发动机作用的开环弹体追踪控制。

12.5 弹道修正技术在工程应用中的若干问题

12.5.1 弹道探测修正体制选择与流程时序设计

弹道修正技术中采用的弹道探测修正体制目前主要包括几种:① 由地面跟踪雷达探测弹道参数、火控设备解算弹道与修正指令、雷达无线传输指令、弹上指令接收与控制相结合体制，简称雷达探测弹道修正体制；② 采用卫星接收装置探测弹道参数、弹上解算与控制相结合体制，简称卫星探测弹道修正体制；③ 采用弹载导引头与姿态测量装置测量末端弹道参数、弹上解算与控制相结合体制，简称导引头探测末端弹道修正体制。

这些弹道探测修正体制各有特点，主要表现如下。

(1) 雷达探测弹道修正体制：弹上只安装修正指令接收装置和执行机构，整个修正组件结构简单、小型化，对原弹结构改动较小，信息处理控制简易；负责弹道参数探测、弹道解算的跟踪雷达与火控设备安装在地面，可重复使用，抗干扰能力强，弹道与修正指令解算可靠，弹道修正弹的成本相对较低。

(2) 卫星探测弹道修正体制和导引头探测末端弹道修正体制：所有实现弹道修正的功能部件均安装于弹上，整个修正组件结构相对复杂，对部件小型化、结构实现、弹道解算等提出了更高要求；除 PGK 鸭舵双旋弹道修正弹外，为了使弹丸易于控制，可动鸭舵弹道修正弹与脉冲弹道修正弹普遍采用了尾翼弹外形方案来降低弹丸的旋转速度，通常对原弹结构的改变较大；尽管 PGK 鸭舵双旋弹道修正弹仍然采用旋转弹形式，但前体与后体通过滚动轴承连接，前体通过电机制动实现鸭舵固定方位的控制，整个连接结构、修正组件结构复杂，且为了与原榴弹引信的外形尺寸保持一致，其弹道修正能力较小；这两种探测体制弹道修正弹的成本相对较高。

在进行弹道修正弹工程设计时，选择弹道探测修正体制的原则为：要充分依托弹药武器系统资源、设备资源利用高效、抗干扰与电磁环境能力强；弹药构成应相对简单、弹道修正高效、作用可靠、成本较低；注意弹道调节段飞行时间、控制机构修正能力与无控弹药散布的合理匹配等。

例如，在进行舰炮大口径弹道修正弹设计时，舰炮武器系统配备有雷达、火控等设备，可以充分利用舰炮武器系统的雷达和火控设备进行弹道参数探测和弹道解算等，可重复使用，且抗敌方干扰能力强。这样，即可相对减少弹上修正组件的部件、节省体积空间等，弹药成本可以控制地较低，可考虑选择雷达探测弹道修正体制。

对陆炮大口径弹道修正弹进行设计时，如果选择雷达探测弹道修正体制，就需要为陆炮武器系统配备跟踪雷达设备，在不方便配备弹道跟踪雷达的情况下，可考虑选择卫星探测弹道修正体制。

对于一些弹箭全弹道飞行时间短、通常在弹道末端进行弹道修正的武器系统，可考虑选择导引头探测末端弹道修正体制。

弹道修正弹涉及弹道参数探测、特征参数辨识、弹道与修正指令解算、指令传输、控制执行等功能流程信息处理环节。为合理、高效地利用武器系统的资源能力及提高弹药的射击效能，实现弹丸在连发射击状态下的信息交互，要进行合理的流程时序优化设计。应以资源合理使用、适配性良好、可靠、时序最优为原则，设计弹道修正系统的流程时序。

例如，对某采用雷达探测修正体制的一维弹道修正弹进行流程时序设计，显然雷达跟踪弹道越长、越靠近末端弹道，越有利于提高弹道解算精度。但指令接收距离增大，会给弹上指令接收带来困难，同时，执行机构起控时间越晚，调节修正弹道的能力越差。因此，它们之间是相互制约的，需要合理匹配，既要保证在连发射击条件下雷达尽可能长时间地跟踪弹道,又能满足弹上指令接收与弹丸最大弹道修正能力的需求。首先,依据弹丸自身的弹道特性,选取已能充分体现一些主要随机误差影响后的弹道点作为有效弹道跟踪的起点,如采用底排、火箭进行增程的弹丸,选取主动段结束后的弹道点为起点,保证主要随机误差对弹道的影响已体现及跟踪弹道参数的精度;其次,综合考虑雷达对弹丸的最远弹道跟踪能力和资源利用条件、火炮射频、保证弹道解算精度需要的最短测量弹道段时间、指令接收机的最远接收距离等,确定雷达的弹道跟踪段时间;然后,根据火控进行弹道特征量辨识,以及依据弹道解算的最长用时、指令接收距离等,确定修正指令解算时间与指令发送时间;最后,依据弹丸的最大散布、最大弹道修正能力等,设计弹丸的最早起控时间,保证其晚于指令发送与接收时间。

综合考虑各方面因素,从方便性且有利于弹道修正过程中弹道解算对飞行参数的利用来看,今后选用卫星定位装置的测量方式居多;从有利于弹道修正弹的参数辨识及提高弹道预报精度方面考虑,希望对每发弹飞行参数测量的时间越长越好,且越靠近弹道后段越好,但测试的弹道段过长、过靠后,又存在可能错过需要的修正时机和修正能力不足等情况,实际中可以根据具体炮弹的弹道特性,分析出对应不同射程所需要的修正能力范围,在此范围内,射程较近时可以早些进行弹道解算,射程较远时可以晚些进行弹道解算。

12.5.2 地面模拟方法

对于从身管武器发射的弹道修正弹,弹载部件需要适应火炮的发射环境等条件,如高过载、高转速等。此外,弹道测量、信息处理与弹道解算、修正执行等功能部件需要安全、可靠地完成各自的功能任务,整个修正系统要能按照通信协议等实时、可靠、准确地实现信息交互、弹道解算、指令执行等功能,这些都要求弹载部件与修正系统能在地面进行充分模拟验证,不能仅依靠炮射试验来验证。这样,就需要探索建立一整套能模拟弹丸从火炮发射、飞行中的信息交互与弹道解算、弹道控制、修正执行机构动作等功能的地面模拟方法。

地面模拟方法越接近炮弹的实际发射环境与飞行状态条件,越能有效、可靠地反映部件与修正系统的工作性能状态。结合多年来对弹道修正弹的工程研制过程,下面对一些可行的地面模拟方法作一介绍。

1. 冲击台或空气炮实验模拟弹载部件的抗过载性能

为检验弹载部件能否承受火炮发射时的瞬时高过载环境条件,通过模拟火炮发射产生的瞬时高冲击过载,检验弹载部件冲击后的性能是否满足要求。可利用冲击实验台,将装有修正组件的弹体安装在冲击台上,并升高到一定高度,然后释放(或弹放),完成冲击过载的模拟;也可以利用空气炮,通过将装有修正组件的弹体在空气炮上发射,实现过载的模拟。

冲击台和空气炮两种装置各有特点,冲击台实施、操作简单,建设与使用费用低,易于维护和保养;不足在于冲击时间过短(一般为微秒级,火炮发射过程通常为毫秒级)。为了弥补时间上的不足,通常采用多次、加大过载值冲击进行模拟(工程实践总结表明,一般可采用地面冲击过载值为炮射过载值的 2.5~3.0 倍来模拟)。空气炮类似于火炮发射,实施、操作相对复杂,需专人进行维护与保养,好处在于更接近火炮的真实发射环境。图 12.5.1、图 12.5.2 分别为冲击台实验装置和空气炮实验装置实物图。

图 12.5.1　冲击台实验装置

图 12.5.2　空气炮实验装置

2. 风洞气动加载环境下模拟执行机构和修正系统的功能动作

为检验执行机构、修正系统在弹丸飞行状态下的功能动作等是否满足设计要求状况，可模拟其在空气动力作用下的功能动作，检验是否按流程时序进行，且技术状态满足要求。利用风洞，将装有执行机构、修正系统的控制舱连接在支杆上，安装在风洞喷管出气口附近。在风洞气动加载环境下（调节来流马赫数等参数）模拟弹丸在空中的飞行环境，在此状态下，执行机构、修正系统按照设计的流程时序等进行信息交互、弹道解算、机构动作等，模拟验证执行机构、修正系统在弹丸飞行状态下的功能动作等是否满足要求。图 12.5.3 为某一维弹道修正弹的阻力环机构在风洞气动加载环境下的张开性能模拟实物图。

图 12.5.3　某一维弹道修正弹阻力环机构在风洞气动加载环境下的张开性能模拟实物图

3. 高速旋转台检验指令接收性能

对于需要指令接收的弹道修正弹，为检验指令接收装置在弹丸高速旋转状态下的接收与抗干扰等性能是否满足设计要求，可模拟其在高速旋转条件下的收发与抗干扰性能。利用地面旋转实验台，将指令接收装置通过连接件安装在电机轴上，使电机转动，并达到

图 12.5.4 某指令接收装置在高速旋转台上的收发性能模拟实物图

一定的转速。在此状态下按照协议要求进行指令发送，指令接收装置接收指令，并将接收信息储存在黑匣子内，通过读取黑匣子内的接收信息完成性能分析。图 12.5.4 为某指令接收装置在高速旋转台上的收发性能模拟实物图。

4. 远距离指令收发性能模拟

对于需要指令接收的弹道修正弹，为检验指令接收装置在连发状态下的远距离传输、接收与抗干扰等性能是否满足设计要求，需要模拟其在远距离条件下的发收与抗干扰性能。利用开阔的地势，应满足一定的距离要求（如 20 km），在场地的一端，将指令接收装置安装在模拟弹上，并按照一定的角度姿态悬挂起来。在场地的另一端，指令发射装置进行指令发送。在此状态下，按照协议流程时序模拟弹丸连发射击状态下的指令发送，指令接收装置接收指令，并将接收信息储存在黑匣子内或计算机上，通过数据分析检验接收信息的性能。图 12.5.5 为多发弹丸的远距离指令接收与指令发送实物图。

(a) 远距离指令接收

(b) 雷达指令发送

图 12.5.5 多发弹丸的远距离指令接收与指令发送实物图

5. 弹道修正全系统性能地面模拟

为了检验整个弹道修正系统是否能够按照通信协议等完成实时、可靠、准确的信息交互、弹道解算、指令执行等功能，需要进行全系统性能模拟。通过搭建地面模拟仿真平台，将弹道测量分系统、信息处理与弹道解算分系统和修正执行机构分系统等相互连接起来。按照信息流程时序，依次模拟信息参数的装定、弹丸发射零时的建立、一段飞行弹道参数的测量、弹道解算与修正指令生成、指令传输、修正机构动作等功能，通过分析记录数据，检验整个修正系统的流程时序、信息交互、功能动作等是否正确。

下面以雷达探测体制的阻力型一维弹道修正弹为例,介绍其构建的弹道修正系统地面模拟方法。图 12.5.6 为弹道修正系统模拟仿真平台连接示意图。

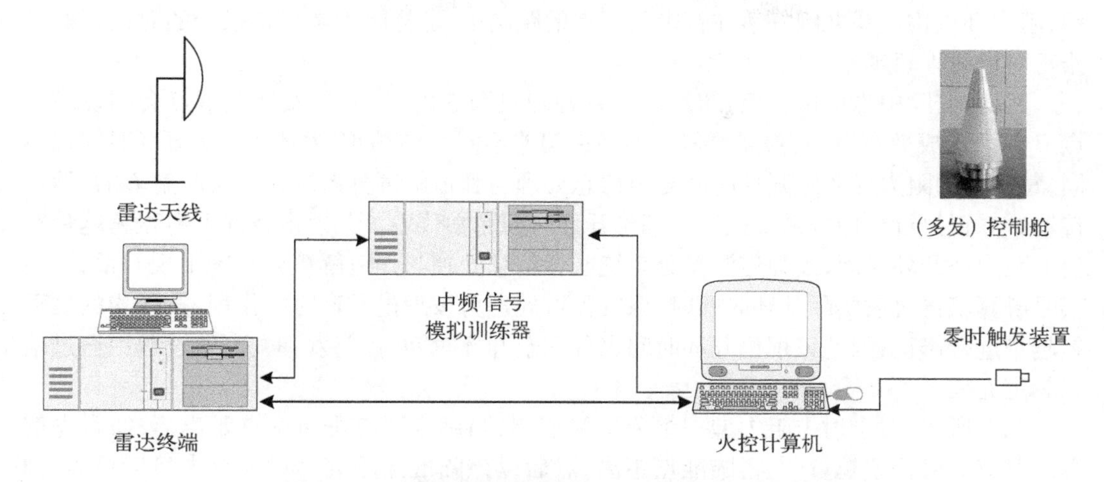

图 12.5.6 某弹道修正系统模拟仿真平台连接示意图

根据通信接口协议,通过网络按预定 IP 地址将跟踪雷达、火控设备和中频信号模拟训练器进行连接,零时触发装置与火控设备进行连接;按照设计的炮弹编码等信息进行参数装定,以射频间隔模拟炮弹发射,并建立每发弹丸的出炮口零时;从 t_1 开始的一段时间内,火控逐点按一定时间隔将模拟的弹丸飞行弹道参数、目标指示参数分别对应发送给中频信号模拟训练器和跟踪雷达,中频信号模拟训练器按此数据实时产生回波信号,跟踪雷达根据目指参数和回波信号进行截获、调弦和跟踪,并将每点的跟踪报文传输给火控设备;火控从 t_2时刻开始的一段时间内进行弹道解算,并生成修正指令,在 t_3时刻向跟踪雷达发送指令;跟踪雷达接收到指令后,向指令接收机发送指令;阻力环机构在修正指令时刻给出张开信号。通过分析各环节的记录数据,模拟验证修正系统间的流程时序、信息交互、弹道解算、指令发收、弹道控制等功能动作是否满足设计要求。

12.5.3 弹道修正弹射表问题

1. 射表的内容与格式

弹道修正弹主要对实际弹道偏离预定轨迹或偏离目标的弹道偏差进行调节,向目标靠近,以提高和改善炮弹的密集度性能为主要目的,在射击使用时仍然要依据射表进行火炮射击诸元的确定。由于一维弹道修正弹与二维弹道修正弹的修正原理不同,两者的射表内容与格式不同。

对于阻力型一维弹道修正弹,其修正原理是“打远修近”,当要打击目标点 A,要瞄准比目标远一点的点 B(瞄准点)进行射击,即需要按瞄准点 B 装定射击诸元。也就是说,为了打击目标点 A,首先要确定对应该距离上的射程超越量(A 与 B 两点间的距离),依此确定瞄准点 B,并进行射击诸元的解算。因此,相对于常规无控炮弹,对一维弹道修正弹进行射击诸元计算时最大的差异在于并不是根据打击目标点(A)坐标确定射角、射向,而是根据一虚拟瞄准点(B)坐标来确定。

对炮弹按瞄准点坐标确定的射角、射向进行射击，假设在标准弹道条件下，无任何随机扰动的影响，理论上，弹丸无控飞行的落点正好在瞄准点上；如果在弹道上的某时刻作用，阻力环机构使弹丸刚好落在打击目标点的距离上，这样阻力环机构张开的时刻正好是修正对应射程超越量的理论时刻点。

然而，实际中当射击一组弹时，由于各种随机因素的影响，每发弹丸落点会围绕瞄准点 B 前后形成散布，每发弹需要修正的弹道偏差不同，对应的阻力环的实际开环时间也不同，每发弹的阻力环实际开环时间是由信息处理与弹道解算分系统在线实时解算的，然后传输给修正执行机构分系统执行。理论开环时间通常代表了某射击条件下射程超越量对应的阻力环开环时间，当弹道测量分系统或者信息处理与弹道解算分系统出现异常，不能实时解算获得对应实际开环时间时，该发弹可处理为按理论开环时间作用，按平均的射程超越量进行修正，因此该理论开环时间也称冗余开环时间，在每发弹丸击发过程中通过信息装定完成。

综上所述，对于射击阻力型一维弹道修正弹，当确定了打击目标点距离后，需首先解算出对应的射程超越量，获得瞄准点距离；然后以该瞄准点距离为虚拟打击目标距离，像常规无控炮弹一样，进行射击诸元解算，完成炮弹的射击。因此，阻力型一维弹道修正弹的射表就是在常规无控炮弹射表的基础上增加一个射程超越量表，一方面要给出标准弹道条件下打击目标距离与射程超越量间的关系，另一方面也要给出阻力环机构的冗余开环时间，以及其在该冗余开环时间作用时对应的落点诸元（包括飞行时间、侧偏、落速、落角），具体格式如表 12.5.1 所示。

表 12.5.1　×××弹射程超越量表（初速：×××m/s）

瞄准点距离		射角/(°)	冗余开环时间/s	阻力环机构在冗余开环时间作用时对应的落点参数			
打击目标距离/m	射程超越量/m			飞行时间/s	侧偏/m	落速 m/s	落角/(°)

射程超越量表征的是阻力环在某时刻张开所对应的弹道纵向修正距离，为一相对距离差，即在同一射击和飞行环境条件下，阻力环不张开时与某时刻阻力环张开后落点间的距离差。经分析，在不同环境条件（如初速、气象条件）下，相同时刻阻力环张开对应的射程修正量变化不大，故一维弹道修正弹的射程超越量一般可不考虑非标条件的影响。

2. *射表试验方案*

弹道修正弹射表试验的目的主要是通过测试无控弹和执行机构作用时修正弹的飞行弹道参数，以及射程和侧偏、距离散布和方向散布等，处理无控弹和执行机构的阻力符合系数和升力符合系数等。

应根据射表内容要求，以及炮弹的种类和特点制定射表试验方案。例如，对于地炮弹道修正弹，要进行几个射角的距离射试验，通常取最大射程、最小射程、中间 1~3 个射程点，共 3~5 个射程点对应射角的方案；一般每个射程点上取 2~3 组、每组 5~7 发。

无控弹射程和密集度试验：同传统普通炮弹，测试无控弹的飞行弹道参数，以及射程和侧偏、距离散布和方向散布、射击环境条件（如气象条件）等，得到无控弹的阻力/升力符合系数及密集度。

修正弹定时程控射击试验：主要为了获得执行机构作用时的阻力符合系数和升力符合系数，通过执行机构在弹道上某时刻向某固定方位定时作用时的程控射击试验，测试执行机构作用时修正弹的飞行弹道参数，以及射程和侧偏等。对于一维弹道修正弹，主要为了获得阻力环机构作用时的扩增阻力符合系数，在飞行弹道上的某时刻定时控制阻力环机构张开，测试修正弹定时开环后的飞行弹道参数，以及射程和侧偏等。

无控弹射程试验与修正弹定时程控射击试验选取的射程点方案要对应一致。

3. 符合计算和射表编制

射表编制过程中如果不用进行射表试验，直接采用弹道方程计算就能编制出射表，那么射表编制就会变得非常简单。但事实上，使用实际射击条件，直接采用弹道方程计算出的弹道诸元同射击试验测试的弹道诸元往往不一致，有时相差还较大，其根本原因在于弹道方程中所用的一些参数同实际状况有差异，要使弹道计算结果同实际射击结果接近，关键在于准确获得各类计算参数。弹道符合计算就是以试验为基础，采用描述弹丸运动规律的弹道方程组，通过调整某些待定系数，使得理论计算结果和实际射击试验测量结果一致，它是射表编制中射击试验与理论弹道计算之间的纽带，其作用就是弥补理论弹道计算与实际试验结果不可能完全一致的不足。

符合对象应选取对武器作战效果最为重要的弹道诸元，符合参数应选取对符合对象影响最明显的参数。对于地炮弹道修正弹，主要关心的是落点射程和侧偏要准确，因此选取射程和侧偏作为符合对象，选取无控弹的阻力系数与升力系数、执行机构作用时的阻力系数与升力系数（对于一维弹道修正弹，仅为阻力系数）作为符合参数。

首先对无控弹射程试验进行符合，利用选定的弹道模型在射击试验条件下，将无控弹的阻力系数 c_x（一般是零升阻力系数 c_{x_0}）乘以一符合系数 f_{D}，将升力系数导数 c'_y 乘以一符合系数 f_{L}，使得弹道模型计算的落点射程 $X_{计算}$、侧偏 $Z_{计算}$ 与射击试验实测值（$X_{实测}$、$Z_{实测}$）一致（两者间的差值满足要求限，例如，只相差 0.5 m 以下），得到无控弹的阻力和升力符合系数 f_{D}、f_{L}；然后，利用修正弹定时程控射击试验，将得到的无控弹的阻力和升力符合系数作为已知值，对修正弹道段重复上述过程，通过符合计算得到执行机构作用时的阻力与升力符合系数 f_{DC}、f_{LC}（对于一维弹道修正弹，仅为阻力符合系数 f_{DC}）。通过对各个射程点进行符合计算，就得到符合系数与射角的对应关系曲线（如 $f_{\mathrm{D}} \sim \theta_0$）。对于地炮弹道修正弹，一般需 3~5 个射角支撑点，其他未试验射角上的符合系数可根据符合系数曲线进行插值得到。

在得到符合系数 f_{D}、f_{L}、f_{DC}、f_{LC} 后，在标准条件或非标准条件下按照射表格式进行若干弹道计算，即可完成射表编制。

4. 射程标准化

对于弹道修正弹，每发弹会根据弹道偏差解算生成控制指令（如起控时间、控制方位角、舵偏角度等,弹道修正原理不同,控制指令不同),由于每发弹的弹道偏差不同,起控时间等控制参数就不同。这样,对于弹道修正弹的射程标准化问题,如采用分段弹道符合法,由于每发弹的控制参数不同,逐发弹道符合不利于消除每发弹的随机误差影响,且非标准条件下的起控时间并不能代表标准条件下的起控时间等,这些均会给射程标准化带来影响。实际上,弹道修正弹的作用主要是提高炮弹的密集度性能,对应射程下的弹道调节量较小,且射程标准化本质上也是对实际落点而言。因此,对弹道修正弹射程标准化,可将修正弹的实际落点视为一假想弹丸飞行弹道对应的落点,这样按照弹道落点符合法,就可非常方便地对其进行射程标准化处理,即符合对象仍取弹丸实际射击条件下的落点射程 X_c 和侧偏 Z_c,符合参数为假想弹丸的综合阻力符合系数 f_{DZ} 和综合升力符合系数 f_{LZ}。

具体计算步骤如下:利用选定的弹道模型,在射击试验条件下,通过调整弹丸的综合阻力符合系数 f_{DZ} 和综合升力符合系数 f_{LZ},使得计算的落点射程 $X_{c计算}$ 和侧偏 $Z_{c计算}$ 与射击试验实测值 $X_{c实测}$ 和 $Z_{c实测}$ 一致(两者间的差值满足要求限);最后在标准弹道条件下,利用调整后的 f_{DZ} 和 f_{LZ} 进行弹道计算,得到的 $X_{c标准}$ 即弹丸的标准化射程。这种处理方法避免了在实际射击条件下由于每发弹丸的控制参数不同,非标准条件下的起控时间并不能代表标准条件下的起控时间等问题,通过对假想弹丸的综合阻力与升力符合系数进行弹道计算,消除了每发弹丸的随机误差影响,射程标准化处理精度较高,且计算简单、易处理。

第13章　滑翔增程制导炮弹飞行控制技术

为提高弹箭的射击精度，近些年，除弹道修正技术已在弹箭上开展应用外，精确制导飞行控制技术也是兵器弹箭领域的重点发展方向。针对炮射弹箭的飞行环境条件、结构布局等特点，发展精确制导炮弹技术，对飞行弹道进行长时间的连续闭环控制，实现对目标的精确打击。该类精确制导炮弹属于炮射导弹的范畴，有其自身的特点，在适配炮弹的弹载制导部件的选择与设计、方案弹道设计方法、飞行控制方法与策略、飞行弹道控制模拟仿真等方面与导弹有很大的区别。本章主要讨论滑翔增程制导炮弹飞行控制技术方面的相关内容。

13.1　滑翔增程制导炮弹简介

13.1.1　滑翔增程制导炮弹原理及特点

远程弹箭技术是目前兵器弹箭技术领域发展的重点方向，其中滑翔增程制导炮弹技术就是实现炮弹远程精确打击的典型代表，研究非常活跃并且取得了很好的实际应用效果。

炮弹滑翔增程的原理是，对于炮射出去的炮弹，在其飞行弹道的某处开始，控制弹上的作用机构产生作用力，改变弹体飞行姿态，产生向上的攻角，全弹出现较大的升力，使炮弹在后续飞行弹道上克服或者减缓在重力作用下的弹道下降趋势。

由其飞行原理可知，滑翔增程炮弹是可以进行飞行控制的炮弹，通常采用舵机作为控制机构。滑翔飞行过程中，弹上控制机构作用使全弹产生较大升阻比（与无控时相比）来实现滑翔增程；同时，控制机构还要根据弹上导航与控制系统给出的控制指令来调节并控制弹道，使炮弹逼近并精确跟踪方案弹道，达到良好的滑翔增程效果并确保飞行精度。由于是火炮发射，受身管武器结构与发射环境等限制，目前滑翔增程制导炮弹的方案特点通常为：采用尾翼稳定（膛内尾翼锁定，出炮口后张开）、滑动弹带膛内减旋、鸭式气动布局结构形式，发射前根据作战任务及环境条件确定方案弹道，对炮弹进行信息参数装定；弹上一般带有小型火箭助推发动机（出炮口适当弹道位置点火助推）；导航与控制系统中，通常采用小型高效电动舵机作为控制机构，小型弹载计算机作为控制处理器，采用卫星定位装置/惯导组合实时进行弹道探测，从弹道顶点附近开始进行滑翔增程与精度组合制导，直至命中目标。实际上，滑翔增程制导炮弹就是把以往的滑翔机（滑翔）和导弹（飞行控制）的一些原理应用到炮弹上，故也有人称为炮射导弹。但从炮弹的作用功能与结构特点、发射环境条件、学术研究领域范围等方面特点看,仍将其称为"制导炮弹"为好,但它同普通的炮弹和导弹却存在差异。

由于滑翔增程制导炮弹仍用身管火炮发射,对于普通炮弹所面临的发射环境、研究内容与难点等,滑翔增程制导炮弹同样存在,不同的是增加了制导控制特点。同一般导弹相比,由于发射环境条件、全弹体积空间或结构布局的限制,在可选用的导航或控制功能部件范围等方面存在较大差异。同时,一般滑翔增程制导炮弹在发射过程中弹上无电(也无法进行射前导航初始对准),在控制飞行中为无动力飞行,且因体积、重量或结构布局限制等,飞行中的一般控制能力较弱(相较传统导弹而言)、弹动力学环境(速度、加速度、弹体姿态角与角速度等)变化大,这些差异和特点直接或间接地给滑翔增程制导炮弹飞行弹道与控制带来了影响。为了实现滑翔增程制导炮弹具有良好的滑翔增程与精度飞行控制效率,应针对炮弹发射结构布局与飞行环境等特点,在一般导弹飞行控制理论的基础上,研究适配炮弹的飞行控制理论与技术,以期达到滑翔增程制导炮弹良好的飞行控制效果。

13.1.2 研究现状

与普通炮弹相比,由于引入了滑翔飞行原理及制导控制装置,滑翔增程制导炮弹具备了较远射程飞行和精确打击能力,从而大幅度提高了火炮武器系统的作战性能,国内外相关研究机构开展了广泛的理论和工程应用研究。

1. 国外研究现状

由于国外有关滑翔增程制导炮弹的公开发表的研究文章极少,只有一些针对这方面研究及应用状况的一些报导,下面介绍国外报道的一些典型滑翔增程制导炮弹的研究状况。

1) 美国增程制导弹药Ⅰ

美国海军于 1994 年开始为 Mk-45 Mod 4 型 127 mm 舰炮研制 EX-171 增程制导弹药,并从 2002 年开始进行了一系列发射试验。EX-171 增程制导弹药长度为 1.55 m、质量为 50 kg,采用 GPS/惯性导航系统(inertial navigation system, INS)复合制导和火箭助推加滑翔增程技术,最大射程可达 110 km,精度为 10~20 m。该制导炮弹发射后沿方案弹道飞行,火箭发动机随后点燃;到达弹道最高点时,制导系统控制弹头前端的鸭式舵展开,并捕捉 GPS 信号,调整弹丸的飞行弹道;弹丸到达合适位置时,以亚声速向目标滑翔飞行;到达目标上方后,大着角落下,以最大限度地发挥战斗部的效能。该型弹药在研发过程遇到不少技术难关,限于多种原因,进展不明。但针对该型弹药提出的 GPS/INS 复合制导和火箭助推加滑翔增程技术方案得到了研究机构的广泛采用并经验证是较为高效的弹道方案,成为远程制导炮弹发展的一种典型模式。

2) 美国增程制导弹药Ⅱ

在 EX-171 增程制导弹药交付日期不断推延、成本不断攀升的情况下,美国海军启动了一项名为增程制导弹药Ⅱ的计划。

增程制导弹药Ⅱ与增程制导弹药Ⅰ有不少相似之处,例如,同为 127 mm 口径和 1.55 m 长度,同样采用 GPS/INS 复合制导和火箭增程技术,并在弹体前端设有鸭式舵,射程预计同为 110 km。不同的是,增程制导弹药Ⅱ的质量较小(46.5 kg),结构相对简单,价格更为低廉;沿弹道轨迹飞行,弹体呈旋转状态;不需要特制的发射药,可由现有的 Mk-45 Mod

2 型舰炮发射；战斗部为预置破片钨质壳体，质量为 11 kg。

3）美国远程对地攻击弹

美国海军目前还在为濒海驱逐舰研制远程对地攻击弹。作为一种火箭助推的 GPS 制导炮弹，远程对地攻击弹药长 2.45 m、质量为 118 kg，配有 12 kg 的破片杀伤战斗部，预计最大射程可达 185 km，从而成为美军历史上射程最远的制导炮弹。在 DD(X) 驱逐舰上，该弹将由 62 倍口径 155 mm“先进舰炮系统”发射，射速定为 12 发/min。该弹药采用弹丸和药筒分装式结构，弹丸由战斗部、GPS/INS 装置、火箭助推发动机和舵机控制装置等部分组成。发射时的弹丸质量为 118 kg，战斗部内装药质量为 10.8 kg，破片杀伤半径为 60 m，装碰炸和近炸引信。弹丸初速为 825 m/s，最大射程的初始指标为 150 km(83 n mile)，最终指标为 185 km(100 n mile)，圆概率误差约 20 m。采用火箭助推与滑翔技术增程，在炮弹飞达弹道最高点后，展开舵翼，借助空气升力进行滑翔，通过 GPS/INS 进行制导，不断修正弹道，直至命中目标。

设计值可以到达 185 km 的远程对地攻击增程弹，目前并未达到设计指标。

4）美国和瑞典联合研制的“神剑”制导炮弹

XM982“神剑”是美国第一型 GPS 制导、“发射后不用管”的 155 mm 制导炮弹，也是美军实现火炮系统转型、增强精确打击能力的重点项目。“神剑”由美国雷神公司和瑞典博福斯公司联合研制。XM982“神剑”155 mm 远程制导炮弹采用 GPS/INS 复合制导技术，具有全天候精确打击能力，可在各种气候及地形条件下打击目标，支援近距离作战。“神剑”的头部包括制导与控制舱，包括引信、GPS/INS 装置和 4 片鸭式舵；中部为战斗部舱，采用模块化设计，可携带不同类型的有效载荷；尾部设有折叠式尾翼。另外，该炮弹底部装有底排装置，采用不同的发射平台发射时的最大射程为 40~50 km。

5）意大利“火山”制导炮弹

奥托·梅莱拉公司为意大利海军的 127 mm 舰炮和陆军的 155 mm 火炮研制了“火山”系列制导炮弹。从结构上看，“火山”制导炮弹由 2 个独立部分组成：可自由旋转的尾部(包括战斗部)和固定头部，头部设有 4 个鸭式舵，用于控制弹药的飞行轨迹。由于未采用火箭增程技术，而是选择了次口径加尾翼稳定的设计，“火山”外形相对紧凑，可像普通海军弹药一样一次装填发射，射速可达 35 发/min，同时实现了满足射程要求的 1 200 m/s 的炮口初速。高射速使该弹以“多弹同时弹着”的方式发射时，可在 20~80 km 距离内使 5~10 发制导炮弹同时命中目标，其预置破片战斗部的质量为 15 kg，内含 2.5 kg 的高性能炸药，杀伤半径为 20~40 m。该弹可由传统 54 倍口径舰炮发射，也可由新研制的 62 倍口径舰炮发射，后一种条件下，可使射程额外增加 20 km。

6）英国 155 mm 低成本制导弹药

为了满足海军火力支援舰炮项目的需求，英国也正在研究增程制导弹药，既可配备陆军炮兵部队，也可供舰炮发射。为了提高弹药性能并降低成本，低成本制导弹药可能将采用以下技术：采用复合材料，加装 GPS 接收机，采用惯性测量单元及微机电系统技术。英国正在研制的炮弹长度为 1.62 m，质量为 45 kg，弹体部分主要由复合材料制成，将配用子母战斗部。该炮弹初速为 945 m/s，最大射程为 76.5 km，飞行时间约 7 min。

由资料报导看，迄今为止，国外有关研究机构已对火箭助推滑翔增程制导炮弹开展了广泛研究，并进行了实际应用，部分已形成装备，由此可见，国外已突破了火箭助推滑翔增程制导炮弹的各项关键技术。

2. 国内研究现状

自20世纪90年代末起,我国开始进行滑翔增程制导炮弹的理论和工程应用研究,在制导炮弹总体方案设计、全弹气动布局设计与空气动力参数计算、方案弹道规划设计、适配炮弹的飞行控制理论与技术、导航与控制部件上的炮弹应用等方面均进行了深入探索,提出了适配滑翔增程制导炮弹的弹道方案及关键技术方案解决途径,形成了一些具有自主知识产权的技术成果;开展了滑翔增程制导炮弹的实际应用研究,攻克了炮射环境下的制导炮弹总体结构动力学设计、导航与控制部件小型化抗多向高过载与炮弹飞行环境下的可靠应用、控制能力弱且长时间无动力飞行对应的方案弹道规划、导航装置空中自对准、适配炮弹飞行环境的滑翔增程与精度控制组合制导方法等难点问题,构建了研制远程制导炮弹的理论和技术基础,研究成果已实际应用。我国针对滑翔增程制导炮弹理论与技术的研究正朝着更加精细、高效、广泛应用的方向发展。

13.1.3 主要难点问题

前面已提到,制导炮弹同一般导弹相比,在使用环境、限制条件、功能等方面存在差异,主要表现在如下几方面。

(1) 发射环境:炮弹发射过程,要承受很大的冲击过载(对某些火炮,发射时还会给炮弹带来正向、反向、横向高过载)。

(2) 炮弹飞行动力学环境:火炮发射时给炮弹带来高初速、高转速等,飞行和控制过程中,弹体速度、姿态(摆动、滚转等)变化剧烈(较一般导弹),飞行动力学环境较差。

(3) 炮弹控制能力偏弱:由于受火炮身管等限制,全弹体积空间小、结构布局限制多、控制能力偏弱、动力航程裕度小、耗能快。

(4) 空中自对准:由于火炮发射,受发射时高过载、身管膛线等影响,制导炮弹难以在发射前给导航装置实现初始对准,需要发射后实现空中自对准。

上述主要差异致使在制导炮弹研究中,与一般导弹相比,可设计选择的结构和气动布局受限、可以采用上炮弹应用的导航与控制部件受限且适应环境的性能要求高等,同时针对炮弹飞行动力学环境、控制能力与动力航程裕度等条件,要研究适配的方案弹道规划、飞行控制方法等。因此,针对制导炮弹的这些特征和差异,提出了许多新问题,给制导炮弹研究带来很大难度,其主要难点问题或关键技术如下。

1. 制导炮弹方案弹道规划设计

滑翔增程制导炮弹的方案弹道是指在发射前,根据作战任务及环境条件,迅速确定的一条可以完成作战任务的理论飞行控制弹道。方案弹道的选取,对其与实际飞行弹道的差异、围绕方案弹道的控制效率和控制品质等有重要影响。由于制导炮弹动力航程裕度小、射程等性能要求高、弹控制能力相对弱、飞行控制中有时弹体摆动或滚转变化剧烈、耗能快等,这些因素都给如何高效发挥出制导炮弹的全弹道综合匹配与控制潜能、确定合理的方案弹道带来了困难。在全弹道设计时,综合考虑飞行环境、作战任务要求及制导炮弹结构特征的影响,合理地设计全弹道上的能量分配及控制能力功效,快速规划出高效的方案弹道,有利于充分发挥出制导炮弹效能,为组合制导提供一条较佳的追踪弹道,是保障良好控制品质的基础,极为重要。

2. 滑翔增程与精度控制的组合制导技术

滑翔增程制导炮弹在飞行控制中，一方面，要按设定方案弹道状况控制舵面偏转、提供全弹所需的升力向前飞行滑翔增程；另一方面，又需控制舵面偏转，使实际弹道向方案弹道收敛，保持良好的飞行精度。因此，在飞行控制过程中，就滑翔增程与精度控制对舵偏需求，如何合理高效地分配有限舵控能力，是一难点。

制导炮弹滑翔增程和精度控制的组合制导技术的难点在于既要在一定气动约束下实现滑翔增程，又要实现精度控制并完成对目标的精确打击，涉及弹道规划、制导体制与制导律、控制方案与控制算法设计等关键研究内容。由于制导炮弹发射环境恶劣、全弹体积有限、控制能力有限，对制导控制部件的约束严格，而射程、精度等性能指标要求较高，给组合制导控制方案、控制策略提出了很大挑战和很高的要求，需要针对制导炮弹特点，研究滑翔增程制导炮弹的组合制导问题。

3. 高动态环境下的导航测量与控制器件上弹应用及空中自对准技术

导航测量与控制器件为控制系统实时提供炮弹空间位置、速度、加速度、姿态角、姿态角速度等信息，以及制定逻辑决策、执行控制等，是控制系统的核心。

炮弹发射过程中，弹上部件承受极大的多向冲击过载，且由于炮弹体积小、飞行过程中弹体摆动或滚转变化较剧烈等因素，致使可用于炮弹上的导航测量与控制器件需满足体积小、抗高过载、适应炮弹飞行环境的可靠精确导航测量与控制等。同时，因发射时的高过载、炮弹上膛及身管膛线等所限，难以在发射前对导航装置进行测量对准标定，需在炮弹发射后，在空中导航测量装置实现空中自对准，这些因素和条件给导航测量与控制器件上炮弹应用带来极大困难，对制导炮弹的导航测量与控制器件方案的设计及性能有直接影响，间接地影响到制导炮弹的滑翔增程，以及精度组合制导与控制。

4. 适配火炮发射的制导炮弹全弹结构与气动布局设计

合理的制导炮弹全弹结构与气动布局设计，对实现制导炮弹的性能、高效地进行飞行控制有直接影响。而火炮发射时的高动态恶劣力学环境、炮弹在膛线身管内的运动限制、全弹体积空间及火炮发射对弹体结构的一些要求和约束等，给制导炮弹的结构与气动布局设计带来很大限制，引出制导炮弹结构动力学新问题，这些难点问题，是开展滑翔增程制导炮弹研究必须解决的。

5. 滑翔增程制导炮弹的模拟仿真技术

国内制导炮弹研究基础相对薄弱，其中一个方面就体现在制导炮弹的模拟仿真、试验与测试技术方面。由于炮弹具有体积小、高动态发射与飞行环境复杂（高过载、高转速等）等特点，要在地面实现将发射、飞行控制等过程真实地模拟仿真再现出来进行检测、调试极为困难。模拟仿真是制导炮弹的研究手段，制导炮弹的地面模拟动态环境及与发射飞行的巨大差异，且试验数据积累与模拟仿真设备较少等阻碍了制导炮弹的研究与发展。

6. 滑翔增程制导炮弹空气动力学

滑翔增制导炮弹空气动力学涉及强非定常、非线性等方面问题，是制导炮弹弹道规划、气动布局设计、控制方案与参数设计、控制系统分析等的理论基础，能否准确分析制导炮弹空气动力特性，给出比较准确可靠的气动特性数据，关系到制导炮弹的控制品质和性能指标实现。

7. 制导炮弹性能评估、检测技术

制导炮弹是利用信息技术和控制技术提高性能、扩展功能、实施信息支援和高效打击的信息化弹药,作战需求极大促进了制导炮弹的研究,但相关制导炮弹性能评估、状态检测、靶场试验验收等技术与方法尚缺乏深入的研究,影响制导炮弹的装备与使用。

本章重点介绍带有火箭助推发动机的滑翔增程制导炮弹有关方案、飞行弹道及控制方法等内容。

13.2 滑翔增程制导炮弹方案与结构布局

13.2.1 滑翔增程制导炮弹的组成与总体设计方法

1. 滑翔增程制导炮弹的组成和工作流程

1)组成

为了实现作战飞行任务,滑翔增程制导炮弹一般由以下分系统组成。

(1)引战系统。

引战系统包括引信和战斗部,其中引信由探测装置和安保机构两个部分组成。引战系统是毁伤目标的核心要素,引信类型、战斗部装药量及引战配合的设计要求满足全弹对目标的毁伤要求。

(2)动力系统。

目前,滑翔增程制导炮弹通常带有小型固体火箭发动机,弹出炮口后,在升弧段上点火助推,为后续进行滑翔增程制导控制提供良好的弹道条件。小型固体火箭发动机主要由燃烧室壳体、喷管组件、装药、点火药盒、燃发式延期点火具等组成。

(3)制导系统。

制导系统的功能是测量飞行过程中制导炮弹的运动参数,处理制导炮弹相对方案弹道的偏差,按照设计的控制方案与策略形成控制指令,操纵舵面偏转,实现滑翔增程与精度制导控制。

(4)尾翼组件。

制导炮弹一般采用尾翼稳定方式飞行,尾翼是保证其稳定飞行的装置。制导炮弹在膛内时,尾翼片为锁紧状态,当制导炮弹出炮口后,尾翼片张开到位并锁定,使制导炮弹稳定飞行。尾翼设计中,首先要考虑高过载和气动载荷及空气动力特性,即尾翼部件强度要满足发射过载和气动载荷强度要求,同时有良好的空气动力特性(如升阻比大);其次,要考虑可靠锁定、张开及同弹体结构布局的匹配性;最后,要为弹体提供稳定的转速。

(5)发射装药组件。

发射药是火炮发射弹丸的能源,发射装药组件主要由钢药筒、发射药、点火药包、底火和传火管,以及护膛衬纸和紧塞具等辅件构成,其结构及强度应该满足火炮发射环境的相关要求。对应分装发射方式,装填时,制导炮弹与发射装药组件分别装填发射,火炮击发机构的击针击发药筒组件底部的底火,底火发火后点燃传火管,传火管点燃位于发射药上部的点火药包,点火药包点燃后同时点燃发射药,保证发射药全面点火燃烧,产生膛压来推动制导炮弹运动。

2）工作流程

滑翔增程制导弹药发射前进行信息装定，火炮击发后，发射药作用，产生高压燃气，推动制导炮弹在膛内运动，滑动弹带闭气并减旋；弹上热电池在发射过载的作用下激活；引信一级保险解除；同时，火箭发动机延期点火具点燃。

制导炮弹出炮口后，翼片张开并锁定，制导炮弹稳定飞行，弹载计算机复位，卫星定位装置复位并根据装定的星历信息开始搜星定位；姿态测量装置工作，测量弹体运动姿态信息。

制导炮弹出炮口一定时间后，火箭发动机延期点火具点燃主装药，火箭发动机开始工作，使得制导炮弹增速并爬高；在顶点附近，弹载计算机在对应的起控时刻发送舵机舱张开指令，舵面张开，制导炮弹起控，弹载计算机根据方案弹道信息、卫星定位装置实时测量的位置和速度信息，以及姿态测量装置实时测量的弹体姿态等信息，按照制导律形成滑翔增程与精度控制的控制指令，控制舵面偏转，操纵制导炮弹沿方案弹道飞向目标区域，直至命中并毁伤目标。

2. *滑翔增程制导炮弹的总体方案设计方法*

滑翔增程制导炮弹总体方案设计是根据战术技术指标要求，综合考虑发射环境条件、各功能部件的特点及匹配性等，构建炮弹的总体方案。为此，首先要根据总体性能要求情况对各分系统的方案与匹配性、分系统的二级性能指标等进行分析，并行综合匹配发射环境与条件对结构布局及强度的影响、气动布局和助推火箭方案对飞行弹道的影响、引战方案对毁伤效能的影响、导航与控制系统方案对飞行控制效率的影响等，综合分析优化后，选定全弹总体结构布局方案和弹道方案，形成制导炮弹总体设计参数体系。在总体方案设计过程中，涉及引信、战斗部、结构与强度、火箭发动机、空气动力学、导航与控制、制导、弹道、电气电路等多个专业领域知识，总体设计流程和内容主要由以下方面组成。

1）技术可行性论证

根据任务要求，论证可能采用的弹道和结构布局方案、技术途径、可能达到的技术指标，分析其作战效能，就指标的合理性和指标间的匹配性提出分析意见。进行技术可行性分析，设想总体方案可采取的技术途径，通过总体论证、计算和综合分析，提出分系统的论证要求和可能达到的指标、主要技术途径等。

2）总体方案论证与总体参数设计

综合分析优选后确定主要方案，进行总体设计参数选择，通过分析计算，确定总体参数与分系统主要参数、性能指标等。

3）全弹总体布局设计

滑翔增程制导炮弹总体结构布局设计包含气动布局设计与气动参数计算、分系统舱段分配与设计（质量、长度、连接、结构布局与强度等）。通过全弹布局设计，获得全弹较优的总体性能参数，使全弹各系统获得较优的适配。

4）飞行弹道与导引控制律设计

开展全弹动力学建模、仿真与动态特性分析。根据飞行任务和技术指标要求，通过计算，确定适配的飞行弹道和导引控制律。

5）导引控制系统仿真

通过建立数字仿真和半实物仿真系统，开展滑翔增程制导炮弹数字仿真和半实物仿真，校核检验相关组件和导引控制方案、算法及参数。

6）全弹分系统设计

根据技术指标和总体设计阶段确定全弹分系统方案及关键参数，开展全弹分系统方案设计，确定分系统的功能、二级指标、电气和机械接口关系。

7）总体性能综合评估

进行制导炮弹射程、精度、威力、效费比等分析，验证滑翔增程制导炮弹是否满足指标要求。

13.2.2 滑翔增程制导炮弹的气动布局与结构

1. 气动布局设计原则及典型布局

1）设计原则

气动布局设计是滑翔增程制导炮弹设计中的重要问题，应在保证制导炮弹性能要求的前提下，合理选择头部长细比、尾翼形状与翼型、舵翼形状与翼型、弹身长度、尾部形状等，并开展升力系数、阻力系数、空气动力矩系数、升阻比、压心位置等参数计算与特性分析，并分析确定飞行控制方式、机动方式、控制舵的操控性、静态稳定性等。

通过气动布局设计确定弹头、弹体、弹翼、舵面、尾部等的几何尺寸及舵面、翼片之间的相对位置，获得气动系数及其导数，为进一步开展总体设计的其他工作提供设计基础。

气动布局设计中着重考虑了以下原则：全弹长度在规定弹长范围内，全弹飞行阻力小、升阻比大，飞行稳定性与操控性匹配良好。

2）典型布局

根据弹翼与舵面沿着弹体布置的位置不同，气动布局可以分为以下类型。

（1）正常式。

弹翼布置在弹身的中段，舵面处于弹体的尾部，平衡状态下的攻角与舵面偏转角相反。

（2）鸭式。

舵面在弹体头部，弹翼/尾翼位于弹体尾部，平衡状态下的攻角与舵面偏转角相同。

（3）旋转弹翼式。

此气动布局采用弹翼偏转实现飞行控制，尾翼安装在弹翼后面的弹体尾部。

（4）无尾式。

该气动布局采用小展弦比弹翼，并且舵面紧连接在弹翼后面，该气动布局翼展较小，为保持较大的弹翼面积，根弦相对较长。

鸭式气动布局具有以下的优点：① 制导控制系统可以在弹体同一位置安装，使得弹体组件安装紧凑，更易于进行结构一体化集成；② 对于静稳定弹，在较小的攻角下即可以产生较大的全弹升力；③ 减小舵翼和尾翼的几何尺寸，便于折叠，较适用于身管火炮发射。

鸭式气动布局的缺点是在飞行控制中，舵面的偏转引起绕流的变化对后部尾翼有气动下洗影响，同时相比正常式气动布局，全弹能达到的升阻比一般要小一些。

由于受到身管火炮发射对结构布局方面的限制等，基于鸭式气动布局的上述优点，滑翔增程制导炮弹通常采用鸭式气动布局，其外形是翼体组合体+舵面配置。当然，未来随着火炮发射条件的改善及对炮弹体积空间限制的放宽，气动布局也会考虑采用正常式布局，以获得更大升阻比、更高的滑翔增程效率。

在选取滑翔增程制导炮弹空气动力计算方法时一般考虑以下原则：有良好的计算精

度,能计算出一套尽可能完整的用于制导炮弹弹道计算和控制系统参数设计的空气动力系数;有较好的通用性,有利于提高气动布局方案优化的效果。

3）气动布局设计要素

对于采用鸭式布局的滑翔增程制导炮弹,气动外形包括弹身(弹头部、圆柱部、尾部)、尾翼、舵面。

气动外形设计中主要涉及的关联要素有:

(1) 结构体积限制,尾翼、舵面尺寸要小巧、结构简洁、作用可靠;

(2) 炮弹飞行中,稳定性与操纵性要适配,匹配好尾翼和舵面外形设计;

(3) 全弹飞行阻力尽可能小、升阻比尽可能大,有良好的机动能力;

(4) 在舵面、尾翼的结构匹配上,尽可能减小舵面偏转对尾翼的气流下洗影响。

上述影响因素中,许多要求和影响是相互冲突的,给气动布局设计带来困难,对弹身外形的设计,在全弹长限制范围内,除考虑弹体结构可以布置各功能部件并保障强度、火炮发射有时对弹身外形结构有些特殊要求外,主要考虑所设计的头部、尾部和圆柱部外形、长度应尽可能减小阻力。

对尾翼外形的设计,需综合考虑保障无控飞行段(在舵面张开起控前)的飞行稳定性、匹配好控制飞行时的稳定性和操控性,同时还需考虑火炮发射时对尾翼结构限制(通常出炮口前,尾翼折叠于弹尾部),且尾翼对全弹阻力,特别是升力有较大影响,因此对于尾翼外形的设计,一般在考虑结构体积限制条件下,以保证全弹射程等主要性能为目标,同舵面联合进行外形适配布局设计,一般无控尾翼弹的静稳定储备量不小于 12%,考虑到同操纵性匹配,滑翔增程制导炮弹尾翼外形设计中要保证的静稳定储备量一般可取不小于 8%。

舵面设计是气动布局设计的重点,除了上面所述的以射程等性能为目标,同尾翼外形联合匹配设计外,还需要考虑(在结构体积限制下)尽可能提供良好的控制机动能力,因此对其进行外形设计时,要同时进行制导炮弹全弹道上的弹道误差等分析,联合尾翼外形设计中要分析舵面偏转能保持足够的控制机动能力。同时,设计舵面同尾翼的相对布局尽可能减小下洗干扰影响。

2. 结构设计要求及特点

全弹总体参数、气动布局、动力系统、导航与控制系统、引战系统、尾部组件等方案确定后,可以开展舱段部位安装及结构设计工作,主要包含以下内容:

(1) 根据发射过载和射程等性能要求、分系统或组件方案及二级指标要求,设计并计算各个舱段的尺寸、材料与结构、质量、转动惯量等;

(2) 设计确定舱段关键结构连接部件方案,并在此基础上计算出全弹的弹体尺寸、质量、质心及转动惯量等参数;

(3) 根据发射及飞行环境条件,对弹体的结构强度进行设计校核。

(4) 如果上述过程设计计算完成后,对照全弹总体性能或分系统二级指标要求等,仍需改进完善结构设计,可对某部分结构设计与匹配进行调整,重复此过程,通过迭代计算及强度校核,最终确定全弹完整的部件安装及结构设计,给出制导炮弹详细的结构尺寸、空载和满载情况下的质量、质心及转动惯量等参数。

滑翔增程制导炮弹一般采用舵面、翼片、鸭式气动布局形式结构方案。根据制导炮弹的弹长、质量等指标要求,对各部位结构布局、舱段之间的接口连接、尾翼组件等进行设计,由此确定出各舱段的长度、全弹的质心位置及转动惯量等参数,并校验制导炮弹的结构强度抗过载设计、各舱段的连接强度情况。在进行制导炮弹结构布局及各个舱段连接设计时,同时需要考虑全弹的密封性与抗盐雾等方面的要求。

13.2.3 滑翔增程制导炮弹的飞行控制特点

滑翔增程制导炮弹通过设定的弹道时刻张开舵翼,通过舵翼产生的操纵力矩和弹体的稳定力矩平衡,使得制导炮弹以一定的向上(正)攻角向前滑翔飞行,实现增程目的,弹体、尾翼和舵面提供制导炮弹气动升力。

通过选择合适的起控点、方案弹道、导引控制系统方案及算法,使得滑翔增程制导炮弹在射程和精度的指标要求下,能够稳定、快速地向方案弹道收敛,从而实现高品质的滑翔增程飞行及满足一定的弹道性能要求,并为末段精度导引提供良好的弹道条件,当转入末段弹道制导时,能够精准命中目标。

根据当前的技术进展,滑翔增程制导炮弹通常采用卫星定位装置和微机电惯性测量单元组合进行飞行过程中的弹体位置、速度和姿态等弹道数据测量,同时根据打击的目标是否为运动目标,确定是否采用导引头装置。弹上的控制机构较多采用电动舵机,通过两通道舵机的耦合偏转,控制制导炮弹在空间的运动。

影响滑翔增程制导炮弹射程和精度控制能力的主要因素为:炮口动能、全弹气动布局、射角、发动机总冲、方案弹道、导引控制算法、探测系统测量精度、控制机构精度等。通过对全弹相关参数的优化设计、适配及确定,可以使得制导炮弹高品质地完成射程和精度指标。

确定了滑翔增程制导炮弹的方案弹道、导引控制方案及算法、测控系统组件等关键参数、模型及样机后,可以采用数字仿真和半实物仿真分析,进行相关方案的分析、校核和确定,进一步检验设计方案满足射程和精度的程度。

滑翔增程制导炮弹飞行控制一般还有以下特点。

(1) 方案弹道的选取对滑翔增程制导炮弹的控制飞行效能和控制品质有重要影响。方案弹道包括舵面张开起控前的无控弹道段方案(射角等)、舵面张开起控时机、起控后沿飞行弹道的理论滑翔弹道(对应舵偏角函数),有关方案弹道的影响因素及选取方法将在后面介绍。

(2) 滑翔增程制导炮弹全弹道组成一般为:无控飞行段弹道+中段方案追踪弹道+末段飞行控制弹道。

无控飞行段弹道:炮弹出炮口后尾翼张开,无控稳定飞行,直至舵面张开起控,在无控飞行的某一段弹道上,助推火箭完成点火助推工作。存在一段无控飞行段弹道不仅是因制导炮弹发射后需有一段时间完成导航系统的建立,弹道仿真分析还表明,在火箭助推完成后,弹道上再适时开展滑翔增程控制飞行,更有利于提高全弹增程效率。

中段方案追踪弹道:自舵面张开起控至打击目标前某处(一般距离目标前 2~5 km),即按确定的方案弹道追踪控制。

末段飞行控制弹道:如果弹上带有导引头,在中段方案追踪弹道(并完成中末段弹道交接)后,进入末制导飞行控制;即便弹上不带导引头,一般在末段弹道上也会对固定目标采用一些末段控制策略(如广义比例导引律),比方案追踪控制对控制精度的改善更为高效。实际上,这也体现了对制导炮弹控制能力偏弱(而对射程、精度要求较高)的情况下

(特别在末段弹道上的存速低,控制能力更弱),前段弹道控制主要保射程、末段弹道控制主要保精度的思想。

(3) 小射程下起控点时机的选取。通过对影响滑翔增程制导炮弹方案弹道的各类因素进行仿真分析,结果表明,一般情况下,舵面张开起控点选取弹道顶点附近,更有利于发挥全弹道增程效率。

但在小射程(特别是要求的最小射程)附近,全弹道飞行时间较短,如仍选取弹道顶点附近舵面张开起控,则有可能出现可控时间太短、影响控制效果的情况,这时可选取导航系统已建立且火箭发动机工作结束后的某时刻为舵面张开起控点(小射程时,已无全弹射程能力高效发挥的压力)。

(4) 最大射程角。滑翔增程制导炮弹同普通无控炮弹相比,射角与射程的对应关系也有所不同。与无控炮弹相比,滑翔增程制导炮弹的最大射程对应的射角要略大些,这是由于顶点附近弹道高略高些,有利于后续弹道滑翔增程效能的发挥(但随着射角增大,在大于此最大射程角时,顶点处弹道高度虽仍增加,但顶点处的射程距离和存速减小,总体匹配上又不利于增加射程了)。

在一定射击和飞行环境条件下,最大射程角范围内,无控弹射角和射程存在唯一对应关系,而滑翔增程制导炮弹射角和射程不是唯一对应的。

13.3　滑翔增程制导炮弹飞行控制弹道模型及弹道特性

13.3.1　滑翔增程制导炮弹弹道控制模型

1. 滑翔增程制导炮弹弹道控制方式及舵面转换

制导炮弹在控制飞行过程中,可以设计弹体绕自身纵轴低速旋转,设计稳态情况下的平均旋转速度为 1~3 rad/s,通过两对一字形分布的鸭舵进行纵向与侧向运动的控制,两对舵面分别由两个舵机进行驱动,如图 13.3.1 所示。

图 13.3.1 中,舵面 1 和舵面 3 由一个舵机驱动,舵面 2 和舵面 4 由另外一个舵机驱动,当炮弹绕弹体进行滚转时,改变了舵面的操纵力在炮弹纵向与侧向运动的对应分布(受力由 Y_0、Z_0变为 Y、Z),为了完成操纵力的空间指向,需要两个舵机一起动作,产生合成控制操纵力矩,改变弹体姿态。

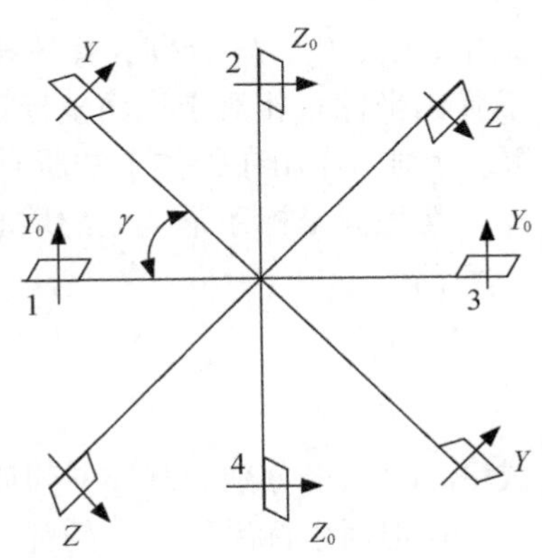

图 13.3.1　舵面分布

2. 滑翔增程制导炮弹运动方程组

制导炮弹的运动方程组是研究制导炮弹运动规律的数学模型,是模拟分析制导炮弹运动的基础。由经典牛顿力学可知,制导炮弹作为一个刚体,其运动可以用弹体质心的运动方程和弹体绕质心的转动运动方程来表示。

为了较为方便地将作用于制导炮弹的控制力系在相应坐标轴上投影分解及建立相应的飞行控制方程,本章定义地面坐标系、弹道坐标系、准弹体坐标系如下。

地面坐标系（$O_0X_0Y_0Z_0$）：原点 O_0 选取在制导炮弹发射点（通常选择在发射瞬时制导炮弹的质心位置）；O_0X_0 为弹道面与水平面交线，指向目标为正；O_0Y_0 沿着铅直线向上；O_0Z_0 与其他两轴垂直并构成右手坐标系，将地面坐标系原点平移至与制导炮弹瞬时质心重合，作为基准坐标系。

弹道坐标系（$OX_2Y_2Z_2$）：原点在制导炮弹瞬时质心 O；OX_2 轴与制导炮弹速度矢量重合；OY_2 轴位于包含速度矢量的铅垂面内垂直；OZ_2 轴垂直于其他两轴并构成右手坐标系；OX_2 轴与地面的夹角 θ 为弹道倾角；OX_2Y_2 平面与基准坐标系铅垂面的夹角 ψ_v 为弹道偏角。

准弹体坐标系（$OX_4Y_4Z_4$）：原点在制导炮弹瞬时质心 O；OX_4 轴与制导炮弹弹体纵轴重合；OY_4 轴位于包含弹体纵轴的铅垂面内，且垂直于 OX_4 轴；OZ_4 轴垂直于其他两轴并构成右手坐标系；OX_4 轴与地面的夹角 ϑ 为弹体俯仰角，OX_4Y_4 平面与基准坐标系铅垂面的夹角 ψ 为弹体偏航角。

考虑到滑翔增程制导炮弹的滚转特性，分别在弹道坐标系下建立其质心运动的动力学方程，在准弹体坐标系下建立其绕质心转动的动力学方程。

基于采用两对舵面控制的滚转制导炮弹的动力学特点，考虑等效舵面指令与实际舵系统指令的转换关系，可得其完整动力学模型，为进一步的研究提供基础。

在弹道坐标系下建立的质心运动动力学方程为

$$\begin{cases} m\dot{v} = F_{x_2} \\ mv\dot{\theta} = F_{y_2} \\ -mv\cos\theta\dot{\psi}_V = F_{z_2} \end{cases} \tag{13.3.1}$$

式中，m 为制导炮弹质量；v 为在弹道坐标系下表示的飞行速度；θ、ψ_V 分别为弹道倾角、偏角；F_{x_2}、F_{y_2}、F_{z_2} 为制导炮弹受到的外力在弹道坐标系各轴上的分量。

在准弹体坐标系下建立的绕质心转动的动力学方程为

$$\begin{cases} J_{x_4}\dot{\omega}_{x_4} + (J_{z_4} - J_{y_4})\omega_{z_4}\omega_{y_4} = M_{x_4} \\ J_{y_4}\dot{\omega}_{y_4} + (J_{x_4} - J_{z_4})\omega_{x_4}\omega_{z_4} + J_z\omega_{z_4}\dot{\gamma} = M_{y_4} \\ J_{z_4}\dot{\omega}_{z_4} + (J_{y_4} - J_{x_4})\omega_{y_4}\omega_{x_4} - J_y\omega_{y_4}\dot{\gamma} = M_{z_4} \end{cases} \tag{13.3.2}$$

式中，J_{x_4}、J_{y_4}、J_{z_4} 分别为弹体相对于准弹体坐标系各轴的转动惯量；ω_{x_4}、ω_{y_4}、ω_{z_4} 分别为准弹体坐标系相对于地面坐标系的转动角速度在准弹体坐标系各轴上的分量；M_{x_4}、M_{y_4}、M_{z_4} 分别为作用在弹体上的所有外力对质心的力矩在准弹体坐标系各轴上的分量。

在地面坐标系下建立的质心运动学方程为

$$\begin{cases} \dot{x} = v\cos\theta\cos\psi_V \\ \dot{y} = v\sin\theta \\ \dot{z} = -v\cos\theta\sin\psi_V \end{cases} \tag{13.3.3}$$

式中，x、y、z 分别为制导炮弹质心位置在地面坐标系各轴上的分量。

在地面坐标系下建立的弹体绕其质心转动的运动学方程为

$$\begin{cases} \dot{\gamma} = \omega_{x_4} - \omega_{y_4}\tan\theta \\ \dot{\psi} = \omega_{y_4}/\cos\theta \\ \dot{\vartheta} = \omega_{z_4} \end{cases} \tag{13.3.4}$$

式中，ϑ、ψ、γ 分别为弹体俯仰角、偏航角、滚转角。

几何关系方程为

$$\begin{cases}\beta^* = \arcsin[\cos\theta\sin(\psi - \psi_V)] \\ \alpha^* = \vartheta - \arcsin(\sin\theta/\cos\beta^*) \\ \gamma_V^* = \arcsin(\tan\beta^*\tan\theta)\end{cases} \tag{13.3.5}$$

式中，α^*、β^*、γ_v^* 分别为准攻角、准侧滑角和速度倾斜角。

滑翔控制过程中仅受到空气动力和重力的作用，以等效舵面偏角表示的力与力矩表达式为

$$\begin{cases}F_{x_2} = X_0 + X^{\alpha^{*2}}\alpha^{*2} + X^{\beta^{*2}}\beta^{*2} + X^{\delta_{eqz}^2}\delta_{eqz}^2 + X^{\delta_{eqy}^2}\delta_{eqy}^2 - mg\sin\theta \\ F_{y_2} = Y^{\alpha^*}\alpha^* + Y^{\delta_{eqz}}\delta_{eqz} - mg\cos\theta \\ F_{z_2} = Z^{\beta^*}\beta^* + Z^{\delta_{eqy}}\delta_{eqy} \\ M_{x_4} = M_{x_4}^{\omega_{x_4}}\omega_{x_4} + M_{x_4}^{\omega_{y_4}}\omega_{y_4} + M_{x_4}^{\omega_{z_4}}\omega_{z_4} + M_{x_4}^{\delta_x}\delta_x \\ M_{y_4} = M_{y_4}^{\beta}\beta^* + M_y^{\omega_x}\omega_x + M_y^{\omega_y}\omega_y + M_{y_4}^{\delta_{eqy}}\delta_{eqy} \\ M_{z_4} = M_{z_4}^{\alpha}\alpha^* + M_{z_4}^{\omega_{x_4}}\omega_{x_4} + M_{z_4}^{\omega_{y_4}}\omega_{z_4} + M_{z_4}^{\delta_{eqz}}\delta_{eqz}\end{cases} \tag{13.3.6}$$

式中，X_0 为零升阻力；δ_{eqz}、δ_{eqy} 分别为俯仰和偏航方向的等效舵偏角；$X^{\alpha^{*2}}$、$X^{\beta^{*2}}$、$X^{\delta_{eqz}^2}$、$X^{\delta_{eqy}^2}$ 分别为阻力对 α^{*2}、β^{*2}、δ_{eqz}^2、δ_{eqy}^2 的偏导数；Y^{α^*}、$Z^{\delta_{eqy}}$、$M_{z_4}^{\alpha}$ 等分别为空气动力和力矩对 α^*、δ_{eqy} 等参数的偏导数。

式(13.3.1)~式(13.3.6)构成了制导炮弹 6 自由度运动方程组。

13.3.2 滑翔增程制导炮弹飞行控制弹道特性分析

1. 运动方程简化

基于小扰动假设和系数冻结方法对滑翔增程制导炮弹的动力学方程进行线性化处理。为了书写方便，省略上标中的“ * ”和下标中的“4”，可得下列简化的扰动运动方程组：

$$\begin{cases}\dfrac{d^2\Delta\vartheta}{dt^2} - \dfrac{M_z^{\omega_z}}{J_z}\dfrac{d\Delta\vartheta}{dt} - \dfrac{M_z^{\alpha}}{J_z}\Delta\alpha - \dfrac{M_z^{\beta}}{J_z}\Delta\beta - \dfrac{J_x}{J_z}\omega_x\dfrac{d\Delta\phi}{dt} = \dfrac{M_z^{\delta_{eqz}}}{J_z}\Delta\delta_{eqz} \\ \dfrac{d^2\Delta\psi}{dt^2} - \dfrac{M_y^{\omega_y}}{J_y}\dfrac{d\Delta\psi}{dt} - \dfrac{M_y^{\alpha}}{J_y}\Delta\beta - \dfrac{M_y^{\alpha}}{J_y}\Delta\alpha + \dfrac{J_x}{J_y}\omega_x\dfrac{d\Delta\vartheta}{dt} = \dfrac{M_y^{\delta_{eqy}}}{J_y}\Delta\delta_{eqy} \\ \dfrac{d^2\Delta\theta}{dt^2} - \dfrac{Y^{\alpha}}{mv}\Delta\alpha = \dfrac{Y^{\delta_{eqz}}}{mv}\Delta\delta_{eqz} \\ \dfrac{d^2\Delta\psi_V}{dt^2} + \dfrac{Z^{\alpha}}{mv}\Delta\alpha = -\dfrac{Z^{\delta_{eqy}}}{mv}\Delta\delta_{eqy} \\ -\Delta\vartheta + \Delta\theta + \Delta\alpha = 0 \\ -\Delta\psi + \Delta\psi_V + \Delta\beta = 0\end{cases} \tag{13.3.7}$$

由扰动方程[式(13.3.7)]可见，制导炮弹纵向和侧向的扰动运动是互相交联的，采用动力系数符号表示方程组中的系数，则可得扰动运动方程组为

$$
\begin{cases}
\dfrac{d^2\Delta\vartheta}{dt^2}-a_{22}\dfrac{d\Delta\vartheta}{dt}-a_{24}\Delta\alpha+a'_{27}\Delta\beta-a'_{28}\dfrac{d\Delta\psi}{dt}=a_{25}\Delta\delta_{eqz}\\
\dfrac{d^2\Delta\psi}{dt^2}-b_{22}\dfrac{d\Delta\psi}{dt}-b_{24}\Delta\beta-b'_{27}\Delta\alpha+b'_{28}\dfrac{d\Delta\vartheta}{dt}=-b_{25}\Delta\delta_{eqy}\\
\dfrac{d\Delta\theta}{dt}-a_{34}\Delta\alpha=a_{35}\Delta\delta_{eqz}\\
\dfrac{d\Delta\psi}{dt}-b_{34}\Delta\beta=-b_{35}\Delta\delta_{eqy}\\
-\Delta\vartheta+\Delta\theta+\Delta\alpha=0\\
-\Delta\psi+\Delta\beta+\Delta\psi_V=0
\end{cases}
\tag{13.3.8}
$$

式中，$a_{22}=\dfrac{M_z^{\omega_z}}{J_z}=\dfrac{m_z^{\bar{\omega}_z}qSL}{J_z}\dfrac{L}{v}(s^{-1})$，表征赤道阻尼力矩特性；$a_{24}=\dfrac{M_z^{\alpha}}{J_z}=\dfrac{m_z^{\alpha}qSL}{J_z}(s^{-2})$，表征稳定力矩特性；$a_{25}=\dfrac{M_z^{\delta_{eqz}}}{J_z}(s^{-2})$，表征舵的操纵力矩特性；$a'_{27}=-\dfrac{M_z^{\beta}}{J_z}=-\dfrac{m_z^{\beta}qSL}{J_z}(s^{-2})$，表征马格努斯力矩特性；$a'_{28}=\dfrac{J_x}{J_z}\omega_x(s^{-1})$，表征陀螺力矩特性；$a_{34}=\dfrac{Y^{\alpha}}{mv}=\dfrac{c_y^{\alpha}qSL}{mv}(s^{-1})$，表征攻角相关升力特性；$a_{35}=\dfrac{c_y^{\delta_{eqz}}qSL}{mv}(s^{-1})$，表征舵偏角相关升力特性，$q=\dfrac{1}{2}\rho V^2$ 为动压，S、L 分别为特征面积和特征长度。

为了便于使用解析方法求解方程组[式(13.3.8)]，进行弹丸动态特性分析，根据复角和复合指令的思想，令

$$
\begin{cases}
A=\psi+i\vartheta\\
B=\beta+i\alpha\\
C=\psi_V+i\theta\\
\delta=-\delta_{eqz}+i\delta_{eqy}
\end{cases}
\tag{13.3.9}
$$

式中，A、B、C、δ 分别称为复姿态角、复攻角、复方向角及复合舵偏角；$i=\sqrt{-1}$，所以复角和复合指令的增量可表示为

$$
\begin{cases}
\Delta A=\Delta\psi+i\Delta\vartheta\\
\Delta B=\Delta\beta+i\Delta\alpha\\
\Delta C=\Delta\psi_V+i\Delta\theta\\
\Delta\delta=\Delta\delta_{eqz}+i\Delta\delta_{eqy}
\end{cases}
\tag{13.3.10}
$$

对制导炮弹的线性化扰动运动方程组进行整理，并将复角偏量[式(13.3.10)]代入可得

$$
\begin{cases}
A-B-C=0\\
\dfrac{d^2A}{dt^2}-(a_{22}+ia'_{28})\dfrac{dA}{dt}-(a_{24}-ia'_{27})B=a_{25}\delta\\
\dfrac{dC}{dt}-a_{34}B=a_{35}\delta
\end{cases}
\tag{13.3.11}
$$

对方程组[式(13.3.11)]建立传递函数,拉氏变换后的主行列式为

$$\Delta(s)=\begin{vmatrix} s^2-(a_{22}+\mathrm{i}a'_{28})s & -(a_{24}-\mathrm{i}a'_{27}) & 0 \\ 0 & -a_{34} & s \\ 1 & -1 & -1 \end{vmatrix}$$

$$=s^3+(a_{34}-a_{22}-\mathrm{i}a'_{28})s^2+[(-a_{24}-a_{34}a_{22})+\mathrm{i}(a'_{27}-a_{34}a'_{28})]s \quad (13.3.12)$$

得到弹体姿态角的传递函数为

$$W_{\delta}^{A}(s)=\frac{a_{25}s+a_{25}a_{34}-a_{35}a_{24}+\mathrm{i}a_{35}a'_{27}}{s[s^2+(a_{34}-a_{22}-\mathrm{i}a'_{28})s+(-a_{24}-a_{34}a_{22})+\mathrm{i}(a'_{27}-a_{34}a'_{28})]} \quad (13.3.13)$$

$$W_{\delta}^{B}(s)=\frac{-a_{35}s+a_{35}a_{22}+a_{25}+\mathrm{i}a_{35}a'_{28}}{s^2+(a_{34}-a_{22}-\mathrm{i}a'_{28})s+(-a_{24}-a_{34}a_{22})+\mathrm{i}(a'_{27}-a_{34}a'_{28})} \quad (13.3.14)$$

$$W_{\delta}^{C}(s)=\frac{a_{35}s^2-(a_{35}a_{22}+\mathrm{i}a_{35}a'_{28})s-a_{35}a_{24}+a_{34}a_{25}+\mathrm{i}a_{35}a'_{27}}{s[s^2+(a_{34}-a_{22}-\mathrm{i}a'_{28})s+(-a_{24}-a_{34}a_{22})+\mathrm{i}(a'_{27}-a_{34}a'_{28})]} \quad (13.3.15)$$

设复合法向过载为 $n=-n_z+\mathrm{i}n_y$,则其传递函数为

$$W_{\delta}^{n}(s)=\frac{v}{g}sW_{\delta}^{C}(s) \quad (13.3.16)$$

将式(13.3.15)代入式(13.3.16)中可得

$$W_{\delta}^{n}(s)=\frac{v}{g}\frac{a_{35}s^2-(a_{35}a_{22}+\mathrm{i}a_{35}a'_{28})s-a_{35}a_{24}+a_{34}a_{25}+\mathrm{i}a_{35}a'_{27}}{s^2+(a_{34}-a_{22}-\mathrm{i}a'_{28})s+(-a_{24}-a_{34}a_{22})+\mathrm{i}(a'_{27}-a_{34}a'_{28})} \quad (13.3.17)$$

以弹体复攻角 B 相对于复舵偏角 δ 的传递函数 $W_{\delta}^{B}(s)$ 为例,推导传递函数 $G_{\delta_y}^{\alpha}(s)$、$G_{\delta_z}^{\beta}(s)$、$G_{\delta_z}^{\alpha}(s)$、$G_{\delta_y}^{\beta}(s)$,将式(13.3.17)改写成复数形式为

$$W_{\delta}^{B}(s)=\frac{M_0(s)+\mathrm{i}M_1(s)}{N_0(s)+\mathrm{i}N_1(s)} \quad (13.3.18)$$

式中,

$$M_0(s)=-a_{35}s+a_{35}a_{22}+a_{25},\quad M_1(s)=a_{35}a'_{28}$$

$$N_0(s)=s^2+(a_{34}-a_{22}-\mathrm{i}a'_{28})s+(-a_{24}-a_{34}a_{22}),\quad N_1(s)=(a'_{27}-a_{34}a'_{28})$$

又因为:

$$W_{\delta}^{B}(s)=\frac{B(s)}{\delta(s)}=\frac{\beta(s)+\mathrm{i}\alpha(s)}{\delta_{\mathrm{eqz}}(s)+\mathrm{i}\delta_{\mathrm{eqy}}(s)}=\frac{M_0(s)+\mathrm{i}M_1(s)}{N_0(s)+\mathrm{i}N_1(s)} \quad (13.3.19)$$

则可得

$$[\beta(s)+\mathrm{i}\alpha(s)][N_0(s)+\mathrm{i}N_1(s)]=[\delta_{\mathrm{eqz}}(s)+\mathrm{i}\delta_{\mathrm{eqy}}(s)][M_0(s)+\mathrm{i}M_1(s)] \tag{13.3.20}$$

将式(13.3.20)按实部与虚部分开,可得

$$\begin{cases}\beta(s)N_0(s)-\alpha(s)N_1(s)=\delta_{\mathrm{eqz}}(s)M_0(s)-\delta_{\mathrm{eqy}}(s)M_1(s)\\ \beta(s)N_1(s)+\alpha(s)N_0(s)=\delta_{\mathrm{eqz}}(s)M_1(s)+\delta_{\mathrm{eqy}}(s)M_0(s)\end{cases} \tag{13.3.21}$$

矩阵形式表示为

$$\begin{bmatrix}\beta(s)\\ \alpha(s)\end{bmatrix}=\begin{bmatrix}N_0(s) & -N_1(s)\\ N_1(s) & N_0(s)\end{bmatrix}^{-1}\begin{bmatrix}M_0(s) & -M_1(s)\\ M_1(s) & M_0(s)\end{bmatrix}\begin{bmatrix}\delta_{\mathrm{eqz}}(s)\\ \delta_{\mathrm{eqy}}(s)\end{bmatrix} \tag{13.3.22}$$

解得传递函数表达式为

$$\begin{bmatrix}\alpha\\ \beta\end{bmatrix}=G(s)\begin{bmatrix}\delta_{\mathrm{eqz}}\\ \delta_{\mathrm{eqy}}\end{bmatrix}=\begin{bmatrix}G_{\delta_{\mathrm{eqz}}}^{\alpha} & G_{\delta_{\mathrm{eqy}}}^{\alpha}\\ G_{\delta_{\mathrm{eqz}}}^{\beta} & G_{\delta_{\mathrm{eqy}}}^{\beta}\end{bmatrix}\begin{bmatrix}\delta_{\mathrm{eqz}}\\ \delta_{\mathrm{eqy}}\end{bmatrix} \tag{13.3.23}$$

式中,

$$G_{\delta_{\mathrm{eqz}}}^{\alpha}(s)=G_{\delta_{\mathrm{eqy}}}^{\beta}(s)$$
$$=\frac{-[s^2+(a_{34}-a_{22})s-a_{24}-a_{34}a_{22}]a_{35}a'_{28}+(-a'_{28}s+a'_{27}-a_{34}a'_{28})(-a_{35}s+a_{35}a_{22}+a_{25})}{[s^2+(a_{34}-a_{22})s-a_{24}-a_{34}a_{22}]^2+[-a'_{28}s+a'_{27}-a_{34}a'_{28}]^2}$$

$$G_{\delta_{\mathrm{eqy}}}^{\alpha}(s)=-G_{\delta_{\mathrm{eqy}}}^{\beta}(s)$$
$$=\frac{(-a'_{28}s+a'_{27}-a_{34}a'_{28})a_{35}a'_{28}+[s^2+(a_{34}-a_{22})s-a_{24}-a_{34}a_{22}](-a_{35}s+a_{35}a_{22}+a_{25})}{[s^2+(a_{34}-a_{22})s-a_{24}-a_{34}a_{22}]^2+[-a'_{28}s+a'_{27}-a_{34}a'_{28}]^2}$$

由于制导炮弹具有细长体气动布局的特点,相对气动稳定力矩而言,弹体旋转产生的气动耦合力矩(马格努斯力矩)可以忽略不计,即取 $a'_{27}=b'_{27}=0$,同时,由于转动惯量 J_x 要小于 J_y 和 J_z 两个数量级,控制过程中,弹体平衡转速较小,忽略陀螺力矩的影响,即认为 $a'_{28}=b'_{28}=0$,据此处理,可以极大地简化对弹体动态特性的分析,当不考虑交联影响时,上述传递函数可简化为

$$G_{\delta_{\mathrm{eqz}}}^{\alpha}(s)=\frac{-a_{35}s+a_{35}a_{22}+a_{25}}{s^2+(a_{34}-a_{22})s-a_{24}-a_{34}a_{22}}=\frac{K_{\mathrm{M}}T_1}{T_{\mathrm{M}}^2s^2+2T_{\mathrm{M}}\xi_{\mathrm{M}}s+1} \tag{13.3.24}$$

同理可得

$$G_{\delta_{\mathrm{eqz}}}^{\vartheta}(s)=\frac{K_{\mathrm{M}}(T_1s+1)}{s(T_{\mathrm{M}}^2s^2+2T_{\mathrm{M}}\xi_{\mathrm{M}}s+1)} \tag{13.3.25}$$

$$G_{\delta_{\mathrm{eqz}}}^{\theta}(s)=\frac{K_{\mathrm{M}}}{s(T_{\mathrm{M}}^2s^2+2T_{\mathrm{M}}\xi_{\mathrm{M}}s+1)} \tag{13.3.26}$$

$$G_{\delta_{\mathrm{eqz}}}^{n_y}(s)=\frac{v}{g}\,\frac{K_{\mathrm{M}}}{T_{\mathrm{M}}^2s^2+2T_{\mathrm{M}}\xi_{\mathrm{M}}s+1} \tag{13.3.27}$$

$$G_{\delta_{\mathrm{eqz}}}^{\dot{\theta}}(s)=\frac{K_{\mathrm{M}}(T_1 s+1)}{T_{\mathrm{M}}^2 s^2+2T_{\mathrm{M}}\xi_{\mathrm{M}} s+1} \tag{13.3.28}$$

$$G_{\dot{\theta}}^{n_y}(s)=\frac{v}{g}\frac{1}{T_1 s+1} \tag{13.3.29}$$

式中，$K_{\mathrm{M}}=-\dfrac{a_{25}a_{34}}{a_{24}+a_{22}a_{34}}$，表示弹体的传递系数；$T_{\mathrm{M}}=\dfrac{1}{\sqrt{-a_{24}-a_{22}a_{34}}}$，表示弹体的时间常数；$\xi_{\mathrm{M}}=\dfrac{-a_{22}+a_{34}}{2\sqrt{-a_{24}-a_{22}a_{34}}}$，表示弹体的相对阻尼系数；$T_1=\dfrac{1}{a_{34}}$，为弹体的空气动力时间常数。

2. 动态稳定性分析

根据扰动运动方程组[式(13.3.11)]，当舵偏角 $\delta=0$ 时，其为自由运动，可分析低速滚转制导炮弹在自由运动时的动态稳定性条件。由自由运动时的制导炮弹扰动方程组：

$$\begin{cases}A-B-C=0\\ \dfrac{\mathrm{d}^2A}{\mathrm{d}t^2}-(a_{22}+\mathrm{i}a'_{28})\dfrac{\mathrm{d}A}{\mathrm{d}t}-(a_{24}-\mathrm{i}a'_{27})B=0\\ \dfrac{\mathrm{d}C}{\mathrm{d}t}-a_{34}B=0\end{cases} \tag{13.3.30}$$

可简化得到以二阶微分方程表示的扰动方程为

$$\frac{\mathrm{d}^2B}{\mathrm{d}t^2}+(a_{34}-a_{22}-\mathrm{i}a'_{28})\frac{\mathrm{d}B}{\mathrm{d}t}+[(-a_{24}-a_{34}a_{22})+\mathrm{i}(a'_{27}-a_{34}a'_{28})]B=0 \tag{13.3.31}$$

求解二阶微分方程[式(13.3.31)]的特征方程，得特征根为

$$\lambda_{1,2}=\frac{-(a_{34}-a_{22}-\mathrm{i}a'_{28})}{2}\pm\frac{1}{2}\sqrt{(a_{34}-a_{22}-\mathrm{i}a'_{28})^2-4[(-a_{24}-a_{34}a_{22})+\mathrm{i}(a'_{27}-a_{34}a'_{28})]} \tag{13.3.32}$$

当扰动方程组的两个特征根具有负实部时，系统是稳定的，因此整理可得

$$-4(a_{24}+a_{34}a_{22})+a_{28}'^2-\left[\frac{2a'_{27}-(a_{22}+a_{34})a'_{27}}{a_{34}-a_{22}}\right]^2>0 \tag{13.3.33}$$

式(13.3.33)即为保证制导炮弹弹体动态稳定性的条件式，可以得出如下结论。

(1) 静稳定性越大，即 $|a_{24}|$ 越大 ($a_{24}<0$)，越是对动态稳定性条件式中的第一项有利，而且 $|a_{24}|$ 相较于其他动力系数大得多，因此起到主导作用。

(2) 增大法向力系数 ($a_{34}>0$)，有益于弹体的动态稳定性。

(3) 马格努斯力矩系数 ($a'_{27}>0$) 越大，则对动态稳定性的不利影响越大。

(4) 气动阻尼系数 $|a_{22}|$ 越大 ($a_{22}<0$)，则对动态稳定条件式中的第一项越是有利，有利于动态稳定性；对于第三项，会使分母减小，分子减小，因此气动阻尼系数增大，将

有利于动态稳定性。

3. 平衡攻角

在制导炮弹飞行状态一定的情况下,飞行中产生的空气动力主要取决于攻角 α、侧滑角 β 和舵面偏角 δ_{eqy}、δ_{eqz},在飞行攻角和侧滑角不太大的情况下,制导炮弹具有线性空气动力特性。通常作用于飞行体重心处的合力矩为零,称为飞行体的静平衡状态。静平衡状态下,作用于飞行体的空气动力矩中,静稳定力矩和操纵力矩起最主要的作用,因此可以得到:

$$\begin{cases} m_z^{\alpha}\alpha_p + m_z^{\delta_{eqz}}\delta_{eqz} = 0 \\ m_z^{\beta}\beta_p + m_y^{\delta_{eqy}}\delta_{eqy} = 0 \end{cases} \tag{13.3.34}$$

式中,α_p、β_p 分别为静平衡状态下对应的攻角、侧滑角。

根据式(13.3.34)可得平衡攻角为

$$\alpha_p = \frac{-m_z^{\delta_{eqz}}\delta_{eqz}}{m_z^{\alpha}} \tag{13.3.35}$$

通过计算分析不同飞行状态条件下滑翔增程制导炮弹的平衡攻角,可以分析弹道特性、控制能力,并可用于弹道规划和飞行控制等算法设计。

滑翔增程制导炮弹就是依靠平衡攻角下全弹产生(比无控弹)较大的升阻比,使制导炮弹向前滑翔飞行、实现增程。而在实际滑翔飞行中,由于弹道偏差存在,舵面偏转控制实际弹道向方案弹道追踪,同时飞行运动条件(如存速、空气来流参数等)对平衡攻角 α_p 大小产生影响,因此在实际滑翔控制飞行中,弹体实际攻角 α 是围绕 α_p 上下波动的。为保障滑翔飞行中炮弹仍处于飞行稳定状态,全飞行弹道上的攻角幅值不能大于某最大允许值 α_{max},即

$$|\alpha| \leqslant \alpha_{max} \tag{13.3.36}$$

将式(13.3.35)代入式(13.3.36),可得保证稳定飞行条件下对应的最大舵偏角为

$$\delta_{zmax} \leqslant \left|\frac{m_z^{\alpha}}{m_z^{\delta_{eqz}}}\right|\alpha_{max} \tag{13.3.37}$$

式(13.3.37)可视为对滑翔增程制导炮弹在滑翔控制飞行过程中的飞行稳定补充条件。考虑实际中攻角围绕 α_p 波动,因此 α_{max} 量值可取为比当地飞行状态条件下的 α_p 适当大的值,如可取 $\alpha_{max} = 2|\alpha_p|$ 等。

13.4 滑翔增程制导炮弹方案弹道规划

13.4.1 方案弹道的作用及特点

滑翔增程制导炮弹的方案弹道可表述为:对于某一作战任务要求及飞行环境条件,发射前以选定的射角发射,无控飞行至弹道某处舵面张开起控,按一定舵偏规律滑翔控制

飞行,可以实现作战任务要求的一条理论滑翔控制飞行弹道为方案弹道。

飞行方案是指设计弹道时所选定的某些运动参数随时间的变化规律,制导炮弹按照预定的飞行方案所进行的飞行称为方案飞行,所对应的弹道为方案弹道。滑翔增程制导采用方案飞行,将预定的方案弹道作为飞行的基准弹道,在制导控制系统的作用下,纠正实际飞行弹道与方案弹道的偏差,实现对方案弹道的高精度跟踪。

方案弹道作为基准弹道,在跟踪方案弹道飞行过程中,使制导炮弹实现滑翔增程和精度控制,进而满足对制导炮弹射程和打击精度的要求。针对滑翔增程制导炮弹的具体状况,方案弹道的规划对于高效发挥滑翔增程的效能、提高控制品质有重要影响。方案弹道的设计受到制导炮弹发射飞行状态、控制能力、射程要求等的影响,其设计方法通常是在考虑初始状态、控制能力和落点等飞行约束的条件下,以最大升阻比、耗能最低为前提,以有利于滑翔增程或提高控制品质、高效完成作战任务等为优化指标,规划出满足要求的方案弹道。

滑翔增程制导炮弹需要具备大空域远程飞行和精确打击的特点,但由于发射方式和体积的约束,飞行控制能力受到一定的限制,射程和一些终端制导指标要求(如攻击时弹道倾角等)也会受到各种发射条件、气象条件、舵控能力和实际飞行控制品质的影响。因此,在具体条件下,要充分发挥并利用好滑翔增程效能,对于制导炮弹的控制能力和能量在飞行弹道上的合理分配极为重要。因此,如何依据实际发射条件、射程和终端制导指标需求,在一定控制能力条件下,针对滑翔增程制导炮弹飞行环境具有的复杂不确定影响因素、动力航程有限、飞行射程及精度要求高的特点,需对滑翔增程弹的火箭发动机参数、点火时刻、射角、开始滑控点位置、滑翔策略等影响滑翔弹道特性的因素和参数进行了大量计算分析,最终研究确定较佳的滑翔增程弹的方案弹道。

13.4.2 滑翔飞行方案弹道规划方法

1. 影响方案弹道的各类参数及匹配

对一具体的滑翔增程制导炮弹,作战任务要求、发射条件及飞行环境、舵面张开起控变化等均会影响其方案弹道状况。因此,影响方案弹道的因素也主要由这些弹道参数及约束确定,主要分如下几种。

1) 发射参数

射角、初速等发射参数对方案弹道有着重要影响,会影响方案弹道中要实现的射程、落点速度、落角等关键参数。在制导炮弹初速确定的情况下,依据目标位置和落点弹道参数要求,选择适合的射角发射,结合方案弹道规划算法,产生满足要求的方案弹道,是实现滑翔增程制导炮弹飞行任务的先决条件,需要结合制导炮弹的控制能力、弹道特点、环境条件等多因素共同计算确定。

2) 火箭参数

在总体确定了火箭发动机的总冲、装药量等相关参数后,其点火时间和工作时间对制导炮弹的飞行性能起着重要的影响,进而影响总体弹道方案,在进行制导炮弹总体方案同分系统方案的匹配设计时,需要结合不同点火时间和工作时间对弹道参数的影响,并充分考虑火箭点火及工作时间对射程、舵面张开起控时机等各方面的影响,确定较优的火箭点火及工作时间。但是,对于总体方案、火箭发动机工作状况已设计确定的滑翔增程制导炮弹,此时根据作战任务要求、飞行环境条件,在方案弹道设计过程中,火箭工作参数仅是确定计算条件。

3）起控时间

滑翔增程制导炮弹在飞行弹道上选择的起控时机会影响可以进行控制的时间及其初始控制阶段的飞行稳定性和可控性，并对方案弹道的射程大小或控制品质等产生重要的影响。近射程时，起控时间的选取需要考虑到弹载导航系统进入正常测量的时间及弹道环境条件（如火箭作用完成或弹体转速已降至某范围）等，同时在全弹测控系统可以正常工作后应有足够的时间来保障飞行的控制精度。对于远射程，在考虑弹体稳定性的同时，起控时机的选择应有利于各部分能量沿全弹道合理分配，尽可能提高滑翔增程效率和控制品质。

4）气象条件

气象条件是影响制导炮弹射程、速度、弹道倾角等弹道参数和特性的重要因素，对方案弹道有重要影响，为了使方案弹道和实际弹道尽可能一致，并减轻飞行控制压力，方案弹道规划中采用的气象条件应尽可能接近实际情况。

5）制导炮弹控制特性

根据一定任务要求和环境条件确定方案弹道时，需要考虑到制导炮弹的控制能力，给飞行控制系统留足余量，在发射扰动、弹体误差、弹上各类随机扰动等误差出现，导致实际弹道与方案弹道出现较大偏差时，制导炮弹的本身控制能力仍然能够使得实际弹道快速向方案弹道收敛，实现精确跟踪方案弹道，完成飞行任务。

6）落点要求

由于作战任务的需要，有时对制导炮弹落点速度、落角等有一定要求，这时也需要在规划方案弹道时进行针对性设计，从而使得基于设计的方案弹道在实现射程和精度要求的同时，也能满足指定的落速或落角等要求。

方案弹道主要受到上述各类参数和条件的影响，并且对于同一射程，确定方案弹道的相关参数并不唯一，对影响方案弹道的各种参数进行匹配，并依据某种设计原则确定出较佳的方案弹道参数，是方案弹道设计的关键。滑翔增程制导炮弹飞行过程中的能量、舵控能力沿飞行弹道的分配、转化是影响其射程的关键因素，合理分配全弹道中的能量变化，将有利于提高滑翔增程制导炮弹的增程效率，为了实现在设定射程下，制导炮弹以较佳的方案弹道飞行，可以将飞行弹道上的能量损耗最小作为原则，以此进行方案弹道关键设计参数的匹配，并最终确定出较佳的方案弹道。

2. 制导炮弹对外部信息的需求

滑翔增程制导炮弹发射后能够按照设定轨迹和目标点进行自主攻击，需要在发射前进行参数装定且在飞行中实时获得弹道数据。

滑翔增程制导炮弹在发射前需装定如下信息：发射参数（炮口位置经纬度、高度、射角、射向、气象条件、卫星星历数据等）；目标信息（经纬度、高度等）；方案弹道参数（舵张开及起控时刻、舵偏角等）。装定参数的读取在弹载控制计算机系统上电后立即执行，弹载计算机根据读取的数据进行相关处理，获得需要的数据信息。

滑翔增程制导炮弹采用卫星定位装置和惯导的复合导航体制，在飞行过程中实时获取其位置、速度和弹体姿态信息。导航系统工作中，首先由卫星定位装置接收导航卫星的定位信息并进行解算，获取弹体的位置和速度数据，导航系统融合卫星获取的定位信息与惯导测量的位置、速度、姿态、加速度数据，获得最终的导航数据，用于导航和控制弹体飞行。

随着滑翔增程制导炮弹射程的不断提高，还可以引入数据链技术，控制中心可以通过数据链和制导炮弹进行数据交互，实现智能化和多任务飞行，进一步提高其打击效率。

3. 方案弹道的设计思想及原则

大口径滑翔增程制导炮弹应具备大空域远程飞行和精确打击的特点，但由于发射方式和体积的约束，飞行控制能力受到一定的限制，射程和一些终端制导指标要求（如攻击时弹道倾角等）会受到各种发射条件、气象条件、舵控能力和实际飞行控制品质的影响。在此过程中，制导炮弹的控制能力和能量在飞行弹道上的分配极为重要。因此，如何依据实际发射条件、射程和终端制导指标需求，在一定控制能力约束下，在发射前快速规划出整个理想方案弹道，优化匹配出全弹道滑翔飞行能量，提高制导炮弹性能，实施精确制导，是实现大口径滑翔增程制导炮弹远程精确打击的关键技术之一，为此可以确定滑翔增程制导炮弹方案弹道的设计思想如下。

（1）以滑翔增程制导炮弹全弹道能量较佳分配为准则，通过射角和舵控函数的组合适配确定方案弹道的关键参数。

（2）方案弹道前段以确保射程能力为主，设计过程中关注与飞行平稳、能量损耗大小及转化对射程影响的整体贡献等相关的关键弹道参数；弹道末段以保障精度为主，设计中考虑控制能力、弹道过渡品质、落点设计约束等相关特性和参数。

（3）基于特定条件设计的方案弹道，在不同的飞行环境条件下，要具备良好的适应性，能够满足技术指标规定的射程和精度要求。

滑翔增程制导炮弹方案弹道规划的目标是在发射与飞行环境、弹体特性和飞行任务等特定约束条件下，寻找制导炮弹从炮口至目标点能满足任务要求且有利于某些性能较佳匹配（如射程、控制效率或品质等）的理论弹道飞行方案。为了实现方案弹道规划的目标，在设计方案弹道时，遵循如下的设计原则：

（1）以发射及飞行的环境条件作为方案弹道规划的基础；

（2）保证制导炮弹在全弹道上（包括无控和有控飞行）的稳定性；

（3）适配制导炮弹的飞行控制能力；

（4）确保制导炮弹控制飞行过程中的能量分布合理、耗能最小或控制效率较高；

（5）满足测控系统的工作时序和性能；

（6）满足落点弹道参数要求。

4. 方案弹道规划的流程及方法

滑翔增程制导炮弹方案弹道规划的流程如下：

（1）根据目标射程，确定适配的射角；

（2）根据实际气象条件，确定气温、气压、风速等当量气象参数（如实际中无实测气象条件，可根据统计选定一组当量气象参数）；

（3）考虑卫星定位装置、惯性测量单元的稳定输出时间，结合不同射程的弹道特点，选择适合的方案弹道起控时间；

（4）根据方案弹道规划原则，选择适合的方案弹道优化算法，在特定的约束条件下，以某种性能指标最优，规划出方案弹道。

方案弹道的规划问题一般为非线性、带有状态和控制约束的最优化控制问题,最优问题通常采用直接法和间接法进行处理。间接法是将轨迹优化问题转化为两点边值问题,通过数值方法求解,得到解的精度较高,且满足一阶最优性,但是需要对未知边界条件初值有较高的精度要求,收敛范围较小,同时在多约束的条件下,计算量会大大增加。随着计算机技术的发展,直接法在求解最优化问题上得到广泛应用。直接法是对性能指标函数直接寻找最优解,针对连续时间的最优控制问题,离散化并参数化处理,主要通过直接打靶法和配点法转化成非线性规划问题进行求解。对于非线性规划问题,求解的方法有很多,如序列二次规划法和启发式算法,以伪谱法为代表的配点法因收敛速度较快、求解的精度较高,成为研究热点。弹道规划算法的实施过程是首先建立滑翔增程制导炮弹弹道模型,其次用数学语言来描述和建立优化模型,最后采用相关算法求满足相关要求的最优解。下面以高斯伪谱法为例,介绍滑翔增程制导炮弹方案弹道优化设计方法。

5. 基于弹道上最小能量函数的制导炮弹多约束方案弹道设计方法

针对滑翔增程制导炮弹飞行环境具有的复杂不确定影响因素,以及动力航程有限、飞行射程及精度要求高的特点,采用基于弹道上能量优化管理的多约束制导炮弹大空域飞行弹道规划理论与方法,提高滑翔增程制导炮弹的飞行性能。

滑翔飞行制导炮弹的一个突出特点和优势是可以实现远程打击,而考虑到自身飞行能力的限制,需要规划一个合理的储能弹道,使制导炮弹沿飞行弹道合理分配能量(能力),实现远程飞行,保持足够的机动能力完成战术指标要求。研究大口径制导炮弹全弹道飞行的能量储存和转化原理,建立能量管理理论,可实现制导炮弹射程能力和作战效能的最大化。

1) 滑翔增程制导炮弹运动方程

$$
\begin{cases}
\dot{v} = \dfrac{F_{x_2} - mg\sin\theta}{m} \\
\dot{\theta} = \dfrac{F_{y_2} - mg\cos\theta}{mv} \\
\dot{x} = v\cos\theta \\
\dot{y} = v\sin\theta \\
n_y = \dfrac{v\dot{\theta}}{g} + \cos\theta
\end{cases}
\tag{13.4.1}
$$

2) 方案弹道优化设计问题的数学描述

根据上面介绍的以飞行弹道上的能量分配合理、(实现战术技术指标要求约束下)耗能较小为方案弹道设计原则的思路,开展方案弹道优化设计。

(1) 目标函数。

目标函数是用来评价方案弹道性能优劣的依据。实际中,在可以满足作战任务要求的不同方案弹道中,可以选择考虑射程最远或飞行时间最短或落速最大等为目标函数,也可对不同性能指标进行加权处理,建立多目标函数。而这里介绍的是在满足飞达指定目标距离的条件下,以弹道上耗能较小为评价依据的设计思路(据此可以最大限度地发挥出滑翔增程效能)。为此,认为在不同的射角、起控时刻等参数变化条件下,(控制)弹道上对应的平衡攻角较小(舵偏角相应较小)为耗能较小的(当量)能量管理评价函数。因此,滑翔飞行过程中能量损耗较低,以平衡攻角 α 为变量的目标性能函数为

$$J = \int_{t_0}^{t_f} \alpha^2 \mathrm{d}t$$

式中,t_f 为炮弹全程飞行时间。

因此,滑翔增程制导炮弹方案弹道优化设计问题为在一定约束条件(如指定射程等)下,寻找一套最优控制量(如舵偏角函数),使得制导炮弹在初始飞行状态下向前飞行中对应滑翔飞行弹道上的目标性能函数达到最小,即

$$\min J = \min\left\{\int_{t_0}^{t_f} \alpha^2 \mathrm{d}t\right\}$$

对应的状态方程为纵平面弹道运动方程。

(2) 优化设计变量。

选择设计变量为舵偏角函数 $\delta(t)$。

(3) 约束函数。

在上述以弹道上能量管理为目标的优化设计中,制导炮弹的方案弹道选择是在一些约束条件下进行的,约束条件主要如下。

① 滑翔弹道终端弹道高约束:$\min H < H < \max H$。

② 滑翔弹道终点飞达目标约束:$x(t_f) = x_D$(t_f 为炮弹全程飞行时间,x_D 为目标点位置)。

③ 射角及起控时刻约束:$\theta = \theta_0^*$,$t_0 = t_0^*$。

④ 过载大小约束:$|n_y| \leqslant \max|n_y|$。

3) 基于高斯伪谱法的多约束方案弹道规划算法

基于弹道上能量管理的弹道优化方法是一种比较复杂的最优控制问题,一般的优化方法难以解决。采用求解最优控制问题的高斯伪谱法解决上述非线性最优控制问题,主要思想是将连续的无限维最优控制问题转换为非线性规划问题进行求解,在一系列的勒让德-高斯(Legendre - Gauss, LG)节点上将状态变量和控制变量进行离散,并且利用这些离散点构造全局 Lagrange 插值多项式来近似系统的动力学方程,具有收敛速度快、对初值不敏感且无须猜测协态变量等优点。

(1) 系统动力学方程离散。

考虑积分形式的系统动力学方程为

$$\boldsymbol{X}(t) = \boldsymbol{X}(t_0) + \int_{t_0}^{t} \boldsymbol{f}(\boldsymbol{X}(\zeta), \boldsymbol{U}(\zeta), \zeta)\mathrm{d}\zeta \tag{13.4.2}$$

式中,$\boldsymbol{X}(t) \in \mathbf{R}^n$,为状态向量;$\boldsymbol{U}(t) \in \mathbf{R}^m$,为控制向量;$\zeta \in \mathbf{R}$,为时间变量;$\boldsymbol{f}$: $\mathbf{R}^n \times \mathbf{R}^m \times \mathbf{R} \to \mathbf{R}^n$ 为连续向量函数,其中 $\mathbf{R}$ 表示实数空间。

采用 Gauss 伪谱法,需要将时间区域 $[t_0, t_f]$ 转换到 $[-1, 1]$ 上,为此引入变量 τ 对时间 t 进行变换,即

$$t = \frac{t_f - t_0}{2}\tau + \frac{t_f + t_0}{2} \tag{13.4.3}$$

因此,系统动力学方程变为

$$X(\tau)=X(-1)+\frac{t_f-t_0}{2}\int_{-1}^{\tau}f(X(\zeta),U(\zeta),\zeta)\mathrm{d}\zeta \tag{13.4.4}$$

由数值分析知识可知,选取 N 个 Lagrange 插值基函数 $L_k(\zeta)$ 近似式(13.4.2)中的积分项,其代数精度可达 $2N-1$ 次,有

$$\begin{aligned}\int_{-1}^{\tau}f[X(\zeta),U(\zeta),\zeta]\mathrm{d}\zeta &\approx \int_{-1}^{\tau}\sum_{k=1}^{N}f[X(\tau_k),U(\tau_k),\tau_k]\cdot L_k(\zeta)\mathrm{d}\zeta\\ &=\int_{-1}^{\tau}\sum_{k=1}^{N}f[X(\tau_k),U(\tau_k),\tau_k]\cdot\int_{-1}^{\tau}L_k(\zeta)\mathrm{d}\zeta\end{aligned} \tag{13.4.5}$$

式中, $L_k(\zeta)=\dfrac{\omega(\zeta)}{(\zeta-\zeta_k)\omega'(\zeta_k)}$, $\omega(\zeta)=\prod_{i=1}^{N}(\zeta-\zeta_i)$; τ_k 为 N 次 Legendre 正交多项式 $P_n(x)=\dfrac{1}{2^n n!}\dfrac{\mathrm{d}^n}{\mathrm{d}x^n}[(x^2-1)^n]$ 的零点。

结合式(13.4.4)和式(13.4.5),第 i 个节点处的状态向量便可表示为

$$\begin{aligned}X(\tau_i)&=X(-1)+\frac{t_f-t_0}{2}\int_{-1}^{\tau_i}f[X(\zeta),U(\zeta),\zeta]\mathrm{d}\zeta\\ &\approx X(-1)+\frac{t_f-t_0}{2}\sum_{k=1}^{N}f[X(\tau_k),U(\tau_k),\tau_k]\cdot\int_{-1}^{\tau_i}L_k(\zeta)\mathrm{d}\zeta\\ &=X(-1)+\frac{t_f-t_0}{2}\sum_{k=1}^{N}A_{ik}\cdot f[X(\tau_k),U(\tau_k),\tau_k]\end{aligned} \tag{13.4.6}$$

式中, $A_{ik}=\int_{-1}^{\tau_i}L_k(\zeta)\mathrm{d}\zeta$ 为积分矩阵,其值可根据阿克赛尔松(Axelsson)算法离线确定,即

$$A_{ik}=\frac{W_i}{2}\left\{1+\tau_i+\sum_{v=1}^{n-2}P_v(\tau_k)[P_{v+1}(\tau_i)-P_{v-1}(\tau_i)]+P_{N-1}(\tau_k)[P_N(\tau_k)-P_{N-2}(\tau_k)]\right\} \tag{13.4.7}$$

式中, W_i 为第 i 个节点处的积分权重, $W_i=\dfrac{2}{N(N-1)[P_{N-1}(\tau_i)]^2}$; $P_v(\tau)$ 为 v 次 Legendre 正交多项式。

若记 $X_0=X(-1)$, $U_i=U(\tau_i)$, $X_i=X(\tau_i)$, $1\leqslant i\leqslant N$, 根据式(13.4.6),便可将积分形式的系统动力学方程在 N 个 LG 节点上转换为代数方程,即

$$X_i=X_0+\frac{t_f-t_0}{2}\sum_{k=1}^{N}A_{ik}\cdot f(X_k,U_k,\tau_k) \tag{13.4.8}$$

(2)边界条件和性能指标离散。

式(13.4.8)仅在区间的内点计算状态量,并未包含终端时刻节点,终端状态应满足动力学方程约束,即

$$\boldsymbol{X}_{\mathrm{f}}=\boldsymbol{X}_{0}+\frac{t_{\mathrm{f}}-t_{0}}{2}\int_{-1}^{1}\boldsymbol{f}[\boldsymbol{X}(\zeta),\ \boldsymbol{U}(\zeta),\ \zeta]\mathrm{d}\zeta \tag{13.4.9}$$

将终端条件离散并利用 Gauss 积分来近似,可得

$$\boldsymbol{X}_{\mathrm{f}}=\boldsymbol{X}_{0}+\frac{t_{\mathrm{f}}-t_{0}}{2}\sum_{k=1}^{N}\boldsymbol{\omega}_{k}\cdot\boldsymbol{f}(\boldsymbol{X}_{k},\ \boldsymbol{U}_{k},\ \tau_{k}) \tag{13.4.10}$$

由于这里所选取的性能指标不包含积分项,无须进行特殊处理,即

$$J=\Phi(V_{\mathrm{f}},\ H_{\mathrm{f}}) \tag{13.4.11}$$

根据以上的数学变换,弹道上能量管理的方案弹道优化问题可以描述为:在 $[t_0,\ t_{\mathrm{f}}]$ 时间内(t_{f} 为未知的弹道末端时刻),确定离散点上的状态向量 $\boldsymbol{X}_i(i=1,\ \cdots,\ N)$、控制向量 $\boldsymbol{U}_i(i=1,\ \cdots,\ N)$,使得性能指标[式(13.4.11)]最小,并满足系统动力学方程约束[式(13.4.7)]、终端状态约束[式(13.4.9)]及原问题的边界条件和过程约束:

$$\begin{cases}\phi(\boldsymbol{X}_0,\ t_0,\ \boldsymbol{X}_{\mathrm{f}},\ t_{\mathrm{f}})=0\\ C(\boldsymbol{X}_i,\ \boldsymbol{U}_i,\ \tau_i;\ t_0,\ t_{\mathrm{f}})\leqslant 0\quad(i=1,\ \cdots,\ N)\end{cases} \tag{13.4.12}$$

从而将连续的无限维最优控制问题转换为一般的非线性规划问题,写成标准形式为

$$\begin{cases}J=\min \boldsymbol{F}(\bar{\boldsymbol{X}})\\ \text{s.t.}\ \begin{cases}\boldsymbol{h}(\bar{\boldsymbol{X}})=\boldsymbol{0}\\ \boldsymbol{g}(\bar{\boldsymbol{X}})\leqslant\boldsymbol{0}\\ \bar{\boldsymbol{X}}\in\mathbf{R}^{N(n+m)+1}\end{cases}\end{cases} \tag{13.4.13}$$

式中,$\bar{\boldsymbol{X}}=[\boldsymbol{X}^{\mathrm{T}},\ \boldsymbol{U}^{\mathrm{T}},\ t_{\mathrm{f}}]^{\mathrm{T}}$,为包含状态量、控制量和终端时间的设计变量。对于该非线性规划问题,采用序列二次规划法进行计算求解。

上面介绍的内容为多约束方案弹道规划问题,即针对滑翔增程制导炮弹,在具体飞行环境条件和射程等要求下,采用基于弹道上能量管理(即对应弹道特征点上的能量消耗最小、对应控制量舵偏角最小,且能实现射程等性能要求)的弹道规划设计思路,设计对弹道上能量(能力)分配合理的理论方案弹道。

13.5　滑翔增程制导炮弹飞行控制策略与方法

13.5.1　制导系统功能与分类

1. 制导系统功能

制导系统是一组能够测量飞行体运动状态参数(或相对目标位置)、可进行逻辑运算,并按照一定制导规律改变飞行体飞行轨迹,按所需状态飞行的部件集合。制导系统的基本任务是确定飞行体与目标的相对位置和运动状况,按照一定的规律,操纵飞行体飞行,以设定的准确度引导飞行体沿着预定的弹道飞向目标。

通常,制导炮弹的制导系统包括测量探测系统、控制指令形成装置和飞行控制系统。

从功能作用上，可以将制导系统分为导引系统和控制系统两部分，导引系统通过测量系统确定飞行体运动参数、相对目标或者发射点的位置形成引导指令，指令形成后传送给控制系统；控制系统迅速而准确地执行导引指令，操纵飞行体，改变其飞行姿态，在保证稳定飞行的基础上，控制飞行体飞向目标，因为控制系统具有稳定弹体的功能，又称为稳定回路。

制导系统通常含导引回路系统和稳定回路系统，稳定回路作为制导系统大回路的一个闭环回路环节，而稳定回路本身也可能是多回路系统（如包含阻尼回路、姿态稳定回路、过载跟踪回路）。当然，制导系统并不是要求都具备上述各个回路，根据弹体特性和控制要求，选择适配的回路进行设计，但都需要有导引回路系统。

为了完成有控飞行任务，制导系统应具备以下功能：

(1) 探测功能，即能够在发射后，测量和确定飞行体位置和姿态功能、相对目标的几何位置关系等；

(2) 制导功能，即根据一定的导引律，产生飞行体逼近目标的导引指令；

(3) 飞行控制功能，即将导引指令转换成飞行体的响应，这个功能由控制回路系统实现，控制执行机构通常由气动操纵面或者直接力控制系统构成。

简单地说，制导控制系统具有对飞行体运动状况进行探测、逻辑运算决策、控制飞行三要素。

2. 制导系统分类

制导控制系统分为主动式制导与半主动式制导，当炮弹发射后，导引系统的工作完全由弹上自主完成，称为主动式制导，否则为半主动式制导。地面指令制导、驾束制导、激光照射制导等为常见的炮弹半主动制导方式。可根据对弹种作战任务的具体要求、整个体系的适配等来选取制导方式。

对滑翔增程制导炮弹的控制系统进行设计时，可选择不同的体制方案，对应也体现出不同特征，一般可选择的不同制导系统分类主要如下。

(1) 在选取导引探测体制上不同，如采用卫星加惯导的弹道参数探测体制、采用卫星加地磁的弹道参数探测体制等，前者对弹体飞行中参数探测的适应性相对更好、测量精度更高，后者结构简洁、成本相对低。

(2) 在不同气动结构布局上不同，如采用鸭式布局、正常式布局、低转速滚转或非滚转控制等。鸭式布局结构简洁、身管火炮发射下对全弹结构空间占用相对少；而采用正常式布局，则可在飞行中获取相对更大的升阻比，有利于滑翔增程飞行。基于气动布局和控制要求，选择单通道、双通道、三通道等不同控制体制。

(3) 在制导控制飞行导引律上，可采用不同控制策略，如全程方案追踪控制、前端方案追踪控制+末端比例导引控制等，它们在飞行控制过程中的控制响应和特征上有所不同，设计时可选取相应的制导控制策略。

不同的气动布局和控制体制对应的控制模型、所需导航参数、飞行控制策略与方法也不同，具体选择何种滑翔增程制导炮弹的制导系统方案为宜，需综合考虑要求、特点及飞行条件等确定。但目前常见的制导系统有：卫星加惯导探测、鸭式气动布局、小型电动舵机的控制机构、低速滚转下的双通道飞行控制体制。本书也重点以此方案为例，对其制导控制方案进行介绍。

13.5.2　滑翔增程制导炮弹制导方案

1. *滑翔增程制导炮弹无控和有控飞行过程*

滑翔增程制导炮弹的飞行过程主要包含无控飞行与有控飞行，其飞行过程如下。

1）无控飞行

滑翔增程制导炮弹以一定的射角、初速发射出去，一出炮口，尾翼张开保持稳定飞行，出炮口飞行一段时间后，弹上的小型火箭助推发动机工作，给弹丸以推力，帮助其（爬高）增程，发动机工作结束后，炮弹像普通尾翼弹一样继续在升弧段上飞行。

2）有控飞行

通常在过了弹道顶点的某位置上，舵面张开，弹载弹道参数探测系统开始工作，在弹道顶点附近，滑翔控制系统控制舵面偏转，滑翔控制飞行开始，通过不断地调整炮弹的滑翔姿态，使之向前滑翔，当滑翔飞行至接近目标时，转入末端制导阶段，在末端制导指令的作用下，实现精确制导，命中目标。

由上述滑翔增程制导炮弹飞行过程可知，无控飞行段建立了有控飞行段的起控弹道条件，转入有控飞行段后，需要在制导系统的作用下，完成远程的滑翔飞行和精度控制，实现飞行任务。

2. *滑翔增程制导炮弹制导方案*

1）炮弹滑翔增程与精度控制的舵控权重函数组合制导方法

大口径滑翔增程制导炮弹需要具备大空域远程飞行和精确打击的特点，由于发射方式和外形体积的限制，炮弹本身的飞行控制能力较差，这给制导炮弹大射程滑翔飞行及高精度落点控制等性能的实现带来了困难。如何针对制导炮弹飞行过程中动力学环境复杂、控制能力低、动力航程有限、精度与射程要求高、多任务攻击模式等特点，设计制导炮弹制导方案，实现高效率的滑翔增程飞行，完成末段高精度落点控制，实现射程和精度指标，是实现大口径滑翔增程制导炮弹远程精确打击作战任务的关键。

针对制导炮弹控制能力差、飞行中弹体转速及速度变化大、抗干扰能力弱而对精度、射程等要求高的难题，为了实现对方案弹道的精确跟踪及满足需要的落点精度，需要在飞行控制弹道上合理分配舵控能力，最大限度地发挥控制能力、效能和品质。根据滑翔增程制导炮弹的飞行控制特点，为了充分发挥其增程能力，飞行控制系统不仅需要在飞行中以飞行稳定并合理的能量分配来实现远程滑翔飞行，且为了满足对打击精度的要求，需要在末段以适配的导引律和舵控制能力分配保障来实现对目标点的精确打击。基于不同飞行阶段的控制特点和需求，滑翔增程制导炮弹采用中制导和末制导结合的飞行控制方案，中制导通过飞行控制系统实现飞行中能量的合理分配，重点保障实现远程滑翔飞行；末制导阶段重点保障实现对目标的精确制导，同时设计复合弹道条件下的中末制导交接方法，确保中制导段向末制导段过渡过程中制导炮弹的飞行稳定性。因此，滑翔增程制导炮弹飞行控制系统的设计可以遵循如下方法。

（1）滑翔增程制导炮弹飞行制导系统滑翔增程与精度控制的舵控权重函数组合制导方法：飞行过程中自适应调整舵控函数权重因子，从而实现有限能量和舵控能力的高效利用，解决滑翔增程制导炮弹动力航程裕度较小而对射程、精度要求高的难题。

（2）基于中末制导结合的方案。中制导采用方案弹道追踪算法，末制导采用改进比例导引律,基于飞行弹道参数设计适配的舵控函数,并进行合理的权重分配,实现高效滑翔增程与精度控制。

(3) 通过设计与滑翔增程制导炮弹飞行弹道特点和参数适配的控制变量及自适应变化模式,并结合指标要求、弹道与控制约束,确定参数变化范围。

2) 滑翔增程制导炮弹制导方案

根据滑翔增程制导炮弹的弹道特点和射程、精度,结合飞行任务需求,可以采用的制导方案为:主动制导方式,气动结构布局采用鸭式布局,制导系统由导引系统和稳定控制系统组成;卫星定位装置+惯性测量单元的组合导航体制,以电动舵机为控制执行机构;中段方案弹道跟踪控制+末端比例导引的滚转双通道控制方式,稳定控制系统采用阻尼控制回路。制导系统的主要功能部件包括:卫星定位装置、惯性姿态测量单元、电动舵机系统和弹载计算机。

3) 制导系统功能特点

基于上述制导方案的采用惯导系统的控制原理框图见图 13.5.1。

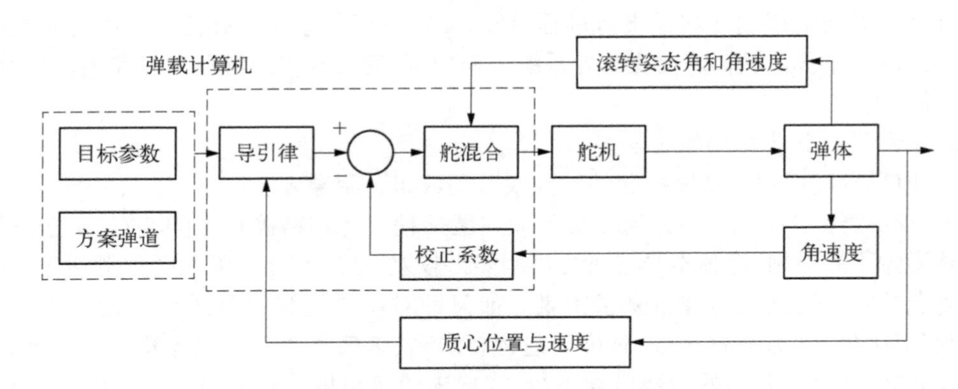

图 13.5.1 采用惯导系统的控制原理框图

制导系统主要由两个回路组成:

(1) 阻尼控制回路(弹体角速率反馈回路)。

阻尼回路为通过测量系统给出的弹体角速率反馈构成回路,主要功能是增加弹体阻尼,通过调节校正系数,获得满意的阻尼特性,提高弹体的快速响应性和稳定性。

(2) 导引回路(弹体质心位置和速度反馈回路)。

用卫星定位装置/微机电系统惯性组合导航系统测得弹体质心位置和速度反馈与方案弹道的对应弹道参数的偏差,按照设定的控制策略,生成制导指令,引导弹体沿着方案弹道飞行。

通常,依据性能要求和弹体特性,制导回路均由中制导和末制导组成,在全弹舵控能力有限的状况下,中制导主要保障滑翔飞行能力,满足射程要求;末制导主要保障精确打击能力,满足落点精度要求。中段采用经典线性弹道跟踪控制方法,依据实际弹道与方案弹道同一横向坐标 X 下的弹道高度 Y 和纵向速度 v_y 的偏差,生成纵向控制指令;依据实际弹道与方案弹道同一横向坐标 X 下的弹道侧偏 Z、高度 Y 和侧向速度 v_z,生成横向控制指令。为了提高落点精度,末制导采用比例制导律,使炮弹速度矢量的旋转角速度与目标线的旋转角速度成比例，飞行弹道平直，可以满足飞行要求。

13.5.3　中制导系统指令形式

滑翔增程制导炮弹采用中制导和末制导相结合的导引控制方案，中制导采用方案弹道跟踪方法，根据实际弹道和方案弹道的偏差生成导引指令，稳定控制回路采用阻尼控制方法，从而在实现跟踪方案弹道远程滑翔飞行的同时，确保弹体的飞行稳定性。

基于两回路制导控制系统结构的方案弹道跟踪控制指令形式为

$$\begin{cases}\delta_y = \delta_{y_0} + K_{yp}(\cdot)\Delta Y + K_{yd}(\cdot)\Delta v_y - K_0(\cdot)\omega_z \\ \delta_z = K_{zp}(\cdot)\Delta Y + K_{zd}(\cdot)\Delta v_z - K_0(\cdot)\omega_y\end{cases} \tag{13.5.1}$$

式中，δ_y、δ_z 分别为纵向和横向控制指令；δ_{y_0} 为方案弹道舵偏角；$K_{yp}(\cdot)$、$K_{yd}(\cdot)$ 为纵向自适应控制函数；$K_{zp}(\cdot)$、$K_{zd}(\cdot)$ 为横向自适应控制函数；ΔY、Δv_y 分别为纵向方案弹道和实际弹道的位置和速度偏差；ΔZ、Δv_z 分别为横向方案弹道和实际弹道的位置和速度偏差；$K_0(\cdot)$ 为阻尼校正系数自适应控制函数；ω_z、ω_y 分别为纵向和横向的弹体摆动角速度。

采用末端比例导引律的纵向和横向控制指令形式为

$$\begin{cases}\delta_y = K_1(\cdot)\,|\dot{R}|\,\dot{q}_\varepsilon + \delta_0 - K_{0m}(\cdot)\omega_z \\ \delta_z = -K_2(\cdot)\,|\dot{R}|\,\dot{q}_\beta - K_{0m}(\cdot)\omega_y\end{cases} \tag{13.5.2}$$

式中，R 为目标与炮弹间的距离，指向目标为正；δ_0 为引入的重力补偿舵偏角；q_ε、q_β、$\dot{q}_\varepsilon$、$\dot{q}_\beta$ 分别为纵向和横向弹目视线角及视线角速率；$K_1(\cdot)$、$K_2(\cdot)$ 分别为纵向和横向自适应比例导引系数函数；$K_{0m}(\cdot)$ 为末端阻尼校正系数自适应控制函数。

13.5.4　阻尼回路设计

通过选择阻尼回路控制参数，提高弹体阻尼，保证滑翔增程制导炮弹在飞行过程中的弹体稳定性。在保证弹体阻尼满足要求的基础上，阻尼回路同时满足输出合理的舵面偏角控制指令。

通常，制导控制系统的阻尼系数设计为 0.4~0.8，由上述制导炮弹在不同弹道高度和速度下的阻尼系数可以看出，其阻尼系数偏低，属于欠阻尼系统，且具有远射程时，阻尼由高空段向低空段减小，近射程时，阻尼系数从高空向低空段略有下降，为了提高飞行过程中的弹体运动品质和末端制导精度，需要引入阻尼回路设计。

制导炮弹阻尼回路的原理是利用角速度传感器测量的弹体姿态运动，产生正比于弹体横向角速度的信号，将其引入控制回路以实现负反馈，其结构如图 13.5.2 所示。

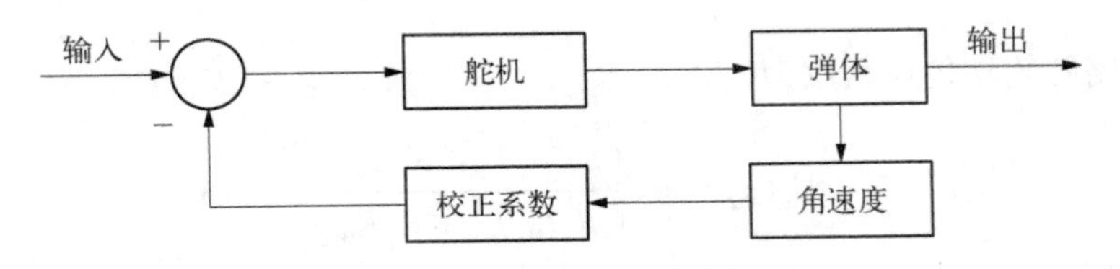

图 13.5.2　阻尼回路结构图

由式(13.5.1)可知，$K_0(\cdot)$ 为阻尼校正系数自适应控制函数，其随着飞行状态变化，在某个具体特征点处，其为确定的值 K_{0i}，K_{0i} 即基于特征点求取的确定阻尼校正系数，当求取了选择的多个特征点的 K_{0i} 后，根据随弹道参数的变化拟合为自适应变化函数 $K_0(\cdot)$，以简化传递函数形式表示的阻尼回路结构图如下。

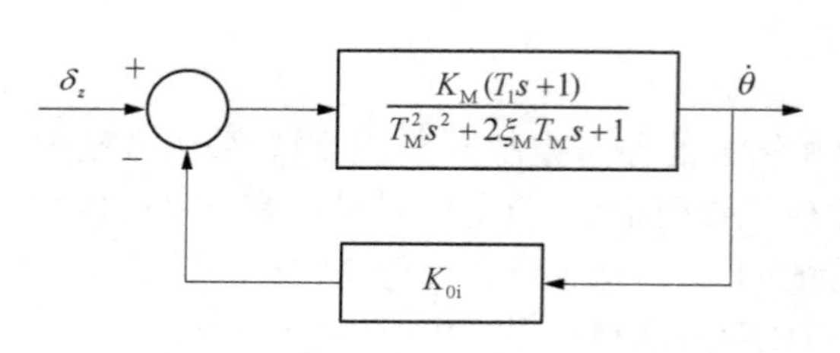

图 13.5.3 以传递函数表示的阻尼回路结构图

根据图 13.5.3 可得阻尼回路的闭环传递函数为

$$I(s) = \frac{K_M^*(T_1 s + 1)}{T_M^{*2} s^2 + 2\xi_M^* T_M^* s + 1} \tag{13.5.3}$$

式中，$K_M^* = \frac{K_M}{K_M K_{0i} + 1}$；$T_M^* = \frac{T_M}{\sqrt{K_M K_{0i} + 1}}$；$\xi_M^* = \frac{\xi_M T_M + K_M K_{0i} T_1/2}{T_M \sqrt{K_M K_{0i} + 1}}$。

由式(13.5.3)可知，阻尼回路可以等效为二阶振荡环节，阻尼系数为 0.4~0.8，超调量为 1.5%~25%，将兼具良好的稳定性和快速性，工程上常取阻尼系数为 0.7 左右，此时最佳，超调量约为 5%。根据式(13.5.2)及特征点的阻尼系数，可得阻尼校正系数。

13.5.5 中制导设计

依据指标要求和弹体特性，滑翔增程弹制导系统由中制导和末制导组成，中制导主要提供滑翔飞行能力，满足射程要求，末制导提供精确打击能力，满足落点精度要求。

中段制导方案弹道采用经典线性弹道跟踪方法，依据实际弹道与方案弹道在同一射程下的弹道高度和纵向速度的偏差，生成纵向控制指令；依据实际弹道与方案弹道在同一射程下的弹道侧偏、高度和侧向速度，生成横向控制指令。

由于阻尼回路为内回路，设计好的中段弹道跟踪控制系统的自然频率为弹体过载响应频率的 1/5，甚至更小，可以认为弹体的过载响应为瞬间完成的，其动态过程可以忽略，则过载响应系统的数学模型可以用系统的稳态增益 K_{0a} 来代替，制导回路跟踪控制器的参数为 K_p、K_d，高度指令信号为 H_c，实际弹道高度为 H，则以传递函数表示的制导回路结构如图 13.5.4 所示。

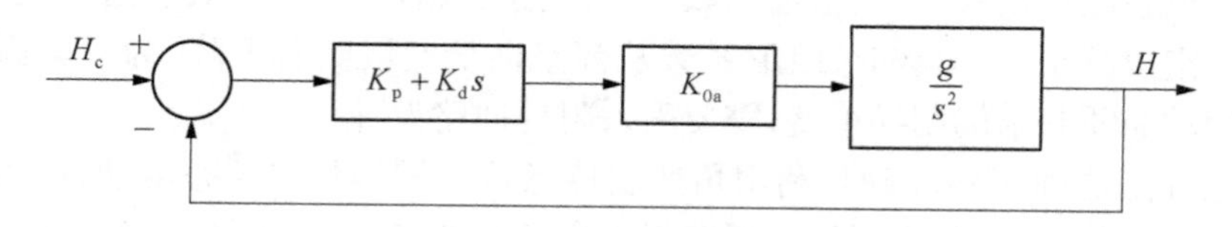

图 13.5.4 制导回路结构图

制导回路的闭环传递函数为

$$G_g(s) = \frac{(K_p + K_d s) K_{0a} g}{s^2 + K_d K_{0a} g s + K_p K_{0a} g} \tag{13.5.4}$$

式(13.5.4)是在标准二阶系统上增加了一个零点，这个零点的影响是增加了标准二阶系统的超调量，而对标准二阶系统的调节时间没有影响，同时该系统的稳态增益为 1，这表明采用比例微分控制的弹道跟踪系统是一个无稳态误差的系统。

若弹道跟踪控制系统响应与式(13.5.5)表示的标准二阶系统相同，则按照待定系数法可以得到弹道跟踪制导系统的导引律参数为式(13.5.6)：

$$G_{bz}(s)=\frac{\omega_{bh}}{s^2+2\xi_{bh}\omega_{bh}s+\omega_{bh}^2} \tag{13.5.5}$$

$$\begin{cases} K_p=\dfrac{\omega_{bh}^2}{K_{0a}g} \\ K_d=\dfrac{2\xi_{bh}\omega_{bh}}{K_{0a}g} \end{cases} \tag{13.5.6}$$

式中，ξ_{bh}、ω_{bh} 分别为标准二阶系统的阻尼系数和自然频率。

13.5.6　末端精确比例导引方法

为了提高落点精度，末制导采用比例制导律，使炮弹速度矢量的旋转角速度与目标线的旋转角速度成比例，飞行弹道平直，可以满足飞行要求。为了提高末端炮弹的机动能力，纵向制导律引入重力补偿，使弹道在末制导初始段向上抬起，然后在比例导引律的作用下将弹道回拉，提高末端飞行能力和增大炮弹落角，末制导算法为

$$\begin{cases} \delta_y=K_1\,|\,\dot{R}\,|\,\dot{q}_\varepsilon+\delta_0 \\ \delta_z=-K_2\,|\,\dot{R}\,|\,\dot{q}_\beta \end{cases} \tag{13.5.7}$$

式中，K_1、K_2 为比例系数；R 为目标与炮弹间的距离，指向目标为正；δ_0 为引入的重力补偿舵偏角；$\dot{q}_\varepsilon$ 和 $\dot{q}_\beta$ 为视线角速率。

比例系数 K_1、K_2 值的选择直接影响弹道特性，影响炮弹能否直接命中目标，选择合适的 K_1、K_2，除了考虑这两个因素外，还要考虑结构强度所允许的承受过载的能力，以及制导系统能否稳定地工作等因素。K_1、K_2 的取值一般为 2~6，具体遵从如下原则。

(1) K_1、K_2 的下限应该满足 $\dot{q}$ 收敛的条件。$\dot{q}$ 收敛使制导炮弹在接近目标的过程中，目标线的旋转角速度不断减小，相应地所需的法向过载也不断减小。$\dot{q}$ 的收敛条件为

$$\begin{cases} K_1>\dfrac{2\,|\,\dot{R}\,|}{v\cos\eta_1} \\ K_2>\dfrac{2\,|\,\dot{R}\,|}{v\cos\eta_2} \end{cases} \tag{13.5.8}$$

这就限制了 K_1、K_2 的下限，由式(13.5.8)可知，需要根据攻击方向的不同，选择适当的 K_1、K_2，使得制导炮弹在各个方向打击目标都可以满足指标要求。

(2) K_1、K_2 受到可用法向过载的限制。式(13.5.8)限制了比例系数 K_1、K_2 的下限值，由于存在最大可用法向过载的限制，其上限值如果取得过大，制导炮弹在制导飞行过程中所需的法向过载不能超过最大可用法向过载，这限制了 K_1、K_2 的上限值。

(3) K_1、K_2 应该满足制导系统稳定工作的要求。如果 K_1、K_2 选择得过大，外界干扰对制导炮弹飞行的影响就会变大，视线角速率的微小变化将引起过载指令的较大变化，从

制导系统能够稳定工作的前提触发，K_1、K_2 的选择也要受到限制。

末制导参数的选择需要在考虑视线角速率收敛、炮弹机动能力和制导系统的稳定工作的前提下进行初步计算，然后通过仿真和飞行试验进行优化和验证。

13.5.7 中末制导稳定交接算法

1. 影响中末制导交接段选择的主要因素及设计原则

中末制导交接段的选择、设计对任何复合制导系统的控制效能发挥及控制品质等都有重要影响。前面已介绍，滑翔增程制导炮弹的舵控能力有限，在射程、精度要求较高的状况下，中制导舵控能力主要保障滑翔增程、末制导舵控能力主要保障精度控制。

因此，对滑翔增程制导炮弹的中末制导交接班进行选择时，主要考虑以下因素和设计原则。

（1）满足交接空域对应的能力充分发挥、合理分配要求，保障末端比例导引的有效实施。

转入末端比例导引的弹道段越短，分配保障精度控制的舵控能力比例越低，可能会影响到末端比例导引控制效率的实施，不利于提高精度控制。因此，实际中应根据具体的滑翔增程制导炮弹的全飞行弹道误差分析，结合实际的舵控能力，选择合适的交接空域。

（2）保障中制导和末制导在交接空域弹道的平滑过渡，避免两段弹道在交接点出现突变。

中段方案弹道追踪控制和末端比例导引控制，在交接点处可能出现弹体相应的运动弹道参数（姿态、速度等）存在突变，不利于弹体的稳定飞行和不同制导控制律的顺利交接，一般会设计一段交接空域，按各自的导引律需求，使弹道参数平滑过渡。

交接空域要求是指炮弹飞行状态正常，达到了末制导需要的射程 X 和高度 Y，能够保证中末制导的顺利交接和末制导的有效实施。

2. 中末制导交接算法

弹道交接班指针对中制导段与末制导段采用不同的制导规律引起的弹道特性不同而对应采取的处理方法。中末弹道交班要求中末制导段弹道在交接空域内平滑过渡，避免两段弹道在交接点产生突变，保证弹体平稳和顺利转入末制导段，设中制导律为 n_1，末制导律为 n_2，交接的起始时刻为 t_h，交接时间为 t_s，则可以定义交界段的导引律为

$$n = k(t)n_1 + [1 - k(t)]n_2 \tag{13.5.9}$$

式中，$k(t) = \{k(t) \mid 0 \leq k(t) \leq 1\}$，且 $k(t_h) = 1$，$k(t_h + t_s) = 0$，$t \in [t_h, t_h + t_s]$。

为了保证交接时的平稳，选择 $[0, \pi/2]$ 内的余弦函数作为交接班算法的平滑过渡算子，来构造自适应交接班制导律，选择 $k(t)$ 值为

$$k(t) = \cos\left[\frac{\pi(t - t_h)}{2t_s}\right] \tag{13.5.10}$$

13.6 飞行弹道控制模拟仿真技术

13.6.1 制导炮弹发射及飞行环境特性

火炮膛内发射过程是一个复杂的非线性瞬态过程，具有高温、高膛压（高冲击过载）、

高速摩擦、材料变形与损伤等特点，使得制导炮弹发射环境恶劣，具有以下显著特点：

（1）高过载，发射瞬间承受上万 g 的轴向过载；

（2）高转速，炮弹在出炮口时刻有每秒几百转，甚至更高的旋转速度；

（3）弹载空间约束，制导炮弹由常规身管火炮发射，对弹径、弹长和弹重都有严格限制要求，且因制导炮弹含有导航与控制系统组件，其内部结构远比常规炮弹复杂，留给制导控制组件的空间有限，在进行总体和分系统设计及器件选型时都需要考虑尺寸约束，对组件可靠性提出了很高的要求。

（4）飞行控制过程中，弹体摆动或滚转变化快，由于炮弹发射速度和飞行中的转速高且变化快，弹体重量相对（同一般导弹比）轻、惯性小，在飞行控制过程中，弹体存在摆动或滚转角速度变化大，动力学环境相对恶劣，给导航与控制系统的测量及控制带来困难。

基于以上特点，在制导炮弹研制中，设计适配的导航与控制组件，以及适配的制导控制方法，在制导炮弹有限的体积空间和控制能力下，最大限度地发挥其控制效率，存在诸多挑战，给制导炮弹方案研究带来了困难。需综合匹配各方面影响因素、兼顾各方面需求与特点，反复分析验证确定出最终方案，这期间需开展大量方案验证、分析、改进和完善工作。

制导炮弹及其飞行组件性能应满足发射及飞行环境、全弹总体性能要求，可以通过地面实验或模拟及靶场试验来进行验证。靶场试验一般采用炮射试验进行验证，其准备工作复杂、成本高、周期长，且许多未知因素影响难以分割；通过地面实验室或地面搭建的一些试验平台和设备进行测试，验证功能组件的相关性能，实施方便、快捷、成本低，是研究制导炮弹过程中必不可少、极为重要的一个环节，对于提高研制进度和研究水平有重要影响，因此对制导炮弹的地面模拟试验研究也受到越来越高的重视。

与制导炮弹飞行控制系统相关的地面模拟主要包括炮弹发射与飞行环境模拟、半实物实时仿真等，发射与飞行环境模拟主要检测制导炮弹导航与控制系统在高过载、高低温、复杂电磁环境、振动、弹体气动加载或运动等环境下的工作性能；半实物实时仿真是将部分实物放入仿真系统中进行试验，对接入部分进行实时仿真，通过半实物仿真验证控制组件的适配性、控制算法及参数的合理性。根据研制对象的使用环境和自身特性，采用和设计适配的地面模拟方法，有利于提高研制效率和节约成本，推进制导炮弹研究进程。

滑翔增程制导炮弹飞行控制组件主要包含卫星定位装置、惯导装置、舵机装置、弹载计算机及电源电路部件等，是实现炮弹飞行弹道探测、导航定位、姿态测量、飞行控制和算法指令解算的关键部件，在飞行过程中，弹上探测、导航、信息控制和驱动模块存在大量持续的数据交互，因此对典型模块和功能部件进行针对性的地面功能测试十分重要。对于控制组件的地面检测和模拟，主要分为功能和环境试验，功能试验是根据每个组件的功能及实现功能所需要保障的器件状态进行检测，环境试验是通过模拟组件的使用环境，来检测验证组件在相关环境下是否能够保持正常的工作状态。

13.6.2　飞行控制部件环境模拟

下面主要介绍飞行控制部件的发射及飞行环境性能模拟。

1. 高过载发射环境模拟

制导炮弹发射过程中，膛内会瞬时产生高达上万 g 的冲击过载，弹载组件需要承受发射过载，且在经历高强度的过载后保持正常工作，为了在地面测试弹载组件能否满足高过载发射要求，需要采用发射过载地面测试设备进行检测，结合制导炮弹的重量和尺寸特点，常用的检测方法为高过载冲击台试验、马歇特锤击试验、空气炮试验。

（1）高过载冲击试验台是专门为满足高过载发射和使用环境而研发的高加速度冲击试验台，采用跌落原理，为了增加速度，有的冲击试验还采用了气压反推或者弹簧蓄能，通过调整充气压力或弹簧行程，可以增加冲击时的加速度值。

（2）马歇特锤击试验用来评估在膛内受到发射冲击作用时的过载能力，装置由冲击锤、锤座和摆锤机构组成，利用重力对冲击锤加速，使其打击待测目标，从而产生增大的加速度过载，通过调整击锤角度和高度改变打击能量，实现不同过载值的模拟。

空气炮是目前广泛应用的室内冲击过载试验设备，主要根据火炮功能原理设计，以空气或轻质气体为动力源，通过高速发射弹体完成冲击试验。空气炮分为一级空气炮、二级空气炮和组合式空气炮。其中，一级空气炮是在火炮构造机理的基础上用压缩气体直接发射炮弹；二级空气炮则是用火炮作为压缩级再加上空气炮构成的发射器，可克服在炮管内加速运行时，因炮弹后部气体体积增大而导致推动力持续下降的问题，速度有很大的提高；组合式空气炮将各种一级、二级空气炮进行不同方式的搭配组装，可适应不同研究领域的要求。

同直接用火炮发射炮弹回收检验相比，上述介绍的几个地面模拟高过载发射环境试验方法简单易行，但不足之处是冲击过载持续时间偏短（或同火炮发射相比，能量偏小），相对而言，马歇特锤击试验的持续时间最短，通常被检测部件的体积和质量最小，而空气炮更为接近火炮发射状况。为此，用地面装置模拟发射高过载环境检测应比实际发射过载值高一些，来补偿冲击时间偏短的不足，根据对一些工程经验的总结，采用冲击台试验的过载值可选为实际炮射最大过载值的 2~3 倍。

2. 高低温环境模拟

制导炮弹的储存、运输和使用具有较宽的温度变化范围，战术技术指标要求中会明确其在高温和低温环境下正常实施作战任务，飞行控制组件也需要在高低温环境下正常工作。高低温环境模拟是通过将产品放置在高温和低温环境的试验箱中，通过针对性的温度变化流程和测试，来验证其适应性。试验的严苛程度取决于高低温环境的温度及暴露持续时间。

高低温环境模拟分为温度冲击试验和温度循环试验，温度冲击模拟试验的目的是确定产品在温度急剧变化的气候环境下储存、运输、使用的适应性，试验的严苛程度取决于高/低温、驻留时间、循环次数。快速温变试验是用来确定产品在高低温快速或缓慢变化的气候环境下的储存、运输、使用的适应性。试验过程是以常温→低温→低温停留→高温→高温停留→常温作为一个循环，温度循环试验的严苛程度是以高/低温度范围、停留时间及循环次数来决定的。

制导炮弹及其各飞行控制部件经高低温环境模拟试验后，要求工作性能正常。

3. 振动环境模拟

振动环境模拟是仿真制导炮弹组件在运输及使用环境中所遭遇到的各种振动环境影响，用来确定其是否能承受各种环境振动的能力。振动试验是评定元器件、零部件及整机在预期的运输及使用环境中的抗振能力。最常见的振动方式有正弦振动及随机振动，正弦振动试验有定频和扫描试验类型，扫描试验分线性扫描和对数扫描。正弦振动频率始终不变，一般是模拟转速固定的旋转机械引起的振动，或结构固有频率处的振动。扫频正弦振动试验中，频率将按一定的规律发生变化，而振动量是频率的函数。随机振动则是以产品整体性能结构耐震强度来评估，以及在包装状态下的运输环境模拟。

振动试验设备分为加载设备和控制设备两部分。加载设备有机械式振动台、电磁式振动台和电液式振动台，电磁式振动台是目前使用最广泛的一种加载设备。振动控制试验用来产生振动信号和控制振动量级的大小，振动控制设备应具备正弦振动控制功能和随机振动控制功能。振动试验主要是环境模拟，试验参数为频率范围、振动幅值和试验持续时间。振动对产品的影响有：结构损坏，如结构变形、产品裂纹或断裂；产品功能失效或性能超差，如接触不良、继电器误动作等，这种破坏不属于永久性破坏，因为一旦振动减小或停止，工作就能恢复正常；工艺性破坏，如螺钉或连接件松动、脱焊。从振动环境模拟试验技术发展趋势看，将朝向采用多点控制技术、多台联合振动技术发展。

4. 电磁环境模拟

制导炮弹在使用过程中会面临复杂的电磁环境，控制系统及其组件不仅要适应全弹本身的电路及组件产生的电磁干扰，也需要适应存储及飞行状态下的电磁环境。在地面进行电磁兼容性实验，通过在实验室模拟制导炮弹及其组件面临的电磁环境，验证其抗电磁干扰能力。电磁兼容性，是指设备或系统在其电磁环境下符合要求运行且不对其环境中的任何设备产生无法忍受的电磁干扰。因此，电磁兼容性实验包括两个方面的要求：一方面是指设备在正常运行过程中对所在环境产生的电磁干扰不能超过一定的限值；另一方面是指器具对所在环境中存在的电磁干扰具有一定程度的抗扰度，即电磁敏感性。

电磁兼容测试是电磁兼容的另一个重要内容，包括测试方法、测量仪器和实验场地。测试方法以各类标准为依据，测量仪器以频域为基础，实验场地是进行测试的先决条件，也是衡量电磁兼容性实验工作水平的重要因素。目前，国内外常用的实验场地有开阔场、半电波暗室、屏蔽室和横电磁波小室等类型。作为电磁兼容测试的实验室大体有三种类型：① 经过电磁兼容权威机构审定和质量体系认证，具有法定测试资格的综合性设计与测试实验室或检测中心；② 根据本单位的实际需要和经费情况而建立的具有一定测试功能的经过认证的电磁兼容实验室；③ 专业整改实验室，其可能只有简单的屏蔽室或者小暗室，搭配频谱仪、示波器、信号源、天线、探头等少量的测试设备即可对产品的电磁兼容情况进行基本的“摸底”测试。

13.6.3　飞行控制系统功能动态模拟

滑翔增程制导炮弹控制飞行过程中，舵机、姿态测量组件、卫星定位装置、弹载计算机及相关设备持续进行飞行弹道参数探测数据交换和处理，整个制导控制过程中的信息交互强，任何一个环节数据交互出现故障，都将导致全弹失效。为了保证全弹制导控制系统的良好运行且能够适配滑翔增程制导炮弹飞行过程经历的复杂力学环境，提高制导炮弹的研制水平，需要通过一系列仿真、模拟及检测，尽可能接近实际状况来模拟和验证全弹控制系统信息交互的功能正确及各种参数的适配性。滑翔增程制导炮弹飞行过程中存在复杂的动态环境、各功能部件间存在大量数据信息交互，要提高其控制本质，需对各控制参数进行优化匹配，为此针对性建立动态模拟与仿真体系检验滑翔制导炮弹或主要功能部件性能，以提高研制效率，降低研究成本。下面主要介绍控制系统半实物仿真、风洞气动加载下的飞行控制动态模拟等技术。

1. 控制系统半实物仿真技术

半实物仿真是指在仿真试验系统的仿真回路中接入所研究系统的部分实物，其准确含义是：回路中含有硬件的仿真。实时性是进行半实物仿真的必然要求。

半实物仿真的方式是利用经过数字仿真考核过的制导控制系统接收来自惯性测量单元/卫星定位装置组合导航系统的导航信息，经过弹载计算机的信息处理形成控制信号，驱动舵机来进行实际飞行控制的模拟

半实物仿真主要验证制导控制系统各部件之间的接口和连接关系、信号极性、信号传输、供电关系等的正确性、可靠性；验证制导控制系统工作的稳定性、协调性、可靠性；验证制导控制规律设计的合理性、制导控制系统的稳定性及抗干扰能力，为制导控制规律下一阶段的优化改进提供依据。

闭环半实物仿真试验参试部件有：弹载计算机、惯导装置、卫星定位装置、舵机。根据闭环半实物仿真情况，试验需要用到的主要设备有：三轴飞行仿真转台、卫星导航信号模拟器、监控工控机、仿真机等。

按照功能，半实物仿真系统组成主要分为如下几类。

(1) 参试部件，主要包括：惯性测量单元/卫星定位装置导航系统、弹载计算机、电动舵机、数据记录仪等。

(2) 仿真设备：各种目标模拟器、仿真计算机、三轴仿真转台、线加速度模拟器、舵机负载模拟器、电源系统、卫星导航信号模拟器等。

(3) 接口设备：模拟量接口、数字量接口、实时数字通信系统等。

(4) 试验控制台：监视控制试验状态进程的装置，包括试验设备、试验状态信号监视系统、设备试件状态控制系统、仿真试验进程控制系统等。

(5) 支持服务系统：如显示、记录、文档处理等事后处理应用软件系统。

控制系统半实物仿真的流程如下。

(1) 弹载计算机、惯导装置、卫星定位装置、舵机等控制部件按照通信信号接线表进行连接，同时用工控机监测惯导装置、卫星定位装置的输出信号。

(2) 装定计算机给弹载计算机装定诸元信息、给卫星定位装置装定卫星星历。

(3) 启动仿真机程序，参数初始化完成后，仿真机通过继电器控制弹载计算机、惯导装置、卫星定位装置上电，仿真零时刻建立，采用仿真程序进行弹道解算，同时将弹道位置和速度信息发送给卫星导航信号模拟器，将姿态信息发送给三轴飞行仿真转台，将加速度信息注入惯导装置。

(4) 卫星导航信号模拟器产生电磁信号辐射卫星定位装置，卫星定位装置生成位置、速度信息并传给惯导装置，惯导装置测量转台姿态参数，与卫星定位装置导航信息组合后，将组合弹体位置、速度、姿态等信息发送给弹载计算机。

(5) 弹载计算机接收到惯导组合导航信息后，按制导控制模型生成控制指令，驱动舵机运动，仿真机采集舵反馈信息，代入仿真模型进行弹道解算，将解算后的相关控制信息分别发送至相应的环境设备和参试部件，继续进行该弹道的半实物仿真，仿真机实时记录弹道参量并保存。

(6) 完成一次典型弹道仿真后，转台退出远程控制模式，卫星导航信号模拟器退出远程控制模式，关闭参试部件供电电源。

（7）分析数据，确定典型弹道的相关参数是否满足指标要求；若不满足，则调整控制参数后重复以上（1）~（6）试验步骤。

2. 风洞气动加载下的飞行控制动态模拟技术

滑翔增程制导炮弹具有飞行射程较远、时间长且飞行中弹体摆动、转动变化较剧烈、动态环境较恶劣等特点，控制组件在弹体摆动、空气动力加载作用的高动态环境下要保持可靠、正常工作，对其性能、适应性等提出了很高要求，对此方面功能的检测和验证，以及设计相应的地面模拟实验方法，是飞行控制组件研究中极为重要的手段。为此，可采用在（开口）风洞中进行动态加载的模拟方法，模拟制导炮弹实际飞行中的气动加载效应，这种地面模拟方式具有以下特点：

（1）可较为真实地模拟炮弹飞行中在转动、抖动等工况下，飞行控制系统对弹体姿态的测量、信息交互处理、控制操纵及电路系统的工作性能状况；

（2）可实现在空气动力作用飞行环境下对方案弹道的追踪控制模拟，是较为高效、接近实际飞行环境的飞行控制过程模拟。

大口径制导炮弹风洞动态模拟加载系统主要由高速开口风洞、大口径制导炮弹控制舱（含弹载数据记录仪）、大扭矩单轴转台、测力系统、控制台、摄像机、摄影灯等组成。

试验流程如下：

（1）按照连接要求装配好控制舱，经电气性能测试满足要求，记录检测数据；

（2）按照风洞加载系统和滚转控制伺服系统要求，将风洞加载控制舱固定在伺服系统上，试验中滚转控制伺服系统可以按要求控制弹体滚转；

（3）将摄像机固定在可以清晰拍摄到弹体的位置，便于记录在风洞加载情况下的舵机及弹体运动情况；

（4）进行吹风前联试，除了不进行吹风外，打开其余参试设备，运行测试，进行风洞联试，确保试验系统正常工作；

（5）完成风洞准备、控制舱加电、风洞吹风启动、舵片张开、舵机打舵；

（6）舵机开舵后，制导炮弹控制系统根据预装方案弹道和偏差弹道参数及弹载测控系统信息形成控制指令，舵机按照指令运行，改变弹体在高速气流下的姿态，通过测力系统和视频观察、分析控制系统工作效果；

（7）完成风洞试验后，通过弹载数据记录仪、视频、照片、测量系统等数据，开展试验分析。

3. 地面运动下的飞行控制模拟技术

风洞环境下，模拟整个飞行控制系统的工作性能虽然高效，但也存在不足，就是模拟试验过程中弹体空间位置不动，整个飞行控制系统在弹道参数测量方面不完全，对飞行中的位置信息探测功能及信息交互处理、导入控制操纵模拟不完整。

为了克服上述风洞环境下飞行控制模拟的不足，可以建立一个可支撑、固定弹体并可多向转动的试验台装置（类似于三轴转台），将其安置于一个可快速移动的操作平台上，进行快速移动工况下的飞行控制过程模拟试验。

模拟试验可在预先选定测量、标定好的运动路线上进行，并装入预先设计好的方案弹道，在操作平台快速移动（其间可控制试验台上弹体转动）的状况下，用于对飞行控制系统的弹道参数探测、信息交互处理、方案弹道追踪控制等功能过程进行模拟验证。

与风洞环境下的模拟相比,地面运动下的模拟虽克服了弹体位置不能移动的不足,但缺乏高速空气动力加载下对整个舵机等控制过程的影响。因此,地面运动下的模拟和风洞环境下的模拟可以互相补充,用于对飞行控制系统开展模拟,验证其工作性能状况。

此外,采用上述介绍的各种飞行控制系统的功能动态模拟方法进行模拟试验时,可用已经历环境模拟检验(如冲击过载、高低温)的控制部件装置来进行模拟试验更为合适。

13.7 滑翔增程制导炮弹广义射表概述

13.7.1 广义射表的功能

对于身管类武器发射或飞行器投放的弹箭,射表是武器系统作战或训练时需要的一基本文件,其功能是:根据当时的环境条件及作战任务要求(如射程等)可以迅速确定射击诸元和主要特征弹道诸元参数。换言之,对于一具体弹箭,射表建立了作战时由作战任务和环境条件对应唯一一条能够完成作战任务的飞行弹道及其发射诸元关系,用于确定射击诸元、进行火力部署等。因此,能够满足这种功能的文件(甚至为函数),都可称为射表。

目前,已有的外弹道学教材中有关射表及其编制方法等基本上都是针对常规无控弹药,但对于火炮发射的制导炮弹,同样需要射表功能。首先,因制导炮弹是由身管武器发射,也需要根据战时现场环境条件、作战任务要求等,迅速确定射角、射向等射击诸元,这是射表的基本功能;其次,射击之前除了要了解一些对应的基本弹道诸元(如最大弹道高、全程飞行时间、落角等)外,还要确定一些制导控制方案弹道的主要特征量及特征函数(如舵张开及起控时刻、方案弹道对应舵偏函数等),用于发射时对制导炮弹的信息装定、实现快速的方案弹道生成,射表的内容及功能均较常规无控弹药射表有了扩充,为区别起见,可将制导炮弹的射表称为“广义射表”。

13.7.2 广义射表与常规弹药射表的主要差异

无论在内容还是编制方法上,广义射表同常规无控弹药射表都有较大区别,直接采用现有常规无控弹药的射表编拟方法,无法编制出满足要求的广义射表,主要区别在于以下几点。

(1) 对于普通无控弹药,当目标确定、地面气象等环境条件确定后,完成此作战任务的弹道(包括射击诸元)也就唯一确定,根据无控弹药的特征弹道(气动)参数,依据外弹道方程组就可编制出射表。而制导炮弹则不同,制导炮弹的弹道一般由前段(无控)弹道和后段有控(方案)弹道组成,无控段弹道是实施后续方案弹道控制的基础,两者相互关联,且对应某具体的作战任务、环境条件,采用不同的方案控制弹道(如不同时刻起控、不同理论舵偏角等)都可能实现作战任务要求,仅依据外弹道方程组,射击诸元不唯一,因此广义射表编制涉及制导弹药射击诸元及实现作战任务对应方案弹道确定问题,现有常规无控弹射表编制方法不能解决该问题。

(2) 根据制导炮弹的控制方案和原理,制导炮弹研制过程及状态确定后,一定会建立适当的随作战任务、环境条件而对应唯一方案弹道的弹道规划规则，这种规则（或方法）确立了，当作战任务、环境条件一定时，对应可完成作战任务的方案弹道生成（包括前段无控弹道与射击诸元）也就唯一确定了。广义射表就需要根据制导炮弹建立的这种弹道规划确定规则，联同外弹道方程组，预先编制出各种工况下对应方案弹道的特征量及特征函数，一方面供射前确定射击诸元，另一方面供射前装定（方案弹道特征量及特征函数），使得制导炮弹发射后，弹上计算机快速完成逻辑决策，解算对应的方案弹道。因此，广义射表是针对制导炮弹，依据其制导控制方案弹道规划原则及外弹道方程组，计算出的应对各种工况、各类作战任务要求，包含适配（理论）方案弹道特征量及射击诸元、主要特征弹道诸元的表（或函数关系），作战时，在射击前可迅速确定射击及主要诸元、方案弹道的主要特征量及特征函数（供装定用）。

（3）由于制导弹药具有复杂的制导控制系统，其工作原理、系统构成比常规无控弹药要复杂得多，广义射表编制中涉及对各种工况及作战任务要求下的无控段弹道及方案弹道计算，所需弹的特征参数、空气动力参数（如舵的相关参数、气动参数等）更多，影响因素也更多、更复杂，因此广义射表编制对应的射表试验方案、空气动力特征参数的提取符合等也同无控弹射表试验方案和数据处理有较大区别，要编制出具有较高精度的广义射表，必须针对具体制导弹药的弹道特点，设计适配的射表试验方案，提取出一套完整、准确的参数。

13.7.3　广义射表的主要内容及编制步骤

如上所述，广义射表是制导炮弹武器系统实战应用的重要技术文件，由于制导炮弹射前需确定的诸元及（给弹上）装定信息等与常规无控弹不同，广义射表内容也与无控弹射表有所不同，这些内容的差异主要在以下方面。

（1）广义射表中涉及的参量内容要更多，在广义射表中，除了涉及不同目标距离上对应的射角、主要特征点弹道诸元外，还包括对应方案控制弹道的主要特征参量及特征函数，供射前装定信息、发射后弹上计算机迅速生成方案弹道使用。

（2）常规无控弹射表中有非标准条件下的修正量表，即实际中发射前的一些条件与射表中诸元对应的计算条件有差异，需给出这些差异引起的弹道诸元（包括射击诸元、射程等）修正量，而广义射表也有修正量表，它主要给出编表主要条件同实际条件存在差异时，是否需通过调整修正对应的方案弹道的主要特征参量或特征函数及射角等来完成相同的作战任务。由于制导炮弹具有一定的飞行弹道控制能力，广义射表中的修正量表一般仅考虑对飞行弹道影响最重要的一些变化因素（如初速、风、气温等），较为简洁。

广义射表内容比无控弹射表多，因此编制中涉及的编表参数也更多，且编表中涉及的许多问题同制导炮弹控制方案等强相关，故广义射表的编制方法比无控弹射表编制要复杂得多，不同控制体制或控制方案的制导炮弹，其相应的广义射表编制方法及过程也会有所不同，但一般来说，广义射表编制过程大致分为以下步骤。

（1）根据制导炮弹的控制体制与特点等，确定广义射表编制的基本条件（主要包括弹结构参数、空气动力等参数、初速、气象条件等）。其中，确定气象条件为重点。选取的编表条件越接近实际应用（平均期望值）状况，表中方案弹道就越接近实际状况、越有利于改善控制效果。在难以确定（统计期望）气象条件下，也可像无控弹射表编制一样，选标准气象条件为编表基本条件。

(2) 以确定的制导炮弹对应(实现不同任务)的弹道规划方法、规则为基础,选取同弹上计算机计算方案弹道相同的外弹道模型,作为该型制导炮弹广义射表编制的弹道计算模型和基础。因此,正式广义射表的编制应在该制导炮弹技术状态完全固化后进行(这点与常规无控弹射表编制相同)。

(3) 针对制导炮弹的弹道特点(如射程范围及飞行散布、控制能力等)分析,依据使用(方)实际需要,确定影响因素及修正量内容、广义射表格式(如表头自变量、主要诸元、间隔)等。

(4) 分析所需编制广义射表的内容、特点(如射程范围、诸元等),制订广义射表编制计算所需的全套参数获取方案(如制导炮弹结构参数、空气动力参数计算或风洞实验、炮射试验及数据处理方案等),根据这套参数及编表计算模型与格式等,进行广义射表编制计算。

13.7.4 广义射表编制的要点或难点

广义射表是伴随制导炮弹的发展、应用而出现的新事物,与常规无控弹射表编制相比,广义射表涉及的内容更多、相关问题更广、同制导炮弹控制方案的紧密相关,对其编制方法进行研究及在广义射表的编制过程中,有以下主要要点或难点要注意。

(1) 广义射表编制方法确定,主要包括:选取的外弹道模型与弹上计算机生成方案弹道所用弹道模型相一致且射表编制中对应方案弹道与制导炮弹确定方案弹道的规则一致,非编表条件下的修正方法等,这些是要点。

(2) 广义射表内涵、功能及类型确定,主要包括:不同类型制导炮弹对射表功能的需求分析、影响射表编制精度的因素分析、确定不同类型制导炮弹编表的基本条件和射表格式等。

(3) 广义射表编制的试验方案设计、数据处理及全套编表参数的准确获取,包括针对制导炮弹特点设计试验方案,提取制导炮弹空气动力和舵控空气动力(或其他控制力系)参数,制导炮弹一些特征弹道参数的辨识和处理等,这是难点。

应当说,这里仅概要地介绍了制导炮弹广义射表的基本概念和功能、特点及与常规无控弹射表的差异,还有涉及的主要内容和要点、难点等。由于广义射表是新生事物,制导炮弹的类型研究也在不断丰富、完善,今后广义射表的研究也将不断深入、完善。

参 考 文 献

曹小兵,王中原,史金光.末制导迫弹脉冲控制建模与仿真[J].弹道学报,2006,18(4):76-79.

曹小兵,徐伊岑,王中原,等.迫弹横向脉冲控制飞行稳定性[J].弹道学报,2008,20(4):41-44.

曹小兵.脉冲末修迫弹弹道特性分析与控制方案设计[D].南京:南京理工大学,2012.

常思江,曹小兵,王中原.脉冲修正弹参数优化设计方法[J].弹道学报,2013,25(1):32-36.

常思江,王中原,陈琦,等.旋转稳定弹的自转角加速度特性[J].弹道学报,2021,33(4):9-12.

常思江,王中原,韩成辉.一种基于过程噪声控制的弹道滤波方案[J].空军工程大学学报,2011,12(1):51-54,63.

常思江,王中原,林献武.一种防空指令修正弹控制模式研究[J].海军工程大学学报,2008,20(6):92-96.

常思江,王中原,刘铁铮,等.鸭舵控制防空制导炮弹导引方法[J].南京理工大学学报,2014,38(1):123-128.

常思江,王中原,刘铁铮,等.鸭式布局双旋弹飞行动力学建模与仿真[J].弹道学报,2014,26(3):1-5,16.

常思江,王中原,刘铁铮.鸭式布局双旋稳定弹强迫运动理论研究[J].兵工学报,2016,37(5):829-839.

常思江,王中原,牛春峰.基于卡尔曼滤波的弹箭飞行状态估计方法[J].弹道学报,2010,22(3):94-98.

常思江,王中原,史金光,等.一对鸭舵控制的炮弹角运动特性及其影响因素[J].南京理工大学学报(自然科学版),2011,35(1):57-61.

常思江,王中原,余劲天.鸭舵控制低旋尾翼弹有控弹道参数设计方法[J].南京理工大学学报,2011,35(2):173-177.

常思江,王中原.鸭式布局防空炮弹的鸭舵设计优化[J].兵工学报,2010,31(4):521-524.

常思江,王中原.鸭式防空修正弹气动外形-修正弹道优化设计[J].弹道学报,2010,22(1):15-19.

陈科山,马宝华,何光林,等.一维弹道修正引信阻力器的研究现状分析及其设计原则探讨[J].探测与控制学报,2003,25(3):24-29.

陈科山,马宝华,李世义,等.迫弹一维弹道修正引信阻力器结构的空气阻力特性研究[J].北京理工大学学报,2004,24(6):477-480,491.

陈琦,王中原,常思江,等.不确定飞行环境下的滑翔制导炮弹方案弹道优化[J].航空学报,2014,35(9):2593-2604.

陈琦,王中原,常思江,等.求解非光滑最优控制问题的自适应网格优化[J].系统工程与电子技术,2015,37(6):1377-1383.

陈琦,王中原,常思江.带有落角约束的间接 Gauss 伪谱最优制导律[J].兵工学报,2015,36(7):1203-1212.

陈琦,王中原,常思江.基于 Gauss 伪谱法的滑翔弹道快速优化[J].弹道学报,2014,26(2):17-21.

陈琦,杨靖,王中原,等.带有双曲正切加权函数的落角约束最优制导律[J].哈尔滨工业大学学报,2020,52(4):92-100.

陈琦.滑翔增程制导炮弹弹道优化及制导控制方法研究[D].南京:南京理工大学,2017.

崔平.现代炮弹增程技术综述[J].四川兵工学报,2006,27(3):17-19.
德米特里耶夫斯基.外弹道学[M].孟宪昌,译.北京:国防工业出版社,1997.
丁松滨,王中原,马忠山.滑翔段弹丸的飞行特性研究[J].兵工学报,2001(4):473-476.
丁松滨,王中原.弹丸滑翔弹道的能量法研究[J].兵工学报,2002,23(1):10-13.
樊文欣,王中原.过稳定弹丸外弹道特性分析[J].弹道学报,1997,9(2):30-34.
方俊.重力测量与地球形状学(下册)[M].北京:科学出版社,1975.
关治,陆金甫.数值分析基础[M].北京:高等教育出版社,2012.
郭锡福,赵子华.火控弹道模型理论及应用[M].北京:国防工业出版社,1997.
郭锡福.底部排气弹外弹道学[M].北京:国防工业出版社,1995.
郭锡福.现代炮弹增程技术[M].北京:兵器工业出版社,1997.
韩子鹏.弹箭外弹道学[M].北京:北京理工大学出版社,2014.
何光林,马宝华,李林峰,等.一维弹道修正引信阻尼修正机构(DCM)的改进设计与仿真[J].探测与控制学报,2005,27(1):1-4.
黄平,孟永钢.最优化理论与方法[M].北京:清华大学出版社,2009.
黄荣辉.大气科学概论[M].北京:气象出版社,2007.
黄伟,高敏.精确制导组件发展及关键技术综述[J].飞航导弹,2016(8):56-58,70.
柯知非,宋卫东.二维弹道修正组件发展现状及关键技术[J].飞航导弹,2018(5):81-85.
克拉斯诺夫.旋成体空气动力学[M].钱翼稷,陆志芳,潘杰元,译.北京:科学出版社,1965.
雷娟棉,吴甲生.制导兵器气动特性工程计算方法[M].北京:北京理工大学出版社,2015.
雷晓云,张志安.二维弹道修正机构方案与修正控制算法综述[J].控制与决策,2019,34(8):1577-1588.
李杰,马宝华.迫击炮弹一维射程修正引信技术研究[J].兵工学报,2001,22(4):553-555.
李小元,王中原.在线弹道参数滤波与辨识方法分析[J].弹道学报,2020,32(2):29-34.
李岩,王中原,丁传炳.滑翔增程弹导航系统误差修正方法研究[J].弹道学报,2012,24(4):18-21.
李岩,王中原,易文俊,等.鸭舵控制的防空制导炮弹重力补偿分析[J].弹道学报,2008,20(4):32-35,40.
林献武,王中原,常思江.曲面地表对弹道影响的一种计算方法[J].弹道学报,2008,20(4):12-15.
林献武,王中原,王天明,等.正常重力和椭球地表对弹道计算的影响[J].南京理工大学学报,2009,33(5):607-611.
林献武.高空环境下弹箭的弹道特性分析[D].南京:南京理工大学,2009.
刘新建.导弹总体分析与设计[M].长沙:国防科技大学出版社,2018.
马国梁.固定鸭舵双旋弹动态稳定性分析[J].兵工学报,2019,40(10):1987-1994.
马俊.固体燃料冲压增程炮弹技术研究[D].长沙:国防科学技术大学,2004.
马帅,王旭刚,王中原,等.带初始前置角和末端攻击角约束的偏置比例导引律设计以及剩余飞行时间估计[J].兵工学报,2019,40(1):68-78.
牛春峰,刘世平,王中原.基于陀螺/GPS测量数据的制导炮弹滚转角空中定标原理[J].弹道学报,2011,23(3):34-36,42.
牛春峰,刘世平,王中原.制导炮弹飞行姿态的卡尔曼滤波估计方法[J].中国惯性技术学报,2012,20(5):510-514.
浦发.外弹道学[M].北京:国防工业出版社,1980.
钱杏芳,林瑞雄,赵亚男.导弹飞行力学[M].北京:北京理工大学出版社,2008.
邱荣剑,陶杰武,王明亮.弹道修正弹综述[J].国防技术基础,2009(8):45-48.
曲延禄.外弹道气象学概论[M].北京:气象出版社,1987.
申强,李东光,杨登红,等.一维弹道修正引信弹道修正策略分析[J].北京理工大学学报,2013,33(5):465-468.

沈仲书,刘亚飞.弹丸空气动力学[M].北京：国防工业出版社,1984.
史金光,王中原,曹小兵,等.一维弹道修正弹气动力计算方法和射程修正量分析[J].火力与指挥控制,2010,35(7)：80-83.
史金光,王中原,常思江,等.基于减旋控制的侧向弹道修正技术[J].弹道学报,2010,22(3)：81-85.
史金光,王中原,常思江,等.鸭式制导炮弹气动外形优化设计方法研究[J].南京理工大学学报,2009,33(5)：555-559.
史金光,王中原,常思江,等.制导弹箭分数阶控制系统[J].南京理工大学学报,2011,35(1)：52-56.
史金光,王中原,曹小兵,等.滑翔增程弹箭滑控段弹体运动模式对增程效率的影响[J].弹道学报,2007,28(6)：651-655.
史金光,王中原,刘巍,等.简易控制修正力技术研究[J].弹道学报,2006,18(1)：14-17.
史金光,王中原,孙洪辉,等.制导炮弹滑翔弹道优化设计方法研究[J].南京理工大学学报,2011,35(5)：610-613,620.
史金光,王中原,易文俊,等.滑翔增程弹弹道特性分析[J].兵工学报,2006(2)：210-214.
史金光,王中原,易文俊.滑翔增程弹方案弹道特性的研究[J].弹道学报,2003(1)：51-54.
史金光,王中原,易文俊.滑翔增程弹飞行弹道[J].火力与指挥控制,2007(11)：88-90.
史金光,王中原,张冰凌,等.滑翔增程弹鸭式舵的气动设计与分析[J].弹道学报,2006,18(4)：33-37.
史金光,王中原.弹道修正弹落点预报方法研究[J].弹道学报,2014,26(2)：29-33.
史金光,王中原.二维弹道修正弹修正方法[J].海军工程大学学报,2010,22(4)：87-92.
史金光,王中原.滑翔增程弹滑翔弹道设计[J].南京理工大学学报,2007,31(2)：147-150.
史金光,徐明友,王中原.卡尔曼滤波在弹道修正弹落点推算中的应用[J].弹道学报,2008,20(3)：41-43,48.
史金光.炮弹滑翔弹道设计与控制弹道特性研究[D].南京：南京理工大学,2008.
宋丕极.枪炮与火箭外弹道学[M].北京：兵器工业出版社,1993.
王宝全,李世义,何光林,等.一维弹道修正引信射程扩展量的计算方法[J].探测与控制学报,2002,24(4)：17-20.
王良明,王中原,周卫平.尾翼式脱壳穿甲弹弹芯结构参数的优化设计[J].弹道学报,1997,9(1)：42-45.
王良明,王中原,易文俊.大长径比弹箭飞行中的共振条件研究[J].弹道学报,2001(4)：51-54.
王良明,王中原.不同口径旋转稳定弹丸的弹道相似原理研究[J].弹箭与制导学报,1999,19(2)：15-21.
王良明,王中原.旋转稳定弹的弹道相似原理研究[J].弹箭与制导学报,2000,20(2)：16-21.
王旭刚,陈琦,王中原.远程变后掠翼巡航导弹多任务弹道设计及仿真[J].弹道学报,2018,30(3)：13-17,24.
王旭刚,王中原,一种非线性方案弹道跟踪算法[J].弹道学报,2010,22(4)：23-26.
王旭刚,王中原.弹体滚速和舵机时间常数对炮弹制导精度的影响[J].南京理工大学学报,2011,35(2)：182-186.
王旭刚,王中原.滑翔增程弹制导与控制系统设计[J].南京理工大学学报,2011,35(3)：304-308.
王中原,艾东民.修正弹道的飞行稳定性研究[J].弹道学报,1999,11(4)：1-6.
王中原,常思江.横向弹道修正的一种快速计算方法[J].兵工学报,2014,35(6)：940-944.
王中原,丁松滨,王良明.弹道修正弹在脉冲力矩作用下的飞行稳定性条件[J].南京理工大学学报,2000,24(4)：322-325.
王中原,韩子鹏,林献武.对建立我国炮兵高空标准气象条件的分析和建议[J].弹道学报,2007(1)：9-11,16.
王中原,史金光,常思江,等.弹道修正弹技术发展综述[J].弹道学报,2021,33(2)：1-12.
王中原,史金光,李铁鹏.弹道修正中的控制算法[J].弹道学报,2011,23(2)：19-21,27.
王中原,史金光,易文俊.超高速弹箭飞行弹道研究[J].兵工学报,2005(4)：443-448.

王中原,史金光.一维弹道修正弹气动布局与修正能力研究[J].南京理工大学学报,2008,32(3):333-336.
王中原,王良明,易文俊.外弹道相似理论中的非完全相似条件问题[J].弹道学报,2001,13(3):14-19.
王中原,王良明,赵润贵,等.小口径尾翼脱壳弹外弹道优化设计[J].弹道学报,1996,8(4):64-68.
王中原,王良明.弹丸外弹道相似性分析[J].弹道学报,1997,9(4):54-58.
王中原,王良明.修正弹道飞行稳定性分析[J].兵工学报,1998,19(4):298-300.
王中原,易文俊,王良明,等.弹道修正中弹道诸元探测时间间隔的确定[J].弹道学报,2002,14(1):84-87.
王中原,易文俊,史金光.尾翼稳定弹丸的外弹道相似性分析[J].弹道学报,2002,14(4):74-77.
王中原,张比升,史金光,等.炮弹记转数定距影响因素分析[J].弹道学报,2006(4):8-11.
王中原,张领科.弹箭通用射表及弹道一致性检验方法[M].北京:科学出版社,2008.
王中原,周卫平.外弹道设计理论与方法[M].北京:科学出版社,2004.
王中原.6D外弹道微分方程组混杂解法初探[J].弹道学报,1994(3):57-61.
王中原.超高速弹外弹道特性技术综述[J].弹道学报,1994(4):91-96.
王中原.超声速底凹弹侧壁开孔对飞行阻力的影响[J].空气动力学学报,1997(4):502-506.
王中原.弹丸外弹道优化设计初始点的选取[J].弹道学报,1993,5(3):39-46.
王中原.低阻增程弹最小波阻母线方程[J].兵工学报,1991,12(1):40-45.
王中原.底凹弹侧壁斜孔减小底阻分析[J].南京理工大学学报,1997(1):21-24.
王中原.地面火炮射程的外弹道优化设计[J].弹道学报,1991,3(1):23-31.
王中原.脱壳穿甲弹气动力外弹道优化设计[J].空气动力学学报,1993,11(3):270-277.
王中原.尾裙弹静态气动力计算研究[J].弹道学报,1992(3):58-61.
王中原.尾翼稳定弹刚体弹道数值计算技术[J].兵工学报,1995(2):29-32.
王中原.小口径高炮弹丸气动力外弹道优化设计[D].南京:华东工学院,1987.
王中原.小口径高炮弹丸外弹道优化设计[J].兵工学报,1987,8(4):64-68.
王中原.小口径尾翼弹与尾裙弹的弹道特性分析[J].弹道学报,1993(2):33-39.
魏权龄.数学规划与优化设计[M].北京:国防工业出版社,1984.
魏子卿.2000中国大地坐标系及其与WGS84的比较[J].大地测量与地球动力学,2008,28(5):1-5.
魏子卿.关于2000中国大地坐标系的建议[J].大地测量与地球动力学,2006,26(2):1-4.
谢利平,史金光.基于遗传粒子群算法的底排参数优化[J].弹道学报,2016,28(1):33-38,44.
谢利平.底部排气弹底部流场数值模拟与气动弹道特性研究[D].南京:南京理工大学,2017.
徐明友.高等外弹道学[M].北京:高等教育出版社,2003.
徐明友.火箭外弹道学[M].哈尔滨:哈尔滨工业大学出版社,2004.
徐秋坪,常思江,王中原.滑翔制导炮弹非线性自抗扰过载控制器设计[J].兵工学报,2017,38(7):1273-1281.
徐秋坪,常思江,王中原.自适应网格跟踪微分器设计[J].系统工程与电子技术,2018,40(6):1212-1220.
徐秋坪,王旭刚,王中原.滑翔制导炮弹自抗扰姿态解耦控制器设计[J].系统工程与电子技术,2018,40(2):384-392.
徐秋坪,王中原,常思江.控制速度方向的弹道修正导引方法[J].国防科技大学学报,2016,38(4):143-152.
杨慧娟,霍鹏飞,黄铮,等.弹道修正弹修正执行机构综述[J].四川兵工学报,2011,32(1):7-9.
杨靖,史金光,李小元,等.远程制导炮弹2阶滑模导引控制一体化设计[J].兵工学报,2016,37(12):2251-2258.
杨靖,王旭刚,王中原,等.基于滑模观测器的鲁棒变结构一体化导引控制律[J].兵工学报,2017,38(2):

246－253.
杨靖,王旭刚,王中原,等.考虑自动驾驶仪动态特性和攻击角约束的鲁棒末制导律[J].兵工学报,2017,38(5):900－909.
杨军.导弹控制原理[M].北京:国防工业出版社,2010.
易文俊,王中原,李岩,等.带鸭舵滑翔增程炮弹飞行弹道研究[J].弹箭与制导学报,2007(1):150－153.
易文俊,王中原,杨凯,等.基于脉冲控制的末段修正弹道研究[J].南京理工大学学报,2007(2):219－223.
易文俊,王中原,杨凯,等.三角形截面弹丸的飞行性能研究[J].弹道学报,2007(2):5－7,20.
易文俊,王中原.带鸭舵滑翔增程炮弹方案弹道研究[J].南京理工大学学报,2008,32(3):322－326.
于栋梁.固体燃料冲压增程弹弹道特性研究[D].南京:南京理工大学,2012.
于剑桥.战术导弹总体设计[M].北京:北京航空航天大学出版社,2010.
俞玉森.数学规划的原理和方案[M].武汉:华中工学院出版社,1985.
臧国才,李树常.弹箭空气动力学[M].北京:兵器工业出版社,1989.
张冬旭,姚晓先,郭致远,等.弹道修正执行机构综述[J].导航定位与授时,2014,1(2):39－45.
张健,杨莹,赵万江,等.中大口径火炮弹道修正弹现状及发展分析[J].舰船电子工程,2015,35(11):5－7,34.
张民权,刘东方,王冬梅,等.弹道修正弹发展综述[J].兵工学报,2010,31(S2):127－130.
赵新新,史金光,王中原,等.固定鸭舵双旋弹角运动特性与控制稳定性研究[J].哈尔滨工业大学学报,2022,54(1):123－131.
赵新新,史金光,王中原,等.固定鸭舵双旋弹全弹道动态稳定性及其影响因素[J].力学学报,2022,54(5):1364－1374.
赵玉新,杨新社,刘利强.新兴元启发式优化方法[M].北京:科学出版社,2013.
朱大林,唐胜景.双旋弹飞行特性与制导控制方法研究[D].北京:北京理工大学,2015.
朱刚.最优化方法在外弹道优化设计中的应用研究[D].南京:南京理工大学,1997.
朱煌,史金光.高旋二维弹道修正弹的角运动特性[J].弹道学报,2020,32(1):23－30.
朱如华.增大火炮射程的技术途径[J].现代军事,1995(7):11－13.
Chang S J, Wang Z Y, Liu T Z. Analysis of spin-rate property for dual-spin-stabilized projectiles with canards [J]. Journal of Spacecraft and Rockets, 2014, 51(3): 958－966.
Chang S J, Wang Z Y. Modeling, simulation and analysis of estimation of flight state for guided projectiles[C]. Beijing: 25th International Symposium on Ballistics, IBS, 2010: 286－292.
Chang S J. Dynamic response to canard control and gravity for a dual-spin projectile[J]. Journal of Spacecraft and Rockets, 2016, 53(3): 558－566.
Chen Q, Wang X, Yang J, et al. Acceleration tracking control for a spinning glide guided projectile with multiple disturbances[J]. Chinese Journal of Aeronautics, 2020, 33: 3405－3422.
Chen Q, Wang X G, Yang J, et al. Trajectory-following guidance based on a virtual target and an angle constraint[J]. Aerospace Science and Technology, 2019, 87: 448－458.
Chen Q, Wang Z Y, Chang S J, et al. Multiphase trajectory optimization for gun-launched glide guided projectiles[J]. Proceedings of the Institution of Mechanical Engineers, Part G: Journal of Aerospace Engineering, 2016, 230(6): 995－1010.
Chen Q,Wang Z Y, Yang J, et al. Virtual-target-based trajectory following using a light-of-sight angle constraint for long-range guided projectiles[J]. Optik, 2019, 180: 318－329.
Costello M, Peterson A. Linear theory of a dual-spin projectile in atmospheric flight[J]. Journal of Guidance, Control and Dynamic, 2012, 23(5): 789－797.
Costello M. Range extension and accuracy improvement of an advanced projectile using canard control[C].

Maryland: AIAA Atmospheric Flight Mechanics Conference, AIAA,1995: 324 - 331.

Fresconi F, Celmins I, Silton S I. Theory, guidance, and flight control for high maneuverability projectiles[R]. ARL - TR - 6767, U.S. Army Research Laboratory, Aberdeen Proving Ground, 2014.

Guo Q W, Song W D, Wang Y, et al. Guidance law design for a class of dual-spin mortars[J]. International Journal of Aerospace Engineering, 2015(5): 1 - 12.

Hager W W, More F G. Optimal projectile shapes for minimum total drag[R]. NSWC/TR - 3597, 1977.

Hainz L, Costello M. In flight projectile impact point prediction[C]. Providence: AIAA Atmospheric Flight Mechanics Conference and Exhibit, 2004.

James N, Amer H, John E, et al. A review of dual-spin projectile stability[J]. Defence Technology, 2020, 16(1): 1 - 9.

Knoche H G, Gregoriou G. Aeroballistic optimization of unguided artillery rockets[C]. Huntsville: 16th American Institute of Aeronautics and Astronautics, Aerospace Sciences Meeting, 1978.

Li D, Chang S, Wang Z. Analytical solutions and a novel application: insights into spin-yaw lock-in[J]. Journal of Guidance, Control, and Dynamics, 2017, 40(6): 1472 - 1480.

Liu X D, Wu X S, Yin J T. Aerodynamic characteristics of a dual-spin projectile with canards[J]. Proceedings of the Institution of Mechanical Engineers, Part G: Journal of Aerospace Engineering,2019, 233(12).

Mark Dean Ilg. Guidance, navigation, and control for munitions[D]. Philadelphia: Drexel University, 2008.

Ma S, Wang X G, Wang Z Y. Field-of-view constrained impact time control guidance via time-varying sliding mode control[J]. Aerospace, 2021, 8(9): 1 - 21.

Ma S, Wang Z Y, Wang X G, et al. consensus-based finite-time cooperative guidance with field-of-view constraint[J]. International Journal of Aeronautical and Space Sciences, 2022: 1 - 14.

Ma S, Wang Z Y, Wang X G, et al. Three-dimensional impact time control guidance considering field-of-view constraint and velocity variation[J]. Aerospace, 2022, 9(4): 1 - 23.

Miele A. Theory of Optimum Aerodynamic Shape[M]. New York: Academic Press, 1965.

Moore F G. Aerodynamics of guided and unguided weapons: part i-theory and application[R]. NWL TR - 3018, 1973.

Moore F G. Approximate Methods for Weapon Aerodynamics[M]. Reston: American Institute of Aeronautics and Astronautics, Incorporated, 2002.

Moore F G. Body alone aerodynamics of guided and unguided projectiles at subsonic, transonic and supersonic mach number[R]. NWL - 2976, 1972.

Norris J, Economou J, Hameed A. A novel quasi-dynamic guidance law for a dynamic dual-spin projectile with non-conventional, asymmetric roll constraints[J]. Proceedings of the Institution of Mechanical Engineers, Part G: Journal of Aerospace Engineering, 2022, 236(11).

Ohlmeyer E J, Pepitone T R, Miller B L. Assessment of integrated GPS/INS for the EX - 171 extended range guided munition[C]. Boston: AIAA Guidance, Navigation, and Control Conference and Exhibit, AIAA, 1998: 1374 - 1389.

Park J H, Bae J H, Song M S, et al. Aerodynamic design of a canard controlled 2D course correction fuze for smart munition[J]. Journal of the Korean Society for Aeronautical and Space Sciences, 2015, 43(3): 187 - 194.

Zarchan P. Fundamentals of Kalman Filtering: a Practical Approach [M]. Reston: American Institute of Aeronautics and Astronautics, Incorporated, 2005.

Pettersson T, Buretta R, Cook D. Aerodynamics and flight stability for a course corrected artillery round[C]. Tarragona: 23rd International Symposium on Ballistics, 2007: 647 - 653.

Regan F J, Smith J. Aeroballistics of a terminally corrected spinning projectile (TCSP) [J]. Journal of

Spacecraft and Rockets, 1975, 12(12): 733 - 738.

Sahu J, Heavey K, Buretta R. Numerical computations of transonic flow over a course corrected spinning projectile[C].Dallas: 26th AIAA Applied Aerodynamics Conference, AIAA, 2006: 6740.

Seve F, Theodoulis S, Wernert P, et al. Flight dynamics modeling of dual-spin guided projectiles[J]. IEEE Transactions on Aerospace and Electronic Systems, 2017, 53(4): 1625 - 1641.

Syvertson C A, Dennis D H. A second-order shock-expansion method applicable to bodies of revolution near zero lift[R]. NACA - TR - 1328, 1957.

Theodoulis S, Gassmann V, Wernert P, et al. Guidance and control design for a class of spin-stabilized fin-controlled projectiles[J]. Journal of Guidance, Control, and Dynamics, 2013, 36(2): 517 - 531.

Tipán S, Thai S, Proff M, et al. Nonlinear dynamic inversion autopilot design for dual-spin guided projectiles [J]. IFAC Papers Online, 2020, 53(2): 14827 - 14832.

Tricomi F G. On the finite hilbert transformation[J]. The Quarterly Journal of Mathematics, 1951, 2(1): 199 - 211.

Vasile J D, Bryson J T, Gruenwald B C, et al. A multi-disciplinary approach to design long range guided projectiles[C]. Orlando: AIAA Scitech 2020 Forum, AIAA, 2020.

Vinh N X. Optimal Trajectories in Atmospheric Flight[M]. New York: Elevier Scientific, 1981.

Wang Y, Song W D, Fang D, et al. Guidance and control design for a class of spin-stabilized projectiles with a two-dimensional trajectory correction fuze [J]. International Journal of Aerospace Engineering, 2015: 908304.

Wang Z Y, Chang S J. Impact point prediction and lateral correction analysis of two-dimensional trajectory[J]. Defence Technology, 2013, 9(3): 64 - 69.

Wang Z Y, Li X Y, Chang S J. An approximate calculation method for lateral trajectory correction[J]. Journal of China Ordnance, 2012, 8(3): 134 - 138.

Wang Z Y, Xu H Q, Shi J G, et al. Analysis of gliding control for an extended-range projectile [C]. Vancouver: 22th International Symposium on Ballistics, 2005.

Wernert P, Leopold F, Lehmann L. Wind tunnel tests and open-loop trajectory simulations for a 155mm canards guided spin stabilized projectile[C].Reston: AIAA Atmospheric Flight Mechanics Conference and Exhibit, AIAA, 2008.

Wernert P, Theodoulis S. Modeling and stability analysis for a class of 155 mm spin-stabilized projectiles with course correction fuse (CCF) [C]. Portland: AIAA Atmospheric Flight Mechanics Conference and Exhibit, AIAA, 2011.

Wiles G C, Ohlmeyer E J, Sitzman G L, et al. Active jamming cancellation concept for extended range guided munitions[C]. Reston: AIAA Guidance, Navigation, and Control Conference and Exhibit, AIAA, 1999: 1716 - 1728.

Xu Q P, Chang S J, Wang Z Y. Acceleration autopilot design for gliding guided projectiles with less measurement information[J]. Aerospace Science and Technology, 2018, 77: 256 - 264.

Xu Q P, Chang S J, Wang Z Y. Composite efficiency factor based trajectory optimization for gliding guided projectiles[J]. Journal of Spacecraft and Rockets, 2018, 55(1): 66 - 76.

Yang Z W, Wang L M, Chen J W. Movement characteristics of a dual-spin guided projectile subjected to a lateral impulse[J]. Aerospace, 2021, 8(10): 309.

Zheng Q S, Zhou Z M. Flight stability of canard-guided dual-spin projectiles with angular rate loops [J]. International Journal of Aerospace Engineering, 2020: 2705175.

Zhu D L, Tang S J, Guo J, et al. Flight stability of a dual-spin projectile with canards[J]. Proceedings of the Institute of Mechanical Engineers, Part G: Journal of Aerospace Engineering, 2015, 229(4): 703 - 716.